国家职业技能鉴定培训教程

食品检验工基础知识

主　编　王　磊　徐亚杰

副主编　顾宗珠　刘　悦　朱　晶

参　编　于韶梅　于洪梅　王　韬　王　妮

叶素丹　孙明哲　孙清荣　吕　平

师邱毅　张　颖　翁连海　戚海峰

逯家富　程春梅　温慧颖

机械工业出版社

本书是依据《国家职业标准　食品检验工》的基础知识要求，按照国家标准规定的最新食品检验方法并结合食品检验工工作实际需要编写而成的。本书的主要内容包括：政策与法规，实验室安全，食品检验的基础知识，粮油及其制品的检验，糕点的检验，乳及乳制品的检验，白酒、葡萄酒、果酒、黄酒的检验，啤酒的检验，饮料的检验，罐头食品的检验，肉、蛋及其制品的检验，调味品、酱腌制品的检验，茶叶的检验。为便于企业培训、考核鉴定和读者复习，书末附有大量的试题并配有答案。

本书主要用作企业培训和职业技能鉴定培训的教材，也可作为职业院校、各种短训班的教学用书，还可供有关人员自学使用。

图书在版编目（CIP）数据

食品检验工基础知识/王磊，徐亚杰主编. —北京：机械工业出版社，2013.10（2023.12 重印）

国家职业技能鉴定培训教程

ISBN 978-7-111-44124-3

Ⅰ.①食…　Ⅱ.①王…②徐…　Ⅲ.①食品检验-职业技能-鉴定-教材

Ⅳ.①TS207.3

中国版本图书馆 CIP 数据核字（2013）第 223500 号

机械工业出版社（北京市百万庄大街 22 号　邮政编码 100037）

策划编辑：陈玉芝　责任编辑：陈玉芝　王华庆

版式设计：常天培　责任校对：卢惠英

封面设计：鞠　杨　责任印制：邓　博

北京盛通数码印刷有限公司印刷

2023 年 12 月第 1 版第 8 次印刷

169mm×239mm · 25.5 印张 · 567 千字

标准书号：ISBN 978-7-111-44124-3

定价：45.00 元

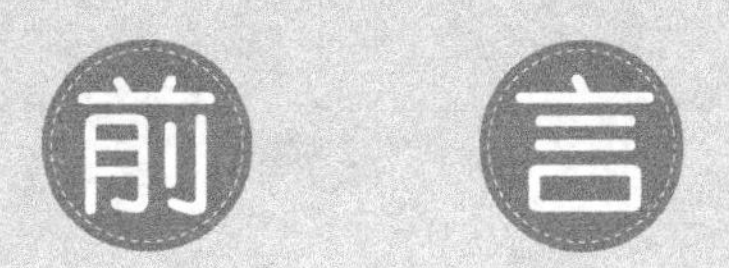

前言

依据《中华人民共和国劳动法》《中华人民共和国职业教育法》和《招用技术工种从业人员规定》，我国实行职业资格证书制度，在全社会建立学历证书和职业资格证书并重的人才结构。食品检验人员考核已经纳入国家职业资格管理体系，食品检验人员必须持证上岗。食品检验人员包括企业主管食品质量、安全标准及从事监督管理工作的人员，食品生产企业、经销单位、质量监督部门、食品卫生检验部门和有关科研部门的管理人员、技术人员，以及用抽样检查的方式对粮油及其制品、糕点、糖果、乳及乳制品、白酒、果酒、黄酒、啤酒、不含酒精饮料、罐头、肉及肉制品、调味品、酱腌制品、茶叶、保健食品等的成分、添加剂、农药残留、兽药残留、毒性、微生物等指标进行检验的人员。

本书是以《国家职业标准　食品检验工》为依据，以食品检验国家标准中食品卫生检验方法的理化部分及其他相关标准为蓝本而编写的。本书涵盖《国家职业标准　食品检验工》初、中、高级所要求的知识点，涉及食品检验的基本知识和十个检验类别。在编写各项目的检验方法时，参照最新标准，做到知识新、方法新、标准新。同时，本书还附有针对各等级鉴定的训练试题，以帮助食品检验人员有针对性地进行练习。不同等级的试题用*加以区别，其中不加*者为初级工试题，加*者为中级工试题，加**者为高级工试题。

本书的编写人员来自八所职业院校，具有丰富的食品检验理论知识及技能培训经验。其中，王磊、徐亚杰任本书的主编，顾宗珠、刘悦、朱晶任副主编，于韶梅、于洪梅、王韬、王妮、叶素丹、孙明哲、孙清荣、吕平、师邱毅、张颖、翁连海、戚海峰、逯家富、程春梅、温慧颖参加了本书的编写工作。

在本书的编写过程中，参考了大量的文献资料，在此向这些文献资料的作者表示衷心的感谢。

虽然我们已尽了最大努力，但是书中难免存在不足之处，恳请专家和读者批评指正。

编　者

前言

第一篇　检验的基础知识 …………1

第一章　政策与法规 …………1

一、我国食品法规概述 …………1
二、食品标准与标准化 …………3
三、食品质量安全市场准入制度与食品生产许可证 …………3
四、国际食品法律法规概述 …………5

第二章　实验室安全 …………7

第一节　实验室安全操作规范 …………7
一、食品企业实验室用电安全 …………7
二、食品企业实验室消防安全 …………9
三、食品企业实验室防爆 …………12
四、食品企业实验室防化学中毒和腐蚀 …………14
五、食品企业实验室防物理伤害 …………18
六、食品企业实验室防生物污染 …………19
第二节　食品企业实验室环保管理 …………19
一、常见的无机污染物处理方法 …………20
二、常见的有机污染物处理方法 …………20
三、常见的有毒有害微生物的处理方法 …………21
四、常见的其他污染物处理方法 …………21
第三节　实验室应急准备及响应管理 …………22
一、食品企业实验室防中毒应急措施 …………22
二、食品企业实验室防腐蚀应急措施 …………22
三、食品企业实验室防烧伤、烫伤、冻伤、割伤应急措施 …………23
四、食品企业实验室防触电应急措施 …………23
五、食品企业实验室消防应急措施 …………24

第三章　食品检验的基础知识 …………26

第一节　样品的采集和预处理 …………26
一、样品的采集 …………26
二、食品微生物检验样品的采样 …………29
三、样品的预处理 …………32
第二节　溶液的配制 …………34
一、试验试剂及水质的要求 …………34
二、化学试剂和标准物质 …………35
三、溶液含量的表示方法 …………36
四、溶液的制备 …………37
第三节　常用理化分析的基本方法 …………39
一、滴定分析法 …………39
二、称量分析法 …………41
第四节　食品微生物检验基础知识 …………42
一、食品微生物检验的意义及范围 …………42
二、食品微生物检验的主要指标 …………42
三、食品微生物检验中样品的处理 …………43
四、微生物的培养技术 …………44
第五节　常用仪器分析的基本方法 …………47
一、紫外可见分光光度法 …………47
二、原子吸收光谱分析法 …………51

三、气相色谱法 …………………… 53
四、高效液相色谱法 ……………… 57
第六节　检验结果的数据处理 ……… 60
一、法定计量单位 ………………… 60
二、有效数字及修约规则 ………… 63
三、误差及数据处理 ……………… 64
四、原始记录及检验报告的编制 ………………………… 67

第二篇　食品检验工理论知识 ………………………… 69

第一章　粮油及其制品的检验 …… 69

第一节　粮油及其制品物理特性的检验 …………………… 69
一、米类杂质、不完善粒的检验 ………………………… 69
二、粮食加工精度的测定 ………… 71
三、粉类粗细度的测定 …………… 73
四、粉类粮食含砂量的测定 ……… 74
五、粉类磁性金属物的测定 ……… 75
六、小麦面筋的测定 ……………… 75
七、植物油脂色泽的测定 ………… 77
第二节　粮食、油料中水分的测定 …………………… 77
一、粮食、油料中水分含量的测定 ………………………… 78
二、油脂水分及挥发物的测定 …… 81
第三节　粮食中灰分的测定 ……… 82
一、550℃灼烧法……………………… 83
二、乙酸镁法 ……………………… 83
第四节　粮食中粗蛋白的测定 ……… 85
第五节　粮食、油料脂肪酸值的测定 …………………… 87
一、苯提取法 ……………………… 87
二、石油醚提取法 ………………… 88
第六节　粮油制品中酸度与酸值的测定 …………………… 89
一、水浸出法测定粮食酸度 ……… 89
二、油脂酸价的测定 ……………… 90
第七节　植物油脂含皂量的测定 …… 92
第八节　植物油脂烟点的测定 ……… 92
一、自动测定仪法 ………………… 93
二、目视测定法 …………………… 93
第九节　动植物油脂过氧化值的测定 ……………………… 94
第十节　动植物油脂碘值的测定 …… 95
第十一节　油脂羰基价的测定 ……… 97
第十二节　粮食制品中纤维素的测定 ……………………… 98
一、植物类粗纤维的测定 ………… 98
二、粮食中粗纤维的测定 ………… 99
三、粮食中膳食纤维的测定……… 100
第十三节　小麦粉中过氧化苯甲酰的测定 ……………………… 102
一、气相色谱法…………………… 102
二、高效液相色谱法……………… 103
第十四节　粮食中磷化物的测定 … 104
第十五节　有机氯农药残留量的测定 ……………………… 105
一、毛细管柱气相色谱-电子捕获检测器法………………………… 106
二、填充柱气相色谱-电子捕获检测器法………………………… 108

第二章　糕点的检验 ……………… 110

第一节　糕点标签的判定 ………… 110
一、食品名称……………………… 110
二、配料表………………………… 110
三、净含量和规格………………… 111
四、生产日期和保质期…………… 111
五、食品生产许可证编号和产品标准代号………………………… 111
第二节　糕点感官指标的判定 …… 112
第三节　糕点中水分的测定 ……… 113
一、直接干燥法…………………… 114
二、减压干燥法…………………… 115
三、卡尔·费休法………………… 115
第四节　糕点中总糖的测定 ……… 117
第五节　糕点中脂肪、酸价、过氧化值的测定 ……………………… 119

一、脂肪的测定……………………119
二、酸价的测定……………………120
三、过氧化值的测定………………121
第六节　糕点中着色剂的测定 ……121
第七节　糕点中防腐剂的测定 ……124
一、山梨酸的测定…………………125
二、丙酸钙的测定…………………126
第八节　糕点中金属元素的测定 …127
一、总砷的测定……………………128
二、铅的测定………………………129
三、铝的测定………………………130
第九节　糕点中微生物的检验 ……131
一、菌落总数的测定………………132
二、大肠菌群的测定………………133
三、致病菌的测定…………………136
四、霉菌计数………………………141

第三章　乳及乳制品的检验 ……143

第一节　乳及乳制品感官、净含量、标签的判定 ……………………143
一、感官的判定……………………143
二、净含量的判定…………………144
三、标签的判定……………………145
第二节　乳及乳制品中水分的测定…………………………………146
第三节　婴幼儿食品和乳品溶解性的测定 …………………………147
一、不溶度指数的测定……………147
二、溶解度的测定…………………148
第四节　乳及乳制品中灰分的测定…………………………………149
第五节　乳及乳制品酸度的测定 …150
一、乳粉酸度的测定………………151
二、乳及其他乳制品酸度的测定……………………………………152
第六节　乳及乳制品杂质度的测定 ……………………………153
第七节　乳及乳制品中脂肪的测定 ……………………………154
一、溶剂提取法……………………154
二、盖勃氏乳脂计法………………157
第八节　乳及乳制品中乳糖、蔗糖的测定……………………………157
一、高效液相色谱法………………158
二、莱因-埃农氏法 ………………159
第九节　乳及乳制品中非脂乳固体的测定 ……………………………162
第十节　乳及乳制品中脲酶的定性检验……………………………163
第十一节　乳及乳制品中不溶性膳食纤维的测定 ……………………164
第十二节　乳及乳制品中亚硝酸盐与硝酸盐的测定 ……………165
第十三节　乳及乳制品中矿物元素的测定 …………………………169
一、钙、铁、锌、钠、钾、镁、铜、锰的测定………………………170
二、磷的测定………………………172
第十四节　乳及乳制品中三聚氰胺的测定…………………………173
一、高效液相色谱法（HPLC） ………………………………174
二、液相色谱-质谱/质谱法（LC-MS/MS） ……………………175
第十五节　乳及乳制品中微生物的检验 ……………………………177
一、乳及乳制品的卫生指标………177
二、乳及乳制品中乳酸菌的检验……………………………………178
三、乳及乳制品中霉菌、酵母菌的测定……………………………180

第四章　白酒、葡萄酒、果酒、黄酒的检验 ……………183

第一节　白酒、葡萄酒、果酒、黄酒的感官评定 ……………………183
一、评酒环境………………………183
二、评酒要求………………………183
三、品评……………………………183
四、葡萄酒品评常用术语…………185

五、葡萄酒计分方法及评分细则…………………………… 186
第二节　白酒、葡萄酒、果酒、黄酒标签的判定 ………… 187
一、标签应当标明的事项………… 187
二、标签的基本要求……………… 188
三、净含量的标注………………… 189
第三节　白酒、葡萄酒、果酒、黄酒中酒精度的测定 …… 189
一、密度瓶法……………………… 190
二、酒精计法……………………… 191
第四节　黄酒 pH 值的测定 ……… 192
第五节　白酒中固形物的测定 …… 193
第六节　白酒、葡萄酒、果酒中总酸的测定 ……………… 194
第七节　黄酒中总酸、氨基酸态氮的测定 ………………… 195
第八节　葡萄酒、果酒中挥发酸的测定 ………………… 196
第九节　葡萄酒、果酒中二氧化硫的测定 ………………… 198
一、盐酸副玫瑰苯胺法…………… 199
二、蒸馏法………………………… 200
第十节　葡萄酒、果酒中干浸出物的测定…………………… 201
第十一节　黄酒中非糖固形物的测定 ……………………… 202
第十二节　白酒中氰化物的测定 … 203
第十三节　白酒、葡萄酒、果酒中铅的测定 …………… 204
一、氢化物原子荧光光谱法……… 204
二、火焰原子吸收光谱法………… 205
三、二硫腙比色法………………… 206
第十四节　葡萄酒、果酒中铁的测定 ……………………… 208
一、原子吸收分光光度法………… 208
二、邻菲啰啉比色法……………… 209
第十五节　黄酒中氧化钙的测定 … 210
一、原子吸收分光光度法………… 210
二、高锰酸钾滴定法……………… 211
三、EDTA 滴定法 ……………… 212

第五章　啤酒的检验 ……………… 213

第一节　啤酒的感官检验 ………… 213
一、酒样的制备…………………… 213
二、外观…………………………… 213
三、感官要求……………………… 214
第二节　啤酒净含量的测定 ……… 214
一、重量法………………………… 215
二、容量法………………………… 215
第三节　啤酒中总酸的测定 ……… 215
一、电位滴定法…………………… 216
二、指示剂法……………………… 217
第四节　啤酒浊度的测定 ………… 217
第五节　啤酒色度的测定 ………… 218
一、比色计法……………………… 218
二、分光光度计法………………… 219
第六节　啤酒泡持性的测定 ……… 220
一、仪器法………………………… 220
二、秒表法………………………… 220
第七节　啤酒中二氧化碳的测定 … 221
一、基准法………………………… 221
二、压力法………………………… 222
第八节　啤酒酒精度的测定 ……… 223
第九节　啤酒原麦汁浓度的测定 … 225
一、密度瓶法……………………… 225
二、仪器法………………………… 226
第十节　啤酒中双乙酰的测定 …… 226
一、气相色谱法…………………… 226
二、紫外可见分光光度法………… 228
第十一节　啤酒中二氧化硫的测定 ……………………… 229
第十二节　啤酒中铁的测定 ……… 230
一、比色法………………………… 230
二、原子吸收分光光度法………… 231
第十三节　啤酒中苦味质的测定 … 231
一、比色法………………………… 232
二、高效液相色谱法……………… 233

第六章　饮料的检验 ……………… 234

第一节　饮料用水的检验 ………… 234

一、色度…………………………… 234
二、臭和味………………………… 235
三、浑浊度………………………… 236
四、pH 值的测定………………… 236
五、溶解性总固体的测定………… 236
六、总硬度的测定………………… 237
七、碱度的测定…………………… 238
八、氯化物的测定………………… 239
九、电导率的测定………………… 240
第二节 饮料中可溶性固形物的测定 …………………… 240
第三节 饮料中二氧化碳、乙醇的测定 ………………… 241
一、碳酸饮料中二氧化碳的测定…………………………… 241
二、浓缩果汁中乙醇的测定……… 243
第四节 果蔬汁饮料中 L-抗坏血酸的测定 ………………… 244
第五节 饮料中果汁的测定 ……… 246
第六节 饮料中咖啡因的测定 …… 255
一、紫外分光光谱法……………… 256
二、高效液相色谱法（HPLC） ……………………… 257
第七节 茶饮料中茶多酚的测定 … 258

第七章 罐头食品的检验…………… 260

第一节 罐头食品的感官检验及净含量和固形物的测定 ……… 260
一、罐头食品感官检验时常用的术语…………………………… 260
二、罐头食品的感官检验………… 260
三、净含量和固形物的测定……… 263
第二节 罐头食品中可溶性固形物的测定 …………………… 264
第三节 罐头食品中组胺的测定 … 265
第四节 罐头食品中氯化钠的测定 …………………… 266
一、间接沉淀滴定法……………… 266
二、电位滴定法…………………… 267
第五节 罐头食品中亚硝酸盐的测定 …………………… 268
一、离子色谱法…………………… 268
二、分光光度法…………………… 269
第六节 罐头食品中金属元素的测定 …………………… 271
一、锡的测定……………………… 272
二、镉的测定……………………… 274
三、铅的测定……………………… 276
四、总砷及无机砷的测定………… 276
第七节 罐头食品的商业无菌检验 ………………………… 280

第八章 肉、蛋及其制品的检验……………………… 286

第一节 肉与肉制品 pH 值的测定 …………………… 286
第二节 肉与肉制品中水分的测定 …………………… 287
第三节 肉与肉制品中挥发性盐基氮的测定 …………… 288
第四节 肉与肉制品酸价和过氧化值的测定 …………………… 289
一、酸价的测定…………………… 290
二、过氧化值的测定……………… 290
第五节 肉与肉制品中三甲胺氮的测定 …………………… 291
第六节 肉与肉制品中胆固醇的测定 …………………… 292
第七节 肉制品中聚磷酸盐的测定 …………………… 294
第八节 肉制品中淀粉的测定 …… 296
第九节 肉制品中胭脂红着色剂的测定 …………………… 298
一、高效液相色谱法……………… 298
二、比色法………………………… 300
第十节 肉、蛋及其制品中重金属的测定 …………………… 301
一、原子荧光光谱分析法………… 301
二、冷原子吸收光谱法…………… 303
三、二硫腙比色法………………… 304

第十一节　肉、蛋及其制品的微生物学检验 …………… 305
一、样品的采取和送检…………… 306
二、检样的处理…………………… 306
三、棉拭采样法和检样的处理…… 307
四、检验方法……………………… 307

第九章　调味品、酱腌制品的检验 …………………… 312
第一节　调味品及酱腌制品的感官检验 ………………… 312
一、感官检验方法………………… 312
二、感官检验指标………………… 313
第二节　食盐中水不溶物的测定 … 313
第三节　酱油中食盐的测定 ……… 314
第四节　酱油中无盐固形物的测定 ……………………… 315
第五节　调味品及酱腌制品中氨基酸态氮的测定 ……… 316
一、甲醛值法……………………… 316
二、比色法………………………… 317
第六节　酱油中铵盐的测定 ……… 318
第七节　调味品中硫酸盐的测定 … 319
第八节　食盐中亚铁氰化钾的测定 ……………………… 320
第九节　调味品中谷氨酸钠的测定 ……………………… 321
一、旋光计法……………………… 321
二、酸度计法……………………… 322
三、高氯酸非水滴定法…………… 323
第十节　调味品及酱腌制品中山梨酸、苯甲酸的测定 …………… 324
一、气相色谱法…………………… 324
二、高效液相色谱法……………… 325
第十一节　调味品及酱腌制品中黄曲霉毒素 B_1 的测定 ……… 326

第十章　茶叶的检验 ……………… 332
第一节　茶叶的感官评定 ………… 332
一、感官评定的基本要求………… 332
二、感官评定的方法……………… 332
第二节　茶叶中粉末和碎茶的测定 ……………………… 335
第三节　茶叶中水分的测定 ……… 338
第四节　茶叶中水浸出物的测定 … 339
第五节　茶叶中灰分的测定 ……… 340
一、茶叶中总灰分的测定………… 341
二、茶叶中水溶性灰分和水不溶性灰分的测定……………… 342
三、酸不溶性灰分的测定………… 343
四、茶叶中水溶性灰分碱度的测定……………………… 343
第六节　茶叶中氟的测定 ………… 344
第七节　茶叶中茶多酚的测定 …… 345
第八节　茶叶中咖啡碱的测定 …… 346
一、高效液相色谱法……………… 347
二、紫外分光光度法……………… 347
第九节　茶叶中游离氨基酸的测定 ……………………… 348

食品检验工基础知识试题………… 350

食品检验工基础知识试题参考答案 ……………………… 382

附录 ……………………………… 384
附录 A　国家职业标准针对食品检验工的知识和技能要求………… 384
附录 B　食品检验依据 …………… 388

参考文献 ………………………… 394

第一篇　检验的基础知识

第一章　政策与法规

一　我国食品法规概述

法规是法律、法令、条例、规则、章程等的总称。宪法是国家的根本大法，具有综合性、全面性和根本性。狭义的法律由全国人民代表大会及其常务委员会制定，其地位和效力仅次于宪法。目前，在我国与食品安全密切相关的法律有《中华人民共和国食品卫生法》《中华人民共和国食品安全法》《中华人民共和国产品质量法》和《中华人民共和国标准化法》。相关的制度和规范有《食品质量安全市场准入制度》和各类食品生产许可证审查细则，另有与食品市场有序规范运行相关的100多个规章和500多个卫生标准。

1.《中华人民共和国食品卫生法》（以下简称《食品卫生法》）

1995年，我国颁布了《食品卫生法》，全文共10章57条。《食品卫生法》第一次全面、系统地对食品、食品添加剂、食品容器、包装材料、食品用具和设备等方面提出卫生要求，明确规定全国食品卫生监督管理工作由国务院卫生行政部门主管，国家卫生标准、卫生管理办法和检验规程由国务院卫生行政部门制定或者批准颁发。它的颁布实施在我国食品卫生法制建设中具有里程碑式的意义，在保证食品卫生、防止食品污染和有害因素对人体的危害、保障人民身体健康、增强人民体质方面发挥了重要的作用，标志着我国食品卫生管理工作被正式纳入法制轨道。

2.《中华人民共和国食品安全法》（以下简称《食品安全法》）

为适应新形势发展的需要，从制度上解决现实生活中存在的食品安全问题，更好地保证食品安全，2009年2月28日，十一届全国人民代表大会常务委员会第七次会议通过了《食品安全法》，全文10章104条，于2009年6月1日起正式实施，同时《食品卫生法》自行废止。与《食品卫生法》相比，《食品安全法》扩大了法律调整范围，涵盖了“从农田到餐桌”食品安全监管的全过程，补充和完善了食品安全监管体制、食品安全标准、食品安全风险监测和评估、食品生产经营、食品安全事故处置等各项制度，全方位地构筑了食品安全法律保障。该法规进一步明确了国务院卫生行政部门，国务院质量监督、工商行政管理和国家食品药品监督管理部门等各职能部门的职责范围，改变了食品卫生标准、质量标准和营养标准之间交叉与重复的局面，也有效地解决了“管理部门职能交叉、管理效率低”等监管体制存在的问题。同时，国务院设立食品安全委员会，以助于对全国食品安全监管的调控，确保监管环节之间的无缝衔接。

《食品安全法》针对从事食品检验的机构和人员也提出了相应的要求。除非法律另有规定，食品检验机构必须按照国家有关认证认可的规定取得资质认定后，方可从事食品检验活动。检验人员必须依照国务院卫生行政部门制定的检验规程从事食品检验活动。

《食品安全法》是我国安全卫生法律体系中法律效力层次最高的规范性文件。2010 年，国务院为了更好地实施《食品安全法》，颁布了《中华人民共和国食品安全法实施条例》，随后各省、市、自治区根据各自相应的发展现状制定了相应的地方性法规。

3.《中华人民共和国产品质量法》（以下简称《产品质量法》）

现行使用的《产品质量法》是 2000 年 7 月 8 日经第九届全国人民代表大会常务委员会第十六次会议全面地修改和完善的，由原先的 6 章 51 条扩展为 6 章 74 条，于 2000 年 9 月 1 日起施行。该法内容分为总则，产品质量的监督，生产者、销售者的产品质量责任和义务，损害赔偿，罚则，附则共 6 章。《产品质量法》以加强对产品的监督管理、提高产品质量水平、明确产品质量责任、保护消费者的合法权益、维护社会经济秩序为立法宗旨。因此，它既是我国的产品质量监督法，又是我国产品质量责任法，是我国食品质量安全的主要法律依据之一。但由于《产品质量法》所称的产品范围是指经过加工、制作用于销售的产品，因此就食品而言，未经加工和制作的初级农产品、初级畜禽产品、初级水产品不属于该法的产品范畴。2006 年颁布的《中华人民共和国农产品质量安全法》弥补了《产品质量法》的不足，对未经加工的食品（即农产品）的质量要求和相关法律责任作了明确规定。

4.《中华人民共和国标准化法》（以下简称《标准化法》）

《标准化法》是一部实施较早的针对技术要求标准化的法律，于 1989 年 4 月 1 日起实施。其立法宗旨是发展社会主义商品经济，促进技术进步，改进产品质量，提高社会经济效益，维护国家和人民的利益，使标准化工作适应社会主义现代化建设和发展对外经济关系的需要。其主要内容包括：标准化机构的设置和权限，标准编制的对象和程序，标准化的纲要和计划，标准的应用范围，推广新标准的时间，贯彻标准化的制度、责任以及违反标准化规定时的处罚等。根据《标准化法》的规定，我国的标准按效力或标准的限分为国家标准、行业标准、地方标准和企业标准 4 大类。截至 2010 年 4 月，我国已颁布的食品检测方法国家标准共 918 项，其中覆盖面最广的是 GB/T 5009 系列，基本包括了我国加工食品、食用农产品和食品相关产品的检测方法。

5. 我国食品法律法规的获取途径

1）政府网站——全国人大法律法规数据库。

2）卫生部——食品安全与卫生监督司。

3）农业部——农业部规章。

4）国家质量监督检验检疫总局网站。

5）各省、市、自治区的质量技术监督局及出入境检验检疫局。

6）商业参考网站：食品伙伴网、我要找标准、中华食品信息网等。

7）购买现行出版的标准单行本和合订本。

二　食品标准与标准化

标准化是为了在一定范围内获得最佳秩序，针对现实问题或潜在问题制定共同使用和重复使用的条款的活动。由《标准化工作指南　第1部分：标准化和相关活动的通用词汇》（GB/T 2000.1—2002）可知，将一组相关的条款集中起来经协商一致并由公认机构批准，共同使用的和重复使用的规范性文件即为标准。

根据《标准化法》规定，我国标准分为国家标准、行业标准、地方标准和企业标准四级。标准按照约束性可分为强制性标准与推荐标准。强制性标准是国家通过法律的形式，明确要求对于一些标准所规定的技术内容和要求必须执行，不允许以任何理由或方式违反和变更，对违反强制性标准的，国家将依法追究当事人的法律责任。标准号以GB开头的皆为强制性国家标准，标准号以GB/T开头的则为推荐性国家标准。

在《食品安全法》公布施行前，我国已有食品、食品添加剂、食品相关产品国家标准2000余项，行业标准2900余项，地方标准1200余项，基本建立了以国家标准为核心，行业标准、地方标准和企业标准为补充的食品标准体系。各部门依职责分别制定农产品质量安全、食品卫生、食品质量等国家标准、行业标准，标准总体数量多，各标准之间既有交叉重复，又有脱节，标准间的衔接协调程度不高。在《食品安全法》实施后，根据法律规定，国务院卫生行政部门承担食品安全标准的制定工作。

三　食品质量安全市场准入制度与食品生产许可证

1. 食品质量安全市场准入制度

2002年7月开始，国家质量监督检验检疫总局在全国实施食品质量安全市场准入制度。2005年公布施行的《食品生产加工企业质量安全监督管理实施细则（试行）》中明确规定了食品质量安全市场准入制度的基本原则：食品生产企业实施生产许可制度，食品生产许可证证书式样由国家质量监督检验检疫总局统一规定，如图1-1-1所示；食品出厂必须经过检验，未经检验或者检验不合格的，不得出厂销售；检验人员必

全国工业产品生产许可证

食品

经审查，下列产品符合食品生产许可证发证条件，特发此证。

产品名称：

住　　所：

生产地址：

检验方式：

证书编号：

有效期至：　　　年　　月　　日

图1-1-1　食品生产许可证式样

须具备相关产品的检验能力，取得从事食品质量检验的资质；实施食品质量安全市场准入制度的食品，出厂前必须在其包装或者标志上加印（贴）QS标志即食品生产许可证标志，以“企业食品生产许可”的汉语拼音“Qiyeshipin Shengchanxuke”缩写“QS”表示，其式样由国家质量监督检验检疫总局统一制定，如图1-1-2所示。

图1-1-2 食品生产许可证标志

2. 食品许可

《食品安全法》第二十九条明确规定：“国家对食品生产经营实行许可制度。从事食品生产、食品流通和餐饮服务，应当依法取得食品生产许可、食品流通许可和餐饮服务许可。”这三项许可分别由国家质量监督检验检疫总局、国家工商行政管理总局和卫生部所属国家食品药品监督管理局实施单独管理。

食品生产企业取得企业营业执照后，可向企业所在市（地）质量技术监督部门申领食品生产许可证。现阶段我国的食品企业生产许可证的申请与市场准入一般同时办理。

3. 食品质量安全生产许可证审查细则

2005年国家质量监督检验检疫总局发布了《食品质量安全市场准入审查通则》，适用于所有生产加工食品企业的质量安全市场准入审查；同时，对每一大类食品又制定了具体的审查细则，如《糕点生产许可证审查细则》。表1-1-1为部分食品质量安全市场准入制度食品分类表。

一般，审查通则与审查细则配合使用，共同完成对某一类食品企业的质量安全市场准入审查。

表1-1-1 食品质量安全市场准入制度食品分类表

序　号	食品类别名称	已有细则的食品	细则发布日期
1	粮食加工品	小麦粉	2002年
		大米	2002年
		挂面	2006年
2	食用油、油脂及其制品	食用植物油	2002年
3	调味品	酱油	2002年
		食醋	2002年
		味精	2003年
		鸡精调味料	2006年
		酱类	2006年
4	肉制品	肉制品	2003年
5	乳制品	乳制品	2003年

（续）

序 号	食品类别名称	已有细则的食品	细则发布日期
6	饮料	饮料	2003 年
7	方便食品	方便面	2003 年
8	饼干	饼干	2003 年
9	罐头	罐头	2003 年
10	冷冻饮品	冷冻饮品	2003 年
11	速冻食品	速冻面米食品	2003 年
12	薯类和膨化食品	膨化食品	2003 年
13	糖果制品（含巧克力及制品）	糖果制品	2004 年
		果冻	2006 年
14	茶叶及相关制品	茶叶	2004 年
15	酒类	葡萄酒及果酒	2004 年
		啤酒	2004 年
		黄酒	2004 年
16	蔬菜制品	酱腌菜	2004 年
17	水果制品	蜜饯	2004 年
18	炒货食品及坚果制品	炒货食品	2004 年
19	蛋制品	蛋制品	2004 年
20	可可及焙烤咖啡产品	可可制品	2004 年
		焙炒咖啡	2004 年
21	食糖	糖	2003 年
22	水产制品	水产加工品	2004 年
23	淀粉及淀粉制品	淀粉及淀粉制品	2004 年
24	糕点	糕点食品	2006 年
25	豆制品	豆制品	2006 年
26	蜂产品	蜂产品	2006 年

四 国际食品法律法规概述

国际上，各国对食品质量安全法律法规的建设也非常重视，均有与本国国情相对应的食品法律法规并不断修订和完善。

美国的《食品、药品和化妆品法》是美国 100 多部与食品安全相关的法律中最重要的一部法律，与《公共健康服务法》《食品质量保障法》等法律法规构成了较为严格的食品安全体系。美国推行民间标准优先的标准化政策，现有食品安全标准 600 多种，典型的且目前被我国等同采用的标准有“良好生产规范”“危害分析及关键控制点”等。

加拿大采用的是分级管理、相互合作、广泛参与的食品安全管理模式，有全球盛名的完整的食品安全保障系统。在加拿大，食品安全被视为是每个人的责任。与食品安全有关的法律法规主要有《食品药品法》《加拿大农业产品法》《消费品包装和标识法》等。

欧盟的食品质量安全控制体系被公认为是最完善的食品质量安全控制体系。它是一系列以《食品安全白皮书》为核心的法律、法令、指令并存的架构。

各国的法律法规逐步趋于完善和改进，但随着各国贸易往来频率的提高，由法律法规的差异所引发的贸易壁垒问题成为阻碍正常贸易的重要因素之一。因此，国际上一些权威性的机构或协会积极探索，形成了通用性法规框架，特别是技术含量、参数等易量化的指标和测定方法。比较著名的国际机构有国际食品法典委员会（CAC）、国际标准化组织（ISO）、国际乳业联合会（IDF）、国际谷物科学技术协会（ICC）等。

第二章 实验室安全

食品企业实验室是进行产品检验检测和研发的必备场所，集中了大量的仪器设备、化学药品、易燃易爆及有毒物质。食品企业有些试验要在加热、加压、微波、辐射等特殊环境下进行；大量的大型分析测试仪器需使用氧气、氢气、液氮、液氨等易燃或压缩气体。理化试验中经常使用各种易燃易爆、有毒、腐蚀性强的强碱和强酸，以及有机试剂和玻璃器皿；微生物和分子生物学实验室大多需接触到涉及安全的化学药品、微生物菌种和剧毒品。因此在操作中如果稍有不慎，就有可能引起火灾、爆炸、中毒等事故，引起人员伤亡、设备破坏和财产损失。

第一节 实验室安全操作规范

在食品企业实验室内工作时，保持良好的工作习惯，严格执行规范的操作程序，能够最大限度地降低操作人员感染疾病的可能性，减少对环境的污染，降低重大人身伤害的可能性。以下几个方面安全良好操作规范的建立尤其重要。

 食品企业实验室用电安全

1. 食品企业实验室布线过程良好操作规范

1）首先仪器桌布局要科学，地插座要安装在腿脚碰不到的地方，严禁不接插头就将裸头导线直接插入插座中；水槽旁通常不设置仪器插座，以防止漏电或触电。

2）采取多种方法防止仪器设备漏电、短路。

第一，采取绝缘隔离方法：将可以隔离的电器或可以隔离的部分隔离保护起来，不能隔离的可将带电的最危险部分包封在绝缘材料中，如用绝缘材料作电器外壳。

第二，采用保护接地方法：仪器室布线时一定要布设保护接地线，并与大地良好连接，若能采用多点接地则保护更稳妥。仪器室的地插座必须是三孔的插座，如用活动的接线板，也必须有接地线的插座板，否则即使铺设了保护接地线，仪器外壳也未真正接地。所以要禁止使用只有两个铜柱插头无接地线的插座板。

第三，采取保护接零方法：保护接零是使电气设备的金属外壳不直接接地，而是将其连接在零线上，这种保护措施称为保护接零。当电器漏电时，相线就通过漏电的金属外壳与零线相通形成回路。由于这一回路的电阻很小，因此漏电电流很大，会使接在相线上的熔丝熔断或引起低压断路器跳闸，及时切断电源，保护人身安全。

第四，采取保护切断方法：就是使用漏电电流断路器或总控开关。如果仪器室安装了漏电电流断路器或总控开关，就可以随时控制供电的通断，人离开仪器室时就可以方便地切断仪器的供电，当仪器在使用时漏电或有其他意外时，就会自动跳闸，保护人身

和设备安全。

2. 使用过程良好操作规范

在使用新的仪器设备前，要先参考说明书，了解设备性能，准确掌握其使用方法并了解注意事项；各种仪器的安装、调试、使用和维护保养要严格按照仪器的使用说明进行。

在使用仪器前应检查开关、线路等各部件是否安全可靠。在操作仪器设备时，手要干燥，不能用湿手或湿的物品接触开关、仪器、电线。禁止用试电笔去试高压电，操作人员要避免接触或靠近电压高、电流大的带电或通电物体。

分析天平、分光光度计、酸度计等精密仪器，应安放在防震、防尘、防潮、防蚀、防晒以及周围温度变化不大的室内，以保证仪器的正常使用，电源电压要相符，操作时应严格遵守操作规程。这些设备使用完毕并切断电源后，还应将各旋钮恢复到初始位置。

在试验过程中，应注意保持台面干燥，注意不要让电源插头沾水；烘箱、电炉、马弗炉、搅拌器、电加热器、电力驱动冷却水系统等无人值守时，尽量不要过夜工作。使用开放性电炉、酒精灯等明火加热时，检测人员不应远离工作现场并需关注其运行状况。使用中的仪器设备一旦出现异常声响、气味、打火、冒烟等现象，要立即关机停止使用；精密设备需通知专业人员进行检修，不得私自拆卸修理，普通设备也需待查明原因并排除故障后再继续使用。

仪器使用完毕要随手切断电源，禁止用拉导线的方法拔掉电源插头。离开实验室时，除恒温实验室、培养箱和冰箱等需要连续供电的仪器设备外，应切断电源、水源，关好门窗，消除一切可能产生安全事故的隐患，并锁好门。

3. 仪器日常维护和检修过程良好操作规范

试验设备、辅助管线等设施完好是保障实验室安全的前提。试验设备带病操作会使安全事故的发生概率大大增加。为了最大限度地保持试验设备的良好运行状态，必须做好试验设备平时的保养与维修工作。主要需关注的内容有：

1）使用仪器设备时，要注意保持仪器的清洁以及适当的工作状态；平时要注意仪器设备和电线的防潮、防霉、防热、防尘工作，在使用前对仪器进行检查和干燥处理，不能用湿布或铁柄毛刷清扫；安装、搬动或维修仪器时，一定要先切断电源。

2）经常检查插头、插座的安全，看看是否有烧焦变形的迹象，一旦发现异常，就要立即更换插头、插座。

3）实验室内所用的高压、高频设备要定期检修，要有可靠的防护措施；实验室水管及水龙头也要经常更换，要严格注意防跑水（外线停电）、冒水（下水道堵）、滴水（冷凝管或水龙头连接冷凝管的橡胶管破损老化）、漏水（房顶漏水）等情况的发生，防止因跑水而使电器沾湿、浸湿。

4）还要特别重视长期搁置的仪器设备的管理，这些长期不用的仪器设备必须标识清楚，必要时需采取隔离措施以避免误用。设备重新启用后，需先检查其安全性能是否良好，有无漏电现象发生（实验室要常备试电笔，经常检测电器外壳是否带电）。必要时这些仪器设备还需经检定或校准并粘贴“合格”标签后才能投入正常使用。

5）建立仪器设备操作使用、维护保养制度，使实验室内各种仪器设备的运行状态始终处于试验人员的监控之下，确保实验室的各种仪器设备始终处于完好状态，杜绝因仪器设备运行异常或突发偶然事件而造成安全事故。

4. 应配置充足、有效的安全防护设施

防护装备是安全保障的前提。食品企业实验室内应根据需要配备充足、有效的防触电和火灾的安全防护设施，所用仪器线路和用电装置均应按相关规定使用防爆电气线路和装置，设备及电源电路均应装有防止过电流的安全装置（如熔丝、电路开关、总配电盘和剩余电流断路器），要有能够紧急停止运转的装置，以减少正常运行和紧急情况下安全危害的发生。

二　食品企业实验室消防安全

食品企业实验室里集中了大量的仪器设备、化学药品及易燃易爆物质。点火源与助燃物在食品企业实验室内也大量存在。当这三者同时具备时，试验技术人员操作中如果稍有不慎，就有可能引起火灾、爆炸等事故，造成人员伤亡、设备破坏和财产损失。

1. 食品企业实验室消防常识

（1）可燃物的分类　凡是能与空气中的氧或其他氧化剂起燃烧化学反应的物质都称为可燃物。在实验室中可燃性的物质很多，按其物理状态分为固体可燃物、液体可燃物和气体可燃物三种。

1）固体可燃物。实验室里常见的固体可燃物有固体药品、纸张和堆积的杂物，尤其是固体药品遇火、受热、摩擦、撞击或与氧化剂接触能着火，是食品企业实验室内的重大危险源。

通常食品企业实验室中常备的强氧化性物质包括氯酸盐、高氯酸盐、无机过氧化物、有机过氧化物、硝酸盐和高锰酸盐等。该类物质因加热、撞击而分解释放出的氧气可与可燃性物质发生剧烈燃烧，甚至发生爆炸；若与还原性物质或有机物质混合，则会因发生氧化放热反应而引发火灾。

有的食品企业实验室内还有可在较低温度下着火并迅速燃烧的可燃性物质，比如黄磷、红磷、五硫化磷、硫化磷、硫黄、金属粉（Mg、Al、Zn）等。此类物质若与氧化性物质混合，则会着火。硫黄粉末吸潮会发热，从而引起燃烧；金属粉末若在空气中加热，则会剧烈燃烧。

2）液体可燃物。食品企业实验室内可燃性液体种类繁多，大部分是沸点较低的有机液态试剂。食品企业实验室的火灾、爆炸事故多半是由这些物质引起的。根据物质的闪点可以区别各种可燃液体的火灾危险性。液体的闪点越低，火灾危险性越大。因此，人们把闪点作为决定液体火灾危险性大小的重要依据。按照我国的划分标准，闪点小于或等于28℃的为一级易燃液体，闪点大于28℃而小于45℃的为二级易燃液体，闪点大于或等于45℃的为可燃液体。

食品企业实验室内常见的一级易燃液体主要是二硫化碳、苯、甲苯、乙醇、甲醇、乙醚、乙酸甲酯、汽油、乙醛、己烷等；二级易燃液体主要有煤油、丁醇等；可燃液体有动物油、植物油、润滑油、柴油、苯酚、蜡等。这些有机化学品在常温下易挥发，极易燃烧，还能与空气形成毒性、爆炸性较强的混合物。食品企业实验室人员应对这些试验试剂设置科学的储存限。这类试剂库存量大不仅会导致由于其挥发而造成的损失，而且存在着严重的安全隐患。在运输、使用、存储时，注意将其与火种隔离，使用后不能随便倒入下水道，要规范处理，防止在下水道积聚而引发火灾。

3）气体可燃物。食品企业实验室内经常使用的遇明火或与氧化剂接触会引起燃烧、爆炸的气体有氢气、甲烷、乙炔、煤气、液化气等。这些气体常常作为原子吸收、原子荧光、气相色谱等仪器的使用载气。为了储运和使用方便，常将上述可燃气体加压后充装在钢瓶里。钢瓶内的压力一般都比较高，加之这些气体多数具有易燃易爆等性质，在接触明火或高温时，瓶内压力会急剧上升，超过允许压力时钢瓶就会爆炸。同时，由于这些可燃气体易扩散，比空气密度小的易积聚在房间上部与空气形成爆炸混合物，而比空气密度大的则沿着地表扩散漂流于沟渠、房屋死角处长时间积聚不散，遇到点火源及低能量的火花便能引燃。

按可燃气体爆炸浓度下限将可燃气体划分为两级：一级可燃气体是指爆炸浓度下限小于10%（体积分数）的可燃气体，如氢气、甲烷、乙炔、环氧乙烷、硫化氢、天然气、液化石油气等；二级可燃气体是指爆炸浓度下限大于或等于10%（体积分数）的可燃气体，如氮气、一氧化碳等。

（2）实验室的点火源　实验室的点火源是导致燃烧的最关键条件。点火源是可以使可燃物质燃烧的能量来源，常见的为热能，其他还有电能、化学能等转变的热能。除了我们经常比较关注的打火机、火柴等物品外，还要注意一些实验室常用的加热仪器，如酒精灯、气体或液体喷灯、电烘箱、马弗炉或其他坩埚电炉、水浴、油浴和石蜡浴等。除此之外，还应注意实验室里的电气火花，包括电气设备的各种开关、熔丝、电线接头等处在接通或断开电源时的电火花或送电过程中接触不良点处的电火花，过电流引起的导线或熔丝物理爆炸火花以及静电火花。

2. 食品企业实验室火灾事故产生的原因（见表1-2-1）

表1-2-1　食品企业实验室火灾事故产生的原因

安全事故因素类型	产生原因
人员不良行为	如在实验室抽烟，用明火烧煮食物，乱扔的烟头或是其他点火源接触易燃物质
基础设施达不到要求	① 实验室设计过程中存在缺陷，或是其他功能房间改用作实验室所导致的火灾，如使用老化或不符合规格的电源线、开关、插头，电线的保护、维修操作不当；大功率试验设备用电线与照明线共用，超负荷用电；试剂、气体钢瓶储存和使用不当 ② 储存处环境不符合条件，温度过高，通风达不到要求，试验过后检测人员忘记关电、气、风

（续）

安全事故因素类型	产 生 原 因
无相关制度，或是不严格执行作业指导书	① 不按岗位指导书操作，如参加反应的物料配比、投料速度和加料顺序不当造成反应剧烈，产生大量的热，引起超压爆炸；传热介质与被加热物料发生危险性反应；用明火（酒精灯、开放式电炉、电吹风）加热易燃易爆物品（有机溶剂） ② 电气设备使用或操作方法不当，如在实验过程中擅自离开岗位，致使设备或用电器通电时间过长，温度过高，电火花放电而引起着火 ③ 某些反应装置和储罐在正常情况下是安全的，但是如果在反应和储存过程中混进或掺入某些物质，就会产生新的易燃易爆物质，或是反应物料的温度超过自燃点，在条件适当时就有可能发生事故

3. 食品企业实验室防火操作规范

1）实验室应严禁吸烟。

2）动用明火前应检查明火与可燃物的间距，采取相应措施确保安全。例如，实验室用的电热板、电炉、烘箱等放在木制台面上时必须用耐火材料衬垫，在火焰、电加热器或其他热源附近严禁放置易燃物。

3）实验室不能作为库房使用，应严格控制实验室内存放易燃易爆化学物品的量，应仅存放能满足试验所用的少量试剂，大量的化学危险物品应存放在化学品专用库房内。

4）易燃物使用后还要及时回收处理，不可倒入下水道，以免聚集引起火灾。不应用磨口塞的玻璃瓶储存爆炸性物质，以免关闭或开启玻璃塞时因摩擦而引起爆炸，必须配用软塞或橡胶塞，并应保持清洁。

5）易燃物不得存放在火焰、电加热器或其他热源附近。许多有机溶剂如乙醚、丙酮、乙醇、苯等非常容易燃烧，大量使用时室内不能有明火、电火花或静电放电。

6）灼热的物品不能直接放在试验台上。倾注或使用易燃物时，附近不得有明火。不慎将易燃物倾倒在试验台或地面上时，应迅速切断附近的电炉、喷灯等加热源，并用毛巾或抹布将流出的易燃液体吸干，室内立即通风、换气。身上或手上若沾上易燃物，则应立即清洗干净，不得靠近火源。

7）尽量不使用明火对易燃液体（如有机溶剂）进行加热。在蒸发、蒸馏或加热回流易燃液体的过程中，绝对不许试验人员擅自离开。可以根据沸点高低分别用水浴、砂浴或油浴加热这些易燃液体。注意室内通风，工作完毕，应立即关闭所有热源。

8）试验电气设备应定期检修、更换，位置摆放、使用要科学规范，避免摩擦和冲击，防止产生电火花。例如，电烘箱周围严禁有易燃品、滤纸等，一次烘干玻璃仪器不能过多，保证电烘箱内空气对流，使温控器正常工作。

9）大型仪器设备使用的载气或燃气在使用时要注意和防止管路漏气，使用后把阀门关好，平时注意室内通风，点火前要检查仪器和室内的安全性，不可把钢瓶气用尽，以免空气倒灌入瓶内。

10）对损坏的接头、插座、插头或绝缘不良的电线应及时更换；沾染化学物质的电器、电线要及时清洁；检查电线绝缘能力是否完好。

三 食品企业实验室防爆

1. 食品企业实验室防爆常识

爆炸的本质是“压力的急剧上升”，通常借助于气体的膨胀来实现，是大量能量在短时间内迅速释放或急剧转化成机械功的现象。这种压力的上升不单是由物理原因引起的，常常也是由化学反应或物理化学的变化而引起的。形成爆炸的化学反应有燃烧反应、分解反应、爆轰反应等。

爆炸时所生成的气体具有高达1000℃以上的温度，完全有可能点燃可燃物质而导致火灾的发生。如果在发生火灾的同时发生爆炸，则会更加危险。在爆炸时还会产生冲击波，其破坏的分布情况是比较复杂的。在火场上，冲击波能将燃烧着的物质抛散到高空和周围地区，如果落在可燃物体上，就会产生新的火源，造成火势蔓延。冲击波还会破坏难燃结构的保护层，使可燃物体外露，为迅速扩大燃烧面积创造条件。冲击波是一种波长较短的单纯压力波，可以使建筑结构发生局部变形或倒塌，促进气体对流，导致燃烧强度剧增，助长火势蔓延。火场中如果有沉浮在物体表面上的粉尘，则爆炸的冲击波会使粉尘飞扬于空间，与空气形成爆炸性混合物，可能再一次爆炸或连续多次爆炸。

按照物质产生爆炸的原理和性质的不同，可将爆炸现象分为以下三类：

（1）物理性爆炸　由于物理因素（如状态、温度、压力等）变化而引起的爆炸现象称为物理性爆炸。这类爆炸是由于设备内的液体或气体迅速膨胀，压力急剧增加，并超过了设备所能承受的强度，致使容器破裂，内部物质冲出而引起的。微生物试验用的杀菌锅的爆炸就属于这类爆炸。如果设备内为可燃气体，则在发生物理爆炸后，还常常引起化学性的第二次爆炸。

（2）化学性爆炸　由于物质发生激烈的化学反应，使压力急剧上升而引起的爆炸称为化学性爆炸。爆炸反应的速度很快，可达几百米每秒，甚至几千米每秒。这种爆炸具有很大的危害性。

（3）混合气体爆炸和易燃易爆物品过热引起的爆炸　当可燃气体和助燃气体在一定比例范围内混合时，遇到着火源，就会引起混合气体爆炸。这类混合物叫做爆炸性混合气体。通常在可燃气体中，除了氢气、乙炔、煤气、液化石油气和天然气外，还包括汽油、甲苯、苯、酒精、乙醚等可燃液体的蒸气。在助燃气中，除空气之外，氧气、氟气、氯气等气体也是助燃气体。可燃气体与空气的混合物，只有在一定的浓度范围内，遇到火源才会发生爆炸。这个遇到着火源能够发生爆炸的浓度范围叫做爆炸浓度极限，通常用体积分数来表示。

水、有机液体和液化气体处于过热状态时，瞬间变成蒸气，呈现爆炸现象。强氧化性物质和还原性物质相混合时也会发生爆炸。

2. 食品企业实验室爆炸事故产生的原因

食品企业实验室常需要使用低温液化气体、易燃易爆物品和压力容器，进行加热、

灼烧、蒸馏等试验操作，随时存在着火、爆炸的可能。爆炸事故产生的主要原因有：

1）压力容器遇高温或强烈碰撞会引起爆炸。

2）实验室存在着大量可燃性有机溶剂，如乙烯、乙醇、乙醚、丙酮、苯酚等，当它们与空气混合达到爆炸浓度极限时，一旦遇到热源、明火或振动就会诱发爆炸。

3）实验室存在着大量的易发生热爆炸的试剂，主要有过氧化物、高锰酸钾、高氯酸钾、三硝基甲苯等。这些化学品受到挤压作用以及遇到热源、明火时就会发生剧烈爆炸。

4）供电线路和设备老化、超负荷运行或违反其操作规程，导致线路发热起火，遇到泄漏的易燃、易爆物品时就会产生爆炸。

5）试验产生的废气、废液处理不及时也会发生爆炸。可燃性试验废气未及时排出实验室，聚集至一定量后会产生爆炸；实验室作业人员将反应废液直接倒入下水道，使易燃气体聚集在下水道，一旦达到爆炸浓度极限就会引发爆炸。

6）试验产生的高温高压超出了试验容器设备的承受能力，承压试验设备泄压装置失效。

3. 食品企业实验室防爆良好操作规范

（1）压力气瓶防爆良好操作规范　气瓶应专瓶专用，不能随意灌装；各种气压表不能混用，外表涂装的标志要保护完好；搬运气瓶时要轻、要稳，应将其竖直摆放在专用气瓶柜中并加以固定，以减少振动、碰撞；气瓶应存放在阴凉、干燥、远离热源的地方，防止日光曝晒，容易引起燃烧、爆炸的气瓶要分开存放。

气瓶周围不应堆放任何可燃物品，易燃气体气瓶与明火距离应不小于5m；开启气门时，应站在气压表的一侧，不准将头或身体对准气瓶总阀，以防阀门或气压表冲出伤人；气瓶内的气体不可用尽，以防倒灌；气瓶应定期进行安全检验，若在使用过程中发现有严重腐蚀、损坏现象或对其安全可靠性有怀疑，则应提前进行检验。

（2）危险试剂、药品防爆良好操作规范　应减少易爆炸危险试剂、药品的存放量，需要时再适量购买；在满足试验、研究的条件下，尽量不用或少用化学危险品；特别是在选择有机溶剂时，应尽量选用火灾、爆炸危险性低的替代品。易爆炸的危险试剂、药品应由专人保管。

易爆炸的危险试剂、药品（如有机溶剂、强氧化剂）应远离热源、火源，用后把瓶塞塞严，用棕色瓶或包黑纸的瓶盛装，于避光阴凉处保存，并保证储存处通风良好。

易爆炸的危险试剂、药品应科学分类储存，防止引发连环爆炸。例如，乙酸酐与硫酸混合反应猛烈甚至能导致爆炸，必须隔离存放。

通常情况下不用带有磨口塞的玻璃瓶盛装爆炸性物质，因为摩擦产生的火花可能引发爆炸。盛放化学危险品的容器必须清洗干净，以免与其他异物发生反应。

如果试剂瓶的磨口塞粘牢打不开，则可将瓶塞在试验台边缘轻轻磕撞，使其松动，也可在粘牢的缝隙里滴加几滴渗透力强的液体（如乙酸乙酯、煤油、水、稀盐酸）。严禁用重物敲击，以免产生火花。当用电吹风机稍许加热瓶颈部分使其膨胀时要格外小心，因为电吹风机属于明火。

试验完毕后应及时销毁残存的易燃易爆物，并按规定处理“三废”，不能随便倾倒与互混，有机溶剂会随水流而挥发并与空气形成爆炸性混合气体。

（3）容器、管道、设备防爆良好操作规范　使用煤气灯时，禁止用火焰在煤气管道上查找漏气处，应用肥皂水，并先将空气调小再点燃火柴，然后开启煤气开关点火并调节好火焰。

易燃易爆的试验操作应在通风橱内进行，通风后可燃物质在空气中的浓度一般会小于或等于爆炸浓度下限的1/4。操作人员必须穿戴相应的防护用具。

仪器装置不正确或操作错误，有时极易引起爆炸。易发生爆炸的操作，不得对着人进行。若在常压下进行蒸馏或加热回流，则仪器装置必须与大气相通。

加强容器设备的密闭性，不能用开口或破损的容器盛装易燃物质。容积较大而没有保护装置的玻璃容器不能储存易燃液体，不耐压的容器不能充装压缩气体和加压液体。

对于装有煤气管道的实验室，应注意管道和开关的严密性，避免漏气。煤气使用后或临时中断煤气供应时，应立即关闭煤气阀。当煤气泄漏时，应立即停止试验，排查后再继续试验。

四　食品企业实验室防化学中毒和腐蚀

1. 易发生化学中毒和腐蚀事故的化学药品

（1）有机溶剂　如正已烷、丙酮、四氢呋喃、苯、甲苯、二甲苯、乙醛、乙醚、乙醇、乙酸乙酯、四氯化碳、三氯甲烷等。

（2）常见的强酸　如硝酸、硫酸、盐酸、磷酸等。

（3）常见的强碱　如氢氧化钾、氢氧化钠、氢氧化钙等。

（4）常见的强氧化物　如过氧化钙、氯酸钾、高锰酸钾、硝酸铵、硝酸钾、硝酸钠、重铬酸钾、硝酸汞、硝酸银、硝酸铜、过氧化氢等。

（5）常见的有毒品　如氢氧化钡、乙酸铅、水银、氰化钠、氰化钾等无机化学品。当它们接触到皮肤、衣物时，会发生剧烈化学反应而产生非常强烈的腐蚀作用。

2. 食品企业实验室化学中毒和腐蚀事故产生的原因

（1）药品购买、储存和使用的方法不当　由于购买药品无计划性，使食品企业实验室大量储存有毒有害化学品；在储存区取用大桶包装的危险化学品时，直接将其倾倒在大烧杯中，无对自身的安全防护措施和防泄漏措施，误洒在外面时也只任其挥发，使有毒物品散落流失而造成中毒或环境污染。

浓酸、浓碱在使用过程中操作不当，溅到皮肤上会引起腐蚀与烧伤，浓酸蒸气会强烈刺激呼吸道。最常见的是进行样品消化操作时，使用到大量的强酸、强氧化剂并加热，加热条件控制不好会使强酸、强氧化剂喷溅，对人体和环境造成极强的损害；在实验过程中有机溶剂泄漏，引起作业人员中毒，剂量较小时长期吸入这些有毒有害蒸气也会易引起慢性中毒和职业病。另外，使用旋转蒸馏设备时，在旋转蒸发过程中溶液受热沸腾，溶剂蒸发，大部分由蛇型冷凝管冷凝后收集，液面上方空间的一小部分溶剂被循环水真空泵抽走，溶解在水泵中的水里或散发到空气中。旋蒸结束后需要及时清洗烧

瓶、冷凝管、蒸馏瓶等反应设备，而为了将其清洗干净，需要根据反应样品选择有机溶剂进行洗涤，而有机蒸气很容易被操作人员吸入。

（2）仪器设备管线老化泄漏、环保设施配备不充分　食品企业实验室内有大量的分析测试仪器需使用燃气或载气，这些气体因设备管线老化而发生泄漏的可能性大。这些气体如果泄漏，不仅会污染环境，而且有可能成为火灾和爆炸的隐患。另外，未及时排出的试验废气会成为典型的毒气源。

3. 食品企业实验室防止化学中毒和腐蚀事故产生的良好操作规范

（1）应利用MSDS加强实验室的安全管理工作　MSDS（Material Safety Data Sheet）即安全技术数据表，也可以自己从网络上收集相关产品供应商发布的MSDS数据，形成自己的MSDS表。

根据企业实际情况编制的MSDS清单可提供所使用化学品的详细危害信息，确保这些危险化学品的安全运输、安全储存和安全使用，为制订企业实验室安全操作规程提供技术信息，提供事故紧急救助和事故应急处理的技术信息，也可以作为食品企业化学品登记管理的重要基础和信息来源。分析人员在进行试验前，应利用MSDS了解该反应和所用试剂的理化特性。对于有危险的试验，必须准备必要的防护措施，通晓发生事故的处理方法。

（2）应严格控制危险化学品的采购过程　危险化学品的采购必须按照国务院《危险化学品安全管理条例》和《易制毒化学品管理条例》的规定执行，并建立科学的化学试剂申报、采购流程。采购进来的危险化学品，必须严格检查和验收，认真填写验收记录和入库单，由药品管理员或标准物质管理员入库保管。库房应当设置明显标志，严禁闲人进入，严禁吸烟和使用明火，并根据物品的种类、性质，配备相应的消防器材、设施，以及监控、报警等装置。

（3）应严格控制危险化学品的领用、退回过程　建立药品的领取、退回制度。试验前后应对试验人员所用试剂进行登记、检查、核实，要明确责任制，切实严格管理，防止试验人员私自将试剂带出实验室，造成安全事故。苯胺、草酸、黄磷、钠、二硫化碳、苯、乙醚、发烟硫酸、丙酮、乙酸乙酯、甲苯、二甲苯、正丁醇、过氧化钠等危险药品剩余部分应及时存入危险药品库（柜）。

（4）应严格控制危险化学品储存条件　建立化学试剂、样品的分类存放制度，完善危险药品的存放条件。应单独设置药品存储室或药品柜，并应隔成独立小间，实行分类存放。通常情况下，强酸、强碱、强氧化剂、强还原剂必须分开单独存放，无机危险化学品与有机危险化学品分开单独存放，有条件的可以直接购买配制好的试剂溶液。储存柜内从上至下的存放次序为易燃品、碱性腐蚀品、酸性腐蚀品、氧化剂。毒品、易爆炸品应存于保险箱内并分格安放；易燃品及性质互相抵触或灭火方法不同的试剂应分库分类堆放或上货架，并且货架下层放液态试剂，中层放固体类试剂，上层放小包装试剂；易受光照变质的试剂必须放在库内最阴暗处；浓酸、浓碱应存放在阴凉、通风、远离火源的料架上，并与其他药品隔离放置。

即使是经常使用的药品，也不应大量摆在实验室台面上，如无水乙醇应不多于

1000g，氯酸钾、高锰酸钾、硝酸、硝酸钠等不多于500g，浓硝酸和浓硫酸不多于1000g，工业乙醇不多于10kg。三氯化铝、甲酸、盐酸、氢氧化钠、重铬酸钾、亚硝酸钠、硝酸汞、硝酸铝、硝酸铜、硝酸镉、酚、甲醛、丙三醇等危险药品则应保存于化学药品室（柜）中。

注意特殊试剂的存放，如黄磷存放于盛水的棕色试剂瓶中，钾、钠浸泡在无水煤油里，二硫化碳用水液封，一些见光易变质试剂（如溴、过氧化氢、硝酸银、浓硝酸、苯酚等）应存放在棕色瓶里，放在阴凉处。

实验室内应加装排风扇，定期排风，有些有毒气体的试验还另设有通风橱；应设有窗帘、温度计和湿度计，控制室内湿度、温度和光照，防止不同种类药品间在一定浓度和温度、湿度条件下相互反应；还要定期检查试剂是否变质，以及危险药品室的温度、湿度、通风、遮光、灭火设备情况；对过期失效的药品应进行妥善处理。

一切试剂、试样均应贴有标签，容器内不可装有与标签不相符的物质；无标签药品不能擅自乱扔、乱倒，必须经化学处理后方可处置；对字迹不清的标签要及时更换；对使用周期长的药品，为防止标签脱落，可用宽的透明胶带覆盖标签，在标签上涂蜡或刷透明漆等。

（5）应严格规范危险化学品的操作过程　在化学品搬运过程中，应根据无机或有机试剂的不同性质，使用橡胶或棉质手套，穿防化服进行安全防护，要轻拿轻放，如果瓶子较大，则搬运时必须用一只手托住瓶底，用另一只手拿住瓶颈，最好用提筐或适宜的器具提拿，以防瓶子跌落。

取用强酸、强碱等腐蚀性刺激药品时，应戴上橡胶手套和防护眼镜，严防液体溅到皮肤上而被烧伤。应采用特制的虹吸管移出危险液体，并采取相应的防护措施（如佩戴防护镜、橡胶手套和围裙等）。酸液滴到身上时，应立即用水冲洗，对于眼部，还应避免水流直射眼球。

进入食品企业实验室时必须穿工作服，进入无菌室时必须按规定程序更换隔离服、工作鞋和工作帽；进行危害物质、挥发性有机溶剂、有毒性化学物质的操作时，必须穿戴防护用具（防护口罩、防护手套、防护眼镜）。如果在强酸或强碱的环境下工作，则应用保护围裙。严禁在实验室内穿凉鞋或拖鞋，应穿裤子和不漏脚趾的鞋子。在摘掉手套，脱掉工作服或其他个人保护装备后，应当立即洗手；接触可能污染的东西后，应立即用消毒液或具有消毒功效的肥皂洗手。

严禁在实验室内吃东西、喝水、吸烟、化妆，也不应在实验室里存放食品。不准在实验室内进行与试验无关的活动。严禁将实验室内的试剂入口，即便是可食用的试剂（如纯的氯化钠和蔗糖）。严禁使用试验器具代替餐具。试验台应保持干净、整洁，不得有影响试验工作的杂物；有样品溅到台面上时，应及时用适当的消毒液进行清洗；试验结束后，用过的沾染毒物的玻璃器皿、操作台必须立即洗净。

使用浓酸时，不得用鼻子嗅其气味或将瓶口对准人的脸部。用嗅觉检查样品时，只能拂气入鼻，稍闻其味即可，绝不能对着瓶口猛吸，严禁以鼻子接近瓶口鉴别。当浓酸流到操作台上时，应立即往酸里加适量的碳酸氢钠溶液中和，直至不发生气泡为止

(当浓碱流到桌面上时，可立即往碱里加适量的稀乙酸)，然后用水冲洗桌面。

稀释浓酸、浓碱时，必须在耐热容器内进行，应严格按规程操作，在不断搅拌下，将硫酸沿器壁缓慢倒入水中（绝对不能将水直接倒入酸、碱中)，同时用玻璃棒搅拌，温度过高时应冷却降温后再继续加入。当用浓硫酸作加热浴时，操作时必须小心，眼睛要离开一定距离，火焰不能超过石棉网的石棉芯，搅拌要均匀。在浓硫酸介质中进行检定反应时，加入浓硫酸混匀时应该用玻璃棒搅拌，切忌以振摇代替搅拌，以免浓硫酸溅出伤人。

在压碎或研磨氢氧化钠时，要注意防范小碎块或其他危险物质碎片溅散，以免烧伤眼睛、面部或身体的其他部位。配制氢氧化钠、氢氧化钾浓溶液时，也必须在耐热容器内进行。若需将浓酸或浓碱中和，则必须先进行稀释。

在器皿中加热化学药品时，必须将器皿放置平稳，禁止瓶口或管口对着操作人员。皮肤有伤口者不允许操作有毒物质。有些药品（如苯、汞等）能透过皮肤进入人体，应尽量避免其与皮肤接触；苯、四氯化碳、乙醚、硝基苯等的蒸气会引起中毒，久嗅会使人嗅觉减弱，应在通风良好的情况下使用；涉及有毒气体（如硫化氢、氯气、二氧化氮、氯化氢等）的试验应在通风橱内进行，因吸入有毒气体而出现头晕、呕吐、恶心等症状时，应首先离开现场，在空气流通的地方休息，中毒严重者应及时送往医院诊治。

强酸、强碱、溴、磷、钠、钾、苯酚等溅到皮肤或眼中时都会造成腐伤。在进行化学试验时，严禁戴隐形眼镜，以防止化学试剂溅入眼镜而腐蚀眼睛。

(6) 应保障仪器、设备、管线和环保设施配备合理　实验室应保持洁净、整齐，废纸、碎玻璃片、火柴杆等废弃物应投入垃圾箱；装过有毒、强腐蚀性、易燃、易爆物质的器皿，应由操作者亲自洗净；处理废水时要按要求处理并在有关人员的监督下进行；废酸、废碱等毒物的废液、废渣不要倒入水槽，以防堵塞或侵蚀下水道，应立即进行无害化处理或者密封并统一处置；应设立有毒、有害废液和化学废弃物集中收集、回收点，定期送交资质公司处置，避免环境污染。

(7) 应建立剧毒、高腐蚀性药品的管理和使用制度　食品企业实验室中常用的剧毒化学药品通常有三氧化二砷（砒霜)、氰化钾、氰化钠、氯化汞等。砷通过呼吸道、消化道和皮肤进入人体，会在人体的肝、肾、肺、脾、子宫、胎盘、骨骼、肌肉、毛发、指甲等部位蓄积，从而引起慢性中毒，导致消化系统症状、神经系统症状和皮肤病变等。这些剧毒、高腐蚀性药品的管理可以通过以下几方面进行加强：

1) 严格控制购买数量。对于剧毒、高腐蚀性药品，能不用的尽量不用，能少用的尽量少用，将购买数量及库存量控制在最低限度。

2) 建立严格的领取、使用登记制度。限量报领，限量取用，建立危险品种类及存量的记录制度，以减少重复购置的机会。药品管理人员在药品购进后，应及时验收、登记；检验人员领用剧毒药品时，应严格履行审批手续，必须经单位负责人批准并详细登记领用日期、用量和剩余量，每次应按需用量领取，并由领用人签字备案。

3) 严格按操作规范要求进行操作。使用剧毒、高腐蚀性药品的操作人员必须熟悉注意事项，从配制到使用均需采取必要的安全措施，如在通风橱中操作，仪器室通风系统保持良好运行，称量或使用时必须戴橡胶手套，不让剧毒、高腐蚀性药品接触到皮肤，特别是皮肤的破损处。使用后的空容器和有毒残物不应随便丢入垃圾桶或倒入下水道，而应采取可靠的手段进行无害化处理，达标后排放。

五 食品企业实验室防物理伤害

1. 食品企业实验室物理伤害产生的原因

食品企业实验室里有大量的玻璃和金属质地的仪器、工具，因此最常见的物理伤害有割伤、刺伤等。

大量的加热试验也经常导致烫伤。有些是由加热或反应所导致的高温传递给试验设备或器材，在触摸这些设备或器材时容易发生烫伤，或在试验过程中直接被溅出的高温物质烫伤（比如在进行湿法消化试验时），或被火焰烧伤（用明火加热有机溶剂时）。

辐射对人体的伤害具有潜伏性，看不见摸不着，但是后果却非常严重，伤害的是眼角膜、肝、肾、血液等免疫系统，治愈很困难。

食品企业实验室遇到的辐射有两种情况：一种是大型仪器的电离辐射，如原子吸收石墨炉电源，气相色谱试验时会产生很强的电离辐射；另一种是微生物实验室紫外灯的错误使用，由于紫外灯的亮度不高，试验人员有时会忘记关闭紫外灯而在紫外灯的照射下进行微生物试验操作，紫外线对操作人员的皮肤、眼睛以及免疫系统等易造成危害。

2. 食品企业实验室防物理伤害良好操作规范

在使用玻璃仪器之前，要仔细检查，防止有暗损的地方将手割伤；切割玻璃管、玻璃棒，装配或拆卸可能发生破碎的玻璃仪器、工具时，应该用布片包裹或戴手套作业，以防止玻璃管或玻璃棒突然损坏而造成刺伤。

截断玻璃管（棒）时，必须先用锉刀锉一道凹痕，并用布裹住玻璃管（棒）再将其折断，两端应烧熔成光滑的边缘。

在使用半机械化胶塞打孔器时，向胶塞施压的过程中应时刻注意末端尖刃的走向，握住塞子的手应戴棉质手套，并慢慢转动金属管向内插入，避免用力猛插使胶塞突然打通后造成手部外伤。在将玻璃管插入胶管或胶塞中时，需把玻璃管用水浸湿，用一只手（戴纱手套）握住与胶管或胶塞相近的位置，用另一只手握住胶管或胶塞的侧面，慢慢地边旋转边插入，防止玻璃管折断而戳伤手部。

处理破碎的玻璃时，必须用扫帚或其他工具，即使戴了手套也不能用手进行处理。

加热玻璃仪器时，应先将仪器外层的水擦干再加热，防止炸裂。在移动热的液体时，应使用隔热护具轻拿、轻放，力求稳妥可靠。取下正在沸腾的液体时，必须将器皿夹稳并摇动后再取下，防止液体爆沸伤人。

应严格遵守大型仪器的使用操作规程，严格执行微生物实验室的紫外灯消毒、杀菌规程，在每次微生物试验前都要确认紫外灯是否关闭。

六 食品企业实验室防生物污染

1. 食品企业实验室生物污染产生的原因

食品企业实验室生物污染主要来自试验中大量培养的致病菌，以及在培养各种菌体时由于操作过程中的污染而产生的少量霉菌和细菌。另外，在试验过程中无菌操作不当或试验后培养基没有进行灭菌处理，也会造成实验室有害微生物大量存在，并随着人员的流动而逐渐扩散。

2. 食品企业实验室防生物污染良好操作规范

食品企业实验室生物污染主要发生在菌种的保藏过程和微生物试验操作过程。可通过以下几个方面加以控制：

1）规范进入微生物实验室人员的行为。进入微生物实验室的所有人员均需穿试验服，不能随意翻动试验室的有关试验材料（如微生物培养物、微生物接种工具以及装有微生物的器皿等），不得在实验室内进食或进行其他与试验无关的活动。从采样到试验的整个过程，试验人员必须进行必要的防护，要戴防护手套、口罩，穿防护服。

2）应对外来人员实施准入管理。在实验室门口设置醒目的标记，未经批准的外来参观人员和非该实验室工作人员均不能进入。

3）需对准许进行微生物试验的人员进行充分培训和资格确认。

4）应建立并实施消毒灭菌制度和微生物试验作业指导书。应按照相应的国家标准和行业标准制定规范的试验操作规程。例如，应保证试验过程负压，采用只进不出的原则；只要样品进入实验室，就不得外泄；试验结束后，将试验污染物放入指定容器，对所有剩余样品、试验样品、试验器皿进行消毒和无害化处理，并用已准备好的消毒水洗手等。

应制订科学的消毒、杀菌制度，定期对微生物实验室的各个房间包括地面、试验桌面、仪器设备等进行彻底的消毒灭菌并做好记录。对常用的超净工作台，应采用化学试剂消毒灭菌（用蘸有体积分数为75%酒精的棉球揩擦）或进行紫外线灭菌处理；超净工作台面上严禁存放不必要的物品，以保持洁净气流的流动不受干扰。

应根据《中国微生物菌种保藏管理条例》和实验室实际状况，制订合适的菌种保藏管理制度。菌种保藏作为保证菌种成活的手段，不改变菌种遗传性状，是微生物试验的重要环节。常采用的方法有斜面低温保藏法、液状石蜡保藏法、沙土管保藏法、生理盐水保藏法、冷冻真空干燥保藏法与液氮冷冻保藏法等。对所涉及的微生物菌种的危害性进行分级管理，制订有效、经济的预防实验室污染的方法，如建立购买菌种目录、菌种使用记录。

第二节　食品企业实验室环保管理

食品企业实验室所产生的废物种类很多，但量均不大，如果每个实验室对每次试验产生的废物分别处理的话，在设备、人力、时间等方面都可能有困难，所以各实验室可根据废物的类型，统一进行处理。在试验设计过程中要尽量选择无公害、低毒性药品，尽量减少残液、残渣的量，即使是一定要产生的残液、残渣，也要便于回收，以减少污染、保护环境。

一 常见的无机污染物处理方法

（1）酸碱废弃物的处理　一般的酸碱溶液可以中和后排放。

（2）含汞废弃物的处理　可先将废液的 pH 值调至 8～10，加入过量硫化钠，使其生成硫化汞沉淀，再加入硫酸亚铁作为共沉淀剂，生成的硫化铁沉淀将悬浮在水中难以沉降的硫化汞微粒吸附而共沉淀，然后静置、分离或进行离心过滤，清液可排放，残渣可用焙烧法回收汞或制成汞盐。

（3）含铬废弃物的处理　向含铬废液中加入还原剂（如硫酸亚铁、亚硫酸钠、二氧化硫、水合肼或者废铁屑），在酸性条件下将六价铬还原为三价铬，然后加入碱（氢氧化钠、氢氧化钙、碳酸钠、石灰等），调节废液 pH 值，使三价铬形成低毒的 $Cr(OH)_3$ 沉淀，分离沉淀，清液可排放。沉淀经脱水干燥后或综合利用，或用焙烧法处理，使其与煤渣和煤粉一起焙烧，处理后的铬渣可填埋。一般认为，若使废水中的铬离子形成铁氧体，则不会有二次污染。

（4）含铅废弃物的处理　通常采用混凝沉淀法、中和沉淀法。用碱或石灰乳将废液的 pH 值调至 8～10，使废液中的 Pb^{2+} 生成 $Pb(OH)_2$ 沉淀，加入硫酸亚铁作为共沉淀剂，沉淀物可与其他无机物混合进行烧结处理，清液可排放。

（5）含氰废弃物的处理　向低浓度的氰化物废液中加入氢氧化钠，调节 pH 值为 10 以上，再加入高锰酸钾粉末，使氰化物氧化分解；若氰化物浓度较高，则可用碱性氯化法处理，先用碱将废液的 pH 值调至 10 以上，加入次氯酸钠或漂白粉，经充分搅拌，氰化物被氧化分解为二氧化碳和氮气，放置 24h 排放。应特别注意，含氰化物的废液切勿随意乱倒或误与酸混合，否则发生化学反应，生成挥发性的氰化氢气体逸出，造成中毒事故。

二 常见的有机污染物处理方法

食品企业实验室用过的有机溶剂有些是可以回收的。回收有机溶剂时，通常先在分液漏斗中洗涤，对洗涤后的有机溶剂进行蒸馏或分馏处理，加以精制、纯化，所得有机溶剂纯度较高，可供试验重复使用。整个回收过程应在通风橱中进行。

（1）EB（溴化乙啶）　是一种强烈诱变剂，有中度毒性和强致癌性，而且易挥发，挥发至空气中危害很大，应戴手套操作。不能将含有 EB 的溶液直接倒入下水道，用后应妥善净化处理。

1）对于 EB 含量大于 0.5mg/mL 的溶液，可进行如下处理：将 EB 溶液用水稀释至质量浓度低于 0.5mg/mL，加入一倍体积的浓度为 0.5mol/L 的 $KMnO_4$，混匀，再加入等量的浓度为 25mol/L 的 HCl，混匀，置室温数小时，加入一倍体积的浓度为 2.5mol/L 的 NaOH，混匀并废弃。

2）对于 EB 含量小于 0.5mg/mL 的溶液，可进行如下处理：按 1mg/mL 的量加入活性炭，并不时地轻摇混匀，室温放置 1h，然后用滤纸过滤并将活性炭与滤纸密封后丢弃，EB 接触物如抹布、枪头等需埋入地下。

（2）Trizol　是一种新型总 RNA 抽提试剂，可以直接从细胞或组织中提取总 RNA。其含有苯酚、异硫氰酸胍等物质，能迅速破碎细胞并抑制细胞释放出的核酸酶。在提取总 RNA 时一定要在通风的条件下进行。若皮肤接触到 Trizol，则应立即用大量去垢剂和水冲洗，并将废液埋入地下。

（3）DEPC（二乙基焦碳酸酯）　是 RNA 酶的强抑制剂，一种潜在的致癌物质。操作时应戴口罩并在通风橱中进行，若沾到手上，则应立即冲洗，废液应通过废液道排泄。

（4）$CHCl_3$（氯仿）　用于 DNA 和 RNA 的提取，对皮肤、眼睛、黏膜和呼吸道有强烈的刺激作用和腐蚀性，易损害肝和肾。操作时应戴手套在通风橱里进行，废液收集后埋入地下。

（5）丙烯酰胺　在 DNA 测序、SSR 及蛋白质分离等技术中作电泳支持物，具有神经毒性，聚合后毒性消失。操作时应戴手套在通风橱内进行，聚合后的聚丙烯酰胺凝胶没有毒性，可随普通垃圾一起扔掉，千万不要倒入下水道。

（6）DMSO（二甲基亚砜）　是一种既溶于水又溶于有机溶剂的非质子极性溶剂，常用作细胞的冻存液。皮肤沾上之后需用大量的水及体积分数为 1% ~5% 的稀氨水洗涤。

（7）SDS（十二烷基硫酸钠）　在质粒提取时用作裂解液破坏细胞膜和 Southern 杂交时的洗膜液中的去垢剂，有毒，易损害眼睛。操作时应戴合适的手套和安全护目镜，不要吸入其粉末。

三　常见的有毒有害微生物的处理方法

微生物试验废弃的菌种和培养基要及时进行灭菌处理，不能当作普通垃圾随便处理；试验后，用到的所有器皿和材料都要进行高压灭菌，以最大限度地减轻对周围环境及水域的影响；试验中废弃的吸头、离心管、手套、试管等应定期灭菌后深埋；试验废弃的生物活性试验材料特别是细胞和微生物，必须及时灭活和进行消毒处理。

四　常见的其他污染物处理方法

1）废弃的玻璃制品和金属物品应使用专用容器分类收集，统一回收处理。

2）试验动物尸体不能随便丢弃，更不能食用，要采取深埋（地下 1m 掩埋）或焚烧的方法进行处理。

3）放射性同位素技术具有灵敏、简便和廉价等优点，在分子生物学实验室中应用普遍，但由于放射性同位素的辐射会给人体造成损伤，如果使用不当或操作不规范，则会造成环境污染，甚至伤害人员。在进行同位素操作时一定要注意个人防护，包括使用用于隔离的专用衣帽、手套及防护背心、挡板等。对放射性物质应进行统一保管、集中存放、集中处理。

4）废液之间有可能相互发生化学反应产生新的有害物质及其他事故，所以在操作过程中要严格做到以下几个方面：

① 盛装危险化学品废物的容器要坚固、大小适当，使用螺旋盖，保证没有锈蚀或漏洞，以防止挥发的气体逸出；除了加废物以外，应始终关闭容器口。盛危险化学品废物的容器上应标明有害物质的状态、特性和化学名称全称。储存时间从最初使用起不超过9个月，累积到8个月时填写有害废物表。

② 危险化学品废物要存放在指定的场所，应避光、远离热源，以免加速化学反应。严禁危险化学品废物混合储存，以免交叉反应引进污染或是发生剧烈化学反应而造成事故。

③ 毒物残渣应立即投入焚化炉烧毁，或投入三废桶内统一处置。有毒废液经解毒后，用水冲稀后倒入三废桶内统一处置。三废桶内废弃物的处置应按企业、环保部门指定的地点，按规定的方法妥善处置，处理达标并保证符合三废排放要求后方可排放。

第三节　实验室应急准备及响应管理

食品企业实验室防中毒应急措施

当发生急性中毒时，现场初步处理非常重要，应尽快阻止有毒物质继续发生作用。

首先，要尽可能驱除入侵的毒物，将毒物或毒物在人体内的转化产物中和或进行无毒化处理，提高人体对毒物的抵抗能力，是急性中毒初步处理的原则。主要措施如下：当急性汞中毒、砷中毒时，应立即用炭粉或石灰水洗胃，再喝质量分数为2%的硫代硫酸钠溶液，并喝鸡蛋清、牛奶解毒，呕吐后送医院治疗；误食铅盐后，应先呕吐，再用质量分数为5%的硫代硫酸钠溶液洗胃；氰化物中毒后，应先喝鸡蛋清、牛奶，再用稀高锰酸钾溶液洗胃，然后送医院治疗。

其次，立即报警并说明情况，同时将患者迅速从中毒环境中转移至空气流通处。解开所有妨碍呼吸的衣服，若衣服已被毒物污染，则应立即将其脱去，但应注意保暖。若患者呼吸微弱或已停止，则应迅速进行人工呼吸。服用润湿的活性炭对任何毒物中毒都有效果。

食品企业实验室防腐蚀应急措施

当强碱溅到皮肤上时，应先用大量的水冲洗，再用体积分数为2%的硼酸或体积分数为2%的乙酸冲洗，或用质量分数为2%～5%的碳酸氢钠溶液清洗后再用大量水冲洗，涂上甘油。

当碱液溅入眼中时，应先用体积分数为3%的硼酸溶液清洗，再点青霉素眼膏。当酸液溅入眼中时，应先用大量的水冲洗，再用碳酸氢钠溶液清洗，然后送医院治疗。

当被氢氟酸灼伤时，应先用大量的冷水冲洗直至伤口表面发红，再用质量分数为

5%的碳酸氢钠溶液洗，然后用甘油与氧化镁（体积比为2∶1）的悬浮液涂抹，用消毒纱布包扎。

当溴灼伤时，应先用大量的水冲洗，再用氨水溶液、松节油和酒精的混合液（体积比为1∶1∶10）洗涤、包扎，或用质量分数为2%的硫代硫酸钠溶液清洗，再用水冲洗。

苯酚具有腐蚀性，对皮肤、黏膜有强烈的腐蚀作用，沾到皮肤上后，应该立即用甘油、聚乙烯乙二醇或聚乙烯乙二醇和酒精的混合液（体积化为7∶3）抹洗，然后用水彻底清洗，或用大量的流动清水冲洗至少15min，然后就医。

当白磷溅到皮肤上时，应先用水冲洗，再用质量分数为2%～5%的硫酸铜溶液清洗。

三　食品企业实验室防烧伤、烫伤、冻伤、割伤应急措施

烧伤时，应在现场立刻进行冷却处理。在医生到达之前，用15℃左右的冷却水连续冷却，并采用洗必泰（氯已定）或硫柳汞溶液进行消毒，最后在伤处涂上烫伤药。当大面积烧伤时，应立刻送医院治疗。

烫伤时，切勿用水冲洗，应将用体积分数为95%的酒精浸湿的棉花覆盖于伤处，在伤口上抹苦味酸溶液并涂覆治疗烫伤的药物（烫伤油膏或万花油），如果烫伤面积较大，深度达真皮，则应小心地用体积分数为75%的酒精润湿并涂上烫伤药膏，送往医院治疗。

冻伤时，应把冻伤部位放入40℃（不要超过此温度）的热水中浸30min左右，待恢复到正常温度后，需把冻伤部位抬高，不包扎；也可饮适量酒精饮料暖和身体。

割伤时，如有玻璃屑扎入伤口，能自行取出的，必须用已消毒的镊子取出，直接压迫损伤部位进行止血；无玻璃屑的一般用体积分数为3%的过氧化氢将伤口周围擦干净，再涂碘酒或紫药水，撒上消炎粉后用纱布包好，伤口小的可用创可贴，伤口大的要用绷带止血，然后送医院治疗。

四　食品企业实验室防触电应急措施

各种仪器设备在运转过程中一旦出现故障或操作失误，就容易引起着火、爆炸和触电等事故。在事故发生后，实验室应有一定的应急措施。

1）为防止突发的断电，实验室应配备应急电源。断电时，应封紧盛装易挥发性物质的容器盖子，降下通风橱的窗格，关闭所有断电前正在运行的仪器设备，关闭实验室的火源、水龙头、电闸等，并保护和隔离正在进行的反应（如电热板上沸腾的液体、蒸馏），恢复供电后，再按操作规程接通电源，以免损坏设备。

2）发现有人触电时，应设法及时切断电源，不应直接用手救人。当触电者未脱离电源时，救援者应戴橡胶手套，穿胶底鞋或踏干木板，用绝缘器具（如干木棒、干衣物等）使触电者尽快脱离电源，但应注意避免损伤触电者。用钢丝钳剪断电线时，一定要用带绝缘护套的钢丝钳，并分别剪断相线和零线，因为同时剪断相线和零线会造成

短路。在无法断电的情况下就要使用不导电灭火剂来扑灭火焰。注意：不能用水或泡沫灭火器来灭火，而应该用干粉、二氧化碳等灭火器灭火。

3）将触电者迅速转移至附近适当的场所，解开其衣服，使其全身舒展。将触电者平放在地上，立即检查其呼吸和心跳情况。如果触电者处于休克状态，并且心脏停搏或停止呼吸，则要立即施行人工呼吸或胸外按压术。当触电者心跳停止时，应同时进行人工呼吸和胸外按压，不管有无外伤，都要立刻送医院进行处理。另外，要注意防止被电烧伤的皮肤感染。

五 食品企业实验室消防应急措施

发生火灾时首先要断电、关气。局部着火时，应先用湿布、沙子等材料盖灭，以防止火势蔓延，减少损失。当火情有扩大危险时，要及时报警，并依据火情性质选择相宜的灭火器材先行灭火。常用灭火器针对的火灾引发类型见表1-2-2。

表1-2-2 常用灭火器针对的火灾引发类型

火灾引发类型	二氧化碳灭火器	四氯化碳灭火器	干粉灭火器	1211/1301灭火器	泡沫式灭火器	砂土、湿衣服	酸碱灭火器
精密仪器	√	√	√	√	×	×	×
油类等可燃液体	√（初起火灾）	√	×	√	√	√	×
有机溶剂		√			×	√	×
可燃性气体			√	√		×	
固体表面				√			√

注：“√”表示宜选用，“×”表示不宜选用。

水虽是常用的灭火材料，但在实验室起火时，若要用水，则应十分慎重，需确定无害时才可以使用，否则应尽量不用。酒精灯着火时，可用湿毛巾覆盖。

精密仪器着火时，严禁用水或泡沫灭火剂扑救，否则会引起联电，损坏电气设备，进而导致更大的火灾。正确的做法是立即切断电源，然后用二氧化碳灭火器或四氯化碳灭火器灭火。四氯化碳灭火器里面的物质有毒，应注意防毒。

干粉灭火器用于扑灭可燃性气体、油类、电气设备、文件资料等初起火灾；1211灭火器适用于扑灭油类、高压电器、精密仪器等的火灾；泡沫式灭火器适用于扑灭油类和密度比水小的易燃液体（如汽油、苯、丙酮等）的火灾。食品企业实验室内存在大量的密度比水小、不溶于水且易燃、可燃液体，失火时，禁止用水扑灭，应采用泡沫灭火剂、二氧化碳灭火剂、干粉灭火剂扑救，同时需注意防毒。敞口器皿（如油浴）中发生燃烧时，应尽快切断加热源，用石棉布盖灭，绝对不能用水。油类及可燃性液体着火时，可用砂、湿衣服等灭火。

回流加热时，若因冷凝效果不好而使易燃蒸气在冷凝器顶端着火，则应先切断加热源，再行扑救。绝对不可用塞子或其他物品堵住冷凝管口，以免引起爆炸。电器着火时应首先切断电源，关闭所有加热设备，移去附近的可燃物，并关闭通风装置，以减少空气流通，防止火势蔓延。

总之，为了做好食品企业实验室的应急准备及响应的管理，应做到以下几点：

1）所有的实验室都要配备灭火器。灭火器要放在明显的地方并要拿取方便；灭火器每年均需进行检测，以保证其能有效地进行工作（如干粉灭火器，要检查其压力显示表的指针是否指在绿色区域，若指针已指在红色区域，则说明内部压力已泄漏，无法使用，应赶快送维修部门检修或填装药品。在实际购买时，应选购有内部压力显示表的灭火器）；实验室成员均应按计划参加相应的消防培训。

2）当食品企业实验室发生意外时（发生诸如中毒、腐蚀、火灾、水灾、化学品或燃油泄漏、环境污染等事故时），实验室的任何人员都有责任、义务和权利立即采取自行救护措施，以防止更大的伤害和灾害蔓延，同时应拨打 120、119、110 等紧急救助电话，并立即报告部门负责人做好善后处理工作。

3）当检测中出现停电、停水、停气等紧急情况时，检验人员应首先对仪器设备和被检物品采取保护措施，防止仪器设备和物品损坏，并及时做好现场记录，同时向部门负责人报告。

4）要不定期地对实验室各项设施及试验操作进行监督，对存在的安全隐患做好防范工作，并督促相关人员对存在的不安全因素进行及时纠正，当发现不符合规定的操作或设备问题时，应立即向技术负责人汇报处理。

5）实验室人员应掌握急救箱中药品和器材的用途，以免发生伤害事故时无从下手，还要对急救箱中的药品定期进行检查，失效的要及时更换。在保管和取用药品时应做到科学合理，只要严格遵循规章制度，操作方法科学、得当，就会将化学试验的危险系数降到最低。

6）楼梯、紧急出口处不能放置任何物品，要保持通畅；走廊里不要存放一些不必要的物品；严禁将易燃物品存放于走廊。

第三章 食品检验的基础知识

食品的分析与检验包括感官、理化及微生物分析与检验，一般包括下面四个步骤：第一步，检测样品的准备过程，包括采样及样品的处理及制备过程；第二步，进行样品的预处理，使其处于便于检测的状态；第三步，选择适当的检测方法，进行一系列的检测并进行结果的计算，然后对所获得的数据（包括原始记录）进行数据统计及分析；第四步，将检测结果以报告的形式表达出来。

第一节 样品的采集和预处理

样品的采集

样品的采集简称为采样，是指从大量的分析对象中抽取具有代表性的一部分样品作为分析化验样品的过程。所抽取的分析材料称为样品或试样。

1. 采样的原则

采样是食品分析检验的第一步，关系到食品分析的最后结果是否能够准确地反映样品所代表的整批食品的性状。这项工作必须非常慎重地进行。

为保证食品分析检测结果准确与结论正确，在采样时要坚持下面几个原则：

（1）采样应具有代表性　采集的样品必须具有充分的代表性，能代表全部检验对象，代表食品整体，否则，无论检测工作做得如何认真、精确都是毫无意义的，甚至会得出错误的结论。

（2）采样应具有准确性　采样过程中要保持原有的理化指标，防止成分逸散或带入杂质，否则将会影响检测结果和结论的正确性。

（3）采样应具有真实性　采集样品时必须由采集人亲自到实地进行该项工作。

2. 采样的一般步骤

要从一大批被测对象中采取能代表整批物品质量的样品，必须遵从一定的采样程序和原则。采样的步骤如下：

（1）获得检样　由整批待检物品的各个部分抽取少量样品称为检样。

（2）得到原始样品　把多份检样混合在一起，构成能代表该批物品的原始样品。

（3）获得平均样品　将原始样品经过处理，按一定的方法和程序抽取一部分作为最后的检测材料，称为平均样品。

（4）平分样品三份　将平均样品分为三份，即检验样品、复检样品和保留样品。

1）检验样品：由平均样品中分出，用于全部项目检验的样品。

2）复检样品：对检验结果有争议或分歧时，可根据具体情况进行复检，故必须有

复检样品。

3）保留样品：对某些样品，需封存保留一段时间，以备再次验证。

（5）填写采样记录　包括采样的单位、地址、日期，以及样品批号、采样条件、采样时的包装情况、采样的数量、要求检验的项目、采样人等。

3. 采样的一般方法

样品的采集通常有随机抽样和代表性取样两种方法。

随机抽样是按照随机的原则从大批物品中抽取部分样品。操作时，可用多点取样法，即从被检物品的不同部位、不同区域、不同深度，上、下、左、右、前、后多个地方采取样品，使所有物品的各个部分都有机会被抽到。

代表性取样是用系统抽样法进行采样，即已经了解样品随着空间（位置）和时间变化而变化的规律，按此规律进行取样，以便采集的样品能代表其相应部分的组成和质量，如分层采样、依生产程序流动定时采样、按批次或件数采样、定期抽取货架上陈列的食品采样等。

随机抽样可以避免人为因素的影响，但在某些情况下，如难以混匀的食品（如果蔬、面点等），仅用随机抽样是不够的，必须结合代表性取样，只有从有代表性的各个部分分别取样，才能保证样品的代表性，从而保证检测结果的正确性。因此，通常采用随机抽样与代表性取样相结合的取样方法。具体采样方法因样品不同而异。

（1）散粒状样品（如粮食、粉状食品）　粮食、砂糖、奶粉等均匀固体物品，应按不同批号分别进行采样。对同一批号的产品，采样点数可由采样公式（1-3-1）确定。

$$S=\sqrt{\frac{N}{2}} \tag{1-3-1}$$

式中　N——检测对象的数目（件、袋、桶等）；

　　S——采样点数。

然后从样品堆放的不同部位，按照采样点数确定具体采样袋（件、桶、包等）数，用双套回转取样管，插入每一袋（件、桶、包等）的上、中、下三个部位，分别采取部分样品并混合在一起。若为散堆状的散料样品，则先划分若干等体积层，然后在每层的四角及中心点，也分为上、中、下三个部位，用双套回转取样管插入采样，最后将取得的检样混合在一起，得到原始样品。混合后得到的原始样品，按四分法对角取样，缩减至样品不少于所有检测项目所需样品总和的2倍，即得到平均样品。

四分法是将散粒状样品由原始样品制成平均样品的方法，如图1-3-1所示。将原始样品充分混合均匀后，堆集在一张干净平整的纸上或一块洁净的玻璃板上，用洁净的玻璃棒充分搅拌均匀后堆成一圆锥形，将锥顶压平成一圆台，使圆台厚度约为3cm；划“+”字等分成4份，取对角2份其余弃去，将剩下2份按上述方法再进行混合，四分取其二，重复操作至剩余为所

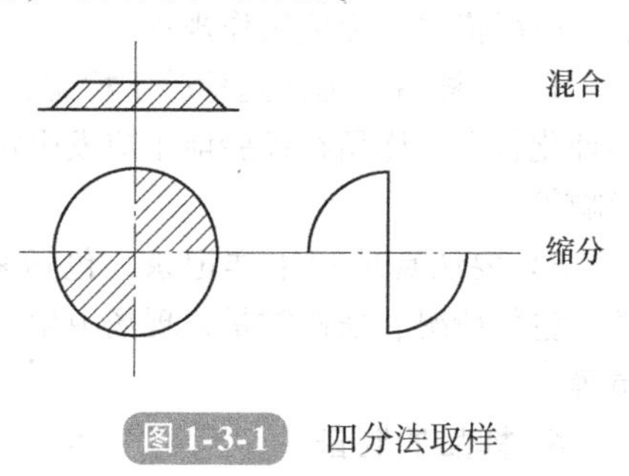

图1-3-1　四分法取样

需样品量为止。

(2) 液体及半固体样品(如植物油、鲜乳、饮料等) 对桶(罐、缸等)装样品，应先按采样公式确定采取的桶数(罐数、缸数等)，再启开包装，用虹吸法分上、中、下三层各采取少部分检样，然后混合分取，缩减所需数量的平均样品。若是大桶或池(散)装样品，可在桶(或池)的四角及中点分上、中、下三层进行采样，充分混匀后，分取缩减至所需要的量。

(3) 不均匀的固体样品(如肉、鱼、果蔬等) 此类食品本身各部位成分极不均匀，个体及成熟差异大，更应注意样品的代表性。一般从被检物品有代表性的部位分别采样，混匀后缩减至所需数量。个体较小的鱼类样品可随机取多个样品，混匀后缩减至所需数量。

(4) 小包装食品(罐头、瓶装饮料、奶粉等) 根据批号或班次连同包装一起分批取样，若小包装外还有大包装，则可按取样公式抽取一定的大包装，再从中抽取小包装，混匀后，分取至所需的量。

各种各类食品采样的数量、采样的方法均有具体的规定，可参照有关标准。

样品分检验用样品与送检样品两种。较多的送检样品均匀混合后取样即为检验用样品，直接供分析检测用，取样量由各检测项目所需样品量决定，在以后的章节中会有详述。

4. 采样的数量

采样的数量能反映该食品的营养成分和卫生质量，并满足检验项目对样品量的需要。送检样品应为可食部分的食品，约为检验需要量的4倍，通常为一套三份，每份不少于0.5kg，分别供检验、复验和仲裁使用。同一批号的完整小包装食品的采样数量，250g以上的包装不得少于6个，250g以下的包装不得少于10个。

5. 采样时的注意事项

1) 采样时应注意抽检样品的生产日期、批号、现场卫生状况、包装和包装容器状况等。

2) 小包装食品送检时应保持原包装的完整，并附上原包装上的一切商标及说明，供检验人员参考。

3) 盛放样品的容器不得含有待测物质及干扰物质，一切采样工具都应清洁、干燥、无异味，在检验之前应防止一切有害物质或干扰物质带入样品。供细菌检验用的样品，应严格遵守无菌操作规程。

4) 采样后应迅速送检验室检验，尽量避免样品在检验前发生变化，使其保持原来的理化状态。样品在检验前不应发生污染、变质、成分逸散、水分变化等现象及受酶的影响等。

5) 要认真填写采样记录，包括采样单位、地址、日期，以及样品批号、采样条件、包装情况、采样数量、现场卫生状况、运输、储藏条件、外观、检验项目及采样人员等。

6. 样品的制备

食品的种类较多，许多食品各个部位的组成存在差异。为了保证分析结果的正确性，在检验之前，必须对分析的样品加以适当的制备。样品的制备是指对采取的样品进行分取、粉碎及混匀等的过程。其目的是保证样品的均匀性，在检测时取任何部分都能代表全部样品的成分。

制备样品时一般将不可食部分先去除，再根据样品的不同状态采用不同的制备方法。在样品制备过程中，应注意防止易挥发性成分的逸散和避免样品成分及理化性质发生变化。

样品制备的方法因样品的状态不同而异。

1）液体、浆体或悬浮液体，一般将样品充分混匀搅拌。常用的搅拌工具有玻璃棒、电动搅拌器、液体采样器。

2）互不相溶的液体如油与水的混合物，分离后分别取样。

3）固体样品应先粉碎或切分、捣碎、研磨，或用其他方法研细、捣匀。常用工具有绞肉机、磨粉机、研钵、高速组织捣碎机等。

4）水果罐头在捣碎前需清除果核，肉、鱼类罐头应预先清除骨头、调味料（葱、八角、辣椒等）后再捣碎，常用高速组织捣碎机。

7. 样品的保存

为了防止样品水分或挥发性成分散失以及其他待测成分含量的变化（如光解、高温分解、发酵等），应在短时间内进行分析。如果不能立即分析，则应妥善保存。保存的原则是干燥、低温、避光、密封。

制备好的样品应放在密封洁净的容器内，置于阴暗处保存。易腐败变质的样品应保存在0～5℃的冰箱里，保存时间不宜过长。有些成分，如胡萝卜素、黄曲霉毒素B_1、维生素B_2等，容易发生光解，以这些成分作为分析项目的样品必须在避光条件下保存；特殊情况下，样品中可加入适量的不影响分析结果的防腐剂，或将样品置于冷冻干燥器内进行升华干燥来保存。此外，样品保存环境要清洁干燥；存放的样品要按日期、批号、编号摆放，以便查找。

二 食品微生物检验样品的采样

食品微生物检验是对食品中微生物的存在与否及种类和数量的验证。

1. 食品微生物检验样品采集的原则

1）根据检验目的、食品特点、批量、检验方法、微生物的危害程度等确定采样方案。

2）所采样品应具有代表性。

3）采样必须符合无菌操作的要求，防止一切外来污染。

4）在保存和运送过程中应保证样品中微生物的状态不发生变化。

注意：采集的非冷冻食品一般在0～5℃冷藏，不能冷藏的食品应立即检验，一般在36h内进行检验。

5）采样标签应完整、清楚。每件样品的标签必须标记清楚，并尽可能提供详尽的资料。

2. 食品微生物检验的取样方案

目前，国内外使用的取样方案多种多样，如一批产品采若干个样后混合在一起检验，按百分比抽样；按食品的危害程度抽样；按数理统计的方法决定抽样个数等。不管采取何种方案，对抽样代表性的要求是一致的。最好对整批产品的单位包装进行编号，进行随机抽样。

（1）我国的采样方案　依据《食品安全国家标准　食品微生物学检验　总则》（GB 4789.1—2010），采样方案分为二级和三级。

二级采样方案设有 n、c 和 m 值，三级采样方案设有 n、c、m 和 M 值。其中，n 表示同一批次产品应采集的样品件数；c 表示最大可允许超出 m 值的样品数；m 表示微生物指标可接受水平的限量值；M 表示微生物指标的最高安全限量值。

1）按照二级采样方案设定的指标，在 n 个样品中，允许有小于或等于 c 个样品的相应微生物指标检验值大于 m。

2）按照三级采样方案设定的指标，在 n 个样品中，允许全部样品中相应微生物指标检验值小于或等于 m；允许有小于或等于 c 个样品的相应微生物指标检验值在 m 和 M 之间；不允许有样品相应微生物指标检验值大于 M。

例如：$n=5$，$c=2$，$m=100$cfu/g（cfu：菌落形成单位），$M=1000$cfu/g。

其含义是从一批产品中采集 5 个样品，若 5 个样品的检验结果均小于或等于 m（≤100cfu/g），则这种情况是允许的。若小于或等于 2 个样品的结果（X）位于 m 和 M 之间（$100\text{cfu/g}<X\leq1000\text{cfu/g}$），则这种情况也是允许的。若有 3 个及以上样品的检验结果位于 m 和 M 之间，则这种情况是不允许的。若有任一样品的检验结果大于 M（>1000cfu/g），则这种情况也是不允许的。

（2）ICMSF 的取样方案　国际食品微生物标准委员会（简称为 ICMSF）的取样方案是依据事先给食品进行的危害程度划分来确定的，将所有食品分成三种危害度。

Ⅰ类危害：危害度增加——老人和婴幼儿食品及在食用前可能会增加危害的食品。

Ⅱ类危害：危害度未变——立即食用的食品，在食用前危害基本不变。

Ⅲ类危害：危害度降低——食用前经加热处理，危害减小的食品。

另外，将检验指标对食品卫生的重要程度分成一般、中等和严重三档，根据以上危害度的分类，又将取样方案分成二级法和三级法。

在中等或严重危害的情况下使用二级抽样方案，对健康危害低的则建议使用三级抽样方案。

二级法只设有 n、c 及 m，三级法则有 n、c、m 及 M。

（3）美国 FDA 的取样方案　美国食品药品管理局（FDA）的取样方案与 ICMSF 的取样方案基本一致，所不同的是严重指标菌所取的 15、30、60 个样可以分别混合，混合的样品量最大不超过 375g。也就是说所取的样品每个为 100g，从中取出 25g，然后将 15 个 25g 样品混合成一个 375g 的样品，混匀后再取 25g 作为试样检验，剩余样品妥善保存备用。

3. 食品微生物检验的采样方法

微生物样品种类可分为大样、中样、小样三种。大样是指一整批，中样是从样品各部分取得的混合样品，小样是指检测用的检样。微生物采样必须遵循无菌操作原则：预先准备好的消毒采样工具和容器必须在采样时才可打开；采样时最好两人操作，一人负责取样，另一人协助打开采样瓶、包装和封口；尽量从未开封的包装内取样。

采样前，操作人员先用蘸有体积分数为75%酒精的棉球对手进行消毒，再用其在采样开口处周围抹擦消毒，然后将容器打开。

按照上述采样方案，能采取最小包装的食品就采取完整包装，按无菌操作进行。

不同类型的食品应采用不同的采样工具和方法。

（1）液体食品　充分混匀，用无菌操作开启包装，用100mL无菌注射器抽取，注入无菌盛样容器中。

（2）半固体食品　先用无菌操作拆开包装，再用无菌勺子从几个部位挖取样品，放入无菌盛样容器中。

（3）固体食品　对于大块整体食品，应用无菌刀具和镊子从不同部位割取，割取时应兼顾表面与深部，注意样品的代表性，小块大包装食品应从不同部位的小块上切取样品，放入无菌盛样容器中。

（4）冷冻食品　对于大包装小块冷冻食品，应按小块个体采取；对于大块冷冻食品，则可以用无菌刀从不同部位削取样品或用无菌小手锯从冻块上锯取样品，也可以用无菌钻头钻取碎屑状样品，放入盛样容器中。

对于固体样品和冷冻食品，在取样时还应注意检验目的。若需检验食品污染情况，则可取表层样品；若需检验其品质情况，则应取深部样品。

（5）生产工序监测采样

1）车间用水：对于自来水，应从车间各水龙头上采取冷却水；对于汤料等，应从车间容器不同部位用100mL无菌注射器抽取。

2）车间台面、用具及加工人员手的卫生监测：用5cm^{2}孔无菌采样板及5支无菌棉签在手上擦拭25cm^{2}的面积（若所采表面干燥，则用无菌稀释液湿润棉签后擦拭；若表面有水，则用棉签擦拭），擦拭后立即将棉签头用无菌剪刀剪入盛样容器中。

3）车间空气采样：将5个直径为90mm的普通营养琼脂平板分别置于车间的四角和中部，打开平皿盖保持5min，然后盖上平皿盖送检。

4. 样品的处理

（1）固体样品　用灭菌刀、剪刀、镊子，从不同部位取25g剪碎，放入灭菌均质器或乳钵内，加定量灭菌生理盐水，研碎混匀，制成体积比为1:10的混悬液。

不同食品的混悬液制法不同：一般食品取25g，加225g灭菌生理盐水使其溶解即可；含盐量较高的食品直接溶解在灭菌蒸馏水中；在室温下较难溶解的食品如奶粉、奶油、奶酪、糖果等样品应先将盐水加热到45℃后放入样品（不能高于45℃），促使其溶解；蛋制品可在稀释液瓶中加入少许玻璃珠，振荡使其溶解；生肉及内脏应先将样品放入沸水内煮3～5s或灼烧表面进行表面灭菌，再用灭菌剪刀剪掉表层，取深度样品25g，剪碎或研碎，制成混悬液。

（2）液体样品

1）将原包装的液体样品混匀后，用点燃的酒精棉球对瓶口进行消毒灭菌，用苯酚或来苏儿（煤酚皂液）等浸泡过的纱布盖好瓶口，再用消毒开瓶器开启后直接吸取进行检验。

2）含 CO_2 的液体样品（如汽水、啤酒等）可用上述无菌方法开启瓶盖后，将样品倒入无菌磨口瓶中，盖上一块消毒纱布，开一缝隙轻轻摇动，使气体溢出后再进行检验。

3）酸性液体食品按上述无菌操作倒入无菌容器内，再用质量分数为20%的 Na_2CO_3 调节为中性后进行检验。

（3）冷冻食品

1）冰棍儿：用灭菌镊子除去包装纸，将3支冰棍放入灭菌磨口瓶中，将棍留在瓶外，用盖压紧用力将棍抽出或用灭菌剪刀剪掉棍，放入45℃水浴停留30min，溶化后立即检验。

2）冰淇淋：用灭菌勺取出后放入灭菌容器内，待其溶化后检验。

3）冰蛋：将装有冰蛋的磨口瓶放入流动的冷水中，溶化后充分混匀检验。

（4）罐头　对罐头先进行密封试验及膨胀试验，观察是否有漏气或膨胀情况。若进行微生物检验，则先用酒精棉球擦去油污，再用点燃的酒精棉球对罐口进行消毒，然后用来苏水浸泡过的纱布盖上，再用灭菌的开罐器打开罐头，除去表面，用灭菌勺或吸管取出中间样品进行检验。

5. 样品的送检

应尽快将样品送到微生物检验室，一般不超过3h。如果路途遥远，则可将不需冷冻的样品保持在1~5℃环境中（如冰壶）。若需保持冷冻状态，则需将样品保存在泡沫塑料隔热箱内（箱内有干冰，可维持在0℃以下）。

三　样品的预处理

食品样品的成分复杂，既包含大分子有机物质（如蛋白质、脂肪、碳水化合物），也包含一些矿物质及各种无机元素，甚至部分有害成分，如农药残留、兽药残留等。在对食品进行分析检测时，各种组分之间会彼此干扰，影响最后的测定结果。还有一些含量极低的被测成分，不易被检出，需要进行浓缩处理。为保证分析检测的准确性，在进行分析检测前需要对样品进行预处理。样品预处理的方法主要有以下几种：

1. 有机物破坏法

有机物破坏法是指在高温下经长时间处理，将样品中的有机物分解，释放或保留被测组分。该方法常用于食品中金属或某些非金属元素（如硫、氮、磷、砷等）含量的测定。有机物破坏法根据条件的不同分为干法灰化和湿法消化。

（1）干法灰化　干法灰化是指利用高温灼烧来破坏样品中的有机物。将适量样品置于坩埚中，先用小火将其炭化，再将其置于500~600℃高温炉中灼烧灰化到呈白色或浅灰色。干法灰化常用于灰分的测定。其特点是破坏彻底，操作简单，但温度过高，会造成挥发性元素的逸散，影响分析结果的准确性。

（2）湿法消化　在强酸性溶液中，利用强氧化剂使样品中的有机物质完全分解、氧化，呈气态逸出，被检测成分以无机物状态存在于消化液中，供分析使用。其特点是加热温度比干法灰化低，减少了金属元素的挥发逸散，在食品分析检测中被广泛使用，但是在消化过程中会产生大量有害气体，需要在通风橱或通风条件较好的地方进行。由于操作中需要的试剂较多，因此空白值偏高，应做空白试验。湿法消化时常用的强氧化剂有硫酸、硝酸、高氯酸、过氧化氢、高锰酸钾等。

2. 蒸馏法

蒸馏法是指利用被测物质中各组分挥发性的不同来进行分离的方法。它既可用于除去干扰组分，也可以用于被测组分的提取。常用的蒸馏法包括常压蒸馏法、减压蒸馏法、水蒸气蒸馏法、分馏等。

3. 溶剂提取法

溶剂提取法是利用被测物和干扰物在同一溶剂中的溶解度不同而将其分离的。溶剂提取法也可用于被检测物的富集。常用的溶剂提取法包括浸提法（振荡浸渍法、捣碎法、索氏提取法）和萃取法。常用的提取剂有水、稀酸、稀碱等无机溶剂，乙醇、乙醚、氯仿、丙酮、石油醚等有机溶剂。

4. 色层分离法

色层分离法又称为色谱分离法，是指在载体上进行物质分离的一系列方法的总称。根据分离原理的不同，色层分离法可分为吸附色谱分离法、分配色谱分离法、离子交换色谱分离法等。此类方法的分离效果好，效率高，在食品分析检测中应用越来越广泛。

5. 磺化法和皂化法

磺化法是指利用硫酸处理含有脂肪的样品，脂肪被浓硫酸磺化，并与脂肪和色素中的不饱和键起加成作用，形成可溶于水和浓硫酸的强极性化合物，不再被弱极性的有机溶剂溶解，达到分离净化的目的。

皂化法是指利用热碱溶液处理提取液，通过 $KOH\text{-}C_2H_5OH$ 溶液将脂肪等杂质皂化除去，达到净化的目的。

这两种方法都是去除样品中油脂的常用方法，多用于农药分析。

6. 沉淀分离法

沉淀分离法是指利用沉淀进行分离的方法。通常是在样液中加入沉淀剂，使被检测组分或干扰组分沉淀，然后进行分离。

7. 掩蔽法

掩蔽法是指利用掩蔽剂与样品中的干扰成分发生作用，将干扰成分掩蔽起来，成为不会干扰测定结果的物质。该方法不必对干扰成分进行分离，简单易操作，在食品分析中广泛用于金属元素的测定。

8. 浓缩法

浓缩法是指样品的提取液、净化液体积较大，或者样品中被测组分含量较低时，在检测前需要对样液进行浓缩，达到提高被检测成分浓度的目的。常用的浓缩方法包括常压浓缩法、减压浓缩法等。

9. 微波消解法

将样品置于微波消解炉中，利用微波加热技术使样品消解。微波消解法具有节能、快速、易挥发元素损失少、污染小、操作简单、消解完全等特点，能较好地提高测定的精密度和准确度，特别适合于挥发性元素的测定，是近年来兴起的一种样品预处理方法。

第二节　溶液的配制

试验试剂及水质的要求

食品分析绝大多数是对水溶液的分析检测，因此水是最常用的溶剂。实验室用水是分析质量控制的一个重要因素，它影响空白值以及分析方法的检出限，尤其在微量分析时对水质的要求更高。实验室中用于溶解、稀释和配制溶液的水，都必须先经过纯化。分析要求不同，对水质纯度的要求也不同。

1. 实验室用水级别及主要指标

国家标准《分析实验室用水规格和试验方法》（GB/T 6682—2008）中规定了实验室用水的规格、等级、制备方法、技术指标及检验方法。实验室用水级别与主要指标见表1-3-1。

表1-3-1　实验室用水级别与主要指标

指标名称	三级	二级	一级
pH值范围（25℃）	5.0~7.5	—	—
电导率（25℃）/(mS/m)	≤0.50	≤0.10	≤0.01
可氧化物质含量［以O计］/(mg/L)	≤0.4	≤0.08	—
吸光度（254nm，1cm光程）	—	≤0.01	≤0.001
蒸发残渣（105℃±2℃）的含量/(mg/L)	≤2.0	≤1.0	—
可溶性硅［以 SiO_2 计］的含量/(mg/L)	—	≤0.02	≤0.01
适用场合	一般化学检验	用于无机痕量检验，如原子吸收光谱分析用水	用于有严格要求（包括对颗粒度、微生物的要求）的检验，如HPLC检验用水

注：1. 一、二级水的纯度，由于pH值难于测定，故无此项质量指标。

2. 考虑到纯水在储存过程中会因接触空气而吸收 CO_2，或储水容器材质本身可溶性成分的溶解导致电导率的改变，一二级水的电导率需"在线检测"。

2. 实验室用水的制备方法

（1）三级水　可用蒸馏或离子交换等方法制取，所用源水应为饮用水或比较纯净的水。

（2）二级水　可用多次蒸馏或离子交换等方法制取。二级水中含有微量的无机、有机或胶态杂质，主要用于无机痕量分析等试验。

（3）一级水　可用二级水经过石英蒸馏设备蒸馏或离子交换混合床处理后，再经0.2μm微孔滤膜过滤来制取。一级水中基本不含有溶解或胶态离子杂质及有机物，主要用于有严格要求的分析试验，包括对颗粒有要求的试验，如高效液相色谱分析用水。

3. 分析实验室用水的质量检验

分析实验室用水的质量检验有标准检验方法和一般检验方法两种。

（1）标准检验方法　《分析实验室用水规格和试验方法》（GB/T 6682—2008）中详尽规定了分析实验室用水的质量检验方法。按照该标准进行检验，至少应取3L有代表性的水样，且在取样前要用待测水样反复清洗容器，取样时要避免沾污。试验环境要保持洁净，试验中均使用分析纯试剂和相应级别的水。

检验时，主要对水质的pH值、电导率、可氧化物质限量、蒸发残渣等指标进行检验。

（2）一般检验方法　标准检验方法虽然严格，但是很费时。对于一般化验工作用的纯水，只要物理方法检验或化学方法检验合格，就可满足使用需要。

1）物理方法检验：利用电导仪或绝缘电阻表测定水的电导率是最实用而又简便的方法。水的电导率越低（即水的导电能力越弱），表示水中的离子越少，水的纯度越高。

2）化学方法检验：即通过化学方法检验待测水是否符合实验室三级用水标准。检验项目主要包括pH值、阳离子（如Ca^{2+}、Mg^{2+}等）、氯离子、二氧化碳、有机物和微生物污染等。

此外，根据用水的目的，有时还要做一些专项检验，或用标准方法专做某些项目的检验。

 化学试剂和标准物质

化学试剂是符合一定质量标准的纯度较高的化学物质，是分析工作的物质基础。化学试剂的纯度对分析检验很重要，会影响结果的准确性。如果化学试剂的纯度达不到分析检验的要求，就不能得到准确的分析结果。能否正确选择、使用化学试剂，将直接影响分析试验的成败、准确度的高低及试验成本。因此，检验人员必须充分了解化学试剂的性质、类别、用途与使用方法。

1. 按纯度划分

化学试剂按纯度（杂质含量的多少）划分，可分为高纯、光谱纯、基准、分光纯、优级纯、分析和化学纯等。

(1) 高纯、光谱纯试剂　其主成分含量高，杂质含量比优级纯低，且规定的检验项目多，主要用于微量及痕量分析中试样的分解及试液的制备。

(2) 分光纯试剂　要求在一定的波长范围内干扰物质的吸收小于规定值。

(3) 基准试剂　是一类用于标定滴定分析中标准滴定溶液的标准物质，可作为滴定分析中的基准物，也在可精确称量后用于直接配制标准滴定溶液。基准试剂主成分的含量一般为99.95%~100.05%（体积分数），杂质略低于优级纯或与优级纯相当。

(4) 优级纯试剂（G.R）　主成分含量高，杂质含量低，主要用于精密的科学研究和测定工作。

(5) 分析纯试剂（A.R）　主成分含量略低于优级纯，杂质含量略高，用于一般的科学研究和重要的测定工作。

(6) 化学纯试剂（C.P）　品质较分析纯试剂差，用于工厂、教学试验的一般分析工作。

2. 按质量标准及用途划分

根据质量标准及用途的不同，化学试剂可大体分为标准试剂、普通试剂、高纯度试剂与专用试剂四类。下面主要介绍标准试剂和普通试剂。

(1) 标准试剂　滴定分析用标准试剂，我国习惯称为基准试剂（PT），分为C级（第一基准）与D级（工作基准）两个级别。其主体成分体积分数分别为99.98%~100.02%和99.95%~100.05%。

标准试剂是在滴定分析中用于标定标准滴定溶液的标准物质，也可用直接法配制标准滴定溶液。标准试剂通常由大型试剂厂生产，并严格按国家标准进行检验。其特点是主成分含量高而且准确可靠。

(2) 普通试剂　普通试剂是实验室广泛使用的通用试剂，一般可分为优级纯、分析纯和化学纯三个级别。其规格和适用范围见表1-3-2。

表1-3-2　普通试剂的规格和适用范围

等级	名称	符号	适应范围	标志
一级	优级纯（保证试剂）	G.R	精密分析、科研用，也可作为基准试剂	绿色
二级	分析纯（分析试剂）	A.R	常用作分析试剂、科研用试剂	红色
三级	化学纯	C.P	要求较低的分析用试剂	蓝色

三　溶液含量的表示方法

在分析检验工作中，离不开各种含量的溶液。溶液的浓度通常是指在一定体积的溶液中所含溶质的物质的量。分析工作中常用的含量表示方法有以下几种：

1. 物质的量浓度（c_B）

物质的量浓度 c_B 是指溶质B的物质的量 n_B 与相应溶液的体积 V 之比。

$$c_B = \frac{n_B}{V}$$

c_B 国际标准单位为 mol/m^3，常用单位为 mol/L。

2. 质量分数（w_B）

物质 B 的质量分数是指物质 B 的质量 m_B 与溶液的质量 m 之比，常用 w_B 表示。

$$w_B = \frac{m_B}{m}$$

物质 B 的质量分数是无量纲的，常用% 表示。例如 $w_B = 0.2$，可用百分数表示为 $w_B = 20\%$。

3. 质量浓度（ρ_B）

物质 B 的质量浓度 ρ_B 是物质 B 的总质量 m_B 与溶液的体积 V 之比。

$$\rho_B = \frac{m_B}{V}$$

ρ_B的国际标准单位为 kg/m^3，实际采用 g/L 或 mg/mL、μg/mL 等。质量浓度多用于溶质为固体的溶液。

4. 体积分数（φ_B）

物质 B 的体积分数通常用于表示溶质为液体的溶液的含量。它是混合前溶质 B 的体积 V_B 与混合后溶液的体积之比，用 φ_B 表示。

$$\varphi_B = \frac{V_B}{V}$$

物质 B 的体积分数是无量纲的，常用% 表示。

四 溶液的制备

溶液由溶质和溶剂组成。水溶液是一类最重要、最常见的溶液。将试剂配制成所需含量的溶液是分析检验最基本的工作。分析检验常用溶液主要分为一般溶液、标准溶液和标准缓冲溶液。

1. 一般溶液的配制

一般溶液是指非标准溶液，也称为辅助试剂溶液，常用于控制化学反应条件，在样品处理、分离、掩蔽、调节溶液的酸碱性等操作中使用。这类溶液的含量不需严格准确，配制时试剂的质量可用托盘天平称量，体积可用量筒或量杯量取。配制这类溶液的关键是正确计算出应该称量溶质的质量以及量取液体溶质的体积。

2. 标准溶液的配制

已知准确含量的溶液叫做标准溶液。标准溶液的配制方法有直接法和间接法。

（1）直接法　准确称取一定量的基准物质，经溶解后，定量转移于一定体积的容量瓶中，用去离子水稀释至刻度。根据溶质的质量和溶液的体积，即可计算出该标准溶液的准确含量。

【例 1-3-1】　准确称取 2. 942g 基准物质 $K_2Cr_2O_7$，溶解后定量转移至 1L 容量瓶中。已知 $M_{K_2Cr_2O_7} = 294.2 g/mol$，计算此 $K_2Cr_2O_7$ 溶液的浓度。

解

$$c_{K_2Cr_2O_7}=\frac{2.942g}{1L\times 294.2g/mol}=0.01000mol/L$$

能用直接法配制的化学试剂需要具备以下条件：

1）组成恒定并与化学式相符。若含结晶水（如 $H_2C_2O_4\cdot 2H_2O$、$Na_2B_4O_7\cdot 10H_2O$ 等），其结晶水的实际含量也应与化学式严格相符。

2）纯度足够高（达99.9%以上），杂质含量应低于分析方法允许的误差限。

3）性质稳定，不易吸收空气中的水分和 CO_2，不分解，不易被空气所氧化。

4）有较大的摩尔质量，以减少称量时的相对误差。

凡是符合上述条件的物质，均称为“基准物质”或“基准试剂”。基准试剂都可以直接配制成标准溶液。滴定分析中常用的基准物质见表1-3-3。

表1-3-3 滴定分析中常用的基准物质

滴定方法	基准物质	标定对象
酸碱滴定	碳酸钠（Na_2CO_3）	酸
	硼砂（$Na_2B_4O_7\cdot 10H_2O$）	酸
	邻苯二甲酸氢钾（$KHC_8H_4O_4$）	碱
	二水合草酸（$H_2C_2O_4\cdot 2H_2O$）	碱，$KMnO_4$
氧化还原滴定	重铬酸钾（$K_2Cr_2O_7$）	还原剂
	草酸钠（$Na_2C_2O_4$）	氧化剂
	碘酸钾（KIO_3）	还原剂
	金属铜（Cu）	还原剂
	三氧化二砷（As_2O_3）	氧化剂
配位滴定	碳酸钙（$CaCO_3$）	EDTA
	金属锌（Zn）	EDTA
沉淀滴定	氯化钠（NaCl）	$AgNO_3$

（2）间接法（又称标定法） 许多物质是不符合基准物质条件的，如 HCl、NaOH、$KMnO_4$、I_2、$Na_2S_2O_3$ 等试剂。它们不适合用直接法配制成标准溶液，需要采用标定法，即先配成近似含量的溶液，然后用基准物质或另一种已知含量的标准溶液来标定它的准确含量，其操作过程称为“标定”。

【例1-3-2】 称取0.1998g基准物草酸（$H_2C_2O_4\cdot 2H_2O$）溶于水中，用NaOH溶液滴定，消耗了NaOH溶液29.50mL，计算NaOH溶液的浓度。已知 $M_{H_2C_2O_4\cdot 2H_2O}=126.1g/mol$。

解 按题意滴定反应为

$$2NaOH+H_2C_2O_4 = Na_2C_2O_4+2H_2O$$

$$c_{NaOH}V_{NaOH}=2n_{H_2C_2O_4}$$

$$c_{NaOH} = 2 \times \frac{m_{H_2C_2O_4 \cdot 2H_2O}}{M_{H_2C_2O_4 \cdot 2H_2O} V_{NaOH} \times 10^{-3}}$$

$$= 2 \times \frac{0.1998g}{126.1g/moL \times 29.50mL \times 10^{-3}}$$

$$= 0.1075mol/L$$

3. 溶液的保存

1）溶液要用带塞的试剂瓶盛装，并根据它们的性质妥善保存。见光易分解的溶液要装于棕色瓶中，并放置在暗处；能吸收空气中二氧化碳并能腐蚀玻璃的强碱溶液要装在塑料瓶中。

2）每瓶试剂溶液都必须有标明名称、含量、配制日期、有效期和配制人的标签。

3）溶液保存于瓶中，由于蒸发，在瓶壁上常有水滴凝聚，使溶液含量发生变化，因此每次使用前应该将溶液摇匀。

4. 溶液配制的注意事项

1）分析所用的溶液应用纯水配制。

2）配制硫酸、磷酸、硝酸、盐酸等溶液时，应该将酸倒入水中。配制硫酸溶液时，应该将硫酸分为小份慢慢地倒入水中，并且边加边搅拌。

3）配制挥发性试剂时，应该在通风橱内进行。

4）配制标准溶液时，不应马上标定，应该放置一定时间后再进行标定。

5）用有机溶剂配制时，有时有机物溶解较慢，应不时搅拌，可以在热水浴中将溶液温热，不可以直接加热。易燃试剂使用的时候要远离火源。

6）不能用手接触腐蚀性及有毒的溶液。有毒废液应该进行解毒处理，不可直接倒入下水道。

7）按一定使用周期及试剂的有效期配制试剂，不要多配。特别是危险品、毒品，应随用、随领、随配，多余试剂退库，以防时间长而变质或造成事故，原则上配用量以6~12个月用完为宜。除易挥发、易变质的试剂或另有规定外，试剂有效期一般为一年。

第三节　常用理化分析的基本方法

在食品分析检测中，由于目的不同，或被测组分的干扰组分的性质以及它们在食品中存在的数量的差异，所选择的检测方法也各不相同。

食品分析检测采用的方法有感官检验法、化学分析法、仪器分析法、微生物检验法和酶分析法。其中，化学分析法是食品检测技术中最基础、最基本、最重要的检测方法。

化学分析法以物质的化学反应为基础，使被测成分在溶液中与化学试剂作用，由生成物的量或消耗试剂的量来确定组分含量的方法。化学分析法包括定性分析法和定量分析法。定量分析法包括滴定分析法和称量分析法。

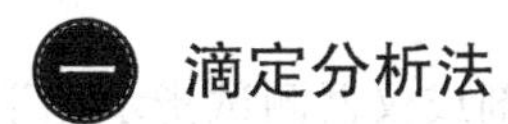

一　滴定分析法

滴定分析法是将已知准确含量的标准溶液滴加到被测物质的溶液中，直至所加溶液物质的量与被测物质的物质的量按化学式计量关系恰好反应完全，然后根据所加标准溶液的含量和所消耗的体积，计算出被测物质含量的分析方法。由于这种测定方法以测量溶液体积为基础，故又称为容量分析法。

1. 滴定分析的基本概念

在滴定分析过程中，将用标准物质标定或用直接配制的已知准确含量的试剂溶液称为标准溶液。滴定时，将标准溶液装在滴定管中，称为滴定剂；通过滴定管逐滴加入到盛有一定量被测物溶液的锥形瓶中进行测定，这一操作过程称为滴定；当加入的标准溶液的量与被测物的量恰好符合化学反应式所表示的计量关系时，称反应到达化学计量点（简称计量点，以 sp 表示）。

在化学计量点，反应往往没有易被人察觉的外部特征，因此通常加入某种试剂，利用该试剂的颜色突变来判断。这种能改变颜色的试剂称为指示剂。

滴定时，指示剂改变颜色而停止滴定的那一点称为滴定终点（简称终点，以 ep 表示）。滴定终点往往与理论上的化学计量点不一致，它们之间存在有很小的差别，由此造成的误差称为终点误差。

终点误差是滴定分析误差的主要来源之一，其大小决定于化学反应的完全程度和指示剂的选择。另外，也可以采用仪器分析法来确定滴定终点。

2. 滴定分析法的分类

滴定分析法以化学反应为基础，根据所利用的化学反应的不同，滴定分析法一般可分为四大类：

（1）酸碱滴定法　以酸、碱反应为基础，利用物质的酸碱性质，用酸（碱）标准溶液滴定碱（酸）待测组分含量的滴定分析法。例如，酸度、蛋白质的测定常采用酸碱滴定法。

（2）配位滴定法　以配位化合反应为基础，用配位剂作为标准溶液滴定待测组分含量的滴定分析法，主要用于金属离子的测定。

（3）氧化还原滴定法　以氧化还原反应为基础，利用物质的氧化还原性质进行的滴定分析法。例如，还原糖、维生素 C 的测定常用到氧化还原滴定法。

（4）沉淀滴定法　以生成难溶化合物的沉淀反应为基础的滴定分析法。

3. 滴定分析法对滴定反应的要求

适用于滴定分析的化学反应必须具备下列条件：

1）反应要按一定的化学反应式进行，不发生副反应；反应定量进行，且反应完全程度大于或等于 99.9%。

2）反应速度要快，进入滴定剂后最好瞬间完成。对于速度较慢的反应，可以采取加热、增加反应物含量、加入催化剂等措施。

3）有适当的方法确定滴定终点。

4. 滴定方式

（1）直接滴定法　用标准溶液直接进行滴定，利用指示剂或仪器测试指示化学计量点的滴定方法，称为直接滴定法。凡能满足滴定分析要求的反应都可用标准溶液直接滴定被测物质。

直接滴定法是最常用和最基本的滴定方法，简便、快速，引入的误差较少。

如果反应不能完全符合滴定分析要求，则可选择采用下述方法进行滴定：

（2）返滴定法（回滴法）　在待测试液中准确加入适当过量的标准溶液，待反应完全后，再用另一种标准溶液返滴剩余的第一种标准溶液，从而测定待测组分的含量，这种方法称为返滴定法。

这种滴定方法主要用于滴定反应速度较慢或反应物是固体，加入符合计量关系的标准滴定溶液后，反应常常不能立即完成的情况。例如，Al^{3+} 与 EDTA 溶液反应速度慢，不能直接滴定，可采用返滴定法。

（3）置换滴定法　置换滴定法是先加入适当的试剂与待测组分定量反应，生成另一种可滴定的物质，再利用标准溶液滴定反应产物，然后由滴定剂的消耗量、反应生成的物质与待测组分等物质的量的关系计算出待测组分的含量。

这种滴定方法主要用于因滴定反应无定量关系或伴有副反应而无法直接滴定的测定。例如，用 $K_2Cr_2O_7$ 标定 $Na_2S_2O_3$ 溶液的含量时，采用置换滴定法，即以一定量的 $K_2Cr_2O_7$ 在酸性溶液中与过量的 KI 作用，析出相当量的 I_2，以淀粉为指示剂，再用 $Na_2S_2O_3$ 溶液滴定析出的 I_2，进而求得 $Na_2S_2O_3$ 溶液的含量。

（4）间接滴定法　某些待测组分不能直接与滴定剂反应，但可通过其他的化学反应间接测定其含量。例如，Ca^{2+} 含量的测定可采用间接滴定法，利用 Ca^{2+} 与 $C_2O_4^{2-}$ 作用形成 CaC_2O_4 沉淀，过滤洗净后，加入 H_2SO_4 使其溶解，用 $KMnO_4$ 标准滴定溶液滴定 $C_2O_4^{2-}$，就可间接测定 Ca^{2+} 的含量。

返滴定法、置换滴定法和间接滴定法的应用大大扩展了滴定分析法的应用范围。

 称量分析法

称量分析法也称为重量分析法，是通过物理或化学的方法，使试样中的待测组分以某种形式与其他组分分离，转化为一定称量的形式，通过称量物质的质量来测定待测组分含量的方法。称量分析法可分为沉淀法、汽化法、电解法和萃取法。

1. 沉淀法

利用沉淀反应使被测组分以难溶化合物的形式沉淀出来，然后将沉淀过滤、洗涤、烘干或灼烧成一定的物质，称其质量，最后计算其含量。

2. 汽化法

汽化法也称为挥发法，一般通过加热或其他方法使试样中某种被测组分汽化逸出，然后根据试样质量的减轻量计算出该组分的含量；或者在该组分逸出后选用某种吸收剂来吸收它，可根据试剂的增重来计算被测组分的含量。汽化法适用于挥发性组分的测定。

3. 电解法

利用电解原理使被测离子在电极上析出，然后根据电极的增重来求得被测组分的含量。

4. 萃取法

萃取法是利用萃取原理，用萃取剂将被测组分从试样中分离出来，然后进行称重的

方法。

称量分析法适用高、中含量（质量分数大于1%）物质的精确分析。其优点是不需用基准物质和容量仪器，引入误差小，准确度较高。其缺点是操作比较繁琐，费时，不能满足快速分析要求。其对低含量组分的测定，误差较大。食品中水分、灰分、脂肪、果胶、纤维等成分的常规测定方法都是称量法。

第四节　食品微生物检验基础知识

一　食品微生物检验的意义及范围

1. 食品微生物检验的意义

食品微生物检验是食品监测必不可少的重要组成部分。

食品的微生物污染情况是食品卫生质量的重要指标之一，也是判定被检食品能否食用的科学依据之一。通过测定微生物指标，还可以判断食品在加工环境和食品原料及其在加工过程中被微生物污染及微生物生长的情况，为食品环境卫生管理和食品生产管理及某些传染病的防疫提供科学依据，可以有效地防止或者减少食物中毒和人畜共患病的发生，保障人民的身体健康。

2. 食品微生物检验的范围

根据食品被微生物污染的原因和途径，食品微生物检验的范围包括以下几点：

（1）生产环境的检验　包括车间用水、空气、地面、墙壁等。

（2）原辅料的检验　包括食用动物、谷物、添加剂等一切原辅料。

（3）食品加工、储藏、销售诸环节的检验　包括食品从业人员的卫生状况检验和加工工具、运输车辆、包装材料的检验等。

（4）食品的检验　重要是对出厂食品、可疑食品及食物中毒食品进行的检验。

3. 食品微生物检验主要工作流程

食品微生物的一般程序包括：检验前的准备、样品的采集与送检、样品的预处理、样品检验和结果报告等。在检验过程中要遵循保证无菌要求，做到代表性、均匀性、程序性和适时性。

二　食品微生物检验的主要指标

1. 菌落总数

菌落总数是指食品检样经过处理，在一定条件下培养后所得1g或1mL检样中所含细菌菌落的总数。按国家标准规定，菌落总数是指在需氧情况下，于37℃培养48h，能在普通营养琼脂平板上生长的细菌菌落总数。所以，厌氧或微需氧菌、有特殊营养要求的以及非嗜中温的细菌，由于现有条件不能满足其生理需求，故难以繁殖生长。因此，菌落总数并不表示实际中的所有细菌总数，菌落总数并不能区分其中细菌的种类，所以有时被称为杂菌数，需氧菌数等。

检验方法：菌落总数的测定，一般将被检样品制成几个不同的10倍递增的稀释液，然后从每个稀释液中分别取出1mL置于灭菌平皿中与营养琼脂培养基混合，在一定温度下，培养一定时间（一般为48h）后，记录每个平皿中形成的菌落数量，依据稀释倍数，计算出每克（或每毫升）原始样品中所含细菌菌落总数。

基本操作一般包括：样品的稀释，倾注平皿，培养48h，计数报告。

菌落总数反映食品的新鲜度、被细菌污染的程度及食品生产的一般卫生状况，能够及时反映食品加工过程是否符合卫生要求，为被检食品卫生学评价提供依据。

2. 大肠菌群

大肠菌群是指一群在37℃、24h能分解乳糖、产酸产气、需氧和兼性厌氧的革兰氏阴性无芽孢杆菌。它是评价食品卫生质量的重要指标之一，目前已广泛应用于食品卫生工作中。

检验方法：国家标准采用三步法，即乳糖发酵试验、分离培养和证实试验。

（1）乳糖发酵试验　样品稀释后，选择三个稀释度，每个稀释度接种三管乳糖胆盐发酵管，然后于36℃±1℃培养48h±2h，观察是否产气。

（2）分离培养：将产气发酵管培养物转种于伊红美蓝琼脂平板上，于36℃±1℃培养18~24h，观察菌落形态。

（3）证实试验：挑取平板上的可疑菌落，进行革兰氏染色观察，同时接种乳糖发酵管，于36℃±1℃培养24h±2h，观察产气情况。

报告：根据证实为大肠杆菌阳性的管数，查MPN表，报告100mL（g）大肠菌群的MPN值。

3. 致病菌

致病菌是指肠道致病菌、致病性球菌、沙门氏菌等。对不同的食品和不同的场合，应该选择一定的参考菌群进行检验。例如：海产品以副溶血性弧菌作为参考菌群，蛋及蛋制品以沙门氏菌、金黄色葡萄球菌、变形杆菌等作为参考菌群，米、面类食品以蜡样芽孢杆菌、变形杆菌、霉菌等作为参考菌群，罐头食品以肉毒梭状芽孢杆菌作为参考菌群等。

食品卫生标准规定食品中不得检出致病菌。

4. 霉菌及其毒素

我国还没有制订出霉菌的具体指标，鉴于有很多霉菌能够产生毒素，引起疾病，故应该对产毒霉菌进行检验。例如：曲霉属的黄曲霉、寄生曲霉等，青霉属的橘青霉、岛青霉等，镰刀霉属的串珠镰刀霉、禾谷镰刀霉等。

5. 其他指标

微生物指标还应包括病毒，如肝炎病毒、猪瘟病毒、鸡新城疫病毒、马立克氏病毒、口蹄疫病毒、狂犬病病毒、猪水泡病毒等。另外，从食品检验的角度考虑，寄生虫也被很多学者列为微生物检验的指标。

 食品微生物检验中样品的处理

1. 固体样品

用灭菌刀、剪或镊子取不同部位的样品10g，剪碎放入灭菌容器中，加一定量的水

混匀，制成体积比为1:10的混悬液，进行检验。在处理蛋品时，加入约30个玻璃珠，以便振荡均匀；生肉及内脏应先进行表面消毒，再剪去表面样品，然后采集深层样品。

2. 液体样品

（1）原包装样品　用点燃的酒精棉球对瓶口进行消毒，再用经苯酚或来苏水消毒液消毒过的纱布将瓶口盖上，用经火焰消毒的开罐器开启，摇匀后用无菌吸管吸取。

（2）含有二氧化碳的液体样品　按上述方法开启瓶盖后，将样品倒入无菌磨口瓶中，盖上消毒纱布，将盖掀开一缝，轻轻摇动，使气体逸出，然后进行检验。

（3）冷冻食品　将冷冻食品放入无菌容器溶化后检验。

3. 罐头

用点燃的酒精棉球对开口的一端进行消毒，再用来苏水消毒纱布将瓶口盖上，用经火焰消毒的开罐器开启，除去表层，用灭菌匙或吸管取出中间部分的样品进行检验。

四　微生物的培养技术

1. 培养基的配制

培养基是人工配制的适合微生物生长繁殖或积累代谢产物的营养基质，用于培养、分离、鉴定、保存各种微生物或积累代谢产物。不同微生物所需培养基不同。在不同种类的培养基中，一般应含有水分、碳源、氮源、无机盐、生长因子等。培养基按成分可分为天然培养基、合成培养基、半合成培养基，根据用途分为基础培养基、营养培养基、鉴别培养基、选择培养基，按物理状态分为固体培养基、半固体培养基、液体培养基。固体培养基是在液体培养基中加入质量分数1.5%～2.0%的琼脂作凝固剂，半固体培养基则加入质量分数为0.5%～0.8%的琼脂。

此外，由于微生物生长繁殖只有在最适宜的酸碱度范围内，才能表现出最大的生命活力，因此应该根据不同微生物的要求将培养基的pH值调到合适的范围。

由于配制培养基的各类营养物质和容器等一般都含有各种微生物，因此已配制好的培养基必须立即灭菌。

（1）一般培养基的配制步骤

1）按照配方的组分及用量分别进行称量并配成液体溶液。

2）根据要求调pH值。

3）若要制成固体，则加入质量分数为1.5%～2.0%的琼脂并加热熔化。

4）根据需要的数量分装入试管或锥形瓶中，加上棉塞或盖上纱布。

5）包扎好后灭菌备用。

（2）培养基及常用器皿的灭菌　培养微生物常用的玻璃器具主要有试管、锥形瓶、培养皿、吸管等，在使用前必须进行灭菌，使容器内不含任何杂菌。为了避免玻璃器皿在灭菌后再受空气中杂菌的污染，在灭菌前应进行严格的包装或包扎。对于试管和锥形瓶，应采用合适的棉花塞对其进行封口，用牛皮纸包扎棉花塞部分，防止被水蒸气弄湿；对于吸管，应在其吸气的一端用镊子或针塞入少许棉花，以防止菌体误吸入洗耳球中，或洗耳球的微生物通过吸管进入培养基中造成污染。

1）高压蒸汽灭菌：一般培养基、无菌水及玻璃器皿常采用高压蒸汽灭菌法。该方法的优点是时间短，灭菌效果好，可以杀灭所有的微生物，包括最耐热的细菌芽孢及其他休眠体。

一般灭菌时，采用104kPa的压力，温度为121.3℃，灭菌时间为20～30min（灭菌时间是从达到要求的温度或压力时开始算起）。

2）干热灭菌：常用的玻璃器皿、金属器皿也可采用烘箱热空气进行干热灭菌。使用烘箱灭菌时应注意：玻璃器皿要先洗净、干燥，再用纸进行正确包裹和加塞，然后才能放入烘箱中灭菌，以保证玻璃器皿灭菌后不被外界杂菌所污染；升温或降温不能过急；箱温不要超过180℃，以免引起包装纸自燃；箱内温度降到60℃以下时才能开箱取物；灭菌后的物品应在使用时才能打开包装纸。

3）火焰灼烧灭菌：它是将待灭菌物品用酒精灯火焰灼烧，以杀死其中的微生物的灭菌方法。这是一种最简便、快捷的干热灭菌方法，但只适用于体积较小的金属器皿或玻璃仪器，如接种环、接种针、试管口或玻璃棒的灭菌。

2. 无菌操作技术

（1）操作人员无菌操作的整体要求　食品微生物实验室工作人员，必须有严格的无菌观念，因为许多试验要求在无菌条件下进行。操作人员应穿专用试验服，戴专用试验帽子和口罩，试验前先用肥皂洗手，再用酒精擦拭双手等。此外，在操作过程中要注意以下几点：

1）动作要轻，不能太快，以免搅动空气而增加污染；玻璃器皿应轻取轻放，以免破损而污染环境。

2）操作应在近火焰区进行。

3）接种时所用的吸管、平皿及培养基等必须进行消毒灭菌，打开包装但未使用完的器皿不能放置后再使用，金属用具应进行高压灭菌或用体积分数为95%的酒精点燃烧灼三次后使用。

4）从包装中取出吸管时，吸管尖部不能触及外露部位；使用吸管接种于试管或平皿时，吸管尖不得触及试管或平皿边。

5）使用吸管时，切勿用嘴直接吸、吹吸管，而必须用洗耳球操作。

6）观察平板时不能开盖，当欲蘸取菌落检查时，必须靠近火焰区操作；平皿盖也不能大开，而应上下盖适当开缝。

7）进行可疑致病菌涂片染色时，应使用夹子夹持玻片，切勿用手直接拿玻片，以免造成污染。用过的玻片也应置于消毒液中浸泡消毒，然后再洗涤。

8）工作结束，收拾好工作台上的样品及器材，最后用消毒液擦拭工作台。

（2）无菌环境条件　在微生物检验中，要求严格的要在无菌室内操作并使用超净工作台。

1）无菌室使用要求

① 工作人员进入无菌室前，必须用肥皂或消毒液洗手消毒，然后在缓冲间更换专用的工作服、鞋（灭过菌），并戴帽子、口罩和手套（或用体积分数为70%的乙醇再次

擦拭双手），方可进入无菌室进行操作。

② 无菌室应定期用适宜的消毒液灭菌清洁，以保证无菌室的洁净度符合要求。无菌室应备有工作浓度的消毒液，如体积分数为5%的甲酚溶液、体积分数为70%的酒精、体积分数为0.1%的新洁尔灭（苯扎氯铵）溶液等。

③ 处理和接种食品标本时应进入无菌间操作，但不得随意出入，若需要传递物品，则可通过传递窗传递。

④ 检验工作中样品及无菌物被打开后，操作者在操作时应与样品及无菌物保持一定距离；未经消毒的物品及手绝对不可直接接触样品及无菌物品；样品及无菌物不可在空气中暴露过久，操作要正确；取样时必须用无菌工具（如镊子、勺子）等，手臂不可从样品及无菌物面上横过；从无菌容器中或样品中取出的物品虽未被污染，但也不可放回原处。瓶口、袋口开启前应用体积分数为75%的酒精棉球反复擦拭至少两遍（瓶口由中央到边沿，袋口由上至下擦拭）。

2）无菌室消毒要求

① 紫外线杀菌：每次开20~30min，就能达到空间杀菌的目的。在使用无菌室前必须打开无菌室的紫外灯辐照灭菌30min以上。操作完毕，应及时清理无菌室，再用紫外灯辐照灭菌30min。

② 甲醛和高锰酸钾混合熏蒸：一般每平方米需用体积分数为40%的甲醛溶液10mL、高锰酸钾溶液8mL进行熏蒸。使用时，先密闭门窗，先将量好的甲醛溶液盛入容器中，然后倒入量好的高锰酸钾溶液，人员随之离开接种室，关紧房门，熏蒸20~30min即可。

③ 化学消毒剂喷雾：根据无菌室的净化情况和空气中含用的杂菌种类，可采用不同的化学消毒剂。如果霉菌较多，先用质量分数为3%~5%的苯酚溶液喷洒室内，再用甲醛熏蒸。如果细菌较多，则可采用甲醛和乳酸交替熏蒸。

3）超净工作台。超净工作台的工作原理为：通过风机将空气吸入预过滤器，经由静压箱进入高效过滤器过滤，将过滤后的空气以垂直或水平气流的状态送出，使操作区域达到百级洁净度，保证生产对环境洁净度的要求。

3. 微生物分离纯化技术

含有一种以上的微生物培养物称为混合培养物。如果在一个菌落中所有细胞均来自于一个亲代细胞，那么这个菌落称为纯培养。在进行菌种鉴定时，所用的微生物一般均要求为纯培养。得到纯培养的过程称为分离纯化，方法有多种。

（1）倾注平板法　首先把微生物悬液进行一系列稀释，取一定量的稀释液与熔化好的温度保持在40~50℃的营养琼脂培养基充分混合，然后把这混合液倾注到无菌的培养皿中，待凝固之后，把这平板倒置在恒温箱中培养。单一细胞经过多次增殖后形成一个菌落，取单个菌落制成悬液，重复上述步骤数次，便可得到纯培养。

（2）涂布平板法　首先把微生物悬液通过适当的稀释，取一定量的稀释液放在无菌的并且已经凝固的营养琼脂平板上，然后用无菌的玻璃刮刀把稀释液均匀地涂布在培养基表面上，经恒温培养便可以得到单个菌落。

（3）平板划线法　最简单的分离微生物的方法是平板划线法。用无菌的接种环取少许培养物在平板上进行划线。划线的方法很多，常见的比较容易出现单个菌落的划线方法有斜线法、曲线法、方格法、放射法、四格法等。当接种环在培养基表面上往后移动时，接种环上的菌液逐渐稀释，最后在所划的线上分散着单个细胞，经培养，每一个细胞长成一个菌落。

第五节　常用仪器分析的基本方法

一　紫外可见分光光度法

1. 概述

许多物质的溶液是有色的，有些物质的溶液本身是无色或浅色的，但与某些试剂发生反应后生成有色物质。有色物质溶液颜色的深浅与其含量有关，含量越大，颜色越深。使用分光光度计，根据物质对不同波长单色光的吸收程度的不同来对物质进行定性和定量分析的方法称为分光光度法。其按光的波谱区域划分为可见分光光度法（400 ~ 780nm）、紫外分光光度法（200 ~ 400nm）和红外分光光度法（3×10^3 ~ 3×10^4 nm）。其中，可见分光光度法和紫外分光光度法合称为紫外-可见分光光度法，是基于物质对200 ~ 780nm 区域内光辐射的选择性吸收而建立的分析方法。由于 200 ~ 780nm 区域内光辐射的能量主要与物质中原子的价电子的能级跃迁相关，可以导致电子的跃迁，所以紫外-可见分光光度法又称为电子光谱法。

紫外-可见分光光度法主要用于测定试样中的微量组分，具有较高的灵敏度和准确度，以及仪器简单、操作方便、分析快速等特点，是仪器分析中应用最广泛的分析方法之一。

2. 紫外-可见分光光度计

各种类型的紫外-可见分光光度计从总体上来说是由五个部分组成的，即光源、单色器、吸收池、检测器和信号显示记录装置，如图 1-3-2 所示。

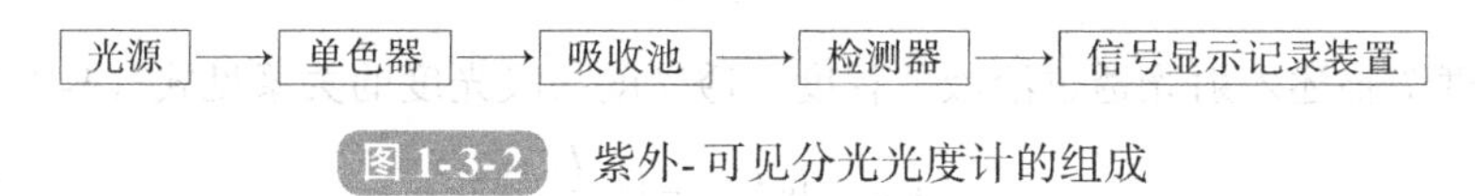

图 1-3-2　紫外-可见分光光度计的组成

常用两种光源：可见光区使用钨灯作光源，辐射波长范围为 320 ~ 2500nm；紫外光区常用氢或氘灯作光源，辐射波长范围为 185 ~ 400nm。

单色器是将光源发射的复合光分解成单色光并可从中选出任一波长单色光的光学系统。

吸收池用于盛放分析试样，一般有石英和玻璃材料两种。石英吸收池适用于可见光区及紫外光区，玻璃吸收池只能用于可见光区。

检测器的功能是检测光信号，即利用光电效应将透过吸收池的光信号变成可测的电信号，常用的有光电池、光电管或光电倍增管。

信号显示器的作用是放大信号并以适当的方式将其显示或记录下来。常用的信号显示和记录装置有直读检流计、电位计、记录仪、示波器及微处理机。

3. 可见光分光光度法的基本原理

(1) 光的基本性质　光是一种电磁波，同时具有波动性和粒子性。描述光波动性的重要参数是波长 λ、频率 ν。光也是一种粒子，其能量 E 决定于光的频率。它们之间的关系见式（1-3-2）。

$$E = h\nu = h\frac{c}{\lambda} \tag{1-3-2}$$

式中　E——光子的能量（J）；

h——普朗克常数，为 $6.626\times10^{-34}\mathrm{J\cdot s}$；

c——光速，为 $3.0\times10^{8}\mathrm{m/s}$；

λ——波长（m）；

ν——频率（Hz）。

由式（1-3-2）可知，不同波长的光能量不同，波长越长能量越低，波长越短能量越大。

(2) 吸收曲线　根据物质对光选择性吸收程度的不同，将不同波长的光依次通过某一固定含量和厚度的溶液，分别测量其对每一波长的光的吸收程度（吸光度 A），然后以波长为横坐标，吸光度为纵坐标作图，得到该溶液的吸收曲线，亦称为吸收光谱。

吸收曲线清楚地描述了物质具有选择性吸收不同波长范围光的性质。吸光度最大处所对应的波长称为最大吸收波长 λ_{max}。在最大吸收波长处测定的吸光度的灵敏度最高。因此，吸收曲线是紫外可见分光光度法中选择测定波长的重要依据。

(3) 光吸收的基本定律　分光光度法进行定量分析的理论依据是朗伯-比尔定律。当一束平行单色光通过厚度为 b 的均匀、非散射的溶液时，光能被溶液吸收，光的强度就要减弱。溶液的含量越大，液层越厚，则光被吸收得越多，透过溶液的光强度越弱。溶液的吸光度 A 与光强度的关系见式（1-3-3）。

$$A = \lg\frac{I_0}{I} \tag{1-3-3}$$

透光度 T 描述入射光透过溶液的程度。透光度与吸光度的关系见式（1-3-4）。

$$A = -\lg T = -\lg\frac{I}{I_0} \tag{1-3-4}$$

式中　A——吸光度；

T——透光度；

I_0——入射光强度；

I——透射光的强度。

实践证明，溶液对光的吸收程度与该溶液的浓度、性质、温度以及入射光的强度等因素有关。当单色光通过浓度一定且均匀的吸收溶液时，该溶液对光的吸收程度与液层厚度成正比；当单色光通过液层厚度一定且均匀的吸收溶液时，该溶液对光的吸收程度与溶液中吸光物质的浓度 c 成正比。这种关系称为比尔定律，其数学表达式为

$$A = \lg \frac{I_0}{I} = \lg \frac{1}{T} = Kbc \qquad (1\text{-}3\text{-}5)$$

式中　A——吸光度；

K——比例常数；

T——透光率；

b——液层厚度（cm）；

c——吸光物质的浓度（mol/L）。

物理意义：当一束平行的单色光通过均匀的某吸收溶液时，溶液对光的吸收程度与吸光物质的浓度和光通过的液层厚度的乘积成正比。

式（1-3-5）中的比例常数 K 随着 c、b 所用单位的不同而不同。如果液层厚度 b 的单位为 cm，浓度 c 的单位为 mol/L，则常数 K 用 ε 表示，ε 称为摩尔吸光系数，此时可改写为

$$A = \varepsilon bc \qquad (1\text{-}3\text{-}6)$$

式中　A——吸光度；

b——液层厚度（cm）；

c——吸光物质的浓度（mol/L）；

ε——摩尔吸光系数［L/(mol · cm)］。

摩尔吸光系数的物理意义为浓度为 1mol/L、液层厚度为 1cm 时该溶液在某一波长下的吸光度，是吸光物质在一定波长和溶剂条件下的特征常数。在温度和波长等条件一定时，摩尔吸光系数仅与吸光物质本身的性质有关，因此摩尔吸光系数可作为物质定性鉴定的参数。在最大吸收波长 λ_{max} 处的摩尔吸光系数常以 ε_{max} 表示。ε_{max} 表明了该吸光物质最大限度的吸光能力，也反映了光度法测定该物质可能达到的最大灵敏度。ε_{max} 值越大，表明该物质的吸光能力越强，用光度法测定该物质的灵敏度越高。

4. 定量分析

紫外-可见分光光度法定量分析的依据是朗伯-比尔定律，即在一定波长处被测定物质的吸光度与它的浓度有线性关系。

定量分析时入射光波长一般选择溶液具有最大吸收时的波长，以便获得较高的灵敏度。

为了使测得的吸光度能真实反映待测物质对光的吸收，必须校正比色皿、溶剂等对光的吸收造成的透射光强度的减弱。采用光学性质相同、厚度相同的比色皿储存参比溶液，调节仪器使透过参比皿的吸光度为零。也就是说，实际上是以通过参比皿的光强度作为入射光强度。这样得到的吸光度才能真实反映待测物质对光的吸收。

光度测量时，吸光度读数过高或过低，浓度测量的相对误差都将增大。因此，一般将测量的吸光度控制在 0.2～0.8 范围内，此时测量的准确度较高。可以改变吸收池厚度 b 或待测液浓度 c，使吸光度读数处于适宜范围内。

（1）单组分定量方法

1）标准曲线法。标准曲线法是实际工作中用得最多的一种方法。其操作步骤是：首先配制一系列（四个以上）不同含量的待测组分的标准溶液，在相同条件下稀释至

相同体积，以不含目标组分的空白溶液为参比，在选定的波长下测定标准溶液的吸光度。以波长为横坐标，吸光度为纵坐标作图，绘制出工作曲线，即标准曲线。

测定样品时，按相同的方法配备待测试液，在同样的条件下测定未知试样的吸光度，从标准曲线上查出与之对应的未知试样的浓度。待测试液的浓度应在工作曲线线性范围内，最好在曲线中部。

2）标准对比法。在同样的试验条件下测定试样溶液和某一浓度的标准溶液的吸光度 A_x 和 A_s，由标准溶液的浓度 c_s，用式（1-3-7）可计算出试样中被测物的浓度 c_x。

$$A_s = Kc_s, \quad A_x = Kc_x, \quad c_x = \frac{c_s A_x}{A_s} \tag{1-3-7}$$

式中 A_s——标准溶液吸光度；

A_x——待测溶液吸光度；

c_s——标准溶液的浓度（mol/L）；

c_x——待测溶液的浓度（mol/L）。

这种方法比较简便，但是只有在测定的浓度范围内溶液完全遵守朗伯-比尔定律，并且 c_s 和 c_x 很接近时，才能得到较为准确的结果。因此，标准对比法多用于一些工业分析。

（2）多组分定量方法　根据吸光度具有加和性的特点，在同一试样中可以测定两个以上的组分。假设试样中含有 x，y 两种组分，将它们转化为有色化合物，分别绘制其吸收光谱，会出现三种情况，如图 1-3-3 所示。

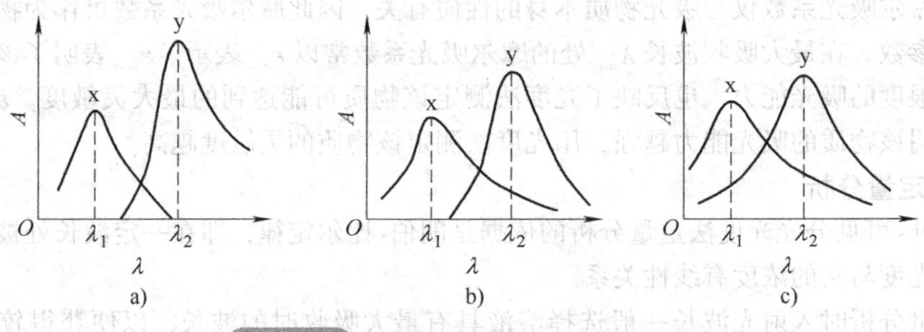

图 1-3-3　多组分定量分析方法示意图

图 1-3-3a 所示为组分 x 和 y 互不干扰，可以分别在 λ_1 和 λ_2 两个波长下测定两种物质的含量。图 1-3-3b 所示为组分 x 干扰组分 y 的测量，此时对组分 y 要用解方程的方法测定。图 1-3-3c 所示为组分 x 和组分 y 相互干扰，要通过解方程组的方法实现分别测定。

对于更复杂的多组分体系，可用计算机处理测定的结果。

5. 显色反应

大多数物质本身在可见光区没有吸收，或虽有吸收但摩尔吸光系数很小，不能直接用光度法测定。这时就需要借助适当的试剂，与之反应，使其转化为摩尔吸光系数较大的有色物质后再进行测定。此转化反应称为显色反应，所用试剂称为显色剂。

显色反应能否满足光度法的要求，除了主要与显色剂的性质有关系外，控制好显色反应的条件也是十分重要的。显色条件包括显色剂用量、酸度、显色温度、显色时间及干扰的消除。

6. 紫外光谱中的有关术语

（1）发色基团和助色基团

1）发色基团：凡是能导致化合物在紫外及可见光区产生吸收的基团，都称为发色基团。一般不饱和的基团都是发色基团（如 C ═C、C ═O、N ═N、三键、苯环等）。

2）助色基团：指那些本身不会使化合物分子产生颜色或者在紫外及可见光区不产生吸收的一些基团。但这些基团与发色基团相连时却能使发色基团的吸收带波长移向长波，同时使吸收强度增加。通常，助色基团是由含有孤对电子的元素（如$—NH_2$、$—NR_2$、—OH、—OR、—Cl 等）所组成的。这些基团借助 P-π 共轭使发色基团增加共轭程度，从而使电子跃迁的能量下降。

（2）红移、蓝移、增色效应和减色效应　由于有机化合物分子中引入了助色基团或其他发色基团而产生结构的改变，或者由于溶剂的影响使其紫外吸收带的最大吸收波长向长波方向移动的现象称为红移。与此相反，如果吸收带的最大吸收波长向短波方向移动，则称为蓝移。

与吸收带波长红移及蓝移相似，由于化合物分子结构中引入取代基，或受溶剂的影响，使吸收带的强度即摩尔吸光系数增大或减小的现象称为增色效应或减色效应。

（3）吸收带　紫外吸收光谱所研究的主要吸收带可分为以下四种类型：

1）R 吸收带：由含有氧、硫、氮等杂原子的发色基团（羰基、硝基）$n \rightarrow \pi^*$ 跃迁产生，吸收波长长，吸收强度低。

2）K 吸收带：由含有共轭双键的 $\pi \rightarrow \pi^*$ 跃迁产生，K 吸收带波长大于 200nm，吸收强度强。

3）B 吸收带：由闭合环状共轭双键的 $\pi \rightarrow \pi^*$ 跃迁所产生，是芳环化合物的主要特征吸收（峰）带，吸收波长长，吸收强度低。

4）E 吸收带：是芳香族化合物的特征吸收带，包括两个吸收峰，分别为 E_1 带和 E_2 带。E_1 带的吸收波长约为 180nm，E_2 带的吸收波长约为 200nm。

二　原子吸收光谱分析法

1. 概述

原子吸收光谱分析法又称为原子吸收分光光度分析法（AAS），简称为原子吸收法，是基于物质所产生的原子蒸气对特定波长谱线（通常是待测元素的特征谱线）的吸收作用而进行定量分析的方法。

原子吸收光谱法具有选择性好、准确度和灵敏度高、适用范围广泛、用量少、分析速度快、设备简单、易于实现自动化和计算机控制等优点。但是其选择性好，测定不同元素时需使用相应的光源-空心阴极灯，换灯比较麻烦，不适于做定性分析；对于 Sc、Y、La 系等高温元素的测定，灵敏度较低。

2. 原子吸收光谱仪

原子吸收法所使用的分析仪器称为原子吸收光谱仪或原子吸收分光光度计，一般由光源、原子化系统、光学系统及检测系统四个主要部分组成。原子吸收分析示意图如图1-3-4所示。将试液喷射成雾状，并使其进入化学火焰中，待测物质就在火焰的温度下蒸发、解离、原子化，从而形成气态原子（原子蒸气）。当光源辐射出的待测元素的特征光波从一定厚度的原子蒸气中经过时，其中一部分光被原子蒸气中待测元素的基态原子吸收而使其强度减弱，通过单色器分光后被检测器接收，通过检测器测得特征光波被吸收的程度，即可求得样品中待测元素的含量。

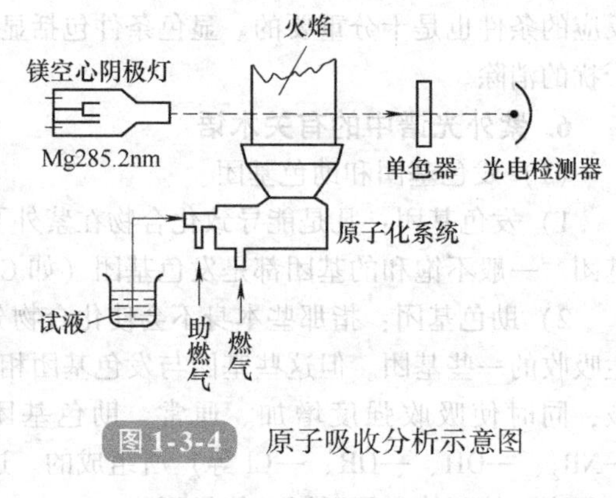

图1-3-4 原子吸收分析示意图

3. 原子吸收光谱分析理论基础

（1）原子吸收光谱分析定量基础　1955年，华尔士提出以锐线光源（空心阴极灯）为激发光源，用测量峰值吸收的方法代替积分吸收，使原子吸收成为一种分析方法。锐线光源是指能发射半宽度极窄的共振谱线的光源。峰值吸收是指基态原子蒸气对入射光中心频率的吸收。

理论与实践证明，样品蒸气中基态原子对待测元素共振发射线的吸收程度与原子浓度的关系在一定条件下也服从朗伯-比尔定律，即

$$A = \lg\frac{I_{0\nu}}{I_\nu} = 0.434K_\nu L \tag{1-3-8}$$

式中　$I_{0\nu}$——频率为ν的光的入射强度；

I_ν——频率为ν的光的透过强度；

L——光通过原子蒸气的厚度；

K_ν——原子蒸气对频率为ν的光的吸收系数。

在一定的浓度范围内和一定的条件下，溶液中的待测元素浓度与原子蒸气中该元素的基态原子数目有恒定的比例关系，因此基态原子蒸气的峰值吸收与试液中待测元素的浓度成正比，即

$$A = K'cL \tag{1-3-9}$$

式中　A——吸收程度；

L——光通过原子蒸气的厚度；

c——待测元素的浓度（mol/L）；

K'——与试验条件有关的常数。

式（1-3-9）即为原子吸收法使用的定量计算公式。这个关系式表明：在一定条件下，一定含量（或浓度）范围内，试样中待测元素的原子对光的吸收程度A与该元素在试样中的含量（或浓度）之间服从朗伯-比尔定律（也称为吸收定律）。

（2）定量分析方法

1）标准曲线法。首先配制一组合适的标准溶液（通常由5～7个不同含量的标准

样品或试剂制成)，在选定的条件下，浓度由低到高，依次测定其吸光度 A。以测得的吸光度为纵坐标，待测元素的浓度 c 为横坐标，绘制 A-c 标准曲线。然后，在相同条件下，测定试样的吸光度 A_x。最后在标准曲线上内插试样的吸光度 A_x 值（见图1-3-5)，即可求得试样中待测元素的浓度。

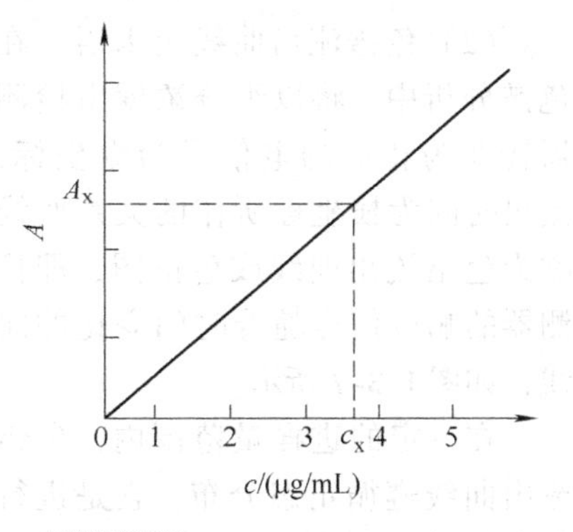

图1-3-5　标准曲线法工作曲线

标准曲线法简便、快速，但仅适用于基体不太复杂的试样以及成批试样的分析。

2）标准加入法。标准加入法也称为标准增量法。一般来说，待测试样的确切组成是不完全确知的，这就给配制与待测试样组成相似的标准溶液带来一定的困难。如果待测试样的量足够的话，则可采用标准加入法。

首先取若干份（例如四份）体积相同的试样溶液，从第二份开始分别按比例准确加入已知不同量的待测元素的标准溶液，然后用溶剂稀释至相同体积（设试样中待测元素的浓度为 c_x，加入标准溶液后浓度的增量记为 c_0)；在选定的条件下，由稀到浓依次测定各溶液的吸光度（如 A_x、A_1、A_2 及 A_3)；再以 A 对 c_0 作图，得图1-3-6所示的标准加入法工作曲线。该曲线是一条直线，且一般不通过原点。显然，外延直线与横坐标相交，交点到原点的距离即为试样中待测元素的浓度 c_x。

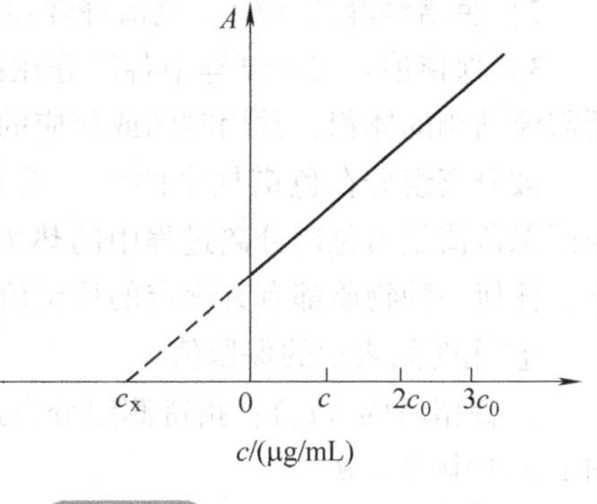

图1-3-6　标准加入法工作曲线

标准加入法适用于基体不确知、待测组分含量低、标准样品难以得到的试样分析。但样品的需用量相对较多，操作也较标准曲线法繁琐，并且不太适合成批试样的分析。

 气相色谱法

1. 基本原理

（1）分离原理　气相色谱分析法基于不同物质在两相间具有不同的分配系数（或吸附能力)。当两相做相对运动时，试样中的各组分就在两相中进行反复多次的分配或吸附而彼此分离。

气-固色谱分析中的固定相是吸附剂颗粒，当试样由载气携带进入柱子时，立即被吸附剂所吸附。由于载气不断流过，吸附着的被测组分就会被洗脱下来。这种洗脱下来的现象称为脱附。脱附下来的组分随着载气继续前行时，又可被前面的吸附剂所吸附。随着载气的流动，被测组分在吸附剂表面进行上述反复的物理吸附、脱附过程，较难被吸附的组分就容易脱附下来，容易被吸附的组分就不易被脱附。经过一定时间之后，试样中的各个组分就彼此被拉开了距离，即实现了分离，进而按顺序流出色谱柱。

(2) 色谱流出曲线及术语　在色谱分析中，将以组分浓度由检测器转变为相应的电信号为纵坐标，流出时间为横坐标所作的关系曲线称为色谱流出曲线或色谱图，即检测器的响应信号随着时间变化的曲线，如图1-3-7所示。

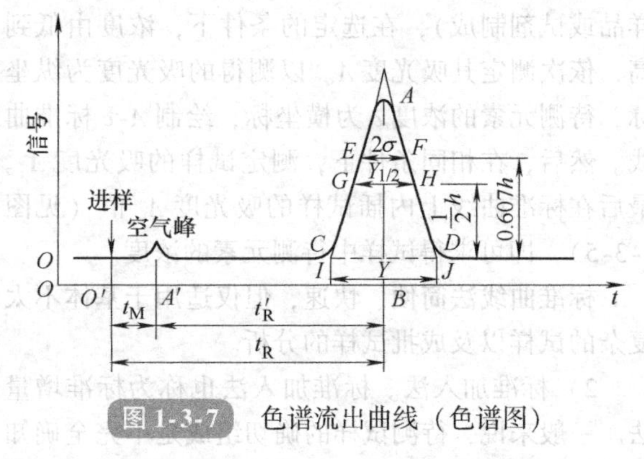

图1-3-7　色谱流出曲线（色谱图）

在一定的进样量范围内，色谱流出曲线遵循正态分布。它是进行色谱定性、定量分析以及评价色谱分离情况的依据。

1）基线：当色谱柱中只有载气经过时，检测器相应信号的记录就叫基线。基线反映了在试验操作条件下，检测系统噪声随着时间变化的情况。稳定的基线是一条直线。

① 基线漂移：指基线随着时间定向地缓慢变化。

② 基线噪声：指由各种因素所引起的基线起伏。

2）色谱峰峰高（h）：色谱峰峰顶到基线间的垂直距离叫做色谱峰峰高。

3）保留值：表示试样中各组分在色谱柱内停（滞）留的时间或将组分带出色谱柱所需流动相的体积，常用时间或相应的载气体积表示。

被分离组分在色谱柱中的停（滞）留时间，主要取决于它在两相间的分配过程，因而保留值是由色谱分离过程中的热力学因素所控制的。在一定的固定相和操作条件下，任何一种物质都有其确定的保留值，保留值是色谱定性分析的参数。

① 用时间表示的保留值

a. 保留时间（t_R）：指待测组分自进样到柱后出现浓度最大值时所经历的时间，如图1-3-7中的$O'B$。

b. 死时间（t_M）：指不被固定相吸附或溶解的气体（如空气、甲烷）从进样开始到柱后出现浓度最大值时所经历的时间，如图1-3-7中的$O'A'$。显然，死时间正比于色谱柱的空隙体积。

c. 调整（或校正）保留时间（t'_R）：指扣除死时间之后的保留时间，如图1-3-7中的$A'B$，也即

$$t'_R = t_R - t_M$$

② 用体积表示的保留值

a. 死体积（V_M）：指不被固定相吸附或溶解的气体（如空气）从进样开始到柱后出现浓度最大值时所经历的体积，即色谱柱在填充后柱管内固定相颗粒间所剩留的空间、色谱仪中管路和连接头间的空间以及检测器空间的总和。

b. 保留体积（V_R）：指从进样开始到柱后被测组分出现浓度最大值时所通过的载气体积。V_R与载气流速无关。

c. 调整（或校正）保留体积（V'_R）：指扣除死体积后的保留体积，即

$$V'_R = V_R - V_M$$

同样，V'_R与载气流速也无关。死体积反映了柱子和仪器系统的几何特性，与被测物的性质无关，故保留体积值中扣除死体积后将更合理地反映被测组分的保留特性。

4）相对保留值（r_{21}）：指某组分 2 的调整保留值与另一组分 1 的调整保留值之比，即

$$r_{21} = \frac{t'_{R(2)}}{t'_{R(1)}} = \frac{V'_{R(2)}}{V'_{R(1)}}$$

相对保留值的优点是，只要柱温、固定相性质不变，即使柱径、柱长、填充情况及流动相流速有所变化，r_{21}值也保持不变。因此，它是色谱定性分析的重要参数。

5）区域宽度：色谱峰区域宽度是色谱流出曲线中的一个重要参数。从色谱分离角度着眼，希望区域宽度越窄越好。通常度量色谱峰区域宽度有三种方法：

① 标准偏差（σ）：指 0.607 倍峰高处色谱峰宽度的 1/2，如图 1-3-7 中的 EF 为 2σ。

② 半峰宽度（$Y_{1/2}$）：峰高 1/2 处色谱峰的宽度，如图 1-3-7 中的 GH。它与标准偏差的关系为

$$Y_{1/2} = 2\sigma\sqrt{2\ln 2} = 2.354\sigma$$

由于 $Y_{1/2}$易于测量，使用方便，所以常用它表示区域宽度。

③ 峰底宽度（Y）：过色谱峰两侧的转折点所作切线在基线上的截距，如图 1-3-7 中的 IJ。它与标准偏差的关系为

$$Y = 4\sigma$$

6）分配系数：在一定的柱温和柱压下，组分在两相之间分配达平衡时，组分在固定相中的浓度 c_s 和在流动相中的浓度 c_m 之比称为分配系数，记为 K，即

$$K = \frac{c_s}{c_m}$$

（3）色谱流出线的作用　利用色谱流出曲线可以解决以下问题：

1）根据色谱峰的位置（保留值）可以进行定性检定。

2）根据色谱峰的面积或峰高可以进行定量测定。

3）根据色谱峰的位置及其宽度可以对色谱柱分离情况进行评价。

2. 气相色谱仪的结构

气相色谱法的简单流程：载气由高压气瓶（也可采用气体发生器）供给，经压力调节器降压，经净化器脱水及净化，由流量调节器调至适宜的流量进入色谱柱，再经检测器流出色谱仪，在流量、温度及基线稳定后，即可进样。样品注入汽化室汽化后被载气带入色谱柱，各组分在固定相与载气间分配。由于各组分在两相中的分配系数不等，因此它们将按分配系数大小的顺序依次被载气带出色谱柱。分配系数小的组分先流出，分配系数大的后流出，然后进入检测器。检测器将各组分浓度（或质量）的变化，转变为电压（或电流）的变化。电压（或电流）随时间的变化由色谱工作站记录下来，即得到色谱图。利用色谱图可进行定性和定量分析。

气相色谱分析用仪器一般由五个基本单元所组成，即

供气系统 —— 进样系统 —— 分离系统 —— 检测系统 —— 数据处理系统

（1）供气系统　指载气连续运行的密闭管路，包括气体钢瓶、压力调节器、净化器、气流调节阀；还包括辅助气体，常用的载气有氮气、氢气、氦气、氩气。

（2）进样系统　包括进样器和汽化室两个部分。液体样品用微量注射器进样，气体样品还可用六通阀进样，使样品被流动相带入色谱柱中进行分离。汽化室的作用是将液体样品迅速、完全地汽化。

（3）分离系统　包括色谱柱、柱箱及其温控装置。

（4）检测系统　主要指检测器。检测器的作用是将色谱柱分离后的各个组分按其特性及含量转换为相应的电信号，以便进行定性、定量分析。常用的气相色谱检测器有热导池检测器（TCD）、氢火焰离子化检测器（FID）、电子捕获检测器（ECD）、火焰光度检测器（FPD）。

（5）数据处理系统　其功能是将检测器输出的模拟信号进行采集、信号转换、数据处理与计算，并打印出信号强度随时间变化的曲线，即色谱图。现代的色谱仪由色谱工作站（由工作软件、计算机和打印机组成）来完成数据处理系统的所有任务。在色谱工作站软件的控制下，还可对采集和存储的色谱图进行分析校正和定量计算，最后打印出色谱图和分析报告。

3. 气相色谱定量分析

（1）定量分析的依据　在一定的色谱操作条件下，组分 i 的质量（m_i）或其在载气中的浓度是与检测器的响应信号（色谱图上表现为峰面积 A_i 或峰高 h_i）成正比的，即

$$m_i = f_i A_i \tag{1-3-10}$$

式（1-3-10）中的比例系数 f_i 称为定量校正因子。

（2）常用的定量计算方法

1）归一化法。若将所有出峰组分的含量之和按 100% 计，则这种定量计算的方法就叫做归一化法。只有当试样中所有组分均能出峰时，才可用此方法进行定量计算。

假设试样中有 n 个组分，每个组分的质量分别为 m_1，m_2，…，m_n。这 n 个组分的含量之和为 100%，其中组分 i 的质量分数 w_i 可按式（1-3-11）计算。

$$w_i = \frac{m_i}{m} \times 100\% = \frac{A_i f'_{is}}{\sum_{i=1}^{n} A_i f'_{is}} \times 100\% \tag{1-3-11}$$

式中　f'_{is}——组分 i 的相对质量校正因子；

A_i——组分 i 的峰面积；

m_i——组分 i 的质量（g）；

m——各组分质量总和（g）。

若各组分的 f 值相近或相同（如同系物中沸点相近的各个组分），则式（1-3-11）可进一步简化为

$$w_i = \frac{m_i}{m} \times 100\% = \frac{A_i}{\sum_{i=1}^{n} A_i} \times 100\% \tag{1-3-12}$$

归一化法的优点是快速、简便、准确，当操作条件（如进样量、流速等）变化时，对分析结果的影响比较小。

2）内标法。当试样中所有组分不能全部出峰，需测定的组分出峰时，可采用内标法，就是将一定量的纯物质作为内标物，将其加入到准确称取的试样中去，根据被测物和内标物的质量及其在色谱图上相应的峰面积的比，求出待测组分的含量。

例如，要测定试样中组分 i（质量为 m_i）的质量分数 w_i，可事先向质量为 m 的试样中加入质量为 m_s 的内标物，则

$$\frac{m_i}{m_s} = \frac{A_i f_i}{A_s f_s} \tag{1-3-13}$$

$$m_i = \frac{A_i f_i}{A_s f_s} m_s \tag{1-3-14}$$

式中　m_i——组分 i 的质量（g）；

m_s——内标物的质量（g）；

f_i——组分 i 的相对质量校正因子；

f_s——内标物的相对质量校正因子；

A_i——组分 i 的峰面积；

A_s——内标物的峰面积。

在分析工作中，常常是以内标物为基准，则 $f_s=1$，此时计算公式为

$$w_i = \frac{m_i}{m} \times 100\% = \frac{A_i f_i}{A_s f_s} \cdot \frac{m_s}{m} \times 100\% \tag{1-3-15}$$

可简化为

$$w_i = \frac{A_i}{A_s} \cdot \frac{m_s}{m} \cdot f_i \times 100\% \tag{1-3-16}$$

可见，内标法是通过测量内标物及待测组分的峰面积的相对值来进行计算的，因而由操作条件变化所引起的误差，都将同时反映在内标物及待测组分上，从而被相互抵消，可得到较为准确的分析结果。

3）外标法（又称定量进样-标准曲线法）。用待测组分的纯物质加稀释剂（液体试样用溶剂稀释，气体试样用载气或空气稀释）配成不同质量分数的标准系列溶液，依次取固定量的标准系列溶液进样分析，从所得色谱图上测出响应信号（峰面积或峰高等），绘制响应信号（纵坐标）对质量分数（横坐标）的标准曲线，然后进行样品分析，取和制作标准曲线时同量的试样（固定进样），进样后由所得色谱图测得该试样中待测组分的响应信号，带入标准曲线中查出其对应的质量分数。

四　高效液相色谱法

1. 高效液相色谱法（HPLC）的主要类型及作用机理

（1）液-液分配色谱法　作用机理：溶质由于在两相间的相对溶解度不同，因此在

两相间进行分配时，在固定液中溶解度较小的组分较难进入固定液，在色谱柱中向前迁移的速度较快，在固定液中溶解度较大的组分容易进入固定液，在色谱柱中向前迁移的速度较慢，从而达到分离的目的。分离的顺序取决于组分分配系数的大小。

（2）液-固吸附色谱法　液-固吸附色谱法的固定相是固体吸附剂。其作用机理为：根据物质在固定相上吸附作用的不同来进行分配。流动相中的溶质分子被流动相带入色谱柱后，在随载液流动的过程中，发生交换反应，溶质分子和溶剂分子对吸附剂活性表面发生吸附竞争。分配比较小，表示溶剂分子吸附力很强，被吸附的溶质分子很少，先流出色谱柱；分配比较大，表示该组分分子的吸附能力较强，后流出色谱柱。液-固吸附色谱法常用于分离极性不同的化合物、含有不同类型或不同数量官能团的有机化合物，以及有机化合物的不同的异构体。但液-固色谱法不宜用于分离同系物，因为液-固色谱对不同相对分子质量的同系物选择性不高。

（3）离子交换色谱法　离子交换色谱法基于离子交换树脂上可交换的离子与流动相中具有相同电荷的被测离子进行可逆交换，被测离子因在交换剂上具有不同的亲和力（作用力）而被分离。离子交换色谱法主要用来分离离子或可离解的化合物。凡是在流动相中能够电离的物质都可以用离子交换色谱法进行分离。离子交换色谱法广泛地应用于无机离子、有机化合物和生物物质（如氨基酸、核酸、蛋白质等）的分离。

（4）尺寸排阻色谱法　固定相为表面具有不同大小（一般为几个纳米到数百个纳米）空穴的凝胶的色谱法称为尺寸排阻色谱法。溶质在两相之间被分离靠的是自身体积大小的不同。样品进入色谱柱后，由于凝胶具有一定大小的孔穴分布，体积大于凝胶孔隙的分子不能进入孔隙而被排阻，直接从表面流过，先流出色谱柱；小分子可以渗入大大小小的凝胶孔隙中而完全不受排阻，然后又从孔隙中出来随载液流动，后流出色谱柱；中等体积的分子可以渗入较大的孔隙中，但受到较小孔隙的排阻，介于上述两种情况之间。因此尺寸排阻色谱法是一种按分子尺寸大小的顺序进行分离的一种色谱分析方法。

尺寸排阻色谱法适用于相对分子质量为 $100 \sim 8 \times 10^5$ 的任何类型的化合物，只要在流动相中是可溶的，都可用尺寸排阻色谱法进行分离；但其只能分离相对分子质量差别在10%以上的分子，而不能用来分离大小相似、相对分子质量接近的分子。

2. 高效液相色谱仪

高效液相色谱仪一般由储液器、高压输液泵、梯度淋洗装置、进样器、色谱柱、检测器以及数据处理系统等组成，如图1-3-8所示。

高效液相色谱仪的工作流程为：流动相经过滤后由高压泵输送到色谱柱入口（若采用梯度淋洗方式，常需双泵系统完成流动相的输送），样品由进样器自进样口注入后随着流动相流经色谱柱完成组分分离，分离后的组分随着流动相离开色谱柱进入检测器，检测器将检测到的信号输给数据处理装置。若需收集馏分做进一步的分析，则可在色谱柱出口一侧收集馏分。

流动相用前需进行脱气，常用的脱气方法有低压脱气法、吹氦脱气法、超声波脱气法。

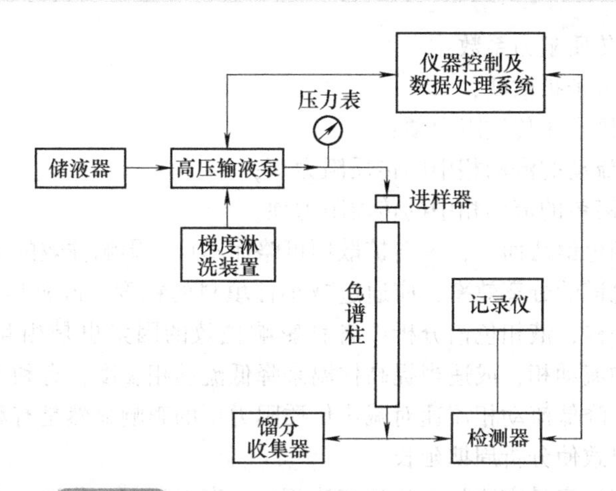

图 1-3-8　高效液相色谱仪典型的结构示意图

梯度淋洗又称为梯度洗脱，由两种或两种以上不同极性的溶剂作流动相，在分离过程中按一定程序连续并适时地改变流动相的极性配比，以改变欲分离组分的分离状况，提高色谱柱的分离度，缩短分析周期。梯度淋洗分为高压梯度淋洗（即内梯度淋洗）和低压梯度淋洗（即外梯度淋洗）。低压梯度淋洗是指在常压下预先按一定的程序将溶剂混合后再用泵输入色谱柱，也称为泵前混合。高压梯度淋洗是指用泵（通常要两台泵）将溶剂预先加压后输入色谱系统的梯度混合室，进行混合后再送入色谱柱，也称为泵后（高压）混合。

进样器是将样品引入色谱柱的装置。进样包括取样（准备）和进样（工作）两个环节。目前进样方式主要有注射器进样、六通阀进样、自动进样器进样。

色谱柱是高效液相色谱仪的核心部件，起分离作用。常用的色谱柱恒温装置有水浴式、电加热式、恒温箱式三种。用于液相色谱柱恒温装置的最高温度不应超过 100℃，否则流动相汽化会使分析工作无法进行。

目前高效液相色谱仪广泛使用色谱工作站，用途包括采集、处理和分析数据，控制仪器，色谱系统优化和专家系统，可使所有分析过程在线模拟显示，进行数据自动采集、处理和存储，并对整个分析过程进行自动控制。

3. 高效液相色谱法的基本理论

高效液相色谱法与气相色谱法在基本概念、术语和基本理论等方面都基本一致，如保留值、分配系数、分配比、分离度、塔板理论、速率理论等，区别在于流动相。因此，在高效液相色谱分析中各组分分离及色谱峰的扩展过程也符合速率理论方程，即范弟姆特方程。

$$H = A + \frac{B}{u} + Cu \tag{1-3-17}$$

$$= H_1 + H_2 + H_s + H_m + H_{sm}$$

式中　A、H_1——涡流扩散项；

B——分子扩散系数；

C——传质阻力系数；

H_2——分子扩散项；

H_s——固定相传质阻力项；

H_m——流动的流动相中的传质阻力项；

H_{sm}——滞留的流动相中的传质阻力项。

对于高效液相色谱法而言，纵向扩散项可略而不计，影响柱效的主要因素是传质阻力项。提高液相色谱的分离效率，应通过减小柱填料的粒度、改善填充均匀性来实现。与气相色谱分析一样，液相色谱分析中各种影响柱效的因素也是相互联系和相互制约的。选用低黏度的流动相，或适当提高柱温来降低流动相黏度，有利于传质，但提高柱温会降低分辨率。降低流动相流速对减小传质阻力项的影响显然是有利的，但同时又会增加纵向扩散项以致使分析周期延长。

高效液相色谱的定量方法与气相色谱法相似，有面积归一化法、内标法和外标法。

要能准确、快速和有效地分析实际样品，需建立色谱分析法。首先应选择合适的柱分离模式；其次是选择流动相，可以通过调节流动相的配比及组成，以达到分离选择性的优化，同时，还可对柱长、固定相粒度以及流动相流速等参数进行最优化；最终还要验证方法的正确性。

第六节　检验结果的数据处理

一　法定计量单位

法定计量单位具有结构科学、方便使用的特点，能避免由于多种单位制同时使用而造成的混乱和不必要的换算，适于各个学科应用。

1. 国家法定计量单位的构成

国家法定计量单位是由国家以法令形式规定允许使用的计量单位。其内容包括国际单位制计量单位和国家选定的非国际单位制计量单位。国家法定计量单位的基本构成见表1-3-4。

表1-3-4　国家法定计量单位的基本构成

<table>
<tr><td rowspan="5">国家法定计量单位</td><td rowspan="4">国际单位制计量单位</td><td rowspan="3">SI计量单位</td><td>SI基本单位（7个）</td><td rowspan="2"></td></tr>
<tr><td>SI辅助单位（2个）</td></tr>
<tr><td>SI导出单位</td><td>具有专门名称（19个）导出单位和由以上单位构成组合形式的SI导出单位</td></tr>
<tr><td colspan="3">构成十进倍数和分数单位的词头</td></tr>
<tr><td colspan="4">国家选定的非国际单位制单位和由以上单位构成的组合形式单位（15个）</td></tr>
</table>

2. 国家法定计量单位的内容

(1) 国际单位制的基本单位 (7个) 见表1-3-5。

表1-3-5　国际单位制的基本单位

量的名称	单位名称	单位符号	量的名称	单位名称	单位符号
长度	米	m	热力学温度	开［尔文］	K
质量	千克（公斤）	kg	物质的量	摩［尔］	mol
时间	秒	s	发光强度	坎［德拉］	cd
电流	安［培］	A			

注：1. ［　］内的字是在不致混淆的情况下可以省略的字，下同。

2. (　) 内的字为前者的同义词，下同。

(2) 国际单位制的辅助单位 (2个) 见表1-3-6。

表1-3-6　国际单位制的辅助单位

量的名称	单位名称	单位符号
平面角	弧度	rad
立面角	球面度	sr

辅助单位既可作为基本单位使用，又可作为导出单位使用。

(3) 国际单位制中具有专用名称的导出单位 (19个) 见表1-3-7。

表1-3-7　国际单位制中具有专用名称的导出单位表

量的名称	单位名称	单位符号	其他表示示例
频率	赫［兹］	Hz	s^{-1}
力；重力	牛［顿］	N	$kg \cdot m/s^2$
压力；压强；应力	帕［斯卡］	Pa	N/m^2
能量；功；热量	焦［耳］	J	$N \cdot m$
功率；辐射通量	瓦［特］	W	J/s
电荷量	库［仑］	C	$A \cdot s$
电位；电压；电动势	伏［特］	V	W/A
电容	法［拉］	F	C/V
电阻	欧［姆］	Ω	V/A
电导	西［门子］	S	A/V
磁通量	韦［伯］	Wb	$V \cdot s$
磁通量密度；磁感应强度	特［斯拉］	T	Wb/m^2
电感	亨［利］	H	Wb/A
摄氏温度	摄氏度	℃	—

（续）

量的名称	单位名称	单位符号	其他表示示例
光通量	流［明］	lm	cd · sr
光照度	勒［克斯］	lx	lm/m^2
放射性活度	贝可［勒尔］	Bq	s^{-1}
吸收剂量	戈［瑞］	Gy	J/kg
剂量当量	希［沃特］	Sv	J/kg

（4）构成十进倍数和分数单位的词头　见表1-3-8。

表1-3-8　构成十进倍数和分数单位的词头

所表示的因数	词头名称	词头符号	所表示的因数	词头名称	词头符号
10^{18}	艾［可萨］	E	10^{-1}	分	d
10^{15}	柏［它］	P	10^{-2}	厘	c
10^{12}	太［拉］	T	10^{-3}	毫	m
10^{9}	吉［咖］	G	10^{-6}	微	μ
10^{6}	兆	M	10^{-9}	纳［诺］	n
10^{3}	千	k	10^{-12}	皮［可］	p
10^{2}	百	h	10^{-15}	飞［母托］	f
10	十	da	10^{-18}	阿［托］	a

注：1. 10^4 称为万，10^8 称为亿，10^{12} 称为万亿，这类数词的使用不受词头名称的影响，但不应与词头混淆。

2. 词头不能重叠使用，如毫微米（mμm），应改用纳米（nm）；微微法拉，应改用皮法（pF）。词头也不能单独使用，如15微米不能写成15μ。

3. 倍数、分数单位的词头应正确选取。一般应使量的数值处于0.1～1000范围之内，如1.2×10^4N（牛顿），词头应选用k（10^3）写成12kN，不能选用M（10^6）而写成0.012MN。又如，0.00394m应写成3.94mm；11401Pa应写成11.401kPa；3.1×10^{-9}s（秒）词头应选取n（10^{-9}）写成3.1ns（纳秒），不能写成词头p（10^{-12}），即3100ps。

4. 在一些场合中习惯使用的单位可不受数值限制，如机械制图中长度单位全部用毫米（mm）；导线截面积单位用平方毫米（mm^2），国土面积用平方千米（km^2）等。

（5）我国选定的非国际单位制单位　见表1-3-9。

表1-3-9　我国选定的非国际单位制单位

量的名称	单位名称	单位符号	换算关系和说明
时间	分	min	1min = 60s
	［小］时	h	1h = 60min = 3600s
	天（日）	d	1d = 24h = 86400s

（续）

量的名称	单位名称	单位符号	换算关系和说明
平面角	［角］秒	(″)	1″ = (π/648000) rad
	［角］分	(′)	1′ = 60″
	度	(°)	1° = 60′
旋转速度	转每分	r/min	$1r/min = (1/60)s^{-1}$
长度	海里	n mile	1n mile = 1852m（只用于航程）
速度	节	kn	1kn = 1n mile/h = (1852/3600) m/s（只用于航程）
质量	吨 原子质量单位	t u	$1t = 10^3 kg$ $1u \approx 1.6605655 \times 10^{-27} kg$
体积	升	L(l)	$1L = 1dm^3 = 10^{-3} m^3$
能	电子伏	eV	$1eV \approx 1.6021892 \times 10^{-19} J$
级差	分贝	dB	
线密度	特［克斯］	tex	1tex = 1g/km

（6）组合单位　由以上单位构成的组合形式的单位简称为组合单位，是由两个或两个以上的单位用相乘、相除的形式组合而成的新单位。构成组合单位的单位可以是国际单位制单位和国家选定的非国际制单位，也可以是它们的十进倍数或分数单位。

二　有效数字及修约规则

在定量分析中，为了得到准确的分析结果，不仅要准确地进行各种测量，而且还要正确地记录和计算。分析结果所表达的不仅是试样中待测组分的含量，而且还反映了测量的准确程度。因此，在试验数据的记录和结果的计算中，保留几位数字不是随意的，要根据测量仪器、分析方法的准确度来确定，这就涉及有效数字的概念。

1. 有效数字

有效数字是实际能够测量到的数字。在保留的有效数字中，只有最后一位数字是可疑的，其余数字都是准确的。

有效数字保留的位数，应根据分析方法与仪器的准确度来确定。例如，分析天平称得某物体的质量为 0.3360g，其中 0.336 是准确的，最后一位“0”是可疑的。这不仅表明试样的质量为 0.3360g，还表明称量的绝对误差在 ±0.0001g 以内。其相对误差为

$$\frac{\pm 0.0001}{0.3360} \times 100\% = \pm 0.03\%$$

若将其质量记录成 0.336g，则表明称量的绝对误差在 ±0.001g 以内，相对误差为 ±0.3%。由此可见，末位一个“0”，导致测量精度相差 10 倍。数字“0”在数据中具有双重作用：

1）数字中间和后面的“0”是有效数字。

2）数字前面的“0”只起定位作用，不是有效数字。

3）以“0”结尾的正整数，有效数字的位数不确定。

综上所述，有效数字不仅表明数量的大小，而且反映测量的准确度。因此，在记录和测量数据以及计算结果时，应根据所使用的测量仪器的准确度，使所保留的有效数字中只有最后一位是估计的不准确数字。

2. 有效数字的修约规则

为了适应生产和科技的需要，我国已正式颁布了《数值修约规则与极限数值的表示和判定》（GB/T 8170—2008），即“四舍六入五成双”法则。具体内容如下：

（1）四舍六入　当尾数小于或等于4时舍去；当尾数大于或等于6时进位。

（2）五后非零就进一　当拟舍弃的数字等于5，并且5后面还有不为0的任何数时，进位。

（3）五后皆零视奇偶，五前为偶应舍去，五前为奇则进一　当拟舍弃的数字等于5，并且5后面数字为0时，若5前为偶数则应将5舍去，若5前为奇数则应将5进位。

3. 有效数字运算规则

1）加减法：几个数据相加减时，它们的最后结果的有效数字，应以小数点后位数最少（即绝对误差最大）的数据为根据。

2）乘除法：几个数据相乘或相除时，它们的积或商的有效数字位数必须以各数据中有效数字位数最少（相对误差最大）的数据为准。

3）乘方和开方：对数据进行乘方或开方时，所得结果的有效数字位数应与原数据相同。

4）对数计算：所取对数的小数点后的位数（不包括整数部分）应与原数据的有效数字的位数相等。

5）在计算中常遇到分数、倍数等自然数，不考虑其有效数字。

6）在乘除运算过程中，首位数为“8”或“9”的数据，其有效数字位数可以多算一位。

7）在混合计算中，有效数字的保留以最后一步计算的规则执行。

8）高含量组分（如大于10%）的测定，保留4位有效数字；中含量组分（如1% ~10%），保留3位有效数字；对于微量组分（如小于1%），保留2位有效数字。通常以此为标准，报出分析结果。

三　误差及数据处理

1. 准确度与精密度

（1）准确度与误差　准确度表示测量结果与真实值相接近的程度。准确度的大小用误差（E）表示。分析结果与真实值越接近，误差越小，则分析结果的准确度越高。

误差可用绝对误差（Ea）与相对误差（Er）两种方法表示。

绝对误差（Ea）表示测定值（x_i）与真实值（μ）之差，即

$$\text{绝对误差} = \text{测定值} - \text{真实值}$$

$$Ea = x_i - \mu$$

相对误差（Er）指绝对误差Ea在真实值中所占的百分率，即

$$\text{相对误差} = \frac{\text{绝对误差}}{\text{真实值}} \times 100\%$$

$$Er = \frac{Ea}{\mu} \times 100\%$$

绝对误差和相对误差都有正值和负值。误差为正值，表示测定结果偏高；误差为负值，表示测定结果偏低。

（2）精密度与偏差　分析工作要求在同一条件下进行多次重复测定，得到一组数值不等的测量结果。所谓精密度就是几次平行测定结果相互接近的程度。几次测定结果的数值越接近，说明分析的精密度越高。通常用偏差（d）来衡量分析结果的精密度。

1）偏差。在实际工作中，真实值并不知道，一般取多次平行测定值的算术平均值 $\bar{x}$ 来表示分析结果，即

$$\bar{x} = \frac{x_1 + x_2 + \cdots + x_n}{n} = \frac{1}{n}\sum_{i=1}^{n} x_i$$

① 绝对偏差：个别测定值与算术平均值之差，也叫偏差。

$$\text{绝对偏差} = \text{测定值} - \text{平均值}$$

$$d_i = x_i - \bar{x}$$

② 相对偏差：绝对偏差在平均值中所占的比例，常用百分率表示。

$$\text{相对偏差} = \frac{\text{绝对偏差}}{\text{平均值}} \times 100\%$$

$$d_r = \frac{d_i}{\bar{x}} \times 100\%$$

③ 平均偏差：各次偏差绝对值的平均值。

$$\text{平均偏差} = \frac{\sum|\text{绝对偏差}|}{n}$$

$$\bar{d} = \frac{|d_1| + |d_2| + \cdots + |d_n|}{n} = \frac{1}{n}\sum_{i=1}^{n}|d_i| = \frac{1}{n}\sum_{i=1}^{n}|x_i - \bar{x}|$$

④ 相对平均偏差：平均偏差在平均值中所占的比例，常用百分率表示。

$$\text{相对平均偏差} = \frac{\text{平均偏差}}{\text{平均值}} \times 100\%$$

$$\bar{d}_r = \frac{\bar{d}}{\bar{x}} \times 100\%$$

2）标准偏差。标准偏差也称为均方根偏差。用数理统计方法处理数据时，常用标准偏差来衡量精密度。在测定次数趋于无穷大时，标准偏差用 σ 表示。

① 总体标准偏差

$$\sigma = \sqrt{\frac{\sum_{i=1}^{n}(x_i - \mu)^2}{n}} \qquad (1\text{-}3\text{-}18)$$

式（1-3-18）中的 μ 是无限多次测定结果的平均值，称为总体平均值。

在实际测定中，只做有限次平行测定，标准偏差用 S 表示，即

$$S = \sqrt{\frac{\sum_{i=1}^{n}(x_i - \bar{x})^2}{n-1}} = \sqrt{\frac{\sum_{i=1}^{n}d_i^2}{n-1}} \quad (n \leqslant 20) \qquad (1\text{-}3\text{-}19)$$

式（1-3-19）中的 $n-1$ 为自由度，用 f 表示。它说明在 n 次测定中，只有 $n-1$ 个可变偏差。

② 相对标准偏差：标准偏差在平均值中所占的百分数，称为相对标准偏差，也称为变异系数。

$$S_r = \frac{S}{\bar{x}} \times 100\%$$

（3）准确度与精密度的关系　准确度表示的是测定结果与真实值之间的接近程度；精密度则表示几次测定值之间的接近程度。为了保证分析质量，分析数据必须具备一定的准确度和精密度。精密度是保证准确度的先决条件。若精密度差，则所测结果不可靠，就失去了衡量准确度的前提。高的精密度不一定能保证高的准确度。找出精密而不准确的原因（从系统误差考虑），就可以使测定结果既精密又准确。

2. 误差的产生

根据误差的性质和产生原因，误差可分为系统误差和偶然误差（又称为随机误差）。

（1）系统误差　系统误差是由某种固定的原因所造成的，具有重复性、单向性。系统误差的大小、符号（正、负）在理论上是可以测定的，所以又称为可测误差。它是在分析过程中的某些经常的、固定的因素所造成的误差。产生系统误差的主要原因有：

1）仪器误差：主要是仪器本身不够准确或未经校准而引起的，如天平两臂不等，砝码未校正，移液管、滴定管、容量瓶未校正。

2）试剂误差：由试剂纯度不够（如含待测组分或干扰离子）和去离子水不合格引起。

3）操作误差：主要指在正常操作情况下，由分析工作者的主观因素（操作不规范）引起，如滴定终点颜色的辨别偏深或过浅，滴定管读数不准等。

4）方法误差：由分析方法本身所造成的误差，如重量分析中沉淀的溶解损失或称量形式不稳定等，滴定分析中指示剂选择不当。

系统误差的特点是对分析结果的影响比较恒定，具有单向性、重复性，影响测定的准确度但不影响精密度，大小可测并可校正。

（2）随机误差　由测量过程中偶然和意外的因素引起，又称为偶然误差。例如，环境温度、压力、湿度、仪器性能的微小变化，分析人员对各份试样处理时的微小差别等，这些不确定的因素都会引起随机误差。

随机误差是不可避免的，即使是一个优秀的分析人员，很仔细地对同一试样进行多次测定，也不可能得到完全一致的分析结果。随机误差的产生不易找出确定的原因，但如果进行多次测定，就会发现测定数据的分布符合一般的统计规律。

在平行测定次数趋于无穷大时，偶然误差的规律为：大小相近的正负误差出现机会相等；小误差出现的频率较高，大误差出现的频率较低。

在定量分析中，除系统误差和随机误差外，还有一类“过失误差”，是指工作中的差错，一般是因粗枝大叶或违反操作规程而引起的。例如，溶液溅失、沉淀穿滤、加错试剂、读错刻度、记录和计算错误等，往往引起分析结果有较大的“误差”。这种过失误差不能算作随机误差，若证实是由过失引起的，则应舍弃此结果。

3. 误差的减免方法

（1）系统误差的减免

1）对照试验：选用公认的标准方法与所采用的方法进行比较；用所选用的方法对已知组分的标准试样进行测定，比较测定值与标准值。

2）空白试验：消除由试剂、蒸馏水及容器引入杂质等造成的系统误差。空白试验就是不加试样，按照与试样分析相同的操作步骤和条件进行试验，在测定结果中扣除空白值。

3）校准仪器：减免仪器不准确造成的系统误差。

4）方法校正：减免分析方法造成的系统误差。

（2）随机误差的减免　在实际工作中，如果消除了系统误差，那么平行测定次数越多，测定的算术平均值越接近真实值。因此，适当增加平行测定次数，可以减小随机误差对试验结果的影响。

（3）减少相对误差　要保证分析结果的准确度，必须尽量减少测量误差。例如，在滴定分析中，需要减小称量和滴定两步骤的误差：用一般分析天平，采用差减法称量两次，可能引起的最大绝对误差为±0.0002g，为了使测量的相对误差小于0.1%，则试样质量必须在0.2g以上；在滴定时，滴定管读数误差为±0.01mL，一次滴定需读数2次，可造成的最大绝对误差为±0.02mL，为了使体积测量的相对误差小于0.1%，则消耗滴定剂的体积必须在20mL以上，一般滴定时，控制滴定剂的体积为20~30mL。

四　原始记录及检验报告的编制

原始记录是指在实验室中进行科学研究的过程中，应用试验、观察、调查或资料分析等方法，根据实际情况直接记录或统计形成的各种数据、文字、图表、图片、照片、声像等原始资料，是科学试验过程中对所获得的原始资料的直接记录，可作为不同时期深入进行该课题研究的基础资料。原始记录应该能反映分析检验中最真实、最原始的情况。

1. 检验原始记录的书写规范要求

1）检验记录必须用统一格式并带有页码编号的专用检验记录本或记录纸记录。检验记录本或记录纸应保持完整。

2）检验记录用字应规范，必须用蓝色或黑色字迹的钢笔或签字笔书写，不得使用铅笔或其他易褪色的书写工具书写。检验记录应使用规范的专业术语，计量单位应采用国际标准计量单位，有效数字的取舍应符合试验要求；常用的外文缩写（包括试验试剂的外文缩写）应符合规范，首次出现时必须用中文加以注释；属外文译文的应注明其外文全名称。

3）检验记录不得随意删除、修改或增减数据，若必须修改，则需在修改处画一条斜线，不可完全涂黑，以保证修改前的记录能够辨认，并由修改人签字或盖章，注明修改时间。

4）计算机、自动记录仪器打印的图表和数据资料等应按顺序粘贴在记录纸的相应位置，并在相应处注明试验日期和时间；不宜粘贴的，可另行整理装订成册并加以编号，同时在记录本相应处注明，以便查对；底片、磁盘文件、声像资料等特殊记录应装在统一制作的资料袋内或储存在统一的存储设备里，编号后另行保存。

5）检验记录必须做到及时、真实、准确、完整，防止漏记和随意涂改。严禁伪造和编造数据。

6）检验记录应妥善保存，避免水浸、墨污、卷边，应保持整洁、完好，无破损、不丢失。

7）对环境条件敏感的试验，应记录当天的天气情况和试验的微气候（如光照、通风、洁净度、温度及湿度等）。

8）检验过程中应详细记录试验过程中的具体操作、观察到的现象、异常现象的处理方法、产生异常现象的可能原因及影响因素的分析等。

9）检验记录中应记录所有参加试验的人员；每次试验结束后，应由记录人签名，另一人复合，科室负责人或上一级主管审核。

10）原始试验记录本必须按归档要求整理归档，试验人员个人不得带走。

11）各种原始资料应仔细保存、容易查找。

2. 检测报告的编制

检测报告应准确、清晰、明确和客观地报告每一项或每一系列的检测结果，并符合检测方法中规定的要求。

检测报告的格式应由检测室负责人根据承检产品/项目标准的要求设计，其内容应包括以下部分：

1）检测报告的标题。

2）实验室的名称与地址，检测的地点（如果与实验室的地址不同）。

3）检测报告的唯一编号标识和每页页码及总页数（以确保可以识别该页属于检测报告的一部分）以及表明检测报告结束的清晰标识。

4）客户的名称和地址。

5）所用方法的标识。

6）检测物品的描述、状态和明确的标识。

7）对结果的有效性和应用至关重要的检测物品的接收日期和检测日期。

8）当与结果的有效性和应用相关时，还应有实验室所用的抽样计划和留字的说明。

9）检测的结果，适当时，带有测量单位。

10）检测报告批准人的姓名、职务、签字或等同的标识。

11）相关之处，如结果仅与被检物品有关的声明。

12）当有分包项时，应清晰地标明分包方出具的数据。

当需要对检测结果作出解释时，含抽样结果的检测报告还应包括下列内容：

1）抽样日期。

2）抽取的物质、材料或产品的清晰标识（包括制造者的名称、产品型号或类型及相应的系列号）。

3）抽样的地点，包括任何简图、草图或照片。

4）所用抽样计划和程序的说明。

5）抽样过程中可能影响检测结果的环境条件的详细信息。

6）与抽样方法或程序有关的标准或规范，以及对这些规范的偏离、增添或删节。

第二篇　食品检验工理论知识

第一章　粮油及其制品的检验

第一节　粮油及其制品物理特性的检验

米类杂质、不完善粒的检验

米类杂质通常是指夹杂在米类中的糠粉、矿物质及稻谷粒、秕粒等其他杂质。米类糠粉是指通过直径为1.0mm的圆孔筛的筛下物，以及黏附在筛上的粉状物质。

米类的不完善粒通常包括尚有食用价值的未熟粒、虫蚀粒、病斑粒、生霉粒、霉变粒以及超过规定限度的项目，在不同米类中要求各异。例如，大米中的不完善粒包括完全未脱皮的完整糙米粒，高粱米不检验未熟粒等。

米类中的杂质和不完善粒的存在，不仅降低了米类的食用品质，而且糠粉的存在堵塞了米粒之间的缝隙，易引发米类发热、霉变等问题，对米类的安全储藏有着极其严重的影响。因此，在我国规定的米类质量指标中，对米类杂质和不完善粒有着严格的限制。

1. 米类杂质的检验方法

（1）糠粉的检验　从集合样品中，分取试样约2g（W），精确至0.1g，分两次放入直径为1.0mm的圆孔筛内，按规定的筛选法进行筛选，筛后轻拍筛子使糠粉落入筛底。在将全部试样筛完后，刷下留存在筛层上的糠粉，合并称重（W_1），精确至0.01g。糠粉含量按式（2-1-1）计算。

$$X = \frac{W_1}{W} \times 100\% \tag{2-1-1}$$

式中　X——糠粉含量（以质量分数计）；

W_1——糠粉质量（g）；

W——试样质量（g）。

双试验结果允许差不超过0.04%，求其平均数，即为测试结果。测试结果保留到小数点后两位。

（2）矿物质的检验　将筛上物倒入分析盘内（卡在筛孔中间的颗粒属于筛上物），再从检验过糠粉的试样中分别拣出矿物质并称重（W_2），精确至0.01g。矿物质含量按式（2-1-2）计算。

$$X = \frac{W_2}{W} \times 100\% \tag{2-1-2}$$

式中　X——矿物质含量（以质量分数计）；

W_2——矿物质质量（g）；

W——试样质量（g）。

双试验结果允许差不超过0.005%，求其平均数，即为测试结果。测试结果保留到小数点后两位。

（3）其他杂质的检验　从检验过糠粉和矿物质的试样中，拣出稻谷粒、带壳稗粒及其他杂质等一并称重（W_3），精确至0.01g。其他杂质的含量按式（2-1-3）计算。

$$X = \frac{W_3}{W} \times 100\% \tag{2-1-3}$$

式中　X——其他杂质含量（以质量分数计）；

W_3——稻谷粒、稗粒及其他杂质质量（g）；

W——试样质量（g）。

双试验结果允许差不超过0.04%，求其平均数，即为测试结果。测试结果保留到小数点后两位。

（4）带壳稗粒和稻谷粒的检验　从集合样中分取试样500g，精确至1g。拣出带壳稗粒（X）和稻谷粒（Y），分别计算含量。拣出的粒数乘以2即为检验结果，以粒/kg表示。

带壳稗粒双试验结果允许差不超过3粒/kg，稻谷粒双试验结果允许差不超过2粒/kg，求其平均数，即为测试结果。平均数不足1粒时按1粒计算。

（5）米类杂质总量的计算　米类杂质的总量按式（2-1-4）计算。

$$X = \frac{W_1 + W_2 + W_3}{W} \times 100\% \tag{2-1-4}$$

式中　X——米类杂质总含量（以质量分数计）；

W_1——糠粉质量（g）；

W_2——矿物质质量（g）；

W_3——稻谷粒、稗粒及其他杂质质量（g）；

W——试样质量（g）。

双试验结果允许差不超过0.04%，求其平均数，即为测试结果。测试结果保留到小数点后两位。

2. 米类不完善粒的检验

按照规定分取小样试样用量（W）（试样用量与原粮规定的试样用量相同），精确至0.01g，将试样倒入分析盘内，按粮食、油料质量标准中的规定拣出不完善粒，称重（W_4），精确至0.01g。不完善粒的含量按式（2-1-5）计算。

$$X = \frac{W_4}{W} \times 100\% \tag{2-1-5}$$

式中　X——不完善粒含量（以质量分数计）；

W_4——不完善粒质量（g）；

W——试样质量（g）。

双试验结果允许差：大粒、特大粒粮不超过1.0%，中小粒粮不超过0.5%。求其平均数，即为检验结果。检验结果取到小数点后第一位。

二　粮食加工精度的测定

1. 粉类粮食加工精度的测定

小麦粉加工精度是指小麦粉中留存麸皮碎片的程度，以粉色（小麦粉的颜色）与麸星（小麦粉中的麸皮碎片）的大小和分布的密集程度来表示。

正常小麦粉的颜色有白色、浅乳白色、微黄色等。通常小麦粉颜色受品种和麸星含量的影响。一般来说，软麦和白麦颜色较硬麦和红麦稍浅，麸星含量低的小麦粉颜色要比麸星含量高的小麦粉颜色浅。但这并不说明小麦颜色深是由麸星含量高造成的。

通常小麦粉中的麸星含量取决于小麦粉的加工精度，加工精度高则麸星含量低，而加工精度低则麸星含量高。因此，小麦粉的加工精度是由粉色和麸星共同确定的。这两个指标共同确定了小麦粉的品质和等级，也共同指导着小麦粉的加工工艺。

小麦粉加工精度的测定方法是一种感官鉴定方法，包括干样法、湿样法、干烫法、湿烫法和蒸馒头法。仲裁时以湿烫法对比粉色，干烫法对比麸星。

（1）方法原理　将小麦粉试样与标准样品置于同一条件下，以目测方法比较两者的粉色和麸星的大小及分布状态，从而确定试样的加工精度等级。

（2）分析步骤

1）干样法：用洁净的粉刀取少量小麦粉加工精度标准样品置于粉板上，用粉刀压平，将右边切齐，刮净粉刀右侧的粉末；取少量试样置于标准样品右侧并压平，将左边切齐，并刮净粉刀左侧的粉末。用粉刀将试样慢慢向左移动，使试样与标准样品相连接，然后用粉刀把两个粉样紧紧压平（标准样品与试样不得互混），打成上厚下薄的坡度（上厚约6mm，下与粉板拉平），切齐各边，刮去标准样品左上角，目测比较试样表面和标准样品表面的颜色和麸星大小及密集度。按上述方法，可同时在一粉板上检验多个试样。

2）干烫法：按干样法的操作步骤制备试样和标准样品粉板。将准备好的粉板倾斜插入加热的沸水浴中，约1min后取出，用粉刀轻轻刮去粉样表面受烫浮起的部分，目测比较试样表面和标准样品表面的颜色和麸星大小及密集度。

3）湿样法：按干样法的操作步骤制备试样和标准样品粉板。将准备好的粉板倾斜插入常温水中，直至不起气泡为止，取出粉板，待粉样表面微干时，目测比较试样表面和标准样品表面的颜色和麸星大小及密集度。

4）湿烫法：按湿样法的操作步骤，制备湿状试样和标准样品粉板。将准备好的粉板倾斜插入加热的沸水浴中，约1min后取出，用粉刀轻轻刮去粉样表面受烫浮起的部分，目测比较试样表面和标准样品表面的颜色和麸星大小及密集度。

5）蒸馒头法：分别称取30g试样和30g小麦粉加工精度标准样品置于不同的瓷碗中，各加入15mL酵母液，和成面团，并揉至无干面并且表面光滑为止，然后在碗上盖一块干净的湿布，放在38℃左右的保温箱内发酵至面团内部略呈蜂窝状（约30min）。

将已发酵的面团用少许干面揉和至软硬适度后，做成圆形馒头放入碗中，用干布盖上，置于38℃左右的保温箱内醒发约20min，取出并放入沸水蒸锅内蒸15min。从蒸锅中取出馒头后，目测比较试样馒头表面和标准样品馒头表面的颜色和麸星大小及密集度。

（3）分析结果表述　若试样粉色、麸星与标准样品相当，则试样加工精度与该等级标准样品的加工精度相同。若试样粉色差于标准样品，或麸星大小或数量大于或多于标准样品，则试样加工精度低于该等级标准样品的加工精度；反之，则试样加工精度高于该等级标准样品的加工精度。若需进一步确定该试样的加工精度等级，则可选择不同的标准样品，按上述方法中的任何一种或几种方法进行测定，直到确定该样品的加工精度等级为止。

2. 米类加工精度的测定

大米加工精度是指加工后米胚残留及米粒表面和背沟脱掉种皮的程度，即米粒背沟和米粒表面的留皮程度。若大米加工精度高，则留皮程度低，出米率低，相应的营养价值也低，但外观、口感和蒸煮品质较好。因此，米类加工精度直接体现米类的品质及使用价值，是改善加工工艺条件、调整出米率高低等工艺指标的重要参数。米类加工精度的检验方法通常有直接比较法和染色法。

（1）方法原理

1）直接比较法：将米类样品与相应的加工精度等级标准样品对照比较，通过观测判定其加工精度等级。

2）染色法：利用大米各不同组织成分对各种染色基团分子的亲和力不同，经染色处理后，米粒各组织呈现不同的颜色，从而判定大米的加工精度。

（2）分析步骤

1）大米加工精度的检验

① 直接比较法：从集合样品中称取试样约50g，将其直接与加工精度等级标准样品对照，通过观测背沟与粒面的留皮程度，判定样品的加工精度等级。

② 染色法

a. 品红-苯酚溶液染色法：从集合样品中称取试样约20g，从中不加挑选地数出整米50粒，分别放入两个蒸发皿（或培养皿）内，用清水洗去浮糠，倒去清水，各注入品红-苯酚溶液数毫升至淹没米粒，浸泡约20s，米粒着色后，倒出染色液，用清水洗2次或3次，滗净水，然后用体积分数为1.25%的硫酸溶液荡洗两次，每次约30s，倒出硫酸溶液，再用清水洗2次或3次。同时称取加工精度等级标准样品约20g，按同样的步骤操作。米粒留皮部分呈红紫色，胚乳部分呈浅红色。

b. 苏丹—Ⅲ乙醇溶液染色法：从标准样品及试样中各取整米50粒，用苏丹-Ⅲ乙醇饱和溶液浸没米粒，然后置于70～75℃水浴中加热约5min，使米粒着色，然后倒出染色液，用体积分数为50%的乙醇溶液洗去多余的色素。皮层和胚芽呈红色，胚乳部分不着色。

③ 样品观测：将米粒置于白瓷盘上，用放大镜在自然光下目测检验。

2）高粱米加工精度的检验　从平均样品中称取试样20g，按质量标准的规定逐粒鉴别，从中拣出乳白粒，称量（m_1）。

（3）结果判定与表示

1）直接比较法：观测试样和标准样品，比较米粒留皮程度。与加工精度等级标准样品相比，试样留皮较多的加工精度低，留皮较少的加工精度高。

2）染色法：将试样与标准样品进行对比，根据皮层着色范围进行判断：若半数以上的样品米粒的皮层着色范围小于标准样品，则其加工精度相对较高；若皮层着色范围大于标准样品，则其加工精度相对较低。

检验结果表述为：加工精度高于 X 等，或加工精度低于 X 等，或加工精度与 X 等相符。

高粱米的加工精度以米样中乳白粒的质量分数表示，按式（2-1-6）计算。

$$X = \frac{m_1}{m} \times 100\% \tag{2-1-6}$$

式中　X——乳白粉含量（以质量分数计）；

m_1——乳白粒质量（g）；

m——试样质量（g）。

每份样品平行测试两次，双试验测定值的绝对差值不应超过 1.0%，取平均值作为检验结果。测试结果保留到小数点后一位。

三　粉类粗细度的测定

粉类粗细度是指粉类粮食的粉粒大小程度，通常以存留在筛面上的部分占试样的质量分数表示。粉类粗细度反映了粉类粮食的整齐度和加工精度，是评价粉类粮食品质好坏的重要指标之一。通常按规定的筛层进行筛理，若留存在筛上的物质较多，则表明粉粒细度较差，麸皮含量较高，加工精度较低。

1. 方法原理

样品在不同规格的筛子上进行筛理，使不同颗粒的样品彼此分离，根据筛上物残留量计算出粉类粮食的粗细度。

2. 分析步骤

根据测定目的，选择符合要求的筛子，用毛刷把每个筛子的筛绢上面、下面分别刷一遍，然后按大孔筛在上，小孔筛在下，最下层是筛底，最上面是筛盖的顺序安装。

从混匀的样品中称取试样 50.0g（m），放入上层筛中，同时放入清理块，盖好筛盖，按要求固定好筛子，定时 10min，打开电源开关，验粉筛自动筛理。

在验粉筛停止后，用双手轻拍筛框的不同方向各三次，取下各筛层，使每一筛层倾斜，用毛笔把筛面上的留存物刷到表面皿中。上层筛残留物称量（m_1）低于 0.1g 时忽略不计；合并称量由测定目的所规定的筛层残留物（m_2）。

3. 分析结果表述

粉类粗细度以残留在规定筛层上的粉类占试样的质量分数表示，按式（2-1-7）和式（2-1-8）计算。

$$X_1 = \frac{m_1}{m} \times 100\% \tag{2-1-7}$$

$$X_2 = \frac{m_2}{m} \times 100\% \tag{2-1-8}$$

式中 X_1，X_2——试样粗细度（以质量分数表示）；

m_1——上层筛残留物质量（g）；

m_2——规定筛层上残留物的质量之和（g）；

m——试样质量（g）。

每份样品平行测试两次，双试验测定值的绝对差值不应超过 0.5%，求其平均数，即为测试结果。测试结果保留到小数点后一位。

四 粉类粮食含砂量的测定

含砂量是指粉类粮食中含有无机砂尘的量，以砂尘质量占试样质量的质量分数表示。尽管粮食加工时会清理除杂，但通常小麦粉中仍会含有质量分数约为 0.02% 的细砂粉且十分难以去除。当粉类粮食中含砂量超过一定限度时，食用时就会有牙碜的感觉，既影响食用品质，又有害于人体健康。因此，对粉类粮食中的细砂含量必须严格加以限制。

粉类粮食含砂量的检验方法通常有四氯化碳法、灰化法、感官鉴定法等。国家标准《粮油检验　粉类粮食含砂量测定》（GB/T 5508—2011）中含砂量测定的仲裁方法是四氯化碳法。

1. 方法原理

在四氯化碳中，由于粉类粮食与砂尘的相对密度不同，粉类粮食悬浮于四氯化碳表层，砂尘和其他无机杂质沉于四氯化碳底层，从而将粉类粮食与砂尘分开。

2. 分析步骤

量取 70mL 四氯化碳注入细砂分液漏斗内，加入试样 10.00g ± 0.01g，用玻璃棒在漏斗的中上部轻轻搅拌后静置（每 5min 搅拌一次，共搅拌三次），然后静置 30min。将浮在四氯化碳表面的粉类粮食用角勺取出，再把分液漏斗中的四氯化碳和沉于底部的砂尘放入 100mL 烧杯中，用少许四氯化碳冲洗漏斗两次，收集四氯化碳并置于同一烧杯中。静置 30s 后，倒出烧杯内的四氯化碳，然后用少许四氯化碳将烧杯底部的砂尘转移至已恒质的坩埚内，再用吸管小心地将坩埚内的四氯化碳吸出，将坩埚放在有石棉网的电炉上烘约 20min，然后放入干燥器，冷却至室温称量，得坩埚及砂尘质量。

3. 分析结果表述

试样中的含砂量按式（2-1-9）计算。

$$X = \frac{m_1 - m_0}{m} \times 100\% \tag{2-1-9}$$

式中 X——粉类粮食含砂量（以质量分数计）；

m_1——坩埚及砂尘质量（g）；

m_0——坩埚质量（g）；

m——试样质量（g）。

每份样品平行测试两次，双试验测定值的绝对差值不应超过 0.005%，求其平均数，即为测试结果。测试结果保留到小数点后第二位。

五　粉类磁性金属物的测定

粉类磁性金属物是指粉类粮食中混入的磁性金属物质及细铁粉。通常在制粉过程中，从原粮清理到打包，均使用磁铁设备，以吸除磁性金属物。但机器的磨损、清理不善、粉路流量过大或磁铁磁性变小等，会使粉类中的磁性金属物含量超过允许限度。混入粉类中的磁性金属物属于异物杂质，黏附在胃和肠壁上，不能消化吸收，很难排出，对人体健康是一种潜在的危害。所以我国早已进行了强制性标准（GB 1355—1986 及 GB/T 10463—2008）规定：各种小麦粉、玉米粉中磁性金属物的含量不得超过 0.003g/kg。

1. 测定原理

采用电磁铁或永久磁铁，通过磁场的作用将具有磁性的金属物从试样中粗分离，再用小型永久磁铁将磁性金属物从残留试样的混合物中分离出来，计算磁性金属物的含量。

2. 分析步骤

从混匀的样品中称取试样 1kg（精确至 1g）。开启磁性金属物测定仪的电源，将试样倒入测定仪上部的盛粉斗中，按下通磁开关，调节流量控制板旋钮，控制试样流量在 250g/min 左右，使试样匀速通过淌样板进入储粉箱内。在试样流完后，用洗耳球将残留在淌样板上的试样吹入储粉箱内，然后用干净的白纸接在测定仪淌样板下面，关闭通磁开关，立即用毛刷刷净吸附在淌样板上的磁性金属物（含有少量试样），并收集到放置的白纸上。

将收集有磁性金属物和残留试样混合物的纸放在事先准备好的分离板上，用手拉住纸的两端，沿分离板前后左右移动，使磁性金属物与分离板充分接触并集中在一处，然后用洗耳球轻轻吹弃纸上的残留试样，最后将留在纸上的磁性金属物收集到称量纸上。再将试样按上述方法操作三次，将各次分离的磁性金属物合并到称量纸上。

将磁性金属物和称量纸一并称量（m_1），精确至 0.0001g，然后弃去磁性金属物再称量（m_0），精确至 0.0001g。

3. 分析结果表述

磁性金属物的含量按式（2-1-10）计算。

$$X = \frac{m_1 - m_0}{m} \times 1000 \qquad (2\text{-}1\text{-}10)$$

式中　X——磁性金属物的含量（g/kg）；

m_1——磁性金属物和称量纸的总质量（g）；

m_0——称量纸质量（g）；

m——试样质量（g）。

双试验测定值以大值作为该试样的测定结果。

六　小麦面筋的测定

将面粉加水和成面团，再用水洗去面团中的淀粉、麸星和水溶性物质，最后剩下的不溶于水的胶状物质即为面筋。面筋的主要成分是蛋白质（谷蛋白和醇溶蛋白）。它给小麦赋予了与众不同的加工特性。面团发酵时产生的大量二氧化碳依靠面筋的黏结力和弹性被大量地保存后，使蒸制的馒头或烤制的面包酥松多孔、质地优良、食之可口。可以说，面筋的含量和性质是小麦粉质量好坏的重要标志，也是决定面粉用途的重要依据。

国家标准 GB/T 5506.1～4—2008 中推荐的面筋测定方法有手洗法、仪器法、烘箱干燥法和快速干燥法。最常用的面筋测定方法之一是手洗法中的盐水洗涤法。

1. 测定原理

向小麦粉、颗粒粉或全麦粉中加入氯化钠溶液将其制成面团，静置一段时间以形成面筋网络结构。用氯化钠溶液手洗面团，去除面团中淀粉等物质及多余的水，使面筋分离出来。

2. 分析步骤

（1）称样及和面　从混匀的样品中称取定量试样 10g（换算成 14% 水分含量），精确至0.01g，置于洁净的小搪瓷碗中或100mL 烧杯中，记录为 m_1。在用玻璃棒或牛角勺不断搅拌的同时，用移液管一滴一滴地加入 20g/L 的氯化钠溶液 4.6～5.2mL，拌和混合物，使其形成球状面团。注意：应避免造成样品损失，同时黏附在器皿壁上、玻璃棒或牛角匙上的残余面团也应收到面团球上。

（2）洗涤　将面团放在手掌中心，用容器中的氯化钠溶液以 50mL/min 的流量洗涤 8min，同时用另一只手的拇指不停地揉搓面团。将已经形成的面筋球继续用自来水冲洗、揉捏，直至将面筋中的淀粉洗净为止。

（3）检查　当从面筋球上挤出的水无淀粉时，表示洗涤完成。为了测试洗出液是否无淀粉，可以从面筋球上挤出几滴洗涤液到表面皿上，加入几滴碘化钾-碘溶液。若溶液颜色无变化，则表明洗涤已经完成；若溶液颜色变蓝，则说明仍有淀粉，应继续进行洗涤，直至检测不出淀粉为止。

（4）排水　将面筋球用一只手的几个手指捏住并挤压 3 次，以去除在其上的大部分洗涤液。将面筋球放在洁净的挤压板上，用另一块挤压板压挤面筋，排出面筋中的游离水。每压一次后取下并擦干挤压板。反复压挤直到稍感面筋粘手或粘板为止（挤压约 15 次）。也可采用离心装置排水，离心机转速为 6000r/min ± 5r/min，加速度为 2000g，并有孔径为 500μm 的筛合，然后用手掌轻轻揉搓面筋团至稍感粘手为止。

（5）称重　排水后取出面筋，放在预先称重的表面皿或滤纸上称重，准确至 0.01g，湿面筋质量记录为 m_2。

3. 分析结果表述

按式（2-1-11）计算试样的湿面筋含量。

$$G_{wet} = \frac{m_2}{m_1} \times 100\% \tag{2-1-11}$$

式中　G_{wet}——试样的湿面筋含量（以质量分数计）；

m_1——测试样品的质量（g）；

m_2——湿面筋的质量（g）。

结果保留一位小数。双试验允许差不超过0.1%，求其平均数，即为测定结果。测定结果准确至0.1%。

七 植物油脂色泽的测定

植物油脂色泽是指植物油脂本身带有的颜色。植物油脂之所以有颜色，主要是因为油料籽粒中含有叶黄素、叶红素、类胡萝卜素和棉酚等，在制油过程中溶于油脂中。

植物油脂色泽除了与油料籽粒的颜色有关外，还与加工工艺及精炼程度有关。通过测定植物油脂色泽可以了解植物油脂的纯净程度、加工工艺、精炼程度及判断其品质。因此，色泽是植物油脂的重要质量指标之一。

国家标准《动植物油脂　罗维朋色泽的测定》（GB/T 22460—2008）中推荐的动植物油脂色泽测定方法是罗维朋比色计法。

1. 测定原理

在同一光源下，将透过已知光程的液态油脂样品的光的颜色与透过标准玻璃色片的光的颜色进行匹配，用罗维朋色值表示其测定结果。

2. 分析步骤

1）按使用说明书的要求放置并检测仪器。

2）取经过处理的液体试样注入比色皿中。

3）将装有油样的玻璃比色皿放在照明室内，使其靠近观察筒。

4）关闭照明室的盖子，立刻利用色片支架测定样品的色泽值。为了得到一个近似的匹配颜色，开始时使用黄色片与红色片的罗维朋值的比值为10:1，然后进行校正。在测定过程中不必总是保持这个比值，必要时可以使用最小值的蓝色片或中性色片（蓝色片和中性色片不能同时使用），直至得到精确的颜色匹配。使用中，蓝色值不应超过9.0，中性色值不应超过3.0。

本测定必须由两个训练有素的操作者来完成，并取其平均值作为测定结果。如果两人的测定结果差别太大，则必须由第三个操作者进行再次测定，然后取三人测定值中最接近的两个测定值的平均值作为最终测定结果。

3. 分析结果表述

测定结果采用下列术语表达：

1）红值、黄值，若匹配需要，则还可使用蓝值或中性色值。

2）所使用玻璃比色皿的光程。

第二节　粮食、油料中水分的测定

粮油及其制品中的水分通常被认为是以游离水和结合水两种状态存在的。游离水又称为自由水，通常存在于粮食籽粒的细胞间隙或毛细管中，具有普通水的一般性质。游离水在粮食籽粒中的性质很不稳定，一般会随着外界温度、湿度的变化而自由变化。粮油制品中水分的增减主要是指游离水含量的变化。结合水又称为束缚水，通常存在于粮食籽粒的细胞内，被认为与粮食籽粒中的亲水性高分子物质结合在一起且性质很稳固，不具备一般水的普通性质，通常不易发生性质方面的变化。

一般正常粮食、油料的水分含量是在一定数值范围之内的。例如，禾谷类粮食的临界水分为13% ~15%（质量分数），油料的临界水分为8% ~10%（质量分数）。通常粮食水分含量在16.0%（含）（质量分数）以上，油料水分含量在13.0%（含）（质量分数）以上的被视为高水分粮油。

粮食中水分的含量过多时，不仅浪费仓容和运输力，而且能促使粮食、油料种子生命活动旺盛，引起粮堆发热、变质，降低储藏稳定性。因此，粮食中水分的含量是安全储藏的重要指标。

粮食、油料含有过量的水分必然会使籽粒中有使用价值的物质相对减少。因此，在粮食、油料的收购、销售、调拨中，水分的含量是质量标准中一项重要的限制性指标。

一 粮食、油料中水分含量的测定

国家标准 GB 5497—1985 中推荐的粮食、油料水分的测定方法主要有105℃恒重法、定温定时烘干法和两次烘干法。

1. 105℃恒重法

（1）测定原理　将试样置于105℃ ±2℃的温度下，使试样中的水分全部汽化，干燥至恒重（前后两次称量差不超过0.005g）。试样烘干前后的质量差即为水分的质量。

（2）分析步骤

1）试样的制备：从混匀的样品中分取一定量的样品，按表2-1-1规定的方法制备试样。

表2-1-1　试样制备方法

粮　　种	分样数量/g	制备方法
粒状原粮和成品粮	30 ~50	除去大样杂质和矿物质，粉碎细度为通过1.5mm圆孔筛的不少于90%，装入磨口瓶内备用
大豆	30 ~50	除去大样杂质和矿物质，粉碎细度为通过2.0mm圆孔筛的不少于90%，装入磨口瓶内备用
花生仁、桐仁等	≈50	取净仁切成0.5mm以下的薄片或剪碎，装入磨口瓶内备用
花生果、菜籽、桐子、蓖麻籽、文冠果等	≈100	取净果（籽）剥壳，分别称重，计算壳、仁百分比，然后将壳磨碎或研碎，将仁切成薄片，分别装入磨口瓶内备用
棉籽、葵花籽等	≈30	取净籽剪碎或用研钵敲碎，装入磨口瓶内备用
油菜籽、芝麻等	≈30	除去大样杂质的整粒试样，装入磨口瓶内备用
甘薯片、甘薯丝、甘薯条	≈100	取净片（丝、条）粉碎，细度同粒状粮，装入磨口瓶内备用

2）定温：使烘箱中温度计的水银球距离烘网2.5cm左右，调节烘箱温度定在

105℃ ±2℃。

3）烘干铝盒：取干净的空铝盒，放在烘箱内温度计水银球下方的烘网上，将盒盖斜置于铝盒旁，烘30～60min取出，置于干燥器内冷却至室温，取出称重，再烘30min，烘至前后两次质量差不超过0.005g，即为恒重。

4）称取试样：用烘至恒重的铝盒（m_0）称取试样约3g（m_1，准确至0.001g），对带壳油料可按仁、壳比例称样，或将仁、壳分别称样。

5）烘干试样：将铝盒盖套在盒底上，放入烘箱内温度计周围的烘网上，在105℃ ±2℃温度下烘3h（油料烘90min）后，加盖并取出铝盒，置于干燥器内冷却至室温，取出称重后，再按上述方法进行复烘，每隔30min取出冷却称重一次，直至前后两次质量差不超过0.005g为止。如果后一次质量高于前一次质量，则以前一次质量计算（m_2）。

（3）分析结果表述　粮食、油料的含水量按式（2-1-12）计算。

$$X=\frac{m_1-m_2}{m_1-m_0}\times 100\% \tag{2-1-12}$$

式中　X——水分的含量（以质量分数计）；

m_0——铝盒质量（g）；

m_1——烘前试样和铝盒质量（g）；

m_2——烘后试样和铝盒质量（g）。

对带壳油料按仁、壳分别测定水分的含量时，则带壳油料含水量按式（2-1-13）计算。

$$X=M_1\times A+M_2\times(1-A) \tag{2-1-13}$$

式中　X——水分的含量（以质量分数计）；

M_1——仁中水分的质量分数；

M_2——壳中水分的质量分数；

A——出仁总量（以质量分数计）。

双试验结果允许差不超过0.2%，求其平均值即为测定结果。测定结果取到小数点后第一位。采用其他方法测定含水量时，其结果与此方法比较不超过0.5%。

2. 定温定时烘干法

（1）测定原理　在一定规格的烘盒内称取一定质量的试样，在规定加热温度130℃ ±2℃的烘箱内，烘干一定时间（40min），试样烘干前后的质量差即为水分的质量。

（2）分析步骤

1）试样的制备：从混匀的样品中分取一定数量的试样，按表2-1-1中规定的方法制备试样。

2）试样用量的计算：本方法用定量试样，先计算铝盒底面积，再按每平方厘米为0.126g计算试样用量（底面积乘以0.126）。若用直径为4.5cm的铝盒，则试样用量为2g；若用直径为5.5cm的铝盒，则试样用量为3g。

3）烘制试样　用已烘至恒重的铝盒称取定量试样（准确至0.001g），待烘箱温度升至135～145℃时，将盛有试样的铝盒送入烘箱内温度计周围的烘网上，在5min内，将烘箱温度调到130℃ ±2℃，开始计时，烘40min后，将试样取出，放干燥器内冷却，称重。

（3）分析结果表达　同105℃恒重法。

3. 两次烘干法

该方法适用于粮食水分含量在16.0%（含）（质量分数）以上，油料水分含量在13.0%（含）（质量分数）以上的高水分粮食、油料水分含量的测定。

（1）测定原理　在常压和一定温度下对样品进行烘干，测定样品烘干后损失的质量，即为水分的质量。

（2）操作方法

1）烘干铝盒：调节烘箱温度至105℃，取洁净铝盒放在烘箱内的烘网上，烘干30min～1h，取出后置于干燥器内冷却至室温，称量；再烘30min，再冷却称量，直至烘干至前后质量差不超过0.005g为止，即为质量恒定。取质量数值较小的作为铝盒质量。将铝盒放入干燥器内备用。

2）第一次烘干：按照表2-1-2规定的试样用量，用已知质量的铝盒，从混匀的样品中称取整粒净试样（m），轻摇铝盒使试样分布均匀。

表2-1-2　试样用量

粮食、油料品种	铝盒直径/cm	试样量/g
粟、芝麻、油菜籽等	10	20
稻谷、小麦、高粱、小豆、棉籽等	12	30
葵花籽、花生果、蓖麻籽、文冠果等	15	50
玉米、大豆、豌豆、蚕豆、花生仁等	15	80

调节烘箱温度至105℃（油料至70℃），将铝盒放入烘箱内烘干30～40min后，取出，自然冷却至室温，称量，减去铝盒质量，即为第一次烘干后试样的质量（m_1）。

3）第二次烘干

① 试样的制备：将第一次烘干后的试样充分混合均匀，按表2-1-1规定的方法制备试样，将制备完毕的样品立即装入洁净、干燥的密闭容器中备用。

② 试样的称量。将制备完毕的试样充分混合均匀，用已知质量的铝盒（直径为5.5cm），称取试样约3g（m_2），轻摇铝盒使试样分布均匀。对带壳油料可按仁、壳比例称样或将仁、壳分别称样。

③ 试样的测定。粮食可采用下述两种方法烘干测定：以105℃烘干法为标准法，以130℃烘干法为常用法；油料应采用105℃烘干法测定。

a. 105℃烘干法：调节烘箱温度升至110℃左右时，将装有试样的铝盒放入烘箱内的烘网上（铝盒盖斜靠在铝盒上），与烘箱壁距离要大于5cm，立即关闭烘箱门。在5min内，将烘箱温度调到105℃时开始计时，烘干3h（油料烘干90min）后取出铝盒，随即加盖，置于干燥器内冷却至室温，取出称量。再按以上方法进行复烘，每隔30min取出，加盖后置于干燥器内冷却至室温，称量。烘干至前后两次质量差不超过0.005g为止。称量，减去铝盒质量，取质量较小的作为第二次烘干后试样的质量（m_3）。

b. 130℃烘干法：调节烘箱温度升至135℃左右时，将装有试样的铝盒放入烘箱内的烘网上（铝盒盖斜靠在铝盒上），与烘箱壁距离要大于5cm，立即关闭烘箱门。在5min内，将烘箱温度调到130℃时开始计时，烘干40min后取出铝盒，随即加盖，置于干燥器内冷却至室温。称量，减去铝盒质量，即为第二次烘干后试样的质量（m_3）。

（3）分析结果表述　水分含量按式（2-1-14）计算。

$$X = \frac{m - m_1 \dfrac{m_3}{m_2}}{m} \times 100\% = \frac{mm_2 - m_1 m_3}{mm_2} \times 100\% \quad (2\text{-}1\text{-}14)$$

式中　X——水分的含量（以质量分数计）；

m——第一次烘干前试样的质量（g）；

m_1——第一次烘干后试样的质量（g）；

m_2——第二次烘干前试样的质量（g）；

m_3——第二次烘干后试样的质量（g）。

双试验测定结果的允许差值不得超过0.2%，求其平均数即为测定结果。计算结果保留到小数点后一位。

二　油脂水分及挥发物的测定

在规定的103℃±2℃的条件下对油脂样品进行加热，样品损失的质量即为油脂中水分及挥发物的质量。油脂水分及挥发物的测定通常采用加热蒸发的方法。在油脂加热过程中，不仅油脂中水分受热蒸发，而且油脂中微量低沸点的挥发性物质也被蒸发而汽化逸出，因此称此测定结果为油脂水分及挥发物的含量。

油脂水分及挥发物的含量是油脂质量标准中的主要指标之一。当油脂中水分含量过大时，会加大油脂的水解速度，促进脂肪酸的游离，增加过氧化物的生成，严重时使油脂酸败变质，从而影响油脂的品质和储藏的稳定性。因此，油脂水分含量的测定，对评定油脂品质和提高油脂储藏稳定性具有重要意义。

测定油脂水分及挥发物含量的方法很多，常用的有电热干燥箱法、沙浴或电热板法、真空法等。根据各种油脂的不同特性，将其分为不干性油脂、半干性油脂和干性油脂。

国家标准《动植物油脂　水分及挥发物含量测定》（GB/T 5528—2008）推荐方法为：一是采用沙浴或电热板，适用于所有的油脂；二是采用电热干燥箱，仅适用于酸值低于4的非干性油脂，不适用于月桂酸型的油（棕榈仁油和椰子油）。

1. 测定原理

在103℃±2℃的条件下，将测试样品加热至水分及挥发物完全散尽，测定样品损失的质量。

2. 测定方法

（1）沙浴或电热板法

1）试样的准备：在预先干燥并与温度计一起称量的碟子中称取试样约20g，精确至0.001g。

2）测定：将装有测试样品的碟子在沙浴或电热板上加热至90℃，升温速率控制在10℃/min左右，边加热边用温度计搅拌。降低加热速率，观察碟子底部气泡的上升情况，控制温度上升至103℃±2℃，确保不超过105℃。继续搅拌至碟子底部无气泡放出为止。为确保水分完全散尽，重复数次加热至103℃±2℃、冷却至90℃的步骤，然后将碟子和温度计置于干燥器中，冷却至室温，称量，精确至0.001g。重复上述操作，直至连续两次结果不超过2mg为止。

同一测试样品进行两次测定。

（2）电热干燥箱法

1）试样的准备：在预先干燥并称量的玻璃容器中，根据试样预计水分及挥发物的含量，称取5g或10g试样，精确至0.001g。

2）测定：将含有试样的玻璃容器置于103℃±2℃的电热干燥箱中干燥1h，再移入干燥器中，冷却至室温，称量，准确至0.001g。重复加热、冷却及称量的步骤，每次复烘时间为30min，直到连续两次称量的差值根据测试样品质量的不同，分别不超过2mg或4mg为止。

注意：重复加热后样品的质量增加，说明油或脂已自动氧化，此时取最小值计算结果，或使用沙浴或电热板法。

同一测试样品进行两次测定。

3. 分析结果表述

水分及挥发物的含量按式（2-1-15）计算。

$$X = \frac{m_1 - m_2}{m_1 - m_0} \times 100 \quad (2\text{-}1\text{-}15)$$

式中　X——水分及挥发物的含量（%）；

m_1——加热前碟子、温度计和测试样品的质量或玻璃容器和测试样品的质量（g）；

m_2——加热后碟子、温度计和测试样品的质量或玻璃容器和测试样品的质量（g）；

m_0——碟子、温度计的质量或玻璃容器的质量（g）。

两次测定结果的算术平均值应符合重复性要求，测定结果保留小数点后两位。

第三节　粮食中灰分的测定

食品中的灰分是指试样经高温灼烧后所残留的物质。粮食、油料中灰分的含量一般占1.5%~3.0%（质量分数），且在粮食籽粒中的分布并不均匀，以胚乳灰分的含量为最低（质量分数约为0.6%），胚部次之，而皮层含量最高（皮胚总的质量分数约为1.2%）。

灰分的测定是鉴定成品粮加工精度高低和品质优劣的重要指标之一，对指导粮油及其制品加工，提高其品质具有重要的意义。

国家标准《食品安全国家标准　食品中灰分的测定》（GB/T 5009.4—2010）推荐的灰分含量的测定方法有550℃灼烧法和乙酸镁法。

550℃灼烧法

1. 测定原理

试样经550℃±10℃高温灰化至有机物完全灼烧挥发后，称量其残留物的质量。

2. 分析步骤

（1）坩埚的处理　取洁净干燥的瓷坩埚，用蘸有三氯化铁蓝墨水溶液的毛笔在坩埚上编号，然后将编号坩埚送入550℃±10℃马弗炉内灼烧30min，移动坩埚至炉门口处，待坩埚红热消失后，转移至干燥器内冷却至室温，取出并称量坩埚的质量。再重复灼烧、冷却、称量，直至前后两次质量之差不超过0.5mg为止，即为恒重。

（2）样品的测定　称取灰分大于10g/100g的混匀试样2～3g，精确至0.0001g（灰分小于10g/100g的试样应称取3～10g，精确至0.0001g）置于处理好的坩埚中，将坩埚放在电炉上，错开坩埚盖，加热试样至完全炭化为止，然后把坩埚放在550℃±10℃的马弗炉内，先放在炉口片刻，再移入炉膛内，错开坩埚盖，关闭炉门，在550℃±10℃温度下灼烧4h。在灼烧过程中，可将坩埚位置调换一两次，将样品灼烧至黑点炭粒全部消失变成灰白色为止。移动坩埚至炉门口处，待坩埚红热消失后，转移至干燥器内冷却至室温，称量。再灼烧30min，冷却，称量，直至恒重为止。如果最后一次灼烧的质量增加，则取前一次质量计算。

3. 分析结果表述

灰分（干基）的含量按式（2-1-16）计算。

$$X=\frac{m_1-m_0}{m(1-W)}\times100 \tag{2-1-16}$$

式中　X——灰分的含量（g/100g）；

m_0——坩埚质量（g）；

m_1——坩埚和灰分的质量（g）；

m——试样的质量（g）；

W——试样中水分的质量分数。

同一分析者使用相同仪器，相继或同时对同一试样进行两次测定，所得到的两个测定值的绝对差值不应超0.03%，取平均值作为测定结果。测定结果取到小数点后第二位。

乙酸镁法

1. 测定原理

试样中加入助灰化试剂乙酸镁后，经850℃±25℃高温灰化至有机物完全灼烧挥发后，称量残留物质量，并计算灰分含量。

2. 分析步骤

（1）坩埚的处理　除马弗炉的温度改为850℃±25℃外，其他操作步骤同550℃灼烧法。

（2）样品的测定　称取与550℃灼烧法相同的试样置于处理好的坩埚内，加入乙酸镁乙醇溶液3mL，静置2～3min，用点燃的酒精棉引燃样品，按照550℃法进行炭化。将坩埚放入马弗炉内，先放到炉膛口预热片刻，再移入炉膛内，错开坩埚盖，关闭炉门，在850℃±25℃温度下灼烧1h。待剩余物变成浅灰白色或白色时，停止灼烧，移动坩埚置于炉门口处，待红热消失后，转移至干燥器内冷却至室温，称量。

(3) 空白试验　在已恒重的坩埚中加入乙酸镁乙醇溶液3mL，用点燃的酒精棉引燃并炭化后，用上述方法进行灼烧、冷却、称量。

注意：3mL乙酸镁乙醇溶液中氧化镁质量为0.0085～0.0090g，应以空白试验所得的氧化镁质量为依据。

3. 分析结果表述

灰分（干基）含量按式（2-1-17）计算。

$$\text{灰分(干基\%)} = \frac{(m_1 - m_0) - (m_3 - m_2)}{m(1 - M)} \times 100 \qquad (2\text{-}1\text{-}17)$$

式中　m_0——坩埚质量（g）；

m_1——坩埚和灰分的质量（g）；

m_2——空白试验坩埚的质量（g）；

m_3——氧化镁和坩埚的质量（g）；

m——试样的质量（g）；

M——试样中水分的质量分数。

同一分析者使用相同仪器，相继或同时对同一试样进行两次测定，所得到的两个测定值的绝对差值不应超0.03%，取平均值作为测定结果。测定结果取到小数点后第二位。

4. 说明

1）炭化的目的是防止在灼烧时试样中的水分急剧蒸发而损失，避免含糖、蛋白质、淀粉量多的样品在高温下发泡膨胀而溢出。对容易发泡的样品，可先加数滴辛醇或植物油，再进行炭化。若不经炭化而直接灰化，则炭粒易被包裹，灰化不完全。

2）灰化温度的高低和时间对灰分测定结果的影响很大。由于各种食品中无机成分的组成、性质及含量各不相同，因此灰化的温度和时间也就有所不同，一般为550℃±25℃时灼烧4h。对于鱼类及海产品、谷类及其制品、乳制品，灰化的温度控制为小于或等于550℃，果蔬及其制品、砂糖及其制品、肉制品的灰化温度为525℃，谷类饲料样品的灰化温度可达575℃。灼烧温度不应超过600℃。若灰化温度过高，则会引起钾、钠、氯等元素挥发损失，而且磷酸盐、硅酸盐类也会熔融，包裹炭粒，使之难以被氧化。反之，若灰化温度过低，则时间长，灰化不完全。因此，应根据食品种类和性状控制合适的灰化温度。

3）含磷较多的谷物制品，灰化过程中磷酸盐会熔融而包裹炭粒，难以完全灰化而达到恒重。通常可以采取以下方法加速灰化：

① 样品经初步灼烧后，取出冷却，从容器边缘慢慢加入少量去离子水，使可溶性盐类溶解，被包裹的炭粒暴露出来，在水浴上慢慢蒸发至干涸，置于120℃烘箱中充分干燥，防止灼烧时残灰飞散，再灼烧至恒重。

② 加入几滴硝酸或过氧化氢，加速炭粒灰化，蒸干后再灼烧至恒重。也可以加入

质量分数为10%的碳酸铵等疏松剂，在灼烧时分解为气体逸出，使灰分松散，促进炭粒灰化。

第四节 粮食中粗蛋白的测定

国家标准《食品安全国家标准 食品中蛋白质的测定》（GB 5009.5—2010）推荐的测定粮食中蛋白质的方法一般是根据蛋白质理化特性来确定的，主要分为两类：一类是利用蛋白质的共性，即通过含氮量、肽键和折射率等测定蛋白质含量，如凯氏定氮法、双缩脲法等；另一类是利用蛋白质中特定氨基酸残基、酸性或碱性基团以及芳香基团等测定蛋白质含量，如酚酞试剂法、紫外光谱吸收法、色素结合法等。

在粮食品质分析中应用最普遍的是凯氏定氮法。凯氏定氮法是基于样品中各种蛋白质组成元素中氮的含量基本稳定，平均为16%（质量分数），先测定试样中氮的含量，再换算成蛋白质含量。具体方法是先测定蛋白质中氮的含量，再乘以一个相对固定的系数而得到的蛋白质的量。习惯上把这个相对固定的系数称为蛋白质系数。通常不同食品的蛋白质系数不同，具体见表2-1-3。

表2-1-3 不同作物种子含氮量换算成粗蛋白质的系数

种子	换算系数	种子	换算系数
小麦粉	5.70	玉米、小豆、绿豆、豌豆	6.25
整粒小麦	5.83	牛乳及其制品	6.38
小麦胚芽	5.80	花生	5.46
小麦麸皮	6.31	蛋类、肉类	6.25
稻米	5.95	杏仁	5.18
高粱	5.83	芝麻、向日葵	5.30
大豆及其制品	5.71	混合原料	6.25

1. 方法原理

将样品与浓硫酸和催化剂一同加热，使蛋白质分解。其中，碳被氧化为二氧化碳逸出，而样品中的有机氮转化为氨与硫酸结合成硫酸铵，然后加碱使氨蒸出，用H_3BO_3吸收后再以标准HCl溶液滴定。根据标准酸消耗量乘以换算系数可以计算出蛋白质的含量。

2. 分析步骤

（1）消化 称取混合均匀的固体样品0.2～2.0g（半固体试样为2.0～5.0g，液体试样为10.0～25.0g），精确至0.001g，移入干燥的100mL、250mL或500mL定氮瓶中，加入0.2g硫酸铜（$CuSO_4 \cdot 5H_2O$），6g硫酸钾（K_2SO_4），20mL密度为1.84g/L的硫酸，轻摇后于瓶口放一小漏斗，将瓶以45°角斜支于有小孔的石棉网上，小心加热，待内容物全部炭化，泡沫完全停止后，加强火力，并保持瓶内液体微沸，至液体呈蓝绿色并澄清透明后，再继续加热0.5～1h。取下放冷，小心加入20mL水。放冷后，移入

100mL 容量瓶中，并用少量水洗定氮瓶，将洗液并入容量瓶中，再加水至刻度，混匀备用。同时做试剂空白试验。

（2）蒸馏与吸收　连接定氮装置，于水蒸气发生器内装水约为其体积的2/3，加1g/L的甲基红乙醇溶液数滴及数毫升密度为1.84g/L的硫酸，以保持水呈酸性，并加入数粒玻璃珠以防暴沸，然后加热至沸腾，并保持沸腾。向接收瓶内加入10.0mL 质量浓度为20g/L的硼酸溶液及混合指示剂1滴或2滴，并使冷凝管的下端插入液面下，根据试样含氮量，准确吸取2.0～10.0mL 样品消化液由小玻璃杯流入反应室，用10mL 水洗涤小烧杯，使洗液流入反应室内，塞紧小玻璃杯的棒状玻璃塞。将10.0mL 质量浓度为400g/L的氢氧化钠溶液倒入小玻璃杯内，提起玻璃塞使其缓慢流入反应室内，立即将玻璃盖塞紧，并加水于小玻璃杯以防漏气。夹紧螺旋夹，开始蒸馏。蒸馏10min 后移动蒸馏液接收瓶，使液面离开冷凝管下端，再蒸馏1min，然后用少量水冲洗冷凝管下端外部，取下蒸馏液接收瓶。

（3）滴定　以硫酸或盐酸标准滴定溶液滴定至终点，其中甲基红-亚甲基蓝混合指示剂颜色由紫红色变成灰色，甲基红-溴甲酚绿混合指示剂颜色由酒红色变成绿色。同时作试剂空白。

3. 分析结果的表述

试样中蛋白质的含量按式（2-1-18）计算。

$$X=\frac{(V_1-V_2)\times c\times 0.0140}{m\times\frac{V_3}{100}}\times F\times 100 \tag{2-1-18}$$

式中　X——试样中蛋白质的含量（g/100g）；

V_1——试样消耗硫酸或盐酸标准溶液的体积（mL）；

V_2——空白试验消耗硫酸或盐酸标准溶液的体积（mL）；

c——硫酸或盐酸标准溶液的浓度（mol/L）；

0.0140——表示与1.00mL 硫酸或盐酸标准溶液（$c=1.000$mol/L）相当的氮的质量（g/mmol）；

V_3——准确吸取消化液的体积（mL）；

m——试样质量（g）；

F——蛋白质换算系数，见表2-1-3；

100——容量瓶体积（mL）。

以重复性条件下获得的两次独立测定结果的算数平均值作为测定结果。

蛋白质含量大于或等于1g/100g 时，测定结果保留三位有效数字；蛋白质含量小于1g/100g 时，测定结果保留两位有效数字。

4. 说明

1）样品消化时，为了缩短消化时间，可加入硫酸铜作催化剂，并加入硫酸钾或硫酸钠提高消化液的沸点，加快有机物分解。对于难消化的样品，可加入少量过氧化氢，但不得使用高氯酸，以免生成氮氧化物。

2）滴定时采用的混合指示液：1份甲基红乙醇溶液（1g/L）与5份溴甲酚绿乙醇

溶液（1g/L）混合，其酸式为酒红色，碱式为蓝绿色，变色点呈灰色，pH =5.1。

第五节　粮食、油料脂肪酸值的测定

脂肪酸值是指中和100g干物质试样中游离脂肪酸所需氢氧化钾的毫克数。它是标志粮食中游离脂肪酸含量的量值。

粮食中的脂肪酸是脂肪在脂肪酶或酸碱作用下水解生成的。如果温度较高，湿度较大，霉菌大量繁殖，脂肪水解速度则会加快，脂肪酸值也随之增高。通过对脂肪酸值的测定，可以判断粮食品质的变化。在我国现行的质量标准中，脂肪酸值是判定粮食宜存、不宜存的强制性检测指标。

国家标准《粮油检验　粮食、油料脂肪酸值测定》（GB/T 5510—2011）中针对于不同的粮食、油料及其制品样品，脂肪酸值的检验方法有所不同，包括苯提取法（适用于小麦粉等）和石油醚提取法（适用于大豆、花生、葵花籽等）。

 苯提取法

1. 方法原理

根据脂肪酸不溶于水而溶于有机溶剂的特性，用苯振荡提取出试样中的游离脂肪酸，以酚酞作指示剂，用氢氧化钾标准溶液滴定至终点。根据所消耗的氢氧化钾标准溶液的体积计算脂肪酸值。

2. 分析步骤

（1）试样的制备　小麦粉等粉类粮食样品，直接分取样品约40g装入磨口瓶中备用。其他籽粒粮食样品则分取具有代表性的去杂样品约40g，用带1.0mm圆孔筛的锤式旋风磨（具有风门可调节和自清理功能）粉碎，混匀，装入磨口瓶中备用。

（2）制备样水分的测定　按GB 5497—1985执行。

（3）样品的处理　称取制备好的试样10g（精确到0.01g），置于250mL具塞磨口锥形瓶中，用移液管准确加入50.00mL苯，加塞摇动几秒后。打开塞子放气，再盖紧瓶塞置振荡器（振荡频率为100次/min）上振摇30min。取下锥形瓶，倾斜静置1~2min，在短颈玻璃漏斗中放入折叠式的滤纸过滤。弃去最初几滴滤液，用比色管收集滤液25mL以上，盖上塞备用。

（4）测定　用移液管移取25.00mL滤液置于150mL锥形瓶中，用量筒加入质量分数为0.04%的酚酞乙醇溶液25mL，摇匀，立刻用0.01mol/L的氢氧化钾乙醇标准滴定溶液滴定至呈微红色，30s不褪色为止。记下消耗的氢氧化钾标准滴定溶液的体积。

（5）空白试验　用25mL苯代替滤液进行空白试验，记下消耗的氢氧化钾标准滴定溶液的体积。

3. 分析结果表述

脂肪酸值按式（2-1-19）计算。

$$A_K = (V_1 - V_0) \times c \times 56.1 \times \frac{50}{25} \times \frac{100}{m(1-w)} \tag{2-1-19}$$

式中 A_K——脂肪酸值（mg/100g）；

V_1——滴定试样滤液所耗氢氧化钾标准滴定溶液的体积（mL）；

V_0——滴定空白试样所耗氢氧化钾标准滴定溶液的体积（mL）；

c——氢氧化钾标准滴定溶液的浓度（mol/L）；

56.1——氢氧化钾的摩尔质量（g/mol）；

50——提取试样所用提取液的体积（mL）；

25——用于滴定的试样提取液的体积（mL）；

100——换算为100g干试样的质量（g）；

m——试样的质量（g）；

w——试样中水分的质量分数。

每份试样取两个平行样进行测定，两个测定结果之差的绝对值符合重复性要求时，以其算术平均值为测定结果。计算结果保留三位有效数字。

 石油醚提取法

1. 方法原理

用石油醚振荡提取出油料的游离脂肪酸，静置过滤后加入乙醇溶液，以酚酞作指示剂，用氢氧化钾标准滴定溶液滴定，根据下层溶液颜色变化确定滴定终点，由消耗的氢氧化钾标准滴定溶液的体积数计算脂肪酸值。

2. 分析步骤

（1）试样的制备　花生果、葵花籽、核桃等带壳油料应去壳后用籽仁制备待测样；大豆、玉米胚芽取具有代表性的去杂样品约40g，用锤式旋风磨粉碎，混匀，装入磨口瓶中备用；对于油菜籽、芝麻、葵花籽仁等脂肪含量较高的小粒油料，至少取具有代表性的去杂样品30~40g，采用微型高速万能粉碎机粉碎。对于花生仁和核桃仁等脂肪含量较高的大粒油料，取具有代表性的去杂样品30~40g，将其剪碎或切片后，采用微型高速万能粉碎机粉碎。

（2）制备样水分的测定　按GB/T 14489.1—2008执行。

（3）试样处理　称取制备好的试样10g±0.01g，置于250mL具塞磨口锥形瓶中，用移液管准确加入50.00mL石油醚，加塞摇动几秒后，打开塞子放气，再盖紧瓶塞置振荡器上振摇10min。取下锥形瓶，倾斜静置1~2min，在短颈玻璃漏斗中放入折叠式的滤纸过滤。弃去最初几滴滤液，用比色管收集滤液25mL以上，盖上塞备用。

（4）测定　用移液管移取25.00mL滤液置于150mL锥形瓶中，用量筒加入体积分数为50%的乙醇溶液75mL，滴加4~5滴质量分数为1%的酚酞指示剂，摇匀，立刻用0.01mol/L的氢氧化钾标准滴定溶液滴定至下层乙醇溶液呈微红色，30s不褪色为止。记下消耗的氢氧化钾标准滴定溶液的体积。

（5）空白试验　用25mL石油醚代替滤液进行空白试验，记下消耗的氢氧化钾标准滴定溶液的体积。

3. 分析结果表述

同苯提取法。

第六节　粮油制品中酸度与酸值的测定

粮食酸度是指粮食及其制品中含有的磷酸、酸性磷酸盐、乳酸、乙酸等水溶性酸性物质的总量，通常以10g样品所消耗的0.1mol/L氢氧化钾或氢氧化钠标准滴定溶液的毫升数来表示。

动植物油脂的酸度用酸值表示（又称为油脂酸价），是指中和1g油脂中的游离脂肪酸所需要氢氧化钾的毫克数，酸值的单位是mg KOH/g。酸值是检验油脂中游离脂肪酸含量的一项指标。

品质正常的粮食含有的酸性物质一般很少，当粮食的水分含量过大、温度过高，或生虫、生霉时，其中的酸性物质含量增大。这些酸性物质来源于粮食脂肪分解产生的脂肪酸，磷脂分解产生的磷酸和酸性磷酸盐，蛋白质分解产生的氨基酸，碳水化合物分解产生的乳酸、酪酸和乙酸等。所以可以根据粮食酸度大小来判断粉类粮食的新陈程度。

油脂酸值的大小受很多条件影响。一般新收获的、完全成熟的油料种子制取的油脂酸值比较低。当油料中含有较多的未成熟粒、生芽粒或霉变粒时，制出的毛油中会含有较多的游离脂肪酸，使油脂的酸值上升。精炼工艺不当，也会使成品油脂有较高的酸值。另外，在油脂储藏期间，水分、温度、光线、脂肪酶等因素的作用，会使油脂中游离脂肪酸的含量增加，导致酸值升高。通过测定油脂酸值可以评定油脂品质的好坏和储藏方法是否得当，并能为油脂碱炼工艺计算加碱量提供依据。在我国动植物油脂国家标准质量指标中，油脂酸值是强制性检测指标。

国家标准《粮油检验　粮食及制品酸度测定》（GB/T 5517—2010）中推荐的方法是水浸出液法。水浸出液法测得的酸度是水溶性的酸度。

现行的植物油脂国家标准《动植物油脂　酸值和酸度测定》（GB/T 5530—2005）中推荐的方法有滴定法和电位计法。滴定法包括热乙醇测定法和冷溶剂法。其中，热乙醇滴定法为基准方法，冷溶剂滴定法适用于浅色油脂。

水浸出法测定粮食酸度

1. 方法原理

在室温下用水浸出粮食试样中的水溶性酸性物质，然后用氢氧化钾或氢氧化钠标准溶液滴定浸出液至终点，从而求出粮食试样的酸度。

2. 分析步骤

（1）样品的制备　取混合均匀的样品80～100g，用粉碎机粉碎，粉碎细度要求95%以上通过CQ16筛（40目），粉碎后的全部筛分样品充分混合，装入磨口瓶中。制备好的样品应立即测定。

（2）测定　称取粉碎试样15g，置入250mL具塞磨口锥形瓶中，加不含二氧化碳的蒸馏水150mL，滴入三氯甲烷5滴，加塞后摇匀，在室温下放置提取2h，每隔15min摇动1次（或置于振荡器上振荡70min）。浸提完毕后静止数分钟，用干燥滤纸过滤，用移液管吸取滤液 10mL 注入 100mL 锥形瓶中，再加入 20mL 不含二氧化碳的蒸馏水和酚酞指示剂 3 滴，用 0.01mol/L 的氢氧化钾标准溶液滴定至微红色 0.5min 内不消失为止，记下所消耗的氢氧化钾标准溶液的毫升数。

另用 30mL 蒸馏水作空白试验，记下所消耗的氢氧化钾标准溶液的毫升数。

3. 分析结果表述

酸度按式（2-1-20）计算。

$$X=(V_1-V_2)\times\frac{c}{0.1}\times\frac{V_3}{V_4}\times\frac{10}{m} \tag{2-1-20}$$

式中 X——试样酸度（mL/10g）；

V_1——试样滤液消耗的碱液体积（mL）；

V_2——空白试验消耗的碱液体积（mL）；

V_3——浸泡试样加水的体积（mL）；

V_4——用于滴定的滤液体积（mL）；

c——碱液的浓度（mol/L）；

10——换算为 10g 试样的质量（g）；

m——试样质量（g）。

在重复性条件下获得的两次独立测定结果的绝对差值不应超过其算数平均值的 10%。将符合其重复性要求的两次独立测定结果的算数平均值作为测定结果。测定结果保留一位小数。

 油脂酸价的测定

1. 热乙醇测定法

（1）方法原理　将油脂试样溶解在热乙醇中，用氢氧化钾标准溶液滴定其中的游离脂肪酸，根据试样质量和消耗氢氧化钠或氢氧化钾标准溶液的量计算出油脂酸价。

（2）分析步骤

1）称样：根据样品的颜色和估计的酸值按表 2-1-4 称样，装入锥形瓶中。

表 2-1-4　试样称样表

估计的酸值	试样量/g	试样称重的精确度/g
<1	20	0.05
1～4	10	0.02
4～15	2.5	0.01
15～75	0.5	0.001
>75	0.1	0.0002

注：试样的量和滴定液的浓度应使得滴定液的用量不超过 10mL。

2）测定：将含有 0.5mL 酚酞指示剂的 50mL 乙醇溶液置于锥形瓶中，加热至沸腾，当乙醇的温度高于 70℃时，用 0.1mol/L 的氢氧化钾标准溶液滴定至溶液变色，并保持

溶液15s不褪色，即为终点。将中和后的乙醇转移至装有测试样品的锥形瓶中，充分混合，煮沸，用氢氧化钾标准溶液滴定，在滴定过程中要充分摇动，至溶液颜色发生变化，并保持溶液15s不褪色，即为滴定终点。记下消耗碱液的毫升数。

（3）分析结果表述　油脂酸值（S）按式（2-1-21）计算。

$$S=\frac{56.1\times V\times c}{m} \tag{2-1-21}$$

式中　V——所用氢氧化钾标准溶液的体积（mL）；

c——所用氢氧化钾标准溶液的浓度（mol/L）；

m——试样的质量（g）；

56.1——氢氧化钾的摩尔质量（g/mol）。

油脂酸度（S'）以质量分数表示，数值以10^{-2}或%计，根据脂肪酸的类型（见表2-1-5），按式（2-1-22）计算。

$$S'=V\times c\times\frac{M}{1000}\times\frac{100}{m}=\frac{VcM}{10m} \tag{2-1-22}$$

式中　V——所用氢氧化钾标准溶液的体积（mL）；

c——所用氢氧化钾标准溶液的浓度（mol/L）；

M——表示结果所用脂肪酸的摩尔质量（g/mol）；

m——试样质量（g）。

表2-1-5　表示酸度的脂肪酸类型

油脂的种类	表示的脂肪酸	
	名　称	摩尔质量/(g/mol)
椰子油、棕榈仁油及类似的油	月桂酸	200
棕榈油	棕榈酸	256
从某些十字花科植物得到的油	芥酸	338
所有其他油脂	油酸	282

注：1. 如果结果仅以“酸度”表示，没有进一步的说明，则通常为油酸。

2. 当样品含有矿物酸时，通常按脂肪酸测定。芥酸含量低于5%（质量分数）的菜籽油，酸度仍用油酸表示。

2. 冷溶剂法（本法适用于浅色油脂）

（1）方法原理　将油脂试样溶解在中性乙醇-乙醚混合溶剂中，用氢氧化钾乙醇标准溶液滴定其中的游离脂肪酸，根据试样质量和消耗氢氧化钾乙醇标准溶液的量计算出油脂酸价。

（2）分析步骤

1）称样：同热乙醇测定法。

2）测定：将样品溶解在50~150mL中性乙醚与质量分数为95%的乙醇的混合溶剂中，摇动使试样溶解，加3滴酚酞指示剂，用0.1mol/L氢氧化钾乙醇标准溶液滴定至出现微红色在15s不褪色，记下消耗碱液的毫升数。

(3) 分析结果表述　同热乙醇测定法。

第七节　植物油脂含皂量的测定

油脂中的含皂量是指油脂加碱精炼后，残留在油脂中的皂化物（脂肪酸钠）的量，一般以油酸钠的质量计。

植物油脂含皂量过高时，对油脂的质量与透明度有很大的影响。在加工色拉油时，碱炼后皂的分离程度直接影响后面的脱色工艺。若油脂中含皂量过高，则会附着在脱色剂的表面，使脱色剂脱色效率降低，附有肥皂的脱色剂不易与油分离，也就不能再利用。

因此，含皂量不但是评价油脂品质的重要指标，而且对油脂加工工艺也有指导作用。在我国植物油脂国家标准中，含皂量是成品油等级质量指标之一。我国植物油脂国家标准规定了各品种、各等级植物油脂含皂量的最高值。

测定依据：《粮油检验　植物油脂含皂量的测定》(GB/T 5533—2008)。

1. 方法原理

试样用有机溶剂溶解后，加入热水使皂化物溶解，用盐酸标准溶液滴定。

2. 分析步骤

称取样品 40g，精确至 0.01g，置于具塞锥形瓶中，加入 1mL 水，将锥形瓶置于沸水浴中，充分摇匀。加入 50mL 丙酮水溶液，在水浴中加热后，充分振摇，静置后分为两层。用微量滴定管趁热逐滴滴加 0.01mol/L 的盐酸标准溶液，每滴一滴振摇数次，滴至溶液从蓝色变为黄色。重新加热、振摇、滴定至上层呈黄色不褪色，记下消耗盐酸标准溶液的总体积。同时做空白试验。

3. 分析结果表述

植物油脂含皂量按式 (2-1-23) 计算。

$$X = \frac{(V - V_0) \times c \times 0.304}{m} \times 100 \tag{2-1-23}$$

式中　X——油脂中含皂量（质量分数，%）；

V——滴定试样溶液消耗盐酸标准溶液的体积（mL）；

V_0——滴定空白溶液消耗盐酸标准溶液的体积（mL）；

c——盐酸标准溶液的浓度（mol/L）；

m——试样质量（g）；

0.304——每毫摩尔油酸钠的质量（g/mmol）。

双试验结果允许差不超过 0.01%，求其平均数，即为测定结果。测定结果取至小数点后第二位。

第八节　植物油脂烟点的测定

油脂烟点是指在标准规定的条件下，将油脂试样加热至开始连续发蓝烟时的温度。烟点的高低与油脂组成和精炼程度有关。一般未经精炼的植物油脂的烟点远低于精炼色拉油及高级烹调油的烟点。通常烟点低说明色拉油中的杂质多，精炼程度差；烟点高说明色拉油中的杂质少，精炼程度高。

因此，烟点也是植物油脂精炼程度及品质质量的主要指标之一。在我国现行的植物油国家标准中，将烟点作为各种色拉油、高级烹调油质量标准的一项指标。

现行的植物油脂国家标准《植物油脂　油脂烟点测定》（GB/T 20795—2006）中推荐的测定方法有自动测定仪法和目视测定法。

 自动测定仪法

1. 方法原理

样品被快速加热至150℃，然后以5～6℃/min的速率继续加热升温。样品中低沸点和热不稳定物质挥发出来并产生烟雾，产生的初次连续蓝烟进入光电烟雾检测器后，对检测器发出的光线（波长范围为380～780nm）产生特征吸收，使检测器产生响应并达到设定的检测阈值，检测此时样品的温度即为烟点值。

2. 分析步骤

（1）仪器预热　打开电源开关，仪器自动进行检查和预热，在加热器和光电烟雾检测器等达到热稳定状态并完成自检后，进入样品测定状态。

（2）样品的测定　用酒精棉球擦拭样品杯，待酒精挥发完后，取约75mL油脂样品注入样品杯至装样线。装样时不得有油样溅出。将样品杯置于加热器凹槽，关闭机箱，使仪器处于闭合状态。在系统控制软件中输入样品编号、名称等基本信息后，启动样品测定程序，加热器按程序升温方式加热样品。样品被快速加热至150℃后，按5～6℃/min的升温速率继续加热。当样品产生烟雾时，集烟器自动收集烟雾，并将其导入光电烟雾检测器。光电烟雾检测器对蓝色烟雾产生响应，同时温度传感器检测样品温度。系统控制软件检测、显示和记录测定过程中的技术数据和烟点测定结果。

打开机箱，用样杯钳小心地取出样品杯，置于妥善的地方，立即用酒精棉球小心地清洗集烟器和温度传感器等部件上黏附的油渍。起动冷却风扇，使机箱内的加热器快速冷却，进行下一次测定。

（3）样品杯的清洗　取出样品杯时应防止热油溢出和被加热器烫伤，在油样冷却至室温后倒出油样，用洗洁精等洗涤剂清洗残留的油脂，并用清水洗涤样品杯，清洗后的样品杯不得残留油渍和碳化物。

3. 分析结果表述

以双试验测定结果的算术平均值作为样品的烟点测定值，结果保留整数位。两次测定结果之差如果超过2℃，则应重复进行第三次试验，取最相近的两次测定结果的算术平均值作为测定结果。

 目视测定法

1. 方法原理

在规定的测定条件下，将油脂加热至肉眼能初次看见热分解物连续发蓝烟时的最低温度。

2. 分析步骤

将油脂样品小心地装入油样杯中，使其液面正好在装样线上。调整装置的位置，使照明光束正好通过油样杯杯口中心，火苗集中在杯底部的中央，将温度计垂直悬挂在样品杯中央，使水银球离杯底6.35mm。迅速加热样品至发烟点前42℃左右，然后调节热源，使样品升温率为5～6℃/min。当看见样品有少量、连续带蓝色的烟（油脂中的热分解物）冒出时，读取温度计指示的温度，即为烟点。

3. 分析结果表述

双试验允许差不得超过2℃，求其平均数即为测定结果。测定结果取整数。

第九节　动植物油脂过氧化值的测定

动植物油脂的过氧化值是指油脂试样在标准规定的条件下氧化碘化钾的物质的量，以每千克样品中活性氧的毫摩尔量（或毫克当量）表示。

油脂在储藏期间，由于受到光、热、氧以及水和酶的作用，常会发生腐败变质等品质变化现象，这种现象一般被称为酸败。油脂酸败一般有两种方式，即水解酸败和氧化酸败。水解酸败是指油脂在水和解脂酶存在的情况下，水解成甘油和脂肪酸；氧化酸败是指油脂（特别是含有不饱和脂肪酸的油脂）在空气中氧的作用下，分解成醛、酮、醇、酸。

油脂酸败后，不但营养降低，而且具有毒性。常以测定油脂氧化生成初级产物（即氢过氧化物）以及氧化分解产物（醛、酮、酸类物质）对其进行综合评价。氢过氧化物可用过氧化值来评价。

过氧化值是油脂初期氧化程度的质量指标之一。过氧化值是对油脂酸败定性和定量检验的参考，是鉴定油脂品质的重要指标之一。现行的食用动植物油脂卫生标准规定：植物油脂过氧化值小于或等于0.25g/100g；动物油脂过氧化值小于或等于0.20g/100g。

测定依据：《动植物油脂　过氧化值测定》（GB/T 5538—2005）。

1. 测定原理

将试样溶解在乙酸和异辛烷溶液中，与碘化钾溶液反应，用硫代硫酸钠标准溶液滴定析出的碘。

2. 分析步骤

（1）称样　用纯净干燥的二氧化碳或氮气冲洗锥形瓶，根据估计的过氧化值，按表2-1-6称取混匀和过滤的油样，装入锥形瓶中。

表2-1-6　取样量和称量的精确度

估计的过氧化值/[mmol/kg（meq/kg）]	样品量/g	称量的精确度/g
0～6（0～12）	5.0～2.0	±0.01
6～10（12～20）	2.0～1.2	±0.01
10～15（20～30）	1.2～0.8	±0.01
15～25（30～50）	0.8～0.5	±0.001
25～45（50～90）	0.5～0.3	±0.001

（2）测定　将50mL（60+40）乙酸-异辛烷混合液加入锥形瓶中，盖上塞子摇动至样品溶解，然后加入0.5mL碘化钾饱和溶液，盖上塞子使其反应，时间为1min±1s。在此期间摇动锥形瓶至少3次，然后立即加入30mL蒸馏水。用0.01mol/L硫代硫酸钠溶液滴定上述溶液。应逐渐地、不间断地添加滴定液，同时伴随有力的搅动，直到黄色几乎消失为止。添加约0.5mL淀粉溶液，继续滴定，临近终点时，不断摇动，使所有的碘从溶剂层释放出来，逐滴添加滴定液，至蓝色消失，即为终点。

异辛烷漂浮在水相的表面，溶剂和滴定液需要充分的时间混合。当油脂过氧化值大于或等于35mmol/kg（70meq/kg）时，用淀粉溶液指示终点，会滞后15~30s。为充分释放碘，可加入少量的（体积分数为0.5%~1%）高效HLB乳化剂（如Tween60），以缓解反应液的分层和减少碘释放的滞后时间。

当油样溶解性较差时（如硬脂或动物脂肪），按以下步骤操作：在锥形瓶中加入20mL异辛烷，摇动使样品溶解，加30mL冰乙酸，再按上述方法测定。

（3）空白试验　当空白试验消耗0.01mol/L硫代硫酸钠溶液超过0.1mL时，应更换试剂，重新对样品进行测定。

3. 分析结果表述

过氧化值以每千克油脂中含活性氧的毫克当量（meq/kg）表示。过氧化值按式（2-1-24）计算。

$$过氧化值(meq/kg)=\frac{(V_1-V_2)\times c}{m}\times 1000 \qquad (2\text{-}1\text{-}24)$$

式中　V_1——试样所消耗的硫代硫酸钠溶液的体积（mL）；

V_2——空白试验所消耗的硫代硫酸钠溶液的体积（mL）；

c——硫代硫酸钠溶液的浓度（mol/L）；

m——试样质量（g）。

双试验允许差符合要求时，求其平均数，即为测定结果。结果小于12时保留一位小数，大于12时保留到整数位。允许差见表2-1-7。

表2-1-7　过氧化值与允许差

过氧化值/(meq/kg)	允许差
≤1	0.1
1~6	0.2
6~12	0.5
≥12	1

过氧化值以每千克油脂中含活性氧的毫摩尔量（mmol/kg）表示，则有：

$$过氧化值(mmol/kg)=过氧化值(meq/kg)\times 0.5$$

第十节　动植物油脂碘值的测定

油脂碘值又称碘价，是指一定质量的样品在标准规定的条件下吸收卤素的质量，以每100g油脂吸收碘的克数来表示。

根据油脂碘值，可将油脂分为干性油、半干性油和不干性油三类。碘值大于130g/100g的油脂属于干性油，在工业上可用作油漆等；碘值小于100g/100g的油脂属于不干性油，碘值在100～130g/100g之间的油脂则属于半干性油，多数为食用油。

各种油脂的碘值大小和变化范围是一定的。食用植物油脂的碘值范围在国家标准中都有严格的规定，如大豆油碘值为124～139g/100g，玉米油碘值为107～135g/100g，葵花籽油碘值为118～141g/100g，花生油碘值为86～107g/100g，米糠油碘值为92～115g/100g等。

在我国植物油脂国家标准中，碘值是植物油脂质量要求中的特征指标之一。通过对油脂碘值的测定可检验油脂的不饱和程度，定性油脂的种类，判断油脂组成是否正常、有无掺假等，还可以在油脂氢化过程中，按照碘值计算氢化油脂时所需要的加氢量和检查油脂氢化程度。

现行的植物油脂国家标准《动植物油脂　碘值的测定》（GB/T 5532—2008）中推荐的测定方法为氯化碘-乙酸溶液法（韦氏法）。

1. 测定原理

将油脂试样溶于惰性溶剂中，加入过量的卤素标准溶液，置暗处1～2h，使卤素起加成反应，但不使卤素取代脂肪酸中的氢原子；再加入碘化钾与剩余的卤素标准溶液反应析出碘，用硫代硫酸钠标准溶液滴定析出碘。

2. 分析步骤

（1）称样及空白样品的制备　根据样品预估的碘值，称取适量的样品置于玻璃称量皿中，精确到0.001g。推荐的称样量见表2-1-8。

表2-1-8　推荐的称样量

预估碘值/(g/100g)	试样质量/g	溶剂体积/mL	预估碘值/(g/100g)	试样质量/g	溶剂体积/mL
<1.5	15.00	25	20～50	0.40	20
1.5～2.5	10.00	25	50～100	0.20	20
2.5～5	3.00	20	100～150	0.13	20
5～20	1.00	20	150～200	0.10	20

注：试样的质量必须能保证所加入的韦氏试剂过量50%～60%，即吸收量的100%～150%。

（2）测定　将盛有试样的称量皿放入500mL锥形瓶中，根据称样量加入表2-1-8中与之相对应的溶剂体积溶解试样，用移液管准确加入25mL韦氏（Wijs）试剂，盖好塞子，摇匀后将锥形瓶置于暗处。

注意：对碘值低于150g/100g的样品，锥形瓶应在暗处放置1h；碘值高于150g/100g的已聚合的含有共轭脂肪酸的（如桐油、脱水蓖麻油）或含有任何一种酮类脂肪酸（如不同程度的氢化蓖麻油）的以及氧化到相当程度的样品，应置于暗处2h。

到达规定的反应时间后，加20mL碘化钾溶液（质量浓度为100g/L）和150mL水，用标定过的硫代硫酸钠标准溶液（0.1mol/L）滴定至碘的黄色接近消失，然后加几滴淀粉溶液继续滴定，一边滴定一边用力摇动锥形瓶，直到蓝色刚好消失。也可以采用电位滴定法确定终点。同时做空白溶液的测定。

3. 分析结果表述

试样的碘值按式（2-1-25）计算。

$$W=\frac{12.69\times c\times(V_1-V_2)}{m} \tag{2-1-25}$$

式中　W——试样的碘值，用每100g样品吸取碘的克数表示（g/100g）；

c——硫代硫酸钠标准溶液的浓度（mol/L）；

V_1——空白溶液消耗硫代硫酸钠标准溶液的体积（mL）；

V_2——样品溶液消耗硫代硫酸钠标准溶液的体积（mL）；

m——试样的质量（g）。

测定结果的取值要求见表2-1-9。

表2-1-9　测定结果的取值要求

测定结果/(g/100g)	结果取值到
<20	0.1
20~60	0.5
>60	1

第十一节　油脂羰基价的测定

油脂在氧化酸败分解时除了产生饱和醛和不饱和醛、酮及酸类外，还产生多种羰基化合物。习惯上把对饱和羰基化合物和不饱和羰基化合物进行的测定、分析及计算而得到的值称为羰基价。

一般油脂随着储藏时间的延长和不良条件的影响，其羰基价的数值都呈不断增高的趋势，与油脂的酸败劣变程度紧密相关。因此，用羰基价来评价油脂中氧化产物的含量和酸败劣变的程度，具有较好的灵敏度和准确性。

现行的国家标准《食用植物油卫生标准的分析方法》（GB/T 5009.37—2003）中采用比色法测定羰基价。

1. 测定原理

油脂在氧化酸败时会产生许多羰基化合物（醛、酮等）。这些化合物中的羰基都可与2，4-二硝基苯肼反应生成腙，在碱性条件下形成醌离子，呈葡萄酒红色，测定其在440nm处的吸光度，计算羰基价。

2. 分析步骤

精密称取0.025~0.5g试样，置于25mL容量瓶中，加苯溶解试样并稀释至刻度。从中吸取5.0mL，置于25mL具塞试管中，加3mL三氯乙酸溶液及5mL 2，4-二硝基苯肼溶液，仔细振摇混匀，在60℃水浴中加热30min，冷却后，沿试管壁慢慢加入10mL氢氧化钾-乙醇溶液，使其成为二液层。将试管塞好，剧烈振摇混匀，放置10min。以1cm比色杯，用试剂空白调节零点，于波长440nm处测吸光度。

3. 分析结果表述

试样的羰基价按式（2-1-26）计算。

$$X=\frac{A}{854\times m\times\frac{V_2}{V_1}}\times1000 \qquad (2\text{-}1\text{-}26)$$

式中 X——试样的羰基价（meq/kg）；

A——测定时样液的吸光度；

m——试样质量（g）；

V_1——试样稀释后的总体积（mL）；

V_2——测定用试样稀释液的体积（mL）；

854——各种醛的毫克当量吸光系数的平均值。

双试验测定结果的绝对差值不得超过其算术平均值的5%，求其平均数，即为测定结果。结果保留三位有效数字。

第十二节　粮食制品中纤维素的测定

食物纤维（膳食纤维）是指植物的可食部分，不能被人体小肠消化吸收，对人体有健康意义，是聚合度大于或等于3的碳水化合物和木质素。它包括纤维素、半纤维素、果胶、菊粉等。食物纤维比粗纤维更能客观、准确地反映食物的可利用率，因此有逐渐取代粗纤维指标的趋势。

 植物类粗纤维的测定

1. 方法原理

在硫酸作用下，试样中的糖、淀粉、果胶质和半纤维素经水解除去后，再用碱处理，去除蛋白质及脂肪，剩余的残渣为粗纤维。若其中含有不溶于酸碱的杂质，则可灰化后除去。

2. 分析步骤

称取20～30g捣碎的试样（或5.0g干试样）移入500mL锥形瓶中，加入200mL煮沸的体积分数为1.25%的硫酸溶液，加热使之微沸，保持体积恒定，维持30min。每隔5min摇动一次锥形瓶，以充分混合瓶内的物质。取下锥形瓶，立即用亚麻布过滤，用热水洗涤至洗液不呈酸性。再用200mL煮沸的质量分数为1.25%的氢氧化钾溶液，将亚麻布上的存留物洗入原锥形瓶中，加热至沸。30min后取下锥形瓶，立即用亚麻布过滤，以沸水洗涤两三次后转移到已干燥至恒重的 G_2 垂融坩埚或 G_2 垂融漏斗中，抽滤，用热水充分洗涤后，抽干，再依次用乙醇、乙醚洗涤一次。将坩埚和内容物在105℃烘箱中烘干，直至恒重。

若样品中含有较多的不溶性杂质，则可将样品移入石棉坩埚中，烘干称重后，再移入550℃高温炉中灼烧至恒重，使含碳的物质全部灰化，取出，置于干燥器内，冷却至室温后称重，灼烧前后的质量之差即为粗纤维的量。

3. 分析结果表述

植物类粗纤维含量按式（2-1-27）式计算。

$$X = \frac{G}{m} \times 100 \tag{2-1-27}$$

式中　X——植物类粗纤维含量（%）；

G——残余物的质量（或经高温灼烧后损失的质量）（g）；

m——样品的质量（g）。

计算结果保留小数点后一位。在重复性条件下获得的两次独立测定结果的绝对差值不得超过其算术平均值的10%。

二　粮食中粗纤维的测定

1. 测定原理

试样用沸腾的稀硫酸处理，残渣经过滤分离、洗涤，用沸腾的氢氧化钾溶液处理。处理后的残渣经过滤分离、洗涤、干燥并称重，然后灰化。灰化中损失的质量相当于试样中粗纤维的质量。

2. 分析步骤

称取粉碎试样2～3g倒入500mL烧杯中。若试样的脂肪含量较高，则可用抽提脂肪后的残渣作试样，或将试样的脂肪用乙醚抽提出去。

酸液处理：向装有试样的烧杯中加入事先在回流装置下煮沸的体积分数为1.25%的硫酸溶液200mL，记下烧杯中的液位，盖上表面皿，置于电炉上，在1min内煮沸，继续慢慢煮沸30min。在煮沸过程中要加沸水，以保持液位，并经常转动烧杯。时间到后使烧杯离开热源，在沉淀下降后，用玻璃棉抽滤管吸去上层清液，吸净后立即加入100～150mL沸水洗涤沉淀，再吸去清液，用沸水洗涤至沉淀用石蕊试纸试验呈中性为止。

碱液处理：将抽滤管中的玻璃棉并入沉淀中，加入事先在回流装置下煮沸的体积分数为1.25%的碱液200mL，按照酸液处理法加热煮沸30min，取下烧杯，使沉淀下降后，趁热用处理到恒重的古氏坩埚抽滤。用沸水将沉淀无损失地转入坩埚中，洗至中性。

乙醇和乙醚处理：沉淀先用热至50～60℃的乙醇20～25mL分3次或4次洗涤，然后用乙醚20～25mL分3次或4次洗涤，最后抽净乙醚。

将古氏坩埚和沉淀先在105℃温度下烘至恒重，然后送入600℃高温炉中灼烧30min，取出冷却，称重，再烧20min，灼烧至恒重。

3. 分析结果表述

粗纤维素（干基）的含量按（2-1-28）式计算。

$$X = \frac{m_1 - m_2}{m(1 - M)} \times 100 \tag{2-1-28}$$

式中　X——粗纤维素（干基）的含量（%）；

m——试样质量（g）；

m_1——坩埚与沉淀烘后的质量（g）；

m_2——坩埚与沉淀灼烧后的质量（g）；

M——水的质量分数。

双试验结果允许差不超过平均值的1%，取平均值作为测定结果。测定结果取至小数点后第一位。

三 粮食中膳食纤维的测定

1. 测定原理

取干燥试样，经α-淀粉酶、蛋白酶和葡萄糖苷酶酶解消化，去除蛋白质和淀粉，酶解后的样液用乙醇沉淀、过滤，残渣用乙醇和丙酮洗涤，干燥后称重，即为总膳食纤维残渣的质量。另取试样，经上述三种酶酶解后直接过滤，残渣用热水洗涤，经干燥后称重，即得不溶性膳食纤维残渣。滤液用4倍体积的体积分数为95%的乙醇沉淀、过滤、干燥后称重，得可溶性膳食纤维残渣的质量。以上所得残渣干燥称重后，分别测定蛋白质和灰分。从总膳食纤维（TDF）、不溶性膳食纤维（IDF）和可溶性膳食纤维（SDF）的残渣中扣除蛋白质、灰分和空白，即可计算出试样中总的、不溶性和可溶性膳食纤维的含量。

2. 分析步骤

（1）样品的制备　样品处理时若脂肪含量未知，则应先脱脂。

将样品混匀后，于70℃真空中干燥过夜，然后置于干燥器内冷却，干样粉碎后过0.3～0.5mm筛。若样品不能受热，则冷冻干燥后过筛；若样品中脂肪含量大于10%（质量分数），则可脱脂后干燥粉碎；若样品中糖含量过高，则可进行脱糖处理。

准确称取两份试样（m_1和m_2）各1.0000g±0.0020g，置于400mL或600mL高脚烧杯中，加入pH=8.2的MES-TRIS缓冲液40mL，用磁力搅拌器搅拌，直至试样完全分散在缓冲液中（避免形成团块，试样和酶不能充分接触）。加50μL热稳定α-淀粉酶溶液缓慢搅拌，然后用铝箔将烧杯盖住，置于95～100℃的恒温振荡水浴中持续振摇。当温度升至95℃时开始计时，通常总反应时间为35min。将烧杯从水浴中移出，冷却至60℃，打开铝箔盖，用刮勺将烧杯内壁的环状物以及烧杯底部的胶状物刮下，用10mL蒸馏水冲洗烧杯壁和刮勺。

在每个烧杯中各加入（50mg/mL）蛋白酶溶液100μL，盖上铝箔，继续水浴振荡。当水温达到60℃时开始计时，在60℃±1℃条件下反应30min。30min后打开铝箔盖，边搅拌边加入3mol/L乙酸溶液5mL。当溶液温度为60℃时，调pH值至4.5（以溴甲酚绿为指示剂）。

边搅拌边加入100μL淀粉葡萄糖苷酶，盖上铝箔，继续振摇。当水温达到60℃时开始计时，在60℃±1℃条件下反应30min。

（2）测定

1）总膳食纤维的测定。在每份试样中，加入预热至60℃的体积分数为95%的乙醇

225mL（预热以后的体积，乙醇与样液的体积比为4∶1），取出烧杯，盖上铝箔，在室温下沉淀1h。用体积分数为78%的乙醇15mL将称重过的坩埚中的硅藻土润湿并铺平，然后抽滤去除乙醇溶液，使坩埚中的硅藻土在烧结玻璃滤板上形成平面。将乙醇沉淀处理后的样品酶解液倒入坩埚中过滤，用刮勺和体积分数为78%的乙醇将所有残渣转至坩埚中，分别用体积分数为78%的乙醇、体积分数为95%的乙醇和丙酮15mL洗涤残渣各2次，抽滤去除洗涤液后，将坩埚连同残渣在105℃烘干过夜。将坩埚置于干燥器中冷却1h，称重（包括坩埚、膳食纤维残渣和硅藻土），精确至0.1mg。减去坩埚和硅藻土的干重，计算残渣质量。称重后的试样残渣，可分别按GB 5009.4—2010和GB 5009.5—2010测定蛋白质和灰分的含量。

2）不溶性膳食纤维的测定。将酶解液转移至坩埚中过滤，过滤前用3mL水润湿硅藻土并铺平，抽去水分使坩埚中的硅藻土在烧结玻璃滤板上形成平面。将试样酶解液全部转移至坩埚中过滤，残渣用70℃热蒸馏水10mL洗涤2次，合并滤液，转移至另一600mL高脚烧杯中，备测可溶性膳食纤维。残渣分别用体积分数为78%的乙醇、体积分数为95%的乙醇和丙酮15mL洗涤残渣各2次，抽滤去除洗涤液后，将坩埚连同残渣在105℃烘干过夜。将坩埚置于干燥器中冷却1h，称重（包括坩埚、膳食纤维残渣和硅藻土），精确至0.1mg。减去坩埚和硅藻土的干重，计算残渣质量。称重后的试样残渣，可分别按GB 5009.4—2010和GB 5009.5—2010测定蛋白质和灰分的含量。

3）可溶性膳食纤维的测定。将不溶性膳食纤维过滤后的滤液收集到600mL高脚烧杯中，通过称烧杯和滤液的总质量并扣除烧杯质量的方法估算滤液体积。向滤液中加入4倍体积预热至60℃的体积分数为95%的乙醇，室温下沉淀1h，然后按总膳食纤维的测定方法进行测定。

3. 分析结果表述

1）空白的质量按式（2-1-29）计算。

$$m_B = \frac{m_{BR1} + m_{BR2}}{2} - m_{PB} - m_{AB} \tag{2-1-29}$$

式中　m_B——空白的质量（mg）；

m_{BR1}和m_{BR2}——双份空白测定的残渣质量（mg）；

m_{PB}——残渣中蛋白质的质量（mg）；

m_{AB}——残渣中灰分的质量（mg）。

2）膳食纤维按式（2-1-30）计算。

$$X = \frac{[(m_{R1} + m_{R2})/2] - m_P - m_A - m_B}{m_1 + m_2} \times 100 \tag{2-1-30}$$

式中　X——膳食纤维的含量（g/100g）；

m_{R1}和m_{R2}——双份试样残渣的质量（mg）；

m_P——试样残渣中蛋白质的质量（mg）；

m_A——试样残渣中灰分的质量（mg）；

m_B——空白的质量（mg）；

m_1和m_2——试样的质量（mg）。

总膳食纤维（TDF）、不溶性膳食纤维（IDF）和可溶性膳食纤维（SDF）的含量均用式（2-1-30）计算。

计算结果保留至小数点后第二位。在重复性条件下获得的两次独立测定结果的绝对差值不得超过算数平均值的10%。

第十三节　小麦粉中过氧化苯甲酰的测定

过氧化苯甲酰又称为过氧化二苯甲酰，是一种在我国现行的国家标准中允许使用的小麦粉生产添加剂。作为小麦粉改良剂，过氧化苯甲酰可抑制小麦粉中一些酶的作用及微生物的生长，促进小麦粉熟化，使类胡萝卜素、叶黄素等色素破坏而增加小麦粉的白度。虽然在我国现行的国家标准中允许使用过氧化苯甲酰，但对其在小麦粉中的使用剂量是有明确规定的，因为过氧化苯甲酰添加到面粉中水解后生成苯甲酸残留在面粉中，过量添加易使人体造成积累中毒。现行的国家标准中规定的过氧化苯甲酰的最大允许使用量为0.06g/kg。

在国家标准《小麦粉中过氧化苯甲酰的测定方法》（GB/T 18415—2001）中推荐的测定方法为气相色谱法。

一　气相色谱法

1. 方法原理

小麦粉中的过氧化苯甲酰被还原铁粉和盐酸反应产生的原子态氢还原，生成苯甲酸，经提取净化后，用气相色谱仪测定，与标准系列比较定量。

2. 分析步骤

（1）样品的处理　准确称取试样5.00g置于具塞锥形瓶中，加入0.01g还原铁粉、约20粒玻璃珠（ϕ6mm左右）和20mL乙醚，混匀，逐滴加入0.5mL盐酸，回旋摇动，用少量乙醚冲洗锥形瓶内壁，放置至少12h。振摇锥形瓶，摇匀后，静置片刻，将上层清液经快速滤纸滤入分液漏斗中。用乙醚洗涤锥形瓶内的残渣，每次15mL（工作曲线溶液每次用10mL），共洗三次，将上清液一并滤入分液漏斗中，最后用少量乙醚冲洗过滤漏斗和滤纸，滤液合并于分液漏斗中。向分液漏斗中加入质量分数为5%的氯化钠溶液30mL，回旋摇动30s，并注意适时放气，防止气体顶出活塞。静置分层后，弃去下层水相溶液。重复用氯化钠溶液洗涤一次，弃去下层水相。加入质量分数为1%的碳酸氢钠和质量分数为5%的氯化钠水溶液15mL，回旋摇动2min（切勿剧烈振荡，以免乳化，并注意适时放气）。待静置分层后，将下层碱液放入已预置3~4勺固体氯化钠的50mL比色管中。分液漏斗中的醚层用碱性溶液重复提取一次，合并下层碱液放入比色管中。加入0.8mL（1+1）盐酸，适当摇动比色管以充分驱除残存的乙醚和反应产生的二氧化碳气体（室温较低时可将试管置于50℃水浴中加热，以便于驱除乙醚），至确认管内无乙醚的气味为止。加入5.00mL（3+1）石油醚-乙醚混合溶液，充分振摇1min，静置分层。上层醚液即为进行气相色谱分析的测定液。

（2）绘制工作曲线　分别准确吸取100μg/mL的苯甲酸标准使用液0mL、1.0mL、2.0mL、3.0mL、4.0mL和5.0mL，分别置于150mL具塞锥形瓶中，除不加还原铁粉外，其他操作同样品的处理。其测定液的最终质量浓度分别为0μg/mL、20μg/mL、40μg/mL、60μg/mL、80μg/mL和100μg/mL。以微量注射器分别取不同质量浓度的苯甲酸溶液2.00μL注入气相色谱仪。以其苯甲酸峰面积为纵坐标，苯甲酸质量浓度为横坐标，绘制工作曲线。

（3）测定

1）色谱条件：内径为3mm、长度为2m的玻璃柱，填装涂布5%（质量分数）DEGS+1%（体积分数）磷酸固定液的60～80目ChromosorbW/AW DMCS。调节载气（氮气）流速，使苯甲酸于5～10min出峰。柱温为180℃，检测器和进样温度为250℃。将不同型号的仪器调整为最佳工作条件。

2）进样：用10μL微量注射器取2.0μL测定液，注入气相色谱仪，取试样的苯甲酸峰面积与工作曲线比较定量。

3. 分析结果表述

试样中的过氧化苯甲酰含量按式（2-1-31）计算。

$$X_1 = \frac{c_1 \times 5}{m_1 \times 1000} \times 0.992 \tag{2-1-31}$$

式中　X_1——试样中的过氧化苯甲酰含量（g/kg）；

c_1——由工作曲线上查出的试样测定液中相当于苯甲酸溶液的质量浓度（μg/mL）；

5——试样提取液的体积（mL）；

m_1——试样的质量（g）；

0.992——由苯甲酸换算成过氧化苯甲酰的换算系数。

取双试验测定算术平均值的二位有效数字，双试验测定的相对相差不得大于15%。

二　高效液相色谱法

1. 方法原理

由甲醇提取的过氧化苯甲酰，用碘化钾作为还原剂将其还原为苯甲酸，用高效液相色谱分离，在230nm下检测。

2. 分析步骤

（1）样品的制备　称取样品5g（精确至0.1mg）置于50mL具塞比色管中，加10.0mL甲醇，在漩涡混匀器上混匀1min，静止5min，然后加质量分数为50%的碘化钾水溶液5.0mL，在漩涡混匀器上混匀1min，放置10min，再加水至50.0mL，混匀，静止。取上清液，使其通过0.22μm滤膜，将滤液置于样品瓶中备用。

（2）标准曲线的绘制　准确吸取1000μg/mL的苯甲酸标准使用液0mL、0.625mL、1.25mL、2.50mL、5.00mL、10.00mL、12.50mL、25.00mL，分别置于8个25mL容量瓶中，分别加甲醇至25.0mL，配成质量浓度分别为0μg/mL、25.0μg/mL、50.0μg/mL、100.0μg/mL、200.0μg/mL、400.0μg/mL、500.0μg/mL、1000.0μg/mL的苯甲酸标准系列溶液。

分别取8份5g（精确至0.1mg）不含苯甲酸和过氧化苯甲酰的小麦粉试样置于8支50mL具塞比色管中，分别准确加入苯甲酸标准系列溶液10.00mL，在漩涡混匀器上混匀1min，静止5min，然后加质量分数为50%的碘化钾水溶液5.0mL，在漩涡混匀器上混匀1min，放置10min。加水至50.0mL，混匀，静止，取上清液通过0.22μm滤膜，将滤液置于样品瓶中备用。标准系列溶液的最终质量浓度分别为0μg/mL、5.0μg/mL、10.0μg/mL、20.0μg/mL、40.0μg/mL、80.0μg/mL、100.0μg/mL、200.0μg/mL。依次取不同质量浓度的苯甲酸标准液10.0μL，注入液相色谱仪，以苯甲酸峰面积为纵坐标，苯甲酸质量浓度为横坐标，绘制工作曲线。

（3）测定

1）色谱条件：色谱柱为4.6mm×250mm，C_{18}反相柱（5μm）；检测波长为230nm；流动相为甲醇与水（含0.02mol/L乙酸铵）的体积比为10∶90的溶液；流速为1.0mL/min；进样量为10.0μL。

2）取10.0μL试液注入液相色谱仪，根据苯甲酸的峰面积从工作曲线上查取对应的苯甲酸质量浓度，并计算样品中过氧化苯甲酰的含量。

3. 分析结果表述

样品中过氧化苯甲酰的含量按式（2-1-32）计算。

$$D=\frac{c\times V}{m\times 1000}\times 0.992 \tag{2-1-32}$$

式中 D——样品中过氧化苯甲酰的含量（g/kg）；

c——由工作曲线上查出的试样测定液相当于苯甲酸的质量浓度（μg/mL）；

V——试样提取液的体积（mL）；

m——样品质量（g）；

0.992——换算系数。

结果保留两位有效数字。

第十四节　粮食中磷化物的测定

磷化物包括磷化铝、磷化锌和磷化钙，是我国20世纪60年代初期开始应用的仓库杀虫剂。其由于价廉、杀虫效果好，已成为我国主要的熏蒸杀虫剂。磷化物在酸、碱、水或光的作用下，均能产生有毒的磷化氢（PH_3）气体。磷化氢是一种无色气体，相对分子质量小，沸点低，易挥发，扩散性及渗透性强。其对于人的影响主要是损害神经系统，抑制中枢神经，刺激肺部，引起肺水肿和使心脏扩大，其中以对神经系统的损害最为严重。在我国食品卫生标准《粮食卫生标准》（GB 2715—2005）中规定，原粮中磷化物（以PH_3计）允许量小于或等于0.05mg/kg。

现行的国家标准《粮食卫生标准的分析方法》GB 5009.36—2003中推荐的磷化物定量测定方法是钼蓝比色法。

1. 方法原理

磷化物遇水和酸放出磷化氢，蒸出后吸收于酸性高锰酸钾溶液中被氧化成磷酸，与钼酸铵作用生成磷钼酸铵，遇氯化亚锡还原成蓝色化合物钼蓝，然后与标准系列比较定量。本方法检出量为1.0μg，取样量为50g时，最低检出量为0.020mg/kg。

2. 分析步骤

（1）样品的测定　向三个串联的气体吸收管中各加5mL质量浓度为3.3g/L的高锰酸钾溶液和1mL(1+17)硫酸，向二氧化碳发生瓶中装大理石碎块，从分液漏斗中加适量的(1+1)盐酸，作为二氧化碳发生器。二氧化碳气体顺序经过装有饱和硝酸汞溶液、酸性高锰酸钾溶液、饱和硫酸肼溶液的洗气瓶洗涤后，进入反应瓶中（若用氮气代替二氧化碳，则可以只通过硫酸肼溶液安全瓶直接进入反应瓶）。预先通二氧化碳（或氮气）5min，打开反应瓶的塞子，迅速投入称好的50g样品，立即塞好瓶塞，加大抽气速度，使分液漏斗中的5mL(1+17)硫酸和80mL水加至反应瓶中，然后减小抽气和二氧化碳（或氮气）气流速度，将放置反应瓶的水浴加热至沸0.5h，并继续通入二氧化碳(或氮气)。反应完毕后，先除去气体吸收管进气的一端，再除去抽气管的一端，取下三个气体吸收管，分别滴加饱和亚硫酸钠溶液，使高锰酸钾溶液退色，合并吸收管中的溶液至50mL比色管中。用少量水洗涤气体吸收管，将洗液并入比色管中，加4.4mL(1+5)硫酸和2.5mL质量浓度为50g/L的钼酸铵溶液，混匀。

（2）绘制标准曲线　吸取0mL、0.1mL、0.2mL、0.3mL、0.4mL、0.5mL磷化物标准使用液（相当于0μg、1μg、2μg、3μg、4μg、5μg磷化氢），分别放入50mL比色管中，加30mL水、5.4mL(1+5)硫酸、2.5mL质量浓度为50g/L的钼酸铵溶液，混匀。向样品及标准管中各加水至50mL混匀，再各加0.1mL氯化亚锡溶液，混匀。15min后，用3cm比色杯，以零管调节零点，于波长680nm处测吸光度，绘制标准曲线。根据标准曲线查得样品中磷化物的含量。取与处理样品量相同的试剂，按同一操作方法做试剂空白试验。

3. 分析结果表述

样品中磷化物的含量（以PH_3计）按式（2-1-33）计算。

$$X=\frac{m_2-m_3}{m} \tag{2-1-33}$$

式中　X——样品中磷化物的含量（以PH_3计）(mg/kg)；

m_2——测定用样品中磷化物的质量（μg)；

m_3——试剂空白中磷化物的质量（μg)；

m——样品质量（g)。

计算结果保留两位有效数字。

第十五节　有机氯农药残留量的测定

有机氯农药是用于防治植物病、虫害的成分中含有氯元素的有机化合物的总称。它一般分为两大类：一类是以苯为原料的氯代苯及其衍生物，主要代表是滴滴涕及六六六；另一大类是以环戊二烯为原料的氯化甲撑萘类，主要代表是艾氏剂、狄试剂、七氯等。

六六六和滴滴涕作为广谱高效的有机氯杀虫剂，对昆虫具有胃毒、触杀、熏蒸作用，但是由于其脂溶性强，化学性质稳定，易于在生物体内蓄积，在环境中难以降解，易存留在土壤内，通过食物链的富集作用对人体健康造成危害。我国自 1983 年已经禁止使用六六六和滴滴涕。国家标准（GB 2763—2012）对原粮中六六六和滴滴涕再残留限量标准为不超过 0.05mg/kg。

现行的国家标准《食品中有机氯农药多组分残留量的测定》（GB/T 5009.19—2008）中推荐的测定方法有毛细管柱气相色谱-电子捕获检测器法和填充柱气相色谱-电子捕获检测器法。

一 毛细管柱气相色谱-电子捕获检测器法

1. 方法原理

试样中有机氯农药组分经有机溶剂提取、凝胶色谱层析净化，用毛细管柱气相色谱分离，电子捕获检测器检测，以保留时间定性，外标法定量。

2. 分析步骤

（1）样品的制备　以大豆油为例，提取大豆油样品：称取具有代表性试样 1g（精确至 0.01g），直接加入 30mL 石油醚，振摇 30min 后，将有机相全部转移至旋转蒸发瓶中，浓缩至约 1mL，加 2mL（1+1）乙酸乙酯-环己烷溶解再浓缩，如此重复 3 次，浓缩至约 1mL，供凝胶色谱层析净化使用，或将浓缩液转移至与全自动凝胶渗透色谱系统配套的进样试管中，用（1+1）乙酸乙酯-环己烷溶液洗涤旋转蒸发瓶数次，将洗涤液合并至试管中，定容至 10mL。

（2）净化　选择手动或全自动净化方法中的任何一种进行净化。

1）手动凝胶色谱柱净化：将试样浓缩液经凝胶柱用（1+1）乙酸乙酯-环己烷溶液洗脱，弃去 0~35mL 流分，收集 35~70mL 流分，将其旋转蒸发浓缩至 1mL，再经凝胶柱净化收集 35~70mL 流分，蒸发浓缩，用氮气吹除溶剂，用正己烷定容至 1mL，留待 GC 分析。

2）全自动凝胶渗透色谱系统净化：试样由 5mL 试样环注入凝胶渗透色谱（GPC）柱，泵流速为 5.0m/min，用（1+1）乙酸乙酯-环己烷溶液洗脱，弃去 0~7.5min 流分，收集 7.5~15min 流分，15~20min 后冲洗 GPC 柱。将收集的流分旋转蒸发浓缩至约 1mL，再用氮气吹至近干，用正己烷定容至 1mL，留待 GC 分析。

（3）测定

1）气相色谱参考条件

色谱柱：DM-5 石英弹性毛细管柱，长度为 30m，内径为 0.32mm，膜厚为 0.25μm，或等效柱。

柱温：程序升温。

$$90℃\ (1min) \xrightarrow{40℃/min} 170℃ \xrightarrow{2.3℃/min} 230℃\ (17min) \xrightarrow{40℃/min} 280℃\ (5min)$$

进样口温度：280℃。不分流进样，进样量为 1μL。

检测器：电子捕获检测器（ECO），温度为 300℃。

载气流速：氮气（N_2），流速为1mL/min；尾吹，流速为25mL/min。

柱前压：0.5MPa。

2）色谱分析：分别吸取1μL混合标准液及试样净化液注入气相色谱仪中，记录色谱图，以保留时间定性，以试样和标准的峰高或峰面积比较定量。

3）有机氯农药混合标准溶液的色谱图如图2-1-1所示。

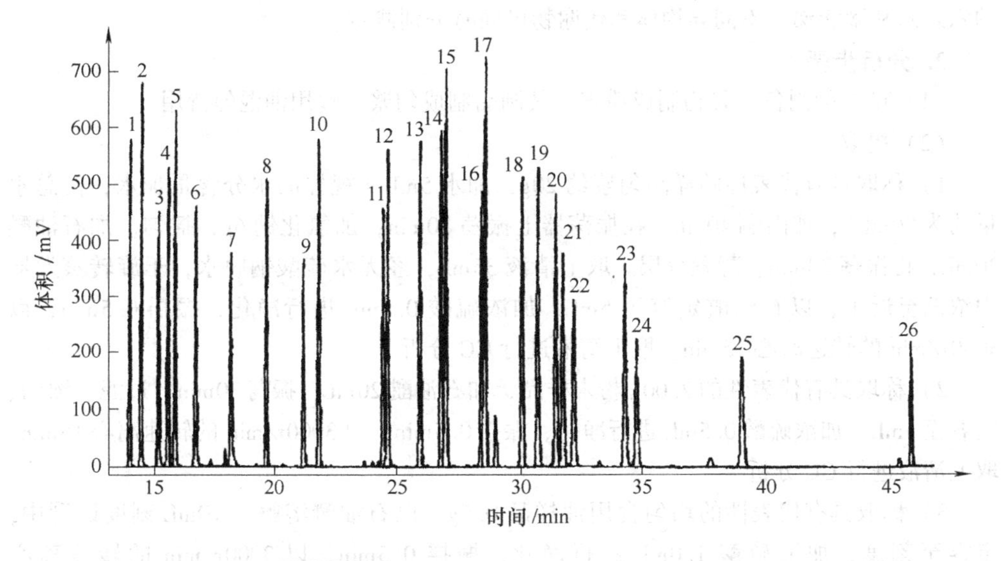

图2-1-1　有机氯农药混合标准溶液色谱图

注：色谱上的数字代表出峰顺序，1为α-六六六，2为六氯苯（HCB），3为β-六六六，4为γ-六六六，5为五氯硝基苯，6为δ-六六六，7为五氯苯胺，8为七氯，9为五氯苯基硫醚，10为艾氏剂，11为氧氯丹，12为环氧七氯，13为反氯丹，14为α-硫丹，15为顺氯丹，16为p，p′-滴滴伊（p，p′-DDE），17为狄氏剂，18为异狄氏剂，19为β-硫丹，20为o，p′-滴滴涕，21为p，p′-滴滴滴，22为异狄氏剂醛，23为硫丹硫酸盐，24为p，p′-滴滴涕，25为异狄氏剂酮，26为灭蚁灵。

3. 分析结果表述

试样中各农药的含量按式（2-1-34）计算。

$$X=\frac{m_1\times V_2\times f\times 1000}{m\times V_1\times 1000} \tag{2-1-34}$$

式中　X——试样中农药的含量（mg/kg）；

m_1——被测样液中各农药的质量（ng）；

V_1——样液进样体积（μL）；

f——稀释因子；

m——试样质量（g）；

V_2——样液最后定容体积（mL）。

计算结果保留两位有效数字。

二 填充柱气相色谱-电子捕获检测器法

1. 方法原理

样品中的六六六、滴滴涕经提取和净化后用气相色谱法测定，与标准比较定量。电子捕获检测器对负电极强的化合物具有较高的灵敏度，利用这一特点，可分别测出痕量的六六六和滴滴涕。不同异构体和代谢物可同时分别测定。

2. 分析步骤

（1）试样的制备　谷物制成粉末，其制品制成匀浆；食用油混匀待用。

（2）提取

1）称取具有代表性的样品匀浆约20g，加水5mL（视样品水分含量加水，使总水量约为20mL），加丙酮40mL，在振荡器上振荡30min，加氯化钠6g，摇匀。加石油醚30mL，再振荡30min，静置分层。取上清液35mL，经无水硫酸钠脱水，于旋转蒸发器中浓缩至近干，以石油醚定容至5mL，加浓硫酸0.5mL进行净化，振摇0.5min，以3000r/min的转速离心15min。取上清液进行GC分析。

2）称取具有代表性的2.00g粉末样品，加石油醚20mL，振荡30min，过滤、浓缩、定容至5mL，加浓硫酸0.5mL进行净化，振摇0.5min，以3000r/min的转速离心15min。取上清液进行GC分析。

3）称取具有代表性的均匀食用油样品0.5g，以石油醚溶解于10mL刻度试管中，定容至刻度，加浓硫酸1.0mL进行净化，振摇0.5min，以3000r/min的转速离心15min。取上清液进行GC分析。

（3）气相色谱测定

1）填充柱气相色谱条件：色谱柱为内径为3mm、长度为2m的玻璃柱，内涂以1.5% OV-17和2% QF-1混合固定液的80～100目硅藻土；检测器为电子捕获检测器；汽化室温度为195℃；色谱柱温度为185℃；检测器温度为225℃；载气（高纯氮气）流速：110mL/min。

2）测定。标准使用液及样品提取净化溶液的进样口温度为195℃；进样量为1～10μL。

3）色谱图。8种农药的色谱峰如图2-1-2所示。

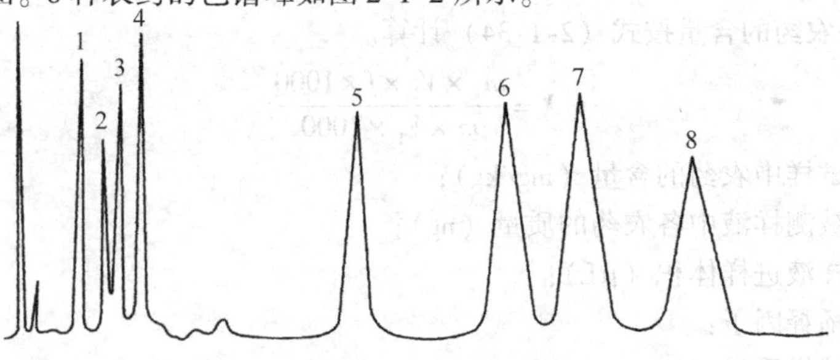

图2-1-2　8种农药的色谱峰

注：色谱上的数字代表出峰顺序，1为α-HCH，2为β-HCH，3为γ-HCH，4为δ-HCH，5为p，p′-DDE，6为o，p′-DDT，7为p，p′-DDD，8为p，p′-DDT。

3. 分析结果表述

电子捕获检测器的线性范围窄，为了便于定量，选择样品进样量使之适合各组分的线性范围。根据样品中六六六、滴滴涕的存在形式，相应地绘制各组分的标准曲线，从而计算出样品中相应物质的含量。

六六六、滴滴涕及其异构体或代谢物的单一含量按式（2-1-35）计算。

$$X=\frac{A_1\times V_1\times m_1\times 1000}{A_2\times V_2\times m_2\times 1000} \tag{2-1-35}$$

式中　X——样品中六六六、滴滴涕及其异构体或代谢物的单一含量（mg/kg）；

A_1——被测定试样各组分的峰值（峰高或面积）；

A_2——各农药组分标准的峰值（峰高或面积）；

V_1——被测定试样的稀释体积（mL）；

V_2——被测定试样的进样体积（μL）；

m_1——单一农药标准溶液的质量（ng）；

m_2——被测定试样的取样量（g）。

在重复性条件下获得的两次独立测定结果的绝对差值不得超过算数平均值的15%。结果保留两位有效数字。

第二章 糕点的检验

实施食品生产许可证管理的糕点产品包括以粮、油、糖、蛋等为主要原料，添加适量辅料，并经调制、成型、熟制、包装等工序制成的食品。根据《糕点术语》（GB/T 12140—2007），按起源可将糕点分为中式糕点和西式糕点，而中式糕点又包括烘烤类、油炸类、蒸煮类等44种，西式糕点包括各式蛋糕、派、蛋挞等15种。

第一节 糕点标签的判定

在《食品安全国家标准 预包装食品标签通则》（GB 7718—2011）中明确指出食品标签包括食品包装上的文字、图形、符号及一切说明物。直接向消费者提供的预包装食品标签应包括食品名称，配料表，净含量和规格，生产者和（或）经销者的名称、地址和联系方式，生产日期和保质期，储存条件，食品生产许可证编号，产品标准代号及其他需要标示的内容。

一 食品名称

食品名称是反映食品真实属性的专用名称，应在食品标签的醒目位置清晰地标示。食品名称的选择应遵循以下几个原则：

1）当国家标准、行业标准或地方标准中已规定了某食品的一个或几个名称时，应选用其中的一个或等效的名称。

2）无国家标准、行业标准或地方标准规定的名称时，应使用不使消费者误解或混淆的常用名称或通俗名称。

3）标示新创名称、奇特名称、音译名称、牌号名称、地区俚语名称或商标名称时，应在所示名称的同一展示版面标示规定的名称。

二 配料表

在制造或加工食品时使用的并存在（包括以改性的形式存在）于产品中的任何物质，包括食品添加剂，都称为配料。预包装食品的标签上应标示配料表。配料表应以“配料”或“配料表”为引导词。当所用的原料在加工过程中已改变为其他成分时，可用“原料”或“原料与辅料”代替“配料”和“配料表”。

各种配料应按制造或加工食品时加入量的递减顺序一一排列。如果某种配料是由两种或两种以上的其他配料构成的复合配料（不包括复合食品添加剂），则应在配料表中标示复合配料的名称，随后将复合配料的原始配料在括号内按加入量的递减顺序标示。但当某种复合配料已有国家标准、行业标准或地方标准，且其加入量小于食品总量的

25%时，不需要标示复合配料的原始配料。加入量不超过2%的配料可以不按递减顺序排列。

食品添加剂应当标示其在GB 2760—2011中的食品添加剂通用名称。若某种食品添加剂尚不存在相应的国际编码，或因致敏物质标示需要，则可以标示其具体名称。加入量小于食品总量25%的复合配料中含有的食品添加剂，若符合GB 2760—2011规定的带入原则且在最终产品中不起工艺作用，则不需要标示。

在食品制造或加工过程中，加入的水应在配料表中标示。在加工过程中已挥发的水或其他挥发性配料不需要标示。

在食品标签或食品说明书上，如果特别强调添加了一种或多种有价值、有特性的配料或成分，则应标示其添加量或在成品中的含量；如果特别强调一种或多种配料或成分的含量较低或无时，则也应标示所强调配料或成分在成品中的含量。

三 净含量和规格

净含量是指除去包装容器和其他包装材料后内装商品的量。净含量的标示应由净含量、数字和法定计量单位组成。净含量的标示没有明确的形式规定，但在《食品安全国家标准 预包装食品标签通则》（GB 7718—2011）的附录C中，对净含量的标示有几类推荐形式，如：

净含量：450g；

净含量/规格：450g；

净含量：200g＋赠25g。

四 生产日期和保质期

食品的生产日期是指食品成为最终产品的日期，也包括包装或灌装日期，即将食品装入（灌入）包装物或容器中，形成最终销售单元的日期。

在食品标签中应清晰标示预包装食品的生产日期，日期标示不得另外加贴、补印或篡改。当同一预包装内含有多个标示了生产日期的单件预包装食品时，外包装上标示的生产日期应为最早生产的单件食品的生产日期。生产日期应按年、月、日的顺序标示。

另外，预包装食品应该在标签上指明食品的储存条件及保持品质的期限，如：

保质期……之前食（饮）用最佳；

保质期 ××个月。

五 食品生产许可证编号和产品标准代号

在我国生产并在我国销售的预包装食品（不包括进口预包装食品）标签应标示食品生产许可证编号、产品所执行的标准代号和顺序号，如：

生产许可证号：QS3401 2401 0086；

卫生许可证号：皖卫食证字［2006］第3401-1558；

执行标准：Q/KMJS06。

第二节 糕点感官指标的判定

各类糕点的感官分析是指从形态、色泽、组织、滋味与口感、杂质五个方面的感官特性给出评价。人体参与感官分析的感觉器官有眼、鼻、口、手，分别对应视觉分析法、嗅觉分析法、味觉分析法和触觉分析法。表2-2-1为糕点产品的感官特性与感官检验法的对应关系。

表2-2-1 糕点产品的感官特性与感官检验法的对应关系

感官特性	感觉器官	感官分析法	相关词语列举
形态	眼睛	视觉分析法	完整、厚薄、裂痕
色泽	眼睛	视觉分析法	金黄色、均匀
组织	眼睛、手	视觉分析法 触觉分析法	断面、层次、细密、孔洞
滋味与口感	鼻、口	嗅觉分析法 味觉分析法	香味、无异味、疏松、细腻
杂质	眼睛	视觉分析法	正常视力无可见外来异物

概括地说，糕点感官分析的结果是：应具有糕点、面包各自的正常色泽、气味、滋味及组织状态，不得有酸败、发霉等异味，食品内外不得有霉变。

不同的糕点产品对感官指标的要求不同。表2-2-2～表2-2-4为典型糕点的指标要求举例。

表2-2-2 面包的感官指标要求

项目	软式面包	硬式面包	起酥面包	调理面包	其他面包
形态	完整，丰满，无黑泡或明显焦斑，形状应与品种造型相符	表皮有裂口，完整，丰满，无黑泡或明显焦斑，形状应与品种造型相符	丰满，多层，无黑泡或明显焦斑，光洁，形状应与品种造型相符	完整，丰满，无黑泡或明显焦斑，形状应与品种造型相符	符合产品应有的形态
表面色泽	金黄色、淡棕色或棕灰色，色泽均匀、正常				
组织	细腻，有弹性，气孔均匀，文理清晰，呈海绵状，切片后不断裂	紧密，有弹性	有弹性，多孔，纹理清晰，层次分明	细腻，有弹性，气孔均匀，文理清晰，呈海绵状	符合产品应有的组织
滋味与口感	具有发酵和烘烤后的面包香味，松软适口，无异味	耐咀嚼，无异味	表皮酥脆，内质松软，口感酥香，无异味	具有品种应有的滋味与口感，无异味	符合品种应有的滋味与口感，无异味
杂质	正常视力无可见外来异物				

表 2-2-3　烘烤类糕点感官要求

项　目	要　求
形态	外形整齐，底部平整，无霉变，无形变，具有该品种应有的形态特征
表面色泽	表面色泽均匀，具有该品种应有的色泽特征
组织	无不规则大空洞，无糖粒，无粉块。带馅类饼皮厚薄均匀，皮馅比例适当，馅料分布均匀，馅料细腻，具有该品种应有的组织特征
滋味与口感	味醇正，无异味，具有该品种应有的风味和口感特征
杂质	无可见杂质

表 2-2-4　油炸类糕点感官要求

项　目	要　求
形态	外形整齐，表面油润，挂浆类除特殊要求外不应返砂，炸酥类层次分明，具有该品种应有的形态特征
表面色泽	颜色均匀，挂浆类有光泽，具有该品种应有的色泽特征
组织	组织疏松，无糖粒，不干心，不夹生，具有该品种应有的组织特征
滋味与口感	味醇正，无异味，具有该品种应有的风味和口感特征
杂质	无可见杂质

第三节　糕点中水分的测定

水是糕点产品中的重要组成成分之一。不同的制作配方、制作过程和熟制过程，使产品中含水量的差异很大。例如，饼干的含水量一般要小于6.5%（质量分数），否则会直接影响饼干酥、松、脆的口感品质，而裱花蛋糕要维持其柔润的口感和装饰定型的美观，含水量一般为40%（质量分数）左右。由此看来，水分的含量直接影响糕点产品的感官性状。另外，由于水是多种生化反应的介质，因此水分的含量对产品的保质期有较大的影响。由此可见，水分的含量是糕点产品的重要质量指标。面包的水分含量要求见表2-2-5。饼干的水分含量要求见表2-2-6。

表 2-2-5　面包的水分含量（质量分数）要求

软式面包	硬式面包	起酥面包	调理面包	其他面包
≤45%	≤45%	≤36%	≤45%	≤45%

表 2-2-6　饼干的水分含量（质量分数）要求

酥性饼干	韧性饼干	发酵饼干	曲奇饼干	夹心饼干
≤4.0%	≤4.0%	≤5.0%	≤4.0%	≤6.0%

根据食品中水分测定原理的不同，通常将其测定方法分为直接测定法和间接测定法两类。直接测定法是利用水分本身的理化性质而进行的测定，如直接干燥法、蒸馏法；间接测定法是通过食品的密度、折射率、介电常数等物理性质间接地反映出水分的含量。一般地，间接测定法所测结果的准确度低于直接测定法。

一 直接干燥法

除少数含糖含油较多的糕点产品外，该方法适用于大多数糕点产品中水分含量的测定。

1. 方法原理

利用水分的物理性质，在101.3kPa，温度为103℃ ±2℃时采用挥发方法测定样品中干燥减失的重量，包括吸湿水、部分结晶水和该条件下能挥发的物质，再通过干燥前后的称量数值计算水分的含量。

2. 分析步骤

取洁净铝制或玻璃制的扁形称量瓶，置于103℃ ±2℃干燥箱中，将瓶盖斜支于瓶边，加热1.0h，取出盖好，置于干燥器内冷却0.5h，称量，并重复干燥至前后两次质量差不超过2mg，达到恒重要求。将混合均匀的试样迅速磨细至颗粒小于2mm，不易研磨的样品应尽可能切碎，称取2~10g试样（精确至0.0001g），放入此称量瓶中，试样厚度不超过5mm（若为饼干等疏松试样，则厚度不超过10mm），加盖，精密称量。将盛有样品的称量盒置于103℃ ±2℃干燥箱中，将瓶盖斜支于瓶边，干燥2~4h后，盖好取出，放入干燥器内冷却0.5h后称量，然后再放入103℃ ±2℃干燥箱中干燥1h左右，取出，放入干燥器内冷却0.5h后再称量。重复以上操作至前后两次质量差不超过2mg，达到恒重要求。干燥前后的减失重量即为糕点样品中水分的含量。

3. 分析结果的表述

试样中水分的含量按式（2-2-1）进行计算。

$$X=\frac{m_1-m_2}{m_1-m_0}\times 100 \qquad (2\text{-}2\text{-}1)$$

式中 X——试样中水分的含量（g/100g）；

m_1——称量瓶和试样的质量（g）；

m_2——称量瓶和试样干燥至恒重后的质量（g）；

m_0——称量瓶的质量（g）。

水分含量大于或等于1g/100g时，计算结果保留三位有效数字；水分含量小于1g/100g时，结果保留两位有效数字。

4. 说明

1）直接干燥法适宜于在干燥温度下不易分解和被氧化的食品样品以及含挥发性物质较少的样品中水分的测定。其测定结果中还包括微量醇类、油脂、有机酸等挥发性物质。对于含有高脂肪、高糖、胶体或容易挥发的食品样品，用直接干燥法测量时会产生较大的误差。

2）对于含水量较多的样品，应控制水分蒸发的速度，先低温烘烤除去大部分水分，然后在较高温度下烘烤，可避免样品溅出和爆裂。

3）用于测定水分的称量皿通常有玻璃称量瓶和铝制称量皿两种。前者能耐酸碱，不受样品性质的限制；后者质量轻，导热性强，但对酸性食品不适宜。称量皿应选择扁形称量瓶，样品铺平后其厚度不宜超过皿高的1/3。

二 减压干燥法

该方法适用于易分解的食品中水分的测定。部分糕点产品因产品中含有较多的糖或者脂肪，可根据实际条件选择此方法来测定水分的含量。

1. 方法原理

利用食品中水分的物理性质，在达到40～53kPa的压力后加热至60℃±5℃，采用减压烘干方法去除试样中的水分，再通过烘干前后的称量数值计算出水分的含量。

2. 分析步骤

（1）试样的制备　试样的制备同直接干燥法。

（2）测定　取已恒重的称量瓶，称取2～10g（精确至0.0001g）试样，放入真空干燥箱内，将真空干燥箱连接至真空泵，抽出真空干燥箱内的空气（所需压力一般为40～53kPa），同时加热至60℃±5℃。关闭真空泵上的活塞，停止抽气，使真空干燥箱内保持一定的温度和压力，4h后，打开活塞，使空气经干燥装置缓缓通入真空干燥箱内，待压力恢复正常后再打开。取出称量瓶，放入干燥器中0.5h后称量。重复以上操作至前后两次质量差不超过2mg为止，达到恒重要求。

3. 分析结果的表述

同直接干燥法。

4. 说明

减压干燥法是在真空干燥箱中对样品进行干燥的。抽气减压，可使水的沸点降低，加快水分蒸发，从而缩短测定时间。减压干燥法所使用的压力对水分测定结果有较大影响。若真空干燥箱的真空度不够，则称量时难以达到恒重，建议适当降低真空干燥箱的压力，并使其保持在一定范围内恒定。

三 卡尔·费休法

卡尔·费休法是1977年通过的AOAC分析方法，常被作为痕量水分的标准分析方法，用于校正其他测定方法的测定结果。

1. 方法原理

利用碘单质的氧化性，碘、二氧化硫和水在吡啶和甲醇共存时发生定量反应，反应方程式为

$$C_5H_5N \cdot I_2 + C_5H_5N \cdot SO_2 + C_5H_5N + H_2O + CH_3OH = 2C_5H_5N \cdot HI + C_5H_6N[SO_4CH_3]$$

卡尔·费休水分测定法又分为库仑法和容量法。库仑法测定的碘是通过化学反应产生的，只要电解液中存在水，所产生的碘就会和水以1:1的关系按照化学反应式进行反应。在所有的水都参与了化学反应后，过量的碘就会在电极的阳极区域形成，反应终

止。容量法测定的碘是作为滴定剂加入的，滴定剂中碘的含量是已知的，根据消耗滴定剂的体积，计算消耗碘的量，从而计量出被测物质水的含量。

2. 分析步骤

（1）卡尔·费休试剂的配制与标定

1）卡尔·费休试剂的配制：称取85g碘置于干燥的具塞棕色玻璃试剂瓶中，加入670mL无水甲醇，盖上瓶塞，振摇至碘全部溶解后，加入270mL吡啶混匀，置于冰水浴中冷却，然后通入干燥的二氧化硫气体60～70g，通气完毕后塞上瓶塞，放置暗处至少24h后使用。在使用前，用准确称量的纯水进行标定。

2）卡尔·费休试剂的标定：在反应瓶中加一定体积（浸没铂电极）的甲醇，在搅拌下用卡尔·费休试剂滴定至终点，然后加入10mg水（精确至0.0001g），滴定至终点并记录卡尔·费休试剂的用量（V）。

（2）试样的前处理　可粉碎的固体试样要尽量粉碎，使之均匀；不易粉碎的试样可切碎。准确称取0.3～0.5g。

（3）试样中水分的测定　向反应瓶中加一定体积的甲醇或卡尔·费休测定仪中规定的溶剂浸没铂电极，在搅拌下用卡尔·费休试剂滴定至终点。迅速将易溶于上述溶剂的试样直接加入滴定杯中；对于不易溶解的试样，应采用对滴定杯进行加热或加入已测定水分的其他溶剂辅助溶解后用卡尔·费休试剂滴定至终点。对于某些需要较长时间滴定的试样，需要扣除其漂移量。

（4）漂移量的测定　在滴定杯中加入与测定样品一致的溶剂，并滴定至终点，放置不少于10min后再滴定至终点，两次滴定之间的单位时间内的体积变化即为漂移量（D）。

3. 分析结果的表述

卡尔·费休试剂的滴定度按式（2-2-2）计算。

$$T=\frac{m}{V} \tag{2-2-2}$$

式中　T——卡尔·费休试剂的滴定度（mg/mL）；

m——水的质量（mg）；

V——滴定水消耗的卡尔·费休试剂的用量（mL）。

水分的含量按式（2-2-3）计算。

$$X=\frac{(V_1-D\times t)\times T}{m}\times 100 \tag{2-2-3}$$

式中　X——试样中水分的含量（g/100g）；

V_1——滴定样品时所用卡尔·费休试剂的体积（mL）；

T——卡尔·费休试剂的滴定度（g/mL）；

m——样品质量（g）；

D——漂移量（mL/min）；

t——滴定时所消耗的时间（min）。

当水分含量大于或等于1g/100g时，计算结果保留三位有效数字；当水分含量小于1g/100g时，计算结果保留两位有效数字。

第四节　糕点中总糖的测定

食品中总糖的含量是指具有还原性的糖（葡萄糖、果糖、乳糖、麦芽糖等）和在测定条件下能水解为还原性单糖的蔗糖的总量。这些糖主要有三个来源：一是来自原料，二是因工艺需要加入的，三是在生产过程中形成的。

总糖含量是糕点（除面包）产品的重要质量检验项目之一。糖的甜度、吸湿性等物理性质以及褐变等化学性质对糕点产品的色、香、味、形、质有较显著的影响。另一方面，糖的含量也是糕点企业的成本控制节点之一。因此，总糖含量的测定具有重要的意义。

在《糕点通则》（GB/T 20977—2007）中要求糕点的总糖含量见表2-2-7。

表2-2-7　糕点的总糖含量（质量分数）指标

烘烤糕点		油炸糕点		水蒸糕点		熟粉糕点	
蛋糕类	其他	萨其马类	其他	蛋糕类	其他	片糕类	其他
≤42.0%	≤40.0%	≤35.0%	≤42.0%	≤46.0%	≤42.0%	≤50.0%	≤45.0%

总糖含量的测定方法有很多，主要有直接滴定法和高锰酸钾法。糕点中总糖含量的测定多采用直接滴定法。

1. 方法原理

样品经沉淀剂除去蛋白质后，其中的蔗糖经盐酸水解为还原性单糖。在加热条件下，以次甲基蓝为指示剂，滴定标定过的碱性酒石酸铜溶液（还原性的单糖与碱性的酒石酸铜溶液发生氧化还原反应，生成红色的氧化亚铜沉淀。达到终点时，稍微过量的还原性单糖将蓝色的次甲基蓝染色体还原为无色的隐色体而显出氧化亚铜的鲜红色），根据消耗试样转化液的体积计算总糖的含量。

2. 分析步骤

（1）试样的处理　称取粉碎后的试样1.5～2.5g，置于烧杯中，加50mL水浸泡捣碎，摇匀后，先加5mL乙酸锌溶液混匀，再加5mL亚铁氰化钾溶液，充分混匀后，上清液用滤纸滤入250mL容量瓶中。

在250mL容量瓶中加10mL（1+1）盐酸，置于68～70℃水浴中加热15min，取出迅速冷却后加甲基红指示剂2滴，用200g/L的氢氧化钠溶液中和至中性（溶液呈微红色），加水至刻度，摇匀备用。

（2）标定碱性酒石酸铜溶液　准确吸取碱性酒石酸铜甲、乙液各5.0mL，放入150mL锥形瓶中，加蒸馏水10mL，置于电炉上加热至沸，用滴定管滴加约9mL质量浓度为1mg/mL的葡萄糖溶液，控制在2min内加热至沸，趁热以2s一滴的速度继续滴加葡萄糖溶液，直至溶液蓝色刚好褪去为终点，记录消耗葡萄糖溶液的总体积。平行操作三次，取其平均值，计算每10mL碱性酒石酸铜溶液相当于葡萄糖的质量。

（3）试样溶液的预测　准确吸取碱性酒石酸铜甲、乙液各5.0mL，放入150mL锥形瓶中，加蒸馏水10mL，置于电炉上加热至沸，保持沸腾，然后以先快后慢的速度，从滴定管滴加试样，并保持溶液沸腾状态，待溶液颜色变浅时，以2s一滴的速度滴定，直至溶液蓝色刚好褪去为终点，记录样液消耗的体积。

注意：若样液中还原糖的含量过高，则应适当稀释后再进行正式滴定，将每次滴定所消耗样液的体积控制在与标定酒石酸铜溶液时所消耗的还原糖标准溶液的体积相近。

（4）试样溶液的测定　准确吸取碱性酒石酸铜甲、乙液各5.0mL，放入150mL锥形瓶中，加蒸馏水10mL，从滴定管滴加比预测体积少1mL的试样溶液，置于电炉上加热至沸，保持沸腾状态，继续以2s一滴的速度滴定，直至溶液蓝色刚好褪去为终点，记录样液消耗的体积。用相同的方法平行操作三次。

3. 分析结果的表述

10mL碱性酒石酸铜溶液相当于葡萄糖的质量按式（2-2-4）计算。

$$A = cV \tag{2-2-4}$$

式中　A——10mL碱性酒石酸铜溶液相当于葡萄糖的质量（g）；

c——葡萄糖标准溶液的质量浓度（mg/mL）；

V——滴定时消耗葡萄糖溶液的体积（mL）。

总糖含量（以葡萄糖计,%）按式（2-2-5）计算。

$$X = \frac{A}{m \times \frac{V}{250}} \times 100 \tag{2-2-5}$$

式中　A——10mL碱性酒石酸铜溶液相当于葡萄糖的质量（g）；

m——样品质量（g）；

250——样品转化液的总体积（mL）；

V——滴定时消耗样品转化液的体积（mL）。

4. 说明

1）操作中应严格控制水解条件：盐酸的含量、用量及水解温度和时间。防止果糖分解，以确保结果的准确性与重现性。

2）碱性酒石酸铜甲液和乙液应分别配制和储存，临用时混合。为消除氧化亚铜沉淀对滴定终点的观察干扰，在碱性酒石酸铜乙液中加入少量的亚铁氰化钾，与红色的氧化亚铜发生配合反应，形成可溶性无色配位化合物，使滴定终点更明显。

3）指示剂亚甲基蓝是一种氧化剂，其氧化型为蓝色，还原型为无色，其氧化能力较碱性酒石酸铜弱。当还原糖将溶液中的碱性酒石酸铜耗尽时，稍微过量的还原糖将亚甲基蓝还原为无色，指示滴定终点。但是空气中的氧气可将亚甲基蓝氧化成蓝色，故滴定时要保持样液呈沸腾状态。

4）样液的处理：提取液中若含有蛋白质、可溶性果胶、可溶性淀粉、氨基酸等影响测定的杂质，在测定前应除去这些干扰物质。一般用乙酸锌与亚铁氰化钾反应生成的亚铁氰酸锌沉淀吸附上述干扰物质。在碱性条件下，铜离子也可以沉淀蛋白质，所以用直接法测定还原糖时，不能用硫酸铜或氢氧化钠处理样液，否则会影响测定结果的准确性。

第五节　糕点中脂肪、酸价、过氧化值的测定

在糕点加工过程中，脂肪对产品的营养价值、色泽、柔软度、起泡性等有重要的影响，而且通过对油炸类糕点脂肪含量的测定，可判断出油炸工艺的控制有效性。脂肪含量是质量管理中的一项重要指标，可以用来评价产品的品质、衡量营养价值，实现生产过程的管控。

《糕点通则》（GB/T 20977—2007）要求的糕点脂肪含量见表2-2-8。

表2-2-8　糕点脂肪含量（质量分数）

烘烤糕点		油炸糕点		水蒸糕点		熟粉糕点	
蛋糕类	其他	萨其马类	其他	蛋糕类	其他	片糕类	其他
—	≤34.0%	≤12.0%	≤42.0%	—	—	—	—

 脂肪的测定

在糕点通则中脂肪含量的测定按《食品中脂肪的测定》（GB/T 5009.6—2003）索氏抽提法测定。

1. 方法原理

试样用无水乙醚或石油醚等溶剂抽提后，蒸去溶剂所得的物质称为粗脂肪。除脂肪外，还含有色素及挥发油、蜡、树脂等。抽提法所测得的脂肪为游离脂肪。

2. 分析步骤

将混合均匀的试样干燥后，粉碎，过40目筛，称取2.00～5.00g试样（可取测定水分后的试样），用脱脂棉转移至滤纸筒内。

将滤纸筒放入回流发生器，连接已干燥至恒重的接收瓶，加入无水乙醚或石油醚至接收瓶容积的2/3处，接通冷凝水后，用水浴加热，使乙醚或石油醚不断回流提取（6～8次/h），一般抽提6～12h。

取下接收瓶，回收乙醚或石油醚，待接收瓶内乙醚剩1～2mL时，在水浴上蒸干，再于100℃±5℃干燥2h，放入干燥器内冷却0.5h后称量，重复上述操作直至恒重。

3. 分析结果的表述

样品中粗脂肪含量按式（2-2-6）计算。

$$X = \frac{m_1 - m_0}{m} \times 100 \qquad (2\text{-}2\text{-}6)$$

式中　X——样品中粗脂肪的含量（g/100g）；

m_1——接收瓶和粗脂肪的质量（g）；

m_0——接收瓶的质量（g）；

m——干样品的质量（g）。

4. 说明

1）索氏提取法中所用到的有机溶剂通常是无水乙醚或石油醚。乙醚要求无水、无

醇、无过氧化物。水分和醇类会溶入糕点产品中的糖类和无机盐中而使测定值偏大；过氧化物会导致脂肪的氧化，导致误差，并且在干燥时可能有爆炸危险。另外，待测样品必须预先烘干。

2）装样品的滤纸筒一定要严密，否则在虹吸时，样品会随着乙醚进入接收瓶，而导致误差。滤纸筒的高度要低于虹吸管，否则会影响虹吸现象而导致误差。

3）检查样品中脂肪是否提取完全的方法：观察提取筒中溶剂的颜色，一般用于测定脂肪的食品样品会含有少量色素，当提取溶剂无色时可认为脂肪已经提净；也可以用滴管从提取筒内吸取一滴乙醚液滴在薄纸片上，对光观察，若无油迹，则可认为提取完全。

二 酸价的测定

脂肪在长期保藏过程中，由于微生物、酶和热等的作用而发生缓慢水解，产生游离脂肪酸，通过酸价可以衡量脂肪的水解程度。酸价越小，说明产品的新鲜度越好。油炸熟制的糕点，也可通过酸价判断熟制用油的情况。

在《糕点、面包卫生标准》（GB 7099—2003）中要求糕点的酸价（以脂肪计）（KOH）小于或等于5mg/g。

测定依据：《食用植物油卫生标准的分析方法》（GB/T 5009.37—2003）。

1. 方法原理

脂肪中游离脂肪酸用氢氧化钾标准溶液滴定，每克脂肪所消耗氢氧化钾的毫克数即为酸价。

2. 分析步骤

（1）样品的预处理　可直接使用脂肪含量测定中所抽提的脂肪3.00～5.00g作为试样；或称取糕点产品5～15g，用无水乙醚过滤抽提，回收乙醚后，称取3.00～5.00g作为试样。

（2）试样的溶解　将试样置于锥形瓶中，加入50mL中性乙醚-乙醇混合液，振摇使其溶解，必要时可置于热水中，以加快溶解，溶解后冷至室温。

（3）滴定　加入酚酞指示剂2滴或3滴，以0.050mol/L的氢氧化钾标准溶液滴定至初现微红色，且30s不褪色为终点。

3. 分析结果的表述

脂肪酸价按式（2-2-7）计算。

$$X = \frac{V \times c \times 56.11}{m} \tag{2-2-7}$$

式中　X——试样的酸价（以KOH计）（mg/g）；

V——试样消耗氢氧化钾标准溶液的体积（mL）；

c——氢氧化钾标准溶液的浓度（mol/L）；

56.11——与1.0mL氢氧化钾标准溶液（c = 1.000mol/L）相当的氢氧化钾毫克数（mg/mmol）；

m——试样质量（g）。

计算结果保留两位有效数字。

三　过氧化值的测定

过氧化值是表示脂肪和脂肪酸被氧化程度的一种指标，用来衡量油脂酸败程度。一般来说，过氧化值越高酸败越严重。油脂氧化酸败产生的物质会对人体产生不良的影响。因此，过氧化值作为糕点产品的卫生指标之一，具有重要的意义。

在《糕点、面包卫生标准》（GB 7099—2003）中要求糕点的过氧化值含量（以脂肪计）小于或等于0.25g/100g。

1. 方法原理

脂肪氧化生成的过氧化物、醛、酮等，具有较强的氧化能力，能将碘化钾氧化成游离碘，可用硫代硫酸钠来滴定，反应方程式为

$$2S_2O_3^{2-} + I_2 = S_4O_6^{2-} + 2I^-$$

2. 分析步骤

样品的处理同酸价的测定。称取2.00～3.00g混匀（必要时过滤）试样，置于250mL碘瓶中，加30mL三氯甲烷-冰乙酸混合液，使试样完全溶解，加入1.00mL饱和碘化钾溶液，盖好瓶盖，轻轻振摇0.5min后，在暗处放置3min，然后取出加100mL水，摇匀，立即用0.0020mol/L硫代硫酸钠标准溶液滴定，至浅黄色时，加1mL淀粉指示液，继续滴定至蓝色消失为终点。以同样的操作，做空白试验。

3. 分析结果的表述

试样中过氧化值按式（2-2-8）计算。

$$X = \frac{(V_1 - V_2) \times c \times 0.1269}{m} \times 100 \tag{2-2-8}$$

式中　X——试样中过氧化值（g/100g）；

V_1——试样消耗硫代硫酸钠标准溶液的体积（mL）；

V_2——空白试验消耗硫代硫酸钠标准溶液的体积（mL）；

c——硫代硫酸钠标准溶液的浓度（mol/L）；

0.1269——与1.00mL硫代硫酸钠标准溶液（c = 1.000mol/L）相当的碘的质量（g/mmol）；

m——试样质量（g）。

第六节　糕点中着色剂的测定

着色剂又称为食用色素，是一类以改善食品色泽为目的的添加剂。其按来源可分为天然着色剂和合成着色剂。我国允许使用的化学合成色素有苋菜红、胭脂红、赤藓红、新红、柠檬黄、日落黄、靛蓝、亮蓝，以及为增强上述水溶性酸性色素在油脂中的分散性的各种色素。允许使用的天然色素有甜菜红、紫胶红、越橘红、辣椒红、红米红等45种。糕点及周边产品生产中允许添加的部分着色剂见表2-2-9。

表 2-2-9　糕点及周边产品生产中允许添加的部分着色剂

着色剂名称	食品名称	最大使用量/（g/kg）	备注
天然苋菜红	糕点上彩妆	0.25	—
苋菜红及其铝色淀	糕点上彩妆	0.25	以苋菜红计
	焙烤食品馅料及表面用挂浆（仅限饼干夹心）	0.05	以苋菜红计
胭脂红	糕点上彩妆	0.05	—
	蛋卷	0.01	—
	焙烤食品馅料及表面用挂浆（仅限饼干夹心和蛋糕夹心）	0.05	—
柠檬黄及其铝色淀	糕点上彩妆	0.1	以柠檬黄计
	蛋卷	0.04	以柠檬黄计
	焙烤食品馅料及表面用挂浆（仅限风味派馅料）	0.05	仅限使用柠檬黄
	焙烤食品馅料及表面用挂浆（仅限饼干夹心和蛋糕夹心）	0.05	以柠檬黄计
	焙烤食品馅料及表面用挂浆（仅限布丁、糕点）	0.3	以柠檬黄计
日落黄及其铝色淀	糕点上彩妆	0.1	以日落黄计
	焙烤食品馅料及表面用挂浆（仅限饼干夹心）	0.1	以日落黄计
	焙烤食品馅料及表面用挂浆（仅限布丁、糕点）	0.3	以日落黄计
亮蓝及其铝色淀	糕点	0.025	以亮蓝计
	焙烤食品馅料及表面用挂浆（仅限饼干夹心）	0.025	以亮蓝计
	焙烤食品馅料及表面用挂浆（仅限风味派馅料）	0.05	仅限使用亮蓝

苋菜红，分子式为 $C_{20}H_{11}N_2Na_3O_{10}S_3$，化学名称为 1-(4-磺酸-1-萘磺酸)-2-羟基-3，6-萘二磺酸三钠盐。目前除美国、印度外，各国都允许使用。苋菜红对柠檬酸、酒石酸稳定，在碱液中则变为暗红色，易溶于水，可溶于甘油，微溶于乙醇，不溶于油脂，耐光、耐热、耐氧化，在糕点的发酵性产品中不宜添加。

胭脂红又称为丽春红，是苋菜红的异构体，化学名称为 1-(4-磺酸-1-萘偶氮)-2-羟基-6，8-萘二磺酸三钠盐。除美国外，绝大多数国家许可使用，是目前使用量最大的一种合成色素。胭脂红耐光、耐酸性强，耐氧化性弱，在碱性环境中不稳定。

柠檬黄又称为酒石黄、酸性淡黄、肼黄，分子式为 $C_{16}H_9N_4Na_3O_9S_2$，化学名称为 1-(4′-磺酸苯基)-3-羧基-4-(4′-磺酸苯基偶氮)-5-吡唑啉酮三钠盐，属于偶氮型水溶性合成色素，对光、热、酸均稳定，可单独添加，也可与其他色素复配使用。按照我国的食品添加剂使用标准规定，柠檬黄可用于多种食物，但用量有严格限制。

日落黄又称为橘黄、夕阳黄，分子式为 $C_{16}H_{10}N_2Na_2O_7S_2$，化学名称为6-羟基-5-[(4-磺酸基苯基）偶氮]-2-萘磺酸二钠盐，属于偶氮型，具有酸性染料特性，溶于水，不溶于油脂，几乎不溶于乙醇。按照我国食品添加剂使用标准规定，日落黄可用于多种食物，但用量有严格限制。

亮蓝，分子式为 $C_{37}H_{34}N_2Na_2O_9S_3$，是红紫色均匀粉末或颗粒，有金属光泽，无臭味，具有酸性染料的特性，易溶于水（呈绿光蓝色），溶于乙醇、甘油、丙二醇等有机溶剂，耐光、耐热性强，对柠檬酸、酒石酸、碱均稳定，但溶液加金属盐就缓慢地沉淀。其亮蓝的色度极强，通常与其他食用色素配合使用，使用量小。按照我国食品添加剂使用标准的规定，用量有严格限制。

检出限：新红 5ng，柠檬黄 4ng，苋菜红 6ng，胭脂红 8ng，日落黄 7ng，赤藓红 18ng，亮蓝 26ng；当进样量相当于 0.025g 时，检出质量浓度分别为新红 0.2mg/kg，柠檬黄 0.16mg/kg，苋菜红 0.24mg/kg，胭脂红 0.32mg/kg，日落黄 0.28mg/kg，赤藓红 0.72mg/kg，亮蓝 1.04mg/kg。

在现行的国家标准《食品中合成着色剂的测定》（GB/T 5009.35—2003）中推荐的测定方法为高效液相色谱法。

1. 方法原理

食品中人工合成着色剂用聚氯酰胺吸附法或液-液分配法提取，制成水溶液，注入高效液相色谱仪，经反相色谱分离，根据保留时间定性和与峰面积比较进行定量。

2. 分析步骤

（1）试样的处理　称取粉碎的糕点样品 5.00 ~ 10.00g，放入 100mL 小烧杯中，加水 30mL，温热溶解。

（2）色素的提取　试样溶液用质量分数为 20% 的柠檬酸溶液调整 pH 值至 6，加热至 60℃，将 1g 聚酰胺粉加少许水调成粥状，倒入试样溶液中，搅拌片刻，以 G3 垂融漏斗抽滤，用 60℃ pH = 4 的水洗涤 3 ~ 5 次，然后用（6 + 4）甲醇-甲酸溶液洗涤 3 ~ 5 次，再用水洗至中性，用（7 + 2 + 1）乙醇-氨水-水溶液解吸 3 ~ 5 次，每次 5mL，收集解吸液加乙酸中和，蒸发至近干，加水溶解，定容至 5mL，经 0.45μm 滤膜过滤，取 10μL 注入高效液相色谱仪。

（3）高效液相色谱仪参考条件

柱：YWG-C_{18} 10μm 不锈钢柱 4.6mm(id) × 250mm。

流动相：甲醇-乙酸铵溶液（pH = 4，0.02mol/L）。

梯度洗脱：甲醇含量为 20% ~ 35% 时，以 3%/min 的速度洗脱；甲醇含量为 35% ~ 98% 时，以 9%/min 的速度洗脱；甲醇含量为 98% 时继续洗脱 6min。

流速：1mL/min。

紫外检测器：254nm 波长。

（4）测定　取相同体积的样液和合成着色剂标准使用液分别注入高效液相色谱仪，

根据保留时间定性，采用外标峰面积法定量。

3. 分析结果表述

试样中合成着色剂的含量按式（2-2-9）计算。

$$X = \frac{A \times 1000}{m \times \frac{V_2}{V_1} \times 1000 \times 1000} \tag{2-2-9}$$

式中 X——试样中着色剂的含量（g/kg）；

A——样液中着色剂的质量（μg）；

V_2——进样体积（mL）；

V_1——试样稀释总体积（mL）；

m——试样质量（g）。

4. 说明

1）样品溶液用柠檬酸溶液调节 pH 值至 4，在这样的酸性条件下，色素容易被聚酰胺粉完全吸附。

2）用甲醇-甲酸混合溶液洗涤是为了洗脱掉被聚酰胺粉吸附的天然色素。

3）色素的解吸液呈碱性，若直接进行液相色谱分析则会损坏色谱柱，必须蒸发近干，以去除解析液中的氨水，使其 pH 值接近 7。由于这些色素均为水溶性，故残渣用水溶解定容，最后经微孔滤膜过滤后进样。

4）流动相梯度的选择：开始时甲醇的含量较小（甲醇比例如果过大，则柠檬黄出峰太快，与杂质相互干扰，或者出现柠檬黄、苋菜红和胭脂红相互干扰的情况），然后逐渐加大甲醇含量，最后甲醇含量回到开始时的值，并保持数分钟。

5）如果着色部分在糕点试样的表层，则取代表性的试样 1 块或 2 块，首先称出总质量，再将上面的着色部分分别取下来，测定其含量，不要将整个蛋糕都粉碎，以降低样品处理的繁琐程度。

第七节　糕点中防腐剂的测定

在糕点产品中添加防腐剂是为了防止食品腐败变质，延长食品储存期。2011 年新修订的《食品安全国家标准　食品添加剂使用标准》（GB 2760—2011）中规定允许使用的防腐剂品种为 27 种。由于糕点产品的特殊性，能添加在糕点及其周边产品中的防腐剂有 8 种，具体详见表 2-2-10。

表 2-2-10　允许在糕点及其周边产品中添加的防腐剂的最大使用量

防腐剂名称	食品名称	最大使用量/(g/kg)	备注
丙酸及其钠盐、钙盐	面包	2.5	以丙酸计
	糕点	2.5	
单辛酸甘油酯	糕点	1.0	—

（续）

防腐剂名称	食品名称	最大使用量/（g/kg）	备　注
单辛酸甘油酯	焙烤食品馅料及表面用挂浆（仅限豆馅）	1.0	—
对羟基苯甲酸酯类及其钠盐	焙烤食品馅料及表面用挂浆（仅限糕点馅）	0.5	以对羟基苯甲酸计
二氧化硫、焦亚硫酸钾、焦亚硫酸钠、亚硫酸、亚硫酸钠、低亚硫酸钠	饼干	0.1	最大使用量以 SO_2 残留量计
纳他霉素	糕点	0.3	表面使用、混悬液喷雾或浸泡，残留量小于10mg/kg
山梨酸及其钾盐	氢化植物油	1.0	以山梨酸计
	果酱	1.0	
	面包	1.0	
	糕点	1.0	
	焙烤食品馅料及表面用挂浆	1.0	
双乙酸钠	糕点	4.0	—
脱氢乙酸及其钠盐	面包	0.5	以脱氢乙酸计
	糕点	0.5	
	焙烤食品馅料及表面用挂浆（仅限风味派馅料）	0.5	

 山梨酸的测定

山梨酸能有效抑制霉菌、酵母菌和好氧性细菌的活性，还能防止肉毒杆菌、葡萄球菌、沙门氏菌等有害微生物的生长和繁殖，但对厌氧性芽孢菌和嗜酸乳杆菌等有益微生物几乎无效，其抑制发育的作用比杀菌作用更强，从而有效延长食品的保存时间，并保持食品原有的风味。

在现行的国家标准《食品中山梨酸、苯甲酸的测定》（GB/T 5009.29—2003）中推荐的山梨酸的测定方法是气相色谱法。

1. 方法原理

酸化处理后的试样，用乙醚提取山梨酸，用附氢火焰离子化检测器的气相色谱仪进行分离测定，与标准系列比较定量。

2. 分析步骤

（1）试样的提取　称取2.50g混合均匀的试样，置于25mL具塞量筒中，加0.5mL

(1+1) 盐酸进行酸化，分别用15mL和10mL乙醚进行提取，每次振摇1min，将上层乙醚提取液吸入另一个25mL具塞量筒中，合并乙醚提取液。用3mL质量浓度为40g/L的氯化钠酸性溶液洗涤两次，静置15min，用滴管将乙醚层通过无水硫酸钠滤入25mL容量瓶中，加乙醚至刻度，混匀。准确吸取5mL乙醚提取液置于5mL具塞刻度试管中，置于40℃水浴上烘干，加入2mL(3+1)石油醚-乙醚混合溶剂溶解残渣，备用。

(2) 色谱参考条件

色谱柱：内径为3mm，长度为2m的玻璃柱，内涂5% DEGS和1%磷酸固定液的60~80目ChromosorbWAW。

气流速度：载气为氮气，50mL/min。

温度：进样口230℃，检测器230℃，柱温170℃。

(3) 测定　进样2μL标准系列中各浓度的标准使用液置于气相色谱仪中，可测得不同质量浓度山梨酸的峰高，以质量浓度为横坐标，相应的峰高值为纵坐标，绘制标准曲线。同时进样2μL试样溶液，测得峰高，与标准曲线比较定量。

3. 分析结果表述

试样中山梨酸含量按式(2-2-10)计算。

$$X=\frac{A\times 1000}{m\times \frac{5}{25}\times \frac{V_2}{V_1}\times 1000} \tag{2-2-10}$$

式中　X——试样中山梨酸的含量(g/kg)；

A——样液中山梨酸的质量(μg)；

V_2——进样体积(μL)；

V_1——加入石油醚-乙醚混合溶剂的体积(mL)；

m——试样质量(g)；

5——测定时吸取乙醚提取液的体积(mL)；

25——试样乙醚提取液的总体积(mL)。

4. 说明

通过无水硫酸层过滤后的乙醚提取液应达到去除水分的目的，否则5mL乙醚提取液在40℃乙醚挥发后仍残留少量水分而影响测定结果，这时必须将残留水分挥发干，但会析出少量的白色氯化钠。当出现此情况时，应搅松残留的无机盐后加入(3+1)石油醚-乙醚振摇，取上清液进样，否则氯化钠覆盖了部分山梨酸，会使测定结果偏低。

二 丙酸钙的测定

丙酸钙是一种新型食品添加剂，在食品工业中主要用于面包、糕点等的防腐，可有效延长食品的保鲜期，抑制黄曲霉毒素的生长等。丙酸钙易于与面粉混合均匀，在作为保鲜防腐剂的同时，又能提供人体必需的钙质，起到强化食品的作用。国家标准中规定了丙酸钙在面包、糕点中的最大使用量，见表2-2-10。

在现行的国家标准GB/T 5009.120—2003中推荐的食品中丙酸钙的测定方法是气相色谱法。

1. 方法原理

试样酸化后，丙酸钙转化为丙酸，经水蒸气蒸馏，收集后直接送进附氢火焰离子化检测器的气相色谱仪进行测定，与标准系列比较定量。

2. 分析步骤

（1）试样的提取　糕点样品在室温下风干，磨碎，从中准确称取30g，置于500mL蒸馏瓶中，加入100mL水，再用50mL水冲洗容器，转移到蒸馏瓶中，加10mL磷酸溶液，两三滴硅油，进行水蒸气蒸馏，然后将250mL容量瓶置于冰浴中作为吸收装置，待蒸馏约250mL时取出，在室温下放置30min，加水至刻度，吸取10mL该溶液置于试管中，加入0.5mL甲酸溶液，混匀，备用。

（2）色谱参考条件

色谱柱：内径为3mm，长度为1m的玻璃柱，内装80～100目Porapak QS。

气流条件：氮气，气流速度为50mL/min。

温度：进样口、检测器温度为220℃，柱温为180℃。

氢气：流速为50mL/min。

空气：流速为500mL/min。

（3）测定　取各标准使用液10mL，加0.5mL甲酸溶液，混匀。取5μL上述溶液进气相色谱仪，可测得不同质量浓度丙酸的峰高。以质量浓度为横坐标，相应的峰高值为纵坐标，绘制标准曲线。同时进样5μL试样溶液，测得峰高并与标准曲线比较定量。

3. 分析结果表述

试样中丙酸的含量按式（2-2-11）计算。

$$X = \frac{A}{m} \times \frac{250}{1000} \tag{2-2-11}$$

式中　X——试样中丙酸的含量（g/kg）；

A——样液中丙酸的质量（μg/mL）；

250——样液总体积（mL）；

m——试样质量（g）。

试样中丙酸钙含量 = 丙酸含量 × 1.2569

计算结果保留两位有效数字。

4. 说明

1）加入的硅油起消泡作用。若不起泡，则可少加或不加硅油；若蒸馏时气泡多，则可多加几滴硅油。

2）加入甲酸溶液是为了防止在分离柱中形成非挥发性盐类物质。

第八节　糕点中金属元素的测定

食品中的金属元素按其对人体健康的影响分为必需元素、非必需元素和有毒元素三类。有毒元素通常是指某些引起人体中毒的重金属元素，如汞、镉、铅等。在人体最高允许摄入范围之内，必需元素与非必需元素在人体生理过程中起着重要的作用。例如，锌是许多酶的激活剂，缺锌可使人体免疫力下降，严重的可导致生长发育障碍。然而，必需元素与非必需元素在摄入过量时也会引起中毒。大多数金属元素来源于食品原材料，但是在食品加工、包装、储存、运输等过程中也可能因污染而带入。食品中金属元素的含量一方面可以反映出食品矿物质的含量，进而判断其营养价值的高低；另一方面也可以反映出食品受污染的程度，评定食品的卫生质量。

现行国家标准《糕点、面包卫生标准》（GB 7099—2003）中规定铅含量不能超过0.5mg/kg，总砷含量不能超过0.5mg/kg。

一 总砷的测定

国家标准《食品中总砷及无机砷的测定》（GB/T 5009.11—2003）中推荐的总砷含量测定方法为氢化物原子荧光光度法。

1. 方法原理

食品试样经湿消解或干灰化后，加入硫脲使五价砷预还原为三价砷，再加入硼氢化钠或硼氢化钾使其还原生成砷化氢，由氩气载入石英原子化器中分解为原子砷，在特制砷空心阴极灯的发射光激发下产生原子荧光，其荧光强度在固定条件下与被测液中的砷含量成正比，与标准系列比较定量。

2. 分析步骤

（1）试样的处理

1）干灰化：准确称取糕点样品1.0～2.5g（精确至小数点后第二位），置于50～100mL坩埚中，同时做两份试剂空白。加150g/L六水硝酸镁10mL，混匀，低热蒸干，将1g氧化镁仔细覆盖在干渣上，于电炉上灰化至黑烟，然后移入550℃高温灰化4h。取出放冷，小心加入（1+1）盐酸水溶液，然后转入25mL容量瓶中或比色管中，向容量瓶或比色管中加入50g/L的硫脲2.5mL，另用（1+9）硫酸水溶液分数次刷洗坩埚，将洗液与样液合并，直至定容，混匀备用。

2）湿消解：准确称取糕点样品1.0～2.5g，置于50～100mL锥形瓶中，同时做两份试剂空白。加硝酸20～40mL，硫酸1.25mL，摇匀后放置过夜，置于电热板上加热消解（注意避免炭化）。若不能消解完全，则可加入高氯酸1～2mL，继续加热至完全消解，再持续蒸发至高氯酸白烟散尽，硫酸白烟开始冒出，冷却，加水25mL，再蒸发至冒硫酸白烟。冷却，用水将内容物转入25mL容量瓶或比色管中，加入50g/L的硫脲2.5mL，加水至刻度混匀备用。

（2）标准系列溶液的制备　取25mL的容量瓶或比色管6支，依次准确加入1μg/mL的砷使用标准液0mL、0.05mL、0.2mL、0.5mL、2.0mL、5.0mL，分别加（1+9）硫酸水溶液12.5mL，50g/L的硫脲2.5mL，加水定容，混匀备用（砷的质量浓度分别为0ng/mL、2.0ng/mL、8.0ng/mL、20.0ng/mL、80.0ng/mL、200.0ng/mL）。

（3）测定　设定仪器，预热20min，进入空白值测量状态，连续用标准系列的“0”管进样，待读数稳定后，按空档键记录下空白值，依次测定标准系列的其他管，完成测定后应仔细清洗进样器，再用“0”管测试使读数回零后，进行空白试验和试样测定。

3. 分析结果表述

先对标准系列的结果进行回归运算，然后根据回归方程求出试剂空白液和试样被测液的砷质量浓度，再按式（2-2-12）计算砷的含量。

$$X = \frac{c_1 - c_0}{m} \times \frac{25}{1000} \tag{2-2-12}$$

式中　X——试样中砷的含量（mg/kg）；

c_1——试样被测液的浓度（ng/mL）；

c_0——试剂空白液的浓度（ng/mL）；

25——样液体积（mL）；

m——试样质量（g）。

4. 说明

1）硼氢化钠溶液可在冰箱中保存10天，取出后应当日使用。也可称取14g硼氢化钾代替硼氢化钠。

2）试样处理中盐酸水溶液的作用是中和氧化镁，并溶解灰分。

3）每完成一次测定，更换不同浓度的溶液时，要对进样器进行清洗，以确保数据的准确性。

 铅的测定

国家标准《食品安全国家标准　食品中铅的测定》（GB 5009.12—2010）中推荐的铅含量测定方法为石墨炉原子吸收光谱法。

1. 方法原理

将试样灰化或酸消解后，注入原子吸收分光光度计的石墨炉中，电热原子化后吸收283.3nm共振线，在一定浓度范围，其吸收值与铅含量成正比，与标准系列比较定量。

2. 分析步骤

（1）试样的处理　取糕点样品的匀浆，称取1～5g试样（精确到0.001g，根据铅含量而定）置于瓷坩埚中，先用小火在可调式电热板上炭化至无烟，然后移入马弗炉于500℃±25℃灰化6～8h，冷却。反复多次直到消化完全，放冷，用0.5mol/L硝酸溶液将灰分溶解，用滴管将试样消化液洗入或过滤入（视消化后试样的盐分而定）10～25mL容量瓶中，用水少量多次洗涤瓷坩埚，将洗液合并于容量瓶中并定容至刻度，混匀备用。同时做试剂空白。

（2）设定仪器参数　将各仪器的性能调至最佳状态。参考条件：波长为283.3nm，狭缝宽度为0.2～1.0nm，灯电流为5～7mA，干燥温度为120℃（时间为20s），灰化温度为450℃（持续15～20s），原子化温度为1700～2300℃（持续4～5s），背景校正为氘灯或塞曼效应。

（3）标准曲线的绘制　吸取10.0ng/mL、20.0ng/mL、40.0ng/mL、60.0ng/mL、80.0ng/mL的铅标准使用液各10μL，注入石墨炉，测得其吸光值并求得吸光值与质量浓度关系的一元线性回归方程。

（4）试样的测定　分别吸取样液和试剂空白液各10μL，注入石墨炉，测得其吸光

值，代入标准系列的一元线性回归方程中求得样液中铅的含量。

3. 分析结果表述

试样中铅的含量按式（2-2-13）计算。

$$X = \frac{(c_1 - c_0) \times V \times 1000}{m \times 1000 \times 1000} \tag{2-2-13}$$

式中 X——试样中铅的含量（mg/kg）；

c_1——测定样液中铅的含量（ng/mL）；

c_0——空白液中铅的含量（ng/mL）；

V——试样消化液定量总体积（mL）；

m——试样质量（g）。

4. 说明

1）铅标准储备液：准确称取1.000g金属铅（质量分数为99.99%），分数次加少量（1+1）硝酸水溶液，加热溶解，总量不超过37mL，然后移入1000mL容量瓶，加水至刻度，混匀。此溶液每毫升含1.0mg铅。

2）铅标准使用液：每次吸取铅标准储备液1.0mL置于100mL容量瓶中，加0.5mol/L硝酸溶液至刻度。如此经多次稀释成每毫升含10.0ng、20.0ng、40.0ng、60.0ng、80.0ng铅的标准使用液。

3）若个别试样灰化不彻底，则可向试样中加1mL（9+1）硝酸-高氯酸混合酸，然后继续以小火加热。

三 铝的测定

食品工业中铝主要用于食品容器和炊具、食品包装材料、食品添加剂等方面。大多数食品中铝的含量不高，但含铝食品添加剂的使用使得部分面制品中铝含量明显增高，特别是馒头、油条等面制食品中铝含量超标情况比较严重。其主要原因是经营者为了使馒头、油条等面食疏松多孔而滥用膨松剂硫酸铝钾（俗称明矾）。

国家食品卫生标准《食品中污染物限量》（GB 2762—2005）规定了面制食品中铝的限量指标为100mg/kg。

国家标准《面制食品中铝的测定》（GB/T 5009.182—2003）中推荐的面制食品中铝的测定方法为分光光度法。

1. 方法原理

试样经处理后，三价铝离子在乙酸-乙酸钠缓冲介质中，与铬天青S及溴化十六烷基三甲胺反应形成蓝色三元配位化合物，于640nm波长处测定吸光度并与标准比较定量。

2. 分析步骤

（1）试样的处理　将糕点试样（不包括夹心、夹馅部分）粉碎均匀，取约30g置于85℃烘箱中干燥4h。从中准确称取1.000～2.000g，置于100mL锥形瓶中，加数粒玻璃球，加10～15mL（5+1）硝酸-高氯酸混合液，盖好玻片盖，放置过夜。置电热板上缓缓加热至消化液无色透明，并出现大量高氯酸烟雾，取下锥形瓶，加入0.5mL硫酸，不加玻片盖，再置于电热板上适当升高温度加热除去高氯酸，加10～15mL水，加热至沸，取下放冷后用水定容至50mL。同时做两个试剂空白。

（2）测定　吸取0.0mL、0.5mL、1.0mL、2.0mL、3.0mL、4.0mL、6.0mL质量浓度为1μg/mL的铝标准使用液，分别置于25mL比色管中，依次向各管中加入体积分数为1%的硫酸溶液1mL。从中吸取1.0mL消化好的试样液，置于25mL比色管中。向标准管、试样管、试剂空白管中依次加入8.0mL乙酸-乙酸钠缓冲液、1.0mL 10g/L的抗坏血酸溶液，混匀，加2.0mL 0.2g/L的溴化十六烷基三甲胺溶液，混匀，再加2.0mL 0.5g/L的铬天青S溶液，摇匀后，用水稀释至刻度。在室温下放置20min后，用1cm比色杯，于分光光度计上，以零管调零点，于640nm波长处测其吸光度，绘制标准曲线，比较定量。

3. 分析结果表述

试样中铝的含量按式（2-2-14）计算。

$$X = \frac{(A_1 - A_0) \times 1000}{m \times \frac{V_2}{V_1} \times 1000} \tag{2-2-14}$$

式中　X——试样中铝的含量（mg/kg）；

A_1——测定样液中铝的质量（μg）；

A_0——空白液中铝的质量（μg）；

m——试样质量（g）；

V_1——试样消化液定量总体积（mL）；

V_2——测定用试样消化液体积（mL）。

4. 说明

油条中铝的含量较高，因此可以采取较小的取样量和较大的定容体积，应尽量降低待测溶液中的盐分，以减小基体干扰。化学干扰一般来自于基体的酸度，较大的酸度会抑制响应的灵敏度。

第九节　糕点中微生物的检验

在国家标准《糕点、面包卫生标准》（GB 7099—2003）中规定了糕点、面包的微生物指标，见表2-2-11。

表2-2-11　糕点、面包的微生物指标

项　目	指　标	
	热加工	冷加工
菌落总数/（cfu/g）	≤1500	≤10000
大肠菌群/（MPN/100g）	≤30	≤300
霉菌计数/（cfu/g）	≤100	≤150
致病菌（沙门氏菌、志贺氏菌、金黄色葡萄球菌）	不得检出	

一 菌落总数的测定

菌落总数是指食品样品经过处理，在一定条件下培养后所得1mL（g）检样中所含菌落的总数。通过测定菌落总数，可以判定食品被细菌污染的程度、预测食品存用的期限长短，以便对被检验样品进行卫生学评价时提供依据。

《食品安全国家标准 食品微生物学检验 菌落总数测定》（GB 4789.2—2010）中推荐菌落总数的测定方法为标准平板培养计数法。

1. 检验程序

菌落总数的检验程序如图2-2-1所示。

2. 操作步骤

（1）样品的稀释 称取25g糕点样品置于盛有225mL磷酸盐缓冲液或生理盐水的无菌均质杯内，以8000～10000r/min的转速均质1～2min，制成1∶10的样品均液。

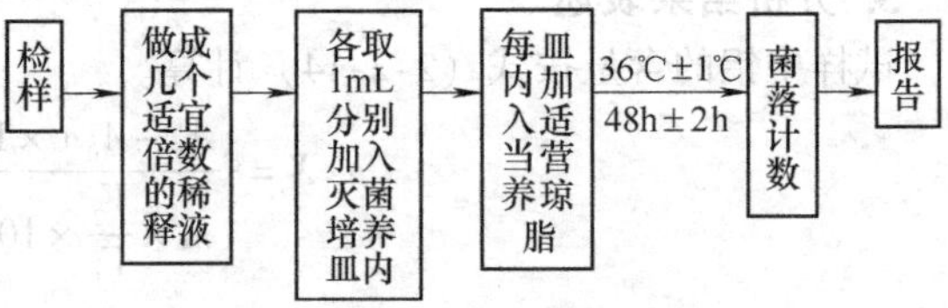

检样 → 做成几个适宜倍数的稀释液 → 各取1mL分别加入灭菌培养皿内 → 每皿内加入适当营养琼脂 →（36℃±1℃，48h±2h）→ 菌落计数 → 报告

图2-2-1 菌落总数的检验程序

用1mL无菌吸管吸取上述样品匀液1mL，沿管壁缓慢注入盛有9mL稀释液的无菌试管中，制成1∶100的样品匀液。依次操作，制备10倍系列稀释样品匀液，如图2-2-2所示。

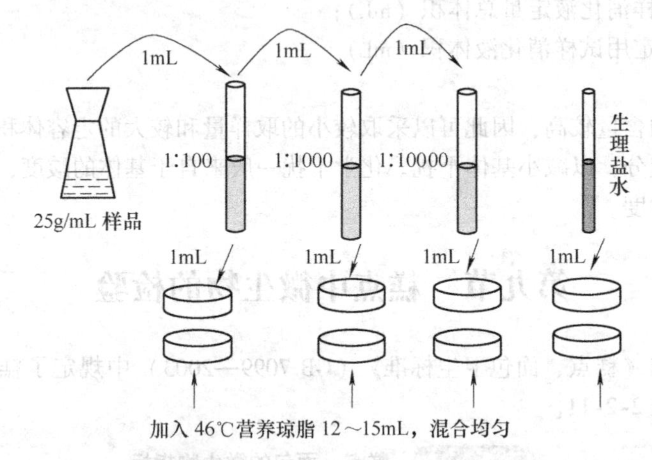

图2-2-2 样液稀释及倾注过程示意图

（2）倾注平皿 选择2个或3个适宜稀释度的样品匀液，从中吸取1mL置于无菌平皿中，及时将15～20mL冷却至46℃的平板计数琼脂培养基倾注平皿，并转动平皿使其混合均匀。

（3）培养 待琼脂凝固后，翻转平板，于36℃±1℃培养48h±2h。

（4）菌落计数

1）平板菌落的选择：选取菌落数在30～300CFU之间的平板作为菌落总数测定标

准，不宜采用较大片状菌落生长。一个稀释度使用两个平板，应取平均数。

2）菌落计数：可用肉眼观察，必要时使用放大镜或菌落计数器，记录稀释倍数和相应的菌落数量。菌落计数以菌落形成单位（cfu）表示。

3）菌落总数的计算

① 若只有一个稀释度平板上的菌落数在适宜计数范围内，则计算两个平板菌落数的平均值，再将平均值乘以相应的稀释倍数，作为每 g（mL）样品中菌落总数结果。

② 若有两个连续稀释度的平板菌落数在适宜计数范围内，则按式（2-2-15）计算菌落总数。

$$N = \frac{\sum C}{(n_1 + 0.1n_2)d} \tag{2-2-15}$$

式中　N——样品中菌落数；

$\sum C$——平板（含适宜范围菌落的平板）菌落数之和；

n_1——第一稀释度（低稀释倍数）平板个数；

n_2——第二稀释度（高稀释倍数）平板个数；

d——稀释因子（第一稀释度）。

③ 若所有稀释度的平板上菌落数均大于 300cfu，则对稀释度最高的平板进行计数，其他平板可记录为“多不可计”，结果按平均菌落数乘以最高稀释倍数计算。

④ 若所有稀释度的平板菌落数均小于 30cfu，则应按稀释度最低的平均菌落数乘以稀释倍数计算。

⑤ 若所有稀释度（包括液体样品原液）平板均无菌落生长，则以小于 1 乘以最低稀释倍数计算。

⑥ 若所有稀释度的平板菌落数均不在 30～300cfu 之间，其中一部分小于 30cfu 或大于 300cfu 时，则以最接近 30cfu 或 300cfu 的平均菌落数乘以稀释倍数计算。

3. 分析结果表述——菌落的报告

1）当菌落数小于 100cfu 时，按“四舍五入”原则修约，以整数报告。

2）当菌落数大于或等于 100cfu 时，第 3 位数字采用“四舍五入”原则修约后，取前两位数字，后面用 0 代替位数；也可用 10 的指数形式来表示，按“四舍五入”原则修约后，采用两位有效数字。

3）若所有平板上为蔓延菌落而无法计数，则报告菌落蔓延。

4）若空白对照上有菌落生长，则此次检测结果无效。

4. 说明

1）在样品稀释过程中，每递增稀释一次，换用一次吸管。

2）称重取样以 cfu/g 为单位报告。

二　大肠菌群的测定

大肠菌群是指一群能发酵乳糖、产酸产气、需氧和兼性厌氧的革兰氏阴性无芽孢杆菌。此类细菌主要来源于人畜粪便。在评价食品的卫生质量时，以大肠菌群作为粪便污染指标，推断食品中是否有污染肠道致病菌及其污染程度。

国家标准《食品微生物学检验大肠菌群计数》（GB 4789. 3—2010）中推荐大肠菌群的测定方法为大肠菌群 MPN 计数法（第一法）和大肠菌群平板计数法（第二法）。

1. 大肠菌群 MPN 计数法

（1）检验程序　大肠菌群 MPN 计数法检验程序如图 2-2-3 所示。

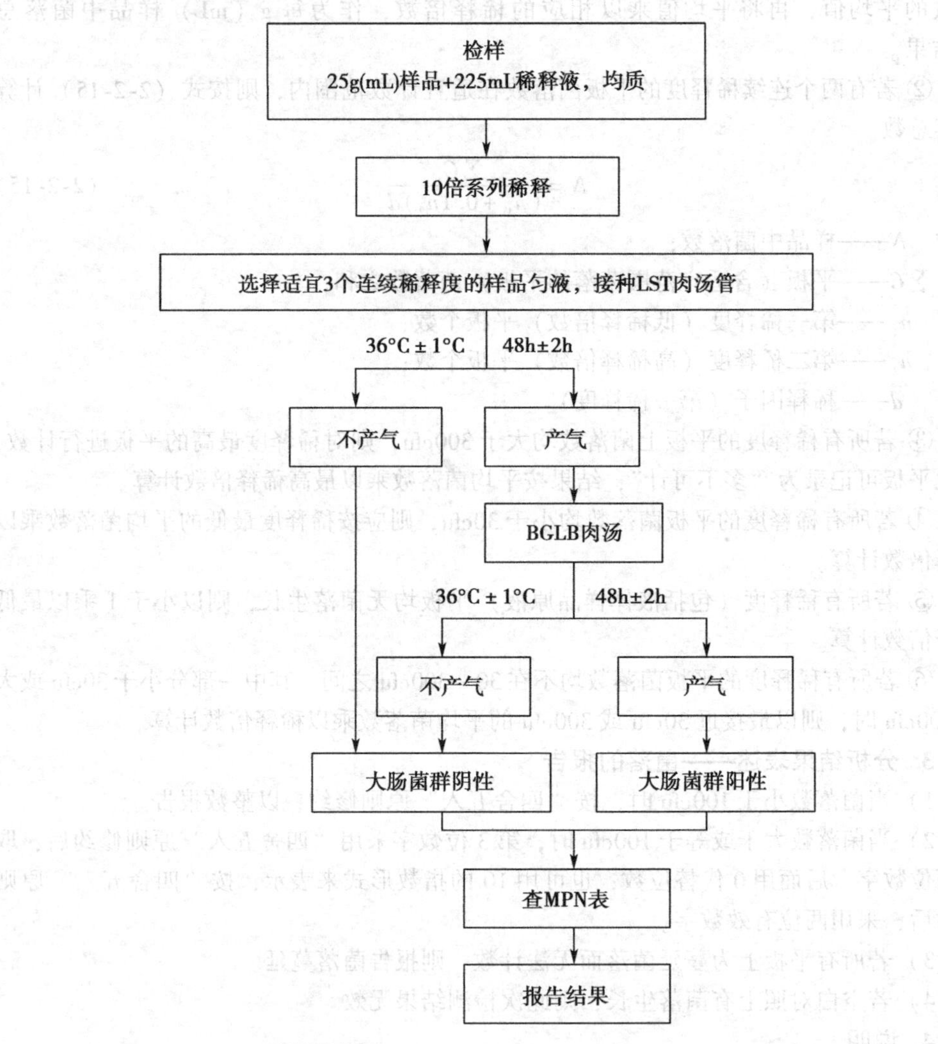

图 2-2-3　大肠菌群 MPN 计数法检验程序

（2）操作步骤

1）样品的稀释　以无菌操作将 25g 糕点样品置于盛有 225mL 磷酸盐缓冲液或生理盐水的无菌锥形瓶（瓶内预置适当数量的无菌玻璃珠）内，充分混匀，制成 1∶10 的样品均液（pH = 6.5 ~ 7.5）。

用1mL无菌吸管吸取上述样品匀液1mL，沿管壁缓慢注入盛有9mL稀释液的无菌试管中，制成1∶100的样品匀液。依次操作，制备10倍系列稀释样品匀液。

2）初发酵试验：将待检样品接种于月桂基硫酸盐胰蛋白胨（LST）肉汤发酵管内，根据对检样污染情况的估计，选择三个稀释度，每个稀释度接种三管，于36℃±1℃培养24h±2h，观察管内是否有气泡产生。对24h±2h产气者进行复发酵试验，若未产气，则继续培养至48h±2h，对产气者进行复发酵试验。未产气者为大肠菌群阴性。

3）复发酵试验：用接种环从产气的LST肉汤管中分别取培养物1环，移种于煌绿乳糖胆盐肉汤（BGLB）管中，于36℃±1℃培养48h±2h，观察产气情况。将产气者记为大肠菌群阳性管。

（3）报告　根据证实为大肠菌群LST阳性管数，查大肠菌群最可能数（MPN）检索表，报告每g（mL）样品中大肠菌群的MPN值。

（4）说明

1）在样品稀释过程中，每递增稀释一次，换用一次吸管。

2）糕点产品中大肠菌群数以100g检样内大肠菌群最可能数（MPN）表示。

2. 大肠菌群平板计数法

（1）检验程序　大肠菌群平板计数法检验程序如图2-2-4所示。

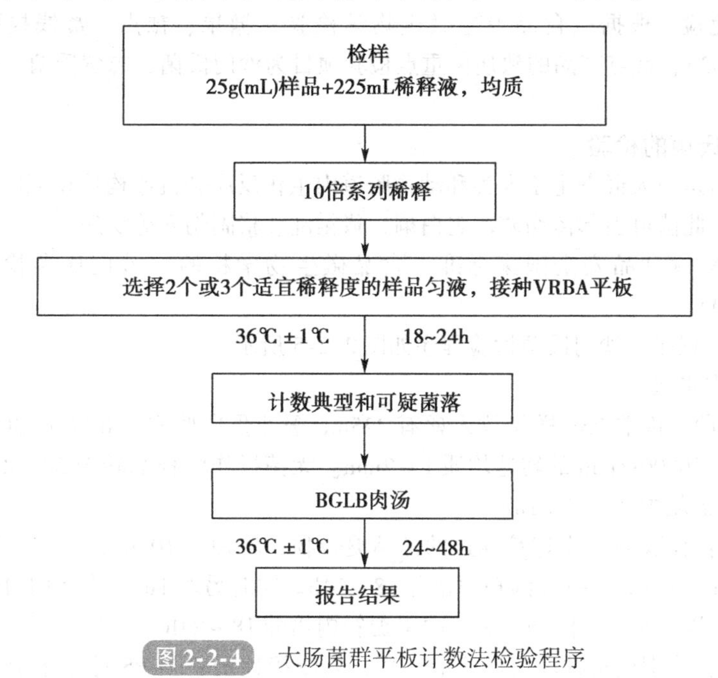

图2-2-4　大肠菌群平板计数法检验程序

（2）操作步骤

1）样品的稀释同第一法。

2）平板计数：选取2个或3个适宜的连续稀释度，每个稀释度接种2个无菌平皿，每皿1mL。同时取1mL生理盐水加入无菌平皿作空白对照。将15～20mL冷至46℃的结晶紫中性红胆盐琼脂（VRBA）倾注于每个平皿中，小心地旋转平皿，将培养基与样液充分混匀，待琼脂凝固后，再加3～4mL VRBA覆盖平板表层。翻转平板，置于36℃±1℃培养18～24h。

3）平板菌落数的选择：选取菌落数在15～150cfu之间的平板，分别计数平板上出现的典型和可疑大肠群菌菌落。典型菌落为紫红色，菌落周围有红色的胆盐沉淀环，菌落直径为0.5mm或更大。

4）证实试验：从VRBA平板上挑取10个不同类型的典型和可疑菌落，分别移种于BGLB肉汤管内，于36℃±1℃培养24～48h，观察产气情况，产气者可报告为大肠菌群阳性。

（3）报告　经最后证实为大肠菌群阳性的试管比例乘以“平板菌落数的选择”中计数的平板菌落数，再乘以稀释倍数，即为每g（mL）样品中大肠菌群数。例如：10^{-4}样品稀释液1mL，在VRBA平板上有100个典型和可疑菌落，挑取其中的10个接种BGLB肉汤管，证实有6个阳性管，则该样品的大肠菌群数为$100\times6/10\times10^4$/g（mL）$=6.0\times10^5$CFU/g（mL）。

三　致病菌的测定

根据食品卫生要求，任何食品中均不得检出致病菌。这是一项非常重要的卫生质量指标，不可免检。根据《食品卫生微生物学检验　糖果、糕点、蜜饯检验》（GB/T 4789.24—2003），糕点产品的致病菌重点检验项目为沙门氏菌、志贺氏菌、金黄色葡萄球菌。

1. 沙门氏菌的检验

沙门氏菌是一大群寄生于人类和动物肠道内生化反应和抗原构造相似的革兰氏阴性杆菌的统称。此菌可引起禽伤寒、鸡白痢、猪霍乱、猪副伤寒等疾病。

检验依据：《食品安全国家标准　食品微生物学检验　沙门氏菌检验》（GB 4789.4—2010）。

（1）检验程序　沙门氏菌检验程序如图2-2-5所示。

（2）操作步骤

1）前增菌：称取25g样品放入盛有225mL缓冲蛋白胨水（BPW）的无菌均质杯中，以8000～10000r/min的转速均质1～2min。无菌操作将样品转至500mL锥形瓶中，于36℃±1℃温箱内培养8～18h。

2）增菌：移取1mL上述培养过的样品混合物，转种于10mL四硫黄酸钠煌绿增菌液（TTB）内，于42℃±1℃温箱内培养18～24h。同时另取1mL，转种于10mL亚硒酸盐胱氨酸增菌液（SC）内，于36℃±1℃温箱内培养18～24h。

3）分离：分别用接种环取增菌液1环，划线接种于一个BS琼脂平板和一个XLD琼脂平板（或HE琼脂平板或沙门氏菌属显色培养基平板），于36℃±1℃分别培养18～24h（XLD琼脂平板、HE琼脂平板、沙门氏菌属显色培养基平板）或40～48h（BS琼脂平板），观察各个平板上生长的菌落。沙门氏菌属在不同选择性琼脂平板上的菌落特征见表2-2-12。

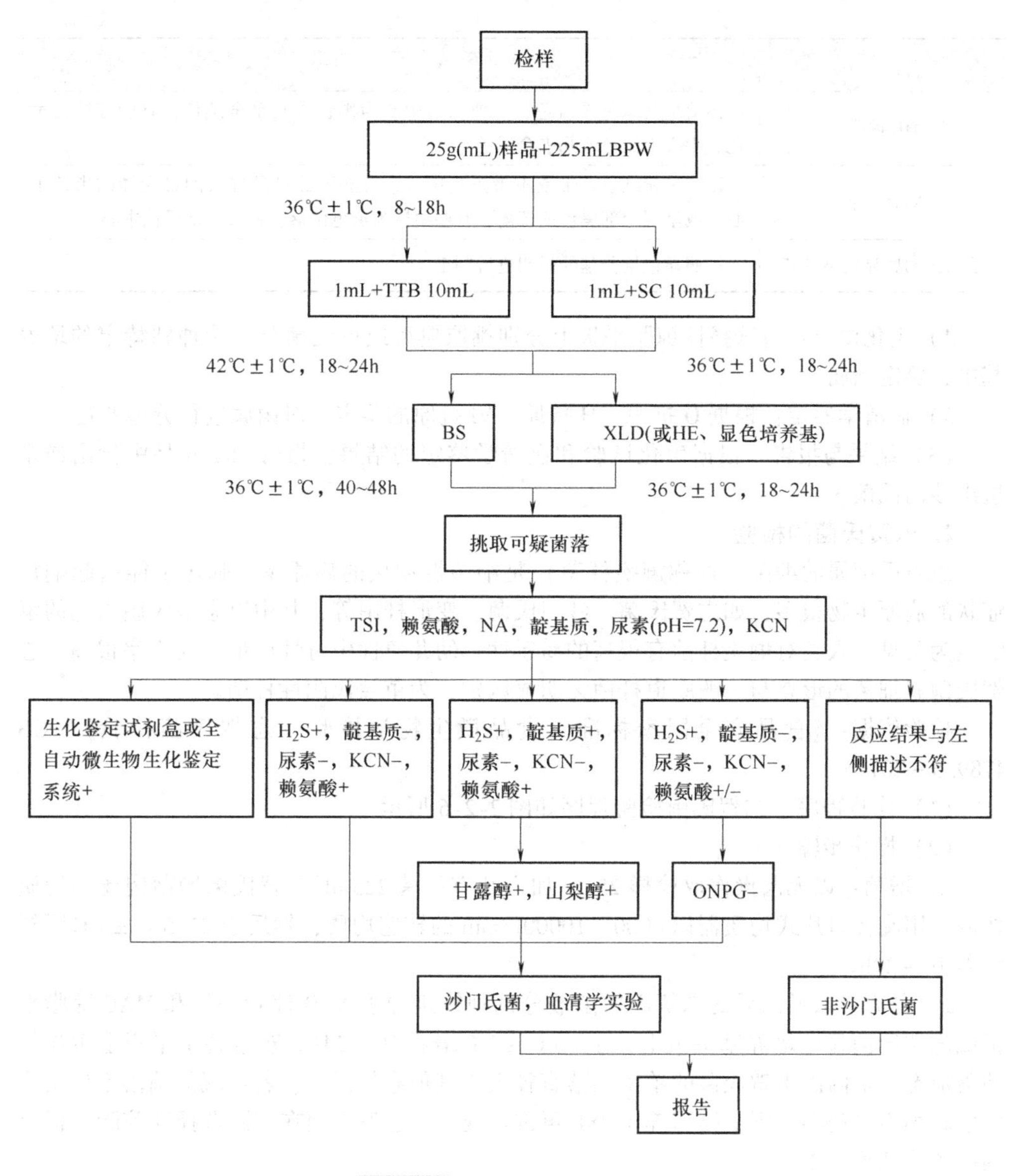

图 2-2-5 沙门氏菌检验程序

表 2-2-12 沙门氏菌属在不同选择性琼脂平板上的菌落特征

选择性琼脂平板	沙 门 氏 菌
BS 琼脂	菌落呈黑色有金属光泽、棕褐色或灰色，菌落周围培养基可呈黑色或棕色；有些菌株形成灰绿色的菌落，周围培养基不变

（续）

选择性琼脂平板	沙门氏菌
HE 琼脂	菌落呈蓝绿色或蓝色，多数菌落中心为黑色或几乎全黑色；有些菌株为黄色，中心为黑色或几乎全黑色
XLD 琼脂	菌落呈粉红色，带或不带黑色中心，有些菌株可呈现大的带光泽的黑色中心，或呈现全部黑色的菌落；有些菌株为黄色菌落，带或不带黑色中心
沙门氏菌属显色培养基	按照显色培养基的说明进行判定

4）生化试验：自选择性琼脂平板上分别挑取典型或可疑菌落，接种到特定的培养基中，鉴定到属。

5）血清学鉴定：根据 O 抗原、H 抗原、Vi 抗原的鉴定，对菌属进行分型鉴定。

（3）结果与报告　根据生化试验和血清学鉴定的结果，报告 25g 样品中检出或未检出沙门氏菌。

2. 志贺氏菌的检验

志贺氏菌属的细菌（通称痢疾杆菌）是细菌性痢疾的病原菌。临床上能引起痢疾症状的病原生物很多，如志贺氏菌、沙门氏菌、变形杆菌等，其中以志贺氏菌引起的痢疾最为常见。人类对痢疾杆菌有很高的易感性。幼儿急性中毒性菌痢，死亡率很高。志贺氏菌属细菌的形态与一般肠道杆菌无明显区别，为革兰氏阴性杆菌。

检验依据：《食品安全国家标准　食品微生物学检验　志贺氏菌检验》（GB 4789.5—2012）。

（1）检验程序　志贺氏菌检验程序如图 2-2-6 所示。

（2）操作步骤

1）增菌：以无菌操作取检样 25g，加入装有灭菌 225mL 志贺氏菌增菌肉汤的均质杯内，用旋转刀片式均质器以 8000～10000r/min 的转速均质，然后于 41.5℃ ±1℃厌氧培养 16～20h。

2）分离：取增菌后的志贺氏增菌液分别划线接种于 XLD 琼脂平板和 MAC 琼脂平板或志贺氏菌显色培养基平板上，于 36℃ ±1℃培养 20～24h，观察各个平板上生长的菌落形态。宋内氏志贺氏菌的单个菌落直径大于其他志贺氏菌。若出现的菌落不典型或菌落较小不易观察，则继续培养至 48h 再进行观察。志贺氏菌在不同选择性琼脂平板上的菌落特征见表 2-2-13。

表 2-2-13　志贺氏菌在不同选择性琼脂平板上的菌落特征

选择性琼脂平板	志贺氏菌的菌落特征
MAC 琼脂	无色至浅粉红色，半透明，光滑，湿润，圆形，边缘整齐或不齐
XLD 琼脂	粉红色至无色，半透明，光滑，湿润，圆形，边缘整齐或不齐
志贺氏菌属显色培养基	按照显色培养基的说明进行判定

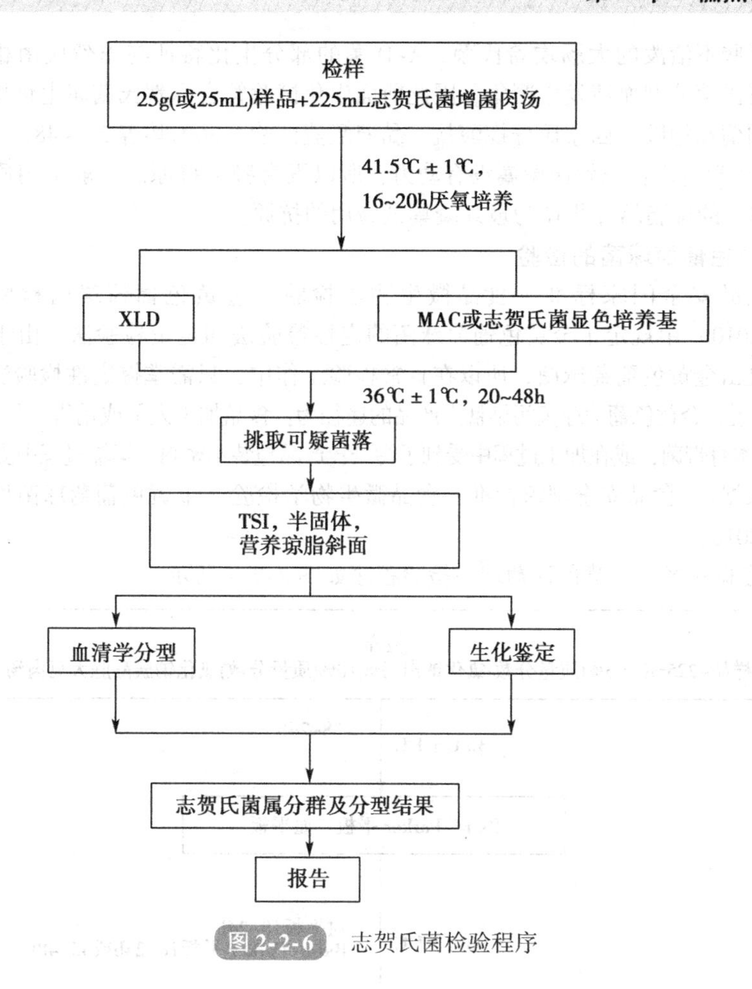

图 2-2-6　志贺氏菌检验程序

3）初步生化试验

① 自选择性琼脂平板上分别挑 2 个以上的典型或可疑菌落，分别接种 TSI、半固体和营养琼脂斜面各一管，于 36℃ ±1℃培养 20 ~24h，分别观察结果。

② 凡是三糖铁琼脂中斜面产碱、底层产酸（发酵葡萄糖，不发酵乳糖，蔗糖）、不产气（福氏志贺氏菌 6 型可产生少量气体）、不产硫化氢、半固体管中无动力的菌株，挑取“①”中已培养的营养琼脂斜面上生长的菌苔，进行生化试验和血清学分型。

4）生化试验及附加生化试验：用“①”中已培养的营养琼脂斜面上生长的菌苔进行生化试验，即 β-半乳糖苷酶、尿素、赖氨酸脱羧酶、鸟氨酸脱羧酶以及水杨苷和七叶苷的分解试验。除宋内氏志贺氏菌、鲍氏志贺氏菌 13 型的鸟氨酸为阳性，宋内氏菌和痢疾志贺氏菌 1 型、鲍氏志贺氏菌 13 型的 β-半乳糖苷酶为阳性以外，其余生化试验，志贺氏菌属的培养物均为阴性结果。另外，由于福氏志贺氏菌 6 型的生化特性与痢疾志贺氏菌或鲍氏志贺氏菌相似，必要时还需加做靛基质、甘露醇、棉子糖、甘油试验，也可做革兰氏染色检查和氧化酶试验，应为氧化酶阴性的革兰氏阴性杆菌。生化反应不符合的菌株，即使能与某种志贺氏菌分型血清发生凝集，也不得判定为志贺氏菌属。由于某些不活泼的大肠埃希氏菌、A-D 菌的部分生化特征与志贺氏菌相似，并能与某种志贺氏菌分型血清发生凝集，因此前面生化试验符合志贺氏菌属生化特性的培养物还需另加葡萄糖胺、西蒙氏柠檬酸盐、黏液酸盐试验（36℃培养 24 ~48h）。

5）血清学鉴定：志贺氏菌属没有动力，所以没有鞭毛抗原。一般采用质量分数为 1.2% ~1.5% 的琼脂培养物作为玻片凝集试验用的抗原。

3. 金黄色葡萄球菌的检验

在《食品安全国家标准　食品微生物学检验　金黄色葡萄球菌检验》（GB 4789.10—2010）中规定了金黄色葡萄球菌的定性检验法和定量检验法。由于在糕点产品中不得检出金黄色葡萄球菌，所以在日常检验工作中，只需掌握定性检验法。

一般来说，金黄色葡萄球菌污染糕点产品的途径为：食品加工人员或销售人员带菌；原辅料在加工前本身带菌，或在加工过程中受到了污染；产品包装不密封，运输过程中受到污染。

检验依据：《食品安全国家标准　食品微生物学检验　金黄色葡萄球菌检验》（GB 4789.10—2010）。

（1）检验程序　金黄色葡萄球菌检验程序如图 2-2-7 所示。

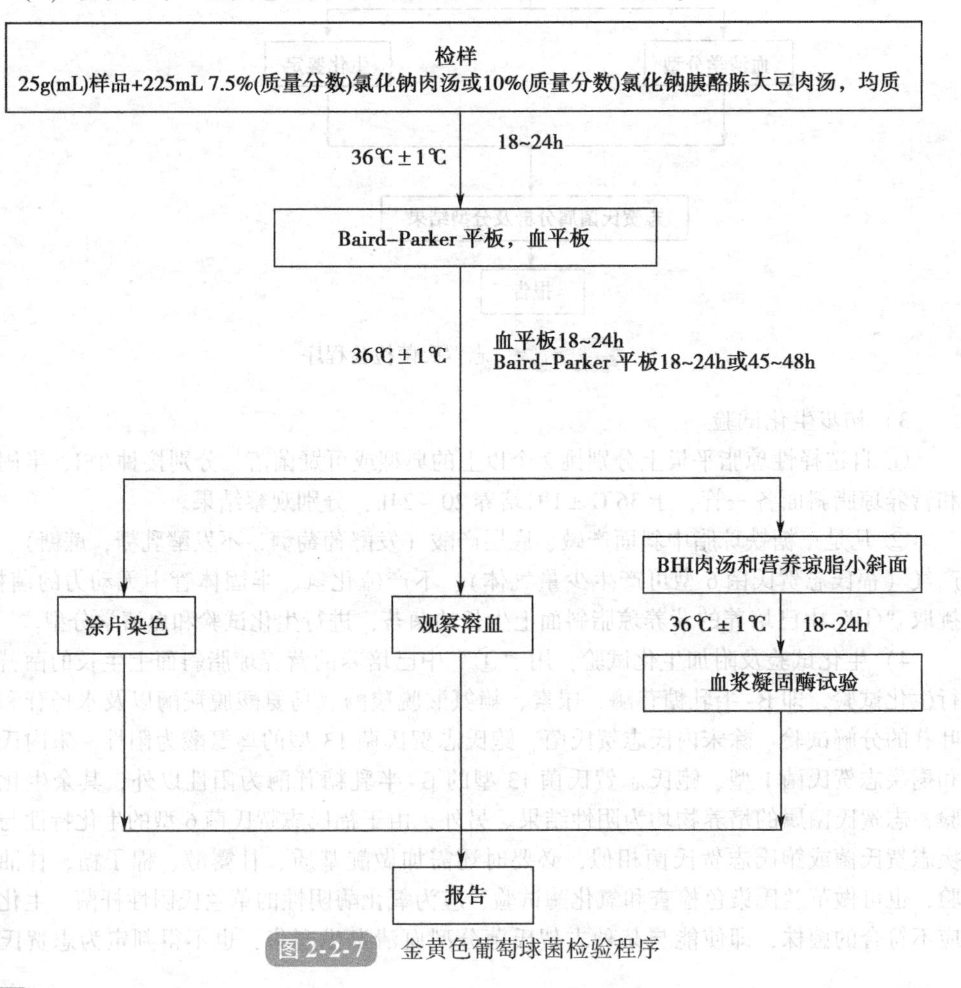

图 2-2-7　金黄色葡萄球菌检验程序

（2）操作步骤

1）样品的处理：称取 25g 样品置于盛有 225mL7.5%（质量分数）氯化钠肉汤或 10%（质量分数）氯化钠胰酪胨大豆肉汤的无菌均质杯内，以 8000～10000r/min 的转速均质 1～2min，振荡混匀。

2）增菌和分离培养：将上述样品匀液于 36℃ ±1℃培养 18～24h。金黄色葡萄球菌在 7.5%（质量分数）氯化钠肉汤中呈混浊生长，污染严重时在 10%（质量分数）氯化钠胰酪胨大豆肉汤内呈混浊生长。将上述培养物分别划线接种到 Baird-Parker 平板和血平板上，然后将血平板于 36℃ ±1℃培养 18～24h，将 Baird-Parker 平板于 36℃ ±1℃培养 18～24h 或 45～48h。

3）鉴定：进行染色镜检、血浆凝固酶试验。若结果可疑，则可挑取营养琼脂小斜面的菌落置于 5mL BHI，于 36℃ ±1℃培养 18～24h，重复试验。

（3）结果与报告　根据染色镜检、血浆凝固酶试验的鉴定结果报告在 25g 样品中检出或未检出金黄色葡萄球菌。

四　霉菌计数

霉菌在外界环境广泛存在，无形中增大了对食品的侵袭率，导致食品的霉坏变质。有些霉菌的代谢产物具有毒性，会引起人体的急性或慢性中毒。糕点产品中丰富的油、糖，为霉菌的生长繁殖提供了潜在的温床环境，使糕点尤其容易受到霉菌的侵袭。因此，加强对糕点产品的霉菌检验，在食品卫生控制方面具有重要意义。

检验依据：《食品安全国家标准　食品微生物学检验　霉菌和酵母计数》（GB 4789.15—2010）。

1. 检验程序

霉菌计数的检验程序如图 2-2-8 所示。

2. 操作步骤

（1）样品稀释　以无菌操作将 25g 糕点样品置于盛有 225mL 灭菌蒸馏水的锥形瓶中，充分振摇，制成 1:10 的样品匀液。

用 1mL 无菌吸管吸取上述样品匀液 1mL，沿管壁缓慢注入盛有 9mL 无菌水的试管中，制成 1:100 的样品匀液。依次操作，制备 10 倍系列稀释样品匀液。

（2）倾注平皿　选择 2 个或 3 个适宜稀释度的样品匀液，在进行 10 倍递增稀释的同时，每个稀释度分别吸取 1mL 样品匀液置于 2 个无菌平皿内。同时分别取 1mL 样品稀释液加入 2 个无菌平皿内作空白对照。吸取 1mL 置于无菌平皿中，及时将 15～20mL 冷却至 46℃的马铃薯-葡糖糖-琼脂或孟加拉红培养基倾注平皿，并转动平皿使其混合均匀。

（3）培养　待琼脂凝固后，将平板翻转，于 28℃ ±1℃培养 5 天，观察并记录。

（4）菌落的选择　选取菌落数在 10～150cfu 的平板作为测定标准。一个稀释度使用两个平板，取其平均数。霉菌蔓延生长覆盖整个平板的可记录为“多不可计”。

（5）霉菌计数　用肉眼观察，必要时用放大镜。记录各稀释倍数和相应的霉菌数量，以菌落形成单位（cfu）表示。

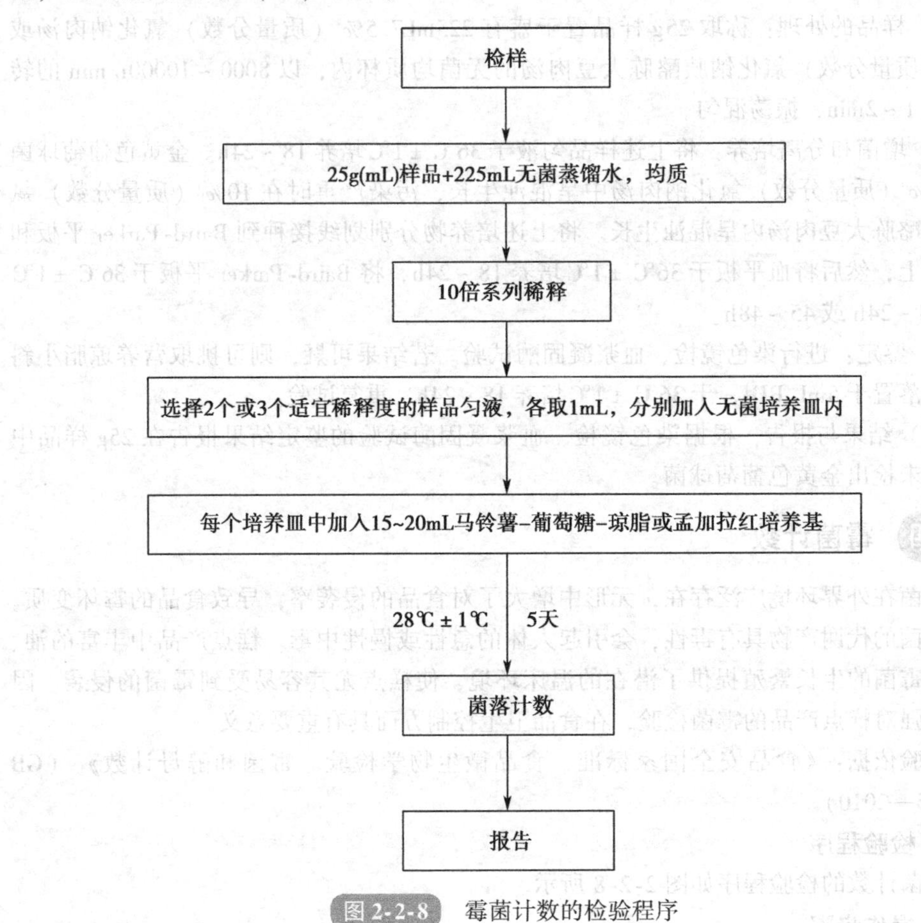

图 2-2-8　霉菌计数的检验程序

（6）结果计算

1）计算两个平板菌落数的平均值，再将平均值乘以相应稀释倍数。

2）若所有平板上菌落数均大于 150cfu，则对稀释度最高的平板进行计数，其他平板可记录为“多不可计”。结果按平均菌落数乘以最高稀释倍数计算。

3）若所有稀释度的平板菌落数均小于 10cfu，则应按稀释度最低的平均菌落数乘以稀释倍数计算。

4）若所有稀释度（包括液体样品原液）平板均无菌落生长，则以小于 1 乘以最低稀释倍数计算；若为原液，则以小于 1 计数。

3. 霉菌计数的报告

同“菌落总数的分析结果表达”。

第三章　乳及乳制品的检验

第一节　乳及乳制品感官、净含量、标签的判定

感官的判定

1. 感官检验的方法

取适量试样置于50mL烧杯中，在自然光下观察其色泽和组织状态，闻其气味，用温开水漱口后品尝其滋味。

2. 感官检验标准

乳及乳制品感官检验标准见表2-3-1。

表2-3-1　乳及乳制品感官检验标准

项　目	色　泽	滋味、气味	组织状态
生乳	呈乳白色或微黄色	具有乳固有的香味，无异味	为均匀一致的液体，无凝块，无沉淀，无正常视力可见异物
巴氏杀菌乳			
灭菌乳			
调制乳	呈调制乳应有的色泽	具有调制乳应有的香味，无异味	为均匀一致的液体，无凝块，可有与配方相符的辅料的沉淀物，无正常视力可见异物
发酵乳	色泽均匀一致，呈乳白色或微黄色	具有发酵乳特有的滋味、气味	组织细腻、均匀，允许有少量乳清析出
风味发酵乳	具有与添加成分相符的色泽	具有与添加成分相符的滋味和气味	组织细腻、均匀，允许有少量乳清析出，具有添加成分特有的组织状态
淡炼乳	呈均匀一致的乳白色或乳黄色，有光泽	具有乳的滋味和气味	组织细腻、质地均匀、粘度适中
加糖炼乳		具有乳的香味，甜味纯正	
调制炼乳	具有辅料应有的色泽	具有乳和辅料应有的滋味和气味	
乳粉	呈均匀一致的乳黄色	具有纯正的乳香味	干燥、均匀的粉末
调制乳粉	具有应有的色泽	具有应有的滋味、气味	

（续）

项　目	色　泽	滋味、气味	组织状态
乳清粉和乳清蛋白粉	具有均匀一致的色泽	具有产品特有的滋味、气味，无异味	干燥、均匀的粉末状产品，无结块，无正常视力可见杂质
稀奶油、奶油、无水奶油	呈均匀一致的乳白色、乳黄色或相应辅料应有的色泽	具有稀奶油、奶油、无水奶油或相应辅料应有的滋味和气味，无异味	均匀一致，允许有相应辅料的沉淀物，无正常视力可见异物
干酪	具有该类产品正常的色泽	具有该类产品特有的滋味和气味	组织细腻，质地均匀，具有该类产品应有的硬度
再制干酪	色泽均匀	易溶于口，有奶油润滑感，并有产品特有的滋味、气味	外表光滑，结构细腻、均匀、润滑，应有与产品口味相关原料的可见颗粒，无正常视力可见的外来杂质

二　净含量的判定

1. 净含量的误差标准

单件定量包装商品的实际含量应当准确反映其标注净含量。定量包装商品允许短缺量见表2-3-2。

表2-3-2　定量包装商品允许短缺量

质量或体积定量包装商品的标注净含量 (Q_n) / (g或mL)	允许短缺量 (T)	
	Q_n的百分比	g或mL
0~50	9%	—
50~100	—	4.5
100~200	4.5%	—
200~300	—	9
300~500	3%	—
500~1000	—	15
1000~10000	1.5%	—
10000~15000	—	150
15000~50000	1%	—

（续）

长度定量包装商品的标注净含量（Q_n）/m	允许短缺量（T）/m
$Q_n \leqslant 5m$	不允许出现短缺量
$Q_n > 5m$	$Q_n \times 2\%$
面积定量包装商品的标注净含量（Q_n）	**允许短缺量（T）**
全部 Q_n	$Q_n \times 3\%$
计数定量包装商品的标注净含量（Q_n）	**允许短缺量（T）**
$Q_n \leqslant 50$	不允许出现短缺量
$Q_n > 50$	$Q_n \times 1\%$ ①

注：对于允许短缺量（T），当 $Q_n \leqslant 1000g$（mL）时，T 值的0.01g（mL）位修约至0.1g（mL）；当 $Q_n > 1000g$（mL）时，T 值的0.1g（mL）位修约至1g（mL）。

① 以标注净含量乘以1%，如果出现小数，就把该数进位到下一个紧邻的整数。这个值可能大于1%，但这是可以接受的，因为商品的个数为整数，不能带有小数。

2. 净含量的判定方法

如果标注的净含量以质量表示，则一般采用称量法：在20℃ ±2℃的条件下，将样品放在天平上称其质量，再称量空包装的质量，两者之差即为产品净含量。如果标注的净含量以体积表示，则需采用容量法：在20℃ ±2℃的条件下，将样品沿容器壁缓慢倒入干燥、洁净的量筒中，当乳液液面气泡消失时，观察凹液面是否与量筒的刻度相平，读取凹液面刻度即为该乳制品的体积，并计算其负偏差值。要求标注净含量与实际含量之差不得大于表2-3-2 规定的允许短缺量。

三　标签的判定

（1）标签的标注　符合 GB 7718—2011 和 GB 28050—2011 的规定。

（2）标签应符合的基本要求　符合 GB 7718—2011 和 GB 28050—2011 的规定。

（3）净含量的标注　定量包装商品在其商品包装的显著位置必须正确、清晰地标注定量包装商品的净含量。净含量的标注由中文、数字和法定计量单位（或者用中文表示的计数单位）组成。

（4）乳制品标签特殊要求

1）巴氏杀菌乳应在产品包装主要展示面上紧邻产品名称的位置，使用不小于产品名称字号且字体高度不小于主要展示面高度1/5 的汉字标注“鲜牛（羊）奶”或“鲜牛（羊）乳”。

2）仅以生牛（羊）乳为原料的超高温灭菌乳，应在产品包装主要展示面上紧邻产品名称的位置，使用不小于产品名称字号且字体高度不小于主要展示面高度1/5 的汉字标注“纯牛（羊）奶”或“纯牛（羊）乳”。

3）全部用乳粉生产的灭菌乳、调制乳、发酵乳，应在产品名称紧邻部位标明“复原乳”或“复原奶”；在生牛（羊）乳中添加部分乳粉生产的灭菌乳、调制乳、发酵乳，应在产品名称紧邻部位标明“含××%复原乳”或“含××%复原奶”。

4）“复原乳”或“复原奶”与产品名称应标注在包装容器的同一主要展示面上；标注的“复原乳”或“复原奶”字样应醒目，其字号不小于产品名称的字号，字体高度不小于主要展示面高度的1/5。

5）发酵后经热处理的产品应标注“××热处理发酵乳”“××热处理风味发酵乳”“××热处理酸乳/奶”“××热处理风味酸乳/奶”。

6）炼乳产品应标注“本产品不能作为婴幼儿的母乳代用品”或类似警语。

7）婴幼儿、较大婴儿配方食品标签

① 产品标签应符合 GB 28050—2011 的规定，标注营养素和可选择成分含量时应增加“100 千焦（100kJ）”含量的标注。

② 产品标签应注明产品的类别、食品属性（如乳基或豆基产品以及产品状态）和适用年龄。可供6月龄以上婴儿食用的配方食品，应标明“6月龄以上婴儿食用本产品时，应配合添加辅助食品”，较大婴儿配方食品应标明“需配合添加辅助食品”。

③ 婴儿配方食品应标明“对于0～6月的婴儿最理想的食品是母乳，在母乳不足或无母乳时可食用本产品”。

④ 婴儿配方食品产品标签上不能有婴儿和妇女形象，不能使用“人乳化”“母乳化”或近似术语表述。

⑤ 有关产品使用、配制指导说明及图解、储存条件应在标签上明确说明。当包装最大表面积小于 $100cm^2$ 或产品质量小于100g时，可以不标示图解。

⑥ 指导说明应当对不当配制和使用不当可能引起的健康危害给予警示说明。

第二节　乳及乳制品中水分的测定

水分是乳制品的重要组成成分之一。不同种类的乳制品，其水分的含量差别较大。一方面水分可以保持乳制品良好的感观性状，使其具有一定的外观形态，还可维护其他组分的平衡关系；另一方面，它与乳制品的储存期有很紧密的联系，如作为原辅料的奶油、乳粉、干酪、乳清粉等，在未使用前往往需要经历一段储存期，要获得较长的储存期，就必须将水分的含量限制在某一合适的范围，只有这样才能保证抑制微生物的生长，在此期间不发生霉烂、变味、结块等现象。此外，原料水分含量的高低，对生产中的物料衡算、产品的加工工艺等都会产生影响。所以，水分含量的测定是乳制品分析的重要项目之一。

乳粉、婴幼儿配方食品按其相应的产品标准规定，水分含量均应小于或等于5g/100g。

国家标准《食品安全国家标准　食品中水分的测定》（GB 5009.3—2010）中推荐的测定方法有直接干燥法、减压干燥法、蒸馏法和卡尔·费休法。其中，直接干燥法适用于乳制品中的乳粉、炼乳、乳清粉、乳清蛋白粉、奶油和干酪，以及婴儿配方食品、较大婴儿和幼儿配方食品、婴幼儿谷类辅助食品水分含量的测定。卡尔·费休法适用于乳制品中无水奶油水分含量的测定。卡尔·费休容量法适用于水分含量大于 1.0×10^{-3} g/100g 的样品，卡尔·费休库伦法适用于水分含量大于1.0×10^{-5}g/100g的样品。

直接干燥法、减压干燥法及卡尔·费休法测定原理及步骤见本篇第二章第三节。

第三节　婴幼儿食品和乳品溶解性的测定

婴幼儿食品和乳品的溶解性用不溶度指数或溶解度来表示。不溶度指数是指在规定的条件下，将乳粉或乳粉制品复原，并进行离心，所得到沉淀物的体积的毫升数。溶解度是指每百克样品经规定的溶解过程后，全部溶解的质量。

乳粉的溶解度能够反映乳粉与水按一定的比例混合时，其复原为均一的鲜乳状态的性能。其高低反映了乳粉中蛋白质的变性状况。溶解度低，说明乳粉中蛋白质变性的量大，冲调时变性的蛋白质不能溶解，或黏附于容器的内壁，或沉淀于容器的底部。影响乳粉溶解度的因素有多种，如原料乳的质量、操作条件、成品水分含量、成品包装情况、储存条件及不同的生产技术等。

表征乳粉具有良好溶解度的指标按GB/T 5410—2008中规定为不溶度指数小于或等于1.0mL。

依据《食品安全国家标准　婴幼儿食品和乳品溶解性的测定》（GB 5413.29—2010），不溶度指数法适用于不含大豆成分的乳粉的不溶度指数的测定，溶解度法适用于婴幼儿食品和乳粉的溶解度的测定。

 不溶度指数的测定

1. 方法原理

将样品加入到24℃或50℃的水中，然后用特殊的搅拌器使之复原，静置一段时间后，使一定体积的复原乳在刻度离心管中离心，去除上层液体，加入与复原温度相同的水，使沉淀物重新悬浮，再次离心后，记录所得沉淀物的体积。

注意：喷雾干燥产品复原时使用温度为24℃的水，部分滚筒干燥产品复原时使用温度为50℃的水。

2. 分析步骤

（1）样品的制备　测定前，应保证实验室样品至少在室温（20～25℃）下保持48h，以便使影响不溶度指数的因素在各个样品中趋于一致，然后反复振荡和反转样品容器，混合实验室样品。如果容器太满，则将全部样品移入清洁、干燥、密闭、不透明的大容器中，如上所述彻底混合。对于速溶乳粉，应小心地混合，以防样品颗粒减小。

（2）搅拌杯的准备　根据不溶度指数的测定（24℃或50℃），将500mL玻璃搅拌杯的温度分别调整到24.0℃±0.2℃或50.0℃±0.2℃，方法是将搅拌杯在24.0℃±0.2℃或50℃±0.2℃的水浴中放置一段时间，使水位接近杯顶。

（3）称样　全脂乳粉、部分脱脂乳粉、全脂加糖乳粉、乳基婴儿食品及其他以全脂乳粉和部分脱脂乳粉为原料生产的乳粉类产品，取样量为13.00g；脱脂乳粉和酪乳粉，取样量为10.00g；乳清粉，取样量为7.00g。

（4）测定　从水浴中取出搅拌杯，迅速擦干杯外部的水，加入100mL ±0.5mL 温度为24℃ ±0.2℃或50.0℃ ±0.2℃的水，加入3 滴硅酮消泡剂，然后加入样品。将搅拌杯放到搅拌器上固定好，接通搅拌器开关，混合90s 后，断开开关。从搅拌器上取下搅拌杯（停留几秒，使叶片上的液体流入杯中），将搅拌杯在室温下静置5min 以上，但不超过15min。

向杯内的混合物中加入3 滴硅酮消泡剂，用平勺彻底混合杯中的内容物（时间为10s 不要过度），然后立即将混合物倒入离心管中至50mL 刻度处，即顶部液位与50mL 刻度线相吻合。将离心管放入离心机中（要对称放置），使离心机迅速旋转，并在底部产生160g_n 的加速度，然后在20 ~25℃下使之旋转5min。取出离心管，用平勺去除和倾倒掉管内上层脂肪类物质。竖直握住离心管，用虹吸管或吸管去除上层液体。若为滚筒干燥产品，则吸到顶部液体与15mL 刻度处重合；若为喷雾干燥乳粉，则与10mL 刻度处重合，注意不要搅动不溶物。如果沉淀物体积明显超过15mL 或10mL，则不再进行下一步操作，记录不溶度指数为“15mL”或“ >10mL”，并标明复原温度，反之应继续下面所述操作。

向离心管中加入24℃或50℃的水，直到液位与30mL 刻度重合，然后用搅拌棒充分搅拌沉淀物，将搅拌棒抵靠在管壁上，加入相同温度的水，并将搅拌棒上的液体冲下，直到液位与50mL 刻度处重合。用橡胶塞塞上离心管，缓慢翻转离心管5 次，彻底混合内容物，然后打开塞子（将塞子底部靠在离心管边缘，以收集附着在上面的液体），在规定的转速和温度下使之离心5min。

取出离心管，用手竖直握住离心管，以适当背景为对照，使眼睛与沉淀顶部平齐，借助放大镜读取沉淀物体积。如果沉淀物体积小于0.5mL，则精确至0.05mL；如果沉淀物体积大于0.5mL，则精确至0.1mL。如果沉淀物顶部不齐，则估算其体积数；如果沉淀物顶部不齐，则将离心管垂直放置几分钟，顶部变平后再读数。记录复原水温度。

3. 分析结果表述

样品的不溶度指数等于记录的沉淀物体积的毫升数，同时应报告复原时所用水的温度，如0.10mL（24℃）或4.1mL（50℃）。

由同一分析人员，用相同仪器，在短时间间隔内，对同一样品所做的两次单独试验的结果之差不得超过0.138*M*（*M* 是两次测定结果的平均值）。由不同实验室的两个分析人员，对同一样品所做的两次单独试验结果之差不得超过0.328*M*（*M* 为两次测定结果的平均值）。

溶解度的测定

1. 分析步骤

称取样品5g（准确至0.01g）置于50mL 烧杯中，用38mL 温度为25 ~30℃的水分数次将其溶解于50mL 离心管中，加塞。将离心管置于30℃的水中保温5min，取出，振摇3min。将其置于离心机中，以适当的转速离心10min，使不溶物沉淀，倾去上清液，并用棉栓擦净管壁。向其中加入38mL 温度为25 ~30℃的水，加塞，上下振荡，使沉淀悬浮。再次将其置于离心机中离心10min，倾去上清液，用棉栓仔细擦净管壁。用少量水将沉淀冲洗到已知质量的称量皿中，先在沸水浴上将皿中水分蒸干，再移入100℃烘箱中干燥至恒重（最后两次质量差不超过2mg）。

2. 分析结果表述

样品溶解度按式（2-3-1）计算。

$$X = 100 - \frac{(m_2 - m_1) \times 100}{(1 - B) \times m} \tag{2-3-1}$$

式中　X——样品的溶解度（g/100g）；

m——样品的质量（g）；

m_1——称量皿的质量（g）；

m_2——称量皿和不溶物干燥后的质量（g）；

B——样品水分（质量分数）。

注意：加糖乳计算时要扣除加糖量。

在重复性条件下获得的两次独立测定结果的绝对差值不得超过算术平均值的2%。

第四节　乳及乳制品中灰分的测定

灰分可以评价乳清粉、乳清蛋白粉、婴儿配方食品等乳制品的加工精度和品质，是重要的质量控制指标。国家标准《食品安全国家标准　婴幼儿配方食品》（GB 10765—2010）中规定乳基粉状产品的灰分含量小于或等于4.0%（质量分数），乳基液态产品（按总干物质计）的灰分含量小于或等于4.2%（质量分数）。

本节介绍的方法依据《食品安全国家标准　食品中灰分的测定》（GB 5009.4—2010），适用于乳制品中灰分含量的测定。

1. 方法原理

食品经灼烧后所残留的无机物质称为灰分。灰分数值是灼烧、称重后计算得出的。

2. 分析步骤

（1）坩埚的灼烧　将瓷坩埚置于马弗炉中，在550℃ ±25℃下灼烧0.5h，冷却至200℃左右，取出，放入干燥器中冷却30min，准确称量。重复灼烧至前后两次称量相差不超过0.5mg为恒重。

（2）称样　灰分含量大于10g/100g的试样称取2～3g（精确至0.0001g）；灰分含量小于10g/100g的试样称取3～10g（精确至0.0001g）。

（3）测定

1）一般乳及乳制品灰分的测定。液体和半固体试样应先在沸水浴上蒸干。固体或蒸干后的试样，先在电热板上以小火加热使试样充分炭化至无烟，然后置于马弗炉中，在550℃ ±25℃灼烧4h，然后冷却至200℃左右，取出，放入干燥器中冷却30min。称量前若发现灼烧残渣有炭粒，则应向试样中滴入少许水湿润，使结块松散，蒸干水分后再次灼烧至无炭粒，即表示灰化完全，方可称量。重复灼烧至前后两次称量相差不超过0.5mg为恒重，按式（2-3-2）计算。

2）含磷量较高的乳及乳制品灰分的测定。称取试样后，加入1.00mL乙酸镁溶液（质量浓度为240g/L）或3.00mL乙酸镁溶液（质量浓度为80g/L），使试样完全润湿。放置10min后，在水浴上将水分蒸干，以下按1）中自“先在电热板上以小火加热”起操作。同时，吸取3份1.00mL乙酸镁溶液（质量浓度为240g/L）或3.00mL乙酸镁溶液（质量浓度为80g/L），做3次试剂空白试验。当3次试验结果的标准偏差小于0.003g时，取算术平均值作为空白值。若标准偏差超过0.003g，则应重新做空白值试验，按式（2-3-3）计算。

3. 分析结果表述

试样中的灰分按式（2-3-2）或式（2-3-3）计算。

$$X_1 = \frac{m_1 - m_2}{m_3 - m_2} \times 100 \tag{2-3-2}$$

$$X_2 = \frac{m_1 - m_2 - m_0}{m_3 - m_2} \times 100 \tag{2-3-3}$$

式中 X_1——测定时未加乙酸镁溶液时试样中灰分的含量（g/100g）；

X_2——测定时加入乙酸镁溶液时试样中灰分的含量（g/100g）；

m_0——氧化镁（乙酸镁灼烧后的生成物）的质量（g）；

m_1——坩埚和灰分的质量（g）；

m_2——坩埚的质量（g）；

m_3——坩埚和试样的质量（g）。

当试样中灰分的含量大于或等于10g/100g时，保留三位有效数字；当试样中灰分的含量小于10g/100g时，保留两位有效数字。在重复性条件下获得的两次独立测定结果的绝对差值不得超过算术平均值的5%。

4. 说明

1）样品炭化时若发生膨胀，则可滴橄榄油数滴。炭化时应先用小火，避免样品溅出。

2）燃烧温度不能超过575℃，否则钾、钠、氯等易挥发而造成误差。

3）对较难灰化的样品，可添加硝酸、过氧化氢、碳酸氨等助灰剂。这类物质在灼烧后完全消失，不增加残灰的重量，但可起到加速灰化的作用。

4）由干燥器内取出坩埚时，开盖恢复常压后，应该使空气缓慢流入，以防因内部成真空造成残灰飞散。

第五节　乳及乳制品酸度的测定

牛乳的总酸度包括固有酸度和发酵酸度。固有酸度是指刚从牛体内挤出的新鲜乳本身所具有的酸度，主要来自牛乳当中的蛋白质、柠檬酸盐及磷酸盐等酸性成分。发酵酸度是指牛乳在放置过程中，由于乳酸菌的作用使乳糖发酵产生乳酸而升高的酸度。牛乳的酸度有多种表示方法。乳品工业中俗称的酸度，是指以标准碱溶液用滴定法测定的“滴定酸度”。

滴定酸度有多种测定方法和表示形式。我国的滴定酸度用吉尔涅尔度法表示，简称为°T或用乳酸质量分数来表示。滴定酸度（°T）指中和100mL牛乳所需消耗0.1mol/L氢氧化钠标准溶液的体积。按国家相关标准规定，生乳、巴氏杀菌乳、灭菌乳的酸度均为12～18°T，发酵乳的酸度大于或等于70°T。如果牛乳存放时间过长，细菌繁殖可致使其酸度明显增高。如果乳牛健康状况不佳，患乳房炎，则可使酸度降低。乳的酸度越高，其新鲜度越低，乳对热的稳定性就会越差。因此，酸度是反映牛乳质量的一项重要指标，生产上广泛地通过测定滴定酸度来间接掌握原料乳的新鲜度，监控发酵中乳酸的生成量，判定酸乳发酵剂的活力等。

本节介绍的方法依据《食品安全国家标准　乳和乳制品酸度的测定》（GB 5413.34—2010）。

一　乳粉酸度的测定

1. 基准法

（1）方法原理　中和100mL干物质含量为12%（质量分数）的复原乳至pH值为8.3所消耗的0.1mol/L氢氧化钠体积，经计算确定其酸度。

（2）分析步骤

1）试样的制备：将样品全部移入到约两倍于样品体积的洁净干燥容器中（带密封盖），立即盖紧容器，反复旋转振荡，使样品彻底混合。在此操作过程中，应尽量避免样品暴露在空气中。

2）称取4g样品（精确到0.01g）置于锥形瓶中，量取96mL温度约为20℃的水，使样品复原，搅拌，然后静置20min。

3）用滴定管向锥形瓶中滴加氢氧化钠溶液，直到pH＝8.3。在滴定过程中，始终用磁力搅拌器进行搅拌，同时向锥形瓶中吹氮气，以防止溶液吸收空气中的二氧化碳。整个滴定过程应在1min内完成。记录所用氢氧化钠溶液的毫升数，精确至0.05mL，代入式（2-3-4）计算。

2. 常规法

（1）方法原理　以酚酞作指示剂，硫酸钴作参比颜色，用0.1mol/L氢氧化钠标准溶液滴定100mL干物质含量为12%（质量分数）的复原乳至粉红色所消耗的体积，经计算确定其酸度。

（2）分析步骤

1）样品的制备同基准法。

2）称取两份4g样品（精确到0.01g）分别置于两个锥形瓶中，量取96mL温度约为20℃的水，使样品复原，搅拌，然后静置20min。

3）向其中的一只锥形瓶中加入2.0mL参比溶液，轻轻转动，使之混合，得到标准颜色。如果要测定多个相似的产品，则此标准溶液可用于整个测定过程，但时间不得超过2h。向第二只锥形瓶中加入2.0mL酚酞指示液，轻轻转动，使之混合。用滴定管向第二只锥形瓶中滴加0.1000mol/L的氢氧化钠溶液，边滴加，边转动烧瓶，直到颜色与标准溶液的颜色相似，且5s内不消退。整个滴定过程应在45s内完成。记录所用氢氧化钠溶液的毫升数，精确至0.05mL，代入式（2-3-4）计算。

（3）分析结果表述

1）试样中的酸度数值以°T表示，按（2-3-4）计算。

$$X_1 = \frac{c_1 \times V_1 \times 12}{m_1 \times (1-w) \times 0.1} \tag{2-3-4}$$

式中 X_1——试样的酸度（°T）；

c_1——氢氧化钠标准溶液的摩尔浓度（mol/L）；

V_1——滴定时消耗氢氧化钠标准溶液体积（mL）；

m_1——称取样品的质量（g）；

w——试样中水分的质量分数；

12——12g乳粉相当100mL复原乳（脱脂乳粉应为9g/100mL，脱脂乳清粉应为7g/100mL）；

0.1——酸度理论定义氢氧化钠的摩尔浓度（mol/L）。

以重复性条件下获得的两次独立测定结果的算术平均值表示，结果保留三位有效数字。在重复性条件下获得两次独立测定结果的绝对差值不得超过1.0°T。

2）若试样中的酸度以乳酸含量表示，则样品的乳酸含量（g/100g）为0.009*T*。其中，*T*为样品的滴定酸度，0.009为乳酸的换算系数，即1mL 0.1mol/L的氢氧化钠标准溶液相当于0.009g乳酸。

二 乳及其他乳制品酸度的测定

1. 方法原理

以酚酞为指示剂，用0.1000mol/L的氢氧化钠标准溶液滴定100g试样至终点所消耗的氢氧化钠溶液的体积，经计算确定试样的酸度。

2. 分析步骤

（1）巴氏杀菌乳、灭菌乳、生乳、发酵乳　称取10g（精确到0.001g）已混匀的试样，置于150mL锥形瓶中，加20mL新煮沸冷却至室温的水，混匀，用氢氧化钠标准溶液电位滴定至pH=8.3为终点；或于溶解混匀后的试样中加入2.0mL酚酞指示液，混匀后用氢氧化钠标准溶液滴定至微红色，并在30s内不褪色。记录消耗的氢氧化钠标准滴定溶液的毫升数，代入式（2-3-5）中进行计算。

（2）奶油　称取10g（精确到0.001g）已混匀的试样，加30mL中性乙醇-乙醚混合液，混匀，以下按巴氏杀菌乳测定步骤中“用氢氧化钠标准溶液电位滴定至pH=8.3为终点……”操作。记录消耗的氢氧化钠标准滴定溶液的毫升数，代入式（2-3-5）中进行计算。

（3）干酪素　称取5g（精确到0.001g）经研磨混匀的试样，置于锥形瓶中，加入50mL水，于室温下（18～20℃）放置4～5h，或在水浴锅中加热到45℃，并在此温度下保持30min，再加50mL水，混匀后，通过干燥的滤纸过滤。吸取滤液50mL置于锥形瓶中，用氢氧化钠标准溶液电位滴定至pH=8.3为终点；或于上述50mL滤液中加入2.0mL酚酞指示液，混匀后用氢氧化钠标准溶液滴定至微红色，并在30s内不褪色。记录消耗的氢氧化钠标准滴定溶液的毫升数，代入式（2-3-6）进行计算。

（4）炼乳　称取10g（精确到0.001g）已混匀的试样，置于250mL锥形瓶中，加60mL新煮沸冷却至室温的水溶解，混匀，以下按巴氏杀菌乳测定步骤中“用氢氧化钠标准溶液电位滴定至pH=8.3为终点……”操作。记录消耗的氢氧化钠标准滴定溶液的毫升数，代入式（2-3-5）中进行计算。

3. 分析结果表述

试样中的酸度数值以°T表示，其计算公式为

$$X_2=\frac{c_2\times V_2\times 100}{m_2\times 0.1} \tag{2-3-5}$$

式中　X_2——试样的酸度（°T）；

c_2——氢氧化钠标准溶液的摩尔浓度（mol/L）；

V_2——滴定时消耗氢氧化钠标准溶液的体积（mL）；

m_2——试样的质量（g）；

0.1——酸度理论定义氢氧化钠的摩尔浓度（mol/L）。

以重复性条件下获得的两次独立测定结果的算术平均值表示，结果保留三位有效数字。在重复性条件下获得两次独立测定结果的绝对差值不得超过1.0°T。

$$X_3=\frac{c_3\times V_3\times 100\times 2}{m_3\times 0.1} \tag{2-3-6}$$

式中　X_3——试样的酸度（°T）；

c_3——氢氧化钠标准溶液的摩尔浓度（mol/L）；

V_3——滴定时消耗氢氧化钠标准溶液体积（mL）；

m_3——试样的质量（g）；

0.1——酸度理论定义氢氧化钠的摩尔浓度（mol/L）；

2——试样的稀释倍数。

以重复性条件下获得的两次独立测定结果的算术平均值表示，结果保留三位有效数字。在重复性条件下获得两次独立测定结果的绝对差值不得超过1.0°T。

第六节　乳及乳制品杂质度的测定

由于原料乳在挤乳、牧场存放及生产加工过程中可能会混入杂质（如煤屑、豆渣、牛粪、尘埃和昆虫等），因此原料乳在收购和生产过程中应通过过滤、净乳等工序除去以上杂质，以使其感官质量能够达到相应乳制品的要求。但有时会因原料乳净化不彻底、生产过程二次污染、干燥室温度过高产生焦粉等而导致原料乳杂质度超标。由于杂质的存在会直接影响乳和乳制品的感观质量，因此杂质度是评价其质量的一项重要指标。

国家标准（GB 19301—2010）规定生乳的杂质度标准为小于或等于4.0mg/kg。

本节介绍的方法依据《食品安全国家标准　乳和乳制品杂质度的测定》（GB 5413.30—2010），适用于巴氏杀菌乳、灭菌乳、生乳、炼乳及乳粉杂质度的测定，不适

用于含非乳蛋白质、淀粉类成分、不溶性有色物质及影响过滤的添加物质。

1. 方法原理

试样经过滤板过滤、冲洗，根据残留于过滤板上的可见带色杂质的数量确定杂质量。

2. 分析步骤

液体乳样量取500mL，乳粉样称取62.5g（精确至0.1g），用8倍水充分调和溶解，加热至60℃；炼乳样称取125g（精确至0.1g），用4倍水溶解，加热至60℃。将样液置于过滤板上过滤（为使过滤迅速，可用真空泵抽滤），用水冲洗过滤板，取下过滤板，置于烘箱中烘干，将其上的杂质与标准杂质板比较即得杂质度。

3. 分析结果表述

1）与杂质度标准比较得出的过滤板上的杂质量，即为该样品的杂质度。

2）当过滤板上杂质的含量介于两个级别之间时，判定为杂质含量较多的级别。

3）对同一样品所做的两次重复测定，其结果应一致，否则应重复再测定两次。

第七节　乳及乳制品中脂肪的测定

乳品中脂肪主要包括乳脂肪（甘油三酯占总脂类的97%～99%）、磷脂（占总脂类的0.1%）、少量脂肪酸和固醇。乳脂肪属于游离脂肪，但由于脂肪球被乳中酪蛋白钙盐包裹，并处于高度分散的胶体中，因此不能直接被有机溶剂萃取，需经碱水解处理后才能被萃取。天然结合态脂及在食品加工过程中原料中的脂肪与非脂成分形成的结合态脂，需要在一定条件下进行水解，转变成游离脂肪后，才能被有机溶剂萃取。

与乳脂肪相比，其他动植物油脂中只有5～7种脂肪酸，而乳脂肪中含有的脂肪酸在20种以上，而且低碳链（14以下）脂肪酸占15%，不饱和脂肪酸占44%。因此，乳脂肪具有特殊的香味，易于消化吸收，在营养学上有特殊的作用。

乳制品中脂肪的含量是衡量其营养价值的指标之一。在乳制品加工生产过程中，加工的原料乳和半成品、成品脂类的含量对乳制品的风味、组织结构、品质、外观、口感等都有重要影响。

《食品安全国家标准　婴幼儿食品和乳品中脂肪的测定》（GB 5413.3—2010）中脂肪的测定方法主要有溶剂提取法（第一法）和盖勃氏乳脂计法（第二法）。

一　溶剂提取法

该方法适用于巴氏杀菌乳、灭菌乳、生乳、发酵乳、调制乳、乳粉、炼乳、奶油、稀奶油、干酪和婴幼儿配方食品中脂肪的测定。

1. 方法原理

利用氨-乙醇溶液破坏乳的胶体性状及脂肪球膜，使非脂成分溶解于氨-乙醇溶液中，而脂肪游离出来，再用乙醚-石油醚提取出脂肪，蒸馏去除溶剂后，残留物即为乳脂肪。

2. 分析步骤

(1) 巴氏杀菌乳、灭菌乳、生乳、发酵乳、调制乳

1) 称取充分混匀的试样 10g (精确至 0.1mg) 置于抽脂瓶中。

2) 加入 2.0mL 氨水，充分混合后立即将抽脂瓶放入 65℃ ±5℃ 的水浴中，加热 15~20min，不时取出振荡，振荡完后取出冷却至室温，静止 30s。

3) 加入 10mL 乙醇，缓和但彻底地进行混合，应避免液体太接近瓶颈。

4) 加入 25mL 乙醚，塞上瓶塞，使抽脂瓶保持在水平位置，小球的延伸部分朝上夹到摇混器上，以约 100 次/min 的频率振荡 1min (也可采用手动振摇方式，但均应注意避免形成持久乳化液)。在抽脂瓶冷却后小心地打开塞子，用少量的混合溶剂冲洗塞子和瓶颈，使冲洗液流入抽脂瓶。

5) 加入 25mL 石油醚，塞上重新润湿的塞子，按 3) 所述轻轻振荡 30s。将加塞的抽脂瓶放入离心机中，在 500~600r/min 的转速下离心 5min，或者将抽脂瓶静置至少 30min，直到上层液澄清，并明显与水相分离。

6) 小心地打开瓶塞，用少量的 (1+1) 乙醚-石油醚混合溶剂冲洗塞子和瓶颈内壁，使冲洗液流入抽脂瓶。如果两相界面低于小球与瓶身相接处，则沿瓶壁边缘慢慢地加入水，使液面高于小球和瓶身相接处 (见图 2-3-1)，以便于倾倒。将上层液尽可能地倒入已准备好的加入沸石的脂肪收集瓶中，避免倒出水层 (见图 2-3-2)。

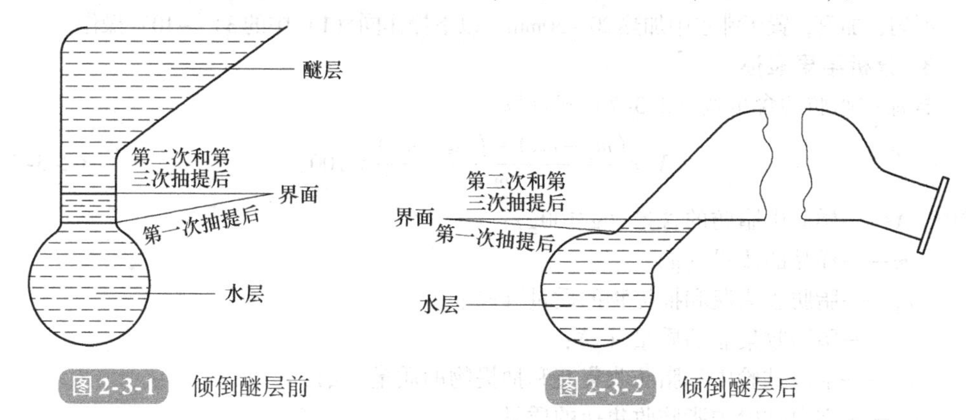

图 2-3-1　倾倒醚层前　　图 2-3-2　倾倒醚层后

7) 用少量 (1+1) 乙醚-石油醚混合溶剂冲洗瓶颈外部，将冲洗液收集在脂肪收集瓶中。向抽脂瓶中加入 5mL 乙醇，用乙醇冲洗瓶颈内壁并彻底地进行混合，应避免液体太接近瓶颈。

8) 重复 3) ~6) 操作，进行第二次抽提，但只用 15mL 乙醚和 15mL 石油醚。

9) 合并所有提取液，采用蒸馏的方法除去脂肪收集瓶中的溶剂 (也可于沸水浴上蒸发至干来除掉溶剂)。蒸馏前用少量 (1+1) 乙醚-石油醚混合溶剂冲洗瓶颈内部。

10) 将脂肪收集瓶放入 102℃ ±2℃ 的烘箱中加热 1h，然后取出脂肪收集瓶，冷却至室温，称量，精确至 0.1mg。重复至恒重 (两次连续称量差值不超过 0.5mg)，记录脂肪收集瓶和抽提物的最低质量。如果提取物全部溶于石油醚中，则含提取物的脂肪收集瓶的最终质量与最初质量之差即为脂肪含量。

（2）乳粉和乳基婴幼儿食品　乳粉和乳基婴幼儿食品取样：称取混匀后的试样，高脂乳粉、全脂乳粉、全脂加糖乳粉和乳基婴幼儿食品约1g（精确至0.0001g），脱脂乳粉、乳清粉、酪乳粉约1.5g（精确至0.0001g）。

1）不含淀粉样品：加入10mL温度为65℃ ±5℃的水，将试样洗入抽脂瓶的球中，充分混合，直到试样完全分散，放入流水中冷却。

2）含淀粉样品：将试样放入抽脂瓶中，加入约0.1g的淀粉酶和一根小磁性搅拌棒，混合均匀后，加入8～10mL 45℃的蒸馏水，注意液位不要太高。盖上瓶塞，在搅拌状态下，置于65℃水浴中2h，每隔10min摇混一次。为检验淀粉是否水解完全，可加入两滴约0.1mol/L的碘溶液，若无蓝色出现，则说明水解完全，否则将抽脂瓶重新置于水浴中，直至无蓝色产生。冷却抽脂瓶，以后操作同（1）中的2）～10）。

3）炼乳：脱脂炼乳、全脂炼乳和部分脱脂炼乳称取3～5g（精确至0.0001g），高脂炼乳称取约1.5g（精确至0.0001g），用10mL蒸馏水，分数次洗入抽脂瓶小球中，充分混合均匀。以后操作同（1）中的2）～10）。

4）奶油、稀奶油：先将奶油试样放入温水浴中溶解并混合均匀，然后称取试样约0.5g（精确至0.0001g），稀奶油，从中称取1g置于抽脂瓶中，加入8～10mL 45℃的蒸馏水，加2mL氨水充分混匀。以后操作同（1）中的2）～10）。

5）干酪：称取约2g（精确至0.0001g）研碎的试样置于抽脂瓶中，加10mL 6mol/L的盐酸，混匀，加塞，置于沸水中加热20～30min。以下操作同（1）中的3）～10）操作。

3. 分析结果表述

样品中脂肪的含量按（2-3-7）式计算。

$$X=\frac{(m_1-m_2)-(m_3-m_4)}{m}\times 100 \qquad (2\text{-}3\text{-}7)$$

式中　X——样品中脂肪的含量（g/100g）；

m——样品的质量（g）；

m_1——脂肪收集瓶和抽提物的质量（g）；

m_2——脂肪收集瓶的质量（g）；

m_3——空白试验中，脂肪收集瓶和抽提物的质量（g）；

m_4——空白试验中脂肪收集瓶的质量（g）。

以重复性条件下获得的两次独立测定结果的算术平均值表示，结果保留三位有效数字。

在重复性条件下获得的两次独立测定结果之差应符合：脂肪含量大于或等于15%时，小于或等于0.3g/100g；脂肪含量为5%～15%时，小于或等于0.2g/100g；脂肪含量小于或等于5%时，小于或等于0.1g/100g。

4. 说明

1）乳类脂肪虽属于游离脂肪，但因脂肪球被乳中酪蛋白钙盐包裹，又处于高度分散的胶体分散系，故不能直接被乙醚和石油醚提取，需预先用氨水处理，故此法也称为碱性乙醚提取法。加氨水后，要充分混匀，否则会影响下一步醚对脂肪的提取。

2）加入乙醇的作用是沉淀蛋白质以防止乳化，并溶解醇溶性物质，使其留在水中

避免进入醚层而影响结果。

3）加入石油醚的作用是降低乙醚极性，使乙醚与水不混溶，只抽提出脂肪，并可使分层清晰。

 盖勃氏乳脂计法

该方法适用于巴氏杀菌乳、灭菌乳、生乳中脂肪的测定。

1. 方法原理

在乳中加入硫酸破坏乳胶质性和覆盖在脂肪球上的蛋白质外膜，离心分离脂肪后测量其体积。

2. 仪器和设备

1）乳脂离心机。

2）盖勃氏乳脂计：最小刻度值为0.1%，如图2-3-3所示。

3）10.75mL的单标乳吸管。

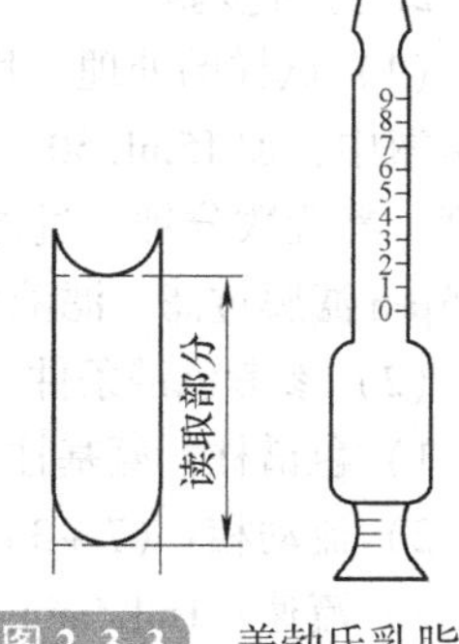

图2-3-3　盖勃氏乳脂计

3. 分析步骤

向盖勃氏乳脂计中先加入10mL硫酸（ρ=1.84g/L），再沿着管壁小心准确地加入10.75mL样品，使样品不与样品混合，然后加1mL异戊醇（分析纯），塞上橡胶塞，使瓶口向下，同时用布包裹以防冲出，用力振摇使其呈均匀棕色液体，静置数分钟（瓶口向下），置于65～70℃水浴中保温5min。取出后将其置于乳脂离心机中以1100r/min的转速离心5min，再置于65～70℃水浴水中保温5min（注意水浴水面应高于乳脂计脂肪层），取出，立即读数，即为脂肪的含量。

在重复性条件下获得的两次独立测定结果的绝对差值不得超过算术平均值的5%。

4. 说明

1）硫酸的作用是破坏脂肪球膜，使脂肪游离出来，同时还可以增加液体相对密度，使脂肪容易浮出。

2）异戊醇的作用是促使脂肪析出，并降低脂肪球表面张力，以利于形成连续的脂肪层。

3）加热（65～70℃水浴）和离心的目的是促使脂肪离析。

第八节　乳及乳制品中乳糖、蔗糖的测定

乳中所含的糖类以乳糖为主，另外还有少量的葡萄糖、半乳糖和低聚糖等。乳中2%～8%的固体成分为乳糖。乳糖是一种双糖，是由一分子β-D-半乳糖和一分子β-D-葡萄糖在β-1，4-位形成糖苷键相连而得到的，具有还原性。

乳糖是乳基婴幼儿配方食品的重要营养指标之一。婴儿配方食品的国家标准中规定，乳糖占碳水化合物总量应大于等于90%（质量分数）。对于其他乳制品，根据它们的营养

功能不同、加工工艺特点的要求以及防止掺假问题等，对乳制品中的乳糖、蔗糖含量也有相应的指标要求。所以，乳及乳制品中乳糖、蔗糖的测定是乳品检验的重要项目之一。

《食品安全国家标准　婴幼儿食品和乳品中乳糖、蔗糖的测定》（GB 5413.5—2010）中乳糖和蔗糖的测定方法主要有高效液相色谱法（第一法）和莱因-埃农氏法（第二法）。

一　高效液相色谱法

1. 方法原理

试样中的乳糖、蔗糖经提取后，利用高效液相色谱柱分离，用示差折光检测器或蒸发光散射检测器检测，用外标法进行定量。

2. 分析步骤

（1）试样的处理　称取固态试样 1g 或液态试样 2.5g（精确到 0.1mg）置于 50mL 容量瓶中，加 15mL 50～60℃的水溶解，于超声波振荡器中振荡 10min，用乙腈定容至刻度，静置数分钟，过滤。取 5.0mL 过滤液置于 10mL 容量瓶中，用乙腈定容，通过 0.45μm 滤膜过滤。滤液供色谱分析用，可根据具体试样进行稀释。

（2）参考色谱条件

1）色谱柱：氨基柱 4.6mm×250mm，5μm，或具有同等性能的色谱柱。

2）流动相：（7+3）乙腈-水。

3）流速：1mL/min。

4）柱温：35℃。

5）进样量：10μL。

6）示差折光检测器条件：温度为 33～37℃。

7）蒸发光散射检测器条件：飘移管温度为 85～90℃，气流量为 2.5L/min，撞击器应处于关状态。

（3）标准曲线的制作　将标准系列工作液（检测前配制）分别注入高效液相色谱仪中，测定相应的峰面积或峰高，以峰面积或峰高为纵坐标，以标准工作液的质量浓度为横坐标绘制标准曲线。

（4）试样溶液的测定　将试样溶液注入高效液相色谱仪中，测定峰面积或峰高，从标准曲线中查得试样溶液中糖的质量浓度。

3. 分析结果表述

试样中糖的含量按式（2-3-8）计算。

$$X=\frac{c\times V\times 100\times n}{m\times 1000} \tag{2-3-8}$$

式中　X——试样中糖的含量（g/100g）；

c——样液中糖的质量浓度（mg/mL）；

V——试样定容体积（mL）；

n——样液稀释倍数；

m——试样的质量（g）。

以重复性条件下获得的两次独立测定结果的算术平均值表示，结果保留三位有效数字。在重复条件下获得的两次独立测定结果的绝对差值不得超过算术平均值的5%。

二　莱因-埃农氏法

1. 方法原理

（1）乳糖　在试样除去蛋白质后，在加热条件下，以次甲基蓝为指示剂，直接滴定已标定过的费林氏液，根据样液消耗的体积，计算乳糖含量。

（2）蔗糖　在试样除去蛋白质后，其中的蔗糖经盐酸水解为还原糖，再按还原糖测定。用蔗糖水解前后的含量差值乘以相应的系数即为蔗糖含量。

2. 分析步骤

（1）乳糖的测定

1）费林氏液的标定（用乳糖标定）

① 称取预先在94℃ ±2℃烘箱中干燥2h的乳糖标样约0.75g（精确到0.1mg），置于250mL锥形瓶中，用水溶解并定容至刻度，然后将此乳糖溶液注入一个50mL滴定管中，待滴定。

② 预滴定：准确吸取10mL费林氏液（甲、乙液各5mL）置于250mL锥形瓶中，加入20mL蒸馏水，放入几粒玻璃珠，从滴定管中放出15mL样液于锥形瓶中，然后将锥形瓶置于电炉上加热，使液在2min内沸腾，保持沸腾状态15s，加入3滴次甲基蓝溶液（10g/L），继续滴入样液至溶液蓝色完全褪尽为止，读取所用样液的体积。

③ 精确滴定：另准确取10mL费林氏液（甲、乙液各5mL）置于250mL锥形瓶中，再加入20mL蒸馏水，放入几粒玻璃珠，加入比预滴定量少0.5~1.0mL的样液，然后将锥形瓶置于电炉上，使溶液在2min内沸腾，维持沸腾状态2min，加入3滴次甲基蓝溶液（10g/L），以每两秒一滴的速度徐徐滴入样液，溶液蓝色完全褪尽即为终点，记录消耗的样液体积V_1。

2）试样的处理：称取婴儿食品或脱脂粉2g（全脂加糖粉或全脂粉2.5g，乳清粉1g，精确到0.1mg），用100mL水分数次溶解并洗入250mL容量瓶中，徐徐加入4mL乙酸铅溶液、4mL（3+7）草酸钾-磷酸氢二钠溶液，并振荡容量瓶，用水稀释至刻度，静置数分钟，用干燥滤纸过滤，弃去最初25mL滤液后，所得滤液作滴定用。

3）样品的滴定

① 预滴定：操作同1）的②。

② 精确滴定：操作同1）的③。

（2）蔗糖的测定

1）费林氏液的标定（用蔗糖标定）：准确称取在105℃ ±2℃烘箱中干燥2h的蔗糖约0.2g（精确到0.1mg，记录m_2），用50mL水溶解并洗入100mL容量瓶中，加水10mL，再加入10mL盐酸，置于75℃水浴锅中，时时摇动，使溶液温度为67.0~69.5℃，保温5min，冷却后，加2滴5g/L的酚酞溶液，用300g/L的氢氧化钠溶液调至微粉色，用水定容至刻度，后续按1）的②、③进行预滴定和准确滴定。

2）样品的转化与滴定：取 50mL 样液（乳糖测定步骤“2）”中的滤液）置于 100mL 容量瓶中，按上述蔗糖标准试样酸解方式酸解和滴定。

3. 分析结果表述

1）按式（2-3-9）和式（2-3-10）计算费林试液的乳糖校正值 f_1。

$$A_1 = \frac{V_1 \times m_1 \times 1000}{250} = 4 \times V_1 \times m_1 \tag{2-3-9}$$

$$f_1 = \frac{4 \times V_1 \times m_1}{AL_1} \tag{2-3-10}$$

式中 A_1——实测乳糖数（mg）；

V_1——滴定时消耗乳糖溶液的体积（mL）；

m_1——称取乳糖的质量（g）；

f_1——费林氏液的乳糖校正值；

AL_1——由乳糖液滴定毫升数查表 2-3-3 所得的乳糖数（mg）。

表 2-3-3 乳糖及转化糖因数表（10mL 费林氏液）

滴定量/mL	乳糖/mg	转化糖/mg	滴定量/mL	乳糖/mg	转化糖/mg
15	68.3	50.5	33	67.8	51.7
16	68.2	50.6	34	67.9	51.7
17	68.2	50.7	35	67.9	51.8
18	68.1	50.8	36	67.9	51.8
19	68.1	50.8	37	67.9	51.9
20	68.0	50.9	38	67.9	51.9
21	68.0	51.0	39	67.9	52.0
22	68.0	51.0	40	67.9	52.0
23	67.9	51.1	41	68.0	52.1
24	67.9	51.2	42	68.0	52.1
25	67.9	51.2	43	68.0	52.2
26	67.9	51.3	44	68.0	52.2
27	67.8	51.4	45	68.1	52.3
28	67.8	51.4	46	68.1	52.3
29	67.8	51.5	47	68.2	52.4
30	67.8	51.5	48	68.2	52.4
31	67.8	51.6	49	68.2	52.5
32	67.8	51.6	50	68.3	52.5

注：“因数”是指滴定量相对应的数目，由表中查得。若蔗糖含量与乳糖含量比超过 3∶1，则在滴定量中加表 2-3-4 中的校正值后计算。

表 2-3-4 乳糖滴定量校正值数

滴定终点时所用的糖液量/mL	用 10mL 费林氏液、蔗糖及乳糖量的比	
	3∶1	6∶1
15	0.15	0.30
20	0.25	0.50
25	0.30	0.60
30	0.35	0.70
35	0.40	0.80
40	0.45	0.90
45	0.50	0.95
50	0.55	1.05

2）按式（2-3-11）和式（2-3-12）计算费林试液的蔗糖校正值f_2。

$$A_2 = \frac{V_2 \times m_2 \times 1000}{100 \times 0.95} = 10.5263 \times V_2 \times m_2 \tag{2-3-11}$$

$$f_2 = \frac{10.5263 \times V_2 \times m_2}{AL_2} \tag{2-3-12}$$

式中 A_2——实测转化糖数（mg）；

V_2——滴定时消耗蔗糖溶液的体积（mL）；

m_2——称取蔗糖的质量（g）；

0.95——果糖相对分子质量和葡萄糖相对分子质量之和与蔗糖相对分子质量的比值；

f_2——费林氏液的蔗糖校正值；

AL_2——由蔗糖溶液滴定的毫升数查表 2-3-3 所得的转化糖数（mg）。

3）试样中乳糖的含量按式（2-3-13）计算。

$$X = \frac{F_1 \times f_1 \times 0.25 \times 100}{V_1 \times m} \tag{2-3-13}$$

式中 X——试样中乳糖的含量（g/100g）；

F_1——由消耗样液的毫升数查表 2-3-3 所得乳糖数（mg）；

f_1——费林氏液乳糖校正值；

V_1——滴定消耗滤液量（mL）；

m——试样的质量（g）。

以重复性条件下获得的两次独立测定结果的算术平均值表示，结果保留三位有效数字。

4）试样中蔗糖的计算

① 用测定乳糖时的滴定量，按（2-3-14）计算出相对应的转化前转化糖的含量。

$$X_1 = \frac{F_2 \times f_2 \times 0.25 \times 100}{V_1 \times m} \tag{2-3-14}$$

式中　X_1——转化前转化糖的含量（g/100g）；

F_2——由测定乳糖时消耗样液的毫升数查表2-3-3所得转化糖数（mg）；

f_2——费林氏液蔗糖校正值；

V_1——滴定消耗滤液量（mL）；

m——样品的质量（g）。

② 用测定蔗糖时的滴定量，按式（2-3-15）计算出相对应的转化后转化糖的含量。

$$X_2 = \frac{F_3 \times f_2 \times 0.50 \times 100}{V_2 \times m} \tag{2-3-15}$$

式中　X_2——转化后转化糖的含量（g/100g）；

F_3——由测定乳糖时消耗样液的毫升数查表2-3-3所得转化糖数（mg）；

f_2——费林氏液蔗糖校正值；

m——样品的质量（g）；

V_2——滴定消耗的转化液量（mL）。

③ 试样中蔗糖的含量按式（2-3-16）计算。

$$X = (X_2 - X_1) \times 0.95 \tag{2-3-16}$$

式中　X——试样中蔗糖的含量（g/100g）；

X_1——转化前转化糖的含量（g/100g）；

X_2——转化后转化糖的含量（g/100g）。

以重复性条件下获得的两次独立测定结果的算术平均值表示，结果保留三位有效数字。在重复性条件下获得的两次独立测定结果的绝对差值不得超过算术平均值的1.5%。

第九节　乳及乳制品中非脂乳固体的测定

非脂乳固体是牛奶中除了脂肪和水分之外的物质总称。非脂乳固体的主要组成为蛋白质类（质量分数为2.7%～2.9%）、糖类、酸类、维生素类等。鲜奶中非脂乳固体的含量一般为9%～12%（质量分数）。

乳及乳制品中非脂乳固体的测定，可以为乳品掺假的辨别和食品感官、营养品质控制提供依据。

依据《食品安全国家标准　乳和乳制品中非脂乳固体的测定》（GB 5413.39—2010），非脂乳固体含量测定方法为重量分析法。

1. 方法原理

先分别测定出乳及乳制品中的总固体含量、脂肪含量（若添加了蔗糖等非乳成分，应则将其含量扣除），再用总固体含量减去脂肪和蔗糖等非乳成分含量，即为非脂乳固体含量。

2. 分析步骤

（1）总固体含量的测定　在平底皿盒中加入20g处理好的石英砂或海砂，先在100℃±2℃的干燥箱中干燥2h，再于干燥器冷却0.5h，称量，并反复干燥至恒重。称取5.0g试样置于恒重的皿内，将皿置水浴上蒸干，擦去皿外的水渍，于100℃ ±2℃的干燥箱中干燥3h，取出放入干燥器中冷却0.5h，称量，再于100℃ ±2℃的干燥箱中干燥1h，取出冷却后称量，直至前后两次质量相差不超过1.0mg，记录较小值。

（2）脂肪含量的测定　参见本章第七节。

（3）蔗糖含量的测定　参见本章第八节。

3. 分析结果表述

（1）试样中总固体的含量

$$X = \frac{m_1 - m_2}{m} \times 100 \tag{2-3-17}$$

式中　X——试样中总固体的含量（g/100g）；

m_1——皿盒、石英砂或海砂加试样干燥后的质量（g）；

m_2——皿盒、石英砂或海砂的质量（g）；

m——试样的质量（g）。

（2）非脂乳固体含量的计算

$$X_{NFT} = X - X_1 - X_2 \tag{2-3-18}$$

式中　X_{NFT}——试样中非脂乳固体的含量（g/100g）；

X——试样中总固体的含量（g/100g）；

X_1——试样中脂肪的含量（g/100g）；

X_2——试样中蔗糖的含量（g/100g）。

以重复性条件下获得的两次独立测定结果的算术平均值表示，结果保留三位有效数字。

第十节　乳及乳制品中脲酶的定性检验

脲酶是催化尿素水解的酶，广泛存在于植物中，在大豆和刀豆的种子中的含量较大。脲酶能够催化分解酰胺和尿素，产生二氧化碳和氨，是大豆各种酶中活性最强的，也是大豆的抗营养因子之一，但易受热失活。由于脲酶活性容易检测，因此，国内外均将脲酶作为大豆抗营养因子活力的一种指标酶。脲酶活性转阴性，则标志其他抗营养因子均已失活。

动物乳中不含脲酶，因此可通过乳制品中脲酶指标的检测，来检验乳及乳制品生产过程中是否有掺假行为。婴儿配方食品、较大婴儿和幼儿配方食品的国家标准规定，脲酶活性检测应为阴性。本节介绍的方法依据《婴幼儿配方食品和乳粉　脲酶的定性检验》（GB/T5413.31—1997）。

1. 方法原理

脲酶在适当酸碱度和温度下，催化尿素转化成碳酸铵，而碳酸铵在碱性条件下形成氢氧化铵，与钠氏试剂中的碘化钾汞复盐作用形成棕色的碘化汞铵。通过反应后颜色的观察，得到定性结果。反应式为

$$NH_2CONH_2 + 2H_2O \xrightarrow{\text{脲酶}} (NH_4)_2CO_3$$

$$(NH_4)_2CO_3 + 2OH^- \longrightarrow CO_3^{2-} + 2NH_4OH$$

$$K_2[HgI_4] + KOH + NH_3 \longrightarrow NH_2HgI + 3KI + H_2O$$

黄棕色沉淀

2. 分析步骤

（1）样液的制备　取甲、乙两支10mL的比色管，各加入0.1g样品，1mL蒸馏水，振摇0.5min（约100次），然后各加入1mL中性缓冲溶液（磷酸氢二钠与磷酸二氢钾混合溶液）。

（2）酶促反应　向甲管（样品管）加入1mL尿素溶液（10g/L），再向乙管（空白对照管）加入1mL蒸馏水，两管摇匀后，置于40℃水浴中保温20min。

（3）酶解液处理　从水浴中取出两管后，各加4mL蒸馏水，摇匀，再加1mL钨酸钠溶液（100g/L），摇匀，加1mL体积分数为5%的硫酸溶液，摇匀，过滤备用。

（4）显色反应　取上述滤液2mL，分别注入2支25mL具塞的比色管中，各加入15mL水，1mL酒石酸钾钠溶液（20g/L），2mL钠氏试剂，最后以蒸馏水定容至25mL，摇匀，观察结果。

3. 分析结果表述

分析结果按表2-3-5进行判定。

表2-3-5　脲酶定性判定

脲酶定性	表示符号	显示结果
强阳性	++++	砖红色混浊或澄清液
次强阳性	+++	橘红色澄清液
阳性	++	深金黄色或黄色澄清液
弱阳性	+	淡黄色或微黄色澄清液
阴性	−	样品管与空白对照管同色或更淡

4. 说明

钠氏试剂：称取红色碘化汞55g，碘化钾41.25g，溶于250mL蒸馏水中，溶解后，倒入1000mL容量瓶中。再称取氢氧化钠144g，溶于500mL水中，溶解并冷却后，再缓慢地倒入上述1000mL的容量瓶中，加水至刻度，摇匀，倒入试剂瓶中静止后，用上清液。

第十一节　乳及乳制品中不溶性膳食纤维的测定

膳食纤维是一种不能被人体消化的碳水化合物，分为水溶性纤维与非水溶性纤维。纤维素、部分半纤维素和木质素是3种常见的非水溶性纤维，可增加食物通过消化道的速率，且可预防某些癌症的发生。水溶性纤维可减缓消化速度和最快速排泄胆固醇，有助于调节免疫系统功能，促进体内有毒重金属的排出。大多数植物都含有水溶性与非水溶性纤维，所以应饮食均衡，以摄取水溶性与非水溶性纤维。

膳食纤维多应用于婴幼儿的营养产品，是婴幼儿配方乳品的重要营养指标之一。

测定依据：国家标准《食品安全国家标准　婴幼儿食品和乳品中不溶性膳食纤维

的测定》（GB 5413.6—2010）。

1. 方法原理

使用中性洗涤剂将试样中的糖、淀粉、蛋白质、果胶等物质溶解除去，不能溶解的残渣为不溶性膳食纤维，主要包括纤维素、半纤维素、木质素、角质和二氧化硅等，并包括不溶性灰分。

2. 分析步骤

（1）样品的称量与处理　称取固体试样 0.5～1.0g 或液体试样 8.0g（精确到 0.1mg，记录为 m），置于高型无嘴烧杯中，若试样脂肪含量超过 10%（质量分数），则需先去除脂肪（如 1.00g 试样，用石油醚 30～60℃提取 3 次，每次 10mL）。向其中加 100mL 中性洗涤剂溶液，再加 0.5g 无水亚硫酸钠，然后用电炉加热，5～10min 内使其煮沸，将其移至电热板上，保持微沸 1h。

（2）用酸玻璃滤器称量　在耐酸玻璃滤器中铺 1～3g 玻璃棉，移至烘箱内，于 110℃烘 4h，然后取出置于干燥器中冷至室温，称量，得 m_1（精确到 0.1mg）。

（3）试样抽滤　将煮沸后的试样趁热倒入滤器中，用水泵抽滤，然后用 500mL 热水（90～100℃），分数次洗烧杯及滤器，抽滤至干。洗净滤器下部的液体和泡沫，塞上橡胶塞。

（4）试样淀粉酶解　向滤器中加酶液，液面需覆盖纤维，并用细针挤压掉其中的气泡，然后加数滴甲苯，盖上表面皿，于 37℃恒温箱中过夜。取出滤器，除去底部塞子，将酶液抽滤出去，并用 300mL 热水分数次洗去残留酶液，然后用碘液检查是否有淀粉残留，若有残留，则继续加酶水解，若淀粉已除尽，则抽干，再以丙酮洗 2 次。

（5）酸玻璃滤器与不溶纤维的称量　将滤器置于烘箱中，于 110℃烘 4h，取出，置于干燥器中，冷至室温，称量，得 m_2（精确到 0.1mg）。

3. 分析结果表述

试样中不溶性膳食纤维的含量按式（2-3-19）计算。

$$X=\frac{m_2-m_1}{m}\times 100 \tag{2-3-19}$$

式中　X——试样中不溶性膳食纤维的含量（g/100g）；

m_1——滤器加玻璃棉的质量（g）；

m_2——滤器加玻璃棉及试样中纤维的质量（g）；

m——试样质量（g）。

以重复性条件下获得的两次独立测定结果的算术平均值表示，结果保留三位有效数字。在重复性条件下获得的两次独立测定结果的绝对差值不得超过算术平均值的 10%。

第十二节　乳及乳制品中亚硝酸盐与硝酸盐的测定

乳和乳制品中残留的硝酸盐和亚硝酸盐主要来源于饲料、生产用水或人为掺假。因此，控制食品中亚硝酸盐的含量就成为乳及乳制品加工中一个至关重要的关键点。亚硝酸盐的含量也是乳及乳制品质量安全的重要指标。《食品安全国家标准　婴幼儿配方食品》（GB 10765—2010）中规定亚硝酸盐含量应小于或等于2mg/kg，硝酸盐含量应小于或等于100mg/kg。

《食品安全国家标准　食品中亚硝酸盐与硝酸盐的测定》（GB 5009.33—2010）中的第三法适用于乳及乳制品中亚硝酸盐与硝酸盐的测定。

1. 方法原理

试样经沉淀蛋白质、除去脂肪后，用镀铜镉粒使部分滤液中的硝酸盐还原为亚硝酸盐。在滤液和已还原的滤液中，加入磺胺和N-1-萘基-乙二胺二盐酸盐，使其显粉红色，然后用分光光度计在538nm波长下测其吸光度。将测得的吸光度与亚硝酸钠标准系列溶液的吸光度进行比较，就可计算出样品中亚硝酸盐的含量和硝酸盐还原后亚硝酸的总量，从两者之间的差值可以计算出硝酸盐的含量。

2. 仪器和设备

硝酸盐还原装置（镀铜镉柱）如图2-3-4所示。

（1）制备镉粒与镀铜镉柱

1）制备镉粒：镉粒直径为0.3～0.8mm。也可按下述方法制备：将适量的锌棒放入烧杯中，用40g/L的硫酸镉（$CdSO_4 \cdot 8H_2O$）溶液浸没锌棒，在24h之内，不断将锌棒上的海绵状镉刮下来。取出锌棒，滗出烧杯中多余的溶液，剩下的溶液能浸没镉即可。用蒸馏水冲洗海绵状镉2次或3次，然后把镉移入小型搅拌器中，同时加入400mL 0.1mol/L的盐酸。搅拌几秒钟，以得到所需粒度的镉粒。将搅拌器中的镉粒连同溶液一起倒回烧杯中，静置几小时，这期间要搅拌几次以除掉气泡。倾出大部分溶液，立即镀铜。

2）制备镀铜镉柱

① 置镉粒于锥形瓶中（所用镉粒的量以达到要求的镉柱高度为准），加足量的盐酸（2mol/L）以浸没镉粒，摇晃几分钟，滗出溶液，在锥形瓶中用水反复冲洗，直到把氯化物全部冲洗掉。在镉粒上镀铜。向镉粒中加入硫酸铜溶液（每克镉粒约需2.5mL），振荡1min。滗出液体，立即用水冲洗镀铜镉粒。注意：镉粒要始终用水浸没。当冲洗水中不再有铜沉淀时，停止冲洗。在用于盛装镀铜镉粒的玻璃柱的底部装上几厘米高的玻璃纤维（见图2-3-4），然后在玻璃柱中灌入水，排净气泡。将镀铜镉粒尽快地装入玻璃柱，应使其暴露于空气的时间尽量短。镀铜镉粒的高度应在15～20cm的范围内。

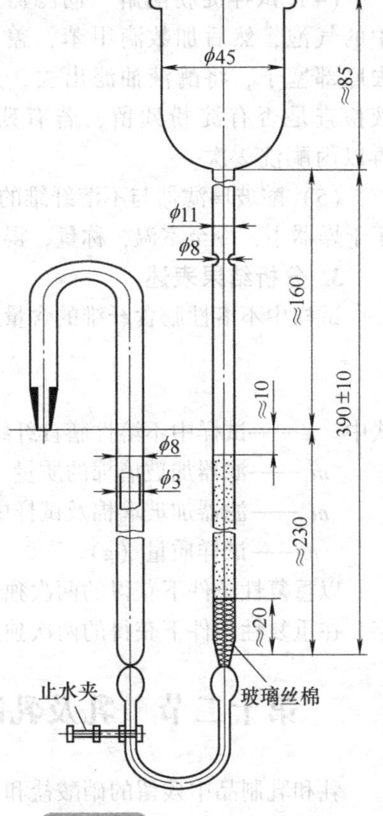

图2-3-4　硝酸盐还原装置

注意：应避免在颗粒之间遗留空气；不能让液面低于镀铜镉粒的顶部。

② 新制备柱的处理：将由 750mL 水、225mL 硝酸钾标准溶液、20mL 缓冲溶液和 20mL EDTA 溶液组成的混合液以不大于 6mL/min 的流量通过刚装好镉粒的玻璃柱，接着用 50mL 水以同样的流速冲洗该柱。

（2）检查柱的还原能力　用移液管将 20mL 的硝酸钾标准溶液移入还原柱顶部的储液杯中，立即向该储液杯中添加 5mL 缓冲溶液，用一个 100mL 的容量瓶收集洗提液。洗提液的流量不应超过 6mL/min。在储液杯将要排空时，用约 15mL 水冲洗杯壁。在冲洗水流尽后，再用 15mL 水重复冲洗。在第二次冲洗水也流尽后，将储液杯灌满水，并使其以最大流量流过柱子。当容量瓶中的洗提液接近 100mL 时，从柱子下取出容量瓶，用水定容至刻度，混合均匀。移取 10mL 洗提液置于 100mL 容量瓶中，加水至 60mL 左右，然后进行显色和测定。

根据测得的吸光度，从标准曲线上可查得稀释洗提液中的亚硝酸盐含量（μg/mL）。据此可计算出以百分率表示的柱还原能力（当 NO^- 的含量为 0.067μg/mL 时，其还原能力为 100%）。如果还原能力小于 95%，则柱子就需要再生。

注意：每天至少要进行两次，一般在开始时和一系列测定之后进行。

（3）柱子的再生　在 100mL 水中加入约 5mL EDTA 溶液和 2mL 盐酸，以 10mL/min 左右的速度过柱。在储液杯中混合液排空后，按顺序用 25mL 水、25mL 盐酸和 25mL 水冲洗柱子。检查镉柱的还原能力，若低于 95%，则要重复再生。

3. 分析步骤

（1）样品的称取和溶解

1）液体乳样品：量取 90mL 样品置于 500mL 锥形瓶中，用 22mL 50～55℃ 的水分数次冲洗样品量筒，将冲洗液倾入锥形瓶中，混匀。

2）乳粉样品：在 100mL 烧杯中称取 10g 样品，准确至 0.001g，然后用 112mL 50～55℃ 的水将样品洗入 500mL 锥形瓶中，混匀。

3）乳清粉及以乳清粉为原料生产的粉状婴幼儿配方食品样品：在 100mL 烧杯中称取 10g 样品，准确至 0.001g，然后用 112mL 50～55℃ 的水将样品洗入 500mL 锥形瓶中，混匀。用铝箔纸盖好锥形瓶口，将溶好的样品在沸水中煮 15min，然后冷却至约 50℃。

（2）脂肪和蛋白的去除　按顺序加入 24mL 硫酸锌溶液、24mL 亚铁氰化钾溶液和 40mL 缓冲溶液（加入时要边加边摇，每加完一种溶液都要充分摇匀），静置 15min～1h，然后用滤纸过滤，滤液用 250mL 锥形瓶收集。

（3）硝酸盐还原为亚硝酸盐　移取 20mL 滤液置于 100mL 小烧杯中，加入 5mL 缓冲溶液，摇匀，倒入镉柱顶部的储液杯中，以小于 6mL/min 的流速过柱。洗提液（过柱后的液体）接入 100mL 容量瓶中。当储液杯快要排空时，用 15mL 水冲洗小烧杯，再倒入储液杯中。在冲洗水流完后，再用 15mL 水重复一次。当第二次冲洗水快流尽时，将储液杯装满水，以最大流速过柱。当容量瓶中的洗提液接近 100mL 时，取出容量瓶，用水定容，混匀。

（4）测定　分别移取 20mL 洗提液和 20mL 滤液置于 100mL 容量瓶中，加水至约

60mL。在每个容量瓶中先加入6mL显色液1，边加边混，再加入5mL显色液2，然后小心混合溶液，使其在室温下静置5min，并避免阳光直射。加入2mL显色液3，小心混合，使其在室温下静置5min，并避免阳光直射，然后用水定容至刻度，混匀。在15min内，用538nm波长，以空白试验液体为对照测定上述样品溶液的吸光度。

（5）标准曲线的制作

1）分别移取（或用滴定管放出）0mL、2mL、4mL、6mL、8mL、10mL、12mL、16mL和20mL亚硝酸钠标准溶液，置于9个100mL容量瓶中，然后在每个容量瓶中加水，使其体积约为60mL。

2）在每个容量瓶中先加入6mL显色液1，边加边混，再加入5mL显色液2，然后小心混合溶液，使其在室温下静置5min，并避免阳光直射。

3）加入2mL显色液3，小心混合，使其在室温下静置5min，并避免阳光直射，然后用水定容至刻度，混匀。

4）在15min内，用538nm波长，以第一个溶液（不含亚硝酸钠）为对照测定另外8个溶液的吸光度。

5）将测得的吸光度对亚硝酸根质量浓度作图（亚硝酸根的质量浓度为横坐标，吸光度为纵坐标）。亚硝酸根的质量浓度可根据加入的亚硝酸钠标准溶液的量计算出。亚硝酸根的质量浓度以μg/100mL表示。

4. 分析结果表述

（1）亚硝酸盐含量　样品中亚硝酸根含量按式（2-3-20）计算。

$$X=\frac{20000\times c_1}{m\times V_1} \tag{2-3-20}$$

式中　X——样品中亚硝酸根的含量（mg/kg）；

c_1——根据滤液的吸光度，从标准曲线上读取的NO_2^-的质量浓度（μg/100mL）；

m——样品的质量（液体乳的样品质量为90×1.030g）（g）；

V_1——所取滤液的体积（mL）。

样品中以亚硝酸钠表示的亚硝酸盐含量按式（2-3-21）计算

$$W(NaNO_2)=1.5\times W(NO_2^-) \tag{2-3-21}$$

式中　$W(NO_2^-)$——样品中亚硝酸根的含量（mg/kg）；

$W(NaNO_2)$——样品中以亚硝酸钠表示的亚硝酸盐的含量（mg/kg）。

以重复性条件下获得的两次独立测定结果的算术平均值表示，结果保留两位有效数字。

（2）硝酸盐的含量　样品中硝酸根的含量按式（2-3-22）计算。

$$X=1.35\times\left[\frac{100000\times c_2}{m\times V_2}-W(NO_2^-)\right] \tag{2-3-22}$$

式中　X——样品中硝酸根的含量（mg/kg）；

c_2——根据洗提液的吸光度，从标准曲线上读取的亚硝酸根离子的质量浓度（μg/100mL）；

m——样品的质量（g）；

V_2——所取洗提液的体积（mL）；

$W(NO_2^-)$——根据式（2-3-20）计算出的亚硝酸根含量。

若考虑柱的还原能力，样品中硝酸根的含量按式（2-3-23）计算。

$$X = 1.35 \times \left[\frac{100000 \times c_2}{m \times V_2} - W(NO_2^-)\right] \times \frac{100}{r} \tag{2-3-23}$$

式中 X——样品中硝酸根的含量（mg/kg）；

r——测定一系列样品后柱的还原能力。

样品中以硝酸钠计的硝酸盐的含量按式（2-3-24）计算。

$$W(NaNO_3) = 1.371 \times W(NO_3^-) \tag{2-3-24}$$

式中 $W(NO_3^-)$——样品中硝酸根的含量（mg/kg）；

$W(NaNO_3)$——样品中以硝酸钠计的硝酸盐的含量（mg/kg）。

以重复性条件下获得的两次独立测定结果的算术平均值表示，结果保留两位有效数字。

由同一分析人员在短时间间隔内测定的两个亚硝酸盐含量之间的差值，不应超过1mg/kg。

由同一分析人员在短时间间隔内测定的两个硝酸盐含量之间的差值，在硝酸盐含量小于30mg/kg时，不应超过3mg/kg；在硝酸盐含量大于30mg/kg时，不应超过结果平均值的10%。

由不同实验室的两个分析人员对同一样品测得的两个硝酸盐含量之间的差值，在硝酸盐含量小于30mg/kg时，差值不应超过8mg/kg；在硝酸盐含量大于或等于30mg/kg时，该差值不应超过结果平均值的25%。

5. 说明

1）镉是有害元素之一，在制作海绵镉或处理镉柱时，不要用手直接接触，同时注意不要弄到皮肤上，一旦接触应立即用水冲洗。另外，制备、处理过程中的废弃液含大量的镉，应在处理之后再排放，以免造成环境污染。

2）样品处理中的饱和硼砂液、亚铁氰化钾溶液、乙酸锌溶液为蛋白质沉淀剂。

3）镉柱每次使用完毕后，应先以25mL 0.1mol/L的盐酸溶液洗涤，再以重蒸水洗涤2次，每次25mL，最后要用水覆盖镉柱。为了保证硝酸盐的测定结果准确，应经常对镉柱的还原效能进行检查。

4）氨缓冲液既可控制溶液的pH值，又可缓解镉对亚硝酸根的还原作用，还可作为配位剂，以防止反应生成的Cd^{2+}与OH^-形成沉淀。

5）显色液的组成：显色液1为体积比为450:550的盐酸；显色液2为5g/L的磺胺溶液；显色液3为1g/L的萘胺盐酸盐溶液。

第十三节 乳及乳制品中矿物元素的测定

微量元素也叫痕量元素，属于七大营养素中矿物质的一类，包括铁、铜、锌、钴、锰、铬、硒、碘、镍、氟、钼、钒、锡、硅、锶、硼、铷、砷等十几种（常见的钙、磷、钠、钾、氯、镁、硫属于常量元素，占人体总质量的万分之一以上）。虽然微量元素在体内的含量微乎其微（占人体总质量的万分之一以下），但对维持人体正常的新陈代谢活动具有十分重要的作用，是维持生命不可或缺的元素。

鉴于矿物元素对人体健康的重要意义，国家对婴儿配方奶粉中矿物元素的含量有具体的要求。《食品安全国家标准　婴儿配方食品》（GB 10765—2010）中对矿物质的含量进行了规定：婴儿配方奶粉在即食状态下每 100mL 所含的能量应在 60～70kcal（1cal＝4.1868J）范围内，其中矿物质指标见表 2-3-6。

表 2-3-6　矿物质指标

营养素	指标		营养素	指标	
	最小值/100kJ	最大值/100kJ		最小值/100kJ	最大值/100kJ
钠/（mg）	5	14	磷/（mg）	6	24
钾/（mg）	14	43	铜/（μg）	8.5	29.0
镁/（mg）	1.2	3.6	锰/（μg）	1.2	24.0
铁/（mg）	0.10	0.36	碘/（μg）	2.5	14.0
锌/（mg）	0.12	0.36	硒/（μg）	0.48	1.90
钙/（mg）	12	35	氯/（mg）	12	38

《食品安全国家标准　婴幼儿食品和乳品中钙、铁、锌、钠、钾、镁、铜和锰的测定》（GB 5413.21—2010）中推荐的矿物元素测定方法为火焰原子吸收分光光度法，国家标准《食品安全国家标准　婴幼儿食品和乳品中磷的测定》（GB 5413.22—2010）中推荐的矿物元素测定方法为分光光度法。

一　钙、铁、锌、钠、钾、镁、铜、锰的测定

1. 方法原理

试样经干法灰化，分解有机质后，加酸使灰分中的无机离子全部溶解，直接吸入空气-乙炔火焰中进行原子化，并在光路中分别测定钙、铁、锌、钠、钾、镁、铜和锰原子对特定波长谱线的吸收。测定钙、镁时，需用镧作释放剂，以消除磷酸的干扰。

2. 分析步骤

（1）试样的处理　称取混合均匀的固体试样约 5g 或液体试样约 15g（精确到 0.0001g）置于坩埚中，在电炉上微火炭化至不再冒烟，再移入马弗炉中，于 490℃±5℃灰化约 5h。如果有黑色炭粒，则在冷却后滴加少许体积分数为 50% 的硝酸溶液湿润，然后在电炉上用小火蒸干，再移入 490℃高温炉中继续灰化成白色灰烬。冷却至室温后取出，加入 5mL 体积分数为 20% 的盐酸，在电炉上加热使灰烬充分溶解，然后冷却至室温，移入 50mL 容量瓶中，用水定容，同时处理至少两个空白试样。

（2）试样待测液的制备

1）钙、镁待测液：从 50mL 的试液中准确吸取 1.0mL 置于 100mL 容量瓶中，加

2.0mL 镧溶液（50g/L），用水定容。用同样的方法处理空白试液。

2）钠待测液：从 50mL 的试液中准确吸取 1.0mL 置于 100mL 容量瓶中，用体积分数为 2% 的盐酸定容。用同样的方法处理空白试液。

3）钾待测液：从 50mL 的试液中准确吸取 0.5mL 置于 100mL 容量瓶中，用体积分数为 2% 的盐酸定容。用同样的方法处理空白试液。

4）铁、锌、锰、铜待测液：用 50mL 的试液直接上机测定，同时测定空白试液。

注意：为保证试样待测试液浓度在标准曲线线性范围内，可以适当调整试液定容体积和稀释倍数。

（3）测定

1）标准系列使用液的配制。按表 2-3-7 给出的体积分别准确吸取各元素的标准储备液置于 100mL 容量瓶中，配制铁、锌、钠、钾、锰、铜使用液，用体积分数为 2% 的盐酸定容。配制钙、镁使用液时，在准确吸取标准储备液的同时，吸取 2.0mL 镧溶液置于各容量瓶中，用水定容。此为各元素不同质量浓度的标准使用液，见表 2-3-8。

表 2-3-7　配制标准系列使用液所吸取各元素标准储备液的体积

（单位：mL）

序号	K	Ca	Na	Mg	Zn	Fe	Cu	Mn
1	1.0	2.0	2.0	2.0	2.0	2.0	2.0	2.0
2	2.0	4.0	4.0	4.0	4.0	4.0	4.0	4.0
3	3.0	6.0	6.0	6.0	6.0	6.0	6.0	6.0
4	4.0	8.0	8.0	8.0	8.0	8.0	8.0	8.0
5	5.0	10.0	10.0	10.0	10.0	10.0	10.0	10.0

表 2-3-8　各元素标准系列使用液的质量浓度　（单位：μg/mL）

序号	K	Ca	Na	Mg	Zn	Fe	Cu	Mn
1	1.0	2.0	1.0	0.2	2.0	2.0	0.12	0.08
2	2.0	4.0	2.0	0.4	4.0	4.0	0.24	0.16
3	3.0	6.0	3.0	0.6	6.0	6.0	0.36	0.24
4	4.0	8.0	4.0	0.8	8.0	8.0	0.48	0.32
5	5.0	10.0	5.0	1.0	10.0	10.0	0.60	0.40

2）标准曲线的绘制。按照仪器说明书将仪器工作条件调整到测定各元素的最佳状态，选用灵敏吸收线（K 766.5nm、Ca 422.7nm、Na 589.0nm、Mg 285.2nm、Fe 248.3nm、Cu 324.8nm、Mn 279.5nm、Zn 213.9nm），将仪器调整好预热后，测定铁、锌、钠、钾、铜、锰时用毛细管吸喷体积分数为 2% 的盐酸调零。测定钙、镁时先吸取镧溶液 2.0mL，用水定容到 100mL，并用毛细管吸喷该溶液调零。分别测定各元素标准工作液的吸光度，然后以标准系列使用液的质量浓度为横坐标，以对应的吸光度为纵坐标绘制标准曲线。

3）试样待测液的测定。调整好仪器的最佳状态，测铁、锌、钠、钾、铜、锰时用体积分数为2%的盐酸调零；测钙、镁时，先吸取2.0mL镧溶液（50g/L），用水定容到100mL，并用该溶液调零。分别测定试样待测液的吸光度及空白试液的吸光度，查标准曲线得对应的质量浓度。

3. 分析结果表述

（1）试样中钙、镁、钠、钾、铁、锌含量的计算

$$X=\frac{(c_1-c_2)\times V\times f}{m\times 1000}\times 100 \qquad (2\text{-}3\text{-}25)$$

式中 X——试样中各元素的含量（mg/100g）；

c_1——测定液中各元素的质量浓度（μg/mL）；

c_2——测定空白液中各元素的质量浓度（μg/mL）；

V——样液体积（mL）；

f——样液稀释倍数；

m——试样的质量（g）。

（2）试样中锰、铜含量的计算

$$X=\frac{(c_1-c_2)\times V\times f}{m}\times 100 \qquad (2\text{-}3\text{-}26)$$

式中 X——试样中各元素的含量（μg/100g）；

c_1——测定液中各元素的质量浓度（μg/mL）；

c_2——测定空白液中各元素的质量浓度（μg/mL）；

V——样液体积（mL）；

f——样液稀释倍数；

m——试样的质量（g）。

以重复性条件下获得的两次独立测定结果的算术平均值表示，钙、镁、钠、钾、锰、铜、铁、锌的测定结果保留三位有效数字。在重复性条件下获得两次独立测定结果的绝对差值，钙、镁、钠、钾、铁、锌不得超过算术平均值的10%，铜和锰不得超过算术平均值的15%。

二 磷的测定

1. 方法原理

试样经酸氧化，使磷在硝酸溶液中与钒钼酸铵生成黄色配位化合物，用分光光度计在波长440nm处测其吸光度。其颜色的深浅与磷的含量成正比。

2. 分析步骤

（1）试样的处理　固体试样称取0.5g，液体试样称取2.5g（精确至0.1mg），置于125mL锥形瓶中，放入几粒玻璃珠，加10mL硝酸（优级纯），然后放在电热板上加热。待剧烈反应结束后将其取下，稍冷却，再加入10mL高氯酸（优级纯），重新放于电热板上加热。若消化液变黑，则需将其取下，再加入5mL硝酸（优级纯）继续消化，直到消化液变成无色或淡黄色且冒出白烟。在消化液剩下3～5mL时将其取下，冷却，转

入 50mL 容量瓶中，定容，完成试液的制备。同时做空白试验。

（2）标准曲线的制作　分别吸取磷的标准储备液（50μg/mL）0mL、2.5mL、5mL、7.5mL、10mL、15mL，分别放入 50mL 容量瓶中，各加入 10.00mL 钒钼酸铵试剂，用水定容至刻度。该系列标准溶液中磷的质量浓度分别为 0μg/mL、2.5μg/mL、5μg/mL、7.5μg/mL、10μg/mL、15μg/mL。在 25～30℃下显色 15min，然后用 1cm 光径的比色皿，于波长 440nm 处测定其吸光度。以吸光度为纵坐标，以磷的质量浓度为横坐标，绘制标准曲线。

（3）试样的测定　吸取试液 10mL 置于 50mL 容量瓶中，加少量水后，加 2 滴二硝基酚指示剂（2g/L），先用氢氧化钠溶液（6mol/L）调至黄色，再用硝酸溶液（0.2mol/L）调至无色，最后用氢氧化钠溶液（0.1mol/L）调至微黄色。按照磷标准溶液显色和测定条件完成样品的显色和测定。以空白溶液调零，从标准曲线上查得试样溶液中磷的质量浓度。

3. 分析结果表述

试样中磷的含量按式（2-3-27）计算。

$$X = \frac{c \times V \times V_2}{m \times V_1 \times 1000} \times 100 \tag{2-3-27}$$

式中　X——试样中磷的含量（mg/100g）；

c——从标准曲线中查得试样溶液中磷的质量浓度（μg/mL）；

V——试样消化后的定容体积（mL）；

V_1——吸取样液的体积（mL）；

V_2——比色液定容体积（mL）；

m——样品的质量（g）。

以重复性条件下获得的两次独立测定结果的算术平均值表示，结果保留三位有效数字。在重复性条件下获得的两次独立测定结果的绝对差值不得超过算术平均值的 5%。

4. 说明

钒钼酸铵试剂组成如下：

（1）A 液　25g 钼酸铵［$(NH_4)_6Mo_7O_{24} \cdot 4H_2O$］，溶于 400mL 水中。

（2）B 液　1.25g 偏钒酸铵（NH_4VO_3）溶于 300mL 沸水中，冷却后加 250mL 硝酸，将 A 液缓缓倾入 B 液中，不断搅匀，并用水稀释至 1L，储于棕色瓶中。

第十四节　乳及乳制品中三聚氰胺的测定

三聚氰胺是一种以尿素为原料生产的氮杂环有机化合物，作为化工原料，可用于塑料、涂料、黏合剂、食品包装材料的生产，因此可能从环境、食品包装等途径进入食品中。另外，评价动物饲料质量的指标，最重要的一点是其蛋白质含量。由于人们经常以氮含量来推测蛋白质含量，所以在动物饲料中添加三聚氰胺，可提高饲料的氮含量。因此，三聚氰胺也可通过动物饲料进入原料乳中。

2008 年 7 月，国家标准规定了原料乳与乳制品中三聚氰胺的限量指标：婴幼儿配方乳粉中三聚氰胺的限量值为1mg/kg；液态奶（包括原料乳）、奶粉、其他配方乳粉中三聚氰胺的限量值为2.5mg/kg；含乳15%以上的其他食品中三聚氰胺的限量值为2.5mg/kg。

国家标准《原料乳与乳制品中三聚氰胺检测方法》（GB/T 22388—2008）中推荐了三种检测三聚氰胺的方法，即高效液相色谱法（第一法）、液相色谱-质谱法（第二法）、气相色谱-质谱联用法（第三法），在此仅就前两种方法进行介绍。

 高效液相色谱法（HPLC）

1. 方法原理

试样用三氯乙酸溶液-乙腈提取，经阳离子交换固相萃取柱净化后，用高效液相色谱测定，用外标法定量。

2. 分析步骤

（1）样品的处理

1）提取

① 液态奶、奶粉、酸奶、冰淇淋和奶糖等：称取2g（精确至0.01g）试样置于50mL具塞塑料离心管中，加入15mL质量分数为1%的三氯乙酸溶液和5mL乙腈（色谱纯），先超声提取10min，再振荡提取10min，然后以不低于4000r/min的转速离心10min。上清液经质量分数为1%的三氯乙酸溶液润湿的滤纸过滤后，再用质量分数为1%的三氯乙酸溶液定容至25mL，移取5mL滤液，加入5mL水混匀后作待净化液。

② 奶酪、奶油和巧克力等：称取2g（精确至0.01g）试样置于研钵中，加入适量海砂（试样质量的4~6倍）研磨成干粉状，转移至50mL具塞塑料离心管中，用15mL质量分数为1%的三氯乙酸溶液分数次清洗研钵，将清洗液转入离心管中，再往离心管中加入5mL乙腈（色谱纯），余下的操作同①中“先超声提取10min……加入5mL水混匀后作待净化液”。

注意：若样品中脂肪含量较高，则可以用三氯乙酸溶液饱和的正己烷液-液分配除脂后再用SPE柱净化。

2）净化：将1）中的待净化液转移至固相萃取柱中，依次用3mL水和3mL甲醇洗涤，抽至近干后，用6mL体积分数为5%的氨化甲醇溶液洗脱，整个固相萃取过程流速不超过1mL/min。将洗脱液于50℃下用氮气吹干，残留物（相当于0.4g样品）用1mL流动相定容，涡旋混合1min，过微孔滤膜后，供HPLC测定用。

（2）高效液相色谱测定

1）HPLC参考条件

色谱柱：C_8柱，250mm×4.6mm［内径（i.d.）］，5μm，或相当者；C_{18}柱，250mm×4.6mm［内径（i.d.）］，5μm，或相当者。

流动相：C_8柱，（85+15）离子对试剂缓冲液（3.2.10）-乙腈，混匀。C_{18}柱，（90+10）离子对试剂缓冲液-乙腈，混匀。

流速：1.0mL/min。

柱温：40℃。

波长：240nm。

进样量：20μL。

2）标准曲线的绘制：用流动相将三聚氰胺标准储备液逐级稀释，得到的质量浓度分别为0.8μg/mL、2μg/mL、20μg/mL、40μg/mL、80μg/mL的标准工作液，然后按质量浓度由低到高进样检测，以峰面积-浓度作图，得到标准曲线回归方程。基质匹配加标三聚氰胺的样品HPLC色谱图如图2-3-5所示。

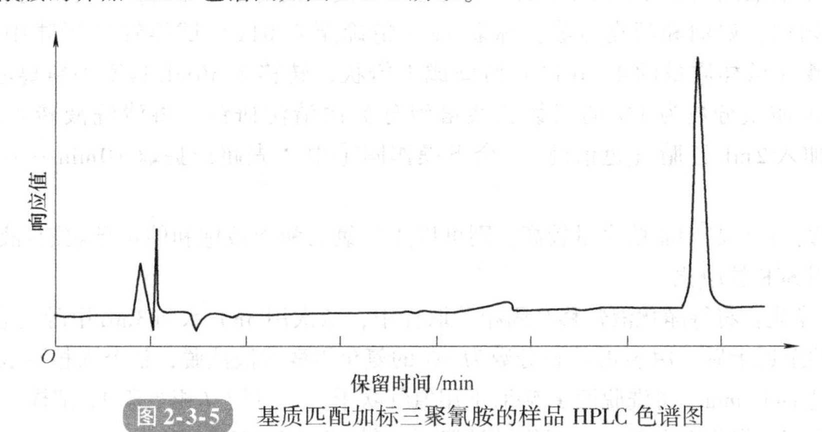

图2-3-5 基质匹配加标三聚氰胺的样品HPLC色谱图

注：检测波长为240nm，保留时间为13.6min，C_8色谱柱。

3）定量测定：待测样液中三聚氰胺的响应值应在标准曲线线性范围内，若超过线性范围，则应稀释后再进样分析。

3. 分析结果表述

试样中三聚氰胺的含量由色谱数据处理软件或按式（2-3-28）计算获得。

$$X=\frac{A\times c\times V\times 1000}{A_s\times m\times 1000}\times f \quad (2\text{-}3\text{-}28)$$

式中 X——试样中三聚氰胺的含量（mg/kg）；

A——样液中三聚氰胺的峰面积；

c——标准溶液中三聚氰胺的质量浓度（μg/mL）；

V——样液最终定容体积（mL）；

A_s——标准溶液中三聚氰胺的峰面积；

m——试样的质量（g）；

f——稀释倍数。

在重复性条件下获得的两次独立测定结果的绝对差值不得超过算术平均值的10%。

二 液相色谱-质谱/质谱法（LC-MS/MS）

1. 方法原理

试样用三氯乙酸溶液提取，经阳离子交换固相萃取柱净化后，用液相色谱-质谱/质谱法测定和确证，用外标法定量。

2. 分析步骤

（1）样品的处理

1）提取

① 液态奶、奶粉、酸奶、冰淇淋和奶糖等：称取1g（精确至0.01g）试样置于50mL具塞塑料离心管中，加入8mL质量分数为1%的三氯乙酸溶液和2mL乙腈（色谱纯），先超声提取10min，再振荡提取10min，然后以不低于4000r/min的转速离心10min。上清液经质量分数为1%的三氯乙酸溶液润湿的滤纸过滤后，作待净化液。

② 奶酪、奶油和巧克力等：称取1g（精确至0.01g）试样置于研钵中，加入适量海砂（试样质量的4～6倍）研磨成干粉状，转移至50mL具塞塑料离心管中，加入8mL质量分数为1%的三氯乙酸溶液分数次清洗研钵，将清洗液转入离心管中，再加入2mL乙腈（色谱纯），余下操作同①中"先超声提取10min……作待净化液"。

注意：若样品中脂肪含量较高，则可以用三氯乙酸溶液饱和的正己烷液-液分配除脂后再用SPE柱净化。

2）净化：将待净化液转移至固相萃取柱中，依次用3mL水和3mL甲醇（色谱纯）洗涤，抽至近干后，用6mL体积分数为5%的氨化甲醇溶液洗脱，整个固相萃取过程流速不超过1mL/min。将洗脱液于50℃下用氮气吹干，残留物（相当于1g试样）用1mL流动相定容，涡旋混合1min，过微孔滤膜后，供LC-MS/MS测定。

（2）液相色谱-质谱/质谱测定

1）LC参考条件

色谱柱：强阳离子交换与反相C_{18}混合填料，混合比例为1:4，150mm×2.0mm［内径（i.d.）］，5μm，或相当者。

流动相：等体积的乙酸铵溶液（10mmol/L）和乙腈（色谱纯）充分混合，用乙酸调节至pH=3.0后备用。

进样量：10μL。

柱温：40℃。

流速：0.2mL/min。

2）MS/MS参考条件

电离方式：电喷雾电离，正离子。

离子喷雾电压：4kV。

雾化气：氮气，2.815kg/cm^2（40psi）。

干燥气：氮气，流速为10L/min，温度为350℃。

碰撞气：氮气。

分辨率：Q1（单位）Q3（单位）。

扫描模式：多反应监测（MRM），母离子m/z 127，定量子离子m/z 85，定性子离子m/z 68。

停留时间：0.3s。

裂解电压：100V。

碰撞能量：m/z 127>85为20 V，m/z 127>68为35V。

3）标准曲线的绘制：取空白样品，按照样品的处理步骤进行处理。用所得的样品溶液将三聚氰胺标准储备液逐级稀释，得到质量浓度分别为 0.01μg/mL、0.05μg/mL、0.1μg/mL、0.2μg/mL、0.5μg/mL 的标准工作液，然后按质量浓度由低到高进样检测，以定量子离子峰面积-浓度作图，得到标准曲线回归方程。基质匹配加标三聚氰胺的样品 LC-MS/MS 多反应监测质量色谱图如图 2-3-6 所示。

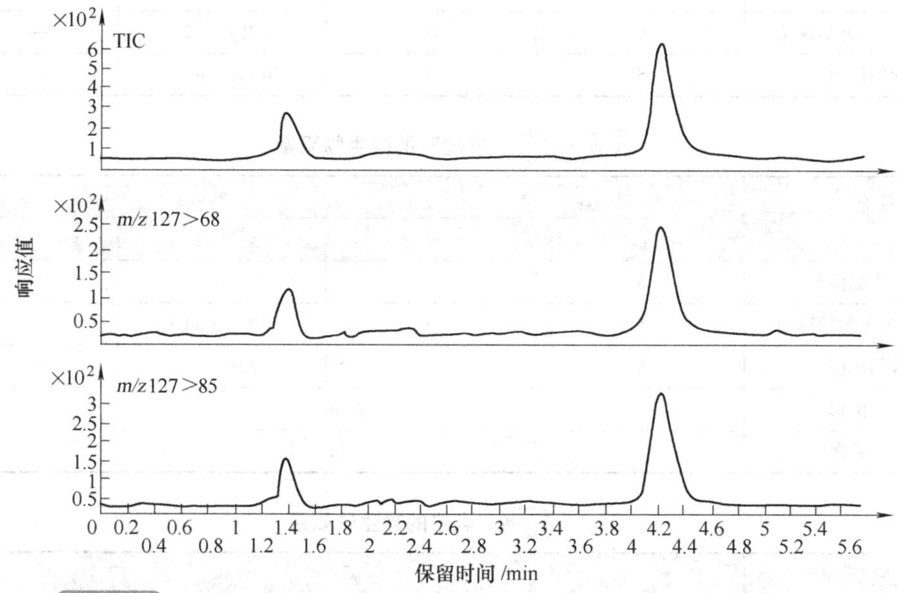

图 2-3-6　基质匹配加标三聚氰胺的样品 LC-MS/MS 多反应监测质量色谱图

注：保留时间为 4.2min，定性离子 m/z127 > 85 和 m/z127 > 68。

4）定量测定：待测样液中三聚氰胺的响应值应在标准曲线线性范围内，若超过线性范围，则应稀释后再进样分析。

3. 分析结果表述

同 HPLC 法。在重复性条件下获得的两次独立测定结果的绝对差值不得超过算术平均值的 15%。

第十五节　乳及乳制品中微生物的检验

 乳及乳制品的卫生指标

乳及其制品的卫生指标见表 2-3-9 ~ 表 2-3-12。

表 2-3-9　生乳的微生物限量

项　目	限量［cfu/g（mL）］
菌落总数	2×10^6

表 2-3-10　巴氏杀菌乳的微生物限量

项　目	采样方案 a 及限量（若非指定，均以 cfu/g 或 cfu/mL 表示）			
	n	*c*	*m*	*M*
菌落总数	5	2	50000	100000
大肠菌群	5	2	1	5
金黄色葡萄球菌	5	0	0/25g（mL）	—
沙门氏菌	5	0	0/25g（mL）	—

表 2-3-11　发酵乳的微生物限量

项　目	采样方案及限量（若非指定，均以 cfu/g 或 cfu/mL 表示）			
	n	*c*	*m*	*M*
大肠菌群	5	2	1	5
金黄色葡萄球菌	5	0	0/25g（mL）	—
沙门氏菌	5	0	0/25g（mL）	—
酵母	≤100			
霉菌	≤30			

表 2-3-12　乳粉的微生物限量

项　目	采样方案及限量（若非指定，均以 cfu/g 或 cfu/mL 表示）			
	n	*c*	*m*	*M*
菌落总数①	5	2	50000	200000
大肠菌群	5	1	10	100
金黄色葡萄球菌	5	2	10	100
沙门氏菌	5	0	0/25g（mL）	—

① 不使用于添加活性菌种（好氧和兼性厌氧益生菌）的产品。

其中，乳与乳制品中细菌总数、大肠菌群、沙门氏菌、金黄色葡萄球菌的检验见本篇第二章糕点中微生物的检验。

二　乳及乳制品中乳酸菌的检验

经乳酸菌的发酵作用制成的产品称为乳酸菌发酵食品。

乳酸菌主要的生理作用为：维持肠道菌群的微生态平衡；增强机体免疫功能；预防和抑制肿瘤的发生；改善制品风味；提高营养利用率，促进营养吸收；控制内毒素，降低胆固醇；延缓机体衰老。

乳酸菌作为原料乳中的天然污染菌，如今乳酸菌及其发酵剂已成为乳制品发酵的核心，对发酵乳制品生产工艺、感官和营养指标有重要的影响，是发酵乳制品重要的检验项目之一。发酵乳的乳酸菌数应大于或等于 1×10^{6} cfu/g（mL）。

依据《食品安全国家标准　食品微生物学检验　乳酸菌检验》（GB 4789.35—2010）中乳酸菌的测定方法为涂布平板计数法

1. 方法原理

乳酸菌是一群能分解葡萄糖或乳糖产生的乳酸，需氧和兼性厌氧，多数无动力，过氧化氢酶呈阴性，革兰氏染色呈阳性的无芽孢杆菌和球菌。

利用选择性培养基，对适当稀释度的样品液进行涂布培养，形成肉眼可见的菌落，乘以相应的稀释倍数，得出相应的乳酸菌数。根据不同种类的乳酸菌所需营养和抑制因素的差别，MRS 培养基培养出的菌落数计作乳酸菌总数，莫匹罗星锂盐改良 MRS 培养基培养出的菌落数计作双歧杆菌菌落数，MC 培养基培养出的菌落数计作嗜热链球菌菌落数。乳杆菌数等于乳酸菌总数减去双歧杆菌与嗜热链球菌计数之和。

可对改良 MRS 培养基上的双歧杆菌和 MC 培养基上的嗜热链球菌进行纯培养，从而进行菌种鉴定。

2. 检验程序

乳酸菌检验程序如图 2-3-7 所示。

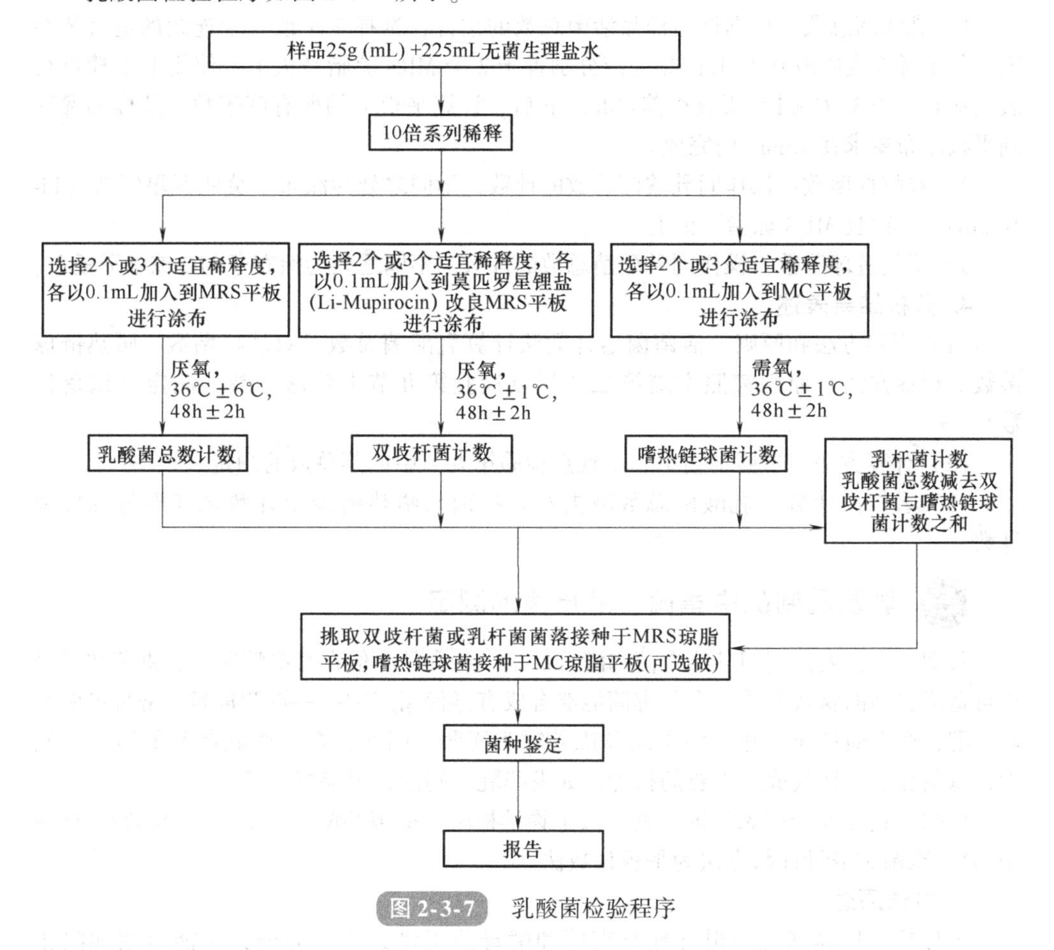

图 2-3-7　乳酸菌检验程序

3. 检验步骤

（1）样品的量取与均质

1）样品的全部制备过程均应遵循无菌操作程序。

2）冷冻样品可先使其在2～5℃条件下解冻，时间不超过18h，也可在温度不超过45℃的条件下解冻，时间不超过15min。

3）固体和半固体样品的量取与均质：以无菌操作称取25g样品，置于盛有225mL生理盐水的无菌均质杯内，以8000～10000r/min的转速均质1～2min，制成1:10的样品均液。

4）液体样品和量取与匀质：将液体样品充分摇匀后以无菌吸管吸取25mL置于装有225mL生理盐水的无菌锥形瓶中，瓶内预置适当数量的无菌玻璃珠，充分振摇，制成1:10的样品匀液。

5）用1mL无菌吸管吸取上述样品匀液1mL，沿管壁缓慢注入盛有9mL稀释液的无菌试管中，制成1:100的样品匀液。依次操作，制备10倍系列稀释样品匀液。

（2）涂布平板与恒温培养

1）乳酸菌总数：根据待检样品活菌总数的估计，选择2个或3个连续的适宜稀释度，每个稀释度吸取0.1mL样品匀液分别置于2个MRS琼脂平板上，使用L形棒进行表面涂布，于36℃±1℃厌氧培养48h±2h后，计算平板上的所有菌落数。从样品稀释到平板涂布要求在15min内完成。

2）双歧杆菌数：操作同乳酸菌总数的计数，不同之处为涂布于莫匹罗星锂盐（Li-Mupirocin）改良MRS琼脂平板上。

3）嗜热链球菌数：操作同乳酸菌总数的计数，不同之处为涂布于MC琼脂平板上。

4. 分析结果表述

（1）观察方法和原则　活菌菌落计数法计算乳酸菌总数、双歧杆菌数、嗜热链球菌数的观察方法与原则遵照本篇第二章糕点检验第九节中菌落总数的测定（菌落计数）。

（2）计算方法　参照本篇第二章糕点检验第九节中菌落总数的测定。

（3）乳杆菌计数　乳酸菌总数减去双歧杆菌与嗜热链球菌计数之和即得乳杆菌计数。

三　乳及乳制品中霉菌、酵母菌的测定

长期以来，人们利用某些霉菌和酵母加工一些食品，但在某些情况下，霉菌和酵母也可造成食品的腐败变质。有些霉菌能够合成有毒代谢产物——霉菌毒素。酵母可引起乳发酵，产生酸臭味，并可使干酪和炼乳罐头膨胀。因此，在一些乳制品的质量控制中，霉菌和酵母计数成了重要的指标，如发酵乳、奶油、干酪制品等。

依据《食品安全国家标准　食品微生物学检验　霉菌和酵母计数》（GB 4789.15—2010），霉菌和酵母计数方法为平板计数法。

1. 方法原理

孟加拉红培养基既能很好地给霉菌和酵母菌提供必要的养分，又能有效地阻止

其他杂菌的干扰，尤其是其中添加氯霉素后，可以抑制绝大多数细菌的生长，使得培养出来的菌落都是清一色的霉菌或酵母菌。也可使用马铃薯-葡萄糖-琼脂培养基，添加氯霉素抑菌。在培养出菌落之后，菌落表面是绒毛状的就是霉菌，没有绒毛的就是酵母菌。

先计算两个平板菌落数的平均值，再将平均值乘以相应的稀释倍数，即得到样品中的霉菌、酵母菌数。

2. 检验程序

霉菌和酵母计数的检验程序如图2-3-8所示。

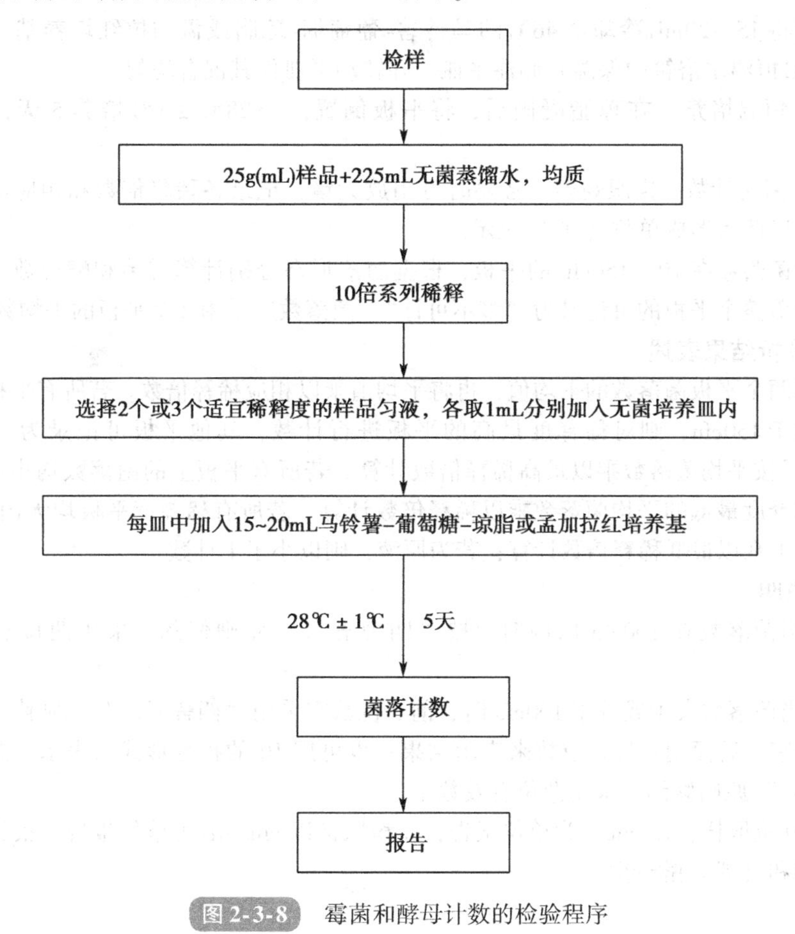

图2-3-8　霉菌和酵母计数的检验程序

3. 分析步骤

（1）样品的量取和均质

1）固体和半固体样品：称取25g样品置于盛有225mL灭菌蒸馏水的锥形瓶中，充分振摇，即为1∶10稀释液；或放入盛有225mL无菌蒸馏水的均质袋中，用拍击式均质器拍打2min，制成1∶10的样品匀液。

2）液体样品：以无菌吸管吸取25mL样品置于盛有225mL无菌蒸馏水的锥形瓶

（可在瓶内预置适当数量的无菌玻璃珠）中，充分混匀，制成1:10的样品匀液。

（2）10倍系列稀释样品匀液　取1mL 1:10稀释液注入含有9mL无菌水的试管中，另换一支1mL无菌吸管反复吹吸，此液为1:100稀释液。制备10倍系列稀释样品匀液，每递增稀释一次，换用1次1mL无菌吸管。

（3）倾倒平板　根据对样品污染状况的估计，选择2个或3个适宜稀释度的样品匀液（液体样品可包括原液），在进行10倍递增稀释的同时，每个稀释度分别吸取1mL样品匀液置于2个无菌平皿内，同时分别取1mL样品稀释液加入2个无菌平皿内作空白对照。

及时将15~20mL冷却至46℃的马铃薯-葡萄糖-琼脂或孟加拉红培养基（可置于46℃±1℃恒温水浴箱中保温）倾注平皿，并转动平皿使其混合均匀。

（4）恒温培养　在琼脂凝固后，将平板倒置，于28℃±1℃培养5天，观察并记录。

（5）菌落计数　肉眼观察，必要时可用放大镜，记录各稀释倍数和相应的霉菌和酵母数，以菌落形成单位（cfu）表示。

选取菌落数在10~150cfu的平板，根据菌落形态分别计算霉菌和酵母数。霉菌蔓延生长覆盖整个平板的可记录为“多不可计”。菌落数应采用2个平板的平均数。

4. 分析结果表述

计算两个平板菌落数的平均值，再将平均值乘以相应稀释倍数。若所有平板上的菌落数均大于150cfu，则对稀释度最高的平板进行计数，其他平板可记录为“多不可计”，结果按平均菌落数乘以最高稀释倍数计算。若所有平板上的菌落数均小于10cfu，则应按稀释度最低的平均菌落数乘以稀释倍数计算。若所有稀释度平板均无菌落生长，则以小于1乘以最低稀释倍数计算；若为原液，则以小于1计数。

5. 说明

1）当菌落数在100cfu以内时，按“四舍五入”原则修约，采用两位有效数字报告。

2）当菌落数大于或等于100cfu时，前3位数字采用“四舍五入”原则修约后，取前2位数字，后面用0代替位数来表示结果；也可用10的指数形式来表示，此时也按“四舍五入”原则修约，采用两位有效数字。

3）称重取样，以cfu/g为单位报告，体积取样以cfu/mL为单位报告，报告或分别报告霉菌和（或）酵母数。

第四章　白酒、葡萄酒、果酒、黄酒的检验

第一节　白酒、葡萄酒、果酒、黄酒的感官评定

白酒、果酒、黄酒是带有嗜好性的酒精饮料。酒的感官评定是指评酒者通过眼、鼻、口等感觉器官，对样品的色泽、香气、口味和风格特征的分析评价。

感官指标是评价酒质量的最终及最有效的指标。目前，酒的理化、卫生指标分析数据还不能完全作为其质量优劣的依据，即使两个酒品在理化指标上完全相同，在感官指标上也会体现出较明显的差异。酒的风格性，取决于酒中成分的数量、比例，以及相互之间的平衡相抵、缓冲等效应的影响。人的感官品评可以区分这种错综复杂相互作用的结果，这是分析仪器无法取代、实现的。《葡萄酒、果酒通用分析方法》(GB/T 15038—2006)、《白酒分析方法》（GB/T 10345—2007）及《黄酒》(GB/T 13662—2008）规定了葡萄酒、果酒、白酒及黄酒的感官评定方法。

一　评酒环境

评酒室要求光线充足、柔和，适宜温度为 20～25℃，湿度为 60% 左右，恒温、恒湿，空气新鲜，无香气及邪杂气味，且便于通风和排气。

二　评酒要求

1）评酒员要求感觉器官灵敏，符合感官分析要求，熟悉酒的感官品评用语，掌握相关香型酒的特征。白酒、葡萄酒评酒员要经过专门训练与考核，取得任职资格。

2）评语要公正、科学、准确。

3）品尝杯。品尝杯应无色透明、无花纹、杯体光洁、厚薄均匀、洁净干燥。不同的酒种应使用不同的品尝杯。白酒品尝杯的尺寸和外形应符合《白酒分析方法》（GB/T 10345—2007）的要求，葡萄酒、果酒品尝杯应符合《葡萄酒、果酒通用分析方法》（GB/T 15038—2006）的要求。品尝杯外形及尺寸如图 2-4-1 所示。

三　品评

1. 样品的准备

（1）白酒　将样品放置于 20℃ ±2℃ 环境下平衡 24h（或在 20℃ ±2℃ 水浴锅中保温 1h）后，采取密码标记，然后将样品注入洁净、干燥的品尝杯中（注入量为品尝杯容量的 1/2～2/3），进行感官品评。

（2）果酒、葡萄酒　调节酒的温度：起泡葡萄酒的温度为 9～10℃，白葡萄酒的温度为 10～15℃，桃红葡萄酒的温度为 12～14℃，红葡萄酒、果酒的温度为 16～18℃，

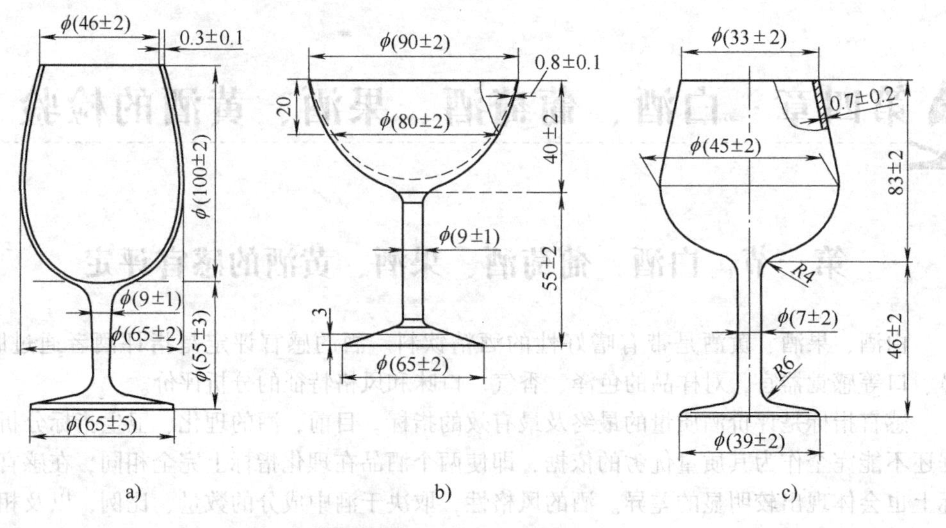

图 2-4-1 品尝杯外形及尺寸

a）葡萄酒、果酒品尝杯（满口容量为215mL） b）起泡葡萄酒（或葡萄汽酒）品尝杯（满口容量为150mL） c）白酒品尝杯

甜果酒的温度为18～20℃。特种葡萄酒可参照上述条件选择合适的温度范围，或在产品标准中自行规定。

将调温后的酒瓶外部擦干净，小心开启瓶塞（盖），不使任何异物落入。将酒倒入洁净、干燥的品尝杯中，一般酒在杯中的高度为品酒杯盛酒处高度的1/4～1/3，起泡和加气起泡葡萄酒在杯中的高度为其1/2。

当一次品尝检查多重类型样品时，其品尝顺序为：先红后白，先干后甜，先淡后浓，先新后老，先低度后高度。按顺序给样品编号，并在酒杯下部注明同样的编号。

（3）黄酒　将酒样密码编号，置于水浴中，调温至20～25℃，然后将洁净、干燥的品尝杯对应酒样编号，对号注入酒样约25mL。

2. 色泽

在适宜光线（非直射阳光）下，用手持杯底或握住玻璃杯柱，举杯齐眉，观察酒的色泽、清亮程度、沉淀及悬浮物情况，起泡和加气起泡葡萄酒要观察其起泡情况，做好详细记录。

3. 香气

（1）白酒　先轻轻摇动酒杯，闻嗅，记录其香气特征。检查香气的一般方法是：将酒杯端在手中，离鼻子3寸（1寸=0.033̇m），进行初闻，记下香气情况，再用左手扇风闻，记下香气情况，经此鉴别酒香的芳香浓郁程度，然后将酒杯接近鼻子进行细闻，分析其香气是否纯正等。闻香过程是由远及近。在闻香时一定要注意：先呼气再对酒吸气，不能对酒呼气；一杯酒最多嗅三次就要下结论，准确记录；嗅完一杯后，要稍休息片刻（2～3min）再品评下一杯；当酒样多时，可先顺位，再反顺位反复嗅别，排列优秀次序，注意先排出最好的与最次的，中间的反复比较修正，确定记录。

当需对某种（杯）酒作细微辨别或确定名次的极微差异时，可采用以下特殊方法进行嗅闻：

1）滤纸法：用一块滤纸，滴一定量的酒样放鼻孔处细闻，然后将滤纸放置0.5h左右再闻香，确定放香的时间和大小。

2）手握法：先将酒样滴入手心，再将手握成拳靠近鼻子，从大拇指和食指的间隙闻香，鉴别香气是否正确。

3）手背法：将少许酒样滴在手背（或手心）上，然后两手背（或手心）互相擦动，让其挥发，嗅其气味，判断酒香的真假和留香长短。

4）空杯法：将酒样注入酒杯中，常温下放置10min后倒掉，再在常温下敞置2h，检查留香情况。

闻酒气味时要先呼气，再对酒杯吸气，还应注意酒杯与鼻子的距离，吸气时间、间歇、吸气量等应尽可能相同。

（2）果酒、葡萄酒　先在静止状态下多次用鼻嗅香，再将酒杯捧于手掌之中，使酒微微加热，并摇动酒杯，使杯中酒样分布于杯壁上，然后慢慢将酒样置于鼻孔下方，嗅其挥发的香气，分辨果香、酒香或是否有其他异香，写出评语。

（3）黄酒　先用手握杯柱，慢慢将酒杯置于鼻孔下方，嗅其挥发的香气，再慢慢摇动酒杯，嗅其香气，然后用手握酒杯腹部2min，摇动后，再嗅闻香气。依据上述程序，判断是原料香还是其他异香，写出评语。

4. 口味

将样品注入洁净、干燥的品尝杯中，饮入少量样品（约2mL）于口中，尽量使其均匀分布于味觉区，仔细品尝，有了明确印象后咽下，再回味其口感及后味，记下其口味特征。

口味的尝评方法是按闻香顺序进行的，先从闻香淡开始，有异香和异杂气味的放在最后尝。将酒饮入口中，饮量要一致，酒液入口时要慢而稳，使酒液先接触舌尖，再接触舌两侧，最后到舌根，并将少量下咽为宜，然后进行味觉的全面判断。每个酒样尝完后要注意休息片刻，并用水漱口，再尝下一杯。

5. 风格

通过品评样品的香气、口味并综合分析，判断其是否具有该产品的风格特点，并记录其典型性程度。

四　葡萄酒品评常用术语

（1）酒体　葡萄酒在口中的感觉，或丰满或单薄，可以表达为酒体丰满、酒体均匀或酒体轻盈。

（2）酒香　葡萄酒在装瓶陈年的过程中所形成的复杂而又多层次的味道和感觉。

（3）浓郁　强烈的香味。

（4）瓶塞味　葡萄酒由于变质或受到污染而产生的异常口味。

（5）清爽　非常新鲜，明显的酸味（特别是白葡萄酒）。

(6) 新鲜　生动，干净，果实香味，是新酒的一种重要特征。

(7) 香味浓郁　强烈的果香味。

(8) 饱满　富有一定数量的酒体。

(9) 酸味　存在于所有的葡萄中，是保存葡萄酒必需的部分。酸味在葡萄酒中的表现特征为脆而麻辣。

(10) 回味　在吞咽下酒之后喉间酒味萦回的味道。请参阅“余味”。

(11) 麻辣　由于单宁在葡萄酒中的作用而使喉间受到强烈刺激的感觉。

(12) 平衡　好的术语，描述了在葡萄酒中香味、酸度、干度或甜度均匀而又和谐的体现。

(13) 干净　没有可察觉的缺点，没有难闻的味道。

(14) 余味　在吞咽下葡萄酒之后味道在嘴里萦回的时间，时间越长越好。

(15) 轻盈或酒体轻盈　相对而言酒体比较单薄。

(16) 柔和　口感和谐，有时为甜味的委婉说法。

(17) 口感　葡萄酒及其成分在喉咙内的具体感官表现力。

(18) 丰富　富有多样、丰富、愉快的香味。

(19) 圆润　平衡的酒体，不涩口的味道，没有坚硬的感觉。

(20) 生涩　未成熟的果实味道。

(21) 涩口　由于高酸度和丹宁含量高而引起的麻辣的感觉。

(22) 辛辣　由于高酸度而引起的尖锐的口感。

五　葡萄酒计分方法及评分细则

每个评酒员按细则要求在给定分数内逐项打分后，累计出总分，再把所有参加打分的评酒员分数累加，取其平均值，即为该酒的感官分数。葡萄酒评分标准和细则分别见表 2-4-1 和表 2-4-2。

表 2-4-1　葡萄酒评分标准

分数段	特　点
>90 分	具有该产品应有的色泽，悦目、协调、澄清（透明）、有光泽；果香、酒香浓馥幽雅，协调悦人；酒体丰满，有新鲜感，醇厚协调，舒服，爽口，回味绵延；风格独特，优雅无缺
89～80 分	具有该产品的色泽；澄清透明，无明显悬浮物，果香、酒香良好，尚悦怡；酒质柔顺，柔和爽口，甜酸适当；典型明确，风格良好
79～70 分	与该产品应有的色泽略有不同，澄清，无夹杂物；果香、酒香较少，但无异香；酒体协调，醇正无杂；有典型性，不够怡雅
69～65 分	与该产品应有的色泽明显不符，微浑，失光或人工着色；果香不足，或不悦人，或有异香；酒体寡淡、不协调，或有其他明显的缺陷（除色泽外，只要有其中一条，则判为不合格品）

表 2-4-2　葡萄酒评分细则

项目			要求
外观10分	色泽5分	白葡萄酒	近似无色，浅黄色，禾秆黄色，绿禾秆黄色，金黄色
		红葡萄酒	紫红，深红，宝石红，鲜红，瓦红，砖红，黄红，棕红，黑红色
		桃红葡萄酒	黄玫瑰红，橙玫瑰红，玫瑰红，橙红，浅红，紫玫瑰红
	5分	澄清程度	澄清透明，有光泽，无明显悬浮物（使用软木塞封的酒允许有3个以下不大于1mm的木渣）
		起泡程度	起泡葡萄酒注入杯中时，应有细微的串珠状起泡升起，并有一定的持续性，泡沫细腻、洁白
香气30分	非加香葡萄酒		具有醇正、优雅、愉悦和谐的果香与酒香
	加香葡萄酒		具有优美醇正的葡萄酒香与和谐的芳香植物香
滋味40分	干葡萄酒、半干葡萄酒（含加香葡萄酒）		酒体丰满，醇厚协调，舒服，爽口
	甜葡萄酒、半甜葡萄酒（含加香葡萄酒）		酒体丰满，酸甜适口，柔细轻快
	起泡葡萄酒		口味优美、醇正，和谐悦人，有杀口力
	加气起泡葡萄酒		口味清新、愉快、醇正，有杀口力
典型性20分	典型完美、风格独特，优雅无缺		

第二节　白酒、葡萄酒、果酒、黄酒标签的判定

食品标签是指食品包装上的文字、图形、符号及一切说明物。饮料酒的标签要求除应符合《国家质量监督检验检疫总局关于修改<食品标识管理规定>的决定》《食品安全国家标准　预包装食品标签通则》（GB 7718—2011）及《中华人民共和国食品安全法》的相关规定外，还应符合《预包装饮料酒标签通则》（GB 10344—2005）、《食品安全国家标准　蒸馏酒及其配制酒》（GB 2757—2012）、《食品安全国家标准　发酵酒及其配制酒》（GB 2758—2012）及相关产品标准的规定。

 标签应当标明的事项

饮料酒标签标示的内容应包括酒名称，配料清单，酒精度，原果汁含量，生产者和（或）经销者的名称，地址和联系方式，日期和储藏说明，净含量，产品标准号，质量等级，生产许可证，产地，“过量饮酒有害健康”等警示语。

（1）酒名称　清晰地标示反映饮料酒真实属性的专用名称。

（2）配料清单　饮料酒标签上应标示配料清单，单一原料的饮料酒除外。饮料酒的配料清单，宜以“原料”或“原料与辅料”为标题。各种原料、配料应按生产过程

中的加入量从多到少的顺序列出，加入量不超过2%（质量分数）的配料可以不按递减顺序排列。在酿酒或加工过程中，加入的水和食用酒精应在配料清单中标示。配制酒应标示所用酒基，串蒸、浸泡、添加的食用动植物（或其制品），国家允许使用的中草药以及食品添加剂等。当酒类产品的国家标准或行业标准中规定允许使用食品添加剂时，按照《中华人民共和国食品安全法》第四十二条的规定，应标明所使用的食品添加剂在国家标准中的通用名称，且根据《食品标识管理规定》，在食品中直接使用甜味剂、防腐剂、着色剂的，应当在配料清单食品添加剂项下标注其具体名称。

（3）酒精度　凡是饮料酒，均应标示酒精度。标示酒精度时，应以“酒精度”作为标题。国家标准中明确规定，应以“%Vol”为单位标识酒精度。葡萄酒的酒精度不应低于7%Vol。

（4）原果汁含量　果酒（葡萄酒除外）应标示果汁含量。其标注方式为：在原料与辅料项中，用“××%”表示。

（5）生产者和（或）经销者的名称、地址和联系方式　生产者名称和地址应当是依法登记注册，能够承担产品质量责任的生产者的名称、地址。

（6）日期和储藏说明　应清晰地标示预包装饮料酒的包装（灌装）日期和保质期，也可以附加保存期。若日期采用“见包装物某部位”的方式标示，则应将其标示在包装物的具体部位。日期应按年、月、日的顺序标示。年代号一般应标示4位数字，难以标示4位数字的小包装酒，可以标示后2位数字。如果饮料酒的保质期（或保存期）与储藏条件有关，则应标示饮料酒的特定储藏条件，具体按相关产品标准执行。葡萄酒和酒精度超过10% vol的其他饮料酒，可免除标示保质期。

（7）净含量　净含量的标示内容应由净含量、数字和法定计量单位组成。饮料酒的净含量一般用体积表示，单位是毫升（mL）或升（L）。大坛黄酒可用质量表示，单位是千克（kg）。净含量应与酒名称排在包装物或容器的同一展示版面。净含量的标注应当符合《定量包装商品计量监督管理办法》的规定。

（8）产品标准号　应当标注企业所执行的产品标准代号。

（9）质量等级　在酒执行的标准中明确要求标注酒的质量等级，因此应当相应地予以标明。

（10）生产许可证　实施生产许可证管理的饮料酒，应当标注食品生产许可证编号及QS标志。

（11）产地　应当标注产地。产地应当按照行政区划标注到地市级地域。

（12）过量饮酒有害健康　《食品安全国家标准　蒸馏酒及其配制酒》（GB 2757—2012）和《食品安全国家标准　发酵酒及其配制酒》（GB 2758—2012）明确规定，应标示“过量饮酒有害健康”，可同时标示其他警示语。

二　标签的基本要求

1）预包装饮料酒标签的所有内容应符合国家法律、法规的规定，并符合相应产品标准的规定。

2）预包装饮料酒标签的所有内容应清晰、醒目、持久，应使消费者购买时易于辨认和识读。

3）预包装饮料酒标签的所有内容应通俗易懂、准确、有科学依据，不得标示封建迷信、黄色、贬低其他饮料酒或违背科学营养常识的内容。

4）预包装饮料酒标签的所有内容不得包含虚假和使消费者误解或具有欺骗性的文字、图形，也不得利用字号大小或色差误导消费者。

5）预包装饮料酒标签的所有内容不得包含直接或间接暗示性的语言、图形、符号，以免导致消费者将购买的饮料酒或饮料酒的某一性质与另一产品混淆。

6）预包装饮料酒的标签不得与包装物（容器）分离。

7）预包装饮料酒标签内容应使用规范的汉字（注册商标除外）；可以同时使用拼音或少数民族文字，但字号不得大于相应汉字的字号；可以同时使用外文，但应与汉字有对应关系（进口饮料酒的制造者和地址，国外经销者的名称和地址、网址除外），所有外文字号不得大于相应汉字的字号（国外注册商标除外）。

8）包装物或包装容器最大表面积大于 $20cm^2$ 时，强制标示内容的文字、符号、数字的高度不得小于 1.8mm。

9）标签、标识应当直接标注在最小销售单元的酒或者其包装上。如果透过外包装物能清晰地识别内包装物或容器上的所有或部分强制标示内容，则可以不在外包装物上重复标示相应的内容。

10）所有标示内容均不应另外加贴、补印或篡改。

三 净含量的标注

1）定量包装商品的生产者、销售者应当在其商品包装的显著位置正确、清晰地标注定量包装商品的净含量。净含量的标注由“净含量”（中文）、数字和法定计量单位（或者用中文表示的计数单位）三个部分组成。

2）定量包装商品净含量标注字符的最小高度应当符合表 2-3-2 的规定。

3）同一包装内含有多件同种定量包装商品的，应当标注单件定量包装商品的净含量和总件数，或者标注总净含量。同一包装内含有多件不同种定量包装商品的，应当标注各种定量包装商品的单件净含量和各种定量包装商品的件数，或者分别标注各种定量包装商品的总净含量。

第三节 白酒、葡萄酒、果酒、黄酒中酒精度的测定

酒是多种化学成分的混合物，酒精是其主要成分，除此之外，还有水和众多的化学物质。这些化学物质可分为酸、酯、醛、醇等类型。这些成分的配比非常重要。酒精度通常是指在20℃时，100mL 饮料酒中含有乙醇的毫升数，或 100g 饮料酒中含有乙醇的克数。考虑到目前国际通行情况，酒精度可以用体积分数表示，符号为% vol。《食品安全国家标准 蒸馏酒及其配制酒》（GB 2757—2012）和《食品安全国家标准　发酵酒及

其配制酒》（GB 2758—2012）中也明确规定，酒应以“% vol”为单位标识酒精度。例如，50% vol 的白酒，表示在 100mL 的酒中，含有乙醇 50mL（20℃）；7%（V/V）的葡萄酒，其意思是100 单位体积的酒中含有 7 单位体积的乙醇。

《葡萄酒》（GB 15037—2006）标准中规定，葡萄酒的酒精度应大于或等于 7.0%（体积分数），且酒精度标签标识值与实测值不得超过 ±1.0%（体积分数）。葡萄酒酒精度一般在 8%～15%之间。

测定依据：《葡萄酒、果酒通用分析方法》（GB/T 15038—2006）、《白酒分析方法》（GB/T 10345—2007）及《黄酒》（GB/T 13662—2008）。

测定方法：密度瓶法和酒精计法。

密度瓶法

1. 方法原理

以蒸馏法去除样品中的不挥发性物质，用密度瓶法测定馏出液的密度，根据馏出液（酒精水溶液）的密度，查表，求得 20℃时乙醇的体积百分数，即酒精度，以 % vol 表示。

2. 分析步骤

（1）试样的制备　用一只干燥、洁净的 100mL 容量瓶，准确量取样品（温度为 20℃）100mL 置于 500mL 蒸馏瓶中，用 50mL 水分三次冲洗容量瓶，将洗液并入蒸馏瓶中，加几颗沸石或玻璃珠，连接蛇形冷却管，以取样用的原容量瓶作接收器（外加冰浴），开启冷却水（冷却水温度宜低于 15℃），缓慢加热蒸馏（沸腾后的蒸馏时间应控制在 30～40min），收集馏出液，当接近刻度时，取下容量瓶，盖塞，于 20℃ ±0.1℃水浴中保温 30min，再补加水至刻度，混匀，备用。

（2）操作步骤

1）将密度瓶洗净，干燥，带温度计和侧孔罩称量，直至恒重（m）。密度瓶干燥时不得放入烘箱内烘干。

2）取下带温度计的瓶塞，用煮沸并冷却至 15℃的水注满已恒重的密度瓶，插上带温度计的瓶塞（瓶中不得有气泡），立即浸入 20.0℃ ±0.1℃恒温水浴中，待内容物温度达 20℃，并保持 10min 不变后，用滤纸快速吸去溢出侧管的液体，使侧管中的液面与侧管管口齐平，立即盖好侧孔罩，取出密度瓶，用滤纸擦干瓶外壁上的水液，立即称量（m_1）。

3）将水倒出，先用无水乙醇，再用乙醚冲洗密度瓶，吹干，用试样液反复冲洗密度瓶 3～5 次，然后装满。重复上述操作，称量（m_2）。

3. 分析结果表述

（1）白酒试样（20℃）相对密度的计算

$$d_{20}^{20}=\frac{m_2-m}{m_1-m} \tag{2-4-1}$$

式中　d_{20}^{20}——试样液在 20℃时的相对密度；

m——密度瓶的质量（g）；

m_1——20℃时密度瓶和水的质量（g）；

m_2——20℃时密度瓶和试样液的质量（g）。

根据试样液的相对密度 d_{20}^{20}，查《白酒分析方法》（GB/T 10345—2007）附录 A 不同温度下酒精溶液相对密度与酒精度对照表，求得 20℃时样品的酒精度。

所得结果应保留一位小数，在重复性条件下获得的两次独立测定结果的绝对差值不应超过算术平均值的 0.5%。

（2）葡萄酒、果酒试样（20℃）密度的计算

$$\rho_{20}^{20} = \frac{m_2 - m + A}{m_1 - m + A} \times \rho_0 \tag{2-4-2}$$

$$A = \frac{m_1 - m}{997.0} \times \rho_u \tag{2-4-3}$$

式中　ρ_{20}^{20}——试样液在 20℃时的密度（g/L）；

m——密度瓶的质量（g）；

m_1——20℃时密度瓶和水的质量（g）；

m_2——20℃时密度瓶和试样液的质量（g）；

ρ_0——20℃时水的密度（998.20g/L）；

A——空气浮力校正值；

ρ_u——干燥空气在 20℃，1013.25hPa 时的密度值（≈1.2g/L）；

997.0——在 20℃时蒸馏水与干燥空气密度值之差（g/L）。

根据试样液的密度 ρ_{20}^{20}，查《葡萄酒、果酒通用分析方法》（GB/T 15038—2006）中附录 A 酒精水溶液密度与酒精度（乙醇含量）对照表（20℃），求得 20℃时样品的酒精度。

所得结果应保留一位小数，在重复性条件下获得的两次独立测定结果的绝对差值不应超过算术平均值的 1%。

二　酒精计法

1. 方法原理

以蒸馏法去除样品中的不挥发性物质，用精密酒精计读取酒精体积分数示值，进行温度校正后，求得在 20℃时乙醇的体积分数，即为酒精度。

2. 分析步骤

（1）试样的制备　用一干燥、洁净的 500mL 容量瓶，准确量取样品（温度为 20℃）500mL（具体取样量应按酒精计的要求增减）置于 1000mL 蒸馏瓶中，以下按密度瓶法中“用 50mL 水分三次冲洗容量瓶……”进行操作。

（2）测定　将试样液注入洁净、干燥的量筒中，静置数分钟，待其中的气泡消失后，放入洁净、擦干的酒精计，再轻轻按一下，不应使其接触量筒壁，同时插入温度计，平衡约 5min，水平观测，读取与弯月面相切处的刻度示值，同时记录温度。根据测得的酒精计示值和温度，查《白酒分析方法》（GB/T 10345—2007）中的附录 B 温度 20℃时酒精计浓度与温度换算表或《葡萄酒、果酒通用分析方法》（GB/T 15038—

2006）中的附录B酒精计温度、酒精度（乙醇含量）换算表、《黄酒》（GB/T 13662—2008）中的附录A温度20℃时酒精计浓度与温度换算表，换算为20℃时样品的酒精度。

所得结果应保留一位小数，在重复性条件下获得的两次独立测定结果的绝对差值不超过算术平均值的1%。

3. 注意事项

1）要注意保持酒精计清洁，因为油污会改变酒精计表面对酒精液浸润的特性，影响表面张力的方向，使读数产生误差。

2）盛样品所用量筒要放在水平的桌面上，使量筒与桌面垂直。不要用手握住量筒，以免样品的局部温度升高。

3）注入样品时要尽量避免搅动，以减少气泡混入。注入样品的量，以放入酒精计后，液面稍低于量筒口为宜。

4）读数前，要仔细观察样品，待气泡消失后再读数。

5）读数时，可先使眼睛稍低于液面，然后慢慢抬高头部，当看到的椭圆形液面变成一条直线时，即可读取此直线与酒精计相交处的刻度。

第四节　黄酒pH值的测定

黄酒的pH值是黄酒中氢离子浓度的负对数，与黄酒中有机酸、氨基酸的含量与组成有密切的关系。黄酒酒体本身基质较复杂，具有一定缓冲性，即使酸度较大，pH值一般也能控制在3.5~4.6之间；而一些假酒及配制酒由于外加酸，总酸不高，pH值却很低。在勾兑配制黄酒时，既要保证口味，又要使酒液的pH值进入该范围，是比较困难的。因此，可以通过检测pH值，来检查和阻止配制黄酒的生产，保护消费者和正常酿制黄酒企业的利益。另外，黄酒的生产工艺、原料、酵母自溶等也会引起pH值超标，所以pH值是黄酒质量控制的一个重要监控指标。

黄酒中pH值的检测依据《黄酒》（GB/T 13662—2008）规定的方法进行。

1. 方法原理

将玻璃电极和甘汞电极（或复合电极）浸入到试样液中，构成一个原电池，两电极之间的电动势与溶液的pH值有关。通过对原电池电动势的测量，在pH计上直接读出试样溶液的pH值。

2. 分析步骤

1）按仪器使用说明书调试和校正酸度计。

2）用水冲洗电极，再用试液洗涤电极两次，用滤纸吸干电极外面附着的液珠，调整试液温度至25℃±1℃，直接测定，直至pH值读数稳定1min为止，记录。也可在室温下测定，换算为25℃时的pH值。

所得结果保留小数点后一位，在重复性条件下获得的两次独立测定结果的绝对差值不应超过算术平均值的1%。

3. 注意事项

1）新电极或很久未用的干燥电极，需按照电极说明书进行活化。其目的是使玻璃电极球膜表面形成有良好离子交换能力的水化层。

2）使用前，检查电极前端的球泡。在正常情况下，电极应该透明而无裂纹，球泡内要充满溶液，不能有气泡存在。

3）清洗电极后，不要用滤纸擦拭玻璃膜，而应用滤纸吸干，避免损坏玻璃薄膜，防止交叉污染。

4）电极插入被测溶液后，要搅拌晃动几下再静止放置，这样会加快电极的反应。

5）测量中应注意将电极的银-氯化银内参比电极浸入到球泡内氯化物缓冲溶液中，避免电计显示部分出现数字乱跳现象。使用时，注意将电极轻轻甩几下。

6）在使用可充式复合电极时，要把电极上部的加液孔关闭，以增加液体压力，加速电极响应。当参比液液位低于加液口 2cm 时，应及时补充新的参比液。

7）使用玻璃电极或复合电极测试 pH 值时，由于液体接界电位随着试液的 pH 值及成分的改变而改变，故在校正和测定过程中，公式 $E = E_0 - 0.0591\ \text{pH}$ 中的 E_0 可能发生变化，为了尽量减少误差，应该选用 pH 值与待测样液 pH 值相近的标准缓冲溶液校正仪器。仪器一经校正，就不得随意触动定位和斜率两个旋钮，否则必须重新校正。

第五节　白酒中固形物的测定

固形物是指在 100～105℃时将白酒中的乙醇、水分等挥发性物质蒸干后的残留物。白酒是蒸馏酒，因此除了易蒸发的水、醇类、酯类、酸类、醛类等物质以外，白酒中不应含有固形物。可是，由于白酒受蒸馏、储存、勾兑、包装等诸因素的影响，形成了可溶性固形物与不溶性固形物（沉淀物与悬浮物）。白酒中固形物含量是衡量白酒质量的一个指标。在某种意义上讲，它还是衡量白酒优劣的一个重要指标。白酒固形物超标时，在白酒生产、储存及销售过程中，往往会出现失光、浑浊和沉淀现象，对产品感官质量影响很大，同时也严重地影响产品的内在质量。为此，分析白酒固形物超标的原因，并提出相应的预防措施，对白酒生产企业尤为重要。

固形物是白酒出厂检验项目。《白酒分析方法》（GB/T 10345—2007）中规定的白酒中固形物的检测方法为重量法。

1. 方法原理

白酒经蒸发、烘干后，不挥发性物质残留于蒸发皿中，用称量法测定。

2. 分析步骤

吸取酒样 50.0mL，注入已烘干至恒重的 100mL 瓷蒸发皿内，置于沸水浴上，蒸发至干，然后将蒸发皿放入 103℃ ±2℃ 电热干燥箱内，烘 2h，取出，置于干燥器内 30min，称量，再放入 103℃ ±2℃ 电热干燥箱内，烘 1h，取出，置于干燥器内 30min，称量。重复上述操作，直至恒重。

3. 分析结果表述

白酒中固形物的含量按式（2-4-4）计算。

$$X = \frac{m - m_1}{50.0} \times 1000 \tag{2-4-4}$$

式中　X——样品中固形物的质量浓度（g/L）；

m——固形物和蒸发皿的质量（g）；

m_1——蒸发皿的质量（g）；

50.0——吸取样品的体积（mL）。

所得结果保留至小数点第二位，在重复性条件下获得的两次独立测定结果的绝对差值不应超过平均值的2%。

第六节　白酒、葡萄酒、果酒中总酸的测定

总酸是指食品中所有与碱性物质发生中和反应的酸的总和。其大小可借滴定法来确定，故总酸又称为滴定酸度。总酸中的酸主要是一系列的有机酸，包括己酸、丁酸、乳酸、乙酸、酒石酸、苹果酸、柠檬酸等。白酒、果酒中酸的种类和含量对酒的口感和质量有重要的影响。有机酸在酒中既是香气，又是呈味物质。它与其他呈香呈味物质共同组成酒特有的风味成分和芳香。酒中的酸类若控制不当，则可使酒质变坏。如果白酒中酸度过低，则会使白酒浮香感明显、刺鼻，不易接受；若白酒中酸度过高，则会使其压香、发闷。葡萄酒中酸度过低时会使葡萄酒变得滞重、欠清爽，酸度过高时又会使葡萄酒变得瘦弱、粗糙。因此，对白酒、葡萄酒果酒中总酸含量进行测定具有极其重要的意义。

《葡萄酒、果酒通用分析方法》（GB/T 15038—2006）和《白酒分析方法》（GB/T 10345—2007）中规定了葡萄酒、果酒和白酒中总酸的检测方法。

1. 方法原理

食品中的有机酸用标准碱溶液滴定时，被中和生成盐类，以酚酞为指示剂，滴定至溶液呈淡红色（pH = 8.2），且30s不褪色为终点。根据所消耗的标准碱液的浓度和体积可计算出样品中酸的含量。

2. 分析步骤

（1）试样的制备　吸取约60mL样品置于100mL烧杯中，将烧杯置于40℃ ±0.1℃振荡水浴中恒温30min，取出，冷却至室温。

注意：试样的制备只针对起泡葡萄酒和葡萄汽酒，目的是排除二氧化碳。

（2）测定

1）白酒、白葡萄酒：吸取样品50.0mL置于250mL锥形瓶中，加入酚酞指示剂两滴，以氢氧化钠标准滴定溶液（0.1mol/L）滴定至微红色，且30s不褪色为终点。同时做空白试验。

2）果酒、葡萄酒：按仪器使用说明书校正仪器。吸取10.0mL样品（温度为20℃）置于100mL烧杯中，加50mL水，插入电极，放入一枚转子，置于磁力搅拌器上，开始搅拌，用氢氧化钠标准滴定溶液（0.1mol/L）滴定。开始时滴定速度可稍快，当样液pH = 8.0后，放慢滴定速度，每次滴加半滴溶液，直至pH = 8.2为其终点，记录消耗氢氧化钠标准滴定溶液的体积。同时做空白试验。

3. 分析结果表述

白酒总酸以乙酸计，果酒、葡萄酒总酸以酒石酸计，按式（2-4-5）计算。

$$X=\frac{c\times(V-V_0)\times K}{V_{样}} \tag{2-4-5}$$

式中　X——总酸含量（g/L）；

c——NaOH 标准溶液的浓度（mol/L）；

V——滴定样品溶液消耗氢氧化钠标准溶液的体积（mL）；

V_0——滴定空白溶液消耗氢氧化钠标准溶液的体积（mL）；

K——酸的换算系数，即酸的摩尔质量的数值（g/mol），乙酸为 60g/mol，酒石酸为 75g/mol；

$V_{样}$——样品制备液取用量（mL）。

白酒保留至小数点后第二位，果酒、葡萄酒保留至小数点后第一位。在重复性条件下获得的两次独立测定结果的绝对差值，白酒不得超过算术平均值的 2%，果酒、葡萄酒不得超过算术平均值的 3%。如两次测定结果差在允许范围内，则取两测定结果的算术平均值报告结果。

4. 注意事项

1）本方法适用于颜色较浅的白酒、白葡萄酒等，对于颜色较深的果酒、葡萄酒、黄酒，因终点颜色变化不明显，需用酸度计来指示滴定终点。

2）白酒中的酸为多种有机弱酸的混合物，用强碱滴定测其含量时，滴定突跃不明显，其滴定终点偏碱，一般在 pH = 8.2 左右，故可选用酚酞作终点指示剂。

3）样品浸渍时稀释用的蒸馏水不能含有 CO_2，因为 CO_2 溶于水中成为酸性的 H_2CO_3 形式，影响滴定终点时酚酞颜色变化。驱除 CO_2 的方法：将蒸馏水在使用前煮沸 15min，并迅速冷却备用。

4）为使误差不超过允许范围，一般要求滴定时消耗 0.1mol/L NaOH 溶液不得少于 5mL，最好为 10 ~ 15mL。

第七节　黄酒中总酸、氨基酸态氮的测定

总酸是黄酒风味的一部分，在酒中能起到缓冲口味，稳定香气，柔和酒体，协调滋味，延长回味，丰富酒质香味和提高酒的品质的作用。《黄酒》（GB/T 13662—2008）规定了不同类型黄酒中总酸的上限和下限，使黄酒酸度、糖度和酒精度协调配合，给制假者增加了成本和难度。

原料中的蛋白质，在发酵过程中经曲霉菌和酵母菌中的蛋白酶作用，被水解成肽和氨基酸。微生物除将一部分氨基酸用于自身生长繁殖外，还会将一部分氨基酸变成杂醇油及其他物质，其余部分的氨基酸残留在酒液中。肽和氨基酸除对人体有营养作用外，酒液中的肽、氨基酸和杂醇油等对黄酒所具有的香气和醇厚口感起着一定作用。氨基酸态氮含量越高，黄酒的口感越醇厚、越鲜美。

《黄酒》（GB/T 13662—2008）对氨基酸态氮含量的规定限值因酒的分类和等级的不同而不同。该标准同时规定了黄酒中总酸、氨基酸态氮的测定方法。

1. 方法原理

食品中的有机酸用标准碱溶液滴定时，被中和生成盐类。氨基酸是两性化合物，分子中的氨基与甲醛反应后失去碱性，使羧基显示酸性。用 NaOH 标准溶液滴定，通过 NaOH 标准溶液的消耗量可以计算出样品中总酸和氨基酸态氮的含量。

2. 分析步骤

按仪器使用说明书校正酸度计。

吸取样品 10.0mL 置于150mL 烧杯中，加 50mL 无二氧化碳的水。在烧杯中放入磁力搅拌棒，置于磁力搅拌器上，开始搅拌，用氢氧化钠标准滴定溶液（0.1mol/L，按 GB/T 601—2002 配制与标定）滴定。开始时滴定速度可稍快，当样液 pH = 7.0 时，放慢滴定速度，每次滴加半滴溶液直至 pH = 8.2 为其终点，记录消耗氢氧化钠标准滴定溶液的体积（V_1）。加入 10mL 甲醛溶液（质量分数为 36% ~ 38%），混匀，继续用氢氧化钠标准的溶液继续滴定至 pH = 9.2，记录加甲醛溶液后消耗氢氧化钠标准溶液的体积（V_2）。同时做空白试验，分别记录不加甲醛溶液及加入甲醛溶液时，空白试验所消耗掉的氢氧化钠标准溶液的体积（V_3、V_4）。

3. 分析结果表述

1）黄酒中的总酸以乳酸计，其含量按式（2-4-6）计算。

$$X_1 = \frac{c \times (V_1 - V_3) \times 90}{V_{样}} \tag{2-4-6}$$

式中 X_1——试样中总酸的含量（g/L）；

c——NaOH 标准溶液的浓度（mol/L）；

V_1——样品溶液滴定至 pH = 8.2 时，消耗氢氧化钠标准溶液的体积（mL）；

V_3——空白溶液滴定至 pH = 8.2 时，消耗氢氧化钠标准溶液的体积（mL）；

$V_{样}$——吸取试样的体积（mL）；

90——乳酸的摩尔质量（g/mol）。

2）试样中氨基酸态氮的含量按式（2-4-7）计算。

$$X_2 = \frac{c \times (V_2 - V_4) \times 14}{V_{样}} \tag{2-4-7}$$

式中 X_2——试样中氨基酸态氮的含量（g/L）；

c——NaOH 标准溶液的浓度（mol/L）；

V_2——样品溶液加入甲醛后，消耗氢氧化钠标准溶液的体积（mL）；

V_4——空白溶液加入甲醛后，消耗氢氧化钠标准溶液的体积（mL）；

14——氮的摩尔质量（g/mol）；

$V_{样}$——吸取试样的体积（mL）。

第八节　葡萄酒、果酒中挥发酸的测定

果酒中的挥发酸主要包括甲酸、乙酸、丁酸等。其中，乙酸占挥发酸总量的 90%

以上，是挥发酸的主体，来自于发酵。正常葡萄酒的挥发酸含量一般不超过0.6g/L（以乙酸计）。挥发酸含量的高低，取决于原料的新鲜度，发酵过程的温度控制，以及所用酵母种类、外界条件、储存环境等因素。利用挥发酸含量的高低，可以判断果酒的健康状况，酒质的变化，是否存在病害等。挥发酸的高低可以指示葡萄酒的质量，当挥发酸的量超过0.7g/L时，就开始对酒质产生不良影响，当达到1.2g/L时就会有明显的醋感，失去了葡萄酒的典型性。国家标准《葡萄酒》（GB 15037—2006）中规定，葡萄酒的挥发酸含量应小于等于1.2g/L。

挥发酸可用直接法或间接法测定。直接法是通过蒸馏或溶剂萃取把挥发酸分离出来，然后用标准碱滴定；间接法是将挥发酸蒸发除去后，滴定不挥发酸，最后从总酸度（滴定酸）中减去不挥发酸含量，即可得出挥发酸含量。这两种方法目前都有使用，GB/T 15038—2006《葡萄酒、果酒通用分析方法》标准中规定采用直接法（蒸馏法）。

1. 方法原理

以蒸馏的方式蒸出样品中的低沸点酸类即挥发酸，用碱标准溶液进行滴定，再测定游离二氧化硫和结合二氧化硫，通过计算与修正，得出样品中挥发酸的含量。

2. 分析步骤

（1）实测挥发酸　先安装好蒸馏装置，然后吸取10mL（V）样品（温度为20℃）在该装置上进行蒸馏，收集100mL溜出液。将溜出液加热至沸，加入2滴酚酞指示剂，用氢氧化钠标准溶液（0.05mol/L，按GB/T 601—2002配制与标定）滴定至粉红色，30s不褪色即为终点，记录消耗氢氧化钠标准溶液的体积（V_1）。

（2）测定游离二氧化硫　在上述溶液中加入1滴（1+4）盐酸溶液进行酸化，然后加2mL淀粉指示剂，混匀后用碘标准溶液［$c(1/2\ I_2)=0.005$mol/L，按GB/T 601—2002配制与标定］进行滴定，得出碘标准溶液的消耗量（V_2）。

（3）测定结合二氧化硫　在上述溶液中加入硼酸钠饱和溶液，至溶液呈粉红色，继续用碘标准溶液进行滴定，至溶液呈蓝色，得出碘标准溶液的消耗量（V_3）。

3. 分析结果表述

样品中实测挥发酸的含量按式（2-4-8）计算。

$$X_1=\frac{c_1\times V_1\times 60.0}{V} \tag{2-4-8}$$

式中　X_1——试样中实测挥发酸（以乙酸计）的含量（g/L）；

c_1——NaOH标准溶液的浓度（mol/L）；

V_1——消耗氢氧化钠标准溶液的体积（mL）；

60.0——乙酸的摩尔质量（g/mol）；

V——吸取试样的体积（mL）。

若挥发酸含量接近或超过理化指标，则需进行修正，修正时，按式（2-4-9）计算。

$$X=X_1-\frac{c_2\times V_2\times 32\times 1.875}{V}-\frac{c_2\times V_3\times 32\times 0.9375}{V} \tag{2-4-9}$$

式中 X——试样中真实挥发酸（以乙酸计）的含量（g/L）；

X_1——试样中实测挥发酸（以乙酸计）的含量（g/L）；

c_2——碘标准溶液的浓度（mol/L）；

V——吸取试样的体积（mL）；

V_2——测定游离二氧化硫消耗碘标准溶液的体积（mL）；

V_3——测定结合二氧化硫消耗碘标准溶液的体积（mL）；

32——二氧化硫的摩尔质量（g/mol）；

1.875——游离二氧化硫与乙酸的换算系数；

0.9375——结合二氧化硫与乙酸的换算系数。

4. 说明

1）样品中挥发酸的蒸馏方式可采用直接蒸馏和水蒸气蒸馏。但直接蒸馏挥发酸是比较困难的，因为挥发酸与水构成一定百分比的混溶体，并有固定的沸点。在一定的沸点下，蒸汽中的酸与留在溶液中的酸之间有一定的平衡关系，在整个平衡时间内，这个平衡关系不变。当用水蒸气蒸馏时，挥发酸和水蒸气是与水蒸气分压成比例地自溶液中一起蒸馏出来，因而可加速挥发酸的蒸馏过程。

2）蒸馏前应先将水蒸气发生瓶中的水煮沸 10min，或在其中加 2 滴酚酞指示剂并滴加 NaOH 使其呈浅红色，以排除其中的 CO_2。

3）在整个蒸馏时间内，应注意使蒸馏瓶内液位保持恒定，否则会影响测定结果，另外要注意蒸馏装置密封良好，以防挥发酸损失。

4）在溜出液中，除了含有挥发酸以外，还含有 SO_2 和少量 CO_2。这些物质也能与氢氧化钠发生反应，使挥发酸结果偏高。溜出液加热至沸的目的是去除 SO_2 和 CO_2，减少干扰。但要控制加热时间不能过长，否则会使挥发酸产生挥发损失，影响检测结果。

5）按正常工艺生产的果酒，挥发酸一般都在一定的范围内。当挥发酸含量较高或超出标准时，一方面可能是果酒被杂菌污染，另一方面可能是 SO_2 的干扰。如果是 SO_2 的干扰。则可通过修正得到真正的挥发酸含量。

第九节　葡萄酒、果酒中二氧化硫的测定

二氧化硫在果酒中有杀菌、澄清、抗氧化、增酸，以及使色素和单宁物质溶出、还原等作用。二氧化硫在人体内被代谢为硫酸盐，通过解毒过程排到体外。一天摄入游离的亚硫酸量达 4～6g 时对肠胃有刺激作用，过量摄入可发生多发神经炎与骨髓萎缩等症状，并可引起生长障碍。亚硫酸在食品中存在时可破坏食品中的硫胺素（维生素 B_1）。葡萄酒中的二氧化硫含量一直属于葡萄酒检测中要严格监控的检测项目。《食品安全国家标准　食品添加剂使用标准》（GB 2760—2011）规定葡萄酒、果酒中二氧化硫的最大使用量为 0.25g/L（甜型葡萄酒及果酒系列中二氧化硫的最大使用量为 0.4g/L）。现行的二氧化硫的检测方法依据《食品中亚硫酸盐的测定》（GB/T 5009.34—2003）。

一 盐酸副玫瑰苯胺法

1. 方法原理

亚硫酸盐与四氯汞钠反应生成稳定的配位化合物，再与甲醛及盐酸副玫瑰苯胺作用生成紫红色配位化合物，与标准系列比较定量。

2. 分析步骤

（1）试样的处理　吸取5.0～10.0mL样品，置于100mL容量瓶中，以少量水稀释，加20mL四氯汞钠吸收液，摇匀，最后加水至刻度，混匀，必要时过滤备用。

（2）标准曲线的绘制　吸取二氧化硫标准使用液（2μg/mL）0.0mL、0.20mL、0.40mL、0.60mL、0.80mL、1.00mL、1.50mL、2.00mL（相当于0.0μg、0.4μg、0.8μg、1.2μg、1.6μg、2.0μg、3.0μg、4.0μg二氧化硫）分别置于25mL带塞比色管中，各加入四氯汞钠吸收液至10mL，然后各加1mL氨基磺酸铵溶液（12g/L）、1mL甲醛溶液（2g/L）及1mL盐酸副玫瑰苯胺溶液，摇匀，放置20min。用1cm比色皿，以零管调零，于550nm处测吸光度，绘制标准曲线。

（3）样品测定　吸取0.5～5.0mL样品处理液（视含量高低而定）置于25mL带塞比色管中，按标准曲线绘制操作进行，于550nm处测定吸光度，由标准曲线查出试液中二氧化硫的质量。

3. 分析结果表述

试样中二氧化硫的含量按式（2-4-10）计算。

$$X=\frac{m_1\times 100}{m\times V\times 1000} \tag{2-4-10}$$

式中　X——样品中二氧化硫的含量（g/kg）；

m_1——测定用样液中二氧化硫的质量（μg）；

m——试样的质量（g）；

V——测定用样液的体积（mL）；

100——样品液的总体积（mL）。

计算结果保留三位有效数字，在重复性条件下两次独立测定结果的绝对差值不得超过算术平均值的10%。

4. 说明

1）盐酸副玫瑰苯胺加盐酸后，应放置过夜，以空白管不显色为宜。盐酸用量对显色有影响，加入盐酸的量多时色浅，量少时色深。

2）亚硫酸可与食品中的醛、酮和糖等结合，以结合型存在于食品中。加碱可使结合型亚硫酸释放出来，多余的碱用硫酸中和，以保证显色反应在微酸性条件下进行。

3）亚硝酸对反应有干扰，可加入氨基磺酸铵使亚硝酸分解，反应式为

$$HNO_2+NH_2SO_3NH_4 = NH_4HSO_4+N_2\uparrow+H_2O$$

4）采用直接比色法时，显色时间和温度会影响显色，所以显色时要严格控制显色时间和温度一致。显色时间为10～30min时稳定；温度为10～25℃时稳定，高于30℃时测定值偏低。

5）二氧化硫标准溶液的含量随着放置时间的延长逐渐降低，因此临用前必须标定其含量。

二 蒸馏法

1. 方法原理

在密闭容器中对试样进行酸化并加热蒸馏，以释放出其中的二氧化硫，释放物用乙酸铅溶液吸收，吸收后用浓酸酸化，再以碘标准溶液滴定，根据消耗的碘标准溶液的用量计算出试样中二氧化硫的含量。

2. 分析步骤

1）准确吸取5.0~10.0mL样品，置于500mL圆底蒸馏烧瓶中。

2）蒸馏：将称好的试样置于圆底蒸馏烧瓶中，加入250mL水，装上冷凝装置，冷凝管下端应插入碘量瓶中的25mL乙酸铅吸收液（20g/L）中，然后在蒸馏瓶中加入10mL（1+1）盐酸，立即盖塞，加热蒸馏。当蒸馏液约为200mL时，使冷凝管下端离开液面，再蒸馏1min。用少量蒸馏水冲洗插入乙酸铅溶液的装置部分。同时做空白试验。

3）滴定：向取下的碘量瓶中依次加入10mL浓盐酸、1mL淀粉指示液（10g/L），摇匀后用碘标准溶液（0.010mol/L，按GB/T 601—2002配制与标定）滴定至变蓝且30s内不褪色为止，记录消耗的碘标准溶液的体积。同时对空白液进行同样的操作，记录空白液消耗的碘标准溶液的体积。

3. 分析结果表述

试样中二氧化硫的含量按式（2-4-11）计算。

$$X=\frac{(V-V_0)\times c\times 32}{m} \tag{2-4-11}$$

式中 X——试样中二氧化硫的总含量（g/kg）；

c——碘标准溶液的浓度（mol/L）；

m——样品的质量（g）；

V——试样测定时消耗碘标准溶液的体积（mL）；

V_0——空白液消耗碘标准溶液的体积（mL）；

32——二氧化硫的摩尔质量（g/mol）。

计算结果保留三位有效数字，在重复性条件下两次独立测定结果的绝对差值不得超过算术平均值的10%。

4. 说明

1）蒸馏结束加入浓盐酸后，要立即进行滴定。

2）浓盐酸加入后二氧化硫释放得很快，为避免检测结果偏低，应在加入浓盐酸淀粉指示剂后立即进行滴定。

3）由于碘溶液见光易变化，因此滴定时应将其装在棕色酸式滴定管中。

4）淀粉指示剂应现用现配，原因为淀粉是微生物的良好营养物，放置较长时间的淀粉指示剂会被微生物利用而降解，降解后的淀粉与碘（I_2）的复合程度会下降，蓝色变浅或变为紫色甚至无色。

第十节　葡萄酒、果酒中干浸出物的测定

干浸出物是葡萄酒中十分重要的技术指标。它是指在不破坏任何非挥发物质的条件下测得的葡萄酒中所有非挥发物质（糖除外）的总和，包括游离酸及盐类、单宁、色素、果胶、低糖、矿物质等。干浸出物的含量在一定程度上能够体现酒质。一般来说，浸出物含量高的葡萄酒的质量也高，尤其是干葡萄酒。影响葡萄酒浸出物的因素是多方面的，诸如栽培方法、葡萄生长气候和地理条件、加工工艺及储藏年限等。

《葡萄酒》（GB 15037—2006）标准中规定，白葡萄酒中干浸出物的含量大于或等于16.0g/L，桃红葡萄酒干浸出物的含量大于或等于17.0g/L，红葡萄酒干浸出物的含量大于或等于18.0g/L。

果酒、葡萄酒中干浸出物的检测方法按照《葡萄酒、果酒通用分析方法》（GB/T 15038—2006）规定的方法执行。

1. 方法原理

用密度瓶法测定样品或蒸出酒精后的样品的密度，然后根据其密度值查《葡萄酒、果酒通用分析方法》（GB/T 15038—2006）中的附录C，求得总浸出物的含量，再从中减去总糖的含量，即得干浸出物的含量。

2. 分析步骤

（1）试样的制备　用100mL容量瓶量取100mL样品（温度为20℃），倒入200mL瓷蒸发皿中，于水浴上蒸发至约为原体积的1/3时取下，冷却后，将残液小心地移入原容量瓶中，用水多次荡洗蒸发皿，将洗液并入容量瓶中，于20℃定容至刻度。

也可使用密度瓶法测定酒精度时蒸出酒精后的残液，在20℃以水定容至100mL。

（2）测定

方法一：吸取制备好的试样，按与用密度瓶法测定酒精度同样的操作，并按用密度瓶法测定酒精度的公式计算出脱醇样品20℃时的密度ρ_1，根据ρ_1乘以1.00180的值查《葡萄酒、果酒通用分析方法》（GB/T 15038—2006）中的附录C，得到总浸出物的含量（g/L）。

方法二：直接吸取未经处理的样品，按与用密度瓶法测定酒精度同样的操作，并按用密度瓶法测定酒精度的公式计算出脱醇样品20℃时的密度ρ_B，再按式（2-4-12）计算出脱醇样品20℃时的密度ρ_2，以ρ_B查《葡萄酒、果酒通用分析方法》（GB/T 15038—2006）中的附录C，得出总浸出物的含量（g/L）。

$$\rho_2 = 1.00180 \times (\rho_B - \rho) + 1000 \qquad (2\text{-}4\text{-}12)$$

式中　ρ_2——脱醇样品20℃时的密度（g/L）；

ρ_B——含醇样品20℃时的密度（g/L）；

ρ——与含醇样品含有同样酒精度的酒精水溶液在20℃时的密度（该值可用密度瓶法测定样品的酒精度时测出的酒精密度带入，也可用酒精计法测出的

酒精含量反查《葡萄酒、果酒通用分析方法》（GB/T 15038—2006）中的附录 A 得出的密度带入）（g/L）；

1.00180——20℃时密度瓶体积的修正系数。

所得结果保留至小数点后一位，在重复性条件下获得的两次独立测定结果的绝对差值不应超过算术平均值的 2%。

3. 分析结果表述

干浸出物含量 = 总浸出物含量 − [（总糖含量 − 还原糖含量）×0.95 + 还原糖含量]

第十一节　黄酒中非糖固形物的测定

黄酒中的非糖固形物主要是酒中的糊精、蛋白质及其分解物、甘油、不挥发酸等物质，是酒味的重要组成部分。同一类型的黄酒中，非糖固形物含量越高，黄酒的品质越好，口味越佳。非糖固形物含量是黄酒国家标准中的控制指标，也是黄酒生产企业普遍关注的一个问题。

黄酒中非糖固形物的检测按照《黄酒》（GB/T 13662—2008）规定的方法执行。

1. 方法原理

试样经 100 ~ 105℃加热，其中的水分、乙醇等可挥发性物质被蒸发，剩余的残余物即为总固形物。总固形物含量减去总糖含量即为非糖固形物含量。

2. 分析步骤

吸取试样 5mL（干、半干黄酒直接取样，半甜黄酒稀释 1 ~ 2 倍后取样，甜黄酒稀释 2 ~ 6 倍后取样）置于已干燥至恒重的蒸发皿（或直径为 50mm，高度为 30mm 的称量瓶）中，然后放入 103℃ ±2℃电热干燥箱中烘干 4h，取出称重。

3. 分析结果表述

（1）试样中总固形物含量的计算

$$X_1 = \frac{(m_1 - m_2) \times n}{V} \times 1000 \qquad (2\text{-}4\text{-}13)$$

式中　X_1——试样中总固形物的含量（g/L）；

m_1——蒸发皿（或称量瓶）和试样烘干至恒重的质量（g）；

m_2——蒸发皿（或称量瓶）烘干至恒重的质量（g）；

n——稀释倍数；

V——吸取试样的体积（mL）。

（2）试样中非糖固形物含量的计算

$$X = X_1 - X_2 \qquad (2\text{-}4\text{-}14)$$

式中　X——试样中非糖固形物的含量（g/L）；

X_1——试样中总固形物的含量（g/L）；

X_2——试样中总糖的含量（g/L）。

第十二节　白酒中氰化物的测定

氰化物主要来自酿酒的原料。例如，用木薯或代用品酿酒时，由于原料中含有苦杏仁苷，苦杏仁苷经水解就产生氰化物，而氰化物极其容易引起中毒。氰化物中毒时轻者流涎、呕吐、腹泻、气促，较重时呼吸困难、全身抽搐、昏迷，在数分钟至2h内死亡。

《食品安全国家标准　蒸馏酒及其配制酒》（GB 2757—2012）明确规定蒸馏酒及其配制酒中氰化物（以 HCN）的质量浓度应小于或等于8mg/L。

白酒中氰化物的检测依据《蒸馏酒与配制酒卫生标准的分析方法》（GB/T 5009.48—2003）。

1. 方法原理

氰化物在酸性溶液中蒸出后被吸收于碱性溶液中，在 pH = 7.0 的溶液中，用氯胺 T 将氰化物转变为氯化氰，再与异烟酸-吡唑酮作用，生成蓝色颜料，与标准系列比较定量。

2. 分析步骤

1）吸取 1.0mL 试样置于 10mL 具塞比色管中，加氢氧化钠溶液（2g/L）至 5mL，放置 10min。

2）若酒样浑浊或有色，则取 25mL 试样置于 250mL 全玻璃蒸馏器中，加 5mL 氢氧化钠溶液（2g/L），碱解 10min，然后加饱和酒石酸溶液使溶液呈酸性，进行水蒸气蒸馏，并以 10mL 氢氧化钠溶液（2g/L）吸收，收集至 50mL，取 2mL 溜出液 10mL 置于具塞比色管中，加氢氧化钠溶液（2g/L）至 5mL。

3）分别吸取 0mL、0.5mL、1.0mL、1.5mL、2.0mL 氰化物标准使用液（相当于 0μg、0.5μg、1.0μg、1.5μg、2.0μg 氢氰酸）置于 10mL 具塞比色管中，加氢氧化钠溶液（2g/L）至 5mL。

4）于试样及标准管中分别加入两滴酚酞指示剂，然后加入（1 + 6）乙酸溶液调至红色褪去，再用氢氧化钠溶液（2g/L）调至近红色，加入 2mL 磷酸缓冲液（如果室温低于 20℃，则放入 25 ~ 30℃水浴中保留 10min），再加入 0.2mL 氯胺 T 溶液（10g/L），摇匀放置 3min，加入 2mL 异烟酸-吡唑酮溶液，加水稀释至刻度，摇匀，在 25 ~ 30℃放置 30min，从中取出部分试液用 1cm 比色皿以零管调节零点，于波长 638nm 处测定吸光度，绘制标准曲线进行比较。

3. 分析结果表述

1）若按 1）操作，则试样中氰化物的含量按式（2-4-15）计算。

$$X = \frac{m \times 1000}{V \times 1000} \tag{2-4-15}$$

式中　X——试样中氰化物的含量（按氢氰酸计）（mg/L）；

m——测定用试样中氢氰酸的质量（μg）；

V——试样体积（mL）。

2）若按 2）操作，则试样中氰化物的含量按式（2-4-16）计算。

$$X = \frac{m \times 1000}{V \times \frac{2}{50} \times 1000} \tag{2-4-16}$$

式中 X——试样中氰化物的含量（按氢氰酸计）(mg/L)；

m——测定用试样溜出液中氢氰酸的质量（μg）；

V——试样体积（mL）。

所得结果保留两位有效数字，在重复性条件下两次独立测定结果的绝对差值不得超过算术平均值的10%。

第十三节　白酒、葡萄酒、果酒中铅的测定

白酒中的铅主要由蒸馏装置、储酒的容器和饮酒器具（如温酒用的锡壶）中的铅经溶蚀而来。酒的酸度越高，则器具的铅溶蚀量越大。

葡萄酒果酒中的铅主要来源于原料生产中含铅的农药。另外，酒发酵过程中容器的污染等也会造成酒中含有一定量的铅。

铅的毒性很强，0.04g即可使人急性中毒。铅有积蓄作用，长期摄入含铅食品，会引起慢性铅中毒。为了控制铅的摄入量，《白酒生产许可证审查细则》将铅列为发证检验项目。国家标准中规定蒸馏酒及配制酒中的铅含量应小于或等于1.0mg/kg，葡萄酒、果酒应小于或等于0.2mg/kg。

白酒、葡萄酒、果酒中铅的检验依据《食品安全国家标准　食品中铅的测定》(GB 5009.12—2010)，检验方法有石墨炉原子吸收光谱法（第一法）、氢化物原子荧光光谱法（第二法）、火焰原子吸收光谱法（第三法）、二硫腙比色法（第四法）、单扫描极谱法（第五法）。

石墨炉原子吸收光谱法同糕点检验中铅的测定（本篇第二章第八节）。

氢化物原子荧光光谱法

1. 方法原理

试样经酸热消化后，在酸性介质中，试样中的铅与硼氢化钠（$NaBH_4$）或硼氢化钾（KBH_4）反应生成挥发性铅的氢化物（PbH_4）。以氩气为载气，将该氢化物导入电热石英原子化器中进行原子化，在特制铅空心阴极灯照射下，基态铅原子被激发至高能态，在铅原子去活化回到基态时，发射出特征波长的荧光，其荧光强度与铅含量成正比，根据标准系列进行定量。

2. 分析步骤

(1) 试样的消化　称取固体试样0.2～2g或液体试样2.00～10.00g（或mL）（均精确到0.001g或0.001mL），置于50～100mL消化容器中（锥形瓶），然后加入（9+1）硝酸-高氯酸混合酸5～10mL摇匀浸泡，放置过夜。次日将其置于电热板上加热消解，至消化液呈淡黄色或无色（若消解过程中消化液色泽较深，则稍冷，补加少量硝酸，继续消解），稍冷后加入20mL水再继续加热赶酸，至消解液为0.5～1.0mL止。冷

却后用少量水将其转入25mL容量瓶中，并加入（1+1）盐酸溶液0.5mL，10g/L的草酸溶液0.5mL，摇匀，再加入100g/L的铁氰化钾溶液1.00mL，用水准确稀释定容至25mL，摇匀，放置30min后测定。同时做试剂空白试验。

（2）标准系列溶液的制备　在25mL容量瓶中，依次准确加入1.0μg/mL的铅标准使用液0mL、0.125mL、0.25mL、0.50mL、0.75mL、1.00mL、1.25mL，用少量水稀释后，加入0.5mL（1+1）盐酸溶液和0.5mL草酸溶液（10g/L）摇匀，再加入1.0mL铁氰化钾溶液（100g/L），用水稀释至刻度（各相当于铅的质量浓度为0.0ng/mL、5.0ng/mL、10.0ng/mL、20.0ng/mL、30.0ng/mL、40.0ng/mL、50.0ng/mL），摇匀，放置30min后待测。

（3）测定

1）仪器参考条件：负高压为323V；铅空心阴极灯电流为75mA；原子化器炉温为750～800℃，炉高度为8mm；氩气流速，载气时为800mL/min，屏蔽气为1000mL/min；加还原剂时间为7.0s；读数时间为15.0s；延迟时间为0.0s；测量方式为标准曲线法；读数方式为峰面积；进样体积为2.0mL。

2）测量方式：设定好仪器的最佳条件，逐步将炉温升至所需温度，稳定10～20min后开始测量：连续用标准系列溶液的零管进样，待读数稳定之后，转入标准系列溶液的测量，绘制标准曲线，转入试样测量，分别测定试样空白和试样消化液。

3. 分析结果的表述

试样中铅的含量按式（2-4-17）进行计算。

$$X=\frac{(c_1-c_0)\times V\times 1000}{m\times 1000\times 1000} \tag{2-4-17}$$

式中　X——试样中铅的含量（mg/kg或mg/L）；

c_1——试样消化液测定的质量浓度（ng/mL）；

c_0——试剂空白液测定的质量浓度（ng/mL）；

V——试样消化液定量总体积（mL）；

m——试样质量或体积（g或mL）。

以重复性条件下获得的两次独立测定结果的算术平均值表示，结果保留两位有效数字。在重复性条件下获得的两次独立测定结果的绝对差值不得超过算术平均值的10%。

二　火焰原子吸收光谱法

1. 方法原理

试样经处理后，铅离子在一定pH值条件下与二乙基二硫代氨基甲酸钠（DDTC）形成配位化合物，经4-甲基-2-戊酮萃取分离，导入原子吸收光谱仪中，火焰原子化后，吸收283.3nm共振线，其吸收量与铅含量成正比，与标准系列比较定量。

2. 分析步骤

（1）试样的处理　取在水浴上蒸去酒精的均匀试样10～20g（精确到0.01g）置于烧杯中，于电热板上蒸发至一定体积后，加入（9+1）硝酸-高氯酸混合酸，消化完全后，转移、定容于50mL容量瓶中。

（2）萃取分离　视试样情况，吸取25.0～50.0mL上述制备的样液及试剂空白液，分别置于125mL分液漏斗中，补加水至60mL，再加2mL柠檬酸铵溶液（250g/L）和3～5滴溴百里酚蓝水溶液（1g/L），用（1+1）氨水调pH值至溶液由黄变蓝，然后加10.0mL硫酸铵溶液（300g/L）和10mL DDTC溶液（50g/L），摇匀，放置5min左右，加入10.0mL MIBK（4-甲基-2-戊酮），剧烈振摇提取1min，静置分层后，弃去水层，将MIBK层放入10mL带塞刻度管中，备用。分别吸取铅标准使用液（10μg/mL）0mL、0.25mL、0.50mL、1.00mL、1.50mL、2.00mL（相当于0.0μg、2.5μg、5.0μg、10.0μg、15.0μg、20.0μg铅）置于125mL分液漏斗中，然后进行萃取，方法同试样的萃取。

（3）测定

1）浸泡液可经萃取直接进样测定。

2）萃取液进样时，可适当减小乙炔气的流量。

3）仪器参考条件：空心阴极灯电流为8mA，共振线波长为283.3nm，狭缝宽度为0.4nm，空气流量为8L/min，燃烧器高度为6mm。

3. 分析结果表述

试样中铅的含量按式（2-4-18）进行计算。

$$X=\frac{(c_1-c_0)\times V_1\times 1000}{m\times V_3/V_2\times 1000} \tag{2-4-18}$$

式中 X——试样中铅的含量（mg/kg或mg/L）；

c_1——测定用试样中铅的含量（μg/mL）；

c_0——试剂空白液中铅的含量（μg/mL）；

m——试样质量或体积（g或mL）；

V_1——试样萃取液体积（mL）；

V_2——试样处理液的总体积（mL）；

V_3——测定用试样处理液的总体积（mL）。

以重复性条件下获得的两次独立测定结果的算术平均值表示，结果保留两位有效数字。在重复性条件下获得的两次独立测定结果的绝对差值不得超过算术平均值的20%。

三 二硫腙比色法

1. 方法原理

试样经消化后，在pH=8.5～9.0时，铅离子与二硫腙（H_2D_z）生成红色配位化合物，溶于三氯甲烷，加入柠檬酸铵、氰化钾和盐酸羟胺等，防止铁、铜、锌等离子干扰，与标准系列比较定量。

2. 分析步骤

（1）试样的消化　吸取10.00mL或20.00mL试样，置于250～500mL定氮瓶中，加数粒玻璃珠，先用小火加热除去乙醇，再加5～10mL硝酸，混匀后，放置片刻，用小火缓缓加热，待作用缓和，放冷，然后沿瓶壁加入5mL或10mL硫酸，再加热，至瓶中液体开始变成棕色时，不断沿瓶壁滴加硝酸至有机质分解完全。加大火力，至产生白烟，待瓶口白烟冒尽后，瓶内液体再产生白烟时表示消化完全，该溶液应澄清无色或微

带黄色。放冷（在操作过程中应注意防止爆沸或爆炸），加 20mL 水煮沸，除去残余的硝酸，至产生白烟为止。如此处理两次，放冷，将冷后的溶液移入 50mL 或 100mL 容量瓶中，用水洗涤定氮瓶，将洗液并入容量瓶中，放冷，加水至刻度，混匀。定容后的溶液每 10mL 相当于 2mL 试样，相当加入硫酸量 1mL。取与消化试样相同量的硝酸和硫酸，按同一方法做试剂空白试验。

（2）测定

1）吸取 10.0mL 消化后的定容溶液和同量的试剂空白液，分别置于 125mL 分液漏斗中，各加水至 20mL。

2）吸取 0mL、0.10mL、0.20mL、0.30mL、0.40mL、0.50mL 10μg/mL 的铅标准使用液（相当 0.0μg、1.0μg、2.0μg、3.0μg、4.0μg、5.0μg 铅），分别置于 125mL 分液漏斗中，各加（1+99）硝酸溶液至 20mL，然后向试样消化液、试剂空白液和铅标准溶液（1.0mg/mL）中各加 2.0mL 柠檬酸铵溶液（200g/L）、1.0mL 盐酸羟胺溶液（200g/L）和 2 滴酚红指示液，用（1+1）氨水调至红色，再各加 2.0mL 氰化钾溶液（100g/L），混匀，接着各加 5.0mL 二硫腙使用液，剧烈振摇 1min，静置分层后，将三氯甲烷层经脱脂棉滤入 1cm 比色杯中，以三氯甲烷调节零点，于波长 510nm 处测吸光度，将各点吸收值减去零管吸收值后，绘制标准曲线或计算一元回归方程，将试样与曲线比较。

3. 分析结果表述

试样中铅的含量按式（2-4-19）进行计算。

$$X=\frac{(m_1-m_2)\times 1000}{m_3\times V_2/V_1\times 1000} \tag{2-4-19}$$

式中　X——试样中铅的含量（mg/kg 或 mg/L）；

m_1——测定用试样液中铅的质量（μg）；

m_2——试剂空白液中铅的质量（μg）；

m_3——试样质量或体积（g 或 mL）；

V_1——试样处理液的总体积（mL）；

V_2——测定用试样处理液的总体积（mL）。

以重复性条件下获得的两次独立测定结果的算术平均值表示，结果保留两位有效数字。在重复性条件下获得的两次独立测定结果的绝对差值不得超过算术平均值的 10%。

4. 说明

1）二硫腙使用液的配制方法：吸取 1.0mL 二硫腙溶液置于量筒中，加三氯甲烷至 10mL，混匀，用 1cm 比色杯，以三氯甲烷调节零点，于波长 510nm 处测吸光度（A），用式（2-4-20）算出配制 100mL 二硫腙使用液（70% 透光率）所需二硫腙溶液的毫升数（V）。

$$V=\frac{10\times(2-\lg 70)}{A}=\frac{1.55}{A} \tag{2-4-20}$$

2）测定时加柠檬酸铵的目的是使样品溶液中的钙、镁离子在碱性条件下生成氢氧化钙、氢氧化镁沉淀，这些沉淀能吸附铅离子或包藏铅离子，使测定结果偏低，而加入柠檬酸铵可消除钙、镁离子的影响。此外，也可以用六偏磷酸钠、酒石酸钾钠代替柠檬酸铵。

3）测定时加盐酸羟胺的目的为：当样品溶液中含有少量 Fe^{3+}、Mn^{2+}时，加入 KCN

后分别生成铁氰化钾［$K_3Fe(CN)_6$］、亚锰酸锰（$MnMnO_2$），两者均有较强的氧化能力，可氧化二硫腙，从而造成测定结果偏高，而加入盐酸羟胺后，由于羟胺的结构比二硫腙肼的结构更容易被氧化，从而保护了二硫腙，使测定结果不再偏高。

4）用氨水调 pH = 8.5 ~ 9.0 的目的：根据本方法的原理，加入氨水降低 H^+ 的浓度，可增加二硫腙铅配位化合物［$Pb(HD_z)_2$］的生成。

5）加氰化钾的目的：CN^- 是一个很强的配位体，而与二硫腙配位化合的金属都是较强的接受体，这些金属中除 Ti、Bi、Pb 以外的金属与二硫腙形成配位化合物的稳定常数均小于与 CN^- 形成配位化合物的稳定常数，所以测铅时加入氰化钾可掩蔽大量的金属离子。

第十四节　葡萄酒、果酒中铁的测定

葡萄酒、果酒中铁含量过高不但影响其颜色和口味，还容易产生沉淀，从而影响其感官指标。另外，铁还是一种催化剂，能加速葡萄酒、果酒的氧化和衰败过程，是造成葡萄酒、果酒变质的重要因素。《葡萄酒》（GB 15037—2006）明确规定，葡萄酒中铁含量应小于或等于 8.0mg/L。

铁含量的测定方法很多，《葡萄酒、果酒通用分析方法》（GB/T 15038—2006）中推荐了三种测定方法，即原子吸收分光光度法、邻菲啰啉比色法和氨基水杨酸比色法，在此仅介绍前两种方法。

 原子吸收分光光度法

1. 方法原理

试样经处理后，导入原子吸收分光光度计中，经火焰原子化后，基态原子铁吸收 248.3nm 特征波长的光吸收量与铁含量成正比。测其吸光度，求得铁含量。

2. 分析步骤

（1）试样的制备　用硝酸溶液（体积分数为 0.5%）准确稀释样品 5 ~ 10 倍，摇匀，备用。

（2）绘制标准曲线　将原子吸收分光光度计调至合适的工作状态，然后调波长至 248.3nm，导入标准系列溶液，以零管调零，分别测其吸光度，绘制出吸光度与铁含量关系的标准工作曲线（或用回归方程计算）。分别以试剂空白和试样液的吸光度，从标准曲线中查出铁含量（或用回归方程计算）。

（3）测定　将铁标准系列溶液、试剂空白溶液和处理后的试样液依次导入火焰中进行测定，记录其吸光度。

3. 结果计算

试样中铁的含量按式（2-4-21）计算。

$$X = A \times F \tag{2-4-21}$$

式中　X——试样中铁的含量（mg/L）；

A——试样制备液中铁的含量（mg/L）；

F——试样稀释倍数。

所得结果保留一位小数，在重复性条件下两次独立测定结果的绝对差值不得超过算术平均值的10%。

 邻菲啰啉比色法

1. 方法原理

试样经处理后，试样中的Fe^{3+}在酸性条件下被盐酸羟胺还原为Fe^{2+}，Fe^{2+}与邻菲啰琳生成稳定的橙红色配位化合物，其颜色深度与铁含量成正比，在480nm波长下，测定吸光度，求得铁含量。

2. 分析步骤

（1）试样的制备

1）干法消化：准确吸取25.0mL（*V*）样品置于蒸发皿中，在水浴上蒸干，再将其置于电炉上小心炭化，然后移入550℃±25℃高温电炉中灼烧，灰化至残渣呈白色，取出，加入10mL（1+1）盐酸溶液溶解，在水浴上蒸至2mL，再加入5mL水，加热煮沸后，移入50mL容量瓶中，用水洗涤蒸发皿，将洗液并入容量瓶，加水稀释至刻度（V_1），摇匀，同时做空白试验。

2）湿法消化：准确吸取1.0mL样品（*V*）（可根据含铁量适当增减）置于10mL凯氏烧瓶中，然后置于电炉上缓缓加热至近干，取下稍冷后，加1mL浓硫酸（根据含糖量增减）、1mL过氧化氢（质量分数为30%），置于通风橱内加热消化。如果消化液颜色较深，则继续滴加过氧化氢（质量分数为30%）溶液，直至消化液无色透明。稍冷，加10mL水，微火煮沸3～5min，取下冷却。同时做空白试验。

（2）标准曲线的绘制　在480nm波长下，测定标准系列溶液的吸光度，根据吸光度及所对应的铁含量绘制标准曲线（或建立回归方程）。

（3）试样的测定　准确吸取干法消化法制备好的试样液5～10mL（V_1）及试剂空白溶液分别置于25mL比色管中，补加水至10mL，然后按标准曲线绘制的同样操作，分别测其吸光度，从标准曲线上查出铁的含量（或用回归方程计算）。

或将湿法消化所得试样液及空白消化液分别吸入25mL比色管中，在每支比色管中加入一小片刚果红试纸，用氨水（质量分数为25%～28%）中和至试纸呈蓝紫色，然后各加入5mL乙酸-乙酸钠缓冲溶液（调pH值至3～5），以下操作同标准曲线的绘制。以测出的吸光度，从标准曲线上查出铁的含量（或用回归方程计算）。

3. 分析结果表述

1）如果采用干法消化进行样品前处理，则试样中铁的含量按式（2-4-22）计算。

$$X=\frac{(c_1-c_0)\times 1000}{V\times V_2/V_1\times 1000}=\frac{(c_1-c_0)\times V_1}{V\times V_2} \qquad (2\text{-}4\text{-}22)$$

式中　*X*——试样中铁的含量（mg/L）；

c_1——测定用消化液中铁的含量（mg/L）；

c_0——测定用空白液中铁的含量（mg/L）；

V——吸取试样的体积（mL）；

V_1——样品消化液的总体积（mL）；

V_2——测定用消化液的体积（mL）。

2）如果采用湿法消化进行样品前处理，则试样中铁的含量按式（2-4-23）计算。

$$X = \frac{A - A_0}{V} \tag{2-4-23}$$

式中 X——试样中铁的含量（mg/L）；

A——试样制备液中铁的质量（μg）；

A_0——试剂空白液中铁的质量（μg）；

V——吸取试样的体积（mL）。

所得结果保留一位小数，在重复性条件下两次独立测定结果的绝对差值不得超过算术平均值的10%。

第十五节　黄酒中氧化钙的测定

黄酒中的氧化钙主要来源于原料。在黄酒的生产过程中，为了调味和调酸，需加入一定量的澄清石灰水。氧化钙含量是衡量黄酒品质的一项重要指标。黄酒中氧化钙含量过高，会引起饮酒者口干舌燥等。

依据《黄酒》（GB/T 13662—2008）标准所规定的技术要求，氧化钙的含量应小于或等于1.0g/L。

国家标准《黄酒》（GB/T 13662—2008）中规定的氧化钙的检测方法有原子吸收分光光度法、高锰酸钾滴定法和EDTA滴定法三种方法。

 原子吸收分光光度法

1. 方法原理

样品处理后，导入原子吸收分光光度计，经火焰原子化后，钙吸收波长为422.7nm的共振线，其吸收量与钙的含量成正比，与标准系列比较定量。

2. 分析步骤

（1）原子吸收光谱仪分析参考条件　测定波长为422.7nm，灯电流为10mA，狭缝宽度为0.7nm，火焰为空气-乙炔火焰，根据仪器情况调至最佳状态。

（2）试样的处理　准确吸取试样2～5mL（V_1）置于50mL聚四氟乙烯内套的高压釜中，加入4mL硝酸（优级纯），然后置于电热干燥箱内，加热消解4～6h，冷却后转移至500mL（V_2）容量瓶中，加5mL氯化镧溶液（50g/L），用水定容，摇匀。同时做空白试验。

（3）测定　将钙标准使用液、试剂空白溶液和处理后的试样液依次导入火焰中进行测定，记录其吸光度。

（4）绘制标准曲线　绘制出吸光度与钙含量关系的标准工作曲线（或用回归方程

计算），分别以试剂空白和试样液的吸光度，从标准曲线中查出钙的含量（或用回归方程计算）。

3. 分析结果表述

试样中氧化钙的含量按式（2-4-24）计算。

$$X = \frac{(c - c_0) \times V_2 \times 1.4}{V_1 \times 1000} \tag{2-4-24}$$

式中　X——试样中氧化钙的含量（g/L）；

c——从标准曲线中查出（或用回归方程计算）的试样中钙的含量（μg/mL）；

c_0——从标准曲线中查出（或用回归方程计算）的试样空白中钙的含量（μg/mL）；

V_1——吸取试样的体积（mL）；

V_2——试样稀释后的总体积（mL）；

1.4——钙与氧化钙的换算系数。

所得结果保留一位小数，在重复性条件下两次独立测定结果的绝对差值不得超过算术平均值的5%。

二　高锰酸钾滴定法

1. 方法原理

试样中的钙离子与草酸铵反应生成草酸钙沉淀，将沉淀滤出，洗涤后，用硫酸溶解，再用高锰酸钾标准溶液滴定草酸根，根据高锰酸钾标准溶液的消耗量计算试样中氧化钙的含量。

2. 分析步骤

准确吸取试样25mL（V）置于400mL烧杯中，加水50mL，再依次加入3滴甲基橙指示剂（1g/L）、2mL浓盐酸、30mL饱和草酸铵溶液，加热煮沸，搅拌，逐滴加入（1+10）氢氧化铵溶液，直至试液变成黄色。

将上述烧杯置于40℃温热处保温2~3h，用玻璃漏斗和滤纸过滤，然后用500mL（1+10）氢氧化铵溶液分数次洗涤沉淀，直至无氯离子（经硝酸酸化，用硝酸银检验）。将沉淀及滤纸小心地从玻璃漏斗中取出，放入烧杯中，加沸水100mL和（1+3）硫酸溶液25mL，加热，保持60~80℃使沉淀完全溶解，然后用高锰酸钾标准溶液（0.01mol/L，按GB/T 601—2002配制和标定）滴定至微红色并保持30s不褪色为终点，记录消耗的高锰酸钾标准溶液的体积（V_1）。同时做空白试验，记录空白试验消耗高锰酸钾标准溶液的体积（V_0）。

3. 分析计算表述

试样中氧化钙的含量按式（2-4-25）计算。

$$X = \frac{(V_1 - V_0) \times c \times 0.028}{V} \times 1000 \tag{2-4-25}$$

式中　X——试样中氧化钙的含量（g/L）；

V_1——测定试样时消耗0.01mol/L高锰酸钾标准溶液的体积（mL）；

V_0——空白试验时消耗0.01mol/L高锰酸钾标准溶液的体积（mL）；

c——高锰酸钾标准溶液的实际浓度（mol/L）；

V——吸取试样的体积（mL）；

0.028——氧化钙的换算系数（g/mmol）。

所得结果保留一位小数，在重复性条件下两次独立测定结果的绝对差值不得超过算术平均值的5%。

三 EDTA滴定法

1. 方法原理

用氢氧化钾溶液调整试样的pH值至12以上，以盐酸羟胺、三乙醇胺和硫化钠作掩蔽剂，排除锰、铁、铜等离子的干扰，在过量EDTA存在的情况下，用钙标准溶液进行反滴定。

2. 分析步骤

准确吸取试样2~5mL（视试样中钙含量的高低而定）置于250mL锥形瓶中，加水50mL，依次加入1mL氯化镁溶液（100g/L）、1mL盐酸羟胺溶液（10g/L）、0.5mL三乙醇胺溶液（500g/L）、0.5mL硫化钠溶液（50g/L），摇匀，加5mL氢氧化钾溶液（5mol/L），再准确加入5mL EDTA溶液（0.02mol/L）和一小勺钙指示剂（约0.1g），摇匀，用钙标准溶液滴定至蓝色消失并初现酒红色为终点，记录消耗钙标准溶液的体积（V_1）。同时做空白试验，记录空白试验消耗钙标准溶液的体积（V_0）。

3. 分析结果表述

试样中氧化钙的含量按式（2-4-26）计算。

$$X = \frac{(V_1 - V_0) \times c \times 0.0561}{V} \times 1000 \qquad (2\text{-}4\text{-}26)$$

式中 X——试样中氧化钙的含量（g/L）；

c——钙标准溶液的浓度（g/L）；

V_1——测定试样时，消耗钙标准溶液的体积（mL）；

V_0——空白试验时，消耗钙标准溶液的体积（mL）；

V——吸取试样的体积（mL）；

0.0561——氧化钙的换算系数（g/mmol）。

所得结果保留一位小数，在重复性条件下两次独立测定结果的绝对差值不得超过算术平均值的5%。

4. 说明

1）处理样品时要防止污染，所用器皿均应使用塑料或玻璃制品，使用的试管器皿均应在使用前于体积分数在5%以上的硝酸溶液中浸泡24h以上，并用去离子水冲洗干净，干燥后使用。

2）加指示剂后，不要等太久，最好加后立即滴定。

3）本测定中锰、铁、铜等会发生干扰，需加入盐酸羟胺、三乙醇胺和硫化钠做掩蔽剂。

4）滴定时的pH值应大于12。

第五章　啤酒的检验

啤酒中铅的测定方法同本篇第四章第十三节，啤酒中菌落总数、大肠菌群的测定方法同本篇第二章第九节。

第一节　啤酒的感官检验

啤酒作为一种饮料食品，尽管有许多理化检验指标，但是远远不能全面评价其外观特征、口感及风味特性。对于消费者来说，啤酒感官检验的意义已大大超过了其理化检测。尽管现在的分析技术很先进，但是啤酒的感官检验仍然是不可替代的。感官检验的结果虽然具有主观性，但是只要选择合适的检验人员、科学的方法，其检验结果还是具有一定准确性的。

酒样的制备

根据需要将酒样密码编号并恒温至12～15℃，以同样的高度（距杯口3cm）和注流速度，对号注入洁净、干燥的啤酒品尝杯中。

外观

1. 透明度

将注入品尝杯的酒样（或瓶装酒样）置于明亮处观察，记录酒的清亮程度、悬浮物及沉淀物情况。

2. 浊度

将在本章第四节介绍。

3. 泡沫

（1）形态　用眼观察泡沫的颜色、细腻程度及挂杯情况，做好记录。

（2）泡持性　将在本章第六节介绍。

4. 香气和口味

（1）香气　先将注入酒样的品尝杯置于鼻孔下方，嗅其香气，摇动品尝杯后，再嗅有无酒花香气及异杂气味，做好记录。

（2）口味　饮入适量酒样，根据所评定的酒样应具备的口感特征进行评定，做好记录。

5. 判定

根据外观、泡沫、香气和口味特征，写出评语。

三 感官要求

淡色啤酒的感官指标应符合表 2-5-1 的规定。

表 2-5-1 淡色啤酒的感官指标

项目			优级	一级	二级
外观	透明度		清亮透明，允许有肉眼可见的细微悬浮物和沉淀物（非外来异物）		
	浊度/EBC		≤0.9	≤1.2	≤1.5
泡沫	形态		泡沫洁白、细腻，持久挂杯	泡沫较洁白、细腻，较持久挂杯	泡沫尚洁白、尚细腻
	泡持性/s	瓶装	≥180	≥130	≥100
		听装	≥150	≥110	
香气和口味			有明显的酒花香气，口味醇正，爽口，酒体谐调，柔和无异香、异味	有较明显的酒花香气，口味醇正，较爽口，酒体谐调，无异香、异味	有酒花香气，口味较醇正，无异味

浓、黑色啤酒的感官指标应符合表 2-5-2 的规定。

表 2-5-2 浓、黑色啤酒的感官指标

项目			优级	一级	二级
外观①	酒体有光泽，允许有肉眼可见的细微悬浮物和沉淀物（非外来异物）				
泡沫	形态		泡沫细腻挂杯	泡沫较细腻挂杯	泡沫尚细腻
	泡持性②/s	瓶装	≥180	≥130	≥100
		听装	≥150	≥110	
香气和口味			具有明显的麦芽香气，口味醇正，爽口，酒体醇厚，柔和杀口，无异味	有较明显的麦芽香气，口味醇正，较爽口，杀口，无异味	有麦芽香气，口味较醇正，较爽口，无异味

① 对非瓶装的鲜啤酒无要求。

② 对桶装（鲜、生、熟）啤酒无要求。

第二节 啤酒净含量的测定

净含量是定量包装商品的重要指标。依据《啤酒分析方法》（GB/T 4928—2008），检验啤酒净含量有两种方法，即重量法（第一法）和容量法（第二法）。

一　重量法

1. 仪器

分析天平（感量为0.01g），台秤（感量为0.1kg），恒温水浴（精度为±0.5℃）。

2. 分析步骤

（1）瓶装、听（铝易开盖两片罐）装啤酒的测定

1）将瓶装、听（铝易开盖两片罐）装啤酒置于20℃±0.5℃水浴中恒温30min，取出，擦干瓶（或听）外壁的水，用分析天平称量整瓶（或听）酒质量（m_1）。开启瓶盖（或拉盖），将酒液倒出，用自来水清洗瓶（或听）内至无泡沫为止，沥干，称量空瓶和瓶盖（或空听和拉盖）的质量（m_2）。

2）测定酒液的相对密度：用密度瓶法测定（见本篇第四章第三节）。

3）分析结果表述

① 酒液（在20℃/4℃时）的密度按式（2-5-1）计算。

$$\rho = 0.9970 \times d_{20}^{20} + 0.0012 \tag{2-5-1}$$

式中　ρ——酒液的密度（g/mL）；

0.9970——在20℃时蒸馏水与干燥空气密度值之差（g/mL）；

d_{20}^{20}——在20℃时酒液与重蒸水的相对密度；

0.0012——干燥空气在20℃、1013.25hPa时的密度（g/mL）。

② 试样的净含量按式（2-5-2）计算。

$$V = \frac{m_1 - m_2}{\rho} \tag{2-5-2}$$

式中　V——试样的净含量（净容量）（mL）；

m_1——整瓶（或整听）酒的质量（g）；

m_2——空瓶和瓶盖（或空听和拉盖）的质量（g）；

ρ——酒液的密度（g/mL）。

（2）桶装啤酒的测定　于室温下，用台秤称量，其余步骤同上。

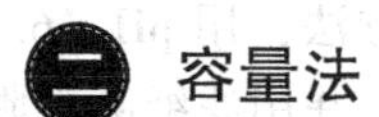

二　容量法

将瓶装酒样置于20℃±0.5℃水浴中恒温30min，取出，擦干瓶外壁的水，用玻璃铅笔对准酒的液面画一条细线，将酒液倒出，用自来水冲洗瓶内（注意不要洗掉画线）至无泡沫为止，擦干瓶外壁的水，准确装入水至瓶画线处，然后将水倒入量筒，测量水的体积，即为瓶装啤酒的净含量。

第三节　啤酒中总酸的测定

在啤酒生产过程中总酸的检测和控制是十分重要的。啤酒中含有各种酸类200种以上，这些酸及其盐类控制着啤酒的pH值和总酸的含量。原料、糖化方法、发酵条件、酵母菌种均会影响啤酒中的酸含量。适宜的pH值和总酸，能赋予啤酒柔和、清爽的口

感。同时，这些酸类物质是啤酒中重要的缓冲物质，对保证啤酒口味具有重要意义。

国家标准《啤酒》（GB 4927—2008）中规定啤酒总酸的含量应符合表2-5-3的规定。

表2-5-3 啤酒总酸的含量

项目			优级	一级	二级
总酸/（mL/100mL）	淡色啤酒	≥14.1°P	≤3.0		
		10.1~14.0°P	≤2.6		
		≤10.0°P	≤2.2		
	浓色啤酒　黑色啤酒		≤4.0		

依据《啤酒分析方法》（GB/T 4928—2008），啤酒总酸的测定方法有电位滴定法（第一法）和指示剂法（第二法）。

电位滴定法

1. 方法原理

依据酸碱中和的原理，用氢氧化钠标准溶液直接滴定啤酒中的总酸，以pH=8.2为电位滴定终点，根据消耗氢氧化钠标准溶液的体积计算出啤酒中总酸的含量。

2. 分析步骤

（1）试样的准备　将恒温至15~20℃的酒样约300mL注入750mL或1L的锥形瓶中，盖塞（橡胶塞），在恒温室内轻轻摇动，开塞放气（开始有“砰砰”声），盖塞，反复操作，直至无气体逸出为止，用单层中速干滤纸（漏斗上面盖表面玻璃）过滤。取滤液约100mL置于250mL烧杯中，于40℃±0.5℃振荡水浴中恒温30min，取出，冷却至室温。

（2）测定

1）按自动电位滴定仪（精度为±0.02，附电磁搅拌器）使用说明书安装和调试仪器。

2）用标准缓冲溶液校正自动电位滴定仪：采用二点校准的方法，用pH=6.86、pH=9.18的两种缓冲溶液校正，校正结束后，用蒸馏水冲洗电极，并用滤纸吸干附着在电极上的液滴。

3）吸取准备好的试样50.0mL置于烧杯中，插入电极，开启电磁搅拌器，用0.1mol/L的氢氧化钠标准溶液滴定至pH=8.2为终点，记录消耗氢氧化钠标准溶液的体积。

3. 分析结果表述

试样的总酸含量按式（2-5-3）计算。

$$X = 2 \times c \times V \tag{2-5-3}$$

式中　X——试样的总酸含量（mL/100mL）；

c——氢氧化钠标准溶液的浓度（mol/L）；

V——消耗氢氧化钠标准溶液的体积（mL）；

2——换算成100mL试样的系数（mL/mmol）。

所得结果保留一位小数。结果允许差：同一试样两次独立测定结果的绝对差值不得超过算术平均值的4%。

 指示剂法

1. 方法原理

用酚酞作指示剂进行酸碱中和滴定。

2. 分析步骤

向250mL锥形瓶中装入水100mL，加热煮沸2min，然后加入试样（电位滴定法的过滤液）10.0mL，继续加热1min，控制加热温度使其在最后30s内再次沸腾。放置5min后，用自来水迅速冲冷盛样的锥形瓶至室温，加入酚酞指示液0.5mL，用0.1mol/L氢氧化钠标准溶液滴定至呈淡粉色为终点，记录消耗氢氧化钠标准溶液的体积。

3. 分析结果表述

试样的总酸含量按式（2-5-4）计算。

$$X = 10 \times c \times V \tag{2-5-4}$$

式中　X——试样的总酸含量（即100mL试样消耗1mol/L氢氧化钠标准溶液的毫升数）（mL/100mL）；

c——氢氧化钠标准溶液的浓度（mol/L）；

V——消耗氢氧化钠标准溶液的体积（mL）；

10——换算成100mL试样的系数（mL/mmol）。

所得结果保留一位小数。结果允许差：同一试样两次独立测定结果的绝对差值不得超过平均值的4%。

第四节　啤酒浊度的测定

啤酒浊度是以EBC为单位表示啤酒透明度的外观指标。啤酒浊度直接影响啤酒的外观质量和非生物的稳定性，是影响啤酒保质期，评价啤酒质量的重要指标之一。

国家标准《啤酒》（GB 4927—2008）中规定淡色啤酒浊度应小于或等于1.2EBC。

1. 方法原理

利用富尔马肼标准浊度溶液校正浊度计，直接测定啤酒样品的浊度，以浊度单位EBC表示。

2. 分析步骤

1）按照浊度计（测量范围为0～5EBC，分度值为0.01EBC）使用说明书安装与调试，用标准浊度使用液校正浊度计。

2）取除气后但未经过滤，温度在20℃±0.1℃的试样倒入浊度计的标准杯中，将

其放入浊度计中测定，直接读数（该法为第一法，应在试样脱气后5min内测定完毕）。或者将整瓶酒放入仪器中，旋转一周，取平均值（该法为第二法，预先在瓶盖上划一个十字，手工旋转四个90°读数，取四个读数的平均值报告其结果）。

3. 分析结果表述

所得结果保留一位小数。结果允许差：同一试样两次独立测定结果的绝对差值不得超过算术平均值的10%。

第五节　啤酒色度的测定

啤酒色度的深浅主要取决于三方面：麦芽、酒花中多酚物质及其衍生物的溶出量；麦汁制备过程中类黑素生成的数量；其他各种有机物的氧化，包括非酶氧化及酶促氧化。色度是啤酒分类的依据之一：色度为2～14EBC的啤酒为淡色啤酒；色度为15～40EBC的啤酒为浓色啤酒；色度大于或等于41EBC的啤酒为黑色啤酒。

国家标准《啤酒分析方法》（GB/T 4928—2008）中色度的测定方法主要有比色计法和分光光度计法。

 比色计法

1. 方法原理

将除气后的试样注入EBC比色计的比色皿中，与标准EBC色盘比较，目视读取或自动数字显示出试样的色度，以色度单位EBC表示。

2. 分析步骤

（1）试样的制备　方法提要：在保证样品有代表性，不损失或少损失酒精的前提下，用振摇、超声波或搅拌等方式除去酒样中的二氧化碳气体。

第一法：将恒温至15～20℃的酒样约300mL倒入1L的锥形瓶中，盖塞（橡胶塞），在恒温室内，轻轻摇动，开塞放气（开始有“砰砰”声），盖塞，反复操作，直至无气体逸出为止，用单层中速干滤纸过滤（漏斗上面盖表面玻璃）。

第二法：采用超声波或磁力搅拌法除气。将恒温至15～20℃的酒样约300mL移入带排气塞的瓶中，然后将其置于超声波水槽中（或搅拌器上），超声（或搅拌）一定时间后，用单层中速干滤纸过滤（漏斗上面盖表面玻璃）。

（2）试样的保存　将除气后的酒样收集于具塞锥形瓶中，温度保持在20℃±0.1℃，密封保存，限制在2h内使用。

（3）仪器的校正　将哈同溶液注入40mm比色皿中，用比色计测定。其标准色度应为15EBC单位。若使用25mm比色皿，其标准色度为9.4EBC。仪器的校正应每月进行一次。

（4）检测　将除气后的试样注入25mm比色皿中，然后放到比色盒中，与标准色盘进行比较，当两者色调一致时直接读数。或使用自动数字显示色度计，自动显示、打印其结果。

3. 分析结果的表述

若使用其他规格的比色皿，则需要按式（2-5-5）换算成25mm比色皿的数据，报告其结果。

$$X = \frac{S}{H} \times 25 \qquad (2\text{-}5\text{-}5)$$

式中 X——试样的色度（EBC）；

S——实测色度（EBC）；

H——使用比色皿厚度（mm）；

25——换算成标准比色皿的厚度（mm）。

测定浓色和黑色啤酒时，需要将酒样稀释至合适的倍数，然后将测定结果乘以稀释倍数。

结果保留一位小数。结果允许差：同一试样两次独立测定值之差，色度为2~10EBC时，不得大于0.5EBC单位；色度大于10EBC时，稀释样平行测定值之差不得大于1EBC单位。

4. 说明

哈同（Hartong）基准溶液：称取重铬酸钾（$K_2Cr_2O_7$）0.1g（精确至0.001g）和亚硝酰铁氰化钠$\{Na_2[Fe(CN)_5NO] \cdot 2H_2O\}$3.5g（精确至0.001g），用水溶解并定容至1000mL，储于棕色瓶中，于暗处放置24h后使用。

 分光光度计法

1. 方法原理

啤酒的色泽越深，则在一定波长下的吸光度值越大，因此可直接测定吸光度，然后转换成EBC单位表示色度。

2. 分析步骤

将除气后的试样注入10mm比色皿中，以水为空白调零，分别在波长430nm和700nm处测定试样的吸光度。

若$A_{430} \times 0.039 > A_{700}$，则表示试样是透明的，按式（2-5-6）计算；若$A_{430} \times 0.039 < A_{700}$，则表示试样是混浊的，需要离心或过滤后重新测定；当$A_{430} > 0.8$时，需用水稀释后再测定。

3. 分析结果表述

试样的色度按式（2-5-6）计算。

$$S = A_{430} \times 25 \times n \qquad (2\text{-}5\text{-}6)$$

式中 S——试样的色度（EBC）；

A_{430}——试样在波长430nm、10mm比色皿测得的吸光度；

25——换算成标准比色皿的厚度（mm）；

n——稀释倍数。

所得结果保留一位小数。在重复性条件下获得两次独立测定值之差不得大于0.5EBC。

第六节 啤酒泡持性的测定

啤酒泡沫是赋予啤酒特征的不可缺少的质量。为了使啤酒具有丰富的泡沫，必须将给啤酒带来爽快口感和使其香味统一的二氧化碳气体适当地溶解在酒液中，并含有足够的来源于大麦的蛋白质和酒花苦味成分以及一定的啤酒粘度。啤酒泡沫的体积（起泡性）主要取决于二氧化碳的含量；泡沫挂杯情况（附着性）主要取决于啤酒的粘度。但就泡沫来说，重要的因素是其稳定性（泡持性）。啤酒泡沫的稳定性主要取决于存在的表面活性物质。其中的糖蛋白是最主要的表面活性物质。

啤酒的泡持性是啤酒感官检验的指标之一（见表2-5-1和表2-5-2），会直接影响啤酒的质量。

依据《啤酒分析方法》(GB/T 4928—2008)，啤酒泡持性测定方法有仪器法和秒表法。

仪器法

1. 方法原理

采用节流发泡的方法使啤酒发泡，利用泡沫的导电性，使用长短不同的探针电极，自动跟踪记录泡沫衰减所需的时间，即为泡持性。

2. 分析步骤

将酒样（整瓶或整听）置于20℃ ±0.5℃水浴中恒温30min，然后将泡持杯彻底清洗干净，备用。

按使用说明书将啤酒泡持仪调至工作状态，并将二氧化碳钢瓶的分压调至0.2MPa，然后按仪器说明书校正杯高，开启试样瓶盖，按照仪器说明书将试样置于发泡器上发泡。使泡沫出口端与泡持杯底距离为10mm，泡沫满杯时间应为3~4s。迅速将盛满泡沫的泡持杯置于泡沫测量仪的探针下，按“开始”键，仪器自动显示与记录结果。所得结果以秒计，表示至整数。

结果允许差：同一试样两次独立测量结果的绝对值差值不得超过算术平均值的5%。

秒表法

1. 方法原理

用目视法测定啤酒泡沫消失的速度，以秒表示。

2. 分析步骤

试样的准备同仪器法的规定。

将泡持杯（同仪器法规定）置于铁架台底座上，距杯口3cm处固定铁环，开启瓶盖，立即将瓶（或听）口置于铁环上，沿杯中心线，以均匀的流速将酒样注入杯中，直至泡沫高度与杯口相齐时为止（满杯时间宜控制在4~8s内）。同时按秒表开始计时，观察泡沫升起情况，记录泡沫的形态（包括色泽及细腻程度）和泡沫挂杯情况。记录泡沫从满杯至消失（或露出0.50cm^{2}酒面）的时间，所得结果以秒计，表示至整数。

注意：试验时严禁有空气流通，测定前样品瓶应避免振摇。

结果允许差：同一试样两次独立测定结果的绝对差值不得超过算术平均值的10%。

第七节　啤酒中二氧化碳的测定

啤酒中的二氧化碳是啤酒酵母发酵的主要产物之一。它既能够赋予啤酒爽口的杀口力和丰富的泡沫，又能降低啤酒中的溶解氧含量，提高啤酒的风味稳定性和保存期，是啤酒感官检验的重要指标。

国家标准《啤酒》（GB 4927—2008）中规定二氧化碳的质量分数应保持在0.35%～0.65%范围内。

依据《啤酒分析方法》（GB/T 4928—2008），啤酒中二氧化碳的测定方法有基准法和压力法。

 基准法

1. 方法原理

在0～5℃下用碱液固定啤酒中的二氧化碳，加稀酸释放后，用已知量的氢氧化钡吸收，过量的氢氧化钡再用盐酸标准溶液滴定，根据消耗盐酸标准溶液的体积，计算出试样中二氧化碳的含量。

2. 分析步骤

（1）仪器的校正　按二氧化碳收集测定仪使用说明书，用碳酸钠标准物质对其进行校正，每季度校正一次（发现异常时需及时校正）。

（2）试样的准备　将待测啤酒恒温至0～5℃。开启瓶装酒的瓶盖，迅速加入一定量的300g/L氢氧化钠溶液（样品净含量为640mL时，加10mL；样品净含量为355mL时，加5mL；样品净含量为2L时，加25mL）和两三滴有机硅消泡剂（二甘油聚醚），立刻用塞塞紧，摇匀，备用。听装酒可在罐底部打孔，以下操作与瓶装酒的操作相同。

（3）二氧化碳的分离与收集　吸收准备好的试样10.0mL置于反应瓶中，在收集瓶中加入0.055mol/L的氢氧化钡溶液25.00mL，将收集瓶与仪器的分气管接通，然后通过反应瓶上分液漏斗向其中加入质量分数为10%的硫酸溶液10mL，关闭漏斗活塞，迅速接通连接管，设定分离与收集时间为10min，按下泵开关，仪器开始工作，直至自动停止。

（4）滴定　用少量无二氧化碳蒸馏水冲洗收集瓶的分气管，取下收集瓶，加入10g/L的酚酞指示剂2滴，用0.1mol/L的盐酸标准溶液滴定至刚好无色，记录消耗盐酸标准溶液的体积。

3. 分析结果表述

试样中二氧化碳的含量按式（2-5-7）计算。

$$X=\frac{(V_1-V_2)\times c\times 0.022\times 100}{\frac{V_3}{V_3+V_4}\times 10\times \rho} \tag{2-5-7}$$

式中 X——试样中二氧化碳的含量（质量分数，%）；

V_1——标定氢氧化钡溶液时消耗的盐酸标准溶液的体积（mL）；

V_2——试样消耗盐酸标准溶液的体积（mL）；

c——盐酸标准溶液的浓度（mol/L）；

0.022——与1.00mL盐酸标准溶液［$c(HCl)=1.000mol/L$］相当的以克表示的二氧化碳的质量（g/mmol）；

V_3——试样的净含量（总体积）（mL）；

V_4——在处理试样时，加入氢氧化钠溶液的体积（mL）；

10——测定时吸取试样的体积（mL）；

ρ——被测试样的密度（当被测试样的原麦汁浓度为11°P或12°P时，比值为1.012，其他浓度的试样需先测其密度）（g/mL）。

所得结果保留两位小数。结果允许差：同一试样两次独立测定结果的绝对差值不得超过算术平均值的5%。

 压力法

1. 方法原理

根据亨利定律，在25℃时用二氧化碳压力测定仪测出试样的总压、瓶颈空气体积和瓶颈空容，然后计算出啤酒试样中二氧化碳的含量。

2. 分析步骤

（1）仪器的准备　将二氧化碳测定仪（分度值为0.01MPa）的三个组成部分之间用胶管（或塑料管）接好，在碱液水准瓶和刻度吸管中装入400g/L的氢氧化钠溶液，并用水或氢氧化钠溶液（也可以使用瓶装酒）完全顶出连接刻度吸收管与穿孔装置之间胶管中的空气。

（2）试样的准备　取瓶（或听）装酒样置于25℃水浴中恒温30min。

（3）测表压　将准备好的试样瓶（或听）置于穿孔装置下穿孔，然后用手摇动酒瓶（或听），直至压力表指针指示最大恒定值，记录读数（即表压）。

（4）测瓶颈空气　慢慢打开穿孔装置的出口阀，让瓶（瓶听）内气体缓缓流入吸收管，当压力表指示降至零时，立即关闭出口阀，倾斜摇动吸收管，直至气体体积达到最小恒定值。调整水准瓶，使之静压相等，从刻度吸收管上读取气体的体积。

（5）测瓶颈空容　在测定前，先在酒的瓶壁上用玻璃铅笔标记出酒的液面。在测定后，用水将酒瓶装至标记处，用100mL量筒量取100mL水后倒入试样瓶至满瓶口，读取从量筒倒出水的体积。

（6）听（铝易开盖两片罐）装酒“听顶空容”的测定与计算　在测定前，先称量整听酒的质量（m_1），精确至0.1g；穿刺，测定听装酒的表压；将听内啤酒倒出，用水洗净，空干，称量听与拉盖的质量（m_2），精确至0.1g；再用水充满空听，称量听、拉盖和水的质量（m_3），精确至0.1g。听装酒的听顶空容按下式（2-5-8）计算。

$$R=\frac{m_3-m_2}{0.99823}-\frac{m_1-m_2}{\rho} \tag{2-5-8}$$

式中　R——听装酒的听顶空容（mL）；

m_1——整听酒的质量（g）；

m_2——听和拉盖的质量（g）；

m_3——听、拉盖和水的质量（g）；

0.99823——水在20℃下的密度（g/mL）；

ρ——试样的密度（g/mL）。

3. 分析结果表述

试样中二氧化碳的含量按式（2-5-9）计算。

$$X=(p-0.101\times V_1/V_2)\times 1.40 \tag{2-5-9}$$

式中　X——试样中二氧化碳的含量（g/100g）；

p——绝对压力（表压+0.101）（MPa）；

V_1——瓶颈空气体积（mL）；

V_2——瓶颈空容（听顶空容）（mL）；

1.40——25℃，1MPa时，100g试样中溶解的二氧化碳克数［g/(100g·MPa)］。

所得结果保留两位小数。结果允许差：同一试样两次独立测定的绝对差值不得超过算术平均值的5%。

第八节　啤酒酒精度的测定

酒精是啤酒酵母在发酵中的主要代谢产物之一。它赋予啤酒不同于其他酒类和饮料的特有品质。不同的消费者对啤酒的酒精度有不同的喜好。为了适应广大消费者的需求，啤酒生产厂家推出了不同酒精度的产品。啤酒的酒精度是一项重要的品质指标。《啤酒》（GB 4927—2008）规定了啤酒的酒精度指标，见表2-5-4。

表2-5-4　啤酒的酒精度指标

项目		淡色啤酒		浓色啤酒	
		优级	一级	优级	一级
酒精度（体积分数，%）	≥14.1°P	5.2			
	12.1～14.0°P	4.5			
	11.1～12.0°P	4.1			
	10.1～11.0°P	3.7			
	8.1～10.0°P	3.3			
	≤8.0°P	2.5			

依据《啤酒分析方法》（GB/T 4928—2008），啤酒酒精度的测定方法有密度瓶法（第一法）、气相色谱法（第二法）和仪器法（第三法），现仅就密度瓶法进行介绍。

1. 方法原理

利用在20℃时酒精水溶液与同体积纯水质量之比，求得相对密度（以d_{20}^{20}表示），然后查表得出试样中酒精的含量（体积分数），即酒精度。

2. 分析步骤

（1）试样制备　按第五节啤酒色度测定制备样品。

（2）测定

1）容量法

① 蒸馏：用100mL容量瓶准确量取制备好的试样100mL，置于蒸馏瓶中，用50mL水分三次冲洗容量瓶，将洗液并入蒸馏瓶中，加玻璃珠数粒，装上蛇型冷凝管，缓缓加热蒸馏（冷凝管出口水温不得超过20℃），用原100mL容量瓶接收馏出液（外加冰浴），收集约96mL馏出液（蒸馏应在30～60min内完成），取下容量瓶，调节液温至20℃，补加水定容，混匀，备用。

② 测定

a. 测量A：将密度瓶洗净、干燥、称量，反复操作，直至恒重。用煮沸并冷却至15℃的水注满恒重的密度瓶，插上附温度计的瓶塞（瓶中应无气泡），立即浸于20℃±0.1℃的水浴中，待内容物温度达到20℃并保持5min不变后取出，用滤纸吸去溢出支管的水，立即盖好小帽，擦干后称量。

b. 测量B：将水倒去，用试样馏出液反复冲洗密度瓶三次，然后装满，以下与测量A的操作相同。

③ 试样馏出液（20℃）的相对密度按式（2-5-10）计算。

$$d_{20}^{20}=\frac{m_2-m}{m_1-m} \tag{2-5-10}$$

式中 d_{20}^{20}——试样馏出液（20℃）的相对密度；

m——密度瓶的质量（g）；

m_1——密度瓶和水的质量（g）；

m_2——密度瓶和试样馏出液的质量（g）。

根据相对密度查《啤酒分析方法》（GB/T 4928—2008）中的附录A，得到试样馏出液中酒精的体积分数，即为试样的酒精度。所得结果保留一位小数。

2）重量法

① 蒸馏：称取处理后的试样100.0g，精确至0.1g，全部移入500mL已知质量的蒸馏瓶中，加水50mL和数粒玻璃珠，装上蛇型冷凝器（或冷却部分的长度不短于400mm的直型冷凝器），开启冷却水，缓缓加热蒸馏（冷凝管出口水温不得超过20℃），用已知质量的100mL容量瓶接收馏出液（外加冰浴），收集约96mL馏出液（蒸馏应在30～60min内完成），取下容量瓶，调节液温至20℃，然后补加水，使馏出液质量为100.0g（此时总质量为100.0g+容量瓶质量），混匀（注意保存蒸馏后的残液，可供测真正浓度使用）。

② 测量A和测量B：A、B的测量与容量法相同。

③ 试样馏出液（20℃）相对密度的计算：与容量法相同。

根据相对密度查《啤酒分析方法》（GB/T 4928—2008）中的附录A，即得试样的酒精度。

所得结果保留一位小数。结果允许差：同一试样两次独立测定结果的绝对差值不得超过算术平均值的1%。

第九节　啤酒原麦汁浓度的测定

原麦汁浓度是指麦汁中麦芽浸出物的浓度，是啤酒分类的依据。啤酒原麦汁浓度是啤酒的一项重要的理化指标。它是控制啤酒生产过程和决定工艺条件的重要因素，同时也直接影响对节能降耗等一些经济指标的控制。为保证啤酒酿造各阶段，特别是成品酒的质量，原麦汁浓度合格特别重要。啤酒原麦汁浓度指标见表2-5-5。

依据《啤酒分析方法》（GB/T 4928—2008），原麦汁浓度的测定方法有密度瓶法（第一法）和仪器法（第二法）。

表2-5-5　啤酒原麦汁浓度指标

项　目		淡色啤酒		浓色啤酒	
		优级	一级	优级	一级
原麦汁浓度/°P（≥）	≥10.0°P	X－0.3			
	<10.0°P	X－0.2			

注："X"为标签上标注的原麦汁浓度，"－0.3"或"－0.2"为允许的负偏差。

一　密度瓶法

1. 方法原理

测出啤酒试样中的真正浓度和酒精度，按经验公式计算出啤酒试样的原麦汁浓度。

2. 测定

（1）真正浓度的测定　将在测定酒精度时蒸馏除去酒精后的残液（在已知重量的蒸馏烧瓶中）冷却至20℃，准确补加水使残液至100.0g，混匀。或用已知重量的蒸发皿称取制备的理化分析用的试样100.0g（精确至0.1g），置于沸水浴上蒸发，直至原体积的1/3，取下冷却至20℃，加水恢复至原质量，混匀。

用密度瓶或密度计测定出残液的相对密度，查《啤酒分析方法》（GB/T 4928—2008）中的附录B.1，求得100g试样中浸出物的克数（g/100g），即为试样的真正浓度，以柏拉图度（°P）或体积分数（%）表示。

（2）酒精度的测定　同密度瓶法。

3. 分析结果表述

根据测得的酒精度和真正浓度，按式（2-5-11）计算试样的原麦汁浓度。

$$X_1 = \frac{(A \times 2.0665 + E) \times 100}{100 + A \times 1.0665} \tag{2-5-11}$$

式中　X_1——试样的原麦汁浓度（°P或%）；

A——试样的酒精度（质量分数，%）；

E——试样的真正浓度（质量分数，9%）。

或者查《啤酒分析方法》（GB/T 4928—2008）中的附录 B. 2，按式（2-5-12）计算试样的原麦汁浓度。

$$X = 2A + E - b \tag{2-5-12}$$

式中 X——试样的原麦汁浓度（°P 或%）；

A——试样的酒精度（质量分数，%）；

E——试样的真正浓度（质量分数，%）；

b——校正系数。

所得结果保留一位小数。在重复性条件下获得的两次独立测定结果的绝对差值不得超过算术平均值的1%。

二 仪器法

1. 方法原理

用啤酒自动分析仪直接测定，计算并打印出试样的真正浓度及原麦汁浓度。

2. 仪器

啤酒自动分析仪：真正浓度的分析精度为 0. 01%。

3. 分析步骤

1）按啤酒自动分析仪使用说明书安装与调试仪器。

2）按仪器使用手册进行操作，自动进样、测定、计算、打印出试样的真正浓度和原麦汁浓度，以柏拉图度或质量分数表示。

所得结果保留一位小数。在重复性条件下获得的两次独立测定结果的绝对差值不得超过算术平均值的1%。

第十节 啤酒中双乙酰的测定

啤酒中的双乙酰（2，3-戊二酮）是啤酒发酵过程的重要副产物，是衡量啤酒成熟的决定性指标。《啤酒》（GB 4927—2008）规定优级淡色啤酒双乙酰含量小于或等于 0. 10mg/L。如果在成品酒中双乙酰的浓度超过 2.32×10^{-6} mol/L，就会出现明显的馊饭味，因此成熟啤酒要求双乙酰有一个阈值范围。双乙酰的控制对保证啤酒产量和质量具有重要意义。

啤酒中双乙酰的测定方法为气相色谱法和紫外可见分光光度法。

一 气相色谱法

1. 方法原理

试样进入气相色谱仪中的色谱柱时，由于在气液两相中分配系数不同，而使双乙酰、2，3-戊二酮、2，3-己二酮及其他组分得以完全分离。利用电子捕获检测器捕获低能量电子，使基流下降产生信号，与标样对照，根据保留时间定性，利用内标法或外标法进行定量。进入色谱柱前不经过加热处理时测得的是游离联二酮，在 60℃ 加热 90min 后测得的是包括前驱体转化在内的总联二酮。

2. 分析步骤

（1）色谱柱和色谱条件

1）色谱柱

① 填充柱：不锈钢（或玻璃）柱，长度为2m，固定相为在Chrornosorb W AW-DMS上涂以10%聚乙二醇-20M（PEG-20M），或在Carbopak C上涂以20%聚乙二醇-1500（PEG-1500）。

② 毛细管色谱柱：固定相为Carbowax 20M。

2）参考色谱条件：柱温为55℃；汽化室温度为150℃；检测器温度为200℃；载气（高纯氮）流量为25mL/min。

（2）测定

1）标准溶液的制备：在顶空取样瓶中装入10mL水和4g氯化钠，加入2，3-戊二酮、2，3-己二酮和双乙酰三种标准使用溶液各10μL，用衬有密封垫的铝压盖卷边密封，并用手摇匀50s。该溶液所含三种标准物质的质量浓度各为0.05mg/L。

当预计扩大线性响应范围联二酮（VDKs）的含量0.05mg/L时，应适当调整标准溶液的含量，使响应值呈线性。

2）试样的制备

① 啤酒样品中的游离联二酮（VDKs）：取室温下的啤酒样品，缓慢倒入刻度试管中，用吸管吸去泡沫及多余的酒液至10mL，然后向20mL顶空取样瓶中装入10mL啤酒样品和4g氯化钠，加入内标（2，3-己二酮）使用溶液10μL，用铝压盖卷边密封，并用手摇匀50s。

② 啤酒样品中的总联二酮（VDKs+前驱体）：在400mL烧杯中，取室温下的啤酒样品，轻轻摇动脱气，然后通过两个杯子缓慢注流倒杯5次，使其很好曝气。将其缓慢倒入刻度试管中，用吸管吸去泡沫及多余的酒液至10mL，然后将其移入装有4g氯化钠的20mL顶空取样瓶中，加入内标（2，3-己二酮）使用溶液10μL，用铝压盖卷边密封，于60℃水浴中保温90min，冷却至室温后，轻轻拍打瓶盖使盖残留的液滴落下，用手摇匀50s。

3）测定

① 标准溶液的测定：将标准溶液放入30℃水浴中保温30min，使气相达到平衡状态，然后将其置于自动进样器上进样1.0mL，记录2，3-戊二酮、2，3-己二酮和双乙酰峰的保留时间和峰高（或峰面积），根据峰的保留时间定性。根据峰高（或峰面积），求得校正因子进行定量。求校正因子时，应反复进样分析三次，取平均值。

② 试样的测定：将制备好的试样放入30℃水浴中保温30min，使气相达到平衡状态，然后将其置于顶空自动进样器上进样1.0mL，在选择好的色谱条件下进行分析。

3. 分析结果表述

（1）双乙酰（或2，3-戊二酮）校正系数的计算

$$f=\frac{A_1}{A_2}\times\frac{d_2}{d_1}\tag{2-5-13}$$

式中　f——双乙酰（或2，3-戊二酮）的校正因子；

A_1——内标的峰面积；

A_2——双乙酰（或2，3-戊二酮）的峰面积；

d_1——内标的密度；

d_2——双乙酰（或2，3-戊二酮）的密度。

（2）试样中双乙酰（或2，3-戊二酮）含量的计算

$$X = f \times \frac{A_3}{A_4} \times c \tag{2-5-14}$$

式中 X——试样中双乙酰（或2，3-戊二酮）的含量（mg/L）；

f——双乙酰（或2，3-戊二酮）的校正因子；

A_3——试样中双乙酰（或2，3-戊二酮）的峰面积；

A_4——试样中添加的内标的峰面积；

c——试样中添加的内标的质量浓度（mg/L）。

所得结果保留两位小数。重复性条件下获得两次独立测定结果的绝对差值不得超过算术平均值的10%。

紫外可见分光光度法

1. 方法原理

用蒸汽将双乙酰蒸馏出来，与邻苯二胺反应，生成2，3-二甲基喹喔啉，在波长335nm下测其吸光度。由于其他联二酮类都具有相同的反应特性，另外蒸馏过程中部分前驱体要转化成联二酮，因此上述测定结果为总联二酮的含量（以双乙酰的含量表示）。

2. 分析步骤

（1）蒸馏　将双乙酰蒸馏器安装好，加热蒸汽发生瓶至沸腾，通蒸汽预热后，将25mL容量瓶置于冷凝器出口处接收馏出液（外加冰浴）。向100mL量筒中加一两滴消泡剂，再注入100mL未经除气的预先冷至约5℃的酒样，迅速转移至蒸馏器内，并用少量水冲洗带塞漏斗、塞盖，然后用水密封，进行蒸馏，直至馏出液接近25mL（蒸馏需在3min内完成）时取下容量瓶，达到室温后用重蒸馏水定容，摇匀。

（2）显色与测量　分别吸取馏出液10.0mL置于两支干燥的比色管中，并向第一支管中加入10g/L的邻苯二胺溶液0.50mL，第二支管中不加（做空白），充分摇匀后，同时置于暗处放置20～30min，然后向第一支管中加4mol/L的盐酸溶液2mL，向第二支管中加入4mol/L的盐酸溶液2.5mL，混匀后，用20mm玻璃比色皿（或10mm石英比色皿），于波长335nm下，以空白试液作参比，测定其吸光度（比色测定操作需在20min内完成）。

3. 分析结果表述

试样中双乙酰的含量按式（2-5-15）计算。

$$X = A_{335} \times 1.2 \tag{2-5-15}$$

式中 X——试样的双乙酰的含量（mg/L）；

A_{335}——试样在335nm波长下，用20mm比色皿测得的吸光度；

1.2——吸光度与双乙酰含量的换算系数（mg/L）。

注意：若用10mm石英比色皿测吸光度，则换算系数应为2.4mg/L。

所得结果保留两位小数。结果允许差：同一试样两次独立测定结果的绝对差值不得

超过算术平均值的10%。

第十一节　啤酒中二氧化硫的测定

啤酒中的二氧化硫主要来自两个方面：一方面是酿造啤酒用的原辅料，如啤酒花、辅料和麦芽等；另一方面是啤酒在发酵过程中酵母的代谢物。

二氧化硫在啤酒中主要起抗氧化作用。二氧化硫能够结合氧而产生无毒害影响的硫酸根离子，从而消耗啤酒中大量的溶解氧，使得部分老化反应减弱。另外，二氧化硫还是一种风味稳定剂，能够与含醛类化合物与酮类化合物等羰基化合物结合产生非挥发性的亚硫酸盐加成物，从而掩盖不饱和醛类的劣味。游离的二氧化硫还有明显的抑制细菌增长的作用。然而，二氧化硫的含量不是越多越好，成品中残留的二氧化硫过多，不仅会使啤酒产生不良风味，而且对亚硫酸盐过敏的人来说还会引起过敏反应。我国对食品中残留的二氧化硫有一定的限制。《食品安全国家标准　食品添加剂使用标准》（GB 2760—2011）中规定啤酒中二氧化硫残留量不得超过0.01g/kg。

啤酒中残留的二氧化硫测定方法为盐酸副玫瑰苯胺法。

1. 方法原理

亚硫酸盐与四氯汞钠反应生成稳定的配位化合物，再与甲醛及盐酸副玫瑰苯胺作用生成紫红色配位化合物，其在550nm处有最大吸收，通过测定其吸光度来确定二氧化硫的含量。

2. 分析步骤

（1）标准曲线的绘制　取100mL啤酒置于烧杯中，加入0.5mL淀粉指示剂，滴加0.05mol/L的碘溶液，直至溶液出现浅蓝色并在30s不褪色为止。

用含1滴正丁醇的10mL量筒移取上述啤酒10mL置于一系列100mL容量瓶中，依次加入0.0mL、1.0mL、2.0mL、3.0mL、4.0mL、5.0mL、6.0mL、8.0mL二氧化硫标准使用液（2μg/mL），用水稀释至刻度，摇匀。各移取25mL上述溶液置于50mL容量瓶中，加入5mL盐酸副玫瑰苯胺溶液，混匀，再加入5mL甲醛溶液（2g/L），用水稀释至刻度，摇匀，在25℃水浴中放置30min，然后将其取出，用1cm比色皿，以零管调节零点，于波长550nm处测吸光度，以吸光度为纵坐标，10mL啤酒所含二氧化硫微克数为横坐标绘制标准曲线。

（2）试样的测定　在100mL容量瓶中，加入2.0mL四氯汞钠溶液和5mL 0.05mol/L的硫酸溶液，用含1滴正丁醇的10mL量筒移取10mL未脱气的冷啤酒置于容量瓶中，缓缓摇动，然后加入15mL 0.1mol/L的氢氧化钠溶液，摇匀后静置15s，再加入10mL 0.05mol/L的硫酸溶液，用水稀释至刻度，摇匀。移取25mL上述溶液置于50mL容量瓶内，加入5mL盐酸副玫瑰苯胺溶液，混匀，再加入5mL甲醛溶液（2g/L），用水稀释至刻度，摇匀，在25℃水浴中放置30min。将其取出，用1cm比色皿，以零管调节零点，于波长550nm处测吸光度，从标准曲线中查得10mL啤酒中所含二氧化硫的微克数。

3. 分析结果表述

试样中二氧化硫的含量按式（2-5-16）计算。

$$X = \frac{m}{V} \quad (2\text{-}5\text{-}16)$$

式中 X——试样中二氧化硫的含量（mg/L）；

m——测定用样液中二氧化硫的质量（μg）；

V——测定用样液的体积（mL）。

计算结果保留三位有效数字。本方法检出限为2.0mg/L。结果允许差：在重复性条件下获得的两次独立测定结果的绝对差值不得超过算术平均值的10%。

第十二节 啤酒中铁的测定

啤酒中的铁离子主要来源于原辅料、设备管件及酿造用水等。铁离子在啤酒酿造过程中易发生氧化还原、催化、配位化合反应，从而对麦汁糖化、发酵及成品啤酒质量产生影响。铁离子作为酵母生长发育所必需的金属离子，与钙、锌、镁等其他金属离子一样，在啤酒发酵中起着重要的作用。同时，糖化过程中铁离子的含量较高，会抑制糖化过程的进行，加深麦汁色度；发酵阶段铁离子含量过高，会影响酵母的生长和发酵；清酒灌装以后如果铁离子含量过高，则会加速氧化作用，使啤酒产生铁腥味，加速啤酒的氧化混浊。

优质成品啤酒中铁离子的含量应为0.10ppm（$1ppm = 10^{-6}$），当铁离子含量大于0.30ppm时，会对成品啤酒产生不同程度的负面影响。

依据《啤酒分析方法》（GB/T 4928—2008），啤酒中铁的测定方法有比色法和原子吸收分光光度法。

 比色法

1. 方法原理

在pH＝3～9的条件下，低价铁离子与邻菲啰啉生成稳定的橘红色配位化合物，其色度与Fe^{2+}的含量成正比，在505nm波长下，有最大吸收。

2. 分析步骤

（1）绘制标准工作曲线 分别吸取0.01mg/mL的铁标准使用液0.0mL、2.0mL、5.0mL、10.0mL、20.0mL、30.0mL置于6个100mL容量瓶中，加水定容，即得到质量浓度分别为0mg/L、0.20mg/L、0.50mg/L、1.00mg/L、2.00mg/L、3.00mg/L铁标准溶液。分别吸取所配成的铁标准溶液各25.00mL置于6支50mL具塞比色管中，各加抗坏血酸25mg和显色剂（邻菲啰啉）2mL，混合均匀，置于60℃±0.5℃水浴恒温15min，然后取出，迅速冷却至室温。在波长505nm下，以水作参比液，测定其吸光度。用吸光度与对应的铁含量绘制标准曲线，或建立回归方程。

（2）测定 吸取两份试样（除气但未过滤的20℃啤酒）各25.00mL，分别置于两支50mL具塞比色管A、B中。向比色管A中加抗坏血酸25mg和显色剂（邻菲啰啉）

2mL，混合均匀；向比色管 B 中加抗坏血酸 25mg 和水 2mL，混合均匀。同时将比色管 A、B 置于 60℃ ±0.5℃水浴中恒温 15min，然后取出，迅速冷却至室温。在波长 505nm 下，以 B 管作参比，测定比色管 A 中溶液的吸光度，从标准曲线上查得其铁含量（或用回归方程计算）。

结果允许差：试样中铁含量为 0.20mg/L 时，重现性误差的变异系数为 10%，再现性误差的变异系数为 40%。

原子吸收分光光度法

1. 方法原理

将啤酒试样中的铁直接导入原子吸收分光光度计中，使其在火焰中被原子化，基态原子铁吸收特征波长（248.3nm）的光，吸收量与铁含量成正比。测其吸光度，求得铁含量。

该方法局限于直接吸收灵敏度为 0.05mg/L 的仪器，而且必须采用标准加入法（增量法）测定。

2. 分析步骤

（1）试样标准溶液的配制　吸取铁标准储备液（1000mg/L）100mL，用水稀释至 1000mL，该铁标准溶液浓度为 100mg/L。吸取 100mg/L 铁标准溶液 0.00mL、0.10mL、0.20mL、0.40mL、0.60mL，分别注入 5 个 100mL 容量瓶中，用试样（除气但未过滤的 20℃啤酒，需过滤时，应用无铁滤纸）稀释至刻度。

（2）测定　选择适宜的操作条件，先用空白溶液在波长 248.3nm 处调节仪器零点，再分别导入啤酒标准溶液，测定其吸光度，以标准溶液质量浓度为横坐标，以相对应的吸光度为纵坐标，绘制标准工作曲线。用外插法，将标准曲线反向延长至与横轴相交，交点（x）即为待测啤酒试样的铁含量（或建立回归方程计算）。所得结果保留两位小数。

用最小二乘法计算直线回归方程式为

$$x = by + a$$

$$b = \frac{n\sum xy - \sum x\sum y}{n\sum y^2 - (\sum y)^2} \qquad a = \frac{\sum y^2\sum x - \sum y\sum xy}{n\sum y^2 - (\sum y)^2}$$

式中　b——直线斜率；

a——x 轴上的截距，为一常数；

n——不同质量浓度的个数；

x——被测物质的浓度；

y——吸光度（多次测定结果的平均值）。

结果允许差：试样中铁含量为 0.30mg/L 时，重现性误差的变异系数为 8%，再现性误差的变异系数为 17%。

第十三节　啤酒中苦味质的测定

苦味是啤酒区别于其他酒类的重要特征之一。优质的啤酒应有爽口的苦味。啤酒的苦味主要来源于啤酒花中的苦味物质，是在酿造过程中添加啤酒花所赋予的清爽的香气和苦味。啤酒花中苦味物质来自于啤酒花中的 α-酸、β-酸及其氧化降解和重排产物。在麦汁煮沸过程中最大的变化是 α-酸受热发生异构化，生成异 α-酸，异 α-酸更易溶于水，而 β-酸极不稳定，在煮沸的过程中迅速降解。因此，异 α-酸是麦汁和啤酒苦味的主要来源。啤酒苦味质检测主要是指测啤酒中异 α-酸的含量。

准确测定啤酒中苦味值，可以准确计算啤酒花的添加量，保证啤酒苦味的均一性和爽口性。

国家标准《啤酒分析方法》（GB/T 4928—2008）中，啤酒苦味质的检测有比色法和高效液相色谱法。

 比色法

1. 方法原理

啤酒中苦味物质的主要成分是异 α-酸，对于酸化的啤酒，可用异辛烷萃取其苦味物质，以紫外分光光度计，在 275nm 波长下测其吸光度，用以测定其相对含量。

2. 分析步骤

1）用尖端带有一滴辛醇的移液管，吸取 10℃ 的未除气的冷啤酒样 10. 00mL 置于 50mL 离心管中，加 3mol/L 的盐酸溶液 1mL 和异辛烷 20. 0mL，旋紧盖，置于电动振荡器振摇 15min，直至异辛烷提取液呈乳状。

2）将离心管移到离心机上，以 3000r/min 的转速离心 10min。

3）取离心后的上层清液置于 10mm 石英比色皿中，在 275nm 波长下，以异辛烷作空白，测定其吸光度。

3. 分析结果表述

试样中苦味质的含量按式（2-5-17）计算。

$$X = A_{275} \times 50 \qquad (2\text{-}5\text{-}17)$$

式中 X——试样的苦味质含量（BU）；

A_{275}——在波长 275nm 下，测得试样的吸光度；

50——换算系数（BU）。

所得结果保留一位小数。

4. 说明

影响啤酒苦味质检测结果的因素有以下几个方面：

1）检测的样品只有清亮无混浊，才能保证检测结果的准确性。因此，检测前必须对样品进行处理，一般采用离心处理后的上清液进行检测。

2）只有在啤酒酸化后，异辛烷才能彻底地萃取啤酒中的苦味物质。

3）酸化的啤酒加异辛烷后要振荡乳化，并且只有乳化彻底，异辛烷才能完全把啤酒中的苦味物质萃取出来，才能保证检测结果的准确性。

4）加辛醇的目的是抑制泡沫的产生，因为泡沫中存在苦味物质，如果泡沫残留在瓶壁上，就会造成检测结果偏低。

 高效液相色谱法

1. 方法原理

使除气啤酒通过色谱柱进行层析，将其中的异 α-酸分离为异副葎草酮、异葎草酮、异合葎草酮，并吸附到固定相上，然后将其有选择地洗脱下来，用高效液相色谱仪测定。

2. 分析步骤

（1）试样的处理　取除气后的试样 100mL，加质量分数为 85% 的磷酸 200μL，调节 pH 值至 2.5 左右。

（2）吸附与解吸　装好 C_8 SPE 柱后，依次用下列溶液走柱：2mL 甲醇（色谱纯），弃去流出液；2mL 水（重蒸蒸馏水），弃去流出液；20mL 试样，弃去流出液；6mL 洗脱液 A［（100＋2）水－磷酸溶液］，弃去流出液；2mL 洗脱液 B［（50＋50＋0.2）水－甲醇－磷酸溶液］，弃去流出液；最后用连续三份 0.6mL 洗脱液 C［（100＋0.1）甲醇－磷酸溶液］洗脱。收集流出液于 2.0mL 容量瓶中，用洗脱液 C 定容并充分混匀，作为待测试样。

（3）校准　称取异 α-酸标样 20mg，用甲醇溶液定容至 100mL。在测定试样前注射标样 20μL 两次，在测完试样后注射标样 20μL 两次，取四次校正因子的平均值。

（4）待测试样的测定

1）色谱参考条件：流速为 1.0mL/min；柱温为 30℃；检测器波长为 280nm；进样量为 20μL。

2）用流动相（甲醇＋重蒸馏水＋磷酸＋四乙基氢氧化铵＝780mL＋220mL＋17g＋29.5g）以 1.0mL/min 的流速冲洗色谱柱过夜，待仪器稳定后即可进样分析，以外标法计算异 α-酸的含量。

3. 分析结果表述

（1）校正因子的计算

$$RF = \frac{TA_{标}}{c_{标} \times A} \tag{2-5-18}$$

式中　RF——校正因子（四次注射标样的平均值）；

$TA_{标}$——标样中异 α-酸峰的总面积；

$c_{标}$——校准中所用标样的质量浓度（mg/L）；

A——校准中所用标样的纯度。

（2）试样中异 α-酸含量的计算

$$X = \frac{TA_{样}}{RF} \tag{2-5-19}$$

式中　X——试样中异 α-酸的含量（mg/L）；

RF——校正因子；

$TA_{样}$——试样中异 α-酸峰的总面积。

所得结果保留一位小数。试样中异 α-酸的含量为 10～30mg/L 时，重复性误差的变异系数为 4%，再现性误差的变异系数为 13%。

第六章　饮料的检验

饮料中灰分的测定方法同本篇第一章第三节，总酸的测定方法同本篇第五章第三节，蛋白质的测定方法同本篇第一章第四节，粗脂肪的测定方法同本篇第二章第五节，总糖的测定方法同本篇第二章第四节。

第一节　饮料用水的检验

水是生产各种饮料最重要的原料，一般含量为80%～90%（质量分数）。水质直接关系到饮料的成品质量。在选择水源时，先要以水的物理性质、化学成分为依据，加以分析、判断和选用。一个地方的水质不是一成不变的，会随着季节性发生各种各样的变化。如果要掌握所使用的水是否符合产品质量要求，就要随时进行水质的检测。

软饮料用水除符合国家标准《生活饮用水卫生标准》（GB 5749—2006）外，一般另有表2-6-1所示的各项指标。

表2-6-1　一般饮料用水标准

项　目	指　标	项　目	指　标
浊度/度	<2	高锰酸钾消耗量/（mg/L）	<10
色度/度	<5	总碱度（以 $CaCO_3$ 计）/（mg/L）	<50
味及臭	无味无臭	游离氯含量/（mg/L）	<0.1
总固形物含量/（mg/L）	<500	细菌总数/（个/mL）	<100
总硬度（以 $CaCO_3$ 计）/（mg/L）	<100	大肠菌群/（个/L）	<3
铁含量（以Fe计）/（mg/L）	<0.1	霉菌/（个/mL）	<1
锰含量（以Mn计）/（mg/L）	<0.1	致病菌	不得检出

注：在微生物指标中，从质量角度考虑，将酵母指标列入者，其数值为1mL不表现，或小于或等于5个/100mL。

色度

溶液状态物质所产生的颜色称为真色，由悬浮物质产生的颜色称为假色。水分析测定的色度，应该是用澄清或离心等方法去除悬浮物后的真色。但水样不能用滤纸过滤，因滤纸能吸附部分颜色而使测定结果偏低。

1. 方法原理

用氯铂酸钾和氯化钴配制成与天然水黄色色调相同的标准色列，用于水样目视比色测定。规定以1mg/L的Pt［以（$PtCL_6$）$^{2-}$形式存在］所具有的颜色作为1个色度单位，称为1度。即使轻微的浑浊度也会干扰测定，故测定浑浊水样时需先离心，使之清澈。

2. 分析步骤

1）吸取50mL透明的水样置于比色管中，若水样色度过高，则可少取水样，加纯水稀释后比色，将结果乘以稀释倍数。

2）铂-钴标准溶液的配制：称取1.246g氯铂酸钾（K_2PtCl_6）和1.000干燥的氯化钴（$CoCl_2 \cdot 6H_2O$），溶于100mL纯水中，加入100mL盐酸（$\rho_{20}=1.19g/mL$），用纯水定容至1000mL。此标准溶液的色度为500度。

3）另取50mL比色管11支，分别加入铂-钴标准溶液0mL、0.50mL、1.00mL、1.50mL、2.00mL、2.50mL、3.00mL、3.50mL、4.00mL、4.50mL和5.00mL，加纯水至刻度，摇匀，即配制成色度为0度、5度、10度、15度、20度、25度、30度、35度、40度、45度和50度的标准色列。

4）将水样与铂-钴标准色列比较，若水样与标准色列的色调不一致，则为异色，可用文字描述。

3. 分析结果表述

色度以度表示，按式（2-6-1）计算。

$$X=\frac{V_1\times 500}{V} \tag{2-6-1}$$

式中　X——试样色度（度）；

V_1——相当于铂-钴标准溶液的用量（mL）；

V——水样体积（mL）。

二　臭和味

臭和味是指水中的刺激物质，如绿色藻类、原生动物等生物，溶解于水中的硫化氢、沼气、氧与有机物的结合体，以及铜、铁、锰、锌、钾、钠的无机盐类在人体感应觉察膜上的一种化学反应的感觉。

分析步骤：

1）量取100mL水样，置于250mL锥形瓶中，振摇后从瓶口嗅水的气味，用适当词句描述，并按等级记录其强度，见表2-6-2。

2）与此同时，取少量水样放入口中（此水样应对人体无害），不要咽下去，品尝水的味道，加以描述，并按等级记录其强度，见表2-6-2。

表2-6-2　臭和味的强度等级

等　级	强　度	说　明
0	无	无任何臭和味
1	微弱	一般饮用者很难察觉，但对臭和味敏感者可以发觉
2	弱	一般饮用者刚能察觉
3	明显	已能明显察觉
4	强	有很显著的臭和味
5	很强	有强烈的恶臭或异味

注：有时可用活性炭处理过的纯水作为无臭对照水。

三 浑浊度

浑浊度是反映天然水及饮用水物理性状的一项指标。水的浑浊度是由水中含有泥沙、黏土、有机物、微生物等微粒悬浮物所造成的。浑浊度将直接影响饮料的感官质量和卫生质量。

1. 方法原理

在相同条件下将福尔马肼标准混悬液散射光的强度与水样散射光的强度进行比较。散射光的强度越大，表示浑浊度越高。

2. 仪器

散射式浑浊度仪。

3. 分析步骤

按仪器使用说明书进行操作，当浑浊度超过40NTU时，可用纯水稀释后测定。

4. 分析结果表述

将仪器测定时所显示的浑浊度读数乘以稀释倍数计算出结果。

四 pH 值的测定

pH值是水化学中最重要、最经常用的化验项目之一，是评价水质的重要参数。饮料厂选择水源和用水的每一个阶段，如水的软化、沉淀、酸碱中和等都与水的pH值有关。水受到污染时，可能会使pH值发生较大的变化。

1. 方法原理

利用pH计测定溶液的pH值，即将玻璃电极和甘汞电极插在被测样品中，组成一个电化学原电池，其电动势与溶液pH值的关系为

$$E = E^0 - 0.0591\mathrm{pH}(25℃)$$

即在25℃时，每相差一个pH值单位，就产生59.1mV的电极电位。因此，可通过对原电池电动势的测量，在pH计上直接读出被测液的pH值。

2. 分析步骤

（1）仪器的校正　开启酸度计电源，预热30min，连接复合电极。选择适当pH值的缓冲溶液，测量缓冲溶液的温度，并调节温度补偿旋钮至实际温度。将电极浸入缓冲溶液中，调节定位旋钮，使酸度计显示的pH值与缓冲溶液的pH值相符。校正完后不可再旋动定位调节旋钮，否则必须重新校正。

（2）样品的测定　酸度计校正好后，将电极用纯水淋洗数次，再用水样淋洗6~8次，然后测定水样。水样的pH值可自酸度计刻度表上直接读得。

测量完毕后，将电极和烧杯洗干净，妥善保存。

五 溶解性总固体的测定

溶解性固体物是指溶解在水中的有机物和无机物以及其他物质的总量。总量越高，水中溶解性固体物含量越多，这种水的水质也就越差。

1. 方法原理

溶解性总固体的含量是水中溶解的无机矿物成分的总量。水样经0.45μm滤膜过滤除去悬浮物，取一定体积的滤液蒸干，在105℃干燥至恒重，可测得蒸发残渣含量，将溶解性总固体含量加上碳酸氢盐含量的1/2（碳酸氢盐在干燥时分解失去二氧化碳而转化为碳酸盐）即为溶解性总固体的含量。

2. 分析步骤

1）将洗净的蒸发皿放入烘箱内，于105℃干燥1h，然后将其取出放入干燥器内冷却至室温，称重。重复干燥、冷却、称重，直至恒重（连续两次的称量差值小于0.0005g）。

2）吸取适量（使测得可溶性固体为2.5～200mg）的清澈水样（含有悬浮物的水样应经0.45μm滤膜过滤）置于已恒重的蒸发皿中，在水浴上蒸干。

3）将蒸发皿放入烘箱内，于105℃干燥1h，然后将其取出放于干燥器内冷却至室温，称量。重复干燥、冷却、称量，直至恒重。

3. 分析结果表述

水样中溶解性总固体的质量浓度按式（2-6-2）计算。

$$\rho=\frac{(m_2-m_1)\times 1000}{V}+\frac{1}{2}\rho(HCO_3^-) \tag{2-6-2}$$

式中　ρ——水样中溶解性总固体的质量浓度（mg/L）；

m_1——蒸发皿的质量（mg）；

m_2——蒸发皿和溶解性总固体的质量（mg）；

V——水样的体积（mL）；

$\rho(HCO_3^-)$——碳酸氢盐的质量浓度（mg/L）。

精密度与准确度：同一实验室对一地下水样品平行测定8次，平均值为261mg/L，相对标准偏差为4.3%。

 总硬度的测定

1. 方法原理

水样中的铬黑T指示剂会与水样中的钙、镁等离子形成紫红色螯合物。这些螯合物的不稳定常数大于乙二胺四乙酸钙螯合物和乙二胺四乙酸镁螯合物的不稳定常数。当pH=10时，乙二胺四乙酸二钠（EDTA二钠）先与钙离子形成螯合物，再与镁离子形成螯合物，滴定终点时，溶液呈现出铬黑T指示剂的天蓝色。

2. 分析步骤

1）吸取50.0mL水样（若硬度过大，则可少取水样，用纯水稀释至50mL；若硬度过低，则吸取100mL），置于150mL锥形瓶中。

2）加入1～2mL缓冲溶液、5滴铬黑T指示剂，立即用EDTA二钠标准溶液滴定至溶液从紫红色变为不变的天蓝色为止，记下乙二胺四乙酸二钠的用量。同时做空白试验，记下乙二胺四乙酸二钠的用量。

3）若水样中含有金属干扰离子，则会使滴定终点延迟或颜色发暗，可另取水样，

加入0.5mL盐酸羟胺及1mL硫化钠溶液或0.5mL氰化钾溶液后再滴定。

4）当水样中钙、镁的含量较大时，要预先酸化水样，并加热除去二氧化碳，以防碱化后生成碳酸盐沉淀，滴定时不易转化。

3. 分析结果表述

水样总硬度按式（2-6-3）计算。

$$\rho(CaCO_3)=\frac{(V_1-V_0)\times c(\text{EDTA 二钠})\times 100.09}{V}\times 1000 \quad (2\text{-}6\text{-}3)$$

式中 ρ（$CaCO_3$）——总硬度（以 $CaCO_3$ 计）（mg/L）；

V_1——滴定时消耗EDTA二钠标准溶液的体积（mL）；

V_0——空白消耗EDTA二钠标准溶液的体积（mL）；

c（EDTA二钠）——EDTA二钠标准溶液的浓度（mol/L）；

100.09——与1.00L EDTA二钠标准溶液［c（EDTA-2Na）=1.0000mol/L］相当的以克表示的碳酸钙的质量（g/mol）；

V——水样体积（mL）。

精密度与准确度：同一实验室对总硬度（以 $CaCO_3$ 计）为108.5mg/L，（其中包含33.5mg/L钙，6.04mg/L镁，0.69mg/L钾，9.12mg/L钠），溶解性总固体含量为151mg/L的水样，经7次测定，其相对误差为1.0%，相对标准偏差为1.2%。

4. 说明

由于钙离子与铬黑T指示剂在滴定到达等当点时的反应不能呈现出明显的颜色转变，所以当水样中镁的含量很小时，需要加入已知量的镁盐，以使等当点颜色转变清晰，而在计算结果时，再减去加入的镁盐量，或者在缓冲溶液中加入少量配位化合性乙二胺四乙酸镁盐，以保证有明显的终点。

为消除铁、锰、铅、铜、镍、钴等金属离子的干扰，加入硫化钠、氰化钾和盐酸羟胺作掩蔽剂。

七 碱度的测定

1. 方法原理

碱度是指水介质与氢离子反应的定量能力，可通过用强酸标准溶液将一定体积的样液滴定至某一pH值的方法来定量确定。测定结果用相当于碳酸钙的质量浓度（以mg/L为单位）表示。其数值与所选滴定终点的pH值有关。本方法采用甲基橙作指示剂，终点的pH值为4.0，所测得的碱度称为总碱度。

2. 分析步骤

吸取50.00mL样液置于250mL锥形瓶中，加4滴甲基橙指示剂，用盐酸标准溶液滴定至试液由黄色突变为橙色。

3. 分析结果表述

水的总碱度按式（2-6-4）计算。

$$\rho(CaCO_3)=\frac{c(HCl)\times 50.04\times V_1}{V}\times 1000 \quad (2\text{-}6\text{-}4)$$

式中　$\rho(CaCO_3)$ ——水的总碱度（mg/L）；

$c(HCl)$ ——盐酸标准溶液的浓度（mol/L）；

V_1——滴定水样消耗标准盐酸溶液的体积（mL）；

V——所取水样的体积（mL）；

50.04——与1.00L标准溶液［c（HCl）=1.000mol/L］相当的用克表示的总碱度（$CaCO_3$）的质量（g/mol）。

精密度和准确度：同一实验室对碱度为497mg/L（以 $CaCO_3$ 计）的人工合成水样，经10次测定，其相对标准偏差为1.4%，相对误差为2.2%。

八　氯化物的测定

1. 方法原理

硝酸银与样品氯化物作用生成氯化银沉淀，当溶液中的 Cl^- 完全作用后，稍过量的硝酸银与指示剂铬酸钾反应，生成红色铬酸银沉淀，指示反应达到终点。

由于 Ag_2CrO_4 易溶于酸，而 $AgNO_3$ 在强碱性溶液中可能产生 Ag_2O 棕榻色沉淀，因此此滴定反应必须在中性或弱碱性下进行。若水样pH值小于5.3或大于10，则应预先用酸或碱调节至中性或弱碱性。

2. 分析步骤

（1）水样的预处理　若水样带有颜色，则取150mL水样，置于250mL锥形瓶中，加入2mL氢氧化铝悬浮液，振荡均匀后过滤，弃去最初滤下的20mL滤液。

若水样中含有亚硫酸盐和硫化物，则加氢氧化钠溶液将水样调节至中性或弱碱性，再加入1mL质量分数为30%的过氧化氢搅拌均匀。

若水样的耗氧量超过15mg/L，则可加入少许高锰酸钾晶体，煮沸，再加入数滴乙醇除去多余的高锰酸钾，然后过滤。

（2）测定　取50mL原水样或经过预处理的水样（若氯化物含量高，则可取适量水样，用纯水稀释至50mL），置于瓷蒸发皿内，另取一瓷蒸发皿，加入50mL纯水。

若水样pH值低于5.3或大于10时，则应预先用酸或碱调节至中性或弱碱性。为此，分别加入2滴酚酞指示剂，用0.025mol/L的硫酸溶液或0.05mol/L的氢氧化钠溶液调节至溶液由红色变至无色，再各加1mL 50g/L的铬酸钾溶液，用硝酸银标准溶液进行滴定，同时用玻璃棒不停搅拌，直至产生橘黄色为止。

3. 分析结果表述

水样中氯化物的含量按式（2-6-5）计算。

$$\rho(Cl^-) = \frac{(V_2 - V_1) \times 0.500 \times 1000}{V} \tag{2-6-5}$$

式中　$\rho(Cl^-)$ ——水样中氯化物（以 Cl^- 计）的含量（mg/L）；

V_1——纯水空白消耗硝酸银标准溶液的体积（mL）；

V_2——水样消耗硝酸银标准溶液的体积（mL）；

0.500——1mL硝酸银标准溶液相当于氯化物的质量（mg/mL）；

V——水样的体积（mL）。

九 电导率的测定

电导率是用数字来表示水溶液传导电流能力的量。这种能力的强弱与溶液中存在的离子类型、总浓度、负荷和离子的迁移率，以及溶液的温度、电导电极的常数 K 值有密切关系。

1. 方法原理

电导率是距离为1cm 和截面积为1cm^2 的两个电极间所测得电阻的倒数，可由电导率仪直接读数。

2. 仪器

电导率仪（附配套电导电极）；恒温水浴锅。

3. 分析步骤

先按电导率仪使用说明，选好电极和测量条件，并调校好电导率仪，然后将电极用待测溶液洗涤3次后，插入盛放待测溶液的烧杯中，选择适当量程，读出表上的读数，即可计算出待测溶液的电导率。

精密度和准确度：同一实验室对电导率为1.36μS/cm 的水样进行10次测定，其相对标准偏差为1.0%。

第二节　饮料中可溶性固形物的测定

可溶性固形物主要是指可溶性糖类，包括单糖、双糖、多糖（不溶于水的淀粉、纤维素、几丁质、半纤维素等除外），其含量是反映果、蔬、乳饮料等产品主要营养物质含量的一项指标。

国家标准《饮料通用分析方法》（GB/T 12143—2008）中可溶性固形物含量的测定方法为折光计法，适用于透明液体、半黏稠、含悬浮物的饮料制品。

1. 方法原理

在20℃用折光计测量待测样液的折光率，并从折光率与可溶性固形物含量的换算表中查得或从折光计上直接读出可溶性固形物的含量。

2. 分析步骤

（1）试液的制备

1）透明液体制品：将试样充分混匀，直接测定。

2）半黏稠制品（果浆、菜浆类）：将试样充分混匀，用四层纱布挤出滤液，弃去最初几滴，收集滤液供测试用。

3）含悬浮物制品（颗粒果汁类饮料）：将待测样品置于组织捣碎机中捣碎，用四层纱布挤出滤液，弃去最初几滴，收集滤液供测试用。

（2）样品的测定

1）测定前按说明书校正折光计，在此以阿贝折光计为例，其他折光计按说明书操作。

2）分开折光计两面棱镜，用脱脂棉蘸乙醚或乙醇将其擦净。

3）用末端熔圆的玻璃棒蘸取试液 2 滴或 3 滴，滴于折光计棱镜面中央（勿使玻璃棒触及镜面）。

4）迅速闭合棱镜，静默 1min，使试液均匀无气泡，并充满视野。

5）对准光源，通过目镜观察接物镜。调节指示规，使视野分成明暗两部，再旋转微调螺旋，使明暗界限清晰，并使其分界线恰在接物镜的十字交叉点上。读取目镜视野中的百分数或折光率，并记录棱镜温度。

6）若目镜读数标尺刻度为百分数，则为可溶性固形物的含量；若目镜读数标尺为折光率，则可查《饮料通用分析方法》（GB/T 12143—2008）中的附录 A，将其换算为可溶性固形物含量。

7）将上述百分含量按《饮料通用分析方法》（GB/T 12143—2008）中的附录 B 换算为 20℃时可溶性固形物含量。

（3）允许差　同一样品两次测定值之差不应大于 0.5%。取两次测定结果的算术平均值作为结果，精确到小数点后一位。

第三节　饮料中二氧化碳、乙醇的测定

 碳酸饮料中二氧化碳的测定

碳酸饮料是在一定条件下充入二氧化碳气的饮料制品，是软饮料（非酒精饮料）的一种。二氧化碳溶解于水成为碳酸，使液体产生酸味，饮用后，由于嘴里温度高，一部分二氧化碳汽化，产生刺激感并带走口中热量，所以给饮用者以清凉感。将其喝入胃中后，体温又使余下的二氧化碳再次汽化，带走胃中的热量，从而更使人感到消暑止渴的作用。同时，二氧化碳还具有防腐的作用，这是因为二氧化碳形成碳酸后可使 pH 值下降，除耐酸菌外，使其他的微生物均难以繁殖和生存；二氧化碳的存在使容器内缺氧，许多嗜氧菌也无法生存；二氧化碳使容器内有一定的压力，压力也能破坏微生物的生长条件甚至使其死亡。二氧化碳的这些特性可以使汽水、汽酒类饮料具有较好的防腐能力，从而延长了保质期。国家标准《碳酸饮料卫生标准》（GB 2759.2—2003）中规定成品中二氧化碳的含量（20℃时体积倍数）不低于 2.0 倍。

《饮料通用分析方法》（GB/T 12143—2008）中推荐二氧化碳含量的测定方法为蒸馏滴定法。

1. 方法原理

试样经强碱、强酸处理后加热蒸馏，逸出的二氧化碳用氢氧化钠吸收生成碳酸盐，然后用氯化钡沉淀碳酸盐，再用盐酸滴定剩余的氢氧化钠。根据盐酸的消耗量，计算样品中二氧化碳的含量。

2. 仪器

二氧化碳蒸馏吸收装置如图 2-6-1 所示。

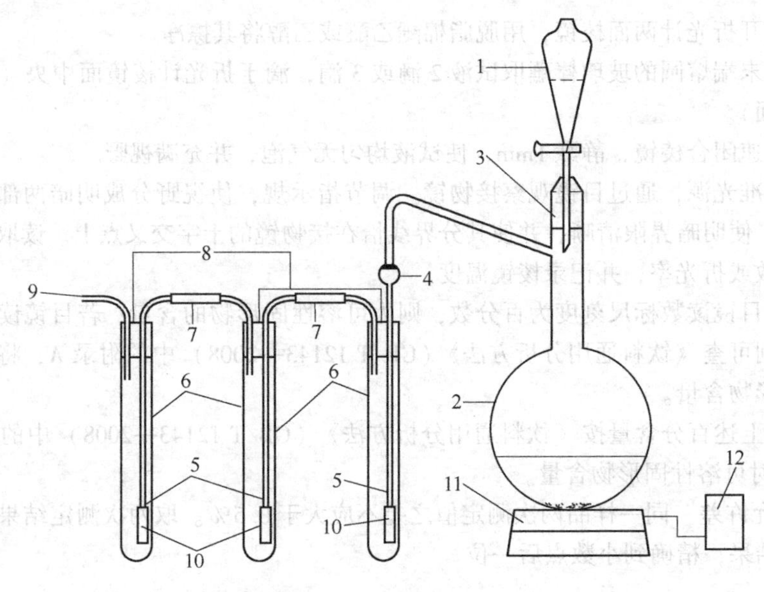

图 2-6-1 二氧化碳蒸馏吸收装置

1—100mL 分液漏斗 2—500mL 具支圆底烧瓶 3，8—橡胶塞 4—ϕ4/15 磨口 5—8mm 的玻璃管 6—250mm×25mm 试管 7—橡胶管 9—接真空泵 10—气体分散器（具有四个孔径为 0.1mm 且一端封死的乳胶管） 11—电炉 12—调压器（1kW）

3. 分析步骤

（1）试液的制备 将未开盖的汽水放入温度在 0℃ 以下的冰-盐水浴（或冰箱的冷冻室）中浸泡 1～2h，当瓶内汽水接近冰冻时（勿振摇）打开瓶盖，迅速加入质量分数为 50% 的氢氧化钠溶液的上层清液（每 100mL 汽水加 2.0～2.5mL），立即用橡胶塞塞住，然后使瓶底朝上，缓慢振摇数分钟后放至室温，待测定。

（2）测定

1）试液的蒸馏-吸收：取 15.00～25.00mL 上述制备好的试液（二氧化碳含量在 0.06～0.15g）置于 500mL 具支圆底烧瓶中，加入 3mL 质量分数为 10% 的过氧化氢溶液和几粒多孔瓷片，连接吸收管，将分液漏斗紧密接到烧瓶上，不得漏气。预先在第一及第二支吸收管中，分别准确加入 20mL 0.25mol/L 的氢氧化钠标准滴定溶液，并将两支吸收管浸泡在盛水的烧杯中，在蒸馏吸收过程中，将温度控制在 25℃ 以下。在第三支吸收管中准确加入 10mL 0.25mol/L 的氢氧化钠标准滴定溶液及 10mL 氯化钡溶液（60g/L）。将三支吸收管串联，并将第三支吸收管一端连接真空泵，使整个装置密封。打开连接真空泵的阀门，缓慢增加真空度，控制在 14～20kPa（100～150mmHg），直至无气泡通过吸收管。继续抽气，使其保持真空状态，将 35mL 酸性磷酸盐溶液加入分液漏斗中，打开活塞，使酸性磷酸盐溶液缓慢滴入烧瓶中（约 30mL），然后关闭活塞，摇动烧瓶，使样品与酸液充分混合，再用调压器控制电炉温度，缓慢加热，使二氧化碳逐渐逸出，并控制吸收管中有断断续续的气泡上升。待第一支吸收管中增加 2～3mL 馏出液，吸收管上部手感温热时，即表明烧瓶内的二氧化碳已全部逸出，并被吸收管内的氢氧化钠所吸收。此时关闭第三支吸收管与真空泵之间的连接阀，并关闭电炉，慢慢打开分液漏斗的活塞，通入空气，使压力平衡。将三支吸收管中的溶液合并洗入500mL锥形瓶中，并用少量水多次洗涤吸收管，将洗液并入锥形瓶中，加入50mL氯化钡溶液（60g/L），充分振摇，放置片刻。

2）滴定：在上述锥形瓶中加入3滴（约0.15mL）酚酞-百里香酚酞指示液，用0.25mol/L的盐酸标准滴定溶液滴定至溶液为无色。记录消耗盐酸标准滴定溶液的体积。

4. 分析结果表述

试样中二氧化碳的含量按式（2-6-6）计算。

$$X=(c_1\times50-c_2\times V_1)\times0.022\times\frac{1}{V_2}\times\frac{100+V_3}{100} \tag{2-6-6}$$

式中　X——样品中二氧化碳的含量（g/mL）；

c_1——氢氧化钠标准滴定溶液的浓度（mol/L）；

50——加入三支吸收管中0.25mol/L氢氧化钠标准滴定溶液的体积（mL）；

c_2——盐酸标准滴定溶液的浓度（mol/L）；

V_1——滴定时消耗0.25mol/L盐酸标准滴定溶液的体积（mL）；

0.022——与1.00mL氢氧化钠标准滴定溶液［c(NaOH)=1.000mol/L］相当的以克表示的二氧化碳的质量（g/mmol）；

V_2——蒸馏时取试液的体积（mL）；

V_3——每100mL汽水中加入质量分数为50%氢氧化钠溶液的上层清液的体积（mL）。

当两次测定结果符合允许差时，取两次测定结果的算术平均值作为结果，精确至0.001%。

允许差：两次测定结果之差不得超过平均值的5.0%。

 浓缩果汁中乙醇的测定

果汁中乙醇的含量是果汁质量的重要指标。《浓缩苹果汁》（GB/T 18963—2012）规定浓缩苹果清汁中乙醇的含量应小于或等于3.00g/kg。

1. 方法原理

在酸性条件下用重铬酸钾氧化试样中的乙醇，再用硫酸亚铁铵滴定过量的重铬酸钾，根据重铬酸钾的加入量和硫酸亚铁铵的消耗量计算试样中的乙醇含量。反应式如下：

$$3CH_3CH_2OH+2K_2Cr_2O_7+8H_2SO_4=3CH_3COOH+2K_2SO_4+2Cr_2(SO_4)_3+11H_2O$$

$$K_2Cr_2O_7+7H_2SO_4+6Fe(NH_4)_2(SO_4)_2\cdot6H_2O$$
$$=3Fe_2(SO_4)_3+K_2SO_4+6(NH_4)_2SO_4+Cr_2(SO_4)_3+43H_2O$$

2. 分析步骤

（1）试液的制备　称取10~40g混合均匀的样品（乙醇含量为0.005~0.12g）置于小烧杯中，精确至0.001g，然后将样品转移到1000mL蒸馏烧瓶中（总体积不超过烧瓶容量的1/2），加0.2mL质量分数为1%的溴百里香酚蓝指示液，用

1mol/L 氢氧化钠溶液滴定到明显的蓝色，加数粒瓷片或玻璃珠，若泡沫较多，则可加 0.5mL 硅油。

将烧瓶立即与蒸馏器的其他装置连接好，用预先存有 10mL 水的 100mL 容量瓶作为接收容器，接收管的下端应浸入水中，但不接触瓶底，并且容量瓶用冰水冷却，连接好后立即进行蒸馏。用可调电炉加热，开始时升温可快一些，接近沸腾时降低电炉温度，以不使泡沫上溢为宜。待泡沫散开后再提高电炉温度，直至容量瓶内液体约为 80mL 时，将冷凝管与连接弯管脱开、卸下，停止加热。弯管、冷凝器及接收管用水淋洗，将洗液并入容量瓶内。待温度上升至室温后用水定容至刻度，混匀。

（2）测定　吸取上述制备好的试液 10mL 置于 250mL 碘量瓶内，加 10～15mL 重铬酸钾标准溶液，塞紧瓶塞，轻轻摇匀，迅速用量筒量取 20mL（1+1）硫酸溶液，略开启瓶塞，沿瓶口将其倒入瓶内，塞紧瓶塞，轻轻摇匀（注意不使瓶塞跳出），然后将其放入 40℃恒温水浴中保温氧化 1h，其间稍加摇动。取出，若瓶内溶液呈绿色，则说明溶液中乙醇含量太高，应减少取样量。

打开瓶塞，瓶口四周用水冲洗，然后用硫酸亚铁铵标准滴定溶液滴定至溶液呈黄绿色，加 0.2mL 邻菲啰啉铁指示液继续滴定，溶液逐渐变为蓝绿色直至突变为棕红色即为终点。记录消耗硫酸亚铁铵标准滴定溶液的体积。

同一样品平行测定两次，在收样后 24h 内应测定完毕。

（3）空白试验　用水代替试液，其余按上述步骤操作。记录消耗硫酸亚铁铵标准滴定溶液的体积。

3. 分析结果表述

试样中乙醇的含量按式（2-6-7）计算。

$$X = \left[(V_2 - V_0) \times \frac{V_1}{V_2} \right] \times c \times \frac{K}{m} \times 1000 \qquad (2\text{-}6\text{-}7)$$

式中　X——样品中乙醇的含量（g/kg）；

V_0——空白试验时消耗硫酸亚铁铵标准滴定溶液的体积（mL）；

V_2——测定试样时消耗硫酸亚铁铵标准滴定溶液的体积（mL）；

V_1——氧化乙醇时所加入的重铬酸钾标准溶液的体积（mL）；

c——1mL 重铬酸钾标准溶液相当于乙醇的质量（g/mL）；

K——试样的稀释倍数；

m——样品质量（g）。

允许差：当两次测定结果符合允许差时，则取两次测定结果的算术平均值报告结果。所得结果应保留两位小数。同一样品由同一分析人员连续两次测定结果之差，乙醇含量大于 0.1g/kg 的样品不得超过平均值 2.5%，乙醇含量为 0.05～0.1g/kg 的样品不得超过平均值 5%。

第四节　果蔬汁饮料中 L-抗坏血酸的测定

L-抗坏血酸又称维生素 C 或属于水溶性维生素，具有促进牙齿和骨骼生长，改善对铁、钙和叶酸的利用，增强机体对外界环境的抗应激能力和免疫力等功效。其毒性很小，常用于果蔬汁饮料加工中作为营养强化剂。依据《食品安全国家标准　食品添加剂使用标准》（GB 2760—2011）规定，浓缩果蔬汁（浆）中的L-抗坏血酸应按生产需要适量使用。

依据《饮料通用分析方法》（GB/T 12143—2008），果蔬汁饮料中L-抗坏血酸的测定方法为乙醚萃取法。

1. 方法原理

根据氧化还原反应原理，2，6-二氯靛酚能被L-抗坏血酸还原为无色体，微过量的2，6-二氯靛酚用乙醚提取，然后由醚层中的玫瑰红色来确定滴定终点。

2. 分析步骤

（1）试液的制备

1）浓缩汁：在浓缩汁中加入与在浓缩过程中失去的天然水分等量的水，使其成为原汁，然后与原汁一样取一定量的样品，稀释、混匀后供测试用。

2）原汁：称取含L-抗坏血酸4～10mg（精确到0.001g）有代表性的样品，用2%的草酸溶液稀释到200mL，混匀后供测试用。

3）果蔬汁饮料：L-抗坏血酸含量在0.05mg/mL以下的样品，混匀后直接取样测定；L-抗坏血酸含量在0.05mg/mL以上的样品，称取含L-抗坏血酸4～10mg（精确到0.001g）有代表性的样品，用质量分数为2%的草酸溶液稀释到200mL，混匀后供测试用。

4）果蔬汁碳酸饮料：将样品旋摇到基本无气泡后，按果汁饮料制备。

5）固体饮料：称取含L-抗坏血酸4～10mg（精确到0.001g）有代表性的样品，用质量分数为2%的草酸溶液溶解并稀释至200mL，混匀后供测试用。

（2）乙醚抽提处理　对于高度乳化或样液色泽较深且易被乙醚抽提的样品，取样后置于分液漏斗中，加30mL乙醚，充分振摇但勿使之乳化，待分层后将下层样液放入200mL容量瓶中，向分液漏斗中加入20mL质量分数为2%的草酸溶液，适当振摇，待分层后，将下层水溶液放入上面的200mL容量瓶中。如此反复操作四次，将每次的下层水溶液均放入200mL容量瓶内，然后用质量分数为2%的草酸溶液稀释至刻度。

（3）空白试液的制备　按试液制备中所确定的取样量称取同一样品（精确到0.001g），置于250mL锥形瓶中，加20mL质量分数为10%的硫酸铜溶液，再加水使其总体积约为100mL，然后将其置于垫有石棉网的电炉上，小心加热至沸并保持微沸15min，最后用流动水冷却到室温。将此溶液转移到200mL容量瓶中，用水稀释至刻度，摇匀，供空白测定用。

（4）分析测定

1）试液的测定：取10～15支50mL比色管，在每支比色管中加入10.00mL制备好的试液，各加2.5mL丙酮，放置3min后，在第一支比色管中加入1mL 2，6-二氯靛酚溶液，充分混匀，精确控制40s后，加入2mL乙醚，充分振摇，放置几分钟，待乙醚与水溶液分层后，观察乙醚层有无出现玫瑰红色。当出现淡玫瑰红色时，表明已达到测定的暂定终点。如果2，6-二氯靛酚全部被L-抗坏血酸还原，乙醚层保持无色，则在第二支比色管中加入1.5mL 2，6-二氯靛酚溶液；如果还不显红色，则再逐一按2.0mL、2.5mL、3.0mL、3.5mL、4.0mL、4.5mL、5.0mL的量加入2，6-二氯靛酚溶液，直到乙醚层出现玫瑰红色，达到暂定终点为止。这时所加的2，6-二氯靛酚溶液常常是过量的，所以需进一步试验，确定精确的终点。

如果加入的2，6-二氯靛酚溶液量到达3.0mL时出现玫瑰红色，则从第六支加有试液的比色管中开始分别加入2.6mL、2.7mL、2.8mL、2.9mL 2，6-二氯靛酚溶液，直至呈现淡玫瑰红色为止。若加入的2，6-二氯靛酚溶液的量达到2.9mL时刚呈红色，则2.9mL为精确终点；若加入2，6-二氯靛酚溶液的量达到2.9mL时仍不显玫瑰红色，则上面的3.0mL就是精确终点。

对于L-抗坏血酸含量低于2mg/100g的样品，用100mL比色管直接加倍取样测定。丙酮与乙醚的加入量也相应加倍，操作同上。

对于同一个被测样液需平行测定三次。

2）空白试液的测定：吸取空白试液10.00mL置于比色管中，同上加丙酮并逐一按0.05mL、0.10mL、0.15mL、0.20mL的量加入2，6-二氯靛酚溶液，测得在乙醚层中刚呈现玫瑰红色所需的2，6-二氯靛酚溶液的量。

3. 分析结果表述

试样中L-抗坏血酸的含量按式（2-6-8）计算。

$$X = \frac{(V_a - V_b)}{m} \times F \times 100 \qquad (2\text{-}6\text{-}8)$$

式中 X——100g（或100mL）样品所含L-抗坏血酸的毫克数（mg/100g或mg/100mL）；

V_a——测定试液时所需2，6-二氯靛酚溶液的体积（mL）；

V_b——测定空白试液时所需2，6-二氯靛酚溶液的体积（mL）；

F——2，6-二氯靛酚溶液的滴定度，即每毫升此溶液相当于L-抗坏血酸的毫克数（mg/mL）；

m——10mL试液中所含样品的量（g或mL）。

允许差：以误差在允许范围内的三次测定结果的算术平均值报告结果，精确到小数点后第一位。同一样品三次测定结果的相对偏差为：L-抗坏血酸含量大于或等于10mg/100g的样品应小于2%，L-抗坏血酸含量小于10mg/100g的样品应小于5%。

4. 说明

1）样品常采用草酸溶液处理，以防止L-抗坏血酸的氧化损失。

2）乙醚萃取法适用于果汁和蔬菜汁类饮料，尤其适用于深色饮料中L-抗坏血酸的测定，但不适用于脱氢抗坏血酸的测定。

第五节　饮料中果汁的测定

果汁含量是果汁饮料一项重要的质量指标。《饮料通则》（GB/T 10789—2007）规定，果汁饮料的果汁（浆）含量必须大于或等于10%（质量分数），果味饮料的果汁含量也不能低于5%（质量分数），纯果汁饮品的果汁含量必须达到100%（质量分数）。

《饮料通用分析方法》（GB/T 12143—2008）中根据果汁及其饮料中钾、总磷、氨基酸态氮、L-脯氨酸、总D-异柠檬酸、总黄酮（芦丁）6种组分含量的实测值来计算（推导）果汁含量。此方法适用于测定果汁含量不低于2.5%（质量分数）的饮料。

1. 方法原理

将饮料中钾、总磷、氨基酸态氮、L-脯氨酸、总D-异柠檬酸、总黄酮6种组分含量的实测值与各自标准值的比值合理修正后，乘以相应的修正权值，逐项相加求得样品中果汁的含量。

（1）标准值　指根据不同品种、不同产区、不同采收期、不同加工工艺、不同储存期的果汁及其浓缩汁复原的果汁中可溶性固形物含量和钾、总磷、氨基酸态氮、L-脯氨酸、总D-异柠檬酸、总黄酮6种组分含量实测值的分布状态，经数理统计确定的平均值。

（2）权值　指根据不同产区、不同品种的水果中钾、总磷、氨基酸态氮、L-脯氨酸、总D-异柠檬酸、总黄酮6种组分含量实测值变异系数而确定的某种组分在总体中所占的比例。

可溶性固形物的标准值：水果原汁可溶性固形物（加糖除外）的标准值（20℃折光计法）以20%计。6种组分的标准值和权值见表2-6-3。

表2-6-3　6种组分的标准值和权值

组　　分	标准值			权值		
	橙汁	柑、橘汁	混合果汁	橙汁	柑、橘汁	混合果汁
钾/（mg/kg）	1370	1250	1300	0.18	0.16	0.18
总磷/（mg/kg）	135	130	135	0.20	0.19	0.19
氨基酸态氮/（mg/kg）	290	305	300	0.19	0.19	0.19
L-脯氨酸/（mg/kg）	760	685	695	0.14	0.14	0.14
总D-异柠檬酸/（mg/kg）	80	140	115	0.15	0.17	0.15
总黄酮/（mg/kg）	1185	1100	1105	0.14	0.15	0.15

2. 分析步骤

（1）钾的测定

1）方法原理：钾的基态原子吸收钾空心阴极灯发射的共振线，吸收强度与钾的含量成正比。将处理过的样品吸入原子吸收分光光度计的火焰原子化系统中，使钾离子原子化，在共振线766.5nm处测定吸光度，与标准系列溶液比较，确定样品中钾的含量。在测定时应添加适量钠盐，以消除电离干扰。

2）分析步骤

①试样的制备：准确称取一定量混合均匀的样品（浓缩果汁为1.00～2.00g，果汁

为5.00~10.00g，果汁饮料为20.00~50.00g，水果饮料和果汁型碳酸饮料为50.00~100.0g）置于500mL凯氏定氮瓶中，加入2粒或3粒玻璃珠、10~15mL硝酸、5mL硫酸（称样量大于20g的样品必须先加热除去部分水分，等瓶中样液剩余约20g时停止加热，冷却，再加硝酸、硫酸），浸泡2h或放置过夜。用微火加热，待剧烈反应停止后，再加大火力，当溶液开始变成棕色时，立即滴加硝酸，直至溶液透明、颜色不再变深为止。继续加热数分钟至浓白烟逸出，冷却，小心加入20mL水，再加热至白烟逸出，冷却至室温。将溶液转移至50mL容量瓶中，加水稀释至刻度，摇匀。

取相同量的硝酸、硫酸，按上述步骤做试剂空白消化液，备用。

② 工作曲线的绘制：吸取0.00mL、1.00mL、2.00mL、4.00mL、6.00mL、8.00mL、10.00mL钾标准溶液（100mg/L），分别置于7只50mL容量瓶中，各加入10mL（1+9）硝酸溶液、2.0mL质量浓度为10mg/L的氯化钠溶液，加水稀释至刻度，摇匀，配制成0.0mg/L、2.0mg/L、4.0mg/L、8.0mg/L、12.0mg/L、16.0mg/L、20.0mg/L钾标准系列溶液。

依次将上述钾标准系列溶液吸入原子化器中，用0.0mg/L钾标准溶液调节零点，于766.5nm处测定钾标准系列溶液的吸光度。绘制吸光度-钾标准系列溶液质量浓度的工作曲线或求出线性回归方程。

③ 样品测定：准确吸取5.0~20.0mL样品溶液置于50mL容量瓶中，加入10mL（1+9）硝酸溶液、2.0mL质量浓度为10mg/L的氯化钠溶液，加水稀释至刻度，摇匀。将此溶液吸入原子化器中，用试剂空白溶液调节零点，于766.5nm处测定其吸光度，在工作曲线上查出（或用线性回归方程求出）样品溶液中钾的含量（c_1）。

按上述步骤同时测定试剂空白消化液中钾的含量（c_0）。

3）分析结果表述：样品中钾的含量按式（2-6-9）计算。

$$X_1 = \frac{(c_1 - c_0) \times 50}{m_1 \times \frac{V_1}{50}} = \frac{(c_1 - c_{01}) \times 2500}{m \times V_1} \tag{2-6-9}$$

式中 X_1——样品中钾的含量（mg/kg）；

c_1——从工作曲线上查出（或用线性回归方程求出）样品溶液中钾的含量（mg/L）；

c_{01}——从工作曲线上查出（或用线性回归方程求出）试剂空白消化液中钾的含量（mg/L）；

m_1——样品的质量（g）；

V_1——测定时吸取的样品溶液的体积（mL）。

计算结果精确至小数点后第一位。同一样品的两次测定结果之差不得超过平均值的5.0%。

（2）总磷的测定

1）方法原理：样品经消化后，在酸性条件下，磷酸盐与钒-钼酸铵反应呈现黄色，在波长400nm处测定溶液的吸光度，与标准系列溶液比较，确定样品中总磷的含量。

2）分析步骤

① 样品溶液的制备：同钾的测定。

② 工作曲线的绘制：吸取0.00mL、1.00mL、2.00mL、3.00mL、4.00mL、5.00mL磷标准溶液（100mg/L），分别置于50mL容量瓶中，各加10mL（1+9）硫酸溶液，摇匀，再加10mL钒-钼酸铵溶液，用水定容至刻度，摇匀，配制成0.0mg/L、2.0mg/L、4.0mg/L、6.0mg/L、8.0mg/L、10.0mg/L的磷标准系列溶液，在室温下放置10min，然后用1cm比色皿，以0.0mg/L磷标准溶液调节零点，在波长400nm处测定磷标准系列溶液的吸光度，以吸光度对磷含量绘制工作曲线或计算回归方程。

③ 样品的测定：准确吸取5.0～10.0mL样品溶液置于50mL容量瓶中，加入（1+9）硫酸溶液至10mL，以下按测钾时绘制工作曲线的方法操作。以试剂空白溶液调整零点，在波长400nm处测定吸光度，从工作曲线上查出（或用回归方程求出）样品溶液中总磷的含量（c_2），同时测定试剂空白消化液中总磷的含量（c_{02}）。

3）分析结果表述：样品溶液中总磷的含量按式（2-6-10）计算。

$$X_2 = \frac{(c_2 - c_{02}) \times 50}{m_2 \times \dfrac{V_2}{50}} = \frac{(c_2 - c_{02}) \times 2500}{m_2 \times V_2} \tag{2-6-10}$$

式中　X_2——样品中总磷的含量（mg/kg）；

c_2——从工作曲线上查出（或用线性回归方程求出）样品溶液中总磷的含量（mg/L）；

c_{02}——从工作曲线上查出（或用线性回归方程求出）试剂空白液中总磷的含量（mg/L）；

m_2——样品的质量（g）；

V_2——测定时吸取的样品溶液的体积（mL）。

计算结果精确到小数点后第一位。同一样品的两次测定结果之差不得超过平均值的5.0%。

（3）果蔬汁饮料中氨基酸态氮的测定

1）方法原理（甲醛值法）：氨基酸分子中既含有羧基，又含有氨基，为两性电解质。加入甲醛以固定氨基，使溶液显示酸性，用氢氧化钠标准溶液滴定，以酸度计测定终点，根据碱液的消耗量，计算出氨基酸态氮的含量。其离子反应式为

$$\mathrm{R-\underset{\displaystyle |}{\overset{\displaystyle NH_2}{CH}}-COOH \rightleftharpoons R-\overset{\displaystyle NH_2}{CH}-COO^- + H^-}$$

$$\mathrm{R-\overset{\displaystyle NH_2}{CH}-COO^- + HCHO \rightleftharpoons R-\overset{\displaystyle NHCH_2OH}{CH}-COO}$$

$$\mathrm{R-\overset{\displaystyle NHCH_2OH}{CH}-COO + HCHO \rightleftharpoons R-\overset{\displaystyle HOH_2CNCH_2OH}{CH}-COO}$$

2）分析步骤

① 试样液的制备

a. 浓缩果蔬汁：加入与在浓缩过程中失去的天然水分等量的水，使其成为果汁，并充分混匀，供测试用。

b. 果蔬汁及果蔬汁饮料：将试样充分混匀，直接测定。

c. 含有碳酸气的果蔬汁饮料：移取500g试样，在沸水浴上加热15min，不断搅拌，使二氧化碳气体尽可能排除，冷却后，用水补充至原质量，充分混匀，供测试用。

d. 果蔬汁固体饮料：移取约125g（精确至0.001g）试样，溶解于蒸馏水中，将其全部转移到250mL容量瓶中，用蒸馏水稀释至刻度，充分混匀，供测试用。

② 测定：将酸度计接通电源，预热30min后，用pH=6.8的缓冲溶液校正酸度计。吸取适量试样液（氨基酸态氮的含量为1~5mg）置于烧杯中，加5滴质量分数为30%的过氧化氢，然后将烧杯置于电磁搅拌器上，将电极插入烧杯内试样中适当位置。需要时可加适量蒸馏水。

开动磁力搅拌器，先用0.1mol/L的氢氧化钠标准溶液慢慢中和试样中的有机酸，当pH值达到7.5左右时，再用0.05mol/L的氢氧化钠标准滴定溶液调至pH=8.1，并保持1min不变，然后慢慢加入10~15mL中性甲醛溶液，1min后用0.05mol/L的氢氧化钠标准滴定溶液滴定至pH=8.1，记录消耗0.05mol/L的氢氧化钠标准滴定溶液的体积，以计算氨基酸态氮的含量。

③ 分析结果表述：按式（2-6-11）计算氨基酸态氮的含量。

$$X_3 = \frac{c_3 \times V_3 \times K \times 14}{m_3} \times 100 \tag{2-6-11}$$

式中 X_3——每100g（或100mL）试样中氨基酸态氮的含量（mg/100g或mg/100mL）；

V_3——加入中性甲醛溶液后，滴定试样消耗0.05mol/L的氢氧化钠标准滴定溶液的体积（mL）；

c_3——氢氧化钠标准滴定溶液的浓度（mol/L）；

K——稀释倍数；

14——1mL质量浓度为1mol/L的氢氧化钠标准滴定溶液相当于氮的毫克数（mg/mmol）；

m_3——试样的质量或体积（g或mL）。

允许差：同一样品以两次测定结果的算术平均值作为结果，精确到小数点后第一位。同一样品的两次测定结果之差：当氨基酸态氮的含量大于或等于10mg/100g（或10mg/100mL）时，不得大于2%；当氨基酸态氮的含量小于10mg/100g（或10mg/100mL）时，不得大于5%。

（4）L-脯氨酸的测定

1）方法原理：L-脯氨酸与水合茚三酮作用，生成黄红色配位化合物，然后用乙酸丁酯萃取后的配位化合物，在波长509nm处测定吸光度，与标准系列溶液比较，确定样品中L-脯氨酸的含量。

2）分析步骤

① 样品溶液的制备：称取一定量混合均匀的样品（浓缩汁为1.00g；果汁为5.00g；

果汁饮料、水果饮料和果汁型碳酸饮料为10.00～200.0g）置于200mL容量瓶中，用水定容至刻度，摇匀，备用。

② 测定：吸取0.00mL、0.50mL、1.00mL、2.50mL、4.00mL、5.00mL L-脯氨酸储备溶液（500mg/L）分别置于6支50mL容量瓶中，用水定容至刻度，摇匀，配制成0.0mg/L、5.0mg/L、10.0mg/L、25.0mg/L、40.0mg/L、50.0mg/L的L-脯氨酸标准系列溶液。

吸取此标准系列溶液各1.0mL，分别置于6支25mL具塞试管中，各加1mL甲酸，充分摇匀，加2mL茚三酮乙二醇独甲醚溶液，摇匀，然后将6支试管同时置于1000mL烧杯的沸水浴中（水浴液面应高于试管液面），在烧杯中的水沸腾后，精确计时15min，同时取出6支试管，置于20～22℃水浴中冷却10min。

在上述6支试管中各加10.0mL乙酸丁酯，盖塞，充分摇匀，使红色配位化合物萃取到乙酸丁酯层中，静置数分钟，然后将试管中的乙酸丁酯溶液分别倒入10mL具塞离心管中，盖塞，以2500r/min的转速离心5min。

将上层清液小心地倒入1cm比色皿中，以试剂空白溶液调节零点，在波长509nm处测定各上层清液的吸光度，以吸光度为纵坐标，以L-脯氨酸的含量为横坐标，绘制工作曲线或计算回归方程。

吸取1.0mL样品溶液置于25mL具塞试管中，以下按上述绘制工作曲线的步骤操作。从工作曲线上查出（或用回归方程计算出）样品溶液中L-脯氨酸的含量（c_4）。

3）分析结果表述：样品中L-脯氨酸的含量按式（2-6-12）计算。

$$X_4 = \frac{c_4 \times 1.0}{\frac{m_4}{200} \times 1.0} = \frac{c_4 \times 200}{m_4} \qquad (2\text{-}6\text{-}12)$$

式中　X_4——样品中L-脯氨酸的含量（mg/kg）；

c_4——从工作曲线上查出（或用回归方程求出）样品溶液中L-脯氨酸的含量（mg/L）；

1.0——测定时吸取样品溶液的体积（mL）；

m_4——样品的质量（g）；

200——样品溶液的总体积（mL）。

计算结果精确到小数点后第一位。同一样品的两次测定结果之差不得超过平均值的5.0%。

（5）总D-异柠檬酸的测定

1）方法原理：在异柠檬酸脱氢酶（ICDH）的催化下，样品中的D-异柠檬酸盐与烟酰胺-腺嘌呤-双核苷酸磷酸（NADP）作用，生成的NADPH的量相当于D-异柠檬酸盐的量。在波长340nm处测定吸光度，确定样品中总D-异柠檬酸的含量。其反应式为

$$\text{D-柠檬酸盐} + \text{NADP} \xrightarrow{\text{ICDH}} \alpha\text{-氧化戊二酸盐} + \text{NADPH} + CO_2 + H^+$$

2）分析步骤

① 样品溶液的制备

a. 果汁型碳酸饮料：称取500g样品置于1000mL烧杯中，加热煮沸，在微沸状态下保持5min，并不断搅拌，在将二氧化碳基本除净后，冷却至室温，称量，然后用水补足至加热前的质量，备用。

b. 浓缩果汁、果汁、果汁饮料、水果饮料：混匀后备用。

② 水解：按表2-6-4中规定的取样量称取样品溶液。

a. 浓缩汁、果汁：将称取的样品溶液置于50mL烧杯中，加5mL氢氧化钠溶液（4mol/L），搅拌均匀，在室温下放置10min，使之水解，然后将溶液移入离心管中，用5mL盐酸溶液（4mol/L）和10~20mL水分数次洗涤烧杯，将洗液并入离心管中，使总体积约为30mL，搅拌均匀。

b. 果汁饮料、水果饮料、果汁型碳酸饮料：将称取的样品溶液置于离心管中，加5mL氢氧化钠溶液（4mol/L），搅拌均匀，在室温下放置10min，使之水解，然后加5mL盐酸溶液（4mol/L），搅拌均匀。

表2-6-4　水解时的取样量和比色测定时的吸取量

样品名称	水解时的取样量/g	比色测定时的吸取量（V_2）/mL
浓缩果汁	2.00	0.4~0.8
果汁	10.00	0.8~1.2
含40%果汁的果汁饮料	20.00	1.5~2.0
含20%果汁的果汁饮料	25.00	2.0
含10%果汁的果汁饮料	40.0	2.0
含5%果汁的果汁饮料	60.0~80.0	2.0
含2.5%果汁的果汁型碳酸饮料	100.0~150.0	2.0

注：表中的百分数为质量分数。

3）沉淀

① 称样量小于或等于25g的样品试液：在盛有水解物的离心管中依次加入2mL氨水、3mL氯化钡溶液（300g/L）、20mL丙酮，用玻璃棒搅拌均匀，取出玻璃棒，按顺序放在棒架上，然后将离心管在室温（约20℃）放置10min，以3000r/min的转速离心5~10min，小心倾去上层溶液，保留离心管底部沉淀物。

② 称样量大于25g的样品溶液：按上述步骤分别制备2~6份沉淀物，然后用约50mL洗涤溶液将2支（或3支、4支、6支，视称样量而定）离心管中的沉淀物合并到1支离心管中，在室温（约20℃）放置10min，以3000r/min的转速离心5~10min，小心倾去上层溶液，保留离心管底部沉淀物。

4）溶解：将玻璃棒按顺序放回原离心管中，向离心管中加入20mL硫酸钠溶液（71g/L），然后将离心管置于微沸水浴中加热10min，同时用玻璃棒不断搅拌。趁热用缓冲溶液将离心管中的溶液转移到50mL容量瓶中，冷却至室温（约20℃）后，用缓冲溶液稀释至刻度，摇匀，然后用滤纸过滤，弃去初滤液后备用。

5）测定

① 测定条件：波长为340nm；温度为20～25℃；比色浓度，在0.1～2.0mL试液中，含D-异柠檬酸3～100μg。

② 按表2-6-5中规定的程序和溶液的加入量，用微量可调移液管依次将各种溶液加入比色皿中（微量可调移液管需用吸入溶液至少冲洗一次，再正式吸取溶液），立即用玻璃棒上下搅拌，使比色皿中的溶液充分混匀。加异柠檬酸脱氢酶溶液后的最终体积为3.05mL。

表2-6-5　溶液加入量

加入比色皿中的溶液	空　白	样　品
NADP溶液/mL	1.00	1.00
重蒸馏水/mL	2.00	$2.00-V_2$
试样溶液（V_2）/mL	—	V_2
混匀，约3min后分别测定空白吸光度（$A_{1空白}$）和样品吸光度（$A_{1样品}$）		
异柠檬酸脱氢酶溶液/mL	0.05	0.05
混匀，约10min达到反应终点，出现恒定的吸光度，分别记录空白吸光度（$A_{2空白}$）和样品吸光度（$A_{2样品}$）。如果10min后未达到反应终点，则每2min测定一次吸光度，待吸光度恒定增加时，分别记录空白和样品开始恒定增加时的吸光度（$A_{2空白}$和$A_{2样品}$）		

上述步骤完成后计算ΔA，公式为

$$\Delta A=\Delta A_{样品}-\Delta A_{空白}=(A_{2样品}-A_{1样品})-(A_{2空白}-A_{1空白})$$

为了得到精确的测定结果，ΔA必须大于0.100，若小于0.100，则应增加水解时的取样量或增加比色时的吸取量。

③ 异柠檬酸脱氢酶活力的判定方法。D-异柠檬酸标准溶液的配制：称取$\frac{0.0153}{P}$g含有2个结晶水的D-异柠檬酸三钠盐（$C_6H_5Na_3\cdot 2H_2O$）基准试剂（精确至0.0001g），置于50mL烧杯中，加水溶解，转移到100mL容量瓶中，用水定容至刻度，摇匀，储存于冰箱中。此溶液中D-异柠檬酸的质量浓度为100mg/L。

P为D-异柠檬酸基准试剂的纯度（百分含量），0.0153为系数，按式（2-6-13）计算得出。

$$\frac{294.1\times100\times0.1}{192.1\times1000}=0.0153 \tag{2-6-13}$$

式中　294.1——$C_6H_5Na_3\cdot 2H_2O$的相对分子质量；

100——稀释体积（mL）；

0.1——D-异柠檬酸的质量浓度（g/L）；

192.1——D-异柠檬酸的相对分子质量。

酶活力与标样吸潮的判定见表2-6-6。

表 2-6-6　酶活力与标样吸潮的判定

标准溶液的加入量/mL	酶溶液的加入量/mL	ΔA	判　　定
0.5	0.05	>0.5	正常
0.5	0.05	<0.5	酶失活或标样吸潮
0.5	0.01	>0.5	酶活力降低
0.5	0.01	<0.5	标样吸潮
1.0	0.05	>0.5	标样吸潮
1.0	0.05	<0.5	酶失活

若酶活力降低，应控制测定样品的 ΔA，使之小于标样的 ΔA，以保证测定样品中总 D-异柠檬酸反应完全。

6）分析结果表述：样品中总 D-异柠檬酸的含量按式（2-6-14）计算。

$$X_5 = \frac{3.05 \times 192.1 \times V_5}{m_5 \times 6.3 \times 1 \times V_6} \times \Delta A \tag{2-6-14}$$

式中　X_5——样品中总 D-异柠檬酸的含量（mg/kg）；

3.05——比色皿中溶液的最终体积（mL）；

192.1——D-异柠檬酸的相对分子质量（g/mol）；

V_5——试液的定容体积（mL）；

V_6——比色测定时吸取滤液的体积（mL）；

m_5——样品的质量（g）；

1——比色皿光程（cm）；

6.3——反应产物 NADPH 在 340nm 的吸光系数［1/（mmol · cm）］。

计算结果精确至小数点后第一位。允许差：同一样品的两次测定结果之差，果汁含量等于或大于 10%（质量分数）的样品，不得超过平均值的 5.0%；果汁含量为 2.5% ~ 10.0%（质量分数）的样品，不得超过平均值的 10.0%。

（6）总黄酮的测定

1）方法原理：橙、柑、桔中的黄烷酮类与碱作用，开环生成 2，6-二羟基-4-环氧基苯丙酮和对甲氧基苯甲醛，在二甘醇环境中遇碱缩合生成黄色橙皮素查耳酮，其生成量相当于橙皮苷的量。在波长 420nm 处比色测定吸光度，扣除本底后，与标准系列溶液比较定量。

2）分析步骤

① 试液的制备：称取一定量混合均匀的样品（浓缩汁 2.00 ~ 5.00g；果汁 10.0g；果汁饮料、水果饮料和果汁型碳酸饮料 50.0g）置于 100mL 烧杯中，以氢氧化钠溶液调至 pH = 12，静置 30min 后，用柠檬酸溶液（200g/L）调至 pH = 6，移入 100mL 容量瓶中，用水定容至刻度，过滤，收集澄清滤液备用。

② 工作曲线的绘制：分别吸取 0.00mL、1.00mL、2.00mL、3.00mL、4.00mL、5.00mL 橙皮苷标准溶液（200mg/L），分别置于 6 支具塞比色管中，用试剂空白溶液补

至5mL，混匀，再各加5.0mL体积分数为90%的二甘醇溶液、0.1mL氢氧化钠溶液（4mol/L），摇匀，配制成0.0mg/L、20.0mg/L、40.0mg/L、60.0mg/L、80.0mg/L、100.0mg/L的总黄酮标准系列溶液。将上述比色管置于40℃水浴中保温10min，取出，在冷水浴中冷却5min，用1cm比色皿，以试剂空白（0.0mg/L标准溶液）调节零点，在波长420nm处测定吸光度。以吸光度为纵坐标，总黄酮质量浓度为横坐标，绘制工作曲线或计算回归方程。

试剂空白溶液：量取20mL浓度为0.1mol/L的氢氧化钠溶液，用200g/L柠檬酸溶液调至pH=6，定容至100mL。

③ 测定：吸取1~5mL样液，置于具塞比色管中，用试剂空白液补至5mL，加5.0mL体积分数为90%的二甘醇溶液、0.1mL氢氧化钠溶液（4mol/L），摇匀。同时吸取一份等量的试液按上述步骤不加氢氧化钠溶液，作为空白调零。将比色管置于40℃水浴中保温10min，取出，在冷水浴中冷却5min，用1cm比色皿，以试剂空白（0.0mg/L标准溶液）调节零点，在波长420nm处测定吸光度。从工作曲线上查出（或用回归方程计算出）样品溶液中总黄酮的含量。

3）分析结果表述：样品中总黄酮的含量按式（2-6-15）计算。

$$X = \frac{c \times 1000}{mV} \tag{2-6-15}$$

式中　X——样品中总黄酮的含量（mg/kg）；

c——从工作曲线上查出（或用回归方程计算出）试液中总黄酮的含量（mg/L）；

m——样品的质量（g）；

V——测定时吸取试液的体积（mL）。

允许差：同一样品的两次结果之差，不得超过平均值的5.0%。

（7）饮料中果汁含量计算　饮料中果汁含量按式（2-6-16）计算。

$$y = \sum_{i=1}^{6}\left(\frac{X_i}{x_i} \times R_i\right) \times 100\% \tag{2-6-16}$$

式中　y——果汁含量；

X_i——样品中相应的钾、总磷、氨基酸态氮、L-脯氨酸、总D-异柠檬酸、总黄酮含量的实测值（mg/kg）；

x_i——相应的钾、总磷、氨基酸态氮、L-脯氨酸、总D-异柠檬酸、总黄酮的标准值（mg/kg）；

R_i——相应的钾、总磷、氨基酸态氮、L-脯氨酸、总D-异柠檬酸、总黄酮的权值。

第六节　饮料中咖啡因的测定

咖啡因是从茶叶、咖啡果中提炼出来的一种生物碱，适度使用有祛除疲劳、兴奋神经的作用，但是大剂量或长期使用会对人体造成损害，特别是对它有成瘾性，一旦停用就会出现精神萎靡、浑身困乏疲软等各种戒断症状。在可乐型碳酸饮料中，我国规定咖啡因的最大使用量应小于或等于0.15g/kg。

国家标准《饮料中咖啡因的测定》（GB/T 5009.139—2003）推荐可乐型饮料、咖啡和茶叶以及制成品中咖啡因含量的测定方法为紫外分光光谱法和高效液相色谱法（HPLC）。

 紫外分光光谱法

1. 方法原理

咖啡因的三氯甲烷溶液在276.5nm波长下有最大吸收值，其吸收值与咖啡因含量成正比，从而可进行定量。

2. 分析步骤

（1）试样的制备

1）可乐型饮料：在250mL的分液漏斗中，准确移入10.0～20.0mL经超声脱气后的均匀可乐型饮料试样，加入5mL质量浓度为15g/L的高锰酸钾溶液，摇匀，静置5min，加入亚硫酸钠和硫氰酸钾混合溶液10mL，摇匀，加入50mL重蒸三氯甲烷，振摇100次，静止分层，收集三氯甲烷。向水层中再加入40mL重蒸三氯甲烷，振摇100次，静置分层。合并两次所得三氯甲烷萃取液，并用重蒸三氯甲烷定容至100mL，摇匀，备用。

2）咖啡、茶叶及其固体试样：在100mL烧杯中称取经粉碎成低于30目（相当于直径为0.6mm的筛孔）的均匀试样0.5～2.0g，加入80mL沸水，加盖，摇匀，浸泡2h，然后将浸出液全部移入100mL容量瓶中，加入2mL质量浓度为200g/L的乙酸锌溶液，然后加入2mL质量浓度为100g/L的亚铁氰化钾溶液，摇匀，用水定容至100mL，摇匀，静置沉淀，过滤。取滤液5.0mL～20.0mL按可乐型饮料试样制备的操作进行，制备成100mL三氯甲烷溶液，备用。

3）咖啡或茶叶的液体试样：在100mL容量瓶中准确移入10.0～20.0mL均匀试样，加入2mL质量浓度为200g/L的乙酸锌溶液，摇匀，然后加入2mL质量浓度为100g/L的亚铁氰化钾溶液，摇匀，用水定容至100，摇匀，静置沉淀，过滤。取滤液5.0mL～20.0mL按可乐型饮料试样制备的操作进行，制备成100mL三氯甲烷溶液，备用。

（2）标准曲线的绘制　从0.5mg/mL的咖啡因标准储备液中，用重蒸三氯甲烷配制成质量浓度分别为0μg/mL、5μg/mL、10μg/mL、15μg/mL、20μg/mL的标准系列溶液，以0μg/mL的试液作参比，调节零点，将1cm比色杯置于276.5nm下测量吸光度，绘制吸光度-咖啡因质量浓度的标准曲线或求出直线回归方程。

（3）测定　在25mL具塞试管中，加入5g无水硫酸钠，倒入20mL试样的三氯甲烷制备液，摇匀，静置。将澄清的三氯甲烷用1cm比色杯于276.5nm测出其吸光度，根据标准曲线（直线回归方程）求出样品的吸光度相当于咖啡因的质量浓度c（μg/mL）。同时用重蒸三氯甲烷做试剂空白试验。

3. 分析结果表述

可乐型饮料中咖啡因的含量按式（2-6-17）计算。

$$X_1 = \frac{(c - c_0) \times 100}{V} \times \frac{1000}{1000} \tag{2-6-17}$$

咖啡、茶叶及其固体试样中咖啡因的含量按式（2-6-18）计算。

$$X_2 = \frac{(c - c_0) \times 100 \times 100 \times 100}{V_1 \times m \times 1000} \tag{2-6-18}$$

咖啡、茶叶及其液体制品中咖啡因的含量按式（2-6-19）计算。

$$X_3 = \frac{(c - c_0) \times 100 \times 100 \times 1000}{V_1 \times V \times 1000} \tag{2-6-19}$$

式中　X_1——可乐型饮料中咖啡因的含量（mg/L）；

X_2——咖啡、茶叶及其固体试样中咖啡因的含量（mg/100g）；

X_3——咖啡、茶叶及其液体制品中咖啡因的含量（mg/L）；

c——试样吸光度相当于咖啡因的质量浓度（μg/mL）；

c_0——试剂空白吸光度相当于咖啡因的质量浓度（μg/mL）；

m——称取试样的质量（g）；

V——移取试样的体积（mL）；

V_1——移取试样处理后水溶液的体积（mL）。

可乐型饮料：在重复性条件下获得的两次独立测定结果的绝对差值不得超过算术平均值的5%。

咖啡、茶叶及其制品：在重复性条件下获得的两次独立测定结果的绝对差值不得超过算术平均值的15%。

紫外分光光谱法检出限：可乐型饮料为3mg/L；咖啡、茶叶及其固体制品为5mg/100g；咖啡和茶叶的液体制品为5mg/L。

4. 说明

1）为防止三氯甲烷中的杂质干扰紫外吸收，三氯甲烷在使用前应重蒸。

2）咖啡因为弱碱性，易溶于三氯甲烷，因此利用三氯甲烷将其提取出来。

3）由于茶叶中含有单宁、树脂、胶质、蛋白质等，因此在使用三氯甲烷萃取前应先用乙酸锌、亚铁氰化钾进行沉淀，以去除杂质。

二　高效液相色谱法（HPLC）

1. 方法原理

咖啡因的甲醇液在286nm波长下有最大吸收值，其吸收值与咖啡因含量成正比，从而可进行定量。

2. 分析步骤

（1）试样的制备

1）可乐型饮料：试样先用超声清洗器在40℃下超声5min进行脱气。取脱气后的试样10.0mL通过混纤微孔滤膜过滤，弃去5mL初滤液，保留后5mL备用。

2）咖啡、茶叶及其制成品：称取2g已经粉碎且小于30目的均匀试样或液体试样放入150mL烧杯中，先加2~3mL超纯水，再加50mL三氯甲烷，摇匀，在超声处理机上萃取1min（30s两次），静置30min，分层。将萃取液倾入另一150mL烧杯中，在试样中再加50mL三氯甲烷，重复上述萃取操作，弃去试样，合并两次萃取液，加入少许无水硫酸钠和5mL饱和氯化钠，过滤，滤入100mL容量瓶中，用三氯甲烷定容至100mL。最后取10mL滤液过混纤微孔滤膜过滤，弃去5mL初滤液，保留后5mL备用。

（2）色谱条件

1）流动相：甲醇+乙腈+水=57+29+14（每升流动相中加入0.8mol/L乙酸液50mL）。

2）流动相的流速：1.5mL/min。

3）进样量：可乐型饮料10μL，茶叶、咖啡及其制成品5~20μL。

（3）标准曲线的绘制　用甲醇配制成咖啡因质量浓度分别为0μL/mL、20μL/mL、50μL/mL、100μL/mL、150μL/mL的标准系列溶液，然后分别进样10μL，置于286nm测量峰面积，绘制峰面积-咖啡因质量浓度的标准曲线或求出直线回归方程。

（4）测定　从试样中吸取可乐饮料10μL或咖啡、茶叶及其制品10μL进样，于286nm处测其峰面积，然后根据标准曲线（或直线回归方程）得出试样的峰面积相当于咖啡因的质量浓度c（μg/mL）。同时做试剂空白试验。

3. 分析结果表述

$$可乐型饮料中咖啡因的含量（mg/L）=c$$

$$咖啡、茶叶及其制成品中咖啡因的含量（mg/100g）=c\times V\times 100/(m\times 1000)$$

式中　c——由标准曲线求得试样稀释液中咖啡因的质量浓度（μg/mL）；

V——试样定容体积（mL）；

m——试样质量（g）。

可乐型饮料：在重复性条件下获得的两次独立测定结果的绝对差值不得超过算术平均值的5%；

咖啡、茶叶及其制品：在重复性条件下获得的两次独立测定结果的绝对差值不得超过算术平均值的10%。

HPLC法检出限：可乐型饮料为0.72mg/L；茶叶、咖啡及其制品为1.8mg/100g。

第七节　茶饮料中茶多酚的测定

茶多酚又名茶单宁、茶鞣质，是茶叶中30多种酚类物质的总称。茶多酚含量是茶饮料的特征指标。茶多酚具有抗衰老、抗氧化、降胆固醇等作用。《茶饮料》（GB/T 21733—2008）中规定了各类茶饮料中茶多酚的指标分别为：红茶、花茶中的含量大于或等于300mg/kg；绿茶中的含量大于或等于500mg/kg；乌龙茶中的含量大于或等于400mg/kg；奶茶、果味茶饮料中的含量大于或等于200mg/kg。

依据GB/T 21733—2008，茶饮料中茶多酚含量的测定方法为分光光度法。

1. 方法原理

茶叶中的多酚类物质能与亚铁离子形成紫蓝色配位化合物，用分光光度计测定其含量。

2. 分析步骤

（1）试液的制备

1）较透明的样液（如果味茶饮料）：将样液充分摇匀后，备用。

2）较浑浊的样液（如果汁茶饮料、奶茶饮料等）：称取充分混匀的样液 25.00mL 置于 50mL 容量瓶中，加入体积分数为 95% 的乙醇 15mL，充分摇匀，放置 15min 后，用水定容至刻度，用慢速定量滤纸过滤，滤液备用。

3）含碳酸气的样液：量取充分混匀的样液 100.00g 置于 250mL 烧杯中，称取其总质量，然后置于电炉上加热至沸，在微沸状态下加热 10min，将二氧化碳气排除，冷却后，用水补足其原来的质量，摇匀后备用。

（2）测定　精确称取上述制备的试液 1～5g 置于 25mL 容量瓶中，加水 4mL，酒石酸亚铁溶液 5mL，充分摇匀，用 pH＝7.5 的磷酸缓冲溶液（pH＝7.5）定容至刻度，然后用 10mm 比色皿，在波长 540nm 处，以试剂空白作参比，测定其吸光度（A_1）。同时称取等量的试液置于 25mL 容量瓶中，加水 4mL，用 pH＝7.5 的磷酸缓冲溶液定容至刻度，测定其吸光度（A_2）。

3. 分析结果表述

样品中茶多酚的含量按式（2-6-20）计算。

$$X=\frac{(A_1-A_2)\times 1.957\times 2\times K}{m}\times 1000 \tag{2-6-20}$$

式中　X——样品中茶多酚的含量（mg/kg）；

A_1——试液显色后的吸光度；

A_2——试液底色的吸光度；

1.957——用 10mm 比色皿，当吸光度等于 0.50 时，1mL 茶汤中茶多酚的含量相当于 1.957mg；

K——稀释倍数；

m——测定时称取试液的质量（g）。

同一样品的两次平行测定结果之差不得超过平均值的 5%。

第七章　罐头食品的检验

第一节　罐头食品的感官检验及净含量和固形物的测定

罐藏食品是指原料经处理、装罐（袋、盒、杯、肠衣等）、密封、杀菌或无菌罐装后达到商业无菌，在常温下能长期保存的食品，俗称罐头。

一　罐头食品感官检验时常用的术语

（1）密封　密封是指食品容器经密闭后能阻止微生物进入的状态。

（2）泄漏　泄漏是指罐头密封结构有缺陷，或由于撞击而破坏密封，或罐壁腐蚀而穿孔致使微生物侵入的现象。

（3）胖听　胖听是指由于罐头内微生物活动或化学作用而产生气体，形成正压，使一端或两端外凸的现象。

胖听又称胀罐，是区别正常罐头与败坏罐头的一个重要标志。罐头发生胀罐，有三种不同的形式与原因。

1）物理性胀罐：主要因罐内食品装得太多，抽气不足，杀菌时降压速度太快，气温和气压变化影响罐内真空度，搬动时产生严重的碰撞或变形而引起。这些胀罐使罐头外形失常，而罐内的食品质量没有变化，尚能食用，但是影响商品的外貌和价值。

2）化学性胀罐：水果、果汁类罐头，由于原料中含有有机酸，这种酸与罐头内壁表面作用产生氢气，使罐内的真空度消失，压力增大而发生胀罐，又名“气罐”。这类罐头虽然内容物没有发生质量变化，尚有使用价值，但是不能按合格商品出售。

3）生物性胀罐：又称细菌性胀罐。这种罐头的内容物因含有细菌或被细菌污染，使食品被分解而产生腐败现象，失去食用价值。引起生物性胀罐的原因主要是原料不新鲜，或杀菌不充分，卫生条件差，罐头卷边不良等。

二　罐头食品的感官检验

罐头食品的感官检验可以分为开罐前的感官检验与开罐后的感官检验。

1. 开罐前的感官检验

开罐前的感官检验主要是依据眼看容器外观、手捏（按）罐盖、敲打听音和漏气检查四个方面进行的。

（1）眼看鉴别法　主要检查罐头封口是否严密，外表是否清洁，有无磨损及锈蚀情况，如外表污秽、变暗、起斑、边缘生锈等。对于玻璃瓶罐头，可以将其放置在明亮处直接观察其内部的质量情况，轻轻摇动后看内容物块形是否整齐，汤汁是否混浊，有无杂质异物等。

（2）手捏鉴别法　主要检查罐头有无胖听现象。可用手指按压马口铁罐头的底和盖，玻璃瓶罐头按压瓶盖即可，仔细观察有无胀罐现象。

（3）敲听鉴别法　主要用以检查罐头内容物质量情况，可用小木棍或手指敲击罐头的底盖中心，通过听其声响来鉴别罐头的质量。优质罐头的声音清脆，发实音；次质和劣质罐头（包括内容物不足，空隙大的罐头）声音浊，发空音，即“破破”的沙哑声。

（4）漏气鉴别法　罐头是否漏气，对罐头的保存非常重要。进行漏气检查时，一般是将罐头沉入水中，用手挤压其底部，漏气的地方就会出现小气泡。但检查时不要移动淹没在水中的罐头，以免看不清楚小气泡。

2. 开罐后的感官检验

开罐后的感官检验主要是指检验色泽、气味、滋味和汤汁。首先应在开罐后目测罐头内容物的色泽是否正常，这里既包括内容物又包括汤汁，对于后者还应注意其澄清程度和杂质情况等。其次是嗅其气味，判断是否为该品种罐头所特有的，然后品尝滋味，判断其是否具有该品种固有的滋味。

（1）组织与形态的检验

1）畜肉类、禽类、水产动物类罐头：先加热至汤汁溶化（有些罐头食品如午餐肉、凤尾鱼等，不经加热），然后将内容物倒入白瓷盘中，观察其组织、形态是否符合标准。

2）水果类及蔬菜类罐头：在室温下将罐头打开，先滤去汤汁，然后将内容物倒入白瓷盘中观察其组织、形态是否符合标准。

3）糖浆类罐头：开罐后，将内容物平倾于不锈钢圆筛中，静置3min，观察其组织、形态是否符合标准。

4）果酱类罐头：在室温（15～20℃）下开罐后，用匙取果酱（约20g），置于干燥的白瓷盘上，在1min内视其酱体有无流散和汁液分泌现象。

（2）色泽的检验

1）畜肉类、禽类、水产动物类罐头：在白瓷盘中观察其色泽是否符合标准，将汤汁注入量筒中，静置3min后，观察其色泽和澄清程度。

2）水果类及蔬菜类罐头：在白瓷盘中观察其色泽是否符合标准，将汁液倒在烧杯中，观察其汁液是否清亮、透明，有无夹杂物及引起浑浊的果肉碎屑。

3）糖浆类罐头：将糖浆全部倒入白瓷盘中观察其是否浑浊，有无胶冻和有无大量果屑及夹杂物存在。将不锈钢圆筛上的果肉倒入盘内，观察其色泽是否符合标准。

4）果酱类罐头及番茄酱罐头：将酱体全部倒入白瓷盘中，随即观察其色泽是否符合标准。

5）果汁类罐头：在玻璃容器中静置30min后，观察其沉淀程度，有无分层和油圈现象，浓淡是否适中。

（3）滋味和气味的检验

1）畜肉类、禽类、水产动物类罐头：检验其是否具有该产品应有的滋味与气味，有无哈喇味及异味。

2）果蔬类罐头：检验其是否具有与原水果、蔬菜相近似的香味。

3）果汁类罐头：应先嗅其香味（浓缩果汁应稀释至规定浓度），然后评定酸甜是否适口。

3. 感官检验的结果

（1）容器外观的鉴别

1）优质罐头：商标清晰醒目、清洁卫生，罐身完整无损。

2）次质罐头：罐身出现假胖听、突角、凹瘪或锈蚀等缺陷之一，或是氧化油标、封口处理不良（俗称有牙齿，即单张铁皮咬合的情况），以及没留下罐头顶隙、无真空等。

3）劣质罐头：出现真胖听、焊节、沙眼、缺口或较大牙齿等，罐头内外污秽不洁、锈蚀严重。

（2）色泽的鉴别

1）优质罐头：具有该品种的正常色泽，均匀一致，具有光泽，色泽鲜艳；对于畜肉类、禽类、水产动物类罐头，还应具备原料肉类应有的光泽与颜色。

2）次质罐头：较该品种正常色泽稍微变浅或加深；对于水果类及蔬菜类罐头，其色彩不鲜艳，果蔬块形较大，不够均匀；对于畜肉类、禽类、水产动物类罐头，其肉色光泽度差。

3）劣质罐头：对于畜肉类、禽类、水产动物类罐头，肉色不正常，尤其是肉表面变色严重，切面色泽呈淡灰白色或灰褐色，有严重的变色或呈黑褐色；对于水果类及蔬菜类罐头，其色泽与该品种应有的正常色泽不一致，常呈暗灰色，无光泽或有严重的光色、变色。

（3）气味和滋味的鉴别

1）优质罐头：对于畜肉类、禽类罐头，具有与该品种一致的特有风味，鲜美适口，肉块组织细嫩，香气浓郁；对于水产动物类罐头，具有该品种所特有的风味，块形整齐而组织细嫩，气味和滋味适口而鲜美；对于水果类及蔬菜类罐头，具有该品种所特有的风味，果蔬块具有浓郁的芳香味，鲜美而酸甜适口。

2）次质罐头：对于畜肉类、禽类、水产动物类罐头，尚存有该品种所固有的风味，但气味和滋味都较差，无异味；对于水果类及蔬菜类罐头，尚具有该品种所特有的风味，芳香气味变淡，滋味较差。

3）劣质罐头：对于畜肉类、禽类、水产动物类罐头，有严重的腥臭味、酸臭味或有其他明显的异味；对于水果类及蔬菜类罐头，其气味和滋味不正常，具有酸败味或严重的金属味。

（4）汤汁的鉴别

1）优质罐头：对于畜肉类、禽类、水产动物类罐头，汤汁基本澄清，汤中肉的碎屑较少，有光泽，无杂质；对于水果类及蔬菜类罐头，汤汁基本澄清，有光泽，无果皮、果核、菜梗等杂质存在。

2）次质罐头：汤汁中肉的碎屑较多，色泽发暗或稍显混浊，有少许杂质；对于水果类及蔬菜类罐头，汤汁稍显浑浊，尚有光泽，但有少量的残存果皮、果核、菜梗，或有其他杂质存在。

3）劣质罐头：汤汁严重变色、严重混浊或含有恶性杂质。

三　净含量和固形物的测定

1. 净含量

擦净罐头外壁，用天平称取罐头总质量。畜肉、禽类及水产类罐头需将罐头加热，将凝冻溶化后开罐；果蔬类罐头直接开罐，将内容物倒出后，空罐洗净，擦干后称重，按式（2-7-1）计算净含量。

$$m = m_2 - m_1 \tag{2-7-1}$$

式中　m——罐头净含量（g）；

m_1——空罐的质量（g）；

m_2——罐头的总质量（g）。

2. 固形物含量

（1）水果蔬菜类罐头　开罐后，将内容物倾倒在预先称重的圆筛上，不搅动产品，倾斜筛子，沥干 2min 后，将圆筛和沥干物一并称重。按式（2-7-2）计算固形物的含量。

$$X_1 = \frac{m_2 - m_1}{m} \times 100\% \tag{2-7-2}$$

式中　X_1——固形物的质量分数；

m_1——圆筛的质量（g）；

m_2——沥干物加圆筛的质量（g）；

m——罐头标明的净重（g）。

（2）畜肉、禽及水产类罐头和黏稠的粥类罐头　将罐头在50℃±5℃的水浴中加热10~20min，或在100℃水中加热2~7min，使凝冻的汤汁溶化，开罐后，将内容物倾倒在预先称重的圆筛上，然后将圆筛置于直径较大的漏斗上，下接量筒，用以收集汁液，静置3min，使汁液流完，将空罐洗净、擦干后称其质量，然后将圆筛及固形物一并称重。将量筒静置5min，使油与汤汁分为两层，量取油层的毫升数，乘以0.9，即得油层的质量。按式（2-7-3）计算固形物的含量。

$$X_2 = \frac{(m_4 - m_3) + m_5}{m} \times 100\% \tag{2-7-3}$$

式中　X_2——固形物的质量分数；

m_3——圆筛的质量（g）；

m_4——沥干物加圆筛的质量（g）；

m_5——油脂的质量（g）；

m——罐头标明净重（g）。

第二节　罐头食品中可溶性固形物的测定

可溶性固形物含量是各类罐头食品的重要营养指标之一。国家标准《罐头食品检验方法》（GB/T 10786—2006）中可溶性固形物含量的测定方法为折光计法。

1. 方法原理

在20℃用折光计测量试验溶液的折光率，并用折光率与可溶性固形物含量的换算表或折光计上直接读出可溶性固形物的含量。在规定的制备条件和温度下，水溶液中蔗糖的浓度和所分析的样品有相同的折光率，此浓度以质量分数表示。

2. 仪器

阿贝折光计。

3. 分析步骤

（1）试液的制备

1）透明的液体制品：充分混匀待测样品后直接测定。

2）非黏稠制品（果浆、菜浆制品）：充分混匀待测样品，用四层纱布挤出滤液，用于测定。

3）黏稠制品（果酱、果冻等）：称取适当量（40g以下，精确到0.01g）的待测样品置于已称重的烧杯中，加100～150mL蒸馏水，用玻璃棒搅拌，并缓和煮沸2～3min，冷却并充分混匀，20min后称重（精确到0.01g），然后用槽纹漏斗或布氏漏斗过滤到干燥容器内，留滤液供测定用。

4）固相和液相分开的制品：按固液相比例，将样品用组织捣碎机捣碎后，用四层纱布挤出滤液用于测定。

（2）测定　折光计在测定前按说明书进行校正。分开折光计的两面棱镜，用脱脂棉蘸乙醚或酒精将其擦净，然后用末端熔圆的玻璃棒蘸取制备好的样液2滴或3滴，仔细滴于折光计棱镜平面的中央（勿使玻璃棒触及棱镜），迅速闭合上下两棱镜，静置1min，要求液体均匀无气泡并充满视野。对准光源，由目镜观察，调节指示规，使视野分成明暗两部分，再旋动微调螺旋，使两部分的界限明晰，其分线恰在接物镜的十字交叉点上，读数。

若折光计标尺刻度为百分数，则读数即为可溶性固形物的百分率，按可溶性固形物对温度校正表换算成20℃时标准的可溶性固形物百分率。

4. 分析结果表述

如果是不经稀释的透明液体或非黏稠制品或固相和液相分开的制品，则可溶性固形物含量与折光计上所读得的数相等。如果是经稀释的黏稠制品，则可溶性固形物的含量按式（2-7-4）计算。

$$X = \frac{D \times m_1}{m_0} \qquad (2\text{-}7\text{-}4)$$

式中　X——可溶性固形物的质量分数；

D——稀释液中可溶性固形物的质量分数；

m_1——稀释后的样品质量（g）；

m_0——稀释前的样品质量（g）。

两次重复性测定结果之差应不超过0.5%，取满足重现性的两次测定结果的算数平均值作为结果。

第三节　罐头食品中组胺的测定

组胺作为一种生物胺，是由微生物作用于其前体氨基酸-组氨酸而产生的，广泛存在于各种食品及生物体内，尤其是存在于发酵食品（如葡萄酒、奶酪、酱油、水产品及肉类产品等）中。人体摄入过量的组胺后，会出现头痛、恶心、心悸、血压变化、呼吸紊乱等过敏反应，甚至危及生命。

《鱼类罐头卫生标准》（GB 14939—2005）中规定的组胺限量为100mg/100g。

依据《水产品卫生标准的分析方法》（GB/T 5009.45—2003），组胺的测定采用比色法。

1. 方法原理

食品中组胺用正戊醇提取，遇偶氮试剂显橙色，与标准系列溶液比较定量。

2. 分析步骤

（1）试样的处理　称取5.00~10.00g绞碎并混合均匀的试样，置于具塞锥形瓶中，加入15~20mL质量浓度为100g/L的三氯乙酸溶液，浸泡2~3h，过滤。吸取2.0mL滤液，置于分液漏斗中，加质量浓度为250g/L的氢氧化钠溶液使其呈碱性，每次加入3mL正戊醇，振摇5min，提取三次，合并正戊醇并稀释至10.0mL。吸取2.0mL正戊醇提取液置于分液漏斗中，每次加3mL（1+11）盐酸溶液振摇提取三次，合并盐酸提取液并稀释至10.0mL，备用。

（2）测定　吸取2.0mL盐酸提取液置于10mL比色管中，另吸取0.00mL、0.20mL、0.40mL、0.60mL、0.80mL、1.00mL质量浓度为20.0μg/mL的组胺标准使用液（相当于0.0μg、4.0μg、8.0μg、1.2μg、1.6μg、20μg组胺），分别置于10mL比色管中，加水至1mL，再各加1mL（1+11）盐酸。向试样与标准管中各加3mL质量浓度为50g/L的碳酸钠溶液和3mL偶氮试剂，加水至刻度，混匀，放置10min后用1cm比色杯以零管调节零点，于480nm波长处测吸光度，绘制标准曲线比较或与标准系列溶液目测比较。

3. 分析结果表述

试样中组胺的含量按式（2-7-5）计算。

$$X=\frac{m_1}{m\times\frac{2}{V}\times\frac{2}{10}\times\frac{2}{10}\times1000}\times100 \qquad (2\text{-}7\text{-}5)$$

式中　X——试样中组胺的含量（mg/100g）；

V——加入三氯乙酸溶液（100g/L）的体积（mL）；

m_1——测定时试样中组胺的质量（μg）；

m——试样质量（g）。

计算结果表示到小数点后一位。在重复性条件下获得的两次独立测定结果的绝对差值不得超过算术平均值的10%。

第四节　罐头食品中氯化钠的测定

氯化钠是食品加工中最常用的辅助材料，也是人体生理过程中不可缺少的物质。在出口罐头食品中，常常需要测定某些肉类、禽蛋类和蔬菜类的氯化钠含量。

依据《食品中氯化钠的测定》（GB/T 12457—2008），氯化钠的测定方法有间接沉淀滴定法和电位滴定法。

 间接沉淀滴定法

1. 方法原理

样品经酸化处理后，加入过量的硝酸银溶液，以硫酸铁铵为指示剂（佛尔哈特法），用硫氰酸钾标准溶液滴定过量的硝酸银，根据硫氰酸钾标准滴定溶液的消耗量，计算食品中氯化钠的含量。

2. 分析步骤

（1）试样的制备

1）肉禽及水产制品：称取约20g试样（精确至0.001g），置于250mL锥形瓶中，加入100mL温度为70℃的热水，加热沸腾后保持15min，并不断摇动。取出，冷却至室温，依次加入4mL试剂Ⅰ（106g/L的亚铁氰化钾）和4mL试剂Ⅱ（220g/L的乙酸锌）。每次加入后充分摇匀，在室温静置30min。将锥形瓶中的内容物全部转移到200mL容量瓶中，用水稀释至刻度，摇匀，用滤纸过滤，弃去最初的滤液。

2）蛋白质及淀粉含量较高的试样：称取约10g试样（精确至0.001g），置于烧杯中，用体积分数为80%的乙醇溶液将其全部转移到100mL容量瓶中，稀释至刻度，充分振摇，抽提15min，用滤纸过滤，弃去最初的滤液。

（2）氯化物的沉淀　取含50～100mg氯化钠的试样制备液，置于100mL容量瓶中，加入5mL（1+3）硝酸溶液，然后边猛烈摇动边加入20.00～40.00mL质量浓度为0.1mol/L的硝酸银标准溶液，用水稀释至刻度，充分振摇，在避光处放置5min，用快速定量滤纸过滤，弃去10mL最初的滤液。

在加入0.1mol/L的硝酸银标准溶液后，若不出现氯化银凝聚沉淀，而呈现胶体溶液，则应在定容、摇匀后移入250mL锥形瓶中，置沸水浴中加热数分钟（不得直接用火加热），直至出现氯化银凝聚沉淀。取出，在冷水中迅速冷却至室温，用快速定量滤纸过滤，弃去10mL最初的滤液。

（3）滴定　取50.00mL滤液置于250mL锥形瓶中，加入2mL硫酸铁铵饱和溶液，然后边猛烈摇动边用0.1mol/L的硫氰酸钾标准溶液滴定至出现淡棕红色，并保持1min不褪色，记录消耗0.1mol/L硫氰酸钾标准溶液的体积。

（4）空白试验 用50mL蒸馏水代替50.00mL滤液，加入滴定试样时消耗0.1mol/L硝酸银标准溶液体积1/2的硝酸银标准溶液，以下按上述滴定操作步骤操作，记录空白试验消耗0.1mol/L硫氰酸钾标准溶液的体积。

3. 分析结果表述

试样中氯化钠的含量以质量分数表示，按式（2-7-6）计算。

$$w(\mathrm{NaCl})=\frac{0.05844\times c\times(V_1-V_0)K}{m}\times100\% \qquad (2\text{-}7\text{-}6)$$

式中 $w(\mathrm{NaCl})$——试样中氯化钠的含量；

0.05844——与1.0mL硝酸银标准滴定溶液（1.000mol/L）相当的氯化钠的质量（g/mmol）；

V_0——空白试验消耗0.1mol/L硫氰酸钾标准溶液的体积（mL）；

V_1——滴定试样消耗0.1mol/L硫氰酸钾标准溶液的体积（mL）；

m——试样的质量（g）；

K——稀释倍数；

c——硫氰酸钾标准溶液的实际浓度（mol/L）。

计算结果精确至小数点后第二位。同一样品两次平行测定结果之差，每100g试样不得超过0.2g。

 电位滴定法

1. 方法原理

样品经酸化处理后，在丙酮溶液介质中，以玻璃电极为参比电极，以银电极为指示电极，用硝酸银标准滴定溶液滴定试液中的氯化钠，根据电位的“突跃”判断滴定终点。按硝酸银标准滴定溶液的消耗量，计算食品中氯化钠的含量。

2. 分析步骤

（1）试样的制备 同间接沉淀滴定法。

（2）测定 取含5~10mg氯化钠的试液，置于50mL烧杯中，加入5mL（1+3）硝酸溶液及25mL丙酮，以下按0.02mol/L硝酸银标准溶液标定的步骤操作，求出滴定终点时消耗硝酸银标准滴定溶液的体积。

3. 分析结果表述

试样中氯化钠的含量以质量分数表示，按式（2-7-7）计算。

$$w(\mathrm{NaCl})=\frac{0.5844\times \mathrm{c}\times V\times f}{m}\times100\% \qquad (2\text{-}7\text{-}7)$$

式中 $w(\mathrm{NaCl})$——试样中氯化钠的含量；

V——滴定试样时消耗硝酸银标准溶液的体积（mL）；

0.5844——与1.00mL硝酸银标准滴定溶液（1.000mol/L）相当的氯化钠的质量（g/mmol）；

f——稀释倍数；

m——试样的质量（g）；

c——硝酸银标准溶液的实际浓度（mol/L）。

计算结果精确至小数点后第二位。允许差：同一样品两次测定值之差，每 100g 样品不得超过 0.2g。

第五节　罐头食品中亚硝酸盐的测定

亚硝酸盐是肉制品中常用的护色剂，用于腌制香肠、肴肉、腊肉、火腿时，可使肉包鲜红。它不仅具有护色作用，同时对肉毒杆菌具有特殊的抑制作用，对提高肉制品的风味也有一定的功效。但是亚硝酸盐对人体有一定的毒性，摄入量过多，可使血液中正常的血红蛋白（二价铁）变成正铁血红蛋白（三价铁）而失去携氧功能，导致组织缺氧。亚硝酸盐也被认为是一种致癌因素。

《食品安全国家标准　食品添加剂使用标准》（GB 2760—2011），中规定硝酸钠和亚硝酸钠只能用于肉类罐头和肉类制品；最大使用量分别为 0.5g/kg 及 0.15g/kg；残留量以亚硝酸钠计，肉类罐头不得超过 0.05g/kg，肉制品不得超过 0.03g/kg。

依据《食品安全国家标准　食品中亚硝酸盐与硝酸盐的测定》（GB 5009.33—2010），罐头食品中，亚硝酸盐的测定方法有离子色谱法（第一法）和分光光度法（第二法）。

 离子色谱法

1. 方法原理

试样经沉淀蛋白质并除去脂肪后，采用相应的方法提取和净化，以氢氧化钾溶液为淋洗液，用阴离子交换柱分离，用电导检测器检测，以保留时间定性，以外标法定量。

2. 分析步骤

（1）样品的预处理　用四分法取适量或全部，用食物粉碎机制成匀浆备用。

（2）提取　称取试样匀浆 5g（精确至 0.01g），以 80mL 水洗入 100mL 容量瓶中，超声提取 30min，每隔 5min 振摇一次，保持固相完全分散，然后于 75℃ 水浴中放置 5min，取出放置至室温，加水稀释至刻度。溶液经滤纸过滤，取部分滤液以 1000r/min 的转速离心 15min，取上清液备用。

（3）试样的处理　取上述备用的上清液约 15mL，使其通过 0.22μm 水性滤膜针头滤器和 C_{18} 柱，弃去前面的 3mL 洗脱液（如果氯离子的质量浓度大于 100mg/L，则需要依次通过针头滤器、C_{18} 柱、Ag 柱和 Na 柱，弃去前面的 7mL 洗脱液），收集后面的洗脱液待测。

（4）固定相的处理　固相萃取柱在使用前需进行活化，如 OnGuard Ⅱ RP 柱（1.0mL）、OnGuard Ⅱ Ag 柱（1.0mL）和 OnGuard Ⅱ Na 柱（1.0mL）在使用前均需活化。其活化过程为：OnGuard Ⅱ RP 柱（1.0mL）使用前依次用 10mL 甲醇、15mL 水通过，静置活化 30min；OnGuard Ⅱ Ag 柱（1.0mL）和 OnGuard Ⅱ Na 柱（1.0mL）用 10mL 水通过，静置活化 30min。

(5) 参考色谱条件

1) 色谱柱：氢氧化物选择性，可兼容梯度洗脱的高容量阴离子交换柱，如 Dionex IonPac AS11-HC 4mm×250mm（带 IonPac AG11-HC 型保护柱 4mm×50mm），或性能相当的离子色谱柱。

2) 淋洗液：氢氧化钾溶液，浓度为 6～70mmol/L；洗脱梯度为 6mmol/L 30min，70mmol/L 5min，6mmol/L 5min；流速为 1.0mL/min。

3) 抑制器：连续自动再生膜阴离子抑制器或等效抑制装置。

4) 检测器：电导检测器，检测池温度为 35℃。

5) 进样体积：50μL（可根据试样中被测离子的含量进行调整）。

(6) 标准曲线的绘制 移取亚硝酸盐和硝酸盐混合标准使用液，加水稀释，制成系列标准溶液（亚硝酸根离子的质量浓度为 0.00mg/L、0.02mg/L、0.04mg/L、0.06mg/L、0.08mg/L、0.10mg/L、0.15mg/L、0.20mg/L，硝酸根离子的质量浓度为 0.0mg/L、0.2mg/L、0.4mg/L、0.6mg/L、0.8mg/L、1.0mg/L、1.5mg/L、2.0mg/L），按质量浓度从低到高依次进样。以亚硝酸根离子或硝酸根离子的质量浓度（mg/L）为横坐标，以峰高（μS）或峰面积为纵坐标，绘制标准曲线或计算线性回归方程。

(7) 样品的测定 分别吸取空白和试样溶液各 50μL，在相同工作条件下，依次注入离子色谱仪中，记录色谱图。根据保留时间定性，分别测量空白和样品的峰高（μS）或峰面积。

3. 分析结果表述

试样中亚硝酸盐（以 NO_2^- 计）或硝酸盐（以 NO_3^- 计）的含量按式（2-7-8）计算。

$$X = \frac{(c - c_0) \times V \times f \times 1000}{m \times 1000} \tag{2-7-8}$$

式中 X——试样中亚硝酸根离子或硝酸根离子的含量（mg/kg）；

c——测定用试样溶液中的亚硝酸根离子或硝酸根离子的质量浓度（mg/L）；

c_0——试剂空白液中亚硝酸根离子或硝酸根离子的质量浓度（mg/L）；

V——试样溶液的体积（mL）；

f——试样溶液的稀释倍数；

m——试样取样量（g）。

试样中测得的亚硝酸根离子含量乘以换算系数 1.5，即得亚硝酸盐（按亚硝酸钠计）的含量；试样中测得的硝酸根离子含量乘以换算系数 1.37，即得硝酸盐（按硝酸钠计）的含量。

结果以重复性条件下获得的两次独立测定结果的算术平均值表示，保留两位有效数字。在重复性条件下获得的两次独立测定结果的绝对差值不得超过算术平均值的 10%。

 分光光度法

1. 方法原理

亚硝酸盐采用盐酸萘乙二胺法测定，硝酸盐采用镉柱还原法测定。

试样经沉淀蛋白质并除去脂肪后，在弱酸条件下亚硝酸盐与对氨基苯磺酸重氮化后，再与盐酸萘乙二胺偶合形成紫红色染料，用外标法测得亚硝酸盐的含量。采用镉柱将硝酸盐还原为亚硝酸盐，测得亚硝酸盐的总量，由此总量减去亚硝酸盐的含量，即得试样中硝酸盐的含量。

2. 分析步骤

（1）试样的预处理　用四分法取适量或全部，用食物粉碎机制成匀浆备用。

（2）提取　称取 5g（精确至 0.01g）制成匀浆的试样，置于 50mL 烧杯中，加 12.5mL 饱和硼砂溶液，搅拌均匀，以 70℃左右的水约 300mL 将试样洗入 500mL 容量瓶中，于沸水浴中加热 15min，取出置于冷水浴中冷却，并放置至室温。

（3）提取液的净化　在振荡上述提取液时加入 5mL 亚铁氰化钾溶液（106g/L），摇匀，再加入 5mL 乙酸锌溶液（220g/L），以沉淀蛋白质。加水至刻度，摇匀，放置 30min，除去上层脂肪，上清液用滤纸过滤，弃去初滤液 30mL，滤液备用。

（4）亚硝酸盐的测定　吸取 40.0mL 上述滤液置于 50mL 具塞比色管中，另吸取 0.00mL、0.20mL、0.40mL、0.60mL、0.80mL、1.00mL、1.50mL、2.00mL 和 2.50mL 亚硝酸钠标准使用溶液（相当于 0.0μg、1.0μg、2.0μg、3.0μg、4.0μg、5.0μg、7.5μg、10.0μg、12.5μg 亚硝酸钠），分别置于 50mL 具塞比色管中。向标准管和试样管中分别加入 2mL 对氨基苯磺酸钠溶液（4g/L），混匀，静置 3～5min 后各加入 1mL 盐酸萘乙二胺溶液（2g/L），加水至刻度，混匀，静置 15min，用 2cm 比色杯，以零管调节零点，于波长 538nm 处测吸光度，绘制标准曲线，同时做试剂空白试验。

（5）硝酸盐的测定

1）镉柱的还原：先以 25mL 稀氨缓冲液（将 pH = 9.6～9.7 的氨缓冲溶液稀释 10 倍）冲洗镉柱，将流速控制在 3～5mL/min，然后吸取 20mL 滤液置于 50mL 小烧杯中，加入 5mL 氨缓冲溶液（pH = 9.6～9.7），摇匀，倒入镉柱的储液漏斗中，使其流经镉柱还原，并用原烧杯收集流出液。在储液漏斗中的样液流尽后，再加 5mL 水置换柱内留存的样液。将全部收集液如前再经镉柱还原一次，将第二次流出液收集于 100mL 容量瓶中，继续以水流经镉柱洗涤三次，每次 20mL，将洗液一并收集于同一容量瓶中，加水至刻度，混匀。

2）亚硝酸盐总量的测定：称取 10～20mL 还原后的样液置于 50mL 比色管中，以下按亚硝酸盐的测定中自“吸取 0.00mL”起进行操作。

3. 分析结果表述

（1）亚硝酸盐的含量　试样中亚硝酸盐（以亚硝酸钠计）的含量按式（2-7-9）计算。

$$X_1 = \frac{A_1 \times 1000}{m \times \frac{V_1}{V_0} \times 1000} \tag{2-7-9}$$

式中　X_1——试样中亚硝酸钠的含量（mg/kg）；

A_1——测定用样液中亚硝酸钠的质量（μg）；

m——样品的质量（g）；

V_1——测定用样液的体积（mL）；

V_0——试样处理液的总体积（mL）。

（2）硝酸盐的含量　试样中硝酸盐（以硝酸钠计）的含量按式（2-7-10）计算。

$$X = \left(\frac{A_2 \times 1000}{m \times \frac{V_2}{V_0} \times \frac{V_4}{V_3} \times 1000} - X_1 \right) \times 1.232 \qquad (2\text{-}7\text{-}10)$$

式中　X——试样中硝酸钠的含量（mg/kg）；

A_2——经镉柱还原后测得总亚硝酸钠的质量（μg）；

m——样品的质量（g）；

V_2——测总亚硝酸钠时测定用样液的体积（mL）；

V_0——试样处理液的总体积（mL）；

V_3——经镉柱还原后样液的总体积（mL）；

V_4——经镉柱还原后样液的测定用体积（mL）；

1.232——亚硝酸钠换算成硝酸钠的系数；

X_1——由式（2-7-9）计算出的试样中亚硝酸钠的含量（mg/kg）。

以重复性条件下获得的两次独立测定结果的算术平均值表示，结果保留两位有效数字。在重复性条件下获得的两次独立测定结果的绝对差值不得越过算术平均值的10%。

4. 说明

1）样品处理中饱和硼砂液、亚铁氰化钾溶液、乙酸锌溶液为蛋白质沉淀剂。

2）镉柱每次使用完毕后，应先用25mL 0.1mol/L 的盐酸液洗涤，再用重蒸水洗涤2次，每次25mL，最后要用水覆盖镉柱。为了保证硝酸盐的测定结果准确，应当经常检查镉柱的还原效能。

3）氨缓冲液除控制溶液的pH值外，又可缓解镉对亚硝酸根的还原，还可作为配位剂，以防止反应生成的Cd^{2+}与OH^-形成沉淀。

第六节　罐头食品中金属元素的测定

罐头是食品保藏方法之一。罐头可使杀菌后的食品不受外界微生物污染，从而达到较长时间保存食品的目的。但是，由于包装和机械加工等污染，罐头生产大多采用锡焊工艺，而锡钎焊中的重金属极易渗透到罐头食品中，造成罐头食品中铅、锡、砷、汞等重金属元素含量增高。重金属在体内蓄积，不能全部排泄，从而引起慢性中毒。因此，我国对各类罐头食品中重金属元素限量做了严格规定。

依据《果、蔬罐头卫生标准》（GB 11671—2003）、《肉类罐头卫生标准》（GB 13100—2005）及《鱼类罐头卫生标准》（GB 14939—2005），重金属含量指标见表2-7-1。

表 2-7-1　罐头食品重金属含量指标　（单位：mg/kg）

名　称	铅	总汞（以Hg计）	总砷、无机砷（以As计）	镉	锡
果、蔬罐头	≤1.0	—	≤0.5	—	≤250
肉类罐头	≤0.5	≤0.5	≤0.05	≤0.1	≤250
鱼类罐头	≤1.0	—	≤0.1	≤0.1	≤250

注：果、蔬罐头中的砷以总砷计，肉类及鱼类罐头中的砷以无机砷计。

锡的测定

依据《食品中锡的测定》（GB/T 5009.16—2003），锡的测定方法为氢化物原子荧光光谱法（第一法）和苯芴酮比色法（第二法）。

1. 氢化物原子荧光光谱法

（1）方法原理　试样经酸加热消化，锡被氧化成四价锡，在硼氢化钠作用下生成锡的氢化物，并由载气带入原子化器中进行原子化。在特制锡空心阴极灯的照射下，基态锡原子被激发至高能态，在去活化回到基态时，发射出特征波长的荧光，其荧光强度与锡含量成正比，与标准系列溶液比较定量。

（2）分析步骤

1）试样的处理

① 湿法消化：取一定量的罐头样品置于洁净的食品搅拌机中匀浆，然后称取混合均匀的试样 1.0～5.0g 置于锥形瓶内，加 1mL 硫酸（优级纯）、10.00mL（4+1）硝酸-高氯酸混合酸和 3 粒玻璃珠，放置过夜，次日将其置电热板上加热消化，至冒白烟，待液体体积接近 1mL 时将其取下冷却，冷却后用水将消化试样转入 50mL 容量瓶中，加水定容至刻度，摇匀备用。同时做空白试验。

② 微波消解：取一定量的罐头样品置于洁净的食品搅拌机中匀浆，称取混合均匀的试样 0.5000g 置于消解罐内，加硝酸 6mL 浸泡 15min，然后加过氧化氢 1mL，塞好内塞，旋紧外盖，将消解罐均匀放入转盘内，按设定程序升温进行消解。消解完成后，将消解罐转入专用电加热板内，160℃赶酸至消解液为黄豆粒大小，冷却后用 10mL 纯水少量多次洗涤消解罐，将洗液合并于 25mL 比色管中，加入 100μL 百里溴酚蓝指示剂，用氢氧化钠溶液（0.5mol/L）调节消解液由黄色变成蓝色后，定容至刻度，混匀备用。同时做空白试验。

2）显色：分别取定容后的试样 10mL 置于 15mL 比色管中，加入 2mL 硫脲（150g/L）与抗坏血酸（150g/L）的混合溶液，摇匀。

3）标准系列溶液的配制：分别吸取锡标准溶液（1μg/L）0.0mL、0.1mL、0.5mL、1.0mL、1.5mL、2.0mL，置于 15mL 比色管中，分别加入（1+9）硫酸溶液 2.0mL、1.9mL、1.5mL、1.0mL、0.5mL、0.0mL，用水定容至 10mL，再加入 2mL 硫脲（150g/L）与抗坏血酸（150g/L）的混合溶液，摇匀。

4）测定

① 仪器参考条件：负高压为380V；灯电流为70mA；原子化温度为850℃；炉高为10mm；屏蔽气流量为1200mL/min；载气流量为500mL/min；测量方式为标准曲线法；读数方式为峰面积；延迟时间为1s；读数时间为15s；加液时间为8s；进样体积为2mL。

② 测定方法：根据试验情况任选以下一种方法。

a. 仪器自动计算结果方式测量：设定好仪器的最佳条件，在试样参数界面输入试样质量（g或mL）和稀释体积（mL），并选择结果的浓度单位，然后逐步将炉温升至所需温度，稳定后测量。连续用标准系列零管进样，等读数稳定后，转入标准系列溶液的测量，绘制标准曲线。在转入试样测定之前，再进入空白值测量状态，用试样空白消化液进样，让仪器取其均值作为扣除的空白值，随后即可依次测定试样。测定完毕，选择“打印报告”，即可将测定结果自动打印出来。

b. 浓度测定方式测量：设定好仪器的最佳条件，逐步将炉温升至所需温度，稳定10~20min后测量。连续用标准系列零管进样，等读数稳定后，转入标准系列溶液的测量，绘制标准曲线。转入试样测定，分别测定试样空白和试样消化液，在每次测不同的试样前都应清洗进样器。

（3）分析结果表述　试样中锡的含量按式（2-7-11）计算。

$$X = \frac{(c_1 - c_0) \times V \times 1000}{m \times 1000 \times 1000} \tag{2-7-11}$$

式中　X——试样中锡的含量（mg/kg或mg/L）；

c_1——试样消化液测定的质量浓度（ng/mL）；

c_0——试样空白消化液测定的质量浓度（ng/mL）；

V——试样消化液的总体积（mL）；

m——试样的质量或体积（g或mL）。

计算结果保留两位有效数字。

2. 苯芴酮比色法

（1）方法原理　样品经消化后，在弱酸性介质中，Sn^{4+}与苯芴酮生成微溶性的橙红色配位化合物，在保护性动物胶的存在下，此红色配位化合物不聚集，可用于比色测定。

（2）分析步骤

1）样品的处理：同第一法。

2）标准曲线的绘制：吸取0mL、0.20mL、0.40mL、0.6mL、0.80mL、1.00mL锡标准工作液（相当于0μg、2μg、4μg、6μg、8μg、10μg锡），分别置于25mL比色管中，各加入0.5mL酒石酸溶液（100g/L）及1滴酚酞指示剂（10g/L），混匀，用（1+1）氨水中和至淡红色，再分别加入3mL（1+9）硫酸溶液、1mL质量浓度为5g/L的动物胶及2.5mL质量浓度为10g/L的抗坏血酸，混匀后准确加入2mL质量浓度为0.1g/L的苯芴酮溶液，加水至25mL，混匀，1h后，用分光光度计于490nm波长下，用2cm比色皿测定吸光度，以试剂空白调零，绘制标准曲线。

3）样品的测定：准确吸取试样消化液1.00~5.00mL（视含锡量而定）置于25mL

比色管中，按标准曲线的绘制同样操作，测定样品的吸光度。根据标准曲线或计算直线回归方程，试样吸光度值与曲线比较或代入方程求出含量。

（3）分析结果表述　试样中锡含量按式（2-7-12）计算。

$$X = \frac{(m_1 - m_2) \times 1000}{m_3 \times \frac{V_2}{V_1} \times 1000} \tag{2-7-12}$$

式中　X——试样中锡的含量（mg/kg 或 mg/L）；

m_1——测定用试样消化液中锡的质量（μg）；

m_2——试剂空白液中锡的质量（μg）；

V_1——试样消化液总体积（mL）；

V_2——测定用试样消化液体积（mL）；

m_3——试样质量或体积（g 或 mL）。

计算结果保留三位有效数字。

（4）说明

1）用苯芴酮（苯芴酮，即苯基荧光酮，为橙红色粉末）比色法测锡干扰较少，但有些试剂稳定性较差，需在临用前配制。

2）加入酒石酸可以掩蔽某些元素（如 F、Al 等）的干扰；抗坏血酸能掩蔽铁离子的干扰；动物胶（明胶）在本试验中作为保护性胶体，可使反应中产生的微溶性橙红色配位化合物呈均匀性胶体溶液，以防止生成沉淀。

3）Sn^{4+} 与苯芴酮生成橙红色配位化合物的反应在室温低时进行得缓慢，为了加快反应，在标准系列溶液和样品溶液中加入显色剂后，可在 37℃恒温水浴中（或恒温箱内）保温 30min，然后再比色。

二　镉的测定

依据《食品中镉的测定》（GB/T 5009. 15—2003），在此介绍用石墨炉原子吸收光谱法测定镉的含量。

1. 方法原理

样品经灰化或酸消解后，注入原子吸收分光光度计的石墨炉中，电热原子化后吸收 228. 8nm 共振线，在一定浓度范围，其吸光度与镉含量成正比，与标准系列溶液比较定量。

2. 分析步骤

（1）试样的预处理　取适量样品，用食品加工机或匀浆机制成匀浆保存备用。

（2）样品的消解　根据试验条件可选以下任一方法。

1）干灰化法：称取 1. 00 ~ 5. 00g（根据镉含量而定）样品置于瓷坩埚中，先用小火在可调式电炉中炭化至无烟，然后移入马弗炉中以 500℃ ± 25℃灰化 6 ~ 8h，冷却。若个别样品灰化不彻底，则加 1mL（4 + 1）硝酸-高氯酸混合酸在小火上加热，反复多次直到消化完全，放冷。用 0. 5mol/L 的硝酸将灰分溶解，然后将试样消化液洗入或过滤入 10 ~ 25mL 容量瓶中，用水少量多次洗涤瓷坩埚，将洗液合并于容量瓶并定容至刻度，摇匀备用。同时做试剂空白实验。

2）压力消解罐消解法：称取 1.00～2.00g 样品置于聚四氟乙烯罐内，加硝酸 2～4mL 浸泡过夜，然后加质量分数为 30% 的过氧化氢 2～3mL（总量不能超过内罐容积的 1/3），盖好内盖，旋紧外盖，放入恒温干燥箱内，于 120℃保温 3～4h，在箱内自然冷却至室温。将消化液定量转移至 10mL（或 25mL）容量瓶中，用少量水多次洗涤内罐，将洗液合并于容量瓶中并定容至刻度，混匀。同时做试剂空白试验。

3）湿法消解：称取样品 1.00～5.00g 置于锥形瓶中，放数粒玻璃珠，加 10mL（4+1）硝酸-高氯酸混合酸，加盖过夜，然后加一支小漏斗在电炉上消解，若变棕黑色，则再加（4+1）硝酸-高氯酸混合酸，直至冒白烟，消化液无色、透明，放冷移入 10～25mL 容量瓶，用水定容至刻度，摇匀。同时做试剂空白试验。

4）过硫酸铵灰化法：称取 1.00～5.00g 试样置于瓷坩埚中，加 2～4mL 硝酸浸泡 1h 以上，先用小火炭化，冷却后加 2.00～3.00g 过硫酸铵盖在上面，继续炭化至不冒烟，转入马弗炉，于 500℃恒温 2h，再升至 800℃，保持 20min，冷却，加 2～3mL 浓度为 1.0mol/L 的硝酸。将消化液定量转移至 10mL（或 25mL）容量瓶中，用少量水多次洗涤瓷坩埚，将洗液合并于容量瓶中并定容至刻度，混匀。同时做试剂空白试验。

（3）测定

1）仪器参考条件：波长为 228.8nm；狭缝宽度为 0.5～1.0nm；灯电流为 8～10mA；干燥温度为 85℃，时间为 5s（或干燥温度为 120℃，时间为 30s）；灰化温度为 350℃，时间为 15～20s；原子化温度为 1700～2100℃，时间为 4～5s；背景校正为氘灯或塞曼效应。

2）标准曲线的绘制：按仪器参考条件将仪器调至最佳状态，待稳定后分别吸取上面配制的镉标准使用液 0.0mL、1.0mL、2.0mL、3.0mL、5.0mL、7.0mL、10.0mL 置于 100mL 容量瓶中并稀释至刻度（质量浓度分别为 0.0ng/mL、1.0ng/mL、2.0ng/mL、3.0ng/mL、5.0ng/mL、7.0ng/mL、10.0ng/mL），从中各吸取 10μL 注入石墨炉，同时吸取 20g/L 的磷酸铵溶液 5.0μL，注入石墨炉，测得其吸光值，并求得吸光值与质量浓度关系的一元线性回归方程，或由仪器自动计算出测定结果。

3）样品测定：分别吸取试剂空白液和样液 10μL，注入石墨炉，同时吸取 20g/L 的磷酸溶液 5.0μL，注入石墨炉，在调整好的仪器条件下测定。测得其吸光值，代入标准系列的一元线性回归方程中求得样液中镉的含量，或由仪器自动计算出测定结果。

3. 分析结果表述

试样中镉的含量按式（2-7-13）计算。

$$X = \frac{(A_1 - A_2) \times V \times 1000}{m \times 1000} \tag{2-7-13}$$

式中　X——试样中镉的含量（μg/kg 或 μg/L）；

A_1——试样消化液中镉的含量（ng/mL）；

A_2——空白液中镉的含量（ng/mL）；

m——试样质量或体积（g 或 mL）；

V——试样消化液的总体积（mL）。

注意：石墨炉原子吸收测定结果以质量浓度单位（ng/mL）表示。样品的浓度与进样量无关。

结果保留两位有效数字。在重复性条件下获得两次独立结果的绝对差值不得超过算术平均值的20%。

三 铅的测定

依据《食品安全国家标准　食品中铅的测定》（GB 5009.12—2010），铅的测定方法为石墨炉原子吸收光谱法（第一法，本篇第二章第八节已介绍）、氢化物原子荧光光谱法、火焰原子吸收光谱法、二硫腙比色法。其中，第二法～第四法在本篇第四章第十三节已介绍。

四 总砷及无机砷的测定

测定依据：《食品安全国家标准　食品中总砷及无机砷的测定》（GB/T 5009.11—2003）。

1. 总砷的测定

（1）氢化物原子荧光光度法　参见本篇第二章第八节。

（2）银盐法

1）方法原理：样品经消化后，以碘化钾、氯化亚锡将高价砷还原为三价砷，然后与锌粒和酸产生的新生态氢生成砷化氢，被银盐溶液吸收后，形成红色胶态物，与标准系列溶液比较定量。

2）分析步骤

① 样品的预处理

a. 硝酸-高氯酸-硫酸法：称取5.00g或10.00g样品，置于250L～500mL定氮瓶中，先加少许水使其湿润，再加数粒玻璃珠、10～15mL（4+1）硝酸-高氯酸混合液，放置片刻，用小火缓缓加热，待作用缓和，放冷，沿瓶壁加入5mL或10mL硫酸，再加热，至瓶中液体开始变成棕色时，不断沿瓶壁滴加（4+1）硝酸-高氯酸混合液至有机质分解完全。加大火力，至产生白烟，待瓶口白烟冒净后，瓶内液体再产生白烟时表示消化完全，该溶液应澄明无色或微带黄色，放冷，加20mL水煮沸，除去残余的硝酸至产生白烟为止。如此处理两次，放冷，然后将溶液移入50mL或100mL容量瓶中，用水洗涤定氮瓶，将洗液并入容量瓶中，放冷，加水至刻度，混匀。定容后的溶液每10mL相当于1g试样，相当于加入硫酸的量为1mL。取与消化样品相同量的（4+1）硝酸-高氯酸混合液和硫酸，按同一方法做试剂空白试验。

b. 灰化法：称取5.00g磨碎的样品，置于坩埚中，加1g氧化镁及10mL硝酸镁溶液（150g/L），混匀，浸泡4h，然后在低温或置水浴锅上蒸干，用小火炭化至无烟后移入马弗炉中加热至550℃，灼烧3～4h，冷却后取出，加5mL水湿润后，用细玻璃棒搅拌，再用少量水洗下玻璃棒上附着的灰分至坩埚内。将其放水浴上蒸干后移入马弗炉内，于550℃灰化2h，冷却后取出，加5mL水湿润灰分，再慢慢加入10mL（1+1）盐酸溶液，然后将溶液移入50mL容量瓶中。坩埚用（1+1）盐酸溶液洗涤3次，每次5mL，再用水洗涤3次，每次5mL，均将洗液并入容量瓶中，再加水至刻度，混匀。定容后的溶液每10mL相当于1g样品，其加入盐酸量不少于（中和需要量除外）1.5mL。全量供银盐法测定时，不必再加盐酸。按同一操作方法做试剂空白试验。

② 测定：吸取一定量的消化后的定容溶液（相当于5g样品）及同量的试剂空白液，分别置于150mL锥形瓶中，补加硫酸溶液至总量为5mL，加水至50~55mL。

a. 标准曲线的绘制：吸取0mL、2.0mL、4.0mL、6.0mL、8.0mL、10.0mL砷标准使用液（相当于0μg、2.0μg、4.0μg、6.0μg、8.0μg、10.0μg砷），分别置于150mL锥形瓶中，加水至40mL，再加10mL（1+1）硫酸溶液。

b. 用湿法消化液：向样品消化液、试剂空白液及砷标准溶液中各加3mL质量浓度为150g/L的碘化钾溶液和0.5mL酸性氯化亚锡溶液，混匀，静置15min，然后各加入3g锌粒，立即分别塞上装有乙酸铅棉花的导气管，并使管尖端插入盛有4mL银盐溶液的离心管中的液面下，在常温下反应45min后，取下离心管，加三氯甲烷补足4mL。用1cm比色杯，以零管调节零点，于波长520nm处测吸光度，绘制标准曲线。

注意：将乙酸铅棉花塞入导气管，是为了吸收可能产生的硫化氢，使其滞留在棉花上，以免对吸收液产生干扰（硫化物与银离子生成灰黑色的硫化银）。乙酸铅棉花要塞得不松不紧。

c. 用灰化法消化液：取灰化法消化液及试剂空白液分别置于150mL锥形瓶中，然后分别吸取0mL、2.0mL、4.0mL、6.0mL、8.0mL、10.0mL砷标准使用液（相当于0μg、2.0μg、4.0μg、6.0μg、8.0μg、10.0μg），分别置于150mL锥形瓶中，加水至43.5mL，再加6.5mL盐酸，以下按"用湿法消化液"中自"向样品消化液"起进行操作。

3）分析结果表述：试样中砷的含量按式（2-7-14）计算。

$$X = \frac{(A_1 - A_2) \times 1000}{m \times \frac{V_2}{V_1} \times 1000} \tag{2-7-14}$$

式中 X——试样中砷的含量（mg/kg或mg/L）；

A_1——测定用试样消化液中砷的质量（μg）；

A_2——试剂空白液中砷的质量（μg）；

m——样品质量或体积（g或mL）；

V_1——样品消化液的总体积（mL）；

V_2——测定用样品消化液的体积（mL）。

计算结果保留两位有效数字。在重复性条件下获得的两次独立测定结果的绝对差值不得超过算术平均值的10%。

（3）砷斑法

1）方法原理：样品经消化后，样品消化液中的五价砷在酸性条件下被碘化钾、氯化亚锡还原为三价砷，然后与锌粒和酸产生的新生态氢生成砷化氢，砷化氢与溴化汞试纸反应生成黄色或黄褐色的色斑，根据呈色深浅比较定量。

2）仪器：测砷装置如图2-7-1所示。

玻璃测砷管：全长18cm，上粗下细，自管口向下至14cm一段的内径为6.5mm，自此以下逐渐狭细，末端内径为1～3mm；近末端1cm处有一孔，直径为2mm；狭细部分紧密插入橡胶塞中，使下部伸出至小孔恰在橡胶塞下面；上部较粗部分装放乙酸铅棉花，长度为5～6cm，上端至管口处至少3cm；顶端为圆形扁平的管口，上面磨平，下面两侧各有一钩，用于固定玻璃帽。

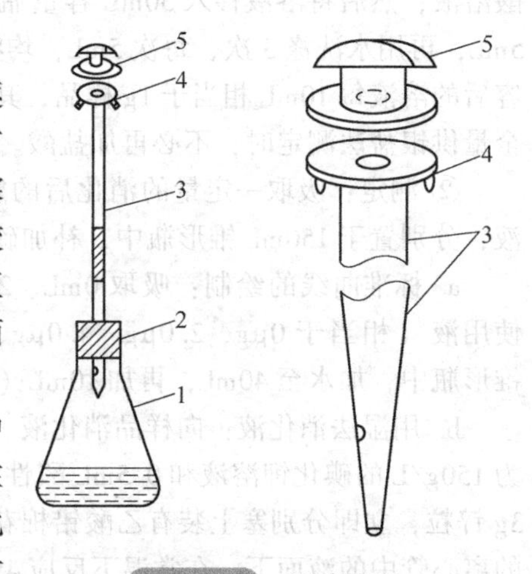

图2-7-1　测砷装置

1—锥形瓶　2—橡胶塞　3—测砷管　4—管口　5—玻璃帽

玻璃帽：下面磨平，上面有弯月形凹槽，中央有圆孔，直径为6.5mm。使用时将玻璃帽盖在测砷管的管口，使圆孔互相吻合，中间夹一溴化汞试纸（光面向下），用橡胶圈或其他适宜的方法将玻璃帽与测砷管固定。

3）分析步骤

① 样品的消化：同银盐法。

② 测定：吸取一定量样品消化后定容的溶液（相当于2g粮食，4g蔬菜、水果，4mL冷饮，5g植物油，其他样品参照此量）及同量的试剂空白液，分别置于测砷瓶中，加5mL碘化钾溶液（150g/L）、5滴酸性氯化亚锡溶液及5mL盐酸（样品若用硝酸-高氯酸-硫酸或硝酸-硫酸消化液，则要减去样品中硫酸毫升数；若用灰化法消化液，则要减去样品中盐酸毫升数），再加适量水至35mL。

吸取0mL、0.5mL、1.0mL、2.0mL砷标准使用液（相当于0μg、0.5μg、1.0μg、2.0μg砷），分别置于测砷瓶中，各加5mL碘化钾溶液（150g/L）、5滴酸性氯化亚锡溶液及5mL盐酸，各加水至35mL。向盛样品消化液、试剂空白液及砷标准溶液的测砷瓶中各加3g锌粒，立即塞上预先装有乙酸铅棉花及溴化汞试纸的测砷管，于25℃放置1h，取出样品及试剂空白的溴化汞试剂纸与标准砷斑比较。

4）分析结果表述：同银盐法。

2. 无机砷的测定

（1）氢化物原子荧光光度法

1）方法原理：食品中的砷可能以不同的化学形式存在，包括无机砷和有机砷。在6mol/L盐酸水浴条件下，无机砷以氯化物形式被提取，实现无机砷和有机砷的分离。在2mol/L盐酸条件下测定总无机砷。

2）分析步骤

① 试样的处理：称取经粉碎过80目（相当于直径为0.18mm的筛孔）筛的干样2.50g（称样量依据试样含量酌情增减）置于25mL具塞刻度试管中，加（1+1）盐酸溶液20mL，混匀，或称取鲜样5.00g（试样应先打成匀浆）置于25mL具塞刻度试管中，加5mL盐酸，并用（1+1）盐酸溶液稀释至刻度，混匀，置于60℃水浴锅保温

18h，其间多次振摇，使试样充分浸提。取出冷却，用脱脂棉过滤，取4mL滤液置于10mL容量瓶中，加碘化钾-硫脲混合溶液1mL、正辛醇（消泡剂）8滴，加水定容，放置10min后测试样中的无机砷。若浑浊，则再次过滤后测定。同时做试剂空白试验。

注意：试样浸提冷却后，在过滤前用（1+1）盐酸溶液定容至25mL。

② 仪器参考操作条件：光电倍增管（PMT）负高压为340V；砷空心阴极灯电流为40mA；原子化器高度为9mm；载气流速为600mL/min；读数延迟时间为2s；读数时间为12s；读数方式为峰面积；标液或试样加入体积为0.5mL。

③ 标准系列溶液：无机砷测定标准系列溶液：分别准确吸取1μg/mL的三价砷（As^{3+}）标准使用液0mL、0.05mL、0.1mL、0.25mL、0.5mL、1.0mL置于10mL容量瓶中，分别加（1+1）盐酸溶液4mL、碘化钾-硫脲混合溶液1mL、正辛醇8滴，定容［分别相当于三价砷（As^{3+}）的质量浓度为0μg/mL、5.0μg/mL、10.0μg/mL、25.0μg/mL、50.0μg/mL、100.0μg/mL］。

3）分析结果表述：试样中无机砷的含量按式（2-7-15）计算。

$$X=\frac{(c_1-c_2)F}{m}\times\frac{1000}{1000\times1000} \tag{2-7-15}$$

式中　X——试样中无机砷的含量（mg/kg或mg/L）；

c_1——试样测定液中无机砷的质量浓度（ng/mL）；

c_2——试剂空白中无机砷的质量浓度（ng/mL）；

m——试样的质量或体积（g或mL）；

F——固体试样：F =10mL×25mL/4mL；液体试样：F =10mL。

（2）银盐法

1）方法原理：试样在6mol/L盐酸溶液中经70℃水浴加热后，无机砷以氯化物的形式被提取，被碘化钾、氯化亚锡还原为三价砷，然后与锌粒和酸产生的新生态氢生成砷化氢，经银盐溶液吸收后，形成红色胶态物，与标准系列溶液比较定量。

2）分析步骤

① 试样的处理

a. 固体干试样：称取1.00～10.00g经研磨或粉碎的试样，置于100mL具塞锥形瓶中，加入20～40mL（1+1）盐酸溶液，以浸没试样为宜，置于70℃水浴中保温1h，取出冷却后，用脱脂棉或单层纱布过滤，用20～30mL水洗涤锥形瓶及滤渣，合并滤液于测砷锥形瓶中，使总体积约为50mL。

b. 蔬菜、水果：称取1.00～10.00g打成匀浆或剁成碎末的试样，置于100mL具塞锥形瓶中加入等量的浓盐酸，再加入10～20mL盐酸溶液，以下按“固体干试样”中自“置于70℃水浴中保温1h”起进行操作。

c. 肉类及水产品：称取1.00～10.00g试样，加入少量（1+1）盐酸溶液，在研钵中研磨成糊状，用30mL（1+1）盐酸溶液分数次转入100mL具塞锥形瓶中，以下按“固体干试样”中自“置于70℃水浴中保温1h”起进行操作。

d. 液体食品：吸取10.00mL试样置于测砷瓶中，加入30mL水和20mL（1+1）盐酸溶液。

② 标准系列溶液的制备：吸取0mL、1.0mL、3.0mL、5.0mL、7.0mL、9.0mL砷标准使用液（相当于0g、1.0g、3.0g、5.0g、7.0g、9.0g砷），分别置于测砷瓶中，加水至40mL，加入8mL（1+1）盐酸溶液。

③ 测定：向试样液及砷标准溶液中各加3mL碘化钾溶液（150g/L）和0.5mL酸性氯化亚锡溶液，混匀，静置15min，然后向试样溶液中加入5~10滴辛醇，再向试样液及砷标准溶液中各加入3g锌粒，立即分别塞上装有乙酸铅棉花的导气管，并将管尖端插入盛有5mL银盐溶液的刻度试管中的液面下，在常温下反应45min后，取下试管，加三氯甲烷补足至5mL。用1cm比色杯，以零管调节零点，于波长520nm处测吸收光度，绘制标准曲线。

3）分析结果表述：试样中无机砷的含量按式（2-7-16）计算。

$$X = \frac{(m_1 - m_2)}{m_3 \times 1000} \times 1000 \qquad (2\text{-}7\text{-}16)$$

式中 X——试样中无机砷的含量（mg/kg或mg/L）；

m_1——测定用试样溶液中砷的质量（μg）；

m_2——试剂空白中砷的质量（μg）；

m_3——试样质量或体积（g或mL）。

计算结果保留两位有效数字。在重复性条件下获得的两次独立测定结果的绝对差值不得超过算术平均值的10%。

第七节 罐头食品的商业无菌检验

罐头食品经过适度的热杀菌以后，不含有致病的微生物，也不含有在通常温度下能在其中繁殖的非致病性微生物。这种状态称为商业无菌。商业无菌并非完全灭菌，其中可能存在耐高温、无毒的嗜热芽孢杆菌，在适当的加工和储藏条件下处于休眠状态，不会出现食品安全问题。绝对灭菌指完全不存在活菌，而要完全灭菌，在加热过程中，温度需达到121℃以上，但这样会使罐头食品的香味加速消散、色泽和坚实度改变以及营养成分损失，因此应采用商业无菌的方法。

1. 设备和仪器

超净工作台、冰箱（4℃）、恒温箱（30℃±1℃、36℃±1℃、55℃±1℃）、显微镜（带镜头）、电子秤或天平、接种环、卫生开罐刀和罐头打孔器、白色搪瓷盘、酸度计、灭菌试管、吸管、酒精灯、灭菌镊子。

2. 培养基和试剂

革兰氏染色液、疱肉培养基、溴甲酚紫葡萄糖肉汤、酸性肉汤、麦芽浸膏汤、锰盐营养琼脂、血琼脂、卵黄琼脂、体积分数为75%的酒精溶液。

3. 检验方法

（1）审查生产操作记录

工厂检验部门对送检产品的下述操作记录应认真进行审阅，妥善保存至少三年以备查阅。

1）杀菌记录：杀菌记录包括自动记录仪的记录纸和相应的手记记录。记录纸上要标明产品品名、规格、生产日期和杀菌锅号。每一项图表记录都必须由杀菌锅操作者亲自记录和签字，由车间专人审核签字，最后由工厂检验部门审定后签字。

2）杀菌后的冷却水有效氯含量测定的记录。

3）罐头密封性检验记录：罐头密封性检验的全部记录应包括空罐和实罐卷边封口质量和焊缝质量的常规检查记录，记录上应明确标记批号和罐数等，并由检验人员和主管人员签字。

（2）抽样方法　可采用下面的方法之一进行抽样：

1）按杀菌锅抽样：低酸性食品罐头在杀菌冷却完毕后，每个杀菌锅抽样两罐，3kg以上的大罐每锅抽1罐，酸性食品罐头每锅抽1罐。一般一个班的产品组成一个检验批，将各锅的样罐组成一个样批送检。每批每个品种取样基数不得少于3罐。产品若按锅划分堆放，则在遇到由于杀菌操作不当而引起问题时，也可以按锅处理。

2）按生产班（批）次抽样

① 取样数为1/6000，尾数超过2000者增取1罐，每班（批）每个品种不得少于3罐。

② 某些产品班产量较大，则以30000罐为基数，其取样数按1/6000，超过30000罐以上的按1/20000计，尾数超过4000罐者增取1罐。

③ 个别产品产量过小，同品种同规格可合并班次为一批次取样，但并班总数不应超过5000罐，每个批次取样数不得少于3罐。

（3）称量　用电子秤或台天平称量，1kg及以下的罐头精确到1g，1kg以上的罐头精确到2g。各罐头的重量减去空罐的平均重量即为该罐头的净重。称重前对样品进行记录编号。

（4）保温　将全部样罐按表2-7-2的分类，在规定温度下，按规定时间进行保温。在保温过程中应每天检查，若有胖听或泄漏等现象，则立即将其剔出，开罐检查。

表2-7-2　各类罐头食品的保温条件

罐头种类	温度/℃	时间/天
低酸性罐头食品	36±1	10
酸性罐头食品	30±1	10
预定要送往热带地区（40℃以上）的低酸性罐头食品	55±1	5~7

（5）开罐　取保温过的全部罐头，冷却到常温后，按无菌操作开罐检验。

将样罐用温水和洗涤剂洗刷干净，用自来水冲洗后擦干，放入无菌室，以紫外光杀菌灯照射30min。

将样罐移置于超净工作台上，用体积分数为75%的酒精棉球擦拭无代号端，并点燃进行灭菌（胖听罐不能烧）。用灭菌的卫生开罐刀或罐头打孔器开启（带汤汁的罐头开罐前适当振摇），开罐时不能伤及卷边结构。

(6) 留样　开罐后，用灭菌吸管或其他适当工具以无菌操作取出10～20mL（g）内容物，移入灭菌容器内，保存于冰箱中，待该批罐头检验得出结论后可将其弃去。

(7) pH值的测定　取样测pH值，与同批中正常罐相比，看是否有显著的差异。

(8) 感官检查　在光线充足、空气清洁、无异味的检验室中，将罐头内容物倾入白色搪瓷盘内，由有经验的检验人员对其外观、色泽、状态和气味等进行观察和嗅闻，用餐具按压或戴上薄指套用手指进行触感，鉴别食品有无腐败变质的迹象。

(9) 涂片、染色镜检

1）涂片：对感官或pH值检查结果认为可疑以及腐败时pH值反应不灵敏的罐头样品（如肉、禽、鱼类等），均应进行涂片染色镜检。对于带汤汁的罐头样品，可用接种环挑取汤汁涂于载玻片上；对于固态食品，可以将其直接涂片或用少量灭菌生理盐水稀释后涂片，待干后用火焰固定。油脂食品涂片自然干燥并用火焰固定后，用二甲苯冲洗，进行自然干燥。

2）染色镜检：用革兰氏染色法染色，镜检，至少观察5个视野，记录细菌的染色反应、形态特征以及每个视野的菌数，然后与同批的正常样品进行对比，判断是否有明显的微生物增殖现象。

(10) 接种培养　保温期间出现的胖听、泄漏，或开罐检查时发现pH值不符合要求、感官质量异常、腐败变质，进一步镜检发现有异常数量细菌的样罐，均应及时进行微生物接种培养。

对需要接种培养的样罐（或留样），用灭菌的适当工具移出约1mL（g）内容物，分别进行接种培养。接种量约为培养基的1/10。要求在55℃培养的培养基管，在接种前应在55℃水浴中预热至该温度，接种后立即放入55℃恒温箱培养。

1）低酸性罐头食品（每罐）接种培养条件见表2-7-3。

表2-7-3　低酸性罐头食品（每罐）接种培养条件

培养基	管数	培养条件	时间/h
疱肉培养基	2	36℃±1℃（厌氧）	96～120
疱肉培养基	2	55℃±1℃（厌氧）	24～72
溴甲酚紫葡萄糖肉汤（带倒管）	2	36℃±1℃（需氧）	96～120
溴甲酚紫葡萄糖肉汤（带倒管）	2	55℃±1℃（需氧）	24～72

2）酸性罐头食品（每罐）接种培养条件见表2-7-4。

表2-7-4　酸性罐头食品（每罐）接种培养条件

培养基	管数	培养条件	时间/h
酸性肉汤	2	55℃±1℃（需氧）	48
酸性肉汤	2	30℃±1℃（需氧）	96
麦芽浸膏汤	2	30℃±1℃（需氧）	96

(11) 微生物培养检验程序及判定　将按表 2-7-3 或表 2-7-4 接种的培养基管分别放入规定温度的恒温箱进行培养，每天观察培养生长情况（对照图 2-7-2）。

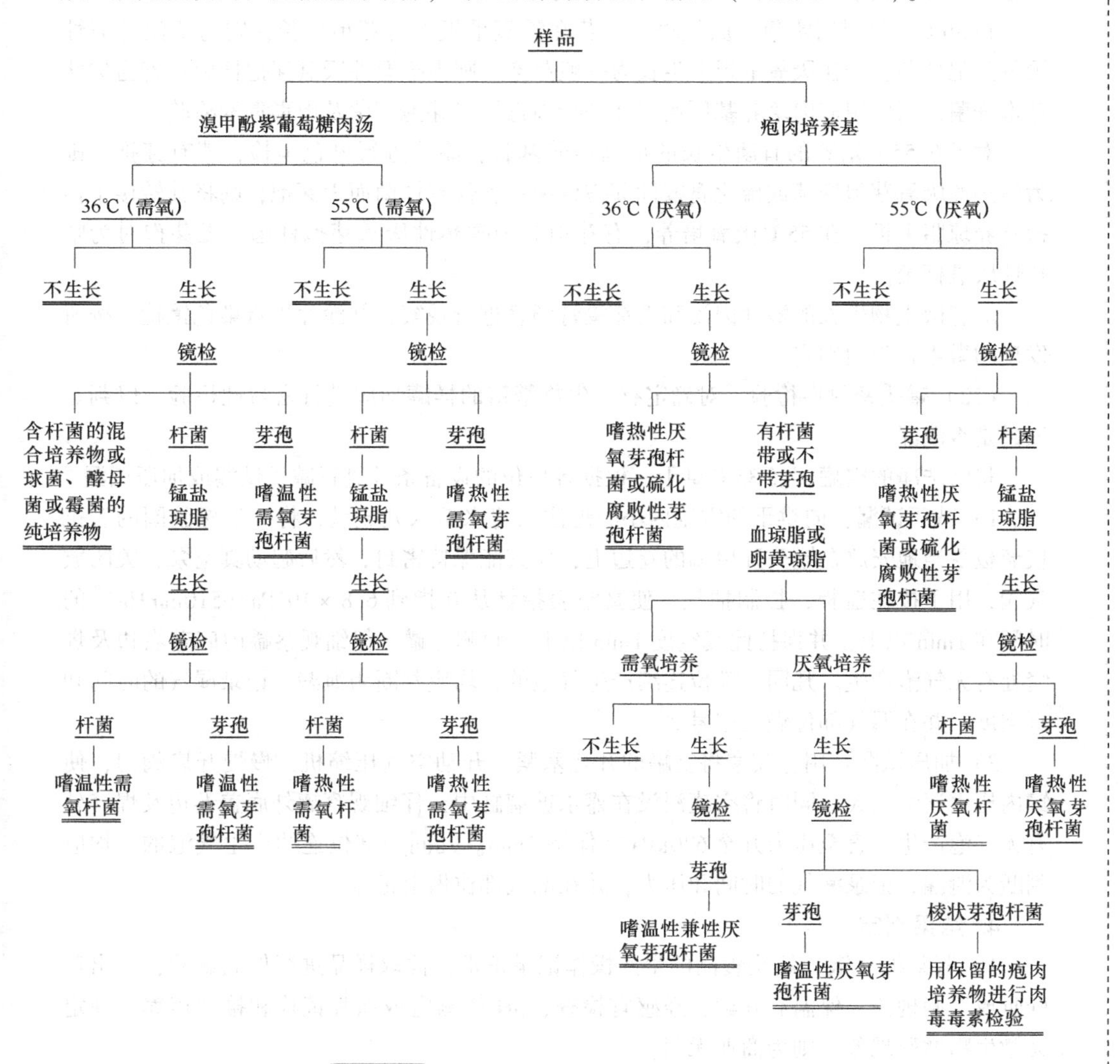

图 2-7-2　低酸性罐头食品培养检验及判定

注：双线表示有结论，单线表示需要继续进行验证试验。

对于在 36℃培养的有菌生长的溴甲酚紫葡萄糖肉汤管，观察其产酸产气情况，并进行涂片和染色镜检。如果是含杆菌的混合培养物或球菌、酵母菌或霉菌的纯培养物，则不再往下检验；如果仅有芽孢杆菌，则判定为嗜温性需氧芽孢杆菌；若仅有杆菌无芽孢，则为嗜温性需氧杆菌。如果需进一步证实是否是芽孢杆菌，则可将其转接于锰盐营养琼脂平板，在 36℃培养后再作判定。

对于在 55℃培养的有菌生长的溴甲酚紫葡萄糖肉汤管，观察其产酸产气情况，并进行涂片和染色镜检。如果有芽孢杆菌，则判为嗜热性需氧芽孢杆菌；如果仅有杆菌而无芽孢，则判定为嗜热性需氧杆菌。如需要进一步证实是否是芽孢杆菌，则可将其转接于锰盐营养琼脂平板，在55℃培养后再作判定。

在36℃分别进行需氧和厌氧培养，若在需氧平板上有芽孢生长，则为嗜温性兼性厌氧芽孢杆菌；若在厌氧平板上生长为一般芽孢，则为嗜温性厌氧芽孢杆菌；若为梭状芽孢杆菌，则应用疱肉培养基原培养液进行肉毒梭状芽孢杆菌及肉毒毒素检验。

对于在55℃培养的有菌生长的疱肉培养基管，涂片进行染色镜检，若有芽孢，则为嗜热性厌氧芽孢杆菌或硫化腐败性芽孢杆菌；若仅有杆菌而无芽孢，则将其转接于锰盐营养琼脂平板，在55℃厌氧培养，有芽孢时为嗜热性厌氧芽孢杆菌，无芽孢时为嗜热性厌氧杆菌。

对有微生物生长的酸性肉汤和麦芽浸膏汤管进行观察，并涂片进行染色镜检，按所发现的微生物类型判定。

（12）罐头密封性检验　对确定有微生物繁殖的样罐均应进行密封性检验，以判定该罐是否泄漏。

将已洗净的空罐，经35℃烘干，根据各单位的设备条件进行减压试漏或加压试漏。

1）减压试漏：向烘干的空罐内小心地注入清水至八九成满，将一带橡胶圈的有机玻璃板妥当地安放在罐头开启端的卷边上，使其能保持密封，然后起动真空泵，关闭放气阀，用手按住盖板，控制抽气，使真空表指针从0指到6.8×10^{4}Pa（510mmHg）的时间在1min以上，并保持此真空度1min以上。倾侧空罐，仔细观察罐内底盖卷边及焊缝处有无气泡产生。凡同一部位连续产生气泡的，均应判断为泄漏，记录漏气的时间和真空度，并在漏气部位做上记号。

2）加压试漏：用橡胶塞将空罐的开孔塞紧，开动空气压缩机，慢慢开启阀门，使罐内压力逐渐加大，同时将空罐浸没在盛水玻璃缸中，仔细观察罐外底盖卷边及焊缝处有无气泡产生，直至压力升至670kPa并保持2min。凡同一部位连续产生气泡的，均应判断为泄漏，记录漏气的时间和压力，并在漏气部位做上记号。

4. 结果判定

1）若某批（锅）罐头食品的生产操作记录正常，抽取样品进行保温试验，未出现胖听或泄漏现象，保温后开罐，经感官检查、pH值测定或涂片镜检和接种培养，确定无微生物增殖现象，则为商业无菌。

2）若某批（锅）罐头食品的生产操作记录正常，抽取样品进行保温试验，有一罐及一罐以上出现胖听或泄漏现象，或保温后开罐，经感官检查、pH值测定或涂片镜检和接种培养，确定有微生物增殖现象，则为非商业无菌。

5. 培养基的配制和常见术语

（1）溴甲酚紫葡萄糖肉汤

1）成分：蛋白胨10g，牛肉浸膏3g，葡萄糖10g，氯化钠5g，溴甲酚紫0.04g（或体积分数为1.6%的酒精溶液2mL），蒸馏水1000mL。

2）制法：将上述各成分（溴甲酚紫除外）加热搅拌溶解，调至pH = 7.0 ± 0.2，加入溴甲酚紫，分装于带有小倒置管的中号试管中，每管10mL，于121℃灭菌10min。

（2）酸性肉汤

1）成分：蛋白胨5g，酵母浸膏5g，葡萄糖5g，磷酸氢二钾4g，蒸馏水1000mL。

2）制法：将以上各成分加热搅拌溶解，调至pH＝5.0±0.2，于121℃灭菌15min，勿过分加热。

（3）麦芽浸膏汤

1）成分：麦芽浸膏15g，蒸馏水1000mL。

2）制法：将麦芽浸膏在蒸馏水中充分溶解，用滤纸过滤，调至pH＝4.7±0.2，分装，于121℃灭菌15min。

若无麦芽浸膏，则可按以下方法制备：将饱满健壮的大麦粒在温水中浸透，置温暖处发芽，当幼芽长达到2cm时，沥干余水，使其干透，磨细使其成为麦芽粉。制备培养基时，取麦芽粉30g，加水300mL，混匀，在60～70℃浸渍1h，吸出上层水，再同样加水浸渍一次，取上层水，合并两次上层水，并补加水至1000mL，用滤纸过滤，调至pH＝4.7±0.2，分装，于121℃灭菌15min。

（4）锰盐营养琼脂　按《食品卫生微生物学检验　染色法、培养基和试剂》（GB/T 4789.28—2003）配制营养琼脂，每1000mL加入硫酸锰水溶液1mL（100mL蒸馏水溶解3.08g硫酸锰），观察芽孢形成情况，最长应不超过10天。

（5）低酸性罐头食品　除酒精饮料以外，凡杀菌后平衡pH值大于4.6，水活性值大于0.85的罐头食品，原来是低酸性的水果、蔬菜或蔬菜制品，因加热杀菌的需要而加酸降低pH值的，均属于酸化的低酸性罐头食品。

（6）酸性罐头食品　指杀菌后平衡pH值小于或等于4.6的罐头食品。pH值小于4.7的番茄、梨和菠萝以及由其制成的汁，以及pH值小于4.9的无花果都算作酸性食品。

第八章　肉、蛋及其制品的检验

第一节　肉与肉制品 pH 值的测定

肉制品的质量很大程度上取决于原料肉的品质，而 pH 值起着决定性的作用。若肉的 pH 值低，则肉易发色，保存期长，风味好；若肉的 pH 值高，则肉的颜色和持水性好。正常肉的质量特性介于两者之间。在加工过程中，由于使用添加剂、微生物的活动（如发酵香肠的成熟过程）和加热，肉的 pH 值会发生变化，一般会升高。因此，肉成品的 pH 值范围与原料肉的不同。每类肉制品都有其特定的 pH 值范围，可用来作为判定和控制产品质量的尺度。

pH 值影响肉的质量，包括颜色、嫩度、风味、持水性和货架期。活体肌肉的 pH 值比中性稍高一些，为 7.2。屠宰后，肌肉内的能源糖原被各种酶分解成乳酸。由肌肉中乳酸的产生导致的宰后 pH 值下降的速度和程度，对肉的加工特性有着特殊影响。如果 pH 值下降得很快，则肉会变得多汁、苍白、风味和持水性差（PSE 肉）；如果 pH 值下降得很慢并且不完全，则肉会变得色深、硬且易腐败（DFD 肉）。正常的肉会经历逐渐和完全的 pH 值下降。通过对胴体 pH 值进行测定，可以区别正常肉、PSE 肉和 DFD 肉，从而决定肉是否适合制作高质量的产品；另外还可以判断肉及肉制品是否超过货架期，因为随着保存时间的延长，微生物在生长和繁殖过程中产生碱性物质（氨、胺），使肉腐败，导致 pH 值将明显上升，可达到 6.5 以上。

依据《肉与肉制品　pH 测定》（GB/T 9695.5—2008），肉与肉制品 pH 值的测定方法为 pH 计法。

1. 方法原理

测定浸没在肉和肉制品试样中的玻璃电极和参比电极之间的电位差。

2. 分析步骤

（1）取样　按《肉与肉制品 取样方法》（GB/T 9695.19—2008）取样。

1）鲜肉：从 3 ~ 5 片酮体或同规格的分割肉上取若干小块混为一份样品，每份样品的质量为 500 ~ 1500g。

2）冻肉

① 成堆产品：在堆放空间的四角和中间设采样点，每点从上、中、下取若干小块混为一份样品，每份样品的质量为 500 ~ 1500g。

② 包装冻肉：随即取 3 ~ 5 包混合，总量不少于 1000g。

3）肉制品：每件 500g 以上的产品，随即从 3 ~ 5 件上取若干小块混合，共 500 ~ 1500g；每件 500g 以下的产品，随即取 3 ~ 5 件混合，总量不少于 1000g。

4）小块碎肉：从堆放平面的四角和中间取样混合，共 500 ~ 1500g。

（2）试样的制备

1）非均质化试样：在试样中选取有代表性的 pH 值测试点，按下面（4）中的 1）继续操作。

2）均质化试样：试样需两次通过绞肉机，混匀以达到均质化。若为非常干燥的试样，则可以在实验室混合器内加等质量的水进行均质。均质后将试样装入密封的容器中，防止变质和成分变化，均质化后最迟不超过 24h 进行测定。

（3）pH 计的校正　用已知 pH 值的缓冲溶液（尽可能接近待测溶液的 pH 值），在测定温度下校正 pH 计。

（4）测定

1）非均质化试样：取足以供测定几个点的 pH 值的试样（用小刀或大头针在试样上打孔，以免复合电极破损），将 pH 计的温度补偿系统调至试样温度（若 pH 计不带温度补偿系统，则应保证待测试样的温度在 18～22℃范围内），然后将电极插入试样中，采用适合于所用 pH 计的步骤进行测定，读取 pH 值。在同一点上重复测定，必要时可在不同点上重复测定，测定点的数目取决于试样的性质和大小。

2）均质化试样：在均质化试样中加入 10 倍于待测试样质量的氯化钾溶液 [$c(KCl)=0.1mol/L$]，用均质器进行均质。取一定量能够浸没或埋置电极的试样，将电极插入试样中，将 pH 计的温度补偿系统调至试样温度，采用适合于所用 pH 计的步骤进行测定，读取 pH 值。

3. 分析结果表述

（1）非均质化试样　在同一试样上同一点的测定，取两次测定值的算数平均值作为结果，读数准确至 0.05；在同一试样上不同点的测定，描述所有测定点及各自的 pH 值。

（2）均质化试样　结果准确至 0.05。

第二节　肉与肉制品中水分的测定

肉与肉制品中水分的含量与微生物生长发育有关，是肉与肉制品存储性好坏的重要因素之一。国家标准中规定了畜禽肉及肉制品的水分限量指标：猪肉中水分的质量分数应小于或等于 76.5%，牛肉中水分的质量分数应小于或等于 76.5%，羊肉中水分的质量分数应小于或等于 77.5%，鸡肉中水分的质量分数应小于或等于 76.5%，鸭肉中水分的质量分数应小于或等于 80.0%，肉干、肉松、其他熟肉干制品中水分的质量分数应小于或等于 20.0%，肉脯、肉糜脯中水分的质量分数应小于或等于 16.0%，油酥肉松、肉松粉中水分的质量分数应小于或等于 4.0%。

依据《肉与肉制品　水分含量测定》（GB/T 9695.15—2008），肉与肉制品中水分含量的测定方法有蒸馏法（第一法）和直接干燥法（第二法）。第二法仅适用于含其他挥发性物质较少的肉制品中水分含量的测定，本篇第一章第二节已介绍。

1. 方法原理（蒸馏法）

样品中的水分与甲苯或二甲苯共同蒸出，收集馏出液于接收管中，根据馏出液的体积计算水分的含量。

2. 分析步骤

取样品不少于200g，用绞肉机绞两次并混匀。准确称取适量试样（精确至0.001g，应使最终蒸出的水为2~4mL，但最多取样量不得超过蒸馏瓶的2/3），放入250mL锥形瓶中，加入新蒸馏的甲苯（或二甲苯）75mL，连接冷凝管与水分接收管，从冷凝管顶端注入甲苯，装满水分接收管，然后加热慢慢蒸馏，使每秒钟的馏出液为两滴。待大部分水分蒸出后，加速蒸馏，约每秒钟4滴。当水分全部蒸出后接收管内的水分体积不再增加时，从冷凝管顶端加入甲苯冲洗。若冷凝管壁附有水滴，则可用附有小橡胶头的铜丝将其擦下，再蒸馏片刻，直至接收管上部及冷凝管壁无水滴附着，接收管水平面保持10min不变为蒸馏终点，读取接收管水层的容积。

3. 分析结果表述

试样中水分的含量按式（2-8-1）进行计算。

$$X = \frac{V}{m} \times 100 \tag{2-8-1}$$

式中 X——试样中水分的含量（或按水在20℃的密度0.998，20g/mL计算质量）（mL/100g）；

V——接收管内水的体积（mL）；

m——试样的质量（g）。

以重复性条件下获得的两次独立测定结果的算术平均值表示，精确到0.1%。在重复性条件下获得的两次独立测定结果的绝对差值不得超过算术平均值的1%。

4. 说明

1）有机溶剂一般用甲苯，其沸点为110.7℃。在此温度下有些样品可能会分解，此时可用苯代替。苯的沸点为80.2℃，但蒸馏时间需延长。

2）加热温度不宜太高，因为温度太高时冷凝管上端的水蒸气难以全部回收。蒸馏时间一般为2~3h，样品不同，蒸馏时间也不同。

3）为避免接收管和冷凝管壁附着水滴，必须将仪器洗涤干净。

第三节　肉与肉制品中挥发性盐基氮的测定

挥发性盐基氮，是指动物性食品由于酶和细菌的作用，在腐败过程中，使蛋白质分解而产生氨以及胺类等碱性含氮物质。挥发性盐基氮的含量是食品卫生检验标准的一项重要指标。根据挥发性盐基氮的含量能判断冻肉、鲜肉及肉制品的新鲜程度。

国家标准规定，鲜肉及肉制品挥发性盐基氮的限量为15mg/100g。

依据（GB/T 5009.44—2003），肉与肉制品中挥发性盐基氮的测定方法为半微量定氮法和微量扩散法，在此仅对半微量定氮法进行介绍。

1. 方法原理

肉类中的挥发性盐基氮遇到弱碱氧化镁后会以氨的形式被游离蒸馏出来，蒸馏出来的氨被硼酸吸收后生成硼酸铵，使吸收液由酸性变为碱性，混合指示剂由紫色变为绿

色，再用标准盐酸滴定至紫色，根据盐酸标准溶液消耗量按公式计算挥发性盐基氮的含量。

2. 分析步骤

（1）试样的处理　将试样除去脂肪、骨及腱后，绞碎搅匀，从中称取约10.0g置于锥形瓶中，加100mL水，不时振摇，浸渍30min后过滤，滤液置于冰箱中备用。

（2）蒸馏滴定　将盛有10mL吸收液及5滴或6滴混合指示液的锥形瓶置于冷凝管下端，并使其下端插入吸收液的液面下，准确吸取5.0mL上述试样滤液置于蒸馏器反应室内，加5mL氧化镁混悬液（10g/L），迅速盖塞，并加水以防漏气，通入蒸汽，进行蒸馏，蒸馏5min即停止，吸收液用盐酸标准滴定溶液[$c(HCl)=0.010mol/L$]或硫酸标准滴定溶液[$c(1/2H_2SO_4)=0.010mol/L$]滴定，终点为溶液呈蓝紫色。同时做试剂空白试验。

3. 分析结果表述

试样中挥发性盐基氮的含量按式（2-8-2）进行计算。

$$X=\frac{(V_1-V_2)\times c\times 14}{m\times 5/100}\times 100 \tag{2-8-2}$$

式中　X——试样中挥发性盐基氮的含量（mg/100g）；

V_1——测定用样液消耗盐酸或硫酸标准溶液的体积（mL）；

V_2——试剂空白消耗盐酸或硫酸标准溶液的体积（mL）；

c——盐酸或硫酸标准溶液的实际浓度（mol/L）；

14——1.00mL盐酸标准滴定溶液[$c(HCl)=1.000$ mol/L]或硫酸[$c(1/2H_2SO_4)=0.010$ mol/L]的标准滴定溶液相当的氮的质量（mg/mmol）；

m——试样质量（g）。

计算结果保留三位有效数字。在重复性条件下获得的两次独立测定结果的绝对差值不得超过算术平均值的10%。

4. 说明

氧化镁混悬液的作用：一是提供碱性环境，在它的作用下，只有铵类物质才会生成氨而被游离出来，从而被蒸汽带出，被硼酸吸收；二是可以起到消泡剂的作用。

第四节　肉与肉制品酸价和过氧化值的测定

酸价是指中和1g脂肪中游离脂肪酸所需的氢氧化钾毫克数。它代表了脂肪的分解程度。肉制品尤其是腌腊制品中都含有脂肪酶。在有水分存在的情况下，脂肪会被分解成甘油和脂肪酸，其中不饱和脂肪酸会被进一步氧化成醛和酮。

酸价和过氧化值是反映肉制品中油脂氧化、水解酸败程度的重要指标，是衡量用于加工肉制品原料新鲜程度的重要指标。

《腌腊肉制品卫生标准》（GB 2730—2005）中规定了肉制品中酸价和过氧化值的指标，见表2-8-1。

表 2-8-1 肉制品中酸价和过氧化值的指标

名　称	过氧化值（以脂肪计）/(g/100g)	酸价（以脂肪计）(KOH)/(mg/g)
火腿	≤0.25	—
腊肉、咸肉、灌肠制品	≤0.50	≤4.0
非烟熏、烟熏板鸭	≤2.50	≤1.6

一 酸价的测定

1. 方法原理

试样中的游离脂肪酸用氢氧化钾标准溶液滴定，每克试样消耗的氢氧化钾的毫克数即为酸价。

2. 分析步骤

（1）试样的制备　称取用绞肉机绞碎的100g 试样置于500mL 具塞锥形瓶中，加100～200mL 石油醚（30～60℃沸程）振荡10min 后，放置过夜，用快速滤纸过滤后，减压回收溶剂，得到油脂，测定酸价和过氧化值。

（2）测定　准确称取3.00～5.00g 样品置于锥形瓶中，加入50mL 中性乙醚-乙醇混合液，振摇使油溶解，必要时可置于热水中，温热促其溶解，然后冷至室温，加入酚酞指示液2 滴或3 滴，以氢氧化钾标准滴定溶液（0.05mol/L）滴定，至初现微红色，且0.5min 内不褪色为终点。

3. 分析结果表述

样品中的酸价按式（2-8-3）计算。

$$X_1 = \frac{V_1 \times c_1 \times 56.11}{m_1} \tag{2-8-3}$$

式中　X_1——样品的酸价（mg/g）；

V_1——样品消耗氢氧化钾标准滴定溶液的体积（mL）；

c_1——氢氧化钾标准滴定溶液的实际浓度（mol/L）；

m_1——样品质量（g）；

56.11——与1.0mL 氢氧化钾标准滴定溶液[c(KOH)=1.000mol/L]相当的氢氧化钾毫克数(mg/mmol)。

结果报告算术平均值的两位有效数字。在重复条件下获得的两次独立测定结果的绝对差值不得超过算术平均值的10%。

二 过氧化值的测定

1. 方法原理

油脂氧化过程中产生过氧化物，与碘化钾作用，生成游离碘，以硫代硫酸钠溶液滴定，计算含量。

2. 分析步骤

称取2.00～3.00g 混匀（必要时过滤）的样品，置于250mL 碘瓶中，加30mL 三氯

甲烷-冰乙酸混合液，使样品完全溶解，加入1.00mL饱和碘化钾溶液，紧密塞好瓶盖，并轻轻振摇0.5min，然后在暗处放置3min，取出加100mL水，摇匀，立即用硫代硫酸钠标准滴定溶液（0.002mol/L）滴定，至淡黄色时，加1mL淀粉指示液，继续滴定至蓝色消失为终点。取相同量的三氯甲烷-冰乙酸溶液、碘化钾溶液、水，按同一方法做试剂空白试验。

3. 分析结果表述

样品中的过氧化值按式（2-8-4）和式（2-8-5）计算。

$$X_2=\frac{(V_2-V_3)\times c_2\times 0.1269}{m_2}\times 100 \tag{2-8-4}$$

$$X_3=X_2\times 78.8 \tag{2-8-5}$$

式中　X_2——样品的过氧化值（g/100g）；

X_3——样品的过氧化值（meq/kg）；

V_2——样品消耗硫代硫酸钠标准滴定溶液的体积（mL）；

V_3——试剂空白消耗硫代硫酸钠标准滴定溶液的体积（mL）；

c_2——硫代硫酸钠标准滴定溶液的浓度（mol/L）；

m_2——样品质量（g）；

0.1269——与1.00mL硫代硫酸钠标准滴定溶液[$c(Na_2S_2O_3)$ = 1.000 mol/L]相当的碘的质量(g/mmol)；

78.8——换算因子。

结果报告算术平均值的两位有效数字。在重复条件下获得的两次独立测定结果的绝对差值不得超过算术平均值的10%。

第五节　肉与肉制品中三甲胺氮的测定

三甲胺［$(CH_3)_3N$］是鱼、肉类食品中含有的氧化三甲胺［$(CH_3)_3NO$］在细菌及酶的作用下还原而产生的。火腿中三甲胺的含量增高，说明原料变质或者加工不当，天热时切片暴露太久，或细菌生长而引起变质。《腌腊肉制品卫生标准》（GB 2730—2005）规定肉制品中三甲胺氮的含量应小于或等于2.5mg/100g。

1. 方法原理

三甲胺[$(CH_3)_3N$]是挥发性碱性含氮物质，将此项物质抽提于无水甲苯中，与苦味酸作用，形成黄色的苦味酸三甲胺盐，然后与标准管同时比色，即可测得试样中三甲胺氮的含量。

2. 分析步骤

（1）试样的处理　取被检肉样20g（视试样新鲜程度确定取样量）剪细研匀，加水70mL移入带玻璃塞的锥形瓶中，并加质量分数为20%的三氯乙酸10mL，振摇，沉淀蛋白后过滤，滤液即可供测定用。

（2）制备标准曲线　准确吸取10μg/mL三甲胺氮标准液1.0mL、2.0mL、3.0mL、

4. 0mL、5. 0mL 分别置于 25mL Maijel Gerson 反应瓶中，加蒸馏水至 5. 0mL。同时做一空白试验，以下处理按试样操作方法，以光密度数制备成标准曲线。

（3）测定　取上述滤液 5mL（亦可视试样新鲜程度确定取样量，但必须加水补足至 5mL）置于 Maije1 Gersan 反应瓶中，加质量分数为 10% 的甲醛溶液 1mL、甲苯 10mL 及（1 +1）碳酸钾溶液 3mL，立即盖塞，上下剧烈振摇 60 次，静置 20min，吸去下面的水层，加入无水硫酸钠约 0. 5g 进行脱水，从中吸出 5mL 置于预先已置有质量分数为 0. 02% 的苦味酸甲苯溶液 5mL 的试管中，在 410nm 处或用蓝色滤光片测得吸光度。同做一空白试验。

3. 分析结果表述

试样中三甲胺氮的含量按式（2-8-6）计算。

$$X=\frac{\frac{OD_1}{OD_2}\times m}{m_1\times\frac{V_1}{V_2}}\times 100 \tag{2-8-6}$$

式中　X——肉样中三甲胺氮的含量（mg/100g）；

OD_1——试样光密度；

OD_2——标准光密度；

m——标准管中三甲胺氮的质量（mg）；

m_1——试样质量（g）；

V_1——测定时的体积（mL）；

V_2——稀释后的体积（mL）。

4. 说明

1）甲醛的作用是固定三甲胺。

2）三甲胺在称量过程中容易吸收潮解，称不准，需要定氮校正。三甲胺不稳定。

3）脱水是本方法的关键，因为水会影响测定结果。如果有水存在，则水与苦味酸结合使黄色加深，进而使测定结果偏高，故显色时应无水。另外，可以将原方法中吸取水层改为吸取甲苯层。

第六节　肉与肉制品中胆固醇的测定

胆固醇又称胆甾醇，是一种环戊烷多氢菲的衍生物，广泛存在于动物体内。食物中的胆固醇在内脏（脑、肝）、蛋类、动物性油脂类、贝类、肉类、乳制品中的含量较高。

研究表明，长期过多摄入胆固醇可增加其在肝脏和动脉壁上的蓄积，引起心血管疾病。目前，各国推荐的胆固醇摄入量一般不超过 300mg/天。

依据《肉与肉制品　胆固醇含量测定》（GB/T 9695. 24—2008），肉与肉制品中胆固醇的含量采用气相色谱法测定。

1. 方法原理

肉与肉制品中的脂类被皂化后，胆固醇作为不皂化物被提取出来，用气相色谱法测定，用外标法定量。

2. 分析步骤

（1）取样　取样方法参见 GB/T 9695.19—2008（参见本章第一节），取有代表性的样品 200g。

（2）试样的制备　使用适当的机械设备将试样均质。若使用绞肉机，则试样至少通过该设备两次。将试样装入密封的容器里，防止变质和成分变化。试样应在均质化后 24h 内尽快分析。

（3）皂化　称取 0.2～1.0g（准确至 0.001g）试样，置于 50mL 具塞试管中，加入 10mL 氢氧化钾溶液（1mol/L）和 10mL 无水乙醇，混匀，装上冷凝管，在 85～95℃水浴上缓慢皂化 1h，至试样溶液清澈，皂化后用流水冷却。

（4）提取　将皂化后的试样溶液移入 50mL 分液漏斗中，加入 10mL 乙醚，轻轻振摇，静置分层，将水层放入上述具塞试管中，向其中加入 10mL 乙醚，轻轻振摇，静置分层，然后将乙醚层移入上述分液漏斗中，再向具塞试管中加入 10mL 乙醚，重复提取一次，将乙醚层移入上述分液漏斗中。

用 15mL 水分三次洗涤分液漏斗中的溶液，分层后弃去水层，用 10g 无水硫酸钠干燥乙醚层，然后将乙醚层移入另一具塞试管中，通氮气吹干后，加入 1.00mL 无水乙醇，混匀。

（5）测定

1）气相色谱参考条件：色谱柱为 DB-5 弹性石英毛细管柱（30m × 0.32mm × 0.25μm），或相当者；载气为高纯氮，纯度大于或等于 99.999%，恒流流速为 2.4mL/min；柱温（程序升温），初始温度为 200℃，保持 1min，以 30℃/min 的速度升温至 280℃，保持 10min；进样口温度为 280℃；检测器温度为 290℃；进样量为 1μL；进样方式为不分流进样，进样 1min 后开阀；空气流速为 350mL/min；氢气流速为 30mL/min。

2）测定：根据试样溶液中胆固醇的含量情况，选定峰面积相近的标准工作液。标准工作液和试样溶液中胆固醇的响应值均应在仪器检测线性范围内。标准工作液和试样溶液等体积间隔进样测定。根据保留时间定性，用外标法定量。胆固醇标准溶液的气相色谱图如图 2-8-1 所示。

对同一试样进行平行试验测定。

3）空白试验：除不加入试样外，均按前面的步骤进行测定。

3. 分析结果表述

试样中胆固醇的含量按式（2-8-7）计算。

$$X = \frac{c \times A \times V}{A_s \times m \times 1000} \times 100 \qquad (2\text{-}8\text{-}7)$$

式中　X——试样中胆固醇的含量（mg/100g）；

c——标准工作液中胆固醇的质量浓度（μg/mL）；

A——试样溶液中胆固醇的峰面积；

V——试样溶液最终定容的体积（mL）；

A_s——标准工作液中胆固醇的峰面积；

m——脂肪的质量（g）。

计算结果应扣除空白，结果保留至小数点后第一位。

同一分析者在同一实验室、采用相同的方法和相同的仪器，在短时间间隔内对同一样品独立测定两次，两次测试结果的相对差值不得超过10%。

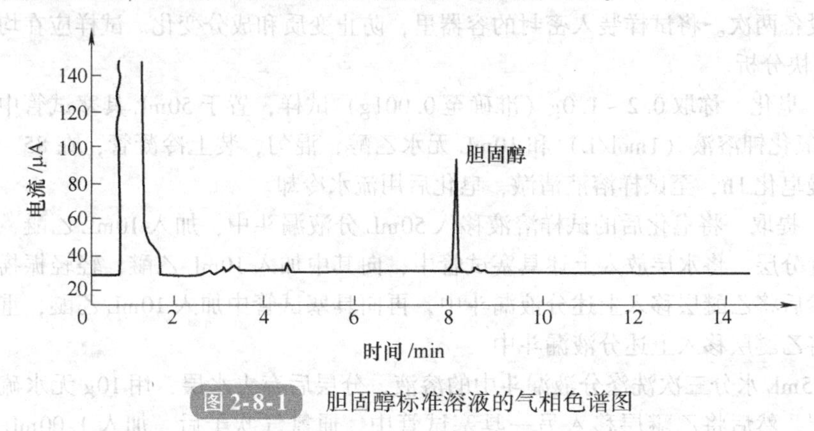

图 2-8-1　胆固醇标准溶液的气相色谱图

第七节　肉制品中聚磷酸盐的测定

磷酸盐为肉制品中常用的食品添加剂，在肉制品中使用的有焦磷酸钠、三聚磷酸钠、六偏磷酸钠等，统称为多聚磷酸盐。肉制品中使用磷酸盐的目的是提高肉的持水能力，使肉在加工过程中仍能保持其水分，减少营养成分损失，同时也保持了肉的柔嫩性，增加其出品率。在肉制品中添加多聚磷酸盐还有调节 pH 值、乳化、缓冲、螯合金属离子等作用。但是当膳食中磷酸盐含量过高时，会降低人体组织对钙的吸收，导致骨骼组织中钙的流失，严重的还会造成发育迟缓、骨骼畸形。因此，国家标准中规定了肉制品中添加磷酸盐的限量。《熟肉制品卫生标准》（GB 2726—2005）中规定，熏煮火腿中复合磷酸盐（以 PO_4^{3-} 计）的含量小于或等于 8.0g/kg，其他熟肉制品中复合磷酸盐（以 PO_4^{3-} 计）的含量小于或等于 5.0 g/kg。

依据《肉与肉制品　聚磷酸盐测定》（GB/T 9695.9—2009），肉与肉制品中聚磷酸盐含量的测定方法为纤维素薄层层析法。

1. 方法原理

用三氯乙酸提取肉和肉制品中的聚磷酸盐，提取液经乙醇、乙醚处理后，在微晶纤维素薄层层析板上分离，通过喷雾显色，检验聚磷酸盐。

2. 试剂

（1）标准参比混合液　在 100mL 水中溶解磷酸二氢钠 200mg、焦磷酸四钠 300mg、

三磷酸五钠200mg、六偏磷酸钠200mg。标准参比混合液在4℃条件下可稳定至少4周。

（2）展开剂　将140mL异丙醇、40mL三氯乙酸溶液（135g/L）和0.6mL氢氧化铵混合均匀，保存于密闭瓶中。

（3）显色剂Ⅰ　量取50mL硝酸、50mL四水合钼酸铵溶液（75g/L），混合均匀，在上述溶液中溶解10g酒石酸（现用现配）。

（4）显色剂Ⅱ　将195mL焦亚硫酸钠溶液（150g/L）和5mL亚硫酸钠溶液（200g/L）混匀，然后称取0.5g　1-氨基-2-萘酚-4-磺酸溶于上述溶液中，再称取40g乙酸钠溶于此溶液中，将该溶液储存于密闭的棕色瓶中，可在4℃条件下保存一周。

3. 分析步骤

（1）试样的准备　按GB/T 9695.19—2008规定的方法取样（参见本章第一节），至少取有代表性的试样200g，然后使用适当的机械设备将试样均质。均质后的试样要尽快分析，否则要密封低温储存，防止变质和成分发生变化。储存的试样在启用时，应重新混匀。

（2）薄层板的制备　将可溶性淀粉0.3g溶于90mL沸水中，冷却后加入15g微晶纤维素粉，用均浆器匀浆1min，然后用涂布器把浆液涂在玻璃板上，铺成0.25mm厚的浆层，在室温下自然干燥1h，然后在100℃烘箱中加热10min，取出立即放入干燥器中。也可以用商品微晶纤维素板。

（3）提取液的制备　将50mL 50℃左右的温水倒入装有50g试样的烧杯中，立即充分搅拌，加入10g三氯乙酸，彻底搅匀，放入冰箱冷却1h后用扇形滤纸过滤。

若滤液浑浊，则加入同体积的乙醚并摇匀，用吸管吸去乙醚，再加入同体积的乙醇，振摇1min，静置数分钟后再用扇形滤纸过滤。

（4）薄层层析分离

1）将适量的展开剂倒入层析缸中，使其深度为5～10mm，盖上盖，避光静置30min。

2）用微量注射器吸取提取液3μL，若为经过澄清处理的提取液则取6μL，在距薄层板板底约2cm处点样，每次点样1μL（应使点的直径尽量小），并且边点边用吹风机冷风挡吹干。

注意：避免使用热风吹干，以防止磷酸盐水解。

3）用同样的方法，将标准参比液3μL点在同一块板上，距样品点1～1.5cm，距板底的距离与样品点一致。

4）打开层析缸盖，迅速而小心地把点好样的薄层板放入缸中，盖上盖，在室温下避光展开。

5）展开到溶剂前沿上升约10cm处，取出薄层板，放入60℃干燥箱中干燥10min，或在室温下干燥30min，或用吹风机冷风挡吹干。

（5）磷酸盐的检验

1）将展开过的薄层板垂直立在通风橱中，用喷雾器把显色剂Ⅰ均匀地喷在薄板上，使之显现出黄斑。

2）用吹风机吹干薄层板后，将其放入100℃干燥箱中至少干燥1h，把硝酸全部除去，然后将薄层板从干燥箱中取出，检验其是否有刺鼻的硝酸味道。

3）薄层板冷却至室温后，放入通风橱中，喷显色剂Ⅱ，使之呈现出明显的蓝斑。

注意：不是绝对要喷显色剂Ⅱ，但此显色剂产生强烈的蓝斑可提高检测效果。

4. 分析结果表述

将试样斑点与聚磷酸盐标准混合液斑点的比移值相比较，计算其R_f。

正磷酸盐的斑点经常可见。当样品中含有高浓度的磷酸盐时，也可以看见二磷酸盐或聚合磷酸盐的斑点。

参比混合液中，正磷酸盐的R_f为0.70～0.80，焦磷酸盐的R_f为0.35～0.50，三磷酸盐的R_f为0.20～0.30，六偏磷酸盐的R_f为0。

注意：可用鲜肉的提取液校正磷酸盐的R_f值，因为鲜肉中只含正磷酸盐。

第八节　肉制品中淀粉的测定

淀粉和淀粉的水解产品是人类膳食中可消化的碳水化合物，为人类提供营养和热量。肉制品中常将淀粉、变性淀粉作为增稠剂。在肉制品中加入淀粉，对制品的持水性、组织形态均有良好的效果。在加热蒸煮肉制品时，淀粉颗粒可吸收溶化成液态的脂肪，从而减少脂肪流失，提高成品率。淀粉用在灌肠制品及西式火腿制品加工中，可明显改善制品的组织结构、切片性、口感和多汁性。但是为了保证产品质量，应严格控制淀粉的添加量。

依据《肉制品　淀粉含量测定》（GB/T 9695.14—2008），肉制品中淀粉含量的测定方法为碘量法。

1. 方法原理

试样中加入氢氧化钾-乙醇溶液，在沸水浴上加热后，滤去上清液，用乙醇洗涤沉淀，除去脂肪和可溶性糖，沉淀经盐酸水解后，用碘量法测定形成的葡萄糖并计算淀粉含量。

2. 分析步骤

（1）淀粉的分离　称取试样25g（精确到0.01g）放入500mL烧杯中，加入热的300mL氢氧化钾-乙醇溶液（50g/L），用玻璃棒搅匀，盖上表面皿，在沸水浴上加热1h，并不时搅拌，然后将沉淀完全转移到漏斗上过滤，用体积分数为80%的热乙醇洗涤沉淀数次。

（2）水解　将滤纸钻孔，用1.0mol/L的盐酸100mL将沉淀完全洗入250mL烧杯中，盖上表面皿，在沸水浴中水解2.5h，并不时搅拌。使溶液冷却至室温，用300g/L的氢氧化钠中和至pH值约为6（不要超过6.5），然后将溶液移入200mL容量瓶中，加入3mL蛋白质沉淀剂A（106g/L的铁氰化钾），混合后再加入3mL蛋白质沉淀剂B（220g乙酸锌和30mL冰乙酸用水稀释至1000mL），用水定容至刻度，摇匀，经不含淀粉的滤纸过滤。向滤液中加入300g/L氢氧化钠1滴或2滴，使之对溴百里酚蓝指示剂呈碱性。

（3）测定 准确吸取一定量的滤液（V_2）稀释至一定体积（V_3），然后从中取25.00mL（含葡萄糖40～50mg）移入碘量瓶中，加入25.00mL碱性铜试剂，装上冷凝管，在电炉上2min内煮沸，随后改用温水继续煮沸10min，迅速冷却至室温，取下冷凝管，加入100g/L的碘化钾溶液30mL，小心加入1.0mol/L的盐酸25mL，盖好盖待滴定。

用硫代硫酸钠标准溶液（0.1mol/L，按GB/T 601—2002制备）滴定上述溶液中释放出来的碘。当溶液变成浅黄色时，加入淀粉指示剂1mL，继续滴定，直至蓝色消失，记下消耗的硫代硫酸钠标准溶液体积。

同一试样进行两次测定并做空白试验。

3. 分析结果表述

（1）葡萄糖量的计算 按式（2-8-8）计算消耗硫代硫酸钠的量（X_1）。

$$X_1 = 10 \times (V_0 - V_1)c \tag{2-8-8}$$

式中 X_1——消耗硫代硫酸钠的量（mmol）；

V_0——空白试验消耗硫代硫酸钠标准溶液的体积（mL）；

V_1——试样消耗硫代硫酸钠标准溶液的体积（mL）；

c——硫代硫酸钠标准溶液的浓度（mol/L）。

根据X_1，从表2-8-2查出相应的葡萄糖量（m_1）。

（2）淀粉含量计算 试样中淀粉的含量按式（2-8-9）计算。

$$X_2 = \frac{m_1}{1000} \times 0.9 \times \frac{V_3}{25} \times \frac{200}{V_2} \times \frac{100}{m_0} = 0.72 \times \frac{V_3}{V_2} \times \frac{m_1}{m_2} \tag{2-8-9}$$

式中 X_2——试样中淀粉含量（g/100g）；

m_1——葡萄糖含量（mg）；

0.9——葡萄糖折算成淀粉的换算系数；

V_3——稀释后的体积（mL）；

V_2——取原液的体积（mL）；

m_0——试样的质量（g）。

当平行测定符合精密度所规定的要求时，取平行测定的算术平均值作为结果，精确到0.1%。

表2-8-2 硫代硫酸钠的毫摩尔数与葡萄糖量（m_1）的换算关系

$X_1[10(V_0-V_1)c]$/mmol	相应的葡萄糖量 m_1/mg	$X_1[10(V_0-V_1)c]$/mmol	相应的葡萄糖量 m_1/mg
1	2.4	5	12.2
2	4.8	6	14.7
3	7.2	7	17.2
4	9.7	8	19.8

（续）

$X_1[10(V_0-V_1)c]$/mmol	相应的葡萄糖量 m_1/mg	$X_1[10(V_0-V_1)c]$/mmol	相应的葡萄糖量 m_1/mg
9	22.4	17	44.2
10	25.0	18	47.1
11	27.6	19	50.0
12	30.3	20	53.0
13	33.0	21	56.0
14	35.7	22	59.1
15	38.5	23	62.2
16	41.3	24	65.3

第九节　肉制品中胭脂红着色剂的测定

在肉制品生产中，着色剂可以改变肉制品的色泽，增加消费者购买欲和食欲。然而，合成着色剂是化工原料经过磺化、硝化、卤化、偶氮化等一系列有机反应而得到的，中间体和有害物质的存在，使其具有一定的毒性。因此，《食品安全国家标准　食品添加剂使用标准》（GB 2760—2011）规定，在肉制品中只允许添加一定量的赤藓红，不允许添加柠檬黄、日落黄、苋菜红等合成着色剂，只有微量的胭脂红可以在一些可食用的动物肠衣中添加，其他肉制品中不得检出胭脂红。

依据《肉制品　胭脂红着色剂测定》（GB/T 9695.6—2008），肉制品中胭脂红着色剂的测定方法有两种，即高效液相色谱法和比色法。

 高效液相色谱法

1. 方法原理

试样中的胭脂红经试样脱脂、碱性溶液提取、沉淀蛋白质、聚酰胺粉吸附、无水乙醇-氨水-水解吸后，制成水溶液，过滤后用高效液相色谱仪测定。根据保留时间定性，用外标法定量。

2. 分析步骤

取样和试样的制备按 GB/T 9695.19—2008 操作（参见本章第一节）。

（1）提取　称取试样 5.0 ~ 10.0g 置于研钵中，加海砂（化学纯）少许，研磨混匀，吹冷风使试样略为干燥，加入石油醚（沸程为 30 ~ 60℃）50mL，搅拌，放置片刻，弃去石油醚。如此反复处理 3 次，除去脂肪，吹干，加入（7 + 2 + 1）无水乙醇-氨水-水溶液提取胭脂红，通过 G3 砂芯漏斗抽滤提取液，反复多次，至提取液无色为止。收集全部提取液置于 250mL 锥形瓶中。

（2）沉淀蛋白质　在 70℃水浴上浓缩提取液至 10mL 以下，依次加入 1.0mL（1 +

9）硫酸溶液和1.0mL质量浓度为100g/L的钨酸钠溶液，混匀，继续用70℃水浴加热5min，沉淀蛋白质。取下锥形瓶，冷却至室温，用滤纸过滤，然后用少量水洗涤滤纸，将滤液收集于100mL烧杯中。

（3）纯化　先将上述滤液加热至70℃，再将1.0～1.5g聚酰胺粉（过200目筛）加少许水调成粥状，倒入试样溶液中，使色素完全被吸附，然后将吸附色素的聚酰胺粉全部转移到漏斗中，抽滤，用70℃的200g/L柠檬酸铵溶液洗涤3～5次，然后用（3+2）甲醇-甲酸溶液洗涤3～5次，至洗出液无色为止，再用水洗至流出液呈中性。在以上洗涤过程中要进行搅拌。用（7+2+1）无水乙醇-氨水-水解吸3～5次，每次5mL，收集解吸液，蒸发至近干，加水溶解并定容至10mL，经0.45μm滤膜过滤，滤液待测。

（4）测定

1）液相色谱参考条件：色谱柱为C_{18}柱，150 mm×4.6 mm（内径），5μm；流动相为甲醇和0.02mol/L的乙酸铵溶液，梯度洗脱条件见表2-8-3；流速为1.0mL/min；柱温为30℃；检测波长为508nm；进样量为20μL。

表2-8-3　液相色谱梯度洗脱条件

时间/min	甲醇（体积分数，%）	0.02mol/L的乙酸铵溶液/（体积分数，%）
0	22	78
5	35	65
20	85	15
21	22	78
25	22	78

2）液相色谱测定：根据试样溶液中胭脂红的含量，选定峰面积相近的标准工作液，然后分别将待测试样溶液和标准工作液用高效液相色谱仪测定（标准工作液和试样溶液中胭脂红的相应值均应在检测线性范围内，见图2-8-2），根据保留时间定性，用外标法定量。同时做空白试验。

3. 分析结果表述

试样中胭脂红的含量按式（2-8-10）计算。

$$X_1 = \frac{c \times A \times V \times 1000}{A_s \times m \times 1000} \tag{2-8-10}$$

式中　X_1——试样中胭脂红的含量（mg/kg）；

c——标准工作液中胭脂红的质量浓度（mg/L）；

A——试样溶液中胭脂红的峰面积；

V——试样溶液最终定容的体积（mL）；

A_s——标准工作液中胭脂红的峰面积；

m——样品质量（g）。

结果扣除空白值，保留两位有效数字。在重复性条件下获得的两次测定结果的绝对差值不得超过算术平均值的10%。

二 比色法

1. 方法原理

试样脱脂后用碱性溶液提取胭脂红色素，提取液沉淀蛋白质，用聚酰胺粉使胭脂红吸附和解吸而纯化，用比色法测定。

2. 分析步骤

提取、沉淀蛋白质、纯化的步骤同高效液相色谱法。

测定：吸取胭脂红标准使用液（100mg/L）0.0mL、2.0mL、4.0mL、6.0mL、8.0mL、10.0mL分别置于50mL容量瓶中，稀释至刻度，此时瓶中胭脂红的质量浓度分别为0μg/mL、4μg/mL、8μg/mL、12μg/mL、16μg/mL、20μg/mL。上述标准溶液用1cm比色杯，以标准空白调节零点，在510nm波长下测定吸光度，以胭脂红标准工作液的质量浓度为横坐标，以相应的吸光度为纵坐标绘制标准曲线。试液用1cm比色杯，以试剂空白调节零点，用与标准工作液同样的条件测定，根据试液的吸光度从标准曲线上查得相应的胭脂红质量浓度。

3. 分析结果表述

试样中胭脂红的含量按式（2-8-11）计算。

$$X_2 = \frac{c \times V \times 1000}{m \times 1000} \qquad (2\text{-}8\text{-}11)$$

式中 X_2——试样中胭脂红的含量（mg/kg）；

c——从标准曲线上查得的试液中胭脂红的质量浓度（μg/mL）；

m——试样质量（g）；

V——试样溶液最终定容的体积（mL）。

结果保留两位有效数字。

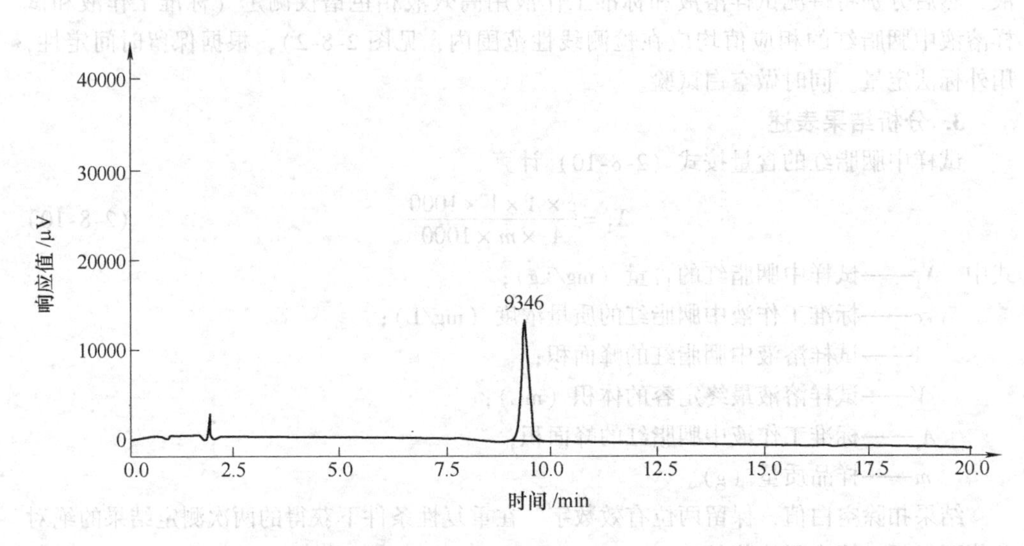

图 2-8-2 胭脂红标准溶液的液相色谱图

第十节 肉、蛋及其制品中重金属的测定

重金属是一类典型的积累性污染物，可通过食物链逐渐富集，如铅、镉、汞、铜、锌、砷等。铅和镉是牛组织器官中污染较为严重的元素，对人体健康造成潜在的威胁。铅中毒的危害主要表现在对神经系统、血液系统、心血管系统、骨骼系统等造成终生性伤害。长期食用含镉的食物可损坏肾小管功能，造成体内蛋白质流失，久而久之形成软骨症和自发性骨折。砷在人体中主要蓄积在毛发、指甲和皮肤中，砷在生物体内排泄缓慢，可造成慢性中毒，主要表现为感觉异常、眩晕、食欲不振等。因此，国家标准对肉、蛋及其制品中的重金属指标给予了严格控制。

《蛋制品卫生标准》（GB 2749—2003）、《腌腊肉制品卫生标准》（GB 2730—2005）及《熟肉制品卫生标准》（GB 2726—2005）规定，肉、蛋制品中重金属含量指标见表2-8-4。

表2-8-4 肉、蛋制品中重金属含量指标 （单位：mg/kg）

名　称	铅	总　汞	无机砷	镉
皮蛋	≤2.0	≤0.05	≤0.05	≤0.1
糟蛋	≤1.0			
其他蛋制品	≤0.2			
鲜（冻）畜禽肉	≤0.2			
腌腊肉制品	≤0.2			
熟肉制品	≤0.5			

铅、无机砷、镉的测定方法在本篇第七章第六节中已介绍。

依据《食品中总汞及有机汞的测定》（GB/T 5009.17—2003），总汞含量的测定方法有原子荧光光谱分析法（第一法）、冷原子吸收光谱法（第二法）和二硫腙比色法（第三法）。

 原子荧光光谱分析法

1. 方法原理

试样经酸加热消解后，在酸性介质中，试样中的汞被硼氢化钾或硼氢化钠还原成原子态汞，由载气（氢气）带入原子化器中，在特制汞空心阴极灯照射下，基态汞原子被激发至高能态，在去活化回到基态时，发射出特征波长的荧光，其荧光强度与汞含量成正比，与标准系列溶液比较定量。

2. 分析步骤

（1）试样的消解

1）高压消解法：本方法适用于粮食、豆类、蔬菜、水果、瘦肉类、鱼类、蛋类及乳与乳制品类食品中总汞的测定。

蔬菜、瘦肉、鱼类及蛋类水分含量高的鲜样用捣碎机打成匀浆，从中称取1.00～5.00g，置于聚四氟乙烯塑料内罐中，加盖留缝，放于65℃鼓风干燥箱中烘至近干（水分含量低的不需此操作），取出，加5mL硝酸，混匀后放置过夜，再加7mL过氧化氢，盖上内盖放入不锈钢外套中，旋紧密封，然后将消解器放入普通干燥箱（烘箱）中加热，升温至120℃后保持恒温2～3h，至消解完全，自然冷至室温。将消解液用（1+9）硝酸溶液定量转移并定容至25mL，摇匀，待测。同时做试剂空白试验。

2）微波消解法：称取0.10～0.50g试样置于消解罐中，加入1～5mL硝酸和1～2mL过氧化氢，盖好安全阀后，将消解罐放入微波炉消解系统中，根据不同种类的试样设置微波炉消解系统的最佳分析条件（见表2-8-5），至消解完全，冷却后用（1+9）硝酸溶液定量转移并定容至25mL（低含量试样可定容至10mL），混匀待测。

表2-8-5 粮食、蔬菜、鱼肉类试样微波分析条件

步骤	1	2	3
功率（%）	50	75	90
压力/kPa	343	686	1096
升压时间/min	30	30	30
保压时间/min	5	7	5
排风量（%）	100	100	100

（2）标准系列溶液的配制

1）低质量浓度标准系列溶液：分别吸取100ng/mL的汞标准使用液0.25mL、0.50mL、1.00mL、2.00mL、2.50mL置于25mL容量瓶中，用（1+9）硝酸溶液稀释至刻度，混匀（分别相当于1.00ng/mL、2.00ng/mL、4.00ng/mL、8.00ng/mL、10.00ng/mL的汞溶液）。此标准系列溶液适用于一般试样的测定。

2）高质量浓度标准系列溶液：分别吸取500ng/mL汞标准使用液0.25mL、0.50mL、1.00mL、1.50mL、2.00mL置于25mL容量瓶中，用（1+9）硝酸溶液稀释至刻度，混匀（分别相当于5.00ng/mL、10.00ng/mL、20.00ng/mL、30.00ng/mL、40.00ng/mL的汞溶液）。此标准系列溶液适用于鱼及含汞量偏高的试样测定。

（3）测定

1）仪器参考条件：光电倍增管负高压为240V；汞空心阴极灯电流为34mA；原子化器温度为300℃，高度为8.0mm；氩气流速，载气为500mL/min，屏蔽气为1000mL/min；测量方式为标准曲线法；读数方式为峰面积；读数延迟时间为1.0s，读数时间为10.0s，硼氢化钾溶液加液时间为8.0s；标液或样液加液体积为2mL。

注意：AFS系列原子荧光仪（如230、230a、2202、2202a、2201等仪器）属于全自动或断续流动的仪器，都附有操作软件，仪器分析条件应设置其所提示的分析条件。仪器稳定后，测定标准系列溶液，在标准曲线的相关系数$r \geq 0.999$后测试样。试样的前处理可用任何型号的原子荧光仪。

2）测定方法：根据情况任选以下一种方法：

① 浓度测定方式测量：设定好仪器的最佳条件，逐步将炉温升至所需温度后，稳定10～20min，然后开始测量。连续用（1+9）硝酸溶液进样，待读数稳定之后，转入标准系列溶液的测量，绘制标准曲线。转入试样的测量，先用（1+9）硝酸溶液进样，使读数基本回零，再分别测定试样空白和试样消化液，在每次测不同的试样前都应清洗进样器。试样测定结果按式（2-8-12）计算。

② 仪器自动计算结果方式测量：设定好仪器的最佳条件，在试样参数界面输入试样质量（g或mL）、稀释体积（mL），并选择结果的浓度单位，然后逐步将炉温升至所需温度，稳定后测量。连续用（1+9）硝酸溶液进样，待读数稳定之后，转入标准系列溶液的测量，绘制标准曲线。在转入试样测定之前，再进入空白值测量状态，用试样空白消化液进样，让仪器取其均值作为扣底的空白值，随后即可依法测定试样。测定完毕后，选择“打印报告”即可将测定结果自动打印出来。

3. 分析结果表述

试样中汞的含量按式（2-8-12）计算。

$$X=\frac{(c-c_0)\times V\times 1000}{m\times 1000\times 1000} \tag{2-8-12}$$

式中　X——试样中汞的含量（mg/kg或mg/L）；

c——试样消化液中汞的含量（ng/mL）；

c_0——试剂空白液中汞的含量（ng/mL）；

V——试样消化液的总体积（mL）；

m——试样的质量或体积（g或mL）。

计算结果保留三位有效数字。在重复性条件下获得的两次独立测定结果的绝对差值不得超过算术平均值的10%。

 冷原子吸收光谱法

1. 方法原理

汞蒸气对波长为253.7nm的共振线具有强烈的吸收作用。试样经过酸消解或催化酸消解后使汞转为离子状态，在强酸性介质中用氯化亚锡将其还原成元素汞，以氮气或干燥空气作为载体，将元素汞吹入汞测定仪，进行冷原子吸收测定，在一定浓度范围内吸收值与汞含量成正比，与标准系列溶液比较定量。

2. 分析步骤

（1）试样的消解（压力消解法）　取适量样品，用食品加工机或匀浆机制成匀浆，从中称取1.00～3.00g置于聚四氟乙烯塑料内罐中，加2～4mL硝酸，混匀后放置过夜，再加2～3mL质量分数为30%的过氧化氢，盖上内盖，放入不锈钢外套中，旋紧密封，然后将消解器放入普通干燥箱（烘箱）中加热，升温至120～140℃后保持恒温3～4h，至消解完全，在箱内自然冷至室温。将消解液洗入10.0mL容量瓶中，用水少量多次洗涤内罐，将洗液合并于容量瓶中并定容至刻度，摇匀，备用。同时做试剂空白试验。

（2）测定

1）仪器参考条件：打开测汞仪，预热1～2h，并将仪器性能调至最佳状态。

2）标准曲线的绘制：吸取2.0ng/mL、4.0ng/mL、6.0ng/mL、8.0ng/mL、10.0ng/mL的汞标准溶液各5.0mL（分别相当于10.0ng、20.0ng、30.0ng、40.0ng、50.0ng汞）置于测汞仪的汞蒸气发生器的还原瓶中，分别加入1.0mL质量浓度为100g/L的氯化亚锡，迅速盖紧瓶塞，随后有气泡产生，从仪器读数显示的最高点测得其吸收值，然后打开吸收瓶上的三通阀，将产生的汞蒸气吸收于50g/L的高锰酸钾溶液中，待测汞仪上的读数达到零点时进行下一次测定，并求得吸光度值与汞质量关系的一元线性回归方程。

3）样液测定：分别吸取样液和试剂空白液各5.0mL，置于测汞仪的汞蒸气发生器的还原瓶中，以下自标准曲线的绘制中的“分别加入1.0mL质量浓度为100g/L的氯化亚锡”起进行操作，将所测得的吸收值代入标准系列的一元线性回归方程，求得样液中汞的含量。

3. 分析结果表述

试样中汞的含量按式（2-8-13）计算。

$$X=\frac{(A_1-A_2)\times\frac{V_1}{V_2}\times1000}{m\times1000}\tag{2-8-13}$$

式中 X——试样中汞的含量（μg/kg或μg/L）；

A_1——测定试样消化液中汞的质量（ng）；

A_2——试剂空白液中汞的质量（ng）；

V_1——试样消化液总体积（mL）；

V_2——测定用试样消化液的体积（mL）；

m——试样质量或体积（g或mL）。

计算结果保留两位有效数字。在重复性条件下获得的两次独立测定结果的绝对差值不得超过算术平均值的20%。

 三 二硫腙比色法

1. 方法原理

试样经消化后，汞离子在酸性溶液中与二硫腙生成橙红色配位化合物，溶于三氯甲烷，与标准系列溶液比较定量。

2. 分析步骤

（1）试样消化　称取20.00g捣碎混匀的试样，置于消化装置锥形瓶中，加数粒玻璃珠，再加45mL硝酸和15mL硫酸，转动锥形瓶，防止局部炭化。装上冷凝管后，用小火缓缓加热，开始发泡时即停止加热，在发泡停止后加热回流2h。若加热过程中溶液变成棕色，则再加5mL硝酸，继续回流2h，放冷（在操作过程中应注意防止爆沸或爆炸），用适量水洗涤冷凝管，将洗液并入消化液中，取下锥形瓶，加水至150mL。按同一方法做试剂空白试验。

（2）测定

1）吸取消化液（全量），加 20mL 水，在电炉上煮沸 10min，除去二氧化碳，放冷。

2）向试样消化液、试剂空白液中各加高锰酸钾溶液（50g/L）至溶液呈紫色，然后加盐酸羟胺溶液（200g/L）使紫色褪去，再加 2 滴麝香草酚蓝指示液，用氨水调 pH 值，使橙红色变成橙黄色（pH = 1 ~ 2），定量转移至 125mL 分液漏斗中。

3）吸取 0μL、0.5μL、1.0μL、2.0μL、3.0μL、4.0μL、5.0μL、6.0μL 汞标准使用液（1.0mg/mL）（分别相当于 0.0μg、0.5μg、1.0μg、2.0μg、3.0μg、4.0μg、5.0μg、6.0μg 汞），分别置于 125mL 分液漏斗中，各加 10mL（1 + 19）硫酸，再加水至 40mL，混匀，然后各加 1.0mL 质量浓度为 200g/L 的盐酸羟胺，放置 2min，并时时振摇。

4）向试样消化液、试剂空白液及标准液的分液漏斗中加 5.0mL 二硫腙使用液，剧烈振摇 2min，静置分层后，将三氯甲烷层用脱脂棉滤入 1cm 比色杯中，以三氯甲烷调节零点，于波长 490nm 处测吸光度，各点减去零管吸收值后，绘制标准曲线或计算一元回归方程。

3. 分析结果表述

试样中汞的含量按式（2-8-14）计算。

$$X = \frac{(A_1 - A_2) \times 1000}{m \times 1000} \tag{2-8-14}$$

式中　X——试样中汞的含量（mg/kg）；

A_1——试样消化液中汞的质量（μg）；

A_2——试剂空白液中汞的质量（μg）；

m——试样质量（g）。

计算结果保留两位有效数字。在重复性条件下获得的两次独立测定结果的绝对差值不得超过算术平均值的 10%。

4. 说明

二硫腙使用液的配制方法：吸取 1.0mL 二硫腙溶液，加三氯甲烷至 10mL，混匀，然后用 1cm 比色杯，以三氯甲烷调节零点，于波长 510nm 处测吸光度（A），用式（2-8-15）计算出配制 100mL 二硫腙使用液（70% 透光率）所需二硫腙溶液的毫升数（V）。

$$V = \frac{10 \times (2 - \lg 70)}{A} = \frac{1.55}{A} \tag{2-8-15}$$

第十一节　肉、蛋及其制品的微生物学检验

《蛋制品卫生标准》（GB 2749—2003）、《腌腊肉制品卫生标准》（GB 2730—2005）及《熟肉制品卫生标准》（GB 2726—2005）规定，肉、蛋及其制品的微生物指标见表2-8-6。

表 2-8-6 肉、蛋及其制品的微生物指标

名　称	菌落总数/（cfu/g）	大肠菌群/（MPN/100g）	致病菌
巴氏杀菌冰全蛋	≤5000	≤1000	不得检出
冰蛋黄、冰蛋白	≤1000000	≤1000000	
巴氏杀菌全蛋粉	≤10000	≤90	
蛋黄粉	≤50000	≤40	
糟蛋	≤100	≤30	
皮蛋	≤500	≤30	
肴肉	≤50000	≤150	
肉灌肠	≤50000	≤30	
烧烤肉	≤50000	≤90	
酱卤肉	≤80000	≤150	
熏煮火腿、其他熟肉制品	≤30000	≤90	
肉松、油酥肉松、肉粉松	≤30000	≤40	
肉干、肉脯、肉糜脯、其他熟肉干制品	≤10000	≤30	

一 样品的采取和送检

（1）生肉及脏器检样　若为屠宰场宰后的畜肉，则可于开腔后，用无菌刀采取两腿内侧的肌肉各 50g（或劈半后采取两侧背最长肌各 50g）；若为冷藏或售卖的生肉，则可用无菌刀取腿肉或其他部位的肌肉 100g。采取检样后，将其放入灭菌容器内，立即送检，条件不许可时，最好不超过 3h。送检样时应注意冷藏，不得加入任何防腐剂。检样送至化验室后应立即检验或放置在冰箱中暂存。

（2）禽类（包括家禽和野禽）　鲜、冻家禽采取整只，放于灭菌容器内。带毛的野禽可放清洁的容器内，立即送检。以下处理要求同上述生肉及脏器检样。

（3）各类熟肉制品（包括酱卤肉、肴肉、方园腿、熟灌肠、熏烤肉、肉松、肉脯、肉干等）　一般采取 200g，熟禽采取整只，均放在灭菌容器内，立即送检，以下处理要求同生肉及脏器检样。

（4）腊肠、香肚等生灌肠　采取整根、整只，小型的可采数根数只，其总量不少于 250g。

二 检样的处理

（1）生肉及脏器检样的处理　先将检样进行表面消毒（在沸水内烫 3～5s，或烧灼

消毒），再用无菌剪子剪取检样深层肌肉25g，放入灭菌乳钵内用灭菌剪子剪碎后，加灭菌海砂或玻璃砂研磨，磨碎后加入灭菌水225mL，混匀后即为1:10稀释液。

（2）鲜、冻家禽检样的处理　先将检样进行表面消毒，用灭菌剪子或刀去皮后，剪取肌肉25g（一般可从胸部或腿部剪取），以下同生肉及脏器检样的处理。带毛野禽先去毛，以下同家禽检样的处理。

（3）各类熟肉制品检样的处理　直接切取或称取25g，以下同生肉及脏器检样的处理。

（4）腊肠、香肚等生灌肠检样的处理　先对生灌肠表面进行消毒，然后用灭菌剪子剪取内容物25g，以下同生肉及脏器检样的处理。

注意：以上样品的采集、送检和检样的处理均以检验肉禽及其制品内的细菌含量从而判断其质量鲜度为目的。若需检验肉禽及其制品受外界环境污染的程度或检索其是否带有某种致病菌，则应采用棉拭采样法。

三　棉拭采样法和检样的处理

检验肉禽及其制品受污染的程度时，一般可将板孔面积为$5cm^2$的金属制规板压在受检物上，然后将灭菌棉拭稍沾湿，在板孔$5cm^2$的范围内揩抹多次，然后将板孔规板移压到另一点，用另一棉拭揩抹。如此共移压揩抹10次，总面积为$50cm^2$，共用10只棉拭。每支棉拭在揩抹完毕后应立即剪断或烧断，然后投入盛有50mL灭菌水的锥形瓶或大试管中，立即送检。检验时先充分振摇，吸取瓶、管中的液体作为原液，再按要求进行10倍递增稀释。

检索致病菌时不必用规板，可疑部位用棉拭揩抹即可。

四　检验方法

食品中致病菌的检验方法是：采用具有选择性作用的培养基对样品进行增菌培养（若样品受致病微生物污染严重，则可以不经增菌培养），然后对培养液进行分离培养，根据分离培养后的菌落生长情况、菌体形态和生化特性进行初步推断，最后进行微生物的生理生化试验、血清凝集试验及动物试验等，根据微生物的形态特征、生理生化特性、抗原特性及动物试验结果等判定样品是否被致病微生物污染，若已污染，则对致病微生物进行定性和定量。

肉及其制品中致病菌的检验主要是针对致泻大肠埃希氏菌的检验。

1. 方法原理

大肠杆菌经过增菌后，用麦康凯或者伊红美蓝平板分离，选取典型菌落做生化试验进行鉴别，根据其生理生化特征和血清学试验作出判断。

2. 检验程序

致泻大肠埃希氏菌检验程序如图2-8-3所示。

3. 操作步骤

（1）增菌　样品采集后应尽快检验。除了易腐食品在检验之前需预冷藏外，一般

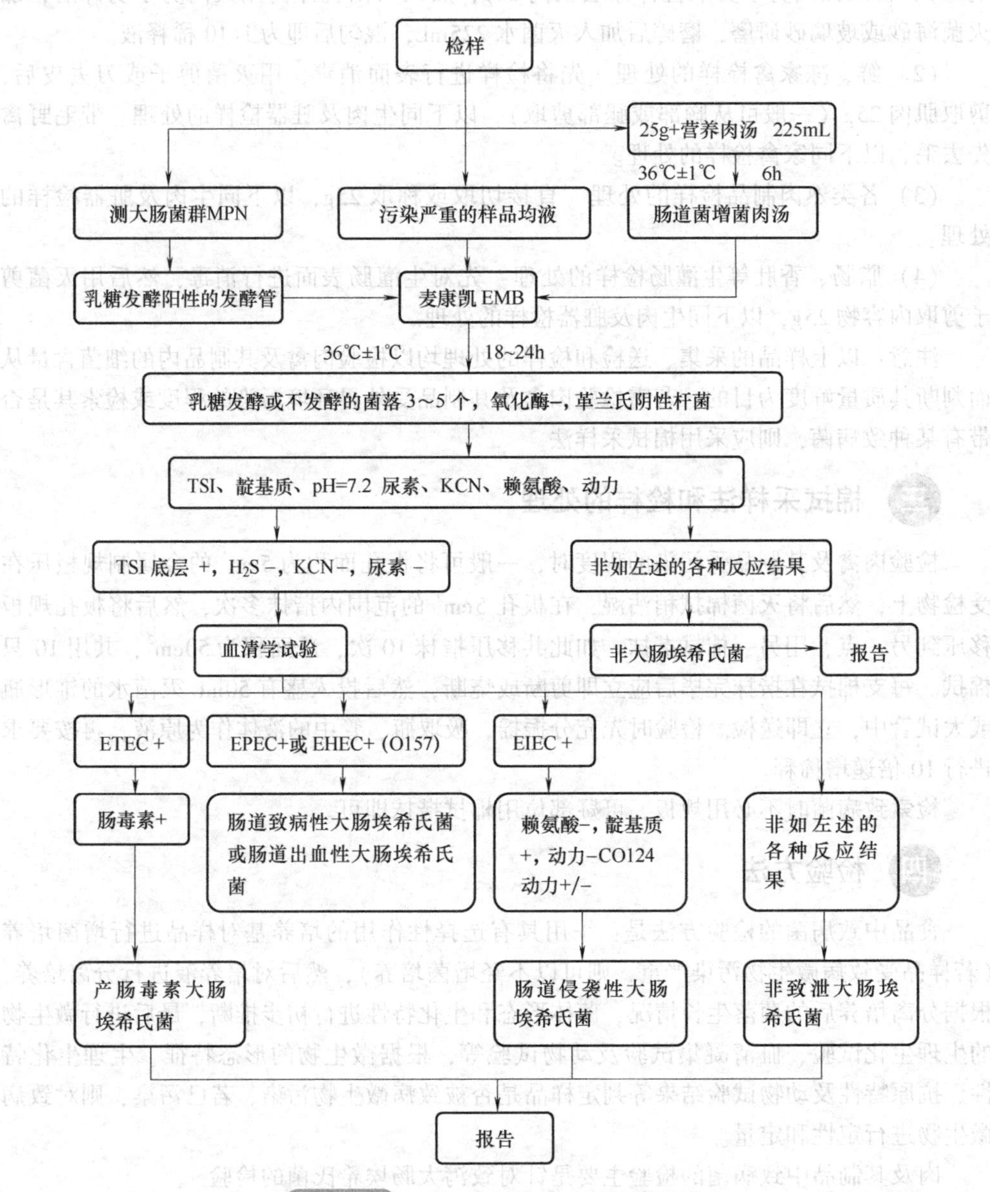

图 2-8-3　致泻大肠埃希氏菌检验程序

食品不需冷藏。以无菌操作称取检样 25g，加在 225mL 营养肉汤中，以均质器打碎 1min 或用乳钵加灭菌砂磨碎，从中取出适量，接种乳糖胆盐培养基，以测定大肠菌群 MPN，其余的移入 500mL 广口瓶内，于 36℃ ±1℃培养 6h。挑取 1 环，接种于 1 管 30mL 肠道菌增菌肉汤内，于 42℃培养 18h。

（2）分离　将乳糖发酵阳性的乳糖胆盐发酵管和增菌液分别划线接种于麦康凯或伊红美蓝琼脂平板。对于污染严重的检样，可将检样均液直接划线接种麦康凯或伊红美蓝平板，于36℃ ±1℃培养18 ~24h，观察菌落。不但要注意乳糖发酵的菌落，而且要注意乳糖不发酵和迟缓发酵的菌落。

（3）生化试验

1）自鉴别平板上直接挑取数个菌落，分别接种三糖铁琼脂（TSI）或克氏双糖铁琼脂（KI），同时将这些培养物分别接种蛋白胨水、半固体、pH =7.2 的尿素琼脂、KCN 肉汤和赖氨酸脱羧酶试验培养基。以上培养物均在36℃ ±1℃培养18 ~24h。

2）TSI 斜面产酸或不产酸、底层产酸、H_2S 阴性、KCN 阴性和尿素阴性的培养物为大肠埃希氏菌。TSI 底层不产酸，或 H_2S、KCN、尿素有任一项为阳性的培养物，均不是大肠埃希氏菌。必要时做氧化酶试验和革兰氏染色。

（4）血清学试验

1）假定试验：挑取经生化试验证实为大肠埃希氏菌的琼脂培养物，用致病性大肠埃希氏菌、侵袭性大肠埃希氏菌和产肠毒素大肠埃希氏菌多价 O 血清和出血性大肠埃希氏菌 O157 血清做玻片凝集试验，当与某一种多价 O 血清凝集时，再与该多价血清所包含的单价 O 血清做试验。致泻大肠埃希氏菌所包括的 O 抗原群见表2-8-7。若与某一个单价 O 血清呈现强凝集反应，则为假定试验阳性。

2）证实试验：制备 O 抗原悬液，稀释至与 Mac Farland 3 号比浊管相当的浓度。原效价为1∶160 ~1∶320 的 O 血清，用质量分数为0.5% 的盐水稀释至1∶40。将稀释血清与抗原悬液在10mm ×75mm 试管内等量混合，做单管凝集试验。混匀后放于50℃水浴箱内，16h 后观察结果，若出现凝集现象，则可证实为该 O 抗原。

表2-8-7　致泻大肠埃希氏菌所包括的 O 抗原群

大肠埃希氏菌的种类	所包括的 O 抗原群
EPEC	O26，O55，O86，O111ab，O114，O119，O125ac，O127，O128ab，O142，O158
EHEC	O157
EIEC	O28ac，O29，O112ac，O115，O124，O135，O136，O143，O144，O152，O164，O167
ETEC	O6，O11，O15，O20，O25，O27，O63，O78，O85，O114，O115，O126，O128ac，O148，O149，O159，O166，O167

（5）肠毒素试验

1）酶联免疫吸附试验检测 LT 和 ST

① 产毒培养：将试验菌株和阳性及阴性对照菌株分别接种于0.6mL CAYE 培养基内，于37℃振荡培养过夜，次日加入20000IU/mL 的多黏菌素80.05mL，于37℃保温1h，然后以4000r/min 的转速离心15min，分离上清液，加入质量分数为0.1% 的硫柳汞0.05mL，于4℃保存待用。

② LT 检测方法（双抗体夹心法）

a. 包被：先在产肠毒素大肠埃希氏菌 LT 和 ST 酶标诊断试剂盒中取出包被用 LT 抗

体管，加入包被液0.5mL，混匀后将其全部吸出，置于3.6mL包被液中混匀，然后以每孔100μL的量加入到40孔聚苯乙烯硬反应板中，第一孔留空作对照，于4℃冰箱湿盒中过夜。

b. 洗板：将板中溶液甩去，用洗涤液Ⅰ洗3次，甩尽液体，翻转反应板，在吸水纸上拍打，去尽孔中残留的液体。

c. 封闭：每孔加100μL封闭液，于37℃水浴中保温1h。

d. 洗板：用洗涤液Ⅱ洗3次，操作同上。

e. 加样本：每孔分别加各种试验菌株产毒培养液100mL，于37℃水浴中保温1h。

f. 洗板：用洗涤液Ⅱ洗3次，操作同上。

g. 加酶标抗体：先在酶标LT抗体管中加0.5mL稀释液，混匀后将其全部吸出，置于3.6mL稀释液中混匀，每孔加100μL，于37℃水浴中保温1h。

h. 洗板：用洗涤液Ⅱ洗3次，操作同上。

i. 酶底物反应：每孔（包括第一孔）各加基质液100μL，在室温下避光作用5～10min，然后加入终止液50μL。

j. 结果判定：以酶标仪在波长492nm下测定吸光度 *OD* 值，若待测标本 *OD* 值大于阴性对照3倍以上则为阳性，若目测颜色为橘黄色或明显高于阴性对照则为阳性。

③ ST检测方法（抗原竞争法）

a. 包被：先向包被用ST抗原管中加0.5mL包被液，混匀后将其全部吸出，置于1.6mL包被液中混匀，然后将其以每孔50μL的量加入40孔聚苯乙烯软反应板中。加液后轻轻敲板，使液体布满孔底。第一孔留空作对照，置于4℃冰箱湿盒中过夜。

b. 洗板：用洗涤液Ⅰ洗3次，操作同上。

c. 封闭：每孔加100μL封闭液，于37℃水浴中保温1h。

d. 洗板：用洗涤液Ⅱ洗3次，操作同上。

e. 加样本及ST单克隆抗体：每孔分别加各试验菌株产毒培养液50μL和稀释的ST单克隆抗体50μL（先在ST单克隆抗体管中加0.5mL稀释液，混匀后将其全部吸出，置于1.6mL稀释液中，混匀后备用），于37℃水浴中保温1h。

f. 洗板：用洗涤液Ⅱ洗3次，操作同上。

g. 加酶标记兔抗鼠Ig复合物：先在酶标记兔抗鼠Ig复合物管中加0.5mL稀释液，混匀后将其全部吸出，置于3.6mL稀释液中混匀，每孔加100μL，于37℃水浴中保温1h。

h. 洗板：用洗涤液Ⅱ洗3次，操作同上。

i. 酶底物反应：每孔（包括第一孔）各加基质液100μL，于室温下避光5～10min，再加入终止液50μL。

j. 结果判定：以酶标仪在波长492nm下测定吸光度（*OD*）值：

$$吸光度值 = \frac{阴性对照\ OD\ 值 - 待测样本\ OD\ 值}{阴性对照\ OD\ 值} \times 100\%$$

吸光度值大于或等于50%时为阳性，目测无色或明显淡于阴性对照时为阳性。

2）双向琼脂扩散试验检测LT：将被检菌株按五点环形接种于Elek氏培养基上，

以同样的操作，共做2份，于36℃培养48h。在每株菌的菌苔上放多黏菌素B纸片，于36℃保持5～6h，使肠毒素渗入琼脂中，然后在五点环形菌苔各5mm处的中央挖一个直径为4mm的圆孔，并用一滴琼脂垫底。在平板的中央孔内滴加LT抗毒素30μL，用已知产LT和不产毒菌株作对照，于36℃保持15～20h后观察结果。在菌斑和抗毒素孔之间出现白色沉淀带者为阳性，无沉淀带者为阴性。

3）乳鼠灌胃试验检测ST：将被检菌株接种于Honda氏产毒肉汤内，于36℃培养24h，然后以3000r/min的转速离心30min，取上清液用薄膜滤器过滤，将滤液于60℃加热30min，再向每1mL滤液内加入质量分数为2%的伊文思蓝溶液0.02mL。用塑料小管向出生1～4天的乳鼠的胃内注入0.1mL该滤液，同时接种三四只，禁食3～4h后用三氯甲烷将其麻醉，取出全部肠管，称量肠管（包括积液）重量及剩余体重。肠管重量与剩余体重之比大于0.09的为阳性，为0.07～0.09的属于可疑。

4. 结果报告

根据以上试验结果综合判断试样中是否检出大肠杆菌，报告为样品检出（或者未检出）大肠杆菌。

第九章　调味品、酱腌制品的检验

第一节　调味品及酱腌制品的感官检验

酿造类调味品是以含有较丰富的蛋白质和淀粉等成分的粮食为主要原料，经过处理后进行发酵，即借助有关微生物酶的作用产生一系列生物化学变化，将其转变为各种复杂的有机物而制成的食品。此类调味品主要包括酱油、食醋、酱、豆豉、豆腐乳等。

酱腌菜类调味品是以新鲜的蔬菜为主要原料，采用不同的腌渍工艺而制成的，并通过有关微生物及鲜菜细胞内酶的作用，将蔬菜体内的蛋白质及部分碳水化合物等转变成氨基酸、糖分、香气及色素。此类调味品包括酱菜、咸菜、榨菜、泡菜、梅干菜等。

其他常用的调味料如食盐、味精、糖、黄酒、咖喱、五香粉等，品种繁多。

感官检验方法

1. 酿造酱油、食醋的感官检验

取2mL试样置于25mL具塞比色管中，加水至刻度，振摇观察色泽、澄明度，应不混浊，无沉淀物。

取30mL试样置于50mL烧杯中观察，应无霉味，无霉花浮膜，食醋还应无悬浮物和“醋鳗”；用玻璃棒搅拌烧杯中试样后，尝其味，不得有不良气味与异味。

2. 酱的感官检验

称取10g试样置于培养皿中，用玻璃棒搅拌铺平后观察，应有酱正常的色泽，无不良气味和杂质；用玻璃棒蘸试样，尝其味，不得有酸、苦、焦煳等异味。

3. 食盐的感官检验

将试样均匀地铺在一张白纸上，观察其颜色，应为白色或白色带淡灰色（或淡黄色），加有抗结剂铁氰化钾的为淡蓝色，不应有肉眼可见的外来机械杂质。

取约20g试样置于瓷乳钵中，研碎后立即检查，不应有气味。

取约5g试样，用100mL温水溶解，其水溶液应具有纯净的咸味，无其他异味。

4. 味精的感官检验

将味精平铺在一张白纸上，观察其颜色，应为白色结晶，无夹杂物；尝其味，应无异味。

5. 酱腌菜的感官检验

取适量，经观察和品尝，应具有该产品固有的色、香、味，无外来杂质，无不良气味，不得有霉斑、白膜。

 感官检验指标

1. 酿造酱油

酱油的感官特性应符合表2-9-1的规定。

表2-9-1　酿造酱油的感官特性

项目	要求							
	高盐稀态发酵酱油（含固稀发酵酱油）				低盐固态发酵酱油			
	特级	一级	二级	三级	特级	一级	二级	三级
色泽	红褐色或浅红褐色，色泽鲜艳有光泽		红褐色或浅红褐色		鲜艳的深红褐色，有光泽	红褐色或棕褐色，有光泽	红褐色或棕褐色	棕褐色
香气	浓郁的酱香及酯香气	较浓郁的酱香及酯香气	有酱香及酯香气		酱香浓郁，无不良气味	酱香较浓郁，无不良气味	有酱香，无不良气味	微有酱香,无不良气味
滋味	味鲜美、醇厚，鲜、咸、甜适口		味鲜，咸、甜适口	鲜、咸适口	味鲜美，醇厚，咸味适口	味鲜美，咸味适口	味较鲜，咸味适口	鲜、咸适口
体态	澄清							

2. 酿造食醋

酿造食醋的感官特性应符合表2-9-2的规定。

表2-9-2　酿造食醋的感官特性

项目	要求	
	固态发酵食醋	液态发酵食醋
色泽	琥珀色或红棕色	具有该品种固有的色泽
香气	具有固态发酵食醋特有的香气	具有该品种特有的香气
滋味	酸味柔和，回味绵长，无异味	酸味柔和，无异味
体态	澄清	

第二节　食盐中水不溶物的测定

食盐中水不溶物的主要成分是钙、镁、钡盐及沙尘等。其含量是衡量食盐质量的一项指标，其生理功能意义不大。当不溶物的含量过高时，会使食盐的质量下降，口味不佳。《食用盐卫生标准》（GB 2721—2003）规定，普通盐中不溶物的含量小于或等于0.4g/100g，精制盐中不溶物的含量小于或等于0.1g/100g。

1. 方法原理

试样溶解后，过滤，至沉淀及滤纸无氯离子反应为止。将沉淀及滤纸在100℃ ±

5℃干燥至恒重，计算。

2. 分析步骤

1）预先取 ϕ12.5cm（或 ϕ9cm）快速定量滤纸，折叠后放于高型称量瓶中，将滤纸连同称量瓶在 100℃ ±5℃烘至恒重。

2）称取 25.00g 试样，置于 400mL 烧杯中，加约 200mL 水，置于沸水浴上加热，用玻璃棒不断搅拌使其全部溶解。

3）将上一步制得的溶液通过恒量滤纸过滤，将滤液收集于 500mL 容量瓶中，用热水反复冲洗沉淀及滤纸，至无氯离子反应为止［加 1 滴硝酸银（50g/L）溶液，无白色混浊为止］，然后加水至刻度，混匀，此液留作其他项目测定用。

4）将沉淀和滤纸置于已干燥至恒重的高型称量瓶中，在 100℃ ±5℃干燥至恒重，首次干燥 1h，以后每次干燥 0.5h。取出，置于干燥器中冷却 0.5h，称量，至两次称量结果之差不超过 0.0010g。

3. 分析结果表述

试样中水不溶物的含量按式（2-9-1）计算。

$$X = \frac{m_1 - m_2}{m_3} \times 100 \qquad (2\text{-}9\text{-}1)$$

式中　X——试样中水不溶物的含量（g/100g）；

m_1——称量瓶和带有水不溶物的滤纸的质量（g）；

m_2——称量瓶和滤纸的质量（g）；

m_3——试样的质量（g）。

计算结果保留两位有效数字。在重复性条件下获得两次独立测定结果的绝对差值不得超过算数平均值的 5%。

第三节　酱油中食盐的测定

食盐的主要成分为氯化钠，作为调味品是人们生活中的必需品。食盐也是酱油生产的重要原料之一。它使酱油具有适当的咸味，并且具有杀菌防腐的作用，可以在一定程度上在发酵过程中减少杂菌的污染。一般酱油中氯化钠的含量大于或等于 15g/mL。依据《酱油卫生标准的分析方法》（GB/T 5009.39—2003），酱油中氯化钠的测定采用莫尔法。

1. 方法原理

用硝酸银标准溶液滴定试样中的氯化钠，生成氯化银沉淀，待全部氯化银沉淀后，过量的硝酸银与铬酸钾指示剂生成铬酸银，使溶液呈橘红色即为终点。根据硝酸银标准滴定溶液消耗量计算氯化钠的含量。

2. 分析步骤

吸取 5mL 样品置于 100mL 容量瓶中，加水至刻度，混匀后从中吸取 2.0mL，置于 150～200mL 锥形瓶中，加 100mL 水及 1mL 质量浓度为 50g/L 的铬酸钾溶液，混匀，用 0.100mol/L 的硝酸银标准溶液滴定至初显橘红色。量取 100mL 水，同时做试剂空白试验。

3. 分析结果表述

试样中食盐（以氯化钠计）的含量按式（2-9-2）计算。

$$X=\frac{(V_1-V_2)\times c\times 0.0585}{5\times\frac{2}{100}}\times 100 \quad (2\text{-}9\text{-}2)$$

式中　X——试样中食盐（以氯化钠计）的含量（g/100mL）；

V_1——测定试样稀释液消耗硝酸银标准滴定溶液的体积（mL）；

V_2——试剂空白消耗硝酸银标准滴定溶液的体积（mL）；

c——硝酸银标准滴定溶液的浓度（mol/L）；

0.0585——与1.00mL硝酸银标准溶液[$c(AgNO_3)=0.100$ mol/L]相当的氯化钠的质量（g/mmol）。

结果保留三位有效数字。在重复性条件下获得的两次独立测定的绝对差值不得超过算术平均值的10%。

第四节　酱油中无盐固形物的测定

酱油是具有酸、甜、苦、鲜、咸等味道的大众生活调味品。食盐代表了其中的咸味，酱油中食盐的平均含量约为18g/100mL；以乳酸为主的有机酸代表了酸味；以葡萄糖为主的糖类、糖醇及氨基酸等代表了其中的甜味；苦味不仅有亮氨酸等苦味氨基酸和小分子肽类，还包括酱油本身的味道；鲜味主要指谷氨酸、甘氨酸及丙氨酸等氨基酸。这些成分除食盐外，在酿造过程中大量生成，形成了酱油中可溶性的固形物质。用国标法或挥发法测得的酱油中的可溶性无盐固形物，不包括挥发性有机酸及醇类等物质，因为这些成分在测定过程中已经被挥发掉了。在特定的酿造工艺条件下，酱油中可溶性无盐固形物的含量几乎是固定的。因此，可溶性无盐固形物的含量代表了酱油的质量等级。这些成分的含量越多，说明可溶性固形物的含量越高。《酿造酱油》（GB 18186—2000）中规定，高盐稀态发酵酱油三级指标可溶性固形物的含量大于或等于8.00g/100mL，低盐固态发酵酱油三级指标可溶性固形物的含量大于或等于10.00g/100mL。

酱油中可溶性无盐固形物的含量是指其中的可溶性总固形物含量减去食盐含量后所得的差值，是判定酱油质量的一项重要指标。其测定方法为重量法。

1. 方法原理

用直接干燥法测得可溶性总固形物的含量，减去食盐的含量即为可溶性无盐固形物的含量。

2. 分析步骤

（1）试液的制备　将样品充分振摇后，用滤纸滤入干燥的250mL锥形瓶中备用。

（2）可溶性总固形物的测定　吸取滤液10.00mL置于100mL容量瓶中，加水稀释至刻度，摇匀。吸取稀释液5mL置于已烘至恒重的称量瓶中，移入103℃±2℃电热恒温干燥箱中，将瓶盖置于瓶边，干燥4h后，将瓶盖盖好，取出，在干燥器内冷却至室温，称量。再烘0.5h，冷却，称量，直至两次称量差不超过1mg，即为恒重。

（3）氯化钠的测定　按本章第三节操作。

3. 分析结果表述

（1）样品中可溶性总固形物的含量

$$X_2 = \frac{m_2 - m_1}{10 \times \frac{5}{100}} \times 100 \quad (2\text{-}9\text{-}3)$$

式中　X_2——样品中可溶性总固形物的含量（g/100mL）；

m_2——恒重后可溶性总固形物和称量瓶的质量（g）；

m_1——称量瓶的质量（g）。

（2）样品中可溶性无盐固形物的含量

$$X = X_2 - X_1 \quad (2\text{-}9\text{-}4)$$

式中　X——样品中可溶性无盐固形物的含量（g/100mL）；

X_2——样品中可溶性总固形物的含量（g/100mL）；

X_1——样品中氯化钠的含量（g/100mL）。

第五节　调味品及酱腌制品中氨基酸态氮的测定

调味品及酱腌制品以其味道鲜美的显著特征，成为日常生活的必需品，而其呈鲜的物质基础即为氨基酸与食盐。与此同时，氨基酸与糖类物质在高温条件下，也可发生呈色反应，赋予调味品及酱腌制品鲜艳的红色。调味品及酱腌制品中氨基酸的含量主要通过测定其中氮元素的含量，来间接测定。

氨基酸态氮的含量也是衡量酱油质量优劣的重要指标。氨基酸态氮是富含的蛋白质发酵酿造分解的产物，是酱油重要营养成分之一。国家标准规定，酱油中氨基酸态氮的含量应大于或等于0.4g/100mL。

依据《酱油卫生标准的分析方法》（GB/T 5009.39—2003），氨基酸态氮的测定方法有甲醛值法（第一法）和比色法（第二法）两种。

甲醛值法

1. 方法原理

利用氨基酸的两性作用，加入甲醛以固定氨基的碱性，使羧基显示出酸性，用氢氧化钠标准溶液滴定后定量，以酸度计指示终点。

2. 分析步骤

1）吸取5.0mL试样，置于100mL容量瓶中，加水至刻度，混匀后吸取20.0mL，置于200mL烧杯中，加60mL水，开动磁力搅拌器，用氢氧化钠标准溶液［c（NaOH）=0.050mol/L］滴定至酸度计指示pH=8.2，记下消耗氢氧化钠标准溶液的毫升数，可计算总酸的含量。

2）加入10.0mL甲醛溶液，混匀，再用氢氧化钠标准溶液继续滴定至pH=9.2，记下消耗氢氧化钠标准溶液的毫升数。

3）同时取80mL水，先用氢氧化钠标准溶液调节至pH=8.2，再加入10.0mL甲醛溶液，用氢氧化钠标准溶液滴定至pH=9.2，做试剂空白试验。

3. 分析结果表述

试样中氨基酸态氮的含量按式（2-9-5）进行计算。

$$X=\frac{(V_1-V_2)\times c\times 0.014}{5\times\frac{V_3}{100}}\times 100 \tag{2-9-5}$$

式中　X——试样中氨基酸态氮的含量（g/100mL）；

V_1——测定用试样稀释液加入甲醛后消耗氢氧化钠标准溶液的体积（mL）；

V_2——试剂空白试验加入甲醛后消耗氢氧化钠标准溶液的体积（mL）；

V_3——试样稀释液取用量（mL）；

c——氢氧化钠标准溶液的浓度（mol/L）；

0.014——与1.00mL氢氧化钠标准溶液［c（NaOH）=1.000mol/L］相当的氮的质量（g/mmol）。

计算结果保留两位有效数字。在重复性条件下获得的两次独立测定结果的绝对差值不得超过算术平均值的10%。

4. 说明

1）加入甲醛溶液后立即滴定，防止时间过久甲醛聚合而影响测定结果的准确性。

2）将测定的氨基酸态氮乘以蛋白质系数，可求得样品的蛋白质含量。

3）甲醛值法可以同时测定酱油中的总酸度，根据滴定至pH=8.2时所消耗的氢氧化钠滴定溶液的体积来计算。

二　比色法

1. 方法原理

在pH=4.8的乙酸钠-乙酸缓冲溶液中，氨基酸态氮与乙酰丙酮和甲醛反应生成黄色的3，5-二乙酰-2，6二甲基-1，4二氢化吡啶氨基酸衍生物，在波长400nm处测定吸光度，与标准系列溶液比较定量。

2. 分析步骤

（1）试样的制备　精密吸取1.0mL试样置于50mL容量瓶中，加水稀释至刻度，混匀。

（2）标准曲线的绘制　精密吸取氨氮标准使用溶液0mL、0.05mL、0.1mL、0.2mL，0.4mL、0.6mL、0.8、1.0mL（相当于氨基氮0μg、5.0μg、10.0μg、20.0μg、40.0μg、60.0μg、80.0μg、100.0μg）分别置于10mL比色管中，然后向各比色管中分别加入4mL乙酸钠-乙酸缓冲溶液（pH=4.8）及4mL显色剂（15mL体积分数为37%的甲醇与7.8mL乙酰丙酮混合，加水稀释至100mL，剧烈振摇混匀，室温下放置稳定三日），用水稀释至刻度，混匀，置于100℃水浴中加热15min后取出，冷却至室温后，移入 1cm 比色皿内，以零管为参比，于波长 400nm 处测量吸光度，绘制标准曲线或计算直线回归方程。

(3) 试样的测定　精密吸取 2mL 试样稀释溶液（约相当于氨基酸态氮 100μg）置于 10mL 比色管中，以下按标准曲线的绘制中自“加入 4mL 乙酸钠-乙酸缓冲溶液（pH 4.8）及 4mL 显色剂”起进行操作，将试样吸光度与标准曲线比较定量或代入标准回归方程，计算试样含量。

3. 分析结果表述

试样中氨基酸态氮的含量按式（2-9-6）计算。

$$X = \frac{m}{V_1 \times \frac{V_2}{50} \times 1000 \times 1000} \times 100 \tag{2-9-6}$$

式中　X——试样中氨基酸态氮的含量（g/100mL）；

V_1——试样体积（mL）；

V_2——测定用试样溶液的体积（mL）；

m——试样测定液中氮的质量（μg）。

在重复性条件下获得的两次独立测定结果的绝对差值不得超过算术平均值的 10%。

4. 说明

本方法适用于酱油中氨基酸态氮含量的测定，同时也适用于酱、酱菜、虾油、虾酱、饮料、发酵酒等样品中氨基酸态氮含量的测定。

第六节　酱油中铵盐的测定

酱油中铵盐的主要来源有两种：一种是蛋白质的分解物，如酱油中的细菌就可将酱油中蛋白质分解而产生游离的无机铵；另一种是加入酱色时带入的，因为酱色制造时需用铵盐作接触剂。测定酱油中铵盐的含量具有两方面意义：一方面是不允许酱油中有较多的铵盐混杂，另一方面可以正确估计氨基酸态氮和总酸的含量。《酿造酱油》（GB 18186—2000）中规定酱油中铵盐的含量不得超过氨基酸态氮含量的 30%。

依据《酱油卫生标准的分析方法》（GB/T 5009.39—2003），铵盐的测定方法为半微量定氮法。

1. 方法原理

试样在碱性溶液中加热蒸馏，使氨游离出来，用硼酸溶液吸收，然后用盐酸标准溶液滴定并计算含量。

2. 分析步骤

吸取 2mL 试样，置于 500mL 蒸馏瓶中，加约 150mL 水及约 1g 氧化镁，连接好蒸馏装置，并使冷凝管下端的连接弯管伸入接收瓶液面下，接收瓶内盛有 10mL 质量浓度为 20g/L 的硼酸溶液及 2 滴或 3 滴混合指示液（甲基红-乙醇溶液 1 份与溴甲酚绿-乙醇溶液 5 份临用时混合），加热蒸馏，由沸腾开始计时约 30min，停止蒸馏，用少量水冲洗弯管，以盐酸标准溶液［c（HCl）=0.100mol/L］滴定至终点。

取同量的水、氧化镁、硼酸溶液，按同一方法做试剂空白试验。

3. 分析结果表述

试样中铵盐的含量按式（2-9-7）计算。

$$X=\frac{(V_1-V_2)\times c\times 0.017}{V_3}\times 100 \tag{2-9-7}$$

式中　X——试样中铵盐的含量（g/100mL）；

V_1——测定用试样消耗盐酸标准溶液的体积（mL）；

V_2——试剂空白消耗盐酸标准溶液的体积（mL）；

c——盐酸标准溶液的实际浓度（mol/L）；

0.017——与1.00mL盐酸标准溶液［c（HCl）=1.000mol/L］相当的铵盐（以氨计）的质量（g/mmol）；

V_3——试样体积（mL）。

计算结果保留两位有效数字。重复性条件下获得两次独立测定结果的绝对差值不得超过算术平均值的10%。

第七节　调味品中硫酸盐的测定

食盐中的硫酸盐多以硫酸钠或硫酸镁的形式存在，过多则味苦，甚至引起轻微腹泻。《食用盐卫生标准》（GB 2721—2003）中规定硫酸盐（以SO_4^{2-}计）的含量应小于或等于2g/100g。

在味精生产中，硫酸盐的含量是一个主要的控制指标。根据《谷氨酸钠（味精）》（GB/T 8967—2007）的规定，成品味精中硫酸盐的含量应小于或等于0.05g/100g。在味精生产的中间产品（发酵液、母液、结晶料液）中含有大量的硫酸根离子，因此控制硫酸盐含量显得尤为重要。

依据《食盐卫生标准的分析方法》（GB/T 5009.42—2003），硫酸盐含量的测定方法为铬酸钡法。

1. 方法原理

铬酸钡溶解于稀盐酸中，可与样液中微量的硫酸根生成硫酸钡沉淀，溶液中和后，多余的铬酸钡及生成的硫酸钡呈沉淀状态，将其过滤除去，而滤液中则含有被硫酸根取代的铬酸离子，与标准系列溶液比较定量。

2. 分析步骤

吸取10.0~20.0mL滤液（本章第二节制得的滤液），置于150mL锥形瓶中，加水至50mL。

吸取0mL、0.50mL、1.0mL、3.0mL、5.0mL、7.0mL硫酸盐标准溶液（相当于0mg、0.50mg、1.0mg、3.0mg、5.0mg、7.0mg硫酸根），分别置于锥形瓶中，各加水至50mL，然后向每瓶中加入3~5粒玻璃珠（以防爆沸）及1mL(1+4）盐酸溶液，加热煮沸5min，再分别加入2.5mL铬酸钡混悬液（称取19.44g铬酸钾与24.44g氯化钡

($BaCl_2 \cdot 2H_2O$)，分别溶于1000mL水中，加热至沸，然后将两溶液共同倾入大烧杯中，生成黄色铬酸钡沉淀。待沉淀沉降后，倾出上层液体，然后用1000mL水洗涤沉淀5次，最后加水至1000mL形成混悬液，在每次使用前混匀)，煮沸5min，使铬酸钡和硫酸根生成硫酸钡沉淀。取下锥形瓶放冷，向每瓶内逐滴加入（1+2）氨水，中和至呈柠檬黄色为止，再分别过滤于50mL具塞比色管中，用水洗涤三次，将洗液收集于比色管中，最后用水稀释至刻度。用1cm比色皿以零管调节零点，于420nm处，测定吸光度，绘制标准曲线进行比较。

3. 分析结果表述

试样中硫酸盐的含量（以硫酸根计）按式（2-9-8）计算。

$$X = \frac{m_1}{m_2 \times \frac{V}{500} \times 1000} \times 100 \tag{2-9-8}$$

式中 X——试样中硫酸盐的含量（以硫酸根计）(g/100g)；

V——测定时试样稀释液的体积（mL）；

500——试样的总体积（mL）；

m_1——测定用试样相当硫酸盐的质量（mg）；

m_2——试样的质量（g）。

计算结果保留两位有效数字。重复性条件下获得两次独立测定结果的绝对差值不得超过算术平均值的10%。

第八节　食盐中亚铁氰化钾的测定

亚铁氰化钾是一种抗结剂，在“绿色”标志的食品中禁止使用。食盐中添加亚铁氰化钾可以防止食盐因水分含量高而结块。《食用盐》（GB 5461—2000）规定，食盐中亚铁氰化钾的最大使用量为10.0mg/kg。

依据《食盐卫生标准的分析方法》（GB/T 5009.42—2003），亚铁氰化钾的测定方法为硫酸亚铁法。

1. 方法原理

亚铁氰化钾在酸性条件下，与硫酸亚铁生成蓝色复盐，与标准比较定量。其最低检出质量浓度为1.0mg/kg。

2. 分析步骤

称取10.00g试样溶于水中，移入50mL容量瓶中，加水至刻度，混匀，过滤，弃去初滤液，然后吸取25.0mL滤液置于比色管中。

吸取0mL、0.1mL、0.2mL、0.3mL、0.4mL亚铁氰化钾标准使用液（相当于0μg、10.0μg、20.0μg、30.0μg、40.0μg亚铁氰化钾），分别置于25.0mL比色管中，加水至刻度。

试样管和标准比色管各加2mL硫酸亚铁溶液（80g/L）及1mL稀硫酸（量取5.7mL硫酸，倒入50mL水中，冷后加水至100mL），混匀，20min后，用3cm比色杯，以零管调节零点，于波长 670nm 处测吸光度，绘制标准曲线，从标准曲线上查出试样含量，或与标准色列目测比较。

3. 分析结果表述

试样中亚铁氰化钾的含量按式（2-9-9）计算。

$$X=\frac{m_1\times1000}{m_2\times\frac{25}{50}\times1000\times1000} \tag{2-9-9}$$

式中　X——试样中亚铁氰化钾的含量（g/kg）；

m_1——测定用样液中亚铁氰化钾的质量（μg）；

m_2——试样的质量（g）。

计算结果保留两位有效数字。重复性条件下获得两次独立测定结果的绝对差值不得超过算术平均值的 10%。

第九节　调味品中谷氨酸钠的测定

谷氨酸钠（$C_5H_8NO_4Na$），化学名为 α-氨基戊二酸一钠，是味精的主要成分。其含量是决定味精品质的重要指标。目前，测定谷氨酸钠含量的方法有旋光计法、酸度计法、高氯酸非水滴定法。前两种方法为《味精卫生标准的分析方法》（GB/T 5009.43—2003）规定的测定方法。味精中的氯化钠和核苷酸会影响谷氨酸钠的旋光度，并且味精中掺杂蔗糖、淀粉时无法用旋光计法测定。酸度计法设备简单、操作方便，但是味精中若有铵盐，则会影响其测定结果的准确性。高氯酸非水滴定法能够有效排除蔗糖、淀粉等这些具有旋光性或水不溶性物质的干扰。

 旋光计法

1. 方法原理

谷氨酸钠分子结构中含有一个不对称碳原子，具有旋转偏光振动平面的能力，即具有光学活动性，旋转通过其间的偏振光线的偏光平面的能力，以角度表示即为旋光度，可用旋光计观察。

2. 仪器

旋光计。

3. 分析步骤

称取约 5.0g 充分混匀的试样置于烧杯中，加 20～30mL 水，再加 16mL(1+1) 盐酸溶液，溶解后移入 50mL 容量瓶中，加水至刻度，摇匀。

将该溶液置于长度为 2dm 的旋光管内观察旋光度，同时测定旋光管内溶液的温度。若温度低于或高于 20℃，则需在校正后计算。

4. 分析结果表述

1）当温度为 20℃ 时，试样中谷氨酸钠（含 1 分子结晶水）的含量直接按式(2-9-10)计算。

$$X_1 = \frac{d_{20} \times 50 \times 187.13}{5 \times 2 \times 32 \times 147.13} \times 100 \qquad (2\text{-}9\text{-}10)$$

式中 X_1——试样中谷氨酸钠的含量（含1分子结晶水）（g/100g）；

d_{20}——20℃时观察所得的旋光度；

32——纯谷氨酸钠20℃时的比旋度；

187.13——谷氨酸钠（含1分子结晶水）的相对分子质量；

147.13——谷氨酸的相对分子质量；

2——旋光管长度（dm）。

若温度不在20℃，需进行校正。t℃时纯谷氨酸的比旋光度按式（2-9-11）计算。

$$[d_t] = [32 + 0.06 \times (20 - t)] \times 147.13/187.13 = 25.16 + 0.047 \times (20 - t) \qquad (2\text{-}9\text{-}11)$$

2）试样中谷氨酸钠（含1分子结晶水）的含量按式（2-9-12）计算。

$$X_2 = \frac{d_t \times 50 \times 100}{5 \times 2 \times [25.16 + 0.047 \times (20 - t)]} \qquad (2\text{-}9\text{-}12)$$

式中 X_2——试样中谷氨酸钠的含量（含1分子结晶水）（g/100g）；

d_t——t℃时观察所得的旋光度；

t——测定时的温度（℃）。

计算结果保留三位有效数字。重复性条件下获得的两次独立测定结果的绝对差值不得超过算术平均值的10%。

酸度计法

1. 方法原理

同本章第五节氨基酸态氮含量测定中的甲醛值法。

2. 分析步骤

称取0.5g试样，置于200mL烧杯中，加60mL水，开动磁力搅拌器，用氢氧化钠标准溶液［c（NaOH）=0.050mol/L］滴定至酸度计指示pH=8.2，记下消耗氢氧化钠标准溶液的体积。

加入10.0mL甲醛溶液，混匀，再用氢氧化钠标准溶液继续滴定至pH=9.2，记下消耗氢氧化钠标准溶液的体积。

同时取60mL水，先用氢氧化钠标准溶液调节至pH=8.2，再加入10.0mL甲醛溶液，用氢氧化钠标准溶液滴定至pH=9.2，做试剂空白试验。

3. 分析结果表述

试样中谷氨酸钠（含1分子结晶水）的含量按式（2-9-13）计算。

$$X_3 = \frac{(V_1 - V_2) \times c \times 0.187}{m} \times 100 \qquad (2\text{-}9\text{-}13)$$

式中 X_3——试样中谷氨酸钠（含1分子结晶水）的含量（g/100g）；

m——试样质量（g）；

V_1——测定用试样稀释液加入甲醛后消耗氢氧化钠标准溶液的体积（mL）；

V_2——试剂空白加入甲醛后消耗氢氧化钠标准溶液的体积（mL）；

c——氢氧化钠标准溶液的浓度（mol/L）；

0.187——与1.00mL氢氧化钠标准溶液［c（NaOH）=1.000mol/L］相当的含1分子结晶水谷氨酸钠的质量（g/mmol）。

计算结果保留三位有效数字。重复性条件下获得的两次独立测定结果的绝对差值不得超过算术平均值的100%。

三　高氯酸非水滴定法

1. 方法原理

在乙酸存在的情况下，用高氯酸标准溶液滴定样品中的谷氨酸钠，以电位滴定法确定其终点，或以α-萘酚苯基甲醇为指示剂，滴定溶液至绿色为其终点。

2. 分析步骤

（1）电位滴定法　按仪器使用说明书处理电极和校正电位滴定仪。用小烧杯称取试样0.15g，精确至0.0001g，加甲酸3mL，搅拌至完全溶解，再加冰乙酸30mL，摇匀。将盛有试液的小烧杯置于电磁搅拌器上，插入电极，搅拌，从滴定管中陆续滴加高氯酸标准溶液，分别记录电位（或pH值）和消耗高氯酸标准溶液的体积，超过突跃点后，继续滴加高氯酸标准溶液至电位（或pH值）无明显变化为止。以电位E（或pH值）为纵坐标，以滴定时消耗高氯酸标准溶液的体积V为横坐标，绘制E-V滴定曲线，以该曲线的转折点（突跃点）为其滴定终点。

（2）指示剂法　称取试样0.15g（精确至0.0001g）置于锥形瓶内，加甲酸3mL，搅拌至完全溶解，再加乙酸30mL、α-萘酚苯基甲醇-乙酸指示液10滴，用高氯酸标准溶液滴定试样液，颜色变绿时即为滴定终点，记录消耗高氯酸标准溶液的体积（V_1）。同时做空白试验，记录消耗高氯酸标准溶液的体积（V_2）。

（3）高氯酸标准溶液浓度的校正　若滴定试样时的温度与标定高氯酸标准溶液的温度之差超过10℃，则应重新标定高氯酸标准溶液的浓度；若两者温度之差不超过10℃，则按式（2-9-14）加以校正。

$$c_1=\frac{c_0}{1+0.0011\times(t_1-t_0)} \tag{2-9-14}$$

式中　c_1——滴定试样时高氯酸标准溶液的浓度（mol/L）；

c_0——标定时高氯酸标准溶液的浓度（mol/L）；

0.0011——乙酸的膨胀系数；

t_1——滴定试样时高氯酸标准溶液的温度（℃）；

t_0——标定时高氯酸标准溶液的温度（℃）。

3. 分析结果表述

样品中谷氨酸钠（含1分子结晶水）的含量按式（2-9-15）计算。

$$X_4=\frac{0.09357\times(V_1-V_0)\times c}{m}\times 100 \tag{2-9-15}$$

式中　X_4——样品中谷氨酸钠（含1分子结晶水）的含量（g/100g）；

V_1——试样消耗高氯酸标准溶液的体积（mL）；

V_0——空白试剂消耗高氯酸标准溶液的体积（mL）；

c——高氯酸标准溶液的浓度（mol/L）；

m——试样质量（g）；

0.09357——1.00mL 高氯酸标准溶液（1.000mol/L）相当的谷氨酸钠（含 1 分子结晶水）的质量（g/mmol）。

计算结果保留至小数点后第一位。重复性条件下获得的两次独立测定结果的绝对差值不得超过算术平均值的 0.3%。

第十节　调味品及酱腌制品中山梨酸、苯甲酸的测定

苯甲酸、山梨酸是国际粮农组织和世界卫生组织推荐的高效安全防腐保鲜剂。苯甲酸、山梨酸作为防腐剂广泛应用于调味品及酱腌制品中，发挥其抑制杂菌生长，提高保质期等作用，在我国允许限量使用。食品中苯甲酸、山梨酸的含量应小于或等于 0.5mg/kg。

依据《食品中山梨酸、苯甲酸的测定》（GB/T 5009.29—2003），调味品及酱腌制品中山梨酸、苯甲酸的测定方法有气相色谱法（第一法）、高效液相色谱法（第二法）和薄层色谱法（第三法），在此仅介绍前两种方法。

气相色谱法

1. 方法原理

试样酸化后，用乙醚提取山梨酸、苯甲酸，用附氢火焰离子化检测器的气相色谱仪进行分离测定，与标准系列溶液比较定量。

2. 分析步骤

（1）试样的提取　称取 2.50g 事先混合均匀的试样，置于 25mL 带塞量筒中，加 0.5mL(1+1) 盐酸酸化，分别用 15mL、10mL 乙醚提取两次，每次振摇 1min，将上层乙醚提取液吸入另一个 25mL 带塞量筒中，合并乙醚提取液，然后用 3mL 氯化钠酸性溶液（40g/L）洗涤两次，静止 15min，用滴管将乙醚层通过无水硫酸钠滤入 25mL 容量瓶中，加乙醚至刻度，混匀。准确吸取 5mL 乙醚提取液置于 5mL 带塞刻度试管中，于 40℃水浴中挥干，加入 2mL(3+1) 石油醚-乙醚混合溶剂溶解残渣，备用。

（2）色谱参考条件

1）色谱柱：玻璃柱，内径为 3mm，长度为 2m，内装涂以 5% DEGS+1% 磷酸固定液的 60~80 目 Chromosorb W AW。

2）气流速度：载气为氮气，流速为 50mL/min（氮气和空气、氢气之比按各仪器型号选择各自的最佳比例条件）。

3）温度：进样口温度为 230℃，检测器温度为 230℃，柱温为 170℃。

（3）测定　进样 2μL 标准系列溶液于气相色谱仪中，可测得不同浓度的山梨酸、

苯甲酸的峰高，以浓度为横坐标，相应的峰高值为纵坐标，绘制标准曲线。同时进样 2μL 试样溶液，测得峰高与标准曲线比较定量。

注意：山梨酸保留时间为 2min 53s，苯甲酸保留时间为 6min 8s。

3. 分析结果表述

试样中山梨酸或苯甲酸的含量按式（2-9-16）计算。

$$X = \frac{A \times 1000}{m \times \frac{5}{25} \times \frac{V_2}{V_1} \times 1000} \tag{2-9-16}$$

式中 X——试样中山梨酸或苯甲酸的含量（mg/kg）；

A——测定用试样液中山梨酸或苯甲酸的质量（μg）；

V_1——加入（3+1）石油醚-乙醚混合溶剂的体积（mL）；

V_2——测定时进样的体积（μL）；

m——试样的质量（g）；

5——测定时吸取乙醚提取液的体积（mL）；

25——试样乙醚提取液的总体积（mL）。

测得苯甲酸的量乘以 1.18，即为试样中苯甲酸钠的含量。

计算结果保留两位有效数字。在重复性条件下获得的两次独立测定结果的绝对差值不得超过算术平均值的 10%。

 高效液相色谱法

1. 方法原理

试样加温除去二氧化碳和乙醇，调 pH 值约为 7，过滤后进高效液相色谱仪，经反相色谱分离后，根据保留时间和峰面积进行定性和定量。

2. 分析步骤

（1）试样的处理　称取 10.0g 试样，放入小烧杯中，在水浴中加热除去乙醇，用（1+1）氨水调 pH 值约为 7，加水定容至适当体积，经 0.45μm 滤膜过滤。

（2）高效液相色谱参考条件

色谱柱：YWG-C_{18} 4.6mm×250mm，10μm 不锈钢柱。

流动相：（5+95）甲醇-乙酸铵溶液（0.02mol/L）。

流速：1mL/min。

进样量：10μL。

检测器：紫外检测器，230nm 波长，0.2 AUFS。

根据保留时间定性，用外标峰面积法定量。

3. 分析结果表述

试样中苯甲酸或山梨酸的含量按式（2-9-17）计算。

$$X = \frac{A \times 1000}{m \times \frac{V_2}{V_1} \times 1000} \tag{2-9-17}$$

式中 X——试样中山梨酸或苯甲酸的含量（g/kg）；

A——进样体积液中山梨酸或苯甲酸的质量（mg）；

V_1——进样体积（mL）；

V_2——试样稀释液总体积（μL）；

m——试样的质量（g）。

计算结果保留两位有效数字。在重复性条件下获得的两次独立测定结果的绝对差值不得超过算术平均值的10%。

第十一节　调味品及酱腌制品中黄曲霉毒素 B_1 的测定

黄曲霉毒素主要是由黄曲霉、寄生曲霉及集峰曲霉产生的一类二氢呋喃香豆素的衍生物。农产品中污染的黄曲霉毒素包括B族和G族两类，主要有黄曲霉毒素 B_1（AFB_1）、黄曲霉毒素 B_2（AFB_2）、黄曲霉毒素 G_1（AFG_1）、黄曲霉毒素 G_2（AFG_2）四种。其中，黄曲霉毒素 B_1 最为常见，污染水平最高，广泛分布于各类农产品中。发酵调味品及酱腌制品的生产大量使用豆类及粮谷类原料，这些原料在收储过程中，极易污染黄曲霉毒素。

鉴于 AFB_1 对人及动物的严重危害，各国制订了食品中 AFB_1 的限量标准。目前，我国食品中 AFB_1 的执行标准为：大米和食用油中的含量应小于10μg/kg，玉米及其制品和花生中的含量应小于20μg/kg，谷物及发酵食品中的含量应小于5μg/kg，奶类食品中的含量应小于0.5μg/kg，婴幼儿食品中不得检出。

依据《食品中黄曲霉毒素 B_1 的测定》（GB/T 5009.22—2003），调味品及酱腌制品中黄曲霉毒素 B_1 的测定方法为薄层色谱法。

1. 方法原理

试样中黄曲霉毒素 B_1，经有机溶剂提取、浓缩并经薄层色谱分离后，在波长为365nm的紫外光下产生蓝紫色荧光，根据其在薄层上显示荧光的最低检出量来测定其含量。

2. 试剂

（1）黄曲霉毒素 B_1 标准溶液

1）仪器的校正：测定重铬酸钾溶液的摩尔消光系数，以求出使用仪器的校正因素。准确称取25mg经干燥的重铬酸钾（基准级），用（0.5+1000）硫酸溶解后准确稀释至200mL［相当于 $c(K_2CrO_7)=0.0004mol/L$］，吸取25mL此稀释液置于50mL容量瓶中，加（0.5+1000）硫酸稀释至刻度［相当于 $c(K_2CrO_7)=0.0002mol/L$］，再吸取25mL此稀释液置于50mL容量瓶中，加（0.5+1000）硫酸稀释至刻度［相当于 $c(K_2CrO_7)=0.0001mol/L$］。用1cm石英杯，在最大吸收峰的波长处（接近350nm处）用（0.5+1000）硫酸作空白，测得以上三种不同浓度溶液的吸光度，并按式(2-9-18)计算出以上三种浓度的摩尔消光系数的平均值。

$$E_1=\frac{A}{c} \tag{2-9-18}$$

式中　E_1——重铬酸钾溶液的摩尔消光系数；

A——测得重铬酸钾溶液的吸光度；

c——重铬酸钾溶液的摩尔浓度。

再以此平均值与重铬酸钾的摩尔消光系数值 3160 比较，即求出使用仪器的校正因素，按式（2-9-19）计算。

$$f=\frac{3160}{E} \tag{2-9-19}$$

式中　f——使用仪器的校正因素；

E——测得的重铬酸钾溶液的摩尔消光系数平均值。

若 f 大 0.95 或小于 1.05，则使用仪器的校正因素可略而不计。

2）黄曲霉毒素 B_1 标准溶液的制备（10μg/mL）：准确称取 1～1.2mg 黄曲霉毒素 B_1 标准品，先加入 2mL 乙腈溶解，再用苯稀释至 100mL，避光，置于 4℃冰箱保存。用紫外分光光度计测此标准溶液的最大吸收峰的波长及该波长的吸光度。黄曲霉毒素 B_1 标准溶液的质量浓度按式（2-9-20）进行计算。

$$X=\frac{A\times M\times 1000\times f}{E_2} \tag{2-9-20}$$

式中　X——黄曲霉毒素 B_1 标准溶液的质量浓度（μg/mL）；

A——测得的吸光度；

f——使用仪器的校正因素；

M——黄曲霉毒素 B_1 的相对分子质量 312；

E_2——黄曲霉毒素 B_1 在苯-乙腈混合液中的摩尔消光系数 19800。

根据计算，用苯-乙腈混合液调到标准溶液的质量浓度恰为 10.0μg/mL，并用分光光度计核对其质量浓度。

3）纯度的测定：取 5μL 质量浓度为 10μg/mL 的黄曲霉毒素 B_1 标准溶液，滴加于涂层厚度为 0.25mm 的硅胶 G 薄层板上，用（4+96）甲醇-三氯甲烷与（8+92）丙酮-三氯甲烷展开剂展开，在紫外光灯下观察荧光的产生，应符合以下两个条件：在展开后，只有单一的荧光点，无其他杂质荧光点；原点上没有任何残留的荧光物质。

（2）黄曲霉毒素 B_1 标准使用液　准确吸取 1mL 质量浓度为 10μg/mL 的标准溶液置于 10mL 容量瓶中，加苯-乙腈混合液至刻度，混匀，此溶液每毫升相当于 1.0μg 黄曲霉毒素 B_1。吸取 1.0mL 此稀释液，置于 5mL 容量瓶中，加苯-乙腈混合液稀释至刻度，此溶液每毫升相当于 0.2μg 黄曲霉毒素 B_1。吸取 1.0mL 此稀释液（0.2μg/mL）置于 5mL 容量瓶中，加苯-乙腈混合液稀释至刻度，此溶液每毫升相当于 0.04μg 黄曲霉毒素 B_1。

3. 分析步骤

（1）提取

1）酱油、醋：称取 10.00g 试样置于小烧杯中，为防止提取时乳化，加 0.4g 氯化钠，移入分液漏斗中，用 15mL 三氯甲烷分数次洗涤烧杯，将洗液并入分液漏斗中，振摇 2min，静置分层。若出现乳化现象，则可滴加甲醇促使分层。放出三氯甲烷层，经盛有约10g预先用三氯甲烷湿润的无水硫酸钠的定量慢速滤纸过滤于50mL蒸发皿中，再向分液漏斗中加5mL三氯甲烷，重复振摇提取，将三氯甲烷层一并滤于蒸发皿中，最后用少量三氯甲烷洗过滤器，并将洗液并于蒸发皿中。将蒸发皿放在通风柜中，于65℃水浴上通风挥干，然后放在冰盒上冷却2~3min，准确加入1mL苯-乙腈混合液（或将三氯甲烷用浓缩蒸馏器减压吹气蒸干后，准确加入1mL苯-乙腈混合液）。用带橡胶头滴管的管尖将残渣充分混合，若有苯的结晶析出，则将蒸发皿从冰盒上取出，继续溶解、混合，晶体即消失，再用此滴管吸取上清液转移于2mL具塞试管中，最后加入2.5mL苯-乙腈混合液，所得溶液每毫升相当于4g试样。

或称取10.00g试样，置于分液漏斗中，再加12mL甲醇（以酱油代替水，故甲醇与水的体积比仍约为55∶45），用20mL三氯甲烷提取，以下自上面的“振摇2min，静置分层”起进行操作，最后加入2.5mL苯-乙腈混合液，所得溶液每毫升相当于4g试样。

2）干酱类（包括豆豉、腐乳制品）：称取20.00g研磨均匀的试样，置于250mL具塞锥形瓶中，加入20mL正已烷或石油醚和50mL甲醇水溶液，振荡30min，静置片刻，以叠成折叠式快速定性滤纸过滤，在滤液静置分层后，取24mL甲醇水层（相当于8g试样，其中包括8g干酱类本身约含有的4mL水）置于分液漏斗中，加入20mL三氯甲烷，以下自酱油、醋的提取中“振摇2min，静置分层”起进行操作，最后加入2mL苯-乙腈混合液，所得溶液每毫升相当于4g试样。

3）发酵酒类：与酱油、醋的提取方法相同，但不加氯化钠。

（2）测定

1）单向展开法

① 薄层板的制备：称取约3g硅胶G，加相当于硅胶量2~3倍的水，用力研磨1~2min，成糊状后立即倒于涂布器内，推成5cm×20cm，厚度约为0.25mm的薄层板三块，在空气中干燥约15min后，于100℃活化2h，取出，放于干燥器中保存。一般可保存2~3天，若放置时间较长，则可在活化后使用。

② 点样：将薄层板边缘附着的吸附剂刮净，在距薄层板下端3cm的基线上用微量注射器或血色素吸管滴加样液。一块板可滴加4个点，点距边缘和点间距约为1cm，点直径约为3mm。在同一块板上滴加点的大小应一致。滴加时可用吹风机用冷风边吹边加。滴加样式如下：

第一点：10μL黄曲霉毒素B_1标准使用液（0.04μg/mL）。

第二点：20μL样液。

第三点：20μL样液+10μL质量浓度为0.04μg/mL的黄曲霉毒素B_1标准使用液。

第四点：20μL样液+10μL质量浓度为0.2μg/mL的黄曲霉毒素B_1标准使用液。

③ 展开与观察：在展开槽内加10mL无水乙醚，预展12cm，取出挥干，再于另一展开槽内加10mL(8+92)丙酮-三氯甲烷溶液，展开10~12cm，取出，在紫外光下观察，方法如下：

a. 样液点上滴加黄曲霉毒素B_1标准使用液，可使黄曲霉毒素B_1标准点与样液中的

黄曲霉毒素 B_1 荧光点重叠。若样液为阴性，则薄层板上的第三点中黄曲霉毒素 B_1 的质量为0.0004μg，可用作检查在样液内黄曲霉毒素 B_1 最低检出量是否正常出现；若为阳性，则薄层板上的第四点中黄曲霉毒素 B_1 的质量为0.002μg，主要起定位作用。

b. 若第二点在与黄曲霉毒素 B_1 标准点的相应位置上无蓝紫色荧光点，则表示样品中黄曲霉毒素 B_1 的含量在5μg/kg以下；若在相应位置上有蓝紫色荧光点，则需进行确证试验。

④ 确证试验：为了证实薄层板上样液荧光是由黄曲霉毒素 B_1 产生的，滴加三氟乙酸，产生黄曲霉毒素 B_1 的衍生物，展开后此衍生物的比移值在0.1左右。于薄层板左边依次滴加两个点：

第一点：10μL质量浓度为0.04μg/mL的黄曲霉毒素 B_1 标准使用液。

第二点：20μL样液。

向以上两点各加一小滴三氟乙酸，盖于其上，反应5min后，用吹风机吹热风2min后，使热风吹到薄层板上的温度不高于40℃，再向薄层板上滴加以下两个点：

第三点：10μL质量浓度为0.04μg/mL的黄曲霉毒素 B_1 标准使用液。

第四点：20μL样液。

再展开（同③的操作），在紫外光灯下观察样液是否产生与黄曲霉毒素 B_1 标准点相同的衍生物。未加三氟乙酸的三、四两点，可依次作为样液与标准的衍生物空白对照。

⑤ 稀释定量：样液中黄曲霉毒素 B_1 荧光点的荧光强度若与黄曲霉毒素 B_1 标准点最低检出量（0.004μg）的荧光强度一致，则样品中黄曲霉毒素 B_1 的含量即为5μg/kg。若样液中黄曲霉毒素 B_1 荧光点的荧光强度比黄曲霉毒素 B_1 标准点最低检出量的荧光强度强，则根据其强度估计减少滴加量或将样液稀释后再滴加不同的量，直至样液点的荧光强度与最低检出量的荧光强度一致为止。滴加式样如下：

第一点：10μL黄曲霉毒素 B_1 标准使用液（0.04μg/mL）。

第二点：根据情况滴加10μL样液。

第三点：根据情况滴加15μL样液。

第四点：根据情况滴加20μL样液。

⑥ 分析结果表述：试样中黄曲霉毒素 B_1 的含量按式（2-9-21）计算。

$$X = 0.0004 \times \frac{V_1 \times D}{V_2} \times \frac{1000}{m} \qquad (2\text{-}9\text{-}21)$$

式中　X——样品中黄曲霉毒素 B_1 的含量（μg/kg）；

V_1——加入苯-乙腈混合液的体积（mL）；

V_2——出现最低荧光时加样液的体积（mL）；

D——样液的总稀释倍数；

m——加入苯-乙腈混合液溶解时相当于样品的质量（g）；

0.0004——黄曲霉毒素 B_1 的最低检出量（μg）。

结果表示到测定值的整数位。

2）双向展开法：若用单向展开法展开后，薄层色谱由于杂质干扰掩而盖了黄曲霉

毒素 B_1 的荧光强度，则需采用双向展开法。薄层板先用无水乙醚作横向展开，将干扰的杂质展至样液点的一边而黄曲霉毒素 B_1 不动，然后再用（8+92）丙酮-三氯甲烷溶液作纵向展开，样品在黄曲霉毒素 B_1 相应处的杂质底色大量减少，因而提高了方法灵敏度。若用双向展开法中的滴加两点法展开时仍有杂质干扰，则可改用滴加一点法。

① 滴加两点法

a. 点样：取薄层板三块，在距下端 3cm 基线上滴加黄曲霉毒素 B_1 标准使用液与样液，即在三块板的距左边缘 0.8～1cm 处各滴加 10μL 黄曲霉毒素 B_1 标准使用液（0.04μg/mL），在距左边缘 2.8～3cm 处各滴加 20μL 样液，然后在第二块板的样液点上加滴 10μL 质量浓度为 0.04μg/mL 的黄曲霉毒素 B_1 标准使用液，在第三块板的样液点上加滴 10μL 质量浓度为 0.2μg/mL 的黄曲霉毒素 B_1 标准使用液。

b. 展开

横向展开：在展开槽内的长边放置一玻璃支架，加 10mL 无水乙醇，将上述点好的薄层板靠标准点的长边置于展开槽内展开，展至板端后，取出挥干，或根据情况需要再重复展开 1 次或 2 次。

纵向展开：挥干的薄层板以（8+92）丙酮-三氯甲烷溶液展开至 10～12cm 为止。丙酮与三氯甲烷的比例根据不同条件自行调节。

c. 观察及评定结果：在紫外光灯下观察第一、二板，若第二板的第二点在黄曲霉毒素 B_1 标准点的相应处出现最低检出量，而第一板在与第二板的相同位置上未出现荧光点，则样品中黄曲霉毒素 B_1 的含量在 5μg/kg 以下；若第一板在与第二板相同的位置上出现荧光点，则将第一板与第三板比较，看第三板上第二点与第一板上第二点相同位置上的荧光点是否与黄曲霉毒素 B_1 标准点重叠，重叠时再进行确证试验。在具体测定中，第一、二、三板可以同时做，也可按照顺序做。若按顺序做，则当第一板出现阴性时，第三板可以省略；若第一板为阳性，则第二板可以省略，直接做第三板。

确证试验：另取薄层板两块，于第四、第五两板距左边缘 0.8～1cm 处各滴加 10μL 黄曲霉毒素 B_1 标准使用液（0.04μg/mL）及 1 小滴三氟乙酸，在距左边缘 2.8cm～3cm 处，于第四板滴加 20μL 样液及 1 小滴三氟乙酸，于第五板滴加 20μL 样液、10μL 黄曲霉毒素 B_1 标准使用液（0.04μg/mL）及 1 小滴三氟乙酸。反应 5min 后，用吹风机吹热风 2min，使热风吹到薄层板上的温度不高于 40℃。用双向展开法展开后，观察样液是否产生与黄曲霉毒素 B_1 标准点重叠的衍生物。观察时，可将第一板作为样液的衍生物空白板。若样液黄曲霉毒素 B_1 含量高，则将样液稀释后，按单向展开法做确证试验。

d. 稀释定量：当样液黄曲霉毒素 B_1 含量高时，按单向展开法稀释定量操作。若黄曲霉毒素 B_1 含量低，稀释倍数小，在定量的纵向展开板上仍有杂质干扰，影响结果的判断，则可将样液再做双向展开法测定，以确定含量。

e. 分析结果：按式（2-9-21）计算。

② 滴加一点法

a. 点样：取薄层板三块，在距下端 3cm 的基线上滴加黄曲霉毒素 B_1 标准使用液与样液，即在三块板距左边缘 0.8～1cm 处各滴加 20μL 样液，在第二板的点上滴加 10μL

黄曲霉毒素 B_1 标准使用液（0.04μg/mL），在第三板的点上滴加 10μL 黄曲霉毒素 B_1 标准溶液（0.2μg/mL）。

b. 展开：同滴加两点法的横向展开与纵向展开。

c. 观察及评定结果：在紫外光灯下观察第一、二板，若第二板出现最低检出量的黄曲霉毒素 B_1 标准点，而第一板与其相同的位置上未出现荧光点，则样品中黄曲霉毒素 B_1 的含量在 5μg/kg 以下。若第一板在与第二板相同的位置上出现荧光点，则将第一板与第三板比较，看第三板上与第一板相同位置的荧光点是否与黄曲霉毒素 B_1 标准点重叠，重叠时再进行确证试验。

d. 确证试验：另取两板，在距左边缘 0.8～1cm 处，于第四板滴加 20μL 样液、1 滴三氟乙酸，于第五板滴加 20μL 样液、10μL 质量浓度为 0.04μg/mL 的黄曲霉毒素 B_1 标准使用液及 1 滴三氟乙酸。产生衍生物及展开方法同滴加两点法的横向展开与纵向展开。将以上两板在紫外光灯下观察，以确定样液点是否产生与黄曲霉毒素 B_1 标准点重叠的衍生物。观察时可将第一板作为样液的衍生物空白板。经过以上确证试验定为阳性后，再进行稀释定量。若黄曲霉毒素 B_1 的含量低，不需稀释或稀释倍数小，杂质荧光仍有严重干扰，则可根据样液中黄曲霉毒素 B_1 荧光的强度，直接用双向展开法定量。

e. 分析结果：按式（2-9-21）计算。

第十章　茶叶的检验

茶叶中粗纤维的测定方法同本篇第一章第十二节；霉菌、酵母菌的测定方法同本篇第三章第十五节；铅的测定方法同本篇第二章第八节；铜的测定方法同本篇第三章第十三节。

第一节　茶叶的感官评定

茶叶产品的品质、产地、品种、等级，目前依靠感官来评定。感官评定是指审评人员用感觉器官来鉴别茶叶品质优劣的过程。审评人员运用正常的视觉、嗅觉、味觉、触觉的辨别能力和积累的评茶经验，按照一定的方法、程序，对照实物标准样，对茶叶的色、香、味、形等方面进行逐项审评，综合评定，从而达到鉴定茶叶品质和等级的目的。

一　感官评定的基本要求

1）茶叶感官审评室应坐南朝北，北向开窗，面积按评茶人数和日常工作量确定，不得小于15m²，室内色调为白色或浅灰色，无色彩、异味干扰。

2）室内自然光线应柔和、明亮，无阳光直射，自然光线不足时，应有辅助照明。辅助光源光线应均匀、柔和，无投影。

3）评茶时，保持安静，控制噪声不得超过50dB。室内温度宜保持在15～27℃。

4）评茶用具包括审评台、评茶专用杯碗、评茶盘、分样盘、叶底盘、称量用具、计时器、茶匙等。

5）审评用水的理化指标及卫生指标参照《生活饮用水卫生标准》（GB 5749—2006）执行。同一批茶叶审评用水的水质应一致。

二　感官评定的方法

1. 取样方法

（1）精制茶取样　按照GB/T 8302—2002的规定执行（见本章第二节）。

（2）初制茶取样

1）匀堆取样法：将茶叶拌匀成堆，然后从堆的各个部位分别扦取样茶，扦样点不得少于八点。

2）就件取样法：从每件上、中、下、左、右五个部位各扦取一把小样置于扦样匾（盘）中，并查看样品间的品质是否一致。若单件的上、中、下、左、右五部分样品差异明显，则应将茶叶倒出，充分拌匀后，再扦取样品。

3）随机取样法：按 GB/T 8302—2002 规定的抽取件数随机抽件，再按就件扦取法扦取。

注意：上述各种方法均应将扦取的原始样茶充分拌匀后，用对角四分法扦取两份质量均为 200～300g 的茶样作为审评用样，其中一份直接用于审评，另一份留存备用。

（3）压制茶取样　从每块（个）中段或对角线的部分取样，不少于五点，然后用四分法缩分到约 200g，用于外形与内质的审评。

2. 审评内容

包括茶叶外形的形态、色泽、匀整度和净度，内质的汤色、香气、滋味和叶底等内容。

（1）外形　干茶的形状、嫩度、色泽、匀整度和净度。形状指产品的造型、大小、粗细、宽窄、长短等；嫩度指产品原料的生长程度；色泽指产品的颜色与光泽度；匀整度指产品的完整程度；净度指茶梗、茶片及非茶叶夹杂物的含量。

压制成块或成个的茶（如沱茶、砖茶、饼茶）的外形审评内容包括压制的松紧度、匀整度、表面光洁度、色泽和规格。分里、面茶的压制茶的外形审评内容包括是否起层脱面、包心是否外露等。

（2）汤色　茶汤的颜色种类与色度、明暗度和清浊度等。

（3）香气　香气的类型、浓度、纯度、持久性。

（4）滋味　茶汤的浓淡、厚薄、醇涩、纯异和鲜钝等。

（5）叶底　叶底的嫩度、色泽、明暗度和匀整度（包括嫩度的匀整度和色泽的匀整度）。

3. 审评方法

（1）外形审评方法　主要从茶叶的条索、嫩度、色泽、净度几方面鉴别。

1）条索：条形茶的外形叫条索，以紧细、圆直、匀齐、重实为好。

2）嫩度：主要看芽头数量、叶质老嫩和条索的光润度，此外，还要看峰苗（用嫩叶制成的细而有尖峰的条索）的比例。一般红茶以芽头多、有峰苗、叶质细嫩为好；绿茶的炒青以峰苗多、叶质细嫩、重实为好，烘青则以芽毫多、叶质细嫩为好。

3）色泽：看茶叶的颜色和光泽。红茶的色泽有乌润、褐润和灰枯；绿茶的色泽有嫩绿或翠绿、洋绿、青绿、青黄，以及光润和干枯。红茶以乌润为好，绿茶以嫩绿、光润为好。

4）净度：主要看茶叶中是否含梗、末或者其他非茶类的杂质，以无梗、末和杂质为好。

（2）茶汤制备方法与审评顺序

1）红茶、绿茶、黄茶、白茶、乌龙茶：从评茶盘中扦取充分混匀的有代表性的茶样 3.0～5.0g，茶水比为 1∶50，置于相应的评茶杯中，注满沸水，加盖，计时，然后根据表 2-10-1 中茶类要求选择冲泡时间，到规定时间后按冲泡顺序依次等速将茶汤滤入评茶碗中，留叶底于杯中，按香气（热嗅）、汤色、香气（温嗅）、滋味、香气（冷嗅）、叶底的顺序逐项审评。

表 2-10-1 各类茶准备冲泡时间

茶　类	冲泡时间/min	茶　类	冲泡时间/min
普通（大宗）绿茶	5	乌龙茶（颗粒型）	6
名优绿茶	4	白茶	5
红茶	5	黄茶	5
乌龙茶（条型、拳曲型、螺钉型）	5		

2）乌龙茶（盖碗审评法）：先用沸水将评茶杯碗烫热，随即称取有代表性的茶样5.0g，置于110mL倒钟形评茶杯中，迅速注满沸水，并立即用杯盖刮去液面泡沫，加盖。1min后，揭盖嗅其盖香，评茶叶香气，2min后将茶汤沥入评茶碗中，用于评汤色和滋味，并闻嗅叶底香气。接着第二次注满沸水，加盖，2min后揭盖嗅其盖香，评茶叶香气，3min后将茶汤沥入评茶碗中，再评茶水的汤色和滋味，并闻嗅叶底香气。接着第三次注满沸水，加盖，3min后揭盖嗅其盖香，评茶叶香气，5min后将茶汤沥入评茶碗中，再用于评汤色和滋味，比较其耐泡程度，然后审评叶底香气。最后将杯中叶底倒入叶底盘中，审评叶底。

3）黑茶与紧压茶：称取有代表性的茶样5.0g，置于250mL毛茶审评杯中，注满沸水，加盖浸泡2min，按冲泡次序依次等速将茶汤沥入评茶碗中，用于审评汤色与滋味，留叶底于杯中，审评香气。然后第二次注入沸水，加盖浸泡至5min，按冲泡次序依次等速将茶汤沥入评茶碗中，按先汤色、香气，后滋味、叶底的顺序逐项审评。汤色的审评结果以第一次为主要依据，香气、滋味的审评结果以第二次为主要依据。

4）花茶：首先拣除茶样中的花干、花梗等花的成分，然后称取有代表性的茶样3.0g，置于150mL精制茶评茶杯中，注满沸水，加盖，计时，浸泡至3min，按冲泡次序依次等速将茶汤沥入评茶碗中，用于审评汤色与滋味，留叶底于杯中，审评杯内叶底香气的鲜灵度和纯度。接着第二次注满沸水，加盖，计时，浸泡至5min，再按冲泡次序依次等速将茶汤沥入评茶碗中，再次评汤色和滋味，留叶底于杯中，用于审评香气的浓度和持久性，接着综合审评汤色、香气和滋味，最后审评叶底。

5）袋泡茶：取一袋有代表性的茶袋置于150mL审评杯中，注满沸水并加盖，冲泡3min后揭盖，上下提动袋茶两次（每分钟一次），提动后随即盖上杯盖，5min后将茶汤沥入茶碗中，依次审评汤色、香气、滋味和叶底。叶底审评茶袋冲泡后的完整性，必要时可检视茶渣的色泽、嫩度与均匀度。

6）粉茶：扦取0.4g茶样，置于200mL的评茶碗中，冲入500mL沸水，依次评定其汤色与香味。

（3）内质审评方法

1）汤色：用目测根据“2. 审评内容”中介绍的审评内容审评茶汤。审评时应注意光线、评茶用具对茶汤审评结果的影响，应随时调换评茶碗的位置，以减少环境对汤色审评的影响。

2）香气：一手持杯，一手持盖，靠近鼻孔，半开杯盖，嗅评从杯中散发出来的香气，每次持续2~3s，随即合上杯盖，可反复一两次，根据“2. 审评内容”中介绍的审评内容判断香气的质量，并热嗅（杯温为75℃左右）、温嗅（杯温为45℃左右）、冷嗅（杯温接近室温）结合进行。

3）滋味：用茶匙取适量（约5mL）茶汤置于口内，用舌头让茶汤在口腔内循环打转，使茶汤与舌头各部位充分接触，并感受刺激，随后将茶汤吐入吐茶桶中或咽下，根据“2. 审评内容”中介绍的审评内容审评滋味。审评滋味时最适宜的茶汤温度在50℃左右。

4）叶底：精制茶采用黑色木制叶底盘，毛茶与名优绿茶采用白色搪瓷叶底盘，操作时应将杯中的茶叶全部倒入叶底盘中，其中白色搪瓷叶底盘中要加入适量清水，让叶底漂浮起来，根据“2. 审评内容”中介绍的审评内容，用目测、手感等方法审评叶底。

第二节　茶叶中粉末和碎茶的测定

茶叶在初精制过程中，尤其是在精制的筛切过程中，会不可避免地产生一些粉末碎片茶。这些片末茶的存在，直接影响了茶叶外形的匀整美观，冲泡后使汤色发暗，滋味苦涩。粗老原料更易于产生片末茶，这些片末茶往往使汤味浅淡。因此，粉末及碎茶含量作为茶叶品质的一个物理指标。一般粉末含量（质量分数）要求：条红小于或等于2.0%，红碎为2.5%~3.0%，绿茶为1.0%~2.5%，白茶小于或等于1.0%，花茶为1.5%~7.0%（片茶为7.0%）。

依据《茶　粉末和碎茶含量测定》（GB/T 8311—2002），粉末和碎茶含量的测定采用电动筛分机筛选法。

1. 方法原理

采用电动筛分机按一定的操作规程，用规定的转速和孔径筛，筛分出各种茶叶试样中的筛下物，即为茶叶中的粉末及碎茶。

2. 仪器

1）分样器和分样板或分样盘（盘两对角开有缺口）。

2）电动筛分机

① 转速为200r/min，回旋幅度为50mm（用于毛茶）。

② 转速为200r/min，回旋幅度为60mm（用于精茶）。

3）检验筛：铜丝编织的方孔标准筛，带有筛底和筛盖。

① 毛茶碎末茶筛：筛子直径为280mm，孔径为1.25mm和1.12mm两种。

② 精制茶粉末碎茶筛：筛子直径为200mm。

粉末筛：孔径为0.63mm的用于条、圆形茶；孔径为0.45mm的用于碎形茶和粗形茶；孔径为0.23mm的用于片形茶；孔径为0.18mm的用于末形茶。

碎茶筛：孔径为1.25mm的用于条、圆形茶；孔径为1.60mm的用于粗形茶。

3. 分析步骤

（1）取样　按GB/T 8302—2002的规定取样。

1）大包装茶取样

① 取样件数：总件数为1~5件时，取1件；总件数为6~50件时，取2件；总件数为51~500件时，每增加50件（不足50件者按50件计）增取1件；总件数为501~1000件时，每增加100件（不足100件者按100件计）增取1件；总件数为1000件以上时，每增加500件（不足500件者按500件计）增取1件。

在取样时若发现茶叶品质、包装或堆存有异常情况，则可酌情增加或扩大取样数量，以保证样品的代表性，必要时应停止取样。

② 取样步骤

a. 包装时取样：即在产品包装过程中取样。在茶叶定量装件时，每装若干件，用取样铲取出样品约250g。将所取的原始样品盛于有盖的专用茶箱中，然后混匀，用分样器或四分法逐步缩分至500~1000g，作为平均样品，分装于两个茶样罐中，供检验用。检验用的试验样品应有所需的备份，以供复验或备查之用。

b. 包装后取样：即在产品成件、打包、刷唛后取样。在整批茶叶包装完成后的堆垛中，从不同堆放位置，随机抽取规定的件数。逐件开启后，分别将茶叶全部倒在塑料布上，用取样铲各取出有代表性的样品约250g，置于有盖的专用茶箱中，混匀，用分样器或四分法逐步缩分至500~1000g，作为平均样品，分装于两个茶样罐中，供检验用。检验用的试验样品应有所需的备份，以供复验或备查之用。

2）小包装茶取样

① 取样件数：同大包装茶。

② 取样步骤

a. 包装时取样：同大包装茶。

b. 包装后取样：在整批包装完成后的堆垛中，从不同堆放位置随机抽取规定的件数，逐件开启。从各件内不同位置处，取出2盒或3盒（听、袋）。将所取样品保留数盒（听、袋），盛于防潮的容器中，供单个检验。其余部分现场拆封，倒出茶叶混匀，再用分样器或四分法逐步缩分至500~1000g，作为平均样品，分装于两个茶样罐中。检验用的试验样品应有所需的备份，以供复验或备查之用。

3）紧压茶取样

① 取样件数：同大包装茶。

② 沱茶取样：随机抽取规定件数，每件取1个（约100g），在取得的总个数中，随机抽取6~10个作为平均样品，分装于两个茶样罐或包装袋中，供检验用。检验用的试验样品应有所需的备份，以供复验或备查之用。

③ 砖茶、饼茶、方茶取样：随机抽取规定的件数，逐件开启，从各件内的不同位置处取出1块或2块。在取得的总块数中，单块质量在500g以上的，留取2块，单块

质量在500g及500g以下的，留取4块。将所取样品分装于两个包装袋中，供检验用。检验用的试验样品应有所需的备份，以供复验或备查之用。

④ 捆包的散茶取样：随机抽取规定的件数，从各件的上、中、下部取样，再用分样器或四分法缩分至500～1000g，作为平均样品，分装于两个茶样罐或包装袋中，供检验用。检验用的试验样品应有所需的备份，以供复验或备查之用。

（2）分样　可采用四分法或分样器分样。

1）四分法：将试样置于分样盘中，来回倾倒，每次倾倒时应使试样均匀地洒落盘中，呈宽、高基本相等的样堆。将茶堆十字分割，取对角两堆样，充分混匀后，即成两份试样。

2）分样器分样：将试样均匀倒入分样斗中，使其厚度基本一致，并且不超过分样斗边沿。打开隔板，使茶样经多格分隔槽自然洒落于两边的接茶器中。

（3）测定

1）毛茶：称取充分混匀的试样100g（精确至0.1g），倒入孔径为1.25mm的筛网上，下套孔径为1.12mm的筛，盖上筛盖，套好筛底，按下起动按钮，筛动150转。待自动停机后，取孔径为1.12mm筛的筛下物，称量（准确至0.1g）。即得碎末茶的质量。

2）精制茶

① 条、圆形茶：称取充分混匀的试样100g（精确至0.1g），倒入规定的碎茶筛和粉末筛的检验套筛内，盖上筛盖，按下起动按钮，筛动100转。称量粉末筛的筛下物（精确至0.1g），即得粉末的质量。移去碎茶筛的筛上物，将粉末筛筛面上的碎茶重新倒入下接筛底的碎茶筛内，盖上筛盖，放在电动筛分机上筛动50转。称量筛下物（精确至0.1g），即得碎茶的质量。

② 粗形茶：称取充分混匀的试样100g（精确至0.1g），倒入规定的碎茶筛和粉末筛的检验套筛内，盖上筛盖，筛动100转。称量粉末筛的筛下物（精确至0.1g），即得粉末的质量；称量粉末筛面上的碎茶（准确至0.1g），即得碎茶的质量。

③ 碎、片、末形茶：称取充分混匀的试样100g（精确至0.1g），倒入规定的粉末筛内，筛动100转。称量筛下物（精确至0.1g），即得粉末的质量。

4. 分析结果表述

茶叶碎末茶的含量（质量分数）按式（2-10-1）计算。

$$X_1 = \frac{m_1}{m} \times 100\% \tag{2-10-1}$$

茶叶粉末的含量（质量分数）按式（2-10-2）计算。

$$X_2 = \frac{m_2}{m} \times 100\% \tag{2-10-2}$$

茶叶碎茶含量（质量分数）按式（2-10-3）计算。

$$X_3 = \frac{m_3}{m} \times 100\% \tag{2-10-3}$$

式中　X_1——碎末茶的含量；

X_2——粉末的含量；

X_3——碎茶的含量；

m_1——筛下碎末茶的质量（g）；

m_2——筛下粉末的质量（g）；

m_3——筛下碎茶的质量（g）；

m——试样的质量（g）。

当测定值小于或等于3%时，同一样品的两次测定值之差不得超过0.2%；当测定值大于3%，小于或等于5%时，同一样品的两次测定值之差不得超过0.3%；当测定值大于5%时，同一样品的两次测定值之差不得超过0.5%。

第三节 茶叶中水分的测定

研究表明，当茶叶中水的含量在3%（质量分数）左右时，茶叶成分与水分子几乎呈单层分子关系，对脂质与空气中氧分子起较好的隔离作用，阻止脂质氧化变质。当茶叶中水分的含量超过6%（质量分数），或外界大气相对湿度高于60%时，茶叶中的化学变化十分激烈，如叶绿素的变性、分解，色泽变褐变深；茶多酚、氨基酸等呈味物质迅速减少；形成新茶香气的二甲硫、苯乙醇等芳香物质锐减，而对香气不利的挥发性成分大量增加，导致茶叶品质变劣。因此，成品茶的含水量必须控制在一定指标以下，超过此限度时，复火烘干后才能保存。

国家标准中规定了绿茶、红茶及普洱茶中水分的含量指标，见表2-10-2。

表2-10-2 茶叶中水分的含量指标

<table>
<tr><th colspan="4">类别</th><th>含水量（质量分数,%）</th></tr>
<tr><td rowspan="2">绿茶</td><td colspan="3">炒青、烘青、蒸青绿茶</td><td>≤7.0</td></tr>
<tr><td colspan="3">晒青绿茶</td><td>≤9.0</td></tr>
<tr><td rowspan="2">红茶</td><td colspan="3">功夫红茶</td><td rowspan="2">≤7.0</td></tr>
<tr><td colspan="3">红碎茶</td></tr>
<tr><td colspan="2" rowspan="4">普洱茶</td><td colspan="2">晒青茶</td><td>≤10.0</td></tr>
<tr><td colspan="2">生茶</td><td>≤13.0①</td></tr>
<tr><td rowspan="2">熟茶</td><td>散茶</td><td>≤12.0①</td></tr>
<tr><td>紧压</td><td>≤12.5①</td></tr>
</table>

① 净含量检验时计重水分为10.0%。

依据《茶　水分测定》（GB/T 8304—2002）的规定，水分为常压条件下，试样经规定的温度加热至恒重时的质量损失。

1. 方法原理

试样于103℃±2℃的电热恒温燥箱中加热至恒重，称量。

2. 分析步骤

（1）取样　按 GB/T 8302—2002 的规定取样（见本章第二节）。

（2）试样的制备　紧压茶按 GB/T 8303-2002 的规定制备茶样：用锤子和錾子将紧压茶分成 4～8 份，再在每份不同处取样，用锤子击碎，混匀，制备试样。

紧压茶以外的各类茶：先用磨碎机将少量试样磨碎，弃去，再磨碎其余部分，待测。

（3）铝质烘皿的准备　将洁净的烘皿连同盖置于 103℃ ±2℃的干燥箱中，加热1h，加盖取出，于干燥器内冷却至室温，称量（精确至 0.001g）。

（4）操作步骤

1）103℃恒重法（仲裁法）：称取 5g（精确至 0.001g）试样置于已知质量的烘皿中，然后将烘皿置于 103℃ ±2℃干燥箱（皿盖斜置于皿上）中加热 4h，加盖取出，于干燥器内冷却至室温，称量，再置于干燥箱中加热 1h，加盖取出，于干燥器内冷却，称量（精确至 0.001g）。重复加热 1h 的操作，直至连续两次称量差不超过 0.005g，即为恒重，以最小称量结果为准。

2）120℃烘干法（快速法）：称取 5g（精确至 0.001g）试样置于已知质量的烘皿中，然后将烘皿置于 120℃干燥箱内（皿盖斜置于皿上），以 2min 回升到 120℃时计算，加热 1h，加盖取出，在干燥箱内冷却至室温，称量（精确至 0.001g）。

3. 分析结果表述

茶叶中水分的含量（以质量分数表示）按式（2-10-4）计算。

$$X = \frac{m_1 - m_2}{m_0} \times 100\% \tag{2-10-4}$$

式中　X——茶叶中水分的含量；

m_1——试样和铝质烘皿烘前的质量（g）；

m_2——试样和铝质烘皿烘后的质量（g）；

m_0——试样质量（g）。

如果符合重复性的要求，则取两次测定值的算术平均值作为结果（保留到小数点后第一位）。同一样品的两次测定值之差，每 100g 不得超过 0.2g。

第四节　茶叶中水浸出物的测定

茶叶中的水浸出物是指在规定的条件下，用沸水浸出的茶叶中的水可溶性物质，是茶汤的主要呈味物质。水浸出物含量的高低反映了茶叶中可溶性物质的多少，标志着茶汤的厚薄、滋味的强烈程度，从而在一定程度上反映茶叶品质的优劣。国家标准中规定了茶叶中水浸出物的含量指标，见表 2-10-3。

茶叶中水浸出物的含量依据《茶　水浸出物测定》（GB/T 8305—2002）测定。

1. 方法原理

用沸水回流提取茶叶中的水可溶性物质，过滤、冲洗、干燥、称量浸提后的茶渣，计算水浸出物的含量。

表 2-10-3 茶叶中水浸出物的含量指标

类别		水浸出物的含量（质量分数,%）
绿茶	炒青、烘青、蒸青、晒青绿茶	≥34.0
	大叶种绿茶	≥36.0
红茶	大叶功夫红茶	≥32.0
	中小叶功夫红茶	≥28.0
	红碎茶	≥32.0
普洱茶	晒青茶	≥35.0
	生茶	≥35.0
	熟茶	≥28.0

2. 分析步骤

（1）取样　按 GB/T 8302—2002 的规定取样（见本章第二节）。

（2）试样的制备　先用磨碎机将少量试样磨碎，弃去，再磨碎其余部分。

（3）铝质烘皿的准备　将铝盒连同 15cm 定性快速滤纸置于 120℃ ±2℃的恒温干燥箱内，烘干 1h，取出，在干燥器内冷却至室温，称量（精确至 0.001g）。

（4）操作步骤　称取 2g（精确至 0.001g）磨碎试样置于 500mL 锥形瓶中，加沸蒸馏水 300mL，立即移入沸水浴中，浸提 45min（每隔 10min 摇动一次）。浸提完毕后立即趁热减压过滤（用经过处理的滤纸），然后用约 150mL 沸蒸馏水洗涤茶渣数次，将茶渣连同已知质量的滤纸移入铝盒内，将铝盒移入 120℃ ±2℃的恒温干燥箱内烘 1h，加盖取出冷却 1h，再烘 1h，立即移入干燥器内冷却至室温，称量。

3. 分析结果表述

茶叶中水浸出物的含量（以干态质量分数表示）按式（2-10-5）计算。

$$X = \left(1 - \frac{m_1}{m_0 \times w}\right) \times 100\% \tag{2-10-5}$$

式中　X——茶叶中水浸出物的含量；

m_1——干燥后的茶渣质量（g）；

w——试样中干物质的质量分数；

m_0——试样质量（g）。

如果符合重复性的要求，则取两次测定值的算术平均值作为结果（保留到小数点后第一位）。同一样品的两次测定值之差，每 100g 不得超过 0.5g。

第五节　茶叶中灰分的测定

茶叶中灰分的测定对评定茶叶品质具有重要的意义。水溶性灰分和茶叶品质呈正相关。鲜叶越幼嫩，含钾、磷越多，则水溶性灰分含量越高，茶叶品质也就越好。随着茶芽新梢的生长和叶片的老化，钙、镁的含量逐渐增加，总灰分的含量随之增加。水溶性灰分的含量减少，说明茶叶品质差。因此，水溶性灰分的含量是区别茶叶老嫩的标志之一。

茶叶中灰分的检验项目有四项：茶叶总灰分的检验、茶叶水溶性灰分和水不溶性灰分的检验、酸不溶性灰分的检验和水溶性灰分碱度的检验。

 茶叶中总灰分的测定

《茶　总灰分测定》（GB/T 8306—2002）规定，总灰分是在规定的条件下，茶叶经525℃ ±25℃灼烧灰化后所残留物质的总称，约占干物质质量的4% ~7%。总灰分的含量是衡量茶叶产品是否干净（是否混有杂质）的一个指标。各类茶叶标准均规定总灰分的含量不能超过一定的限量。

1. 方法原理

试样经525℃ ±25℃加热灼烧，分解有机物至恒重。

2. 分析步骤

（1）取样　按GB/T 8302—2002的规定取样（见本章第二节）。

（2）试样制备

1）紧压茶以外的各类茶：先用磨碎机将少量试样磨碎，弃去，再磨碎其余部分。将磨碎的样品转入预先干燥的容器中，立即密封。

注意：如果水分含量太高，则不能将样品磨碎到所规定的细度（磨碎样品能完全通过孔径为600 ~1000μm的筛子），必须将样品预先干燥（烘干温度不超过100℃），待试样冷却后再进行磨碎。

2）紧压茶：在不同形状（砖、块、饼）的紧压茶表面，分别取不少于5处的采样点，用台钻或点钻钻洞取样，混匀，按其他茶制备试样。

（3）坩埚的准备　将洁净的坩埚置于525℃ ±25℃高温炉内灼烧1h，待炉温降至300℃左右时，取出坩埚，于干燥器内冷却至室温，称量（精确至0.001g）。

（4）分析步骤　称取混匀的磨碎试样2g（精确至0.001g）置于坩埚内，在电热板上徐徐加热，使试样充分炭化至无烟，然后将坩埚移入525℃ ±25℃高温炉内，灼烧至无炭粒（不少于2h），待炉温降至300℃左右时，取出坩埚，置于干燥器内冷却至室温，称量，再移入高温炉内以上述温度灼烧1h，取出，冷却，称量，再移入高温炉内，灼烧30min，取出，冷却，称量。重复灼烧30min的操作，直至连续两次称量差不超过0.001g为止，以最小称量结果为准。

3. 分析结果表述

茶叶中总灰分的含量（以干态质量分数表示）按式（2-10-6）计算。

$$X=\frac{m_1-m_2}{m_0\times w}\times 100\% \qquad (2\text{-}10\text{-}6)$$

式中　X——茶叶中总灰分的含量；

m_1——试样和坩埚灼烧后的质量（g）；

m_2——坩埚的质量（g）；

m_0——试样的质量（g）；

w——试样中干物质的质量分数。

如果符合重复性的要求，则取两次测定值的算术平均值作为结果（保留到小数点后第一位）。同一样品的两次测定值之差，每100g不得超过0.2g。

二 茶叶中水溶性灰分和水不溶性灰分的测定

水溶性灰分和水不溶性灰分是指在规定条件下，茶叶中的总灰分溶于水和不溶于水的部分。若水溶性灰分占茶叶总灰分的比例大，则表明茶叶内的物质丰富，品质好。

1. 方法原理

用热水提取总灰分，经无灰滤纸过滤，灼烧、称量残留物，测得水不溶性灰分，由总灰分和水不溶性灰分的质量之差算出水可溶性灰分的质量。

2. 分析步骤

用25mL热蒸馏水，将灰分从坩埚中洗入100mL烧杯中，加热至微沸（防溅），趁热用无灰滤纸过滤，用热蒸馏水分数次洗涤烧杯和滤纸上的残留物，直至滤液和洗液体积达150mL为止。将滤纸连同残留物移入坩埚中，在沸水浴上小心地蒸去水分，然后移入高温炉内，以525℃ ±25℃灼烧至灰中无炭粒（约1h）。待炉温降至300℃左右时，取出坩埚，于干燥器内冷却至室温，称量，再移入高温炉内灼烧30min，取出坩埚，冷却并称量。重复此操作，直至连续两次称量差不超过0.0001g为止，即为恒重，以最小称量结果为准。

注意：保留滤液，以测定水溶性灰分碱度。

3. 分析结果表述

（1）水不溶性灰分的含量　茶叶中水不溶性灰分的含量（以干态质量分数表示）按式（2-10-7）计算。

$$X = \frac{m_1 - m_2}{m_0 \times w} \times 100\% \tag{2-10-7}$$

式中 X——茶叶中水不溶性灰分的含量；

m_1——坩埚和水不溶性灰分的质量（g）；

m_2——坩埚的质量（g）；

m_0——试样的质量（g）；

w——试样中干物质的质量分数。

（2）水溶性灰分的含量　茶叶中水溶性灰分的含量（以干态质量分数表示）按式（2-10-8）计算。

$$X = \frac{m_1 - m_2}{m_0 \times w} \times 100\% \tag{2-10-8}$$

式中 X——茶叶中水溶性灰分的含量；

m_1——总灰分的质量（g）；

m_2——水不溶性灰分的质量（g）；

m_0——试样的质量（g）；

w——试样中干物质的质量分数。

如果符合重复性的要求，则取两次测定的算术平均值作为结果（保留小数点后一位）。同一样品的两次测定值之差，每100g试样不得超过0.2g。

三 酸不溶性灰分的测定

酸不溶性灰分是指在规定条件下，茶叶总灰分经盐酸处理后残留的部分。若酸不溶性灰分超过限量指标，则说明茶叶内含有泥沙等杂质。

1. 方法原理

用盐酸溶液处理总灰分，过滤，灼烧并称量残留物。

2. 分析步骤

用25mL体积分数为10%的盐酸溶液将总灰分分数次洗入100mL烧杯中，盖上表面皿，在水浴上小心加热，至溶液由浑浊变透明时，继续加热5min。趁热用无灰滤纸过滤，用热蒸馏水少量反复洗涤烧杯和滤纸上的残留物，至洗液不呈酸性为止（蒸馏水用量约为150mL），然后将滤纸连同残渣移入坩埚内，在水浴上小心蒸去水分，将坩埚移入高温炉内，以525℃ ±25℃灼烧至无炭粒为止（约1h），待炉温降到300℃左右时，取出坩埚，于干燥器内冷却至室温，称量，再移入高温炉内灼烧30min，冷却并称量。重复此操作，直至连续两次称量差不超过0.001g为止，以最小称量结果为准。

3. 分析结果表述

茶叶中酸不溶性灰分的含量（以干态质量分数表示）按式（2-10-9）计算。

$$X = \frac{m_1 - m_2}{m_0 \times w} \times 100\% \qquad (2\text{-}10\text{-}9)$$

式中 X——茶叶中酸不溶性灰分的含量；

m_1——坩埚和酸不溶性灰分的质量（g）；

m_2——坩埚的质量（g）；

m_0——试样的质量（g）；

w——试样中干物质的质量分数。

如果符合重复性的要求，则取两次测定值的算术平均值作为结果（保留到小数点后第二位）。同一样品的两次测定值之差，每100g试样不得超过0.02g。

四 茶叶中水溶性灰分碱度的测定

水溶性灰分碱度指的是中和茶叶中水溶性灰分的浸出液所需要酸的量，或相当于该酸量的碱量，或换算为相当于干态磨碎样品中所含氢氧化钾的质量分数。

这项指标用于防止茶叶掺假。我国红茶的相关标准要求碱度控制在1% ~3%。

1. 方法原理

用甲基橙作指示剂，以盐酸标准溶液滴定水溶性灰分的滤液。

2. 分析步骤

将水溶性灰分溶液冷却后，用甲基橙作指示剂，用0.1mol/L盐酸标准溶液滴定。

3. 分析结果表述

1）水溶性灰分碱度以100g干态磨碎样品中的毫摩尔数表示，按式（2-10-10）

计算。

$$X = \frac{c \times V}{m_0 \times w} \times 100 \tag{2-10-10}$$

式中 X——水溶性灰分碱度（mmol/100g）；

V——滴定时消耗0.1mol/L盐酸标准溶液的体积（mL）；

c——盐酸标准溶液的浓度（mol/L）；

m_0——试样的质量（g）；

w——试样中干物质（干态）的质量分数。

2）水溶性灰分碱度用氢氧化钾的质量分数表示，按式（2-10-11）计算。

$$X = \frac{56 \times c \times V}{1000 \times m_0 \times w} \times 100\% \tag{2-10-11}$$

式中 X——水溶性灰分碱度；

V——滴定时消耗0.1mol/L盐酸标准溶液的体积（mL）；

c——盐酸标准溶液的浓度（mol/L）；

m_0——试样的质量（g）；

w——试样中干物质（干态）的质量分数；

56——氢氧化钾的摩尔质量（g/moL）。

如果符合重复性的要求，则取两次测定值的算术平均值作为结果（保留到小数点后第一位）。同一样品两次测定值之差，每100g试样不得超过0.2g。

第六节　茶叶中氟的测定

茶树具有强烈富集氟的特性，并在树体内积蓄，积蓄的时间越长，氟的含量越高。茶叶中42%～86%的氟可被溶解到茶水中。氟在人体内以微量成分存在，是维持骨骼正常发育必不可少的微量元素之一。但是，如果人体摄入氟的量过高，就会引起慢性氟中毒。目前，我国尚没有关于茶叶氟含量的国家标准。有研究表明，砖茶的氟含量可以是普通茶叶的数十倍乃至数百倍。砖茶中氟的含量控制在250mg/kg以下即为安全水平。

依据《茶叶中氟含量测定方法　氟离子选择电极法》（NY/T 838—2004），茶叶中氟含量的测定采用氟离子选择电极法。

1. 方法原理

氟离子选择电极的氟化镧单晶膜对氟离子产生选择性的响应，在氟离子选择电极和参比饱和甘汞电极对中，电位差可随着溶液中氟离子活度的变化而改变，电位变化规律符合能斯特方程。

$$E = E^0 - (2.303RT/F)\lg c_F$$

E与$\lg c_F$呈线性关系，$2.303RT/F$为直线的斜率（25℃时为59.16）。

2. 分析步骤

（1）试样的制备　按照GB/T 8302—2002）的规定取样（见本章第二节），按照GB/T 8303—2002的规定制备试样（见本章第三节）。

(2) 测定　称取制备的茶样0.5000g±0.0200g，转入聚乙烯烧杯中，加入25mL的高氯酸溶液（0.1mol/L)，开启磁力搅拌器搅拌30min，然后加入25mL TISAB缓冲溶液（114.0g柠檬酸钠和12.0g乙酸钠溶解定容至1000mL)，插入氟离子选择电极和参比饱和甘汞电极，再搅拌30min，读取平衡电位 E_x，然后从校准曲线上查找氟含量。在每次测量之前，都要用蒸馏水充分冲洗电极，并用滤纸吸干。同一个样品做3次平行测定。

(3) 校准　把氟离子标准储备液稀释至适当的质量浓度，用50mL容量瓶配制质量浓度分别为0μg/mL、2μg/mL、4μg/mL、6μg/mL、8μg/mL、10μg/mL的氟离子标准溶液，并在定容前分别加入25mL TISAB缓冲溶液，充分摇匀，转入100mL聚乙烯烧杯中，插入氟离子选择电极和参比饱和甘汞电极，开动磁力搅拌，由低质量浓度到高质量浓度依次读取平衡电位，在半对数纸上绘制 $E\text{-}\lg c_F$ 曲线。

3. 结果计算

茶叶中氟的含量按式（2-10-12）计算。

$$X=\frac{c\times 50\times 1000}{m\times 1000} \tag{2-10-12}$$

式中　X——样品中氟的含量（mg/kg)；

c——测定用样液中氟的质量浓度（μg/mL)；

50——测定用样液的体积（mL)；

m——样品质量（g)。

取三次测定的算术平均值作为结果。结果保留到小数点后第一位，任意两次平行测定结果相对差不得大于算术平均值的10%。

4. 注意事项

茶叶中铝、铁、钙、硅等离子含量较高时，会对氟离子选择电极产生干扰。柠檬酸钠离子强度调节剂对这些离子具有较好的掩蔽作用，可使测量结果稳定。

第七节　茶叶中茶多酚的测定

茶多酚是茶叶中多酚类物质的总称，包括黄烷醇类、花色苷类、黄酮类、黄酮醇类和酚酸类等，其中以黄烷醇类（儿茶素类）最为重要。茶多酚又称茶鞣或单茶宁，占茶叶重量的15%~30%，是形成茶叶色香味的主要成分之一，也是茶叶中有保健功能的主要成分之一。茶多酚在茶汤中呈苦涩味，有较强的刺激性，是红、绿茶中的重要物质。

依据《茶叶中茶多酚和儿茶素类含量的检测方法》（GB/T 8313—2008)，茶叶中茶多酚含量的测定采用福林酚法。

1. 方法原理

茶叶磨碎样中的茶多酚用体积分数为70%的甲醇在70℃水浴上提取，福林酚试剂氧化茶多酚中的—OH基团并显蓝色，最大吸收波长为765nm，用没食子酸作校正标准定量茶多酚。

2. 分析步骤

（1）试样的制备

1）母液：称取0.2g（精确到0.0001g）均匀磨碎的试样置于10mL离心管中，加入在70℃中预热过的体积分数为70%的甲醇溶液5mL，用玻璃棒充分搅拌均匀，立即移入70℃水浴中，浸提10min，浸提后冷却至室温，转入离心机，在3500r/min的转速下离心10min，将上清液转移至10mL容量瓶中，残渣用5mL体积分数为70%的甲醇溶液提取一次，重复以上操作。合并提取液定容至10mL，摇匀，过0.45μm膜，待用。该提取液4℃下至多保存24h。

2）测试液：移取母液1.0mL置于10mL容量瓶中，用水定容至刻度，摇匀，待测。

（2）测定　用移液管分别移取没食子酸工作液、水（作空白对照）及测试液各1.0mL，置于刻度试管内，在每个试管内分别加入5.0mL福林酚试剂，摇匀，反应3～8min，然后加入4.0mL质量分数为7.5%的Na_2CO_3溶液，加水定容至刻度，摇匀，室温下放置60min，用10mm比色皿，在765nm波长条件下用分光光度计测定吸光度。根据没食子酸工作液的吸光度与各工作溶液的没食子酸质量浓度（μg/mL），制作标准曲线。比较试样和标准工作液的吸光度。

3. 结果计算

茶叶中茶多酚的含量（以干态质量分数表示）按式（2-10-13）计算。

$$X = \frac{A \times V \times d}{SLOPE_{\mathrm{std}} \times w \times 10^6 \times m_1} \times 100\% \qquad (2\text{-}10\text{-}13)$$

式中　X——茶叶中茶多酚的含量；

A——样品测试液吸光度；

V——样品提取液体积（mL）；

d——稀释因子（1mL稀释成100mL，则其稀释因子为100）；

$SLOPE_{\mathrm{Std}}$——没食子酸标准曲线的斜率；

w——样品中干物质的质量分数；

m_1——样品质量（g）。

同一样品的两次测定值之差，每100g试样不得超过0.5g。

4. 说明

样品吸光度应在没食子酸标准工作曲线的校准范围内，若样品吸光度高于50μg/mL的没食子酸标准工作液的吸光度，则应重新配置没食子酸标准工作液进行校准。

第八节　茶叶中咖啡碱的测定

在茶叶水浸出物中除去叶蛋白、茶多酚等物质后，留下的生物碱的特定波长为274nm者，均称为咖啡碱。咖啡碱是茶叶中主要的嘌呤碱，呈苦味，是构成茶汤的重要滋味物质。

依据《茶　咖啡碱测定》（GB/T 8312—2002），茶叶中咖啡碱的测定方法为高效液相色谱法（第一法）和紫外分光光度法（第二法）。

 高效液相色谱法

1. 方法原理

茶叶中的咖啡碱经沸水和氧化镁混合提取后，经高效液相色谱仪、C_{18}分离柱、紫外检测器检测，与标准系列溶液比较定量。

2. 分析步骤

（1）试液的制备　按照 GB/T 8302—2002 的规定取样（见本章第二节），按照 GB/T 8303—2002 的规定制备试样（见本章第三节）。

称取 1.0g（精确至 0.0001g）磨碎的茶样，置于 500mL 烧瓶中，加 4.5g 氧化镁及 300mL 沸水，于沸水浴中加热，浸提 20min（每隔 5min 摇动一次），浸提完毕后立即趁热减压过滤，将滤液移入 500mL 容量瓶中，冷却后，用水定容至刻度，混匀。取一部分试液，通过 0.45μm 滤膜过滤，待用。

（2）测定

1）色谱参考条件

检测波长：紫外检测器，波长为 280nm。

流动相：水与甲醇的体积比为 7∶3。

流速：0.5～1.5mL/min。

柱温：40℃。

进样量：10～20μL。

2）测定：准确吸取 10～20μL 制备液注入高效液相色谱仪，并用咖啡碱标准液制作标准曲线，比较试样和标准样的峰面积。

3. 分析结果表述

茶叶中咖啡碱的含量（以干态质量分数表示）按式（2-10-14）计算。

$$X = \frac{m_1 \times \frac{L_1}{L_2}}{m \times w \times 1000} \times 100\% \tag{2-10-14}$$

式中　X——茶叶中咖啡碱的含量；

m_1——测定液中咖啡碱的质量（μg）；

L_1——样品总体积（mL）；

L_2——进样体积（μL）；

m——试样的质量（g）；

w——试样中干物质的质量分数。

同一样品两次测定值之差，每 100g 试样不得超过 0.2g。

 紫外分光光度法

1. 方法原理

茶叶中的咖啡碱易溶于水，除去干扰物质后，在波长 274nm 处测定其含量。

2. 分析步骤

（1）试液的制备　称取3g（精确至0.001g）磨碎的试样置于500mL锥形瓶中，加沸腾的蒸馏水450mL，立即移入沸水浴中，浸提45min（每隔10min摇动一次），浸提完毕后立即趁热减压过滤，将滤液移入500mL容量瓶中，残渣用少量热蒸馏水洗涤两三次，并将滤液滤入上述容量瓶中，冷却后用蒸馏水稀释至刻度。

（2）测定　用移液管准确吸取试液10mL，移入100mL容量瓶中，加入4mL浓度为0.01mol/L的盐酸和1mL碱式乙酸铅溶液，用水稀释至刻度，混匀，静置澄清过滤，然后准确吸取滤液25mL，注入50mL容量瓶中，加入0.1mL浓度为4.5mol/L的硫酸溶液，加水稀释至刻度，混匀，静置澄清过滤。用10mm比色杯，在波长274nm处以试剂空白溶液作参比，测定吸光度。

（3）咖啡碱标准曲线的制作　分别吸取0mL、1mL、2mL、3mL、4mL、5mL、6mL咖啡碱工作液（0.05mg/mL）置于一组25mL容量瓶中，各加入1.0mL浓度为0.01mol/L的盐酸，用水稀释至刻度，混匀，用10mm石英比色杯，在波长274nm处，以试剂空白溶液作参比，测定吸光度，将测得的吸光度与对应的咖啡碱质量浓度绘制标准曲线。

3. 分析结果表述

茶叶中咖啡碱的含量（以干态质量分数表示）按式（2-10-15）计算。

$$X=\frac{\frac{c\times L}{1000}\times\frac{100}{10}\times\frac{50}{25}}{m\times w}\times 100\% \qquad (2\text{-}10\text{-}15)$$

式中　X——茶叶中咖啡碱的含量；

c——根据试样测得的吸光度，从咖啡碱标准曲线上查得的咖啡碱相应的含量（mg/mL）；

L——试液总量（mL）；

m——试样用量（g）；

w——样品干物质的含量。

如果符合重复性，则取两次测定的算术平均值作为结果，保留到小数点后第一位。

第九节　茶叶中游离氨基酸的测定

茶叶中的游离氨基酸是茶叶中水浸出物中呈游离状态存在的具有α-氨基酸的有机酸。它不仅是决定茶汤滋味的主要成分，而且与茶叶的品质有一定的相关性。茶叶中的氨基酸超过25种，其中茶氨酸是茶叶中游离氨基酸的主体部分。在不同等级和不同品种的茶叶中，茶氨酸都占茶叶游离氨基酸总量的50%以上，约占茶叶干重的1%～2%。它是1950年由日本学者酒户弥二郎从绿茶中分离并命名的，属于酰胺类化合物（N-乙基-L-谷氨酰胺），极易溶于水，具有焦糖的香味和类似味精的鲜爽味，对绿茶滋味具有重要作用。茶氨酸还能缓解茶的苦涩味，并增强其甜味，是茶叶品质的重要评价因子之一。

依据《茶　游离氨基酸总量测定》（GB/T 8314—2002），茶叶中游离氨基酸的测定方法为分光光度法。

1. 方法原理

α-氨基酸在 pH = 8.0 的条件下与茚三酮共热，形成紫色配位化合物，用分光光度法在特定的波长下测定其含量。

2. 分析步骤

（1）试液的制备　按照 GB/T 8302—2002 的规定取样（见本章第二节），按照 GB/T 8303—2002 的规定制备试样。

称取 3g（精确至 0.001g）磨碎的试样置于 500mL 锥形瓶中，加沸腾的蒸馏水 450mL，立即移入沸水浴中，浸提 45min（每隔 10min 摇动一次），浸提完毕后立即趁热减压过滤，将滤液移入 500mL 容量瓶中，残渣用少量热蒸馏水洗涤两三次，并将滤液滤入上述容量瓶中，冷却后用蒸馏水稀释至刻度。

（2）测定　准确吸取试液 1mL，注入 25mL 的容量瓶中，加 0.5mL pH 值为 8.0 磷酸盐缓冲液和 0.5mL 2% 茚三酮溶液，在沸水浴中加热 15min，待冷却后加水定容至 25mL，放置 10min 后，用 5mm 比色杯，在 570nm 处，以试剂空白溶液作参比，测定吸光度。

（3）氨基酸标准曲线的制作　分别吸取 0.0mL、1.0mL、1.5mL、2.0mL、2.5mL、3.0mL 氨基酸工作液（0.1mg/mL）置于一组 25mL 容量瓶中，加 4mL 水，0.5mL pH = 8.0 的磷酸盐缓冲液和 0.5mL 2% 茚三酮溶液，在沸水浴中加热 15min，冷却后加水定容至 25mL，测定吸光度。用测得的吸光度与对应的茶氨酸或谷氨酸质量浓度绘制标准曲线。

3. 分析结果表述

茶叶中游离氨基酸的含量（以干态质量分数表示）按式（2-10-16）计算。

$$X = \frac{\frac{m}{1000} \times \frac{L_1}{L_2}}{m_0 \times w} \times 100\% \qquad (2\text{-}10\text{-}16)$$

式中　X——茶叶中游离氨基酸的含量；

L_1——试液总量（mL）；

L_2——测定用试液量（mL）；

m_0——试样的质量（g）；

m——根据测定的吸光度从标准曲线上查得的茶氨酸或谷氨酸的毫克数（mg）；

w——试样干物质的含量。

如果符合重复性要求，则取两次测定的算术平均值作为结果，结果保留到小数点后第一位。同一样品两次测定值之差，每 100g 试样不得超过 0.1g。

食品检验工基础知识试题

一、选择题（将正确答案的序号填入括号内）

1. 食品生产许可证编号（　　）为获证企业序号。

A. 后4位　　B. 前4位

C. 中4位　　D. 后2位

2. 食品生产加工企业生产食品所用的原材料、添加剂等应符合国家有关规定，不得使用（　　）加工食品。

A. 腐败变质的原料

B. 工业原料

C. 非食用性原辅材料

D. 非天然原料

3. 食品质量安全市场准入制度包括（　　）项具体制度。

A. 2　B. 3　C. 4　D. 5

4. 四氯化碳将碘从水中分离出来的方法属于（　　）分离法。

A. 萃取　　B. 沉淀

C. 色谱　　D. 交换

5. 重量分析法主要用于测定质量分数（　　）的物质。

A. 大于1%　　B. 小于1%

C. 0.1%～1%　　D. 大于5%

6. 俗称氯仿的化合物分子式为（　　）。

A. CH_4　　B. $CHCl_3$

C. CH_2Cl_2　　D. CH_3Cl

7. 国家标准规定化学试剂的密度是指在（　　）时单位体积物质的质量。

A. 28℃　　B. 25℃

C. 20℃　　D. 23℃

8. 下列选项中（　　）是系统误差的性质。

A. 随机产生　　B. 具有单向性

C. 呈正态分布　　D. 难以测定

9. 按有效数字计算规则，3.40＋5.7281＋1.00421＝（　　）。

A. 10.13231　　B. 10.1323

C. 10.132　　D. 10.13

10. 基准物质 NaCl 在使用前的预处理方法为（　　），然后放于干燥器中冷却至室温。

A. 在140～150℃烘干至恒重

B. 在270～300℃灼烧至恒重

C. 在105～110℃烘干至恒重

D. 在500～600℃灼烧至恒重

11. 用经校正的万分之一分析天平称取0.1g试样，其相对误差为（　　）。

A. ±0.1%　　B. ＋0.1%

C. －0.1%　　D. 无法确定

12. 对某食品中的粗蛋白进行了6次测定，结果分别为59.09%、59.17%、59.27%、59.13%、59.10%、59.14%，标准偏差为（　　）。

A. 0.06542　　B. 0.0654

C. 0.066　　D. 0.065

13. 测量结果精密度的高低用（　　）表示最好。

A. 偏差　　B. 极差

C. 平均偏差　　D. 标准偏差

14. 扑灭D类火灾可用（　　）灭火剂或灭火材料。

A. 水　　B. 酸碱灭火剂

C. 二氧化碳　　D. 沙土

15. 化学试剂的包装及标志按规定颜色标记等级及门类，下面不正确的是（　　）。

A. 优级纯、玫红色

B. 基准试剂、浅绿色

C. 分析纯、红色 AR

D. 化学纯、蓝色 CP

16. 用体积分数为95%的乙醇配制体积分数为75%的乙醇500mL，下面配制正确的是（　　）。

A. 量取体积分数为95%的乙醇395mL，用水稀释至500mL

B. 量取体积分数为95%的乙醇395mL，加入水105mL，混匀

C. 量称体积分数为95%的乙醇375mL，用水稀释至500mL

D. 量取体积分数为95%的乙醇375mL，加入125mL水混匀

17. 下面所需称量的物品，适宜用直接称量法称量的是（　）。

A. 称量瓶的重量

B. 称金属铜，配制标准溶液

C. 称无水碳酸钠，标定盐酸

D. 称取氢氧化钠10g配溶液

18. 国家标准规定的实验室用水分为（　）级。

A. 4　B. 5　C. 3　D. 2

19. 1.34×10^{-3}的有效数字是（　）位。

A. 6　B. 5　C. 3　D. 8

20. 比较两组测定结果的精密度，结论是（　）。

甲组：0.19%，0.19%，0.20%，0.21%，0.21%

乙组：0.18%，0.20%，0.20%，0.21%，0.22%

A. 甲、乙两组相同

B. 甲组比乙组高

C. 乙组比甲组高

D. 无法判别

21. 直接法配制标准溶液必须使用(　)。

A. 基准试剂　B. 化学纯试剂

C. 分析纯试剂　D. 优级纯试剂

22. 下列关于平行测定结果准确度与精密度的描述正确的有（　）。

A. 精密度高则没有随机误差

B. 精密度高则准确度一定高

C. 精密度高表明方法的重现性好

D. 存在系统误差时精密度一定不高

23. 实验室中常用的铬酸洗液是由(　)配制的。

A. K_2CrO_4 和浓 H_2SO_4

B. K_2CrO_4 和浓 HCl

C. $K_2Cr_2O_7$ 和浓 HCl

D. $K_2Cr_2O_7$ 和浓 H_2SO_4

24. 当滴定管有油污时，可用（　）洗涤后，依次用自来水和蒸馏水洗涤三遍备用。

A. 去污粉　B. 铬酸洗液

C. 强碱溶液　D. 都不对

25. 配制好的HCl需储存于（　）中。

A. 棕色橡胶塞试剂瓶

B. 塑料瓶

C. 白色磨口塞试剂瓶

D. 白色橡胶塞试剂瓶

26. 用 $NaAc\cdot3H_2O$ 晶体和2.0mol/L的NaOH来配制pH=5.0的HAc-NaAc缓冲溶液1L，其正确的配制方法是（　）。

A. 将49g $NaAc\cdot3H_2O$ 放入少量水中溶解，再加入50mL浓度为2.0mol/L的HAc溶液，用水稀释至1L

B. 将98g $NaAc\cdot3H_2O$ 放入少量水中溶解，再加入50mL浓度为2.0mol/L的HAc溶液，用水稀释至1L

C. 将25g $NaAc\cdot3H_2O$ 放入少量水中溶解，再加入100mL浓度为2.0mol/L的HAc溶液，用水稀释至1L

D. 将49g $NaAc\cdot3H_2O$ 放入少量水中溶解，再加入100mL浓度为2.0mol/L的HAc溶液，用水稀释至1L

27. (1+5) H_2SO_4 这种体积比浓度表示方法的含义是（　）。

A. 水和浓 H_2SO_4 的体积比为1:6

B. 水和浓 H_2SO_4 的体积比为1:5

C. 浓 H_2SO_4 和水的体积比为1:5

D. 浓 H_2SO_4 和水的体积比为1:6

28. 以NaOH滴定 H_3PO_4（$k_{A1}=7.5\times10^{-3}$，$k_{A2}=6.2\times10^{-8}$，$k_{A3}=5.0\times10^{-13}$）至生成 Na_2HPO_4 时，溶液的pH值应当是（　）。

A. 7.7　B. 8.7

C. 9.8　D. 10.7

29. 对某试样进行三次平行测定，得CaO的平均含量为30.6%（质量分数），而真实含量为30.3%（质量分数），则30.6% − 30.3% = 0.3%

为（　　）。

A. 相对误差　B. 相对偏差

C. 绝对误差　D. 绝对偏差

30. pH = 5.26 中的有效数字是（　）位。

A. 0　B. 2　C. 3　D. 4

31. 个别测定值与多次测定的算术平均值之间的差值称为（　）。

A. 相对误差　B. 偏差

C. 绝对偏差　D. 绝对误差

32. 在以邻苯二甲酸氢钾（$KHC_8H_4O_4$）为基准物标定 NaOH 溶液时，下列仪器中需用操作溶液淋洗三次的是（　）。

A. 滴定管　B. 容量瓶

C. 移液管　D. 锥形瓶

33. 称量时样品吸收了空气中的水分会引起（　）。

A. 系统误差　B. 偶然误差

C. 过失误差　D. 试剂误差

34. 试剂中含有的微量组分会引起（　）。

A. 方法误差　B. 偶然误差

C. 过失误差　D. 试剂误差

35. 标定 HCl 溶液常用的基准物质是（　）。

A. 氢氧化钠　B. 邻苯二甲酸氢钾

C. 无水碳酸钠　D. 草酸

36. 用无水 Na_2CO_3 来标定 0.1mol/L 的 HCl 溶液，宜称取 Na_2CO_3（　）。（M（Na_2CO_3）= 105.99g/mol）

A. 0.5～1g　B. 0.05～0.1g

C. 1～2g　D. 0.15～0.2g

37. 下面关于精密度与准确度关系的叙述中，不正确的是（　）。

A. 精密度与准确度都表示测定结果的可靠程度

B. 精密度是保证准确度的先决条件

C. 精密度高的测定结果不一定是准确的

D. 消除了系统误差以后，精密度高的分析结果才是既准确又精密的

38. 由试剂不纯引起的误差是（　）。

A. 偶然误差　B. 系统误差

C. 过失误差　D. 相对误差

39. 缓冲溶液的缓冲范围一般为（　）。

A. 3 个 pH 单位　B. 2 个 pH 单位

C. 1 个 pH 单位　D. 0.5 个 pH 单位

40. 酚酞指示剂的变色范围（pH 值）为（　）。

A. 9.4～10.6　B. 8.0～10.0

C. 6.8～8.4　D. 4.4～6.2

41. 用酸度计测定溶液的 pH 值时，应用（　）校正仪器。

A. 标准缓冲液　B. 标准酸溶液

C. 标准氢电极　D. 标准碱溶液

42. 金属离子指示剂的变色原理是（　）。

A. 溶液酸度变化引起指示剂结构改变而产生色变

B. 游离指示剂与金属离子配位化合物具有不同颜色

C. 产生指示剂僵化现象即引起色变

D. 指示剂浓度变化而产生色变

43. 沉淀重量法中对沉淀的要求不正确的是（　）。

A. 沉淀的溶解度必须很小，且易于洗涤和过滤

B. 沉淀必须是无机物

C. 沉淀吸附杂质少

D. 沉淀容易转化为称量式

44. 符合朗伯-比尔定律的有色溶液稀释时，其最大吸收峰的波长位置（　）。

A. 向短波方向移动

B. 向长波方向移动

C. 不移动，且吸光度值降低

D. 不移动，且吸光度值升高

*45. 在符合朗伯-比尔定律的范围内，溶液的浓度、最大吸收波长、吸光度三者的关系是（　）。

A. 增加、增加、增加

B. 减小、不变、减小

C. 减小、增加、减小

D. 增加、不变、减小

*46. 某物质的吸光系数与（　　）有关。

A. 溶液浓度　　B. 测定波长

C. 仪器型号　　D. 吸收池厚度

**47. 原子吸收光谱法是基于气态原子对光的吸收符合（　　），即吸光度与待测元素的含量成正比而进行分析检测的。

A. 多普勒效应　　B. 光电效应

C. 朗伯-比尔定律　　D. 乳剂特性曲线

**48. 原子吸收分光光度计由光源、（　　）、单色器、检测器等主要部件组成。

A. 电感耦合等离子体

B. 空心阴极灯

C. 原子化器

D. 辐射源

**49. 原子吸收光谱分析仪的光源是（　　）。

A. 氢灯　　B. 氘灯

C. 钨灯　　D. 空心阴极灯

**50. 在液相色谱法中，按分离原理分类，液固色谱法属于（　　）。

A. 分配色谱法

B. 排阻色谱法

C. 离子交换色谱法

D. 吸附色谱法

**51. 在高效液相色谱流程中，试样混合物在（　　）中被分离。

A. 检测器　　B. 记录器

C. 色谱柱　　D. 进样器

**52. 液相色谱中通用型检测器是（　　）。

A. 紫外吸收检测器

B. 示差折光检测器

C. 热导池检测器

D. 氢焰检测器

**53. 在气相色谱分析中，用于定性分析的参数是（　　）。

A. 保留值　　B. 峰面积

C. 分离度　　D. 半峰宽

**54. 柱效率用理论塔板数 n 或理论塔板高度 h 表示，柱效率越高，则（　　）。

A. n 越大，h 越小

B. n 越小，h 越大

C. n 越大，h 越大

D. n 越小，h 越小

**55. 如果试样中组分的沸点范围很宽，分离不理想，则可采取的措施为（　　）。

A. 选择合适的固定相

B. 采用最佳载气线速

C. 程序升温

D. 降低柱温

**56. 在光学分析法中，采用钨灯作光源的是（　　）。

A. 原子光谱　　B. 分子光谱

C. 可见分子光谱　　D. 红外光谱

57. 下面选项中（　　）为食品标签通用标准推荐标注内容。

A. 产品标准号　　B. 批号

C. 配料表　　D. 保质期或保存期

58. 下面对 GB/T 7099—2003 代号解释不正确的是（　　）。

A. GB/T 为推荐性国家标准

B. 7099 为产品代号

C. 2003 为标准发布年号

D. 7099 为标准顺序号

59. 糕点种类繁多，但各类糕点对（　　）感官指标项目要求内容是一致的。

A. 形态　　B. 色泽

C. 滋味气味　　D. 杂质

60. 下列标准代号属于国家标准的是（　　）。

A. GB 10792

B. ZBX 66012

C. QB/T ××××

D. Q/J ×××

61. GB 5009.3—2010 中直接干燥法使用的温度为（　　）。

A. 101℃～105℃　　B. 100℃～110℃

C. 105℃±2℃　　D. 110℃±2℃

62. 水分测定的主要设备是（　　）。

A. 水浴锅　　B. 马弗炉

C. 恒温烘箱　　D. 干燥器

63. 测定水分所使用的方法属于（　）。

A. 重量分析法　　B. 酸碱滴定法

C. 氧化还原滴定法　　D. 沉淀滴定法

64. 总酸度的测定方法属于（　）。

A. 配位滴定法　　B. 酸碱滴定法

C. 氧化还原滴定法　　D. 沉淀滴定法

*65. 在革兰氏染色时，结晶紫滴加在已固定的涂片上染色，一般染（　），用水洗去。

A. 0.5min　　B. 1min

C. 1.5min　　D. 2min

*66. 实验室做脂肪提取试验时，应选用下列（　）玻璃仪器。

A. 烧杯、漏斗、容量瓶

B. 锥形瓶、冷凝管、漏斗

C. 烧杯、分液漏斗、玻璃棒

D. 索氏抽提器

*67. 蛋白质测定时消化所用的催化剂是（　）。

A. 硫酸钾　　B. 硫酸

C. 硫酸钠　　D. 硫酸铜

*68. 蛋白质的换算系数一般常用6.25，它是根据其平均含氮量为（　）得来的。

A. 16%　　B. 16.7%

C. 17.6%　　D. 15.8%

*69. 大肠菌群的生物学特征是（　）。

A. 革兰氏阳性、需氧和兼性厌氧

B. 革兰氏阴性、需氧和兼性厌氧

C. 革兰氏阳性、厌氧

D. 革兰氏阳性、需氧

70. 下列不属于酥类糕点感官要求的是（　）。

A. 油润　　B. 绵软不黏

C. 酥松爽口　　D. 无异味

71. 糕点感官检验时，应把糕点放在（　）上进行检测。

A. 手掌　　B. 洁净的白瓷盘

C. 洁净的蒸发皿　　D. 洁净的工作台

*72. 在进行大肠菌测定时，根据证实为大肠菌的阳性管数，查MPN检索表，报告每100mL(g)大肠菌群的（　）。

A. 准确数　　B. 近似

C. MPN　　D. 可能数

73. 恒重固形物时，前后两次称量差小于（　）时为恒重。

A. 2mg　　B. 1mg

C. 5mg　　D. 0.2mg

74. 测定灰分时，应先将样品置于电炉上炭化，然后移入马弗炉中于（　）灼烧。

A. 400～500℃　　B. 500～550℃

C. 600℃　　D. 800℃以下

75. 在净含量的标示中不包括（　）。

A. 净含量

B. 法定计量单位

C. 数字

D. 生产者的名称地址

76. 下列对糕点感官分析流程排序正确的一项是（　）。

A. 设计→制备→呈送→分析与统计

B. 制备→设计→呈送→分析与统计

C. 呈送→设计→制备→分析与统计

D. 分析与统计→设计→制备→呈送

*77. 测定蛋白质时消化用硫酸钾的作用是（　）。

A. 氧化　　B. 还原

C. 催化　　D. 提高液温

*78. 菌落计数时，菌落数在100cfu以内，按“四舍五入”原则修约，以整数报告，大于100cfu时，采用（　）有效数字。

A. 1位　　B. 2位

C. 3位　　D. 4位

*79. 在进行大肠菌测定时，使用的是（　）培养基。

A. 三糖铁琼脂　　B. 伊红美蓝琼脂

C. 胰酪胨大豆肉汤　　D. 血琼脂

**80. 在进行志贺氏菌分离时，在选择平板上挑选可疑志贺氏菌菌落，接种（　）培养基。

A. 三糖铁琼脂　　B. 三糖铁和半固体

C. 半固体　　D. 半固体和靛基质

**81. 糕点产品作金黄色葡萄球菌检测时，转种于（　）四硫黄酸钠煌绿增菌液内。

A. 10mL　　B. 50mL

C. 100mL　　D. 150mL

82. 根据标准化法，我国标准分为四级，下面不属于这四级的是（　）。

A. 国家标准　　B. 行业标准

C. 企业标准　　D. 卫生标准

*83. 凯氏定氮法碱化蒸馏后，用（　）作吸收液。

A. 硼酸溶液　　B. NaOH溶液

C. 萘氏试剂　　D. 蒸馏水

*84. 微生物的检验中，大肠菌群的测定单位用（　）表示，菌落总数的测定单位用（　）表示。

A. g/mL(g)，cfu/mL(g)

B. MPN/100mL(g)，g/mL(g)

C. MPN/100mL(g)，cfu/mL(g)

D. cfu/mL(g)，MPN/100mL(g)

85. 能精确量取溶液体积的是（　）。

A. 量筒　　B. 锥形瓶

C. 移液管　　D. 胶头滴管

*86. 霉菌的培养温度是（　）。

A. 36℃±1℃　　B. 45℃±1℃

C. 40℃±1℃　　D. 28℃±1℃

87. 食品质量安全市场准入标志是（　）。

A. ISO9000　　B. QS

C. GMP　　D. GMC

*88. 在脂肪的分子中，脂肪酸和（　）分子连接。

A. 几丁质　　B. 胞嘧啶

C. 甘油　　D. 氨基酸

89. 用恒温干燥箱测定糕点水分时，下面操作正确的是（　）。

A. 用坩埚盛装样品

B. 到达测定温度后，再放入样品同时开始计时

C. 样品整块称取，整块放入

D. 干燥箱即用即开

90. 同一包装商品内含有多件同种定量包装商品的，应当标注（　），或者标注总净含量。

A. 单件定量包装商品的净含量和总件数

B. 每一件商品的净含量

C. 单件商品的属性

D. 产品的规格和尺寸

*91. 根据食品卫生要求，在对检样污染情况进行估计时，应选择三个稀释度接种乳糖胆盐发酵管，每个稀释度接种（　）管。

A. 1　　B. 2

C. 3　　D. 4

*92. 革兰氏染色时第一步使用的染色液是（　）。

A. 碘液　　B. 结晶紫

C. 95%乙醇　　D. 苯酚复红

*93. 采用高压蒸汽灭菌时，一般选用（　）

A. 121℃，20min　　B. 100℃，30min

C. 115℃，15min　　D. 110℃，20min

94. 测定糕点中的水分时，应把样品置于（　）的恒温箱中进行干燥。

A. 80℃左右　　B. 90℃左右

C. 100℃左右　　D. 70℃左右

*95. 国家标准GB 7099—2003要求热加工的糕点产品出厂时霉菌数不得大于（　）个/g。

A. 25　　B. 50

C. 100　　D. 不得检出

96. 配制好的氢氧化钠溶液需储存于（　）中。

A. 棕色磨口塞试剂瓶

B. 容量瓶

C. 白色磨口塞试剂瓶

D. 白色橡胶塞试剂瓶

*97. 用费林试剂直接滴定法测定还原糖的含量时，为使终点灵敏而添加的试剂为（　）。

A. 中性红　　B. 溴酚蓝

C. 酚酞　　　　D. 亚甲基蓝

98. 下列（　）不属于差别感官检验法。

A. 三点检验法

B. 二-三点检验法

C. 排序检验法

D. “A”-“非A”检验法

99.（　）是蛋白质的特征元素。

A. C元素　　　B. H元素

C. O元素　　　D. N元素

100. 水是糕点产品的重要组成部分，不同种类的糕点产品，其水分含量差别很大，饼干中水分的含量（质量分数）应控制在（　）。

A. 6.5%以下

B. 2.5%~3.5%之间

C. 6.5%以上

D. 14.0%以下

*101. 在蛋白质测定过程中，使用（　）方法对样品进行处理。

A. 蒸馏法　　　B. 萃取法

C. 层析　　　　D. 湿法消化

*102. 大肠菌群的生物学特性是（　）。

A. 发酵乳糖、产酸、不产气

B. 不发酵乳糖、产酸、产气

C. 发酵乳糖、产酸、产气

D. 发酵乳糖、不产酸、不产气

*103. 检测大肠菌群时，待检样品接种乳糖胆盐发酵管，经培养若不产气，则大肠菌群（　）。

A. 呈阳性

B. 呈阴性

C. 需进一步试验

D. 需接种伊红美蓝平板

**104. 沙门氏菌在BS琼脂上的菌落特点是（　）。

A. 黑色，有金属光泽

B. 金黄色，透明

C. 粉红色，透明

D. 白色，透明

*105. 根据菌落总数的报告原则，某样品经菌落总数测定的数据为3775个/mL，应报告为（　）个/mL。

A. 3775　　　　B. 3800

C. 37800　　　D. 40000

106. 直接干燥法是利用乳制品中水分的物理性质，在101.3kPa，（　）温度下采用挥发方法测定样品中干燥减失的重量，再通过干燥前后的称量数值计算出水分的含量。

A. 101~110℃　　B. 95~102℃

C. 105~110℃　　D. 101~105℃

107. 不溶度指数是在规定的条件下，将乳粉或乳粉制品复原，并进行（　），所得到沉淀物的体积的毫升数。

A. 离心　　　　B. 搅拌

C. 静置　　　　D. 干燥

108. 由于乳粉不溶度指数的测定可能受环境温度的影响，所以检验过程应在温度为（　）的实验室内进行。

A. 15~20℃　　B. 20~25℃

C. 25~30℃　　D. 28~32℃

109. 在测定灰分的过程中，重复灼烧至前后两次称量相差不超过（　）为恒重。

A. 0.1mg　　　B. 0.2mg

C. 0.5mg　　　D. 1.0mg

110. 测定含磷量较高的乳及乳制品的灰分时，称取试样后，需加入（　），使试样完全润湿，放置10min后，在水浴上将水分蒸干后再进行灰化、灼烧。

A. 乙酸镁溶液　　B. 硫酸铜溶液

C. 氯化钠溶液　　D. 硝酸钾溶液

111. 乳粉酸度测定方法中的基准法是指中和100mL干物质质量分数为（　）的复原乳至pH值为8.3所消耗的0.1mol/L氢氧化钠的体积。

A. 9%　　　　B. 10%

C. 11%　　　　D. 12%

112. 乳及其他乳制品中酸度的测定是以酚酞为指示液，用0.1000mol/L的氢氧化钠标准溶液滴定（　）试样至终点所消耗的氢氧化钠溶液体积，经计算确定试样的酸度。

A. 10g　　B. 100g

C. 100mL　　D. 10mL

113. 乳制品标签标注应符合国家标准（　　）。

A. GB 7718—2011　　B. GB 2760—2011

C. GB 2761—2011　　D. GB 14880—2012

114. “复原乳”或“复原奶”与产品名称应标识在包装容器的同一主要展示版面；标识的“复原乳”或“复原奶”字样应醒目，其字号应不小于产品名称的字号，字体高度应不小于主要展示版面高度的（　　）。

A. 1/3　　B. 1/4

C. 1/5　　D. 1/6

115. 全部用乳粉生产的灭菌乳、调制乳、发酵乳应在产品名称紧邻部位标明（　　）。

A. “纯牛乳”或“纯牛奶”

B. “还原乳”或“还原奶”

C. “消毒乳”或“消毒奶”

D. “复原乳”或“复原奶”

*116. 高压灭菌常用的温度为（　　）。

A. 121℃　　B. 170℃

C. 135℃　　D. 137℃

117. 乳品工业中测定的酸度为（　　）。

A. 固有酸度

B. 总酸度

C. 发酵酸度

118. 乳中掺水1%，冰点约上升（　　）。

A. 0.054℃　　B. 0.0054℃

C. 0.54℃　　D. 5.4℃

119. 正常乳的相对密度范围为（　　）。

A. 1.030～1.032　　B. 1.300～1.304

C. 1.028～1.032　　D. 大于1.027

120. 正常乳的pH值为（　　）。

A. 6.5～6.7　　B. 4.6～5.0

C. 3.4～4.0　　D. 5.5～6.0

121. 乳密度计所示刻度为15～40度，即相对密度测定范围为（　　）。

A. 1.015～1.040　　B. 1.5～4.0

C. 0.15～0.4　　D. 1.0～1.4

122. 乳粉的色泽应是均匀一致的（　　）。

A. 白色　　B. 黄色

C. 乳黄色　　D. 深黄色

123. 全脂乳粉的杂质度应不超过（　　）。

A. 16mg/kg　　B. 12mg/kg

C. 10mg/kg　　D. 8mg/kg

*124. 国标中牛乳中脂肪含量（质量分数）为（　　）。

A. ≥3.1%　　B. ≥3.0%

C. ≥3.2%　　D. ≥3.5%

125. 新鲜纯净的乳略带甜味，是因为乳中含有（　　）。

A. 乳脂肪　　B. 酪蛋白

C. 乳糖　　D. 乳白蛋白

*126. 全脂加糖乳粉的蔗糖含量（质量分数）不应超过（　　）。

A. 15%　　B. 20%

C. 40%　　D. 30%

*127. 国家标准规定，脱脂乳粉的脂肪含量（质量分数）不高于（　　）。

A. 4%　　B. 3%

C. 2%　　D. 1%

*128. 牛乳中约含质量分数为（　　）乳糖。

A. 2.5%　　B. 4.7%

C. 7%　　D. 6%

*129. 酸牛乳的微生物指标中，要求致病菌（　　）。

A. 不得检出

B. 可以检出

C. 每毫升不超过90个

D. 每毫升不超过10个

*130. 牛乳中数量最大的一类微生物是（　　）。

A. 乳酸菌　　B. 酵母菌

C. 大肠杆菌　　D. 霉菌

131. 乳中的固有酸度主要来源于乳中的（　　）。

A. 乳糖　　B. 乳脂肪

C. 磷酸盐和柠檬酸盐　　D. 乳蛋白

*132. 国家标准规定，全脂乳粉脂肪的含量（质量分数）不低于（　　）。

A. 20%～25%　　B. 26%

C. 30%～35%　　D. 27%

*133. 国家标准规定，全脂乳粉的细菌总数不高于（　　）。

A. 2万　　B. 3万

C. 4万　　D. 5万

134. 下列用于测定全乳固体含量的设备是（　　）

A. 恒温箱　　B. 干燥箱

C. 离心机　　D. 振荡器

*135. 国家标准规定，发酵乳的乳酸菌数为（　　）

A. $\geqslant 1\times10^5$ cfu/g(mL)

B. $\geqslant 1\times10^6$ cfu/g(mL)

C. $\geqslant 1\times10^4$ cfu/g(mL)

D. $\geqslant 1\times10^3$ cfu/g(mL)

*136. 分光光度计的原理是用棱镜或衍射光栅把（　　）滤成一定波长的单色光，然后测定这种单色光透过液体试样时被吸收的情况。

A. 绿光　　B. 蓝光

C. 黄光　　D. 白光

137. 准确度反映的是测定系统中存在的（　　）的指标。

A. 系统误差

B. 系统误差和偶然误差

C. 偶然误差

D. 误差分散程度

*138. 用镉柱法测定乳品中硝酸盐的含量时，（　　）除可控制溶液的pH值外，还可缓解镉对亚硝酸根的还原作用，也可作为配位剂。

A. 饱和硼砂液　　B. 稀氨缓冲液

C. 亚铁氰化钾溶液　　D. 乙酸锌溶液

139. 液态乳制品在感官评价时的温度一般是（　　）。

A. 14～16℃　　B. 20～26℃

C. 24～26℃　　D. 26～30℃

**140. 乳品中的沙门氏菌在SS培养基上，菌落为（　　）色。

A. 灰白　　B. 红

C. 蓝　　D. 淡黄

*141. GB 6914—1986《生鲜牛乳收购标准》规定，原料乳的脂肪含量（质量分数）大于等于（　　）%（以乳酸计）。

A. 1.64　　B. 2.36

C. 3.10　　D. 4.20

*142. 在GB 6914——1986《生鲜牛乳收购标准》规定，每毫升Ⅲ级生乳中细菌总数不得超过（　　）万个。

A. 1.64　　B. 2.36

C. 3.10　　D. 4.20

143. 巴氏杀菌乳理化指标中，总乳固体含量（质量分数）应大于或等于（　　）。

A. 10.5%　　B. 11.0%

C. 11.2%　　D. 12.6%

*144. 我国酸奶成分标准规定，由全脂乳生产的纯酸奶脂肪含量（质量分数）应大于或等于（　　）。

A. 2.2%　　B. 3.1%

C. 3.2%　　D. 4.3%

145. 在全脂乳粉的理化指标中，水分含量（质量分数）应小于或等于（　　）。

A. 2.5%　　B. 3.0%

C. 3.5%　　D. 4.0%

**146. 按照标准规定，生产乳粉所使用的原料乳中汞的含量不高于（　　）。

A. 0.01mg/kg　　B. 0.02mg/kg

C. 0.03mg/kg　　D. 0.04mg/kg

**147. 下列不属于乳品中沙门氏菌可疑菌落特征的是（　　）。

A. 无色透明或透明，干燥

B. 光滑，中间突起

C. 边缘整齐，直径为2～3mm

D. 有的菌落中央有黑色硫化铁沉淀

148. 牛乳的密度通常用（　　）测定。

A. 波美计　　B. 乳稠计

C. 锤度计　　D. 密度计

149. 下列不属于生产乳粉所用原料乳需要检验的内容的是（　　）。

A. 细菌数　　B. 酒精试验

C. 西利万诺夫试验　　D. 杂质度

150. 对于感官检验实验室的要求下列说法不正确的是（　　）。

A. 感官检验实验室要远离其他实验室，清洁、安静、无异味

B. 感官检验实验室应布置成三个独立的区域：办公室、样品准备室、检验室

C. 检验室用于进行感官检验，室内的颜色要深一些，不宜用白色

D. 检验台上装有漱洗盘和水龙头，用来冲洗品尝后吐出的样品

*151. 巴氏杀菌乳理化指标中，脂肪的含量（质量分数）应大于或等于（　　）。

A. 2.95%　　B. 3.0%

C. 3.68%　　D. 4.20%

152. 在生产发酵乳制品时，验收原料乳时必须进行（　　）。

A. 抗生素检测　　B. 酒精检测

C. 还原酶检测　　D. 磷酸酶试验

153. 均质的主要目的是（　　）。

A. 破碎酪蛋白胶粒　　B. 破碎凝乳块

C. 破碎脂肪球　　D. 杀菌

154. 用于生产发酵性乳制品的原料乳必须（　　）。

A. 酒精试验呈阴性

B. 抗生素检验呈阴性

C. 美蓝还原试验呈阴性

D. 酶失活

155. 常规分析试验中所用的水是指（　　）。

A. 自来水　　B. 开水

C. 蒸馏水　　D. 双蒸水

156. 酒精溶液的相对密度随着溶液浓度的增加而（　　）。

A. 降低　　B. 增加

C. 不变　　D. 无规律

157. 果酒中的酸度可分为（　　）、滴定酸度、有效酸度和挥发酸度。

A. 总酸度　　B. 有机酸

C. 无机酸　　D. 乳酸

158. 测定白酒、果酒酸度的标准溶液是（　　）。

A. 盐酸　　B. 氢氧化钠

C. 硫酸　　D. 硝酸银

159. 1%的酚酞溶液是称取酚酞 1g 溶解于 100mL（　　）之中。

A. 95%乙醇

B. 无二氧化碳的蒸馏水

C. 蒸馏水

D. 氯仿

160. 氢氧化钠可使酚酞变为（　　）。

A. 无色　　B. 黄色

C. 红色　　D. 蓝绿色

161. 用酸度计测试液的 pH 值时，先用与试液 pH 值相近的标准溶液（　　）。

A. 调零　　B. 消除干扰离子

C. 校正　　D. 减免迟滞效应

162. 常量滴定管在记录读数时，小数点后应保留（　　）位。

A. 1　　B. 2

C. 3　　D. 4

*163. 由于氨基酸分子中的（　　）可用甲醛掩蔽，所以氨基酸态氮的测定可以用滴定法。

A. 羧基　　B. 酮基

C. 氨基　　D. 羰基

164. 准确移取 10mL 葡萄酒样品应用（　　）。

A. 量筒　　B. 烧杯

C. 锥形瓶　　D. 移液管

165. 用于测定白酒中固形物含量的主要设备是（　　）。

A. 酸度计　　B. 马弗炉

C. 恒温烘箱　　D. 电炉

166. 测定黄酒中非糖固形物的含量时的恒重操作是指前后两次的质量差不超过（　　）。

A. 0.02g　　B. 2mg

C. 0.5mg　　D. 0.005g

167. 白酒的标签中可不包含（　　）。

A. 酒精度　　B. 生产厂家

C. 生产日期　　D. 保质期

168. 测定黄酒的总酸度时，宜选用（　　）的百分含量来表示。

A. 酒石酸　　B. 柠檬酸

C. 草酸　　D. 乳酸

169. 在不加样品的情况下，用与测定样品同样的方法、步骤，对空白样品进行定量分析，称为（　　）。

A. 对照试验　　B. 空白试验

C. 平行试验　　D. 预试验

*170. 蒸馏法测定果酒中二氧化硫含量时所用的指示剂是（　　）。

A. 淀粉　　B. 孔雀石绿

C. 酚酞　　D. 次甲基蓝

*171. 蒸馏法测定果酒中二氧化硫含量时所用的标准溶液是（　　）。

A. 高锰酸钾　　B. 碘标准溶液

C. 碳酸钠　　D. 盐酸

*172. 在蒸馏法测定果酒中二氧化硫含量的测定终点，溶液应呈（　　）。

A. 蓝色　　B. 黄色

C. 红紫色　　D. 蓝绿色

*173. 蒸馏法测定果酒中二氧化硫含量时的冷凝过程的目的是（　　）。

A. 将馏分稀释

B. 溶解馏分

C. 使馏分更纯

D. 使馏分由气态变为液态

*174. 有关蒸馏操作不正确的是（　　）。

A. 应用大火快速加热

B. 应在加热前向冷凝管内通入冷水

C. 加热前应加入数粒止爆剂

D. 蒸馏完毕后应先停止加热后停止通水

*175. 在碘量法中，淀粉是专属指示剂，溶液所呈蓝色是（　　）。

A. 碘的颜色

B. I^-的颜色

C. 游离碘与淀粉生成物的颜色

D. I^-与淀粉生成物的颜色

*176. 配制 I_2 标准溶液时，将 I_2 溶解在（　　）中。

A. 水　　B. KI 溶液

C. HCl 溶液　　D. KOH 溶液

*177. 用盐酸副玫瑰苯胺比色法测定食品中的漂白剂时，加氨基磺酸胺的作用是（　　）。

A. 消除干扰　　B. 用作氧化剂

C. 用作提取剂　　D. 用作澄清剂

*178. 甲醇是白酒中的有害成分，测定酒中甲醇的含量时，要先用（　　）将其氧化成甲醛。

A. 硫酸　　B. 重铬酸钾

C. 高锰酸钾　　D. 二氧化锰

*179. 用盐酸副玫瑰苯胺比色法测定食品中的漂白剂时，显色反应的最适温度为（　　）。

A. 15～20℃　　B. 10～25℃

C. 25～30℃　　D. 30～35℃

*180. 用盐酸副玫瑰苯胺比色法测定食品中的漂白剂时，若盐酸副玫瑰苯胺中盐酸的用量多了，则会使显色（　　）。

A. 变浅　　B. 变深

C. 没有影响　　D. 不能确定

*181. 用盐酸副玫瑰苯胺比色法测定食品中的漂白剂时，下列叙述错误的是（　　）。

A. 该方法为国家标准分析方法中的第二法

B. 样品处理时加氢氧化钠的目的是将食品中结合态的亚硫酸释放出来

C. 生成的紫红色配位化合物在 550nm 处有最大吸收峰

D. 二氧化硫浓度会随着放置时间的延长而降低，故应临用时配制或使用前重新标定

*182. 测定果酒中的总糖含量时，转化温度为（　　）。

A. 75℃　　B. 35℃

C. 68℃　　D. 100℃

*183. 以（　）作为指示剂测定果酒和黄酒中的总糖、还原糖含量时，溶液的颜色由蓝色到蓝色消失时即为滴定终点。

A. 甲基红　　B. 次甲基蓝

C. 酚酞　　D. 溴甲酚绿

*184. 关于还原糖测定的说法不正确的是（　）。

A. 滴定到蓝色褪去，在空气中放置几秒钟后蓝色又出现了，说明终点未到，应该继续滴定

B. 整个滴定过程应该保持微沸状态

C. 用次甲基蓝作指示剂

D. 费林试剂甲、乙溶液应该分别配制，分别储存

*185. 食品分析中的总糖通常是指(　)。

A. 所有的碳水化合物

B. 还原糖、蔗糖和淀粉的总称

C. 蔗糖和低聚糖

D. 具有还原性的糖和在测定条件下能水解成还原性单糖的蔗糖的总量

*186. 用直接滴定法测还原糖的含量时，滴定终点颜色的变化为（　）。

A. 蓝色变无色　　B. 无色变蓝色

C. 酒红色变蓝色　　D. 蓝色变酒红色

**187. 用二硫腙比色法测定果酒中铅的含量时的 pH 值条件是（　）。

A. 酸性溶液　　B. 碱性溶液

C. 中性溶液　　D. 任意溶液

**188. 铅与二硫腙反应生成的配位化合物的颜色是（　）。

A. 紫色　　B. 蓝色

C. 红色　　D. 无色

**189. 用干法灰化法前处理测定果酒中铅的含量时，一般灰化温度为（　）。

A. 550℃　　B. 200℃

C. 400℃　　D. 500℃

**190. 黄酒中氧化钙的检测可选用（　）。

A. 分光光度计　　B. 气相色谱仪

C. 原子吸收光谱仪　　D. 原子荧光光度计

**191. 4-甲基-2-戊酮将二乙基二硫代氨基甲酸钠（DDTC）与铅形成的配位化合物从水中分离出来的方法属于（　）分离法。

A. 萃取　　B. 沉淀

C. 色谱　　D. 交换

**192. 用邻菲啰啉比色法测定果酒中的铁含量时加入盐酸羟胺的目的是（　）。

A. 消除干扰　　B. 用作还原剂

C. 用作提取剂　　D. 用作澄清剂

**193. 下列测定方法中不能用于果酒中铅含量的测定的是（　）。

A. 石墨炉原子吸收光谱法

B. 火焰原子吸收光谱法

C. 乙二胺四乙酸二钠滴定法

D. 二硫腙光度法

*194. 下列属于可见光区波长范围的是（　）。

A. 200 ~ 800nm　　B. 400 ~ 760nm

C. 500 ~ 900nm　　D. 600 ~ 800nm

*195. 由葡萄糖推算淀粉的换算系数为（　）。

A. 5.83　　B. 5.71

C. 6.25　　D. 0.9

*196.（　）是赋予啤酒重要风味的物质。

A. 双乙酰　　B. α-氨基氮

C. 酒精　　D. 高级醇

197. 啤酒总酸的测定可采用电位滴定法，其滴定终点 pH 值为（　）。

A. 6.00　　B. 7.00

C. 8.00　　D. 8.20

*198. 高锰酸钾溶液的最大吸收波长为（　）。

A. 480nm　　B. 500nm

C. 520nm　　D. 540nm

199. 关于 EBC 的表述，以下说法错误的是（　）

A. 啤酒色度单位

B. 欧洲啤酒协会的缩写

C. 国际标准化组织

D. 啤酒浓度单位

200. 国家标准中规定啤酒中铁的含量不得超过（　）ppm（$1ppm = 10^{-6}$）。

A. 0.01　　B. 0.1

C. 1　　D. 10

201. 黑啤酒色度为（　）。

A. ≥40EBC　　B. ≥35EBC

C. ≥30EBC　　D. ≥25EBC

*202. 按照最新国家标准，优级淡色啤酒中双乙酰的含量应小于或等于（　）。

A. 1.0mg/L　　B. 10.0mg/L

C. 0.01mg/L　　D. 0.1mg/L

203. 国家标准规定啤酒总酸含量≤（　）mL/100mL。

A. 4.0　　B. 0.4

C. 1.0　　D. 0.1

*204. 在还原糖测定的滴定过程中必须保持沸腾状态，其主要原因是（　）。

A. 防止隐色体被空气氧化

B. 加快氧化-还原反应

C. 保持反应时加热条件一致

D. 使反应完全

205. 宜采用强光和通风的仪器或操作室的实验室是（　）。

A. 天平室　　B. 分光光度室

C. 化学分析室　　D. 无菌室

206. 有机溶剂着火时不可取的灭火方法是（　）。

A. 洒水　　B. 使用灭火器

C. 洒固体碳酸钠　　D. 盖黄沙

*207. 下列叙述中不正确的是（　）。

A. 消毒是杀死物体上的所有微生物的方法

B. 灭菌是杀灭物体上所有微生物的方法

C. 防腐是防止或抑制细菌生长繁殖的方法

D. 无菌是不含活菌的意思

*208. 用凯氏定氮法测定粗蛋白质的含量时，加碱使试样中的N变成NH_3被释放出来，是指操作中的（　）操作。

A. 滴定　　B. 蒸馏

C. 消化　　D. 计算

*209. 测定蛋白质时，若最终用标准盐酸滴定，则吸收时用（　）作为氨的吸收溶液。

A. 硼酸　　B. 氢氧化钠

C. 弱碱　　D. 标准硫酸

*210. 测定还原糖时试液必须保持（　）状态。

A. 加热　　B. 沸腾

C. 常温　　D. 恒温

211. 用于直接法配制标准溶液的试剂应为（　）。

A. 专用试剂　　B. 基准试剂

C. 分析纯试剂　　D. 化学纯试剂

212. 有关GB 5009.12—2010的涵义下列叙述不正确的是（　）。

A. GB为国家标准代号

B. 5009.12为标准顺序号

C. 2010为产品代号

D. 2010为标准颁布的年号

213. 根据我国国家标准，试剂纯度分为（　）级。

A. 3　　B. 4

C. 5　　D. 6

214. 2008年12月1日实施的《饮料通则》中将饮料按原料或产品性状分为（　）类别及相应的种类。

A. 10个　　B. 11个

C. 12个　　D. 13个

215.《饮料通则》（GB 10789—2007）对饮料的定义是：经过定量包装的，供直接饮用或用水冲调饮用的，乙醇含量（质量分数）不超过（　）的制品，不包括饮用药品。

A. 0.0%　　B. 0.2%

C. 0.4%　　D. 0.5%

216. 果汁型碳酸饮料中二氧化碳气体容量（20℃）为（　）倍。

A. 1.5　　B. 2.0

C. 2.5　　D. 3.0

217. 饮料用水色度是用（　）配制成

与天然水黄色色调相同的标准色列与水样进行目视比色来测定。

A. 氯化钾和氯化钠

B. 氯酸钾和氯酸钠

C. 氯铂酸钾和氯化钴

D. 次氯酸钾和次铂酸钠

218. 浊度是反映天然水及饮用水（　　）的一项指标。

A. 物理性状　　B. 化学性状

C. 感观性状　　D. 卫生性状

219. 饮料厂选择水源和用水的每一个阶段，如水的软化、沉淀、酸碱中和等都与水的（　　）有关。

A. OH^- 含量　　B. Cl^- 含量

C. pH 值　　D. Ca^{2+} 含量

220. 用配位滴定法测水的硬度时，当（　　）时，乙二胺四乙酸二钠先与钙离子，再与镁离子形成螯合物，滴定终点时，溶液呈现出铬黑 T 指示剂的天蓝色。

A. pH = 8　　B. pH = 10

C. pH = 12　　D. pH = 14

*221. 银盐法测定氯化物含量的滴定终点是出现（　　）沉淀。

A. 白色　　B. 黄色

C. 红色　　D. 蓝色

222. 饮料标签上标示内容应符合 GB 7718—2011、GB 13432—2004 的规定，另外，添加食糖的果汁，应在（　　）的邻近部位清晰地标明“加糖”字样。

A. 产品名称　　B. 标签顶端

C. 标签左边　　D. 标签右边

223. 在（　　）用折光计测量待测样液的折光率，并从折光率与可溶性固形物含量的换算表中查得可溶性固形物的含量。

A. 4℃　　B. 10℃

C. 20℃　　D. 15℃

224. 用蒸馏滴定法测定饮料中二氧化碳的含量时，试样要经（　　）处理后才能加热蒸馏。

A. 强碱　　B. 强酸

C. 弱碱、弱酸　　D. 强碱、强酸

225. 测定果汁饮料中乙醇的含量时，应在酸性条件下用（　　）氧化试样中的乙醇。

A. 重铬酸钾　　B. 碘酸钾

C. 硫酸钾　　D. 氯化钾

226. 用电位滴定法测定饮料中总酸的含量时，滴定终点时 pH 值为（　　）。

A. 4.6　　B. 6.8

C. 8.2　　D. 9.8

*227. 用凯氏定氮法进行样品消化时，为加速分解，常加入（　　）来提高溶液的沸点。

A. K_2SO_4 或 Na_2SO_4　　B. KCl 或 NaCl

C. $CuSO_4$ 或 $CaSO_4$　　D. $CaSO_4$ 或 $MgSO_4$

*228. 乙醚约可饱和 2% 的水分，测定脂肪时通常采用无水乙醚作提取剂，否则测定结果会（　　）。

A. 偏高　　B. 偏低

C. 不可控　　D. 无影响

**229. 用乙醚萃取法测定果蔬汁饮料中 L-抗坏血酸的含量时要依据醚层中的（　　）色来确定滴定终点。

A. 橙红　　B. 亮红

C. 浅红　　D. 玫瑰红

**230. 测定果蔬汁饮料中 L-抗坏血酸的含量时，样品的处理常采用（　　）溶液，以防止维生素 C 的氧化损失。

A. 盐酸　　B. 草酸

C. 乙酸　　D. 乳酸

**231. 果汁的含量是将饮料中（　　）种组分的实测值与各自标准值的比值合理修正后，乘以相应的修正权值，逐项相加求得的。

A. 6　　B. 8

C. 10　　D. 12

**232. 下列（　　）不是果汁含量测定的内容。

A. 钾　　B. 氨基酸态氮

C. 赖氨酸　　D. 总黄酮

**233. 茶叶中的多酚类物质能与亚铁离子形成（　　）配位化合物，可用分光光度计法测定其含量。

A. 紫蓝色　　B. 橙红色
C. 黄绿色　　D. 红紫色

**234. 用高效液相色谱法测定饮料中的人工合成色素时，不是用（　　）提取的。
A. 气-气分配法　　B. 聚酰胺吸附法
C. 液-液分配法　　D. 气-液分配法

235. 组织紧密、细嫩，切面光洁，夹花均匀，无明显的大块肥肉、夹花或大蹄筋，富有弹性，存在极少量小气孔的午餐肉罐头属于（　　）。
A. 优级品　　B. 一级品
C. 合格品　　D. 次品

236. 酱体呈软胶凝状并保持部分果块，允许有少量汁液析出，无糖结晶的苹果酱罐头属于（　　）。
A. 优级品　　B. 一级品
C. 合格品　　D. 次品

*237. 测定罐头食品中氯化钠的含量时，用硫酸铁铵作指示剂的是（　　）方法。
A. 电位滴定法
B. 铬酸钾指示剂法
C. 佛尔哈德法

*238. 用容量法（铁铵矾指示剂法）测定食品中氯化钠的含量时，所用指示剂为（　　）。
A. 硫氰酸钾　　B. 铬酸钾
C. 硫酸铁铵　　D. 硝酸银

239. 在肉制品生产过程中可以加入的食品添加剂为（　　）。
A. 苯甲酸　　B. 胭脂红
C. 山梨酸钾　　D. 苯甲酸钠

*240. 按培养基的物理状态划分，乳糖胆盐发酵管属于（　　）。
A. 固体培养基　　B. 半固体培养基
C. 液体培养基　　D. 半液体培养基

*241. 用半微量法测定肉、蛋及其制品中挥发性盐基氮的滴定终点为（　　）。
A. 深蓝色　　B. 淡黄色
C. 桃红色　　D. 亮绿色

*242. 在检验肉、蛋制品菌落总数时，应在琼脂凝固后，翻转平板，置于（　　）温箱内培养48h ± 2h。
A. 24℃ ± 1℃　　B. 36℃ ± 1℃
C. 48℃ ± 1℃　　D. 38℃ ± 1℃

*243. 根据菌落总数的报告原则，某样品菌落总数测定的结果为3775个/mL，应报告为（　　）个/mL。
A. 3775　　B. 3800
C. 37800　　D. 40000

**244. 金黄色葡萄球菌在血平板上的菌落特点是（　　）。
A. 金黄色，大而凸起的圆形菌落
B. 金黄色，表面光滑的圆形菌落，周围有溶血环
C. 金黄色，透明，大而凸起的圆形菌落
D. 白色透明的圆形菌落

*245. 下列引起食物中毒潜伏期最短的菌是（　　）。
A. 沙门氏菌　　B. 粪肠球菌
C. 志贺氏菌　　D. 金黄色葡萄球菌

**246. 食品中铜的含量可用（　　）检测。
A. 离子选择电极法　　B. 原于吸收光谱法
C. $KMnO_4$ 滴定法　　D. 银盐法

*247. 乳糖胆盐发酵管配制好后，放入一个小倒管，应于（　　）条件下灭菌。
A. 121℃，15min　　B. 115℃，15min
C. 100℃，20min　　D. 110℃，15min

*248. 引起蛋白质分解而使食品腐败变质的微生物主要是（　　）。
A. 酵母菌　　B. 细菌
C. 曲霉　　D. 青霉

*249. 大肠菌群的证实试验是挑取可疑菌落（　　）。
A. 接种乳糖发酵管　　B. 接种蛋白胨水
C. 进行革兰氏染色　　D. A + C

250. 测量溶液的pH值时，选用（　　）作为参比电极。
A. 甘汞电极　　B. 玻璃电极
C. 铂电极　　D. Ag-AsCl电极

*251. 制备乳糖胆盐发酵管时，应校正pH

值至（　　），加入指示剂，分装10mL灭菌。

A. 5.5　　B. 6.0

C. 7.0　　D. 7.4

*252. 三糖铁琼脂斜面属于（　　）培养基。

A. 营养　　B. 鉴别

C. 选择　　D. 基础

*253. 测定某食品菌落总数时，若10^{-1}菌落多不可计，10^{-2}平均菌落数为164，10^{-3}的平均菌落数为20，则该样品应报告菌落总数是（　　）。

A. 16400　　B. 20000

C. 18200　　D. 16000

*254. 测定某食品菌落总数时，若10^{-1}平均菌落数为27，10^{-2}平均菌落数为11，10^{-3}平均菌落数为3，则该样品应报告菌落数是（　　）。

A. 270　　B. 1100

C. 3000　　D. 1500

**255. 用二硫腙比色法测定锌的含量时，加入（　　）、盐酸羟胺溶液和控制pH值，可防止铜、汞、铅等离子的干扰，并能防止二硫腙被氧化。

A. 氰化钾　　B. 硫酸钾

C. 硫代硫酸钠　　D. 硝酸

**256. 在某食品消化液中加入K_2CrO_4溶液，若有Pb^{2+}存在，则呈（　　）反应现象。

A. 有白色沉淀生成

B. 有棕褐色沉淀产生

C. 有黑色絮状物

D. 有黄色沉淀生成

*257. 检验大肠菌群时，若伊红美蓝平板上有典型大肠菌菌落，则应进一步进行（　　）操作。

A. 革兰氏染色

B. 接种乳糖发酵管

C. 接种葡萄糖发酵管

D. A+B

*258. 酸价是指中和1g油脂中所含游离脂肪酸所需要KOH的（　　）。

A. 物质的量　　B. 质量

C. 体积　　D. 摩尔浓度

*259. 测定酸价时选用（　　）作为标准溶液最好。

A. 氢氧化钠-水溶液

B. 氢氧化钠-乙醇溶液

C. 氢氧化钾-乙醇溶液

D. 氢氧化钾-水溶液

*260. 酸价的测定是利用油脂中游离脂肪酸与氢氧化钾发生的（　　）来进行的。

A. 氧化-还原反应　　B. 复分解反应

C. 歧化反应　　D. 中和反应

261. 用酸度计测定溶液的pH值基于参比电极和指示电极组成的化学原电池的电动势与溶液的（　　）有关。

A. 溶质浓度　　B. 溶质成分

C. 溶剂的性质　　D. 氢离子的浓度

*262. 过氧化值的测定是选用（　　）作为溶剂来提取样品中的油脂的。

A. 乙醇

B. 三氯甲烷-冰乙酸

C. 乙醚-乙醇溶液

D. 乙醚

*263. S.S琼脂属于（　　）培养基。

A. 营养　　B. 鉴别

C. 选择　　D. 基础

*264. 检测大肠菌群时，将待检样品接种乳糖胆盐发酵管，经培养若不产气，则大肠菌群（　　）。

A. 呈阳性

B. 呈阴性

C. 需要进一步试验

D. 需接种伊红美蓝平板

265. 空白试验可消除（　　）。

A. 偶然误差　　B. 仪器误差

C. 主观误差　　D. 试剂误差

*266. 蛋白质的换算系数一般常用6.25，它是根据其平均含氮量为（　　）得来的。

A. 16%　　B. 16.7%

C. 17.6%　　D. 15.8%

*267. 菌落计数时，菌落数在 100 以内，按其实有数报告，大于 100 时，采用（　　）有效数字。

A. 1 位　　B. 2 位

C. 3 位　　D. 4 位

**268. 用二硫腙比色法测铅的含量时，测定波长为（　　）。

A. 540nm　　B. 510nm

C. 610nm　　D. 440nm

**269. 某食品检出一培养物，其生化试验结果为：H_2S -，靛基质 -，尿素，KCN -，赖氨酸 +，需进一步做（　　）试验。

A. ONPG　　B. 甘露醇

C. 山梨醇　　D. 血清学

**270. 某培养物生化试验结果为 H_2S +，靛基质，尿素，KCN -，赖氨酸 -，该培养物可能是（　　）。

A. 大肠杆菌

B. 甲型副伤寒沙门氏菌

C. 鼠伤寒沙门氏菌

D. 志贺氏菌

*271. 用乙醚提取脂肪时，所用的加热方法是（　　）。

A. 电炉加热　　B. 水浴加热

C. 油浴加热　　D. 电热套加热

*272. 索氏提取法测定脂肪含量时，抽提时间是（　　）。

A. 虹吸 20 次

B. 虹吸产生后 2h

C. 抽提 6h

D. 用滤纸检查抽提完全为止

273. 用蒸馏法测定水分含量时，可加入（　　）防止乳浊现象。

A. 苯　　B. 二甲苯

C. 戊醇　　D. 异丁醇

274.（　　）是测定肉、蛋及其制品中水分含量的第一法。

A. 直接干燥法　　B. 减压干燥法

C. 蒸馏法　　D. 卡尔·费休法

275. 蒸馏法测定水分含量时常用的有机溶剂是（　　）。

A. 甲苯、二甲苯　　B. 乙醚、石油醚

C. 氯仿、乙醇　　D. 四氯化碳、乙醚

*276. 在测定亚硝酸盐含量时，在样品液中加入的饱和硼砂溶液的作用是（　　）。

A. 提取亚硝酸盐　　B. 沉淀蛋白质

C. 便于过滤　　D. 还原硝酸盐

*277. 凯氏定氮法碱化蒸馏后，用（　　）作吸收液。

A. 硼酸溶液　　B. NaOH 溶液

C. 萘氏试纸　　D. 蒸馏水

278. 对食品灰分叙述正确的是（　　）。

A. 灰分中无机物的含量与原样品中无机物的含量相同

B. 灰分是样品经高温灼烧后的残留物

C. 灰分是食品中含有的无机成分

D. 灰分是样品经高温灼烧完全后的残留物

279. 正确判断灰化是否完全的方法是（　　）。

A. 一定要灰化至白色或浅灰色

B. 一定要高温炉温度达到 500 ~ 600℃ 时计算时间 5h

C. 应根据样品的组成、性状观察残灰的颜色

D. 加入助灰剂使其达到白灰色为止

280. 对于水分含量较多的食品，测定其灰分含量时应进行的预处理是（　　）。

A. 稀释　　B. 加助化剂

C. 干燥　　D. 浓缩

281. 通常把食品经高温灼烧后的残留物称为粗灰分，因为（　　）。

A. 残留物的颗粒比较大

B. 灰分与食品中原来存在的无机成分在数量和组成上并不完全相同

C. 灰分可准确地表示食品中原有无机成分的总量

282. 常压干法灰化的温度一般是（　　）。

A. 100 ~ 150℃

B. 500 ~ 600℃

C. 200 ~ 300℃

283.（　　）的总含量约占茶叶鲜叶干物质的1/3。

A. 氨基酸　　B. 咖啡碱

C. 茶多酚　　D. 无机盐

284. 茶叶的取样件数，按照按 GB/T 8302—2002 的规定，6 ~ 50 件，取样（　　）件。

A. 1　　B. 2

C. 3　　D. 4

285. 茶叶碎茶的含量测定，当测定值小于或等于3%时，同一样品的两次测定值之差不得超过（　　）。

A. 0.2%　　B. 0.5%

C. 1%　　D. 2%

286. 茶叶中的水分指的是在温度为（　　）时茶叶加热至恒重时的质量损失。

A. 150℃ ±2℃　　B. 103℃ ±2℃

C. 130℃ ±2℃　　D. 500℃ ±2℃

287. 测定茶中水分的含量时，恒重法的标准是连续两次称量差不超过（　　）g。

A. 0.005　　B. 0.001

C. 0.002　　D. 0.02

288. 茶叶中水浸出物指的是（　　）。

A. 在规定的条件下，用沸水浸出茶叶中的水可溶性物质

B. 按规定的温度加热至恒重时的质量损失

C. 在规定的条件下，茶叶经 525℃ ±25℃ 灼烧灰化后所得的残渣

D. 在规定的条件下，茶叶经 100℃ ±2℃ 灼烧灰化后所得的残渣

289. 茶叶中水浸出物的测定条件是（　　）。

A. 干燥

B. 沸水浴中浸提 45min

C. 过滤

D. 525℃ ±25℃灼烧

290. 茶叶中的灰分指的是（　　）。

A. 在规定的条件下，茶叶经 525℃ ±25℃ 灼烧灰化后所得的残渣

B. 在规定的条件下，用沸水浸出茶叶中的水可溶性物质

C. 按规定的温度加热至恒重时的质量损失

D. 在规定的条件下，茶叶经 825℃ ±25℃ 灼烧灰化后所得的残渣

291. 茶叶灰分的测定恒重是指连续两次称量差不超过（　　）g。

A. 0.02　　B. 0.005

C. 0.002　　D. 0.001

292. 粉茶的审评因子不包括（　　）。

A. 外形　　B. 汤色

C. 香气　　D. 叶底

293. 茶叶的感官评定分数相同者，则按（　　）的次序决定。

A. 滋味→外形→香气→汤色→叶底

B. 滋味→香气→外形→汤色→叶底

C. 滋味→叶底→香气→汤色→外形

D. 滋味→汤色→香气→外形→叶底

*294. 测定茶叶水溶性灰分碱度所用的指示剂为（　　）。

A. 溴甲酚紫　　B. 酚酞

C. 溴甲酚蓝　　D. 甲基橙

*295. 茶叶水溶性灰分碱度指的是（　　）。

A. 中和水溶性灰分浸出液所需要酸的量

B. 相当于中和水溶性灰分浸出液所需要酸的碱量

C. A 和 B

D. 在规定的条件下，用沸水浸出茶叶中的水可溶性物质

*296. 测定茶叶中粗纤维的含量时，样品预处理包括（　　）。

A. 酸消化　　B. 碱消化

C. 灰化　　D. A、B、C

*297. 茶叶中主要检测的微生物包括（　　）。

A. 细菌和酵母菌　　B. 细菌和霉菌

C. 酵母菌和放线菌　　D. 霉菌和酵母菌

**298. 茶叶中茶多酚的测定用到的校准溶液是（　　）。

A. 福林酚　　　　B. 没食子酸
C. 茚三酮　　　　D. 茶多酚

** 299. 茶叶中茶多酚的测定方法是（　　）。
A. 分光光度法　　B. 液相色谱法
C. 原子吸收法　　D. 电位滴定法

** 300. 测定茶叶中茶多酚的含量时最大吸收波长为（　）nm。
A. 280　　B. 765
C. 620　　D. 540

** 301. 茶叶中茶多酚的提取用（　　）。
A. 体积分数为70%的甲醇
B. 体积分数为70%的乙醇
C. 沸水
D. 体积分数为30%的甲醇

** 302. 茶叶中茶多酚的提取温度为（　　）。
A. 120℃　　B. 50℃
C. 70℃　　D. 100℃

** 303. 高效液相色谱法测定茶叶中咖啡碱时用的分离柱为（　　）
A. C_{18}　　B. 硅胶柱
C. 离子交换柱　　D. 凝胶柱

** 304. 茶叶中咖啡碱的提取试剂为（　　）。
A. 沸水和氧化镁　　B. 甲醇
C. 乙醇　　D. 乙醚

** 305. 茶叶中咖啡碱的测定检测波长为（　　）。
A. 765nm　　B. 280nm
C. 620nm　　D. 540nm

** 306. 茶叶中游离氨基酸的测定 pH 值为（　　）。
A. 5.0　　B. 6.0
C. 7.0　　D. 8.0

** 307. 茶叶中铅含量的测定处理样品中用的混合酸是（　　）。
A. 硝酸-高氯酸　　B. 盐酸-高氯酸
C. 硫酸-高氯酸　　D. 硝酸-盐酸

308. 在茶叶卫生质量要求中，水浸出物含量（质量分数）的控制标准是（　　）。
A. ≥16%　　B. ≥20%
C. ≥32%　　D. ≥40%

** 309. 在茶叶卫生质量要求中，咖啡碱含量（质量分数）的控制标准是（　　）。
A. ≤1.0%　　B. ≤2.0%
C. ≤3.0%　　D. ≤4.0%

** 310. 在茶叶卫生质量要求中，茶多酚含量（质量分数）的控制标准是（　　）。
A. ≥6.5%　　B. ≥16%
C. ≥32%　　D. ≥2%

311. 在茶叶卫生质量要求中，水分含量（质量分数）的控制标准是（　　）
A. ≤16%　　B. ≤6.5%
C. ≤2%　　D. ≤32%

312. 使用马弗炉时应注意，（　　）。
A. 周围不要放置易燃易爆物品
B. 可以来回移动位置
C. 新炉可直接高温烘烧使其干燥
D. 在炉内灼烧试样时可以用手取样

313. 关于使用坩埚时的注意事项，下列叙述不正确的是（　　）
A. 主要用于试样的高温灼烧和分解
B. 分解试样时要选用分析中不会影响被测组分含量的坩埚
C. 使用贵重金属坩埚时不要使其和王水接触，以免损伤坩埚
D. 坩埚不能和酸性物质接触

** 314. 二硫腙比色法测定铅含量时，在510nm 处溶液呈（　　）。
A. 蓝色　　B. 蓝绿色
C. 红色　　D. 亮绿色

315. 试样用灰化法处理时，必须先（　　）。
A. 酸化　　B. 炭化
C. 灰化　　D. 乳化

** 316. 砷斑法是指在（　　）试纸片上呈黄橙色斑点定量砷。
A. 溴化汞　　B. 溴化钠
C. 氯化汞　　D. 氯化钠

** 317. 试样消解结束，应用蒸馏水洗消化瓶（　　）后定容。
A. 一次　　B. 二次

C. 三次　　D. 五次

**318. 在测砷装置的玻璃弯管中塞入（　　）来消除硫化物的干扰。

A. 乙酸铅棉花　　B. 乙酸钠棉花

C. 乙酸棉花　　D. 干燥的棉花

**319. 用二硫腙比色法测铅的含量时，在 pH = 8.5 ~ 9.0 的溶液中，加柠檬酸铵溶液防止生成（　　）。

A. 白色沉淀　　B. 黑色沉淀

C. 黄色配位化合物　　D. 红色胶态物

**320. 用二硫腙比色法测定铅的含量时，用氰化钾溶液掩蔽（　　）。

A. 钾离子、钠离子　　B. 钙离子、镁离子

C. 铜离子、锌离子　　D. 钛、铋

**321. 用二硫腙比色法测定铅的含量时，在波长为（　　）处测吸光度。

A. 420nm　　B. 510nm

C. 630nm　　D. 680nm

**322. 配制砷标准溶液时所用基准物质为（　　）。

A. 三氧化二砷　　B. 亚砷酸

C. 砷酸钠　　D. 亚砷酸铅

**323. 国家标准中测定砷含量的第一法为（　　）。

A. 石墨炉原子吸收光谱法

B. 氢化物原子荧光光谱法

C. 银盐法

D. 砷斑法

**324. 用砷斑法测定砷含量时用（　　）将五价砷还原为三价砷。

A. 亚硫酸钠

B. 碘化钾

C. 氯化亚锡

D. 碘化钾、氯化亚锡

**325. 用砷斑法测砷含量时三价砷与新生态氢反应生成（　　）。

A. 砷酸　　B. 亚砷酸

C. 砷化氢　　D. 亚砷酸钠

**326. 用砷斑法测砷含量时三价砷与（　　）反应生成砷化氢。

A. 氢气　　B. 新生态氢

C. 锌粒　　D. 氯化亚锡

**327. 测定铅的含量时将样液注入原子吸收光谱中，电热（　　）后吸收共振线，在一定浓度范围内，与标准系列比较定量。

A. 氧化　　B. 还原

C. 原子化　　D. 离子化

**328. 测定铅的含量时将样液注入原子吸收光谱中，电热原子化后吸收（　　）共振线。

A. 283.3nm　　B. 253.7nm

C. 243.6nm　　D. 276.7nm

**329. 在原子吸收光谱仪参考条件中原子化温度一般为（　　）。

A. 850℃　　B. 1000℃

C. 1700℃　　D. 2000℃

**330. 用二硫腙比色法测铅的含量时，配制铅标准溶液选（　　）为基准物质。

A. 乙酸铅　　B. 铅粉

C. 硝酸铅　　D. 氯化铅

**331. 二硫腙三氯甲烷溶液在稀释为使用液之前必须进行（　　）。

A. 纯化　　B. 氧化

C. 净化　　D. 还原

**332. 用氢化物原子荧光光谱法测砷的含量时，将样液加入（　　），使五价砷预还原为三价砷。

A. 碘化钾　　B. 硫脲

C. 氯化亚锡　　D. 亚硫酸钠

**333. 用氢化物原子荧光光谱法测砷的含量时，使砷化氢在石英原子化器中分解为（　　）。

A. 原子态砷　　B. 原子态氢

C. 三价砷离子　　D. 五价砷离子

*334. 在可见分光光度分析中，为了消除试剂所带来的干扰，应选用（　　）。

A. 溶剂参比　　B. 试剂参比

C. 样品参比　　D. 褪色参比

**335. 原子吸收分析中的吸光物质是（　　）。

A. 分子　　B. 离子

C. 基态原子　D. 激发态原子

336. 测定颜色较深饮料中的总酸，要用（　）。

A. 酸碱滴定法　B. 电位滴定法

C. 水蒸气蒸馏法　D. 分光光度法

337. 灼烧沉淀时由于温度较高，一般采用（　）。

A. 玻砂漏斗　B. 银坩埚

C. 瓷坩埚　D. 铂金坩埚

*338. 用凯氏定氮法测定蛋白质含量，消化时加入硫酸钾的作用是（　）。

A. 降低消化温度

B. 提高消化温度

C. 对消化温度无影响

D. 提纯

339. 在测定灰分含量时，通常在灼烧样品中加入（　）以加快灰化速度。

A. 硝酸镁　B. 硝酸

C. 硫酸钠　D. 硫酸钾

340. 实验室中存放的瓶装易燃易爆液体不能超过（　）。

A. 20L　B. 40L

C. 60L　D. 10L

341. 腐蚀性试剂一般放在（　）容器中。

A. 金属　B. 玻璃

C. 塑料　D. 石英

342. 硝酸银必须放在（　）器皿中。

A. 黑色塑料瓶　B. 白色玻璃瓶

C. 棕色玻璃瓶　D. 白色塑料瓶

343. 下列有关剧毒试剂的说法错误的是（　）。

A. 领用需经申请，并严格控制领用数量

B. 领用必须双人登记签字

C. 剧毒品应锁在专门的毒品柜中

D. 领用后未用完的试剂由领用人妥善保管

344. 可燃性有机试剂过期后一般采用（　）法进行处理。

A. 焚烧

B. 倒入下水道

C. 深坑掩埋

D. 加入合适试剂分解

345. 革兰氏染色操作成败的关键是（　）。

A. 涂片　B. 媒染

C. 脱色　D. 复染

**346. 在食品微生物的致病菌检验中，必须检验的项目是（　）。

A. 大肠埃希氏菌、志贺氏菌、沙门氏菌、金黄色葡萄球菌

B. 大肠埃希氏菌、溶血性链球菌、沙门氏菌、金黄色葡萄球菌

C. 沙门氏菌、志贺氏菌、溶血性链球菌、金黄色葡萄球菌

D. 蜡样芽孢杆菌、副溶血性弧菌、沙门氏菌、金黄色葡萄球菌

347. 为正确反映食品中各种菌的存在情况，下列描述中，不正确的是（　）。

A. 检验中所需玻璃仪器必须是完全灭菌的

B. 用于样品稀释的液体每批都要有空白

C. 每递增稀释一次，必须另换一支灭菌吸管

D. 加入平皿的检验稀释液有时带有检验颗粒，为避免与细菌菌落混淆，可做一检样与琼脂混合平皿在同样条件下培养作为对照

*348. 将伊红美蓝培养基用来鉴别大肠杆菌，其原因是（　）。

A. 大肠杆菌在该培养基中形成特定的菌落形状

B. 大肠杆菌能使培养基改变颜色

C. 大肠杆菌的代谢产物与伊红美蓝结合，使菌落呈深紫色，并有金属光泽

D. 大肠杆菌能在该培养基中很好地生活，其他微生物则不能

*349. 测定菌落总数时，加入的营养琼脂的温度通常在（　）左右。

A. 46℃　B. 55℃

C. 60℃　　D. 90℃

*350. 在菌落总数检验中，检样从开始稀释到倾注最后一个平皿所用时间不宜超过（　　）。

A. 15min　　B. 20min

C. 25min　　D. 30min

**351. 气相色谱分析时影响组分之间分离程度的最大因素是（　　）。

A. 进样量　　B. 柱温

C. 载体粒度　　D. 汽化室温度

**352. 在气相色谱分析中，可用作定量的参数是（　　）。

A. 保留时间　　B. 相对保留值

C. 半峰宽　　D. 峰面积

**353. 在色谱分析中，热导池检测器常使用的载体是（　　）。

A. 氮气　　B. 氧气

C. 氢气　　D. 氩气

*354. 分光光度法的吸光度与（　　）无关。

A. 入射光波长　　B. 液层高度

C. 液层厚度　　D. 溶液浓度

**355. 原子吸收光度法的背景干扰主要表现为（　　）形式。

A. 火焰中被测元素发射的谱线

B. 火焰中干扰元素发射的谱线

C. 火焰产生的非共振线

D. 火焰中产生的分子吸收

**356. 在原子吸收分析法中，被测元素的灵敏度和准确度在很大程度上取决于（　　）。

A. 空心阴极灯　　B. 火焰

C. 原子化系统　　D. 分光系统

**357. 测铅用的所有玻璃仪器均需用（　　）溶液浸泡24h以上。

A. (1+5) HNO_3　　B. (1+5) HCl

C. (1+5) H_2SO_4　　D. (1+2) HNO_3

358. 测定乳粉中水分的含量时加入海砂的作用是（　　）。

A. 加大蒸发面积　　B. 提高加热强度

C. 减少烘干时间　　D. 保护易挥发成分

359. 在灰分测定中，通常在灼烧样品中加（　　），以加快灰化速度。

A. 乙酸镁　　B. 过氧化氢

C. 硝酸　　D. 硫酸钠

*360. 样品总糖若以蔗糖计算，最后所乘的系数为（　　）。

A. 1.05　　B. 0.95

C. 1.10　　D. 0.90

*361. 用盖勃法测定牛乳中脂肪的含量时，加入的异戊醇的作用是（　　）。

A. 调节样品密度

B. 形成酪蛋白钙盐

C. 破坏有机物

D. 促进脂肪从水中分离出来

*362. 用罗紫哥特里法测定牛乳中脂肪的含量时，加入的石油醚的作用是（　　）。

A. 易于分层　　B. 分解蛋白质

C. 分解糖类　　D. 增加脂肪极性

363. 下列中毒急救方法中错误的是（　　）。

A. 呼吸系统急性中毒时，应使中毒者离开现场，使其呼吸新鲜的空气或做抗休克处理

B. H_2S 中毒时应立即进行洗胃，使中毒者呕吐

C. 误食重金属盐类溶液时应立即洗胃，使中毒者呕吐

D. 皮肤、眼、鼻受毒物侵害时应立即用大量自来水冲洗

364. 对于电气设备火灾，宜用（　　）灭火。

A. 水　　B. 泡沫灭火器

C. 干粉灭火器　　D. 湿抹布

365. 下列选项中违背剧毒品管理原则的是（　　）。

A. 用时应熟知其毒性以及中毒的急救方法

B. 未用完的剧毒品应倒入下水道，用水冲掉

C. 剧毒品必须由专人保管，领用时必须

经领导批准

D. 不准用手直接拿取毒物

366. GB/T 12709—1991 是（ ）。

A. 推荐性标准　　B. 强制性标准

C. 地方标准　　D. 企业标准

二、判断题（对的画“√”，错的画“×”）

（ ）1. 误差的大小是衡量精密度高低的尺度。

（ ）2. 数据运算时，应先修约再运算。

（ ）3. 8.30×10^4 为两位有效数字。

（ ）4. 滴定分析的相对误差若要小于0.1%，则滴定时耗用标准溶液的体积应控制在10～15mL。

（ ）5. 某物质质量的真实值为5.4202g，测定值为5.4200g，则绝对误差为0.0002g。

（ ）6. 某物质质量的真实值为1.0000g，测量值为11.0001g，则相对误差为0.01%。

（ ）7. 误差是客观存在的，任何一种分析结果都必然会带来不确定度。

（ ）8. 测量的精密度是保证获得良好准确度的先决条件。

（ ）9. 使用架盘天平称样时，由于砝码生锈，导致称量产生的误差属于过失性误差。

（ ）10. 分析样品中金属元素的含量时，样品预处理在分解、除去样品中有机物的同时，将待测金属元素转化为离子状态存于溶液中。

（ ）11. 有效数字的位数应与测试时所用的仪器、工具和测试方法的精度一致。

（ ）12. 系统误差和偶然误差都可以避免，而过失误差不可避免。

（ ）13. 在分析数据中，所有的“0”均为有效数字。

（ ）14. 记录原始数据时，要想修改错误数字，应在原数字上画一条横线表示消除，并由修改人签注。

（ ）15. 用已知准确含量的标准样品代替试样，按照样品的分析步骤和条件进行分析的试验叫做对照试验。

（ ）16. 在分析化学中，几个测定值相加减时，它们的和或差的有效数字的位数取决于绝对误差最大的那个数据。

（ ）17. 硫代硫酸钠标准溶液通常用直接配制法配制。

（ ）18. 用 $Na_2C_2O_4$ 基准物标定 $KMnO_4$ 溶液时，应将溶液加热至75～85℃，再进行滴定。

（ ）19. 精密度是几次平行测定结果的相互接近程度。

（ ）20. 偶然误差可以设法消除。

（ ）21. 用对照试验法可以校正由于仪器不精密所造成的误差。

（ ）22. 分析测试的任务就是报告样品的测定结果。

（ ）23. 采样误差包括采样随机误差和采样系统误差。

（ ）24*. 用消化法分解食品中的有机物时，常用的酸有盐酸、硫酸和硝酸。

（ ）25. 仪器分析法的灵敏度较低，而化学分析法的灵敏度相对高。

（ ）26. 天平的分度值越小，其灵敏度越高。

（ ）27. 对于原始记录，可以先用草稿纸记录，再将其抄到记录本上，这样整齐、美观，只要数据真实就行。

（ ）28. 配制重铬酸钾标准溶液时可直接配制而不用标定。

（ ）29. 一个样品经过10次以上的测试，可以去掉一个最大值和最小值，然后求平均值。

（ ）30. 仪器设备存在缺陷、操作者不按操作规程进行操作以及环境等的影响，均可引起系统误差。

（ ）31. 从滴定管上读数时，应双手持管，使其与地面垂直。

（　　）32. 所有物质的标准溶液都可以用直接法配制。

（　　）33. 用基准物质标定溶液浓度时，为了减少系统误差，一般要选用摩尔质量较小的基准物质。

（　　）34. 已标定过的 $KMnO_4$ 标准溶液应储存于白色磨口瓶中。

（　　）35. 在多次平行测定样品时，若发现某个数据与其他数据相差较大，则计算时就应将此数据立即舍去。

（　　）36*. 在紫外光谱中，同一物质，浓度不同，但入射光波长相同，则摩尔吸光系数相同；同一浓度，不同物质，但入射光波长相同，则摩尔吸光系数一般不同。

（　　）37*. 有色溶液的透光率随着溶液浓度的增大而减小，所以透光率与溶液的浓度成反比；有色溶液的吸光度随着溶液浓度的增大而增大，所以吸光度与溶液的浓度成正比。

（　　）38*. 有色溶液的最大吸收波长随着溶液浓度的增大而增大。

（　　）39**. 在原子吸收光谱分析中，乙炔是燃气。

（　　）40**. 原子吸收光谱光源发出的是可见光。

（　　）41**. 在液相色谱分析时，增大流动相流速有利于提高柱效能。

（　　）42**. 在高效液相色谱分析中，固定相极性大于流动相极性，称为正相色谱法。

（　　）43**. 在高效液相色谱仪使用过程中，所有溶剂在使用前必须脱气。

（　　）44**. 组分的分配系数越大，表示其保留的时间越长。

（　　）45**. 速率理论给出了影响柱效的因素及提高柱效的途径。

（　　）46**. 采用色谱归一化法定量的前提条件是试样中所有组分全部出峰。

（　　）47**. 气相色谱检测器的性能将对组分分离度产生直接影响。

（　　）48*. 乙醚中含有水，能将试样中糖及无机物抽出，从而造成脂肪含量测量结果误差。

（　　）49. 凡无国家标准或国家标准不能适应产品的，就可以不做产品检验。

（　　）50. 物质的量是SI基本单位，其单位符号为mol，单位名称为摩尔。

（　　）51. 国家标准 GB 5009.3—2010 中测定水分含量的方法有三种，分别是直接干燥法、减压干燥法和卡尔·费休法。

（　　）52. 卡尔·费休法适用于乳制品中干酪和乳清蛋白粉的测定。

（　　）53. 乳制品中无水奶油水分含量的测定适合选用直接干燥法。

（　　）54*. 金黄葡糖球菌只是极易污染肉制品，在糕点产品中不作检验。

（　　）55. 按标准发生作用的范围和审批标准级别，标准分为国家标准、行业标准、地方标准和企业标准四级。

（　　）56. 强制性地方标准的代号是GB/T ××××—××。

（　　）57. 直接干燥法适用于一切食品中水分含量的测定。

（　　）58. 总酸度是由可以电离出氢离子的酸引起的。

（　　）59. 挥发酸多数都是有机酸。

（　　）60. 酸度和酸价是糕点产品检验中同一项目的不同称谓。

（　　）61*. 凯氏定氮法是通过N元素的测定间接完成蛋白质的测定。

（　　）62. 测定面包总酸度时，使用甲基红作为指示剂。

（　　）63. 甲基红-溴甲酚绿混合指示剂加入硼酸溶液中，溶液应显暗红色。

（　　）64*. 测定脂肪含量时，应将索氏抽提器放在水浴锅上进行抽提。

（　　）65. 多次平行测定可减小系统误差。

（　　）66. 采用烘箱干燥法测定食品中水分的含量，当样品中的脂肪氧化时，水分测定的结果是不准确的。

(　　) 67. 氢氧化钠极易吸水，若用邻苯二甲酸氢钾标定它，则所得结果会不准。

(　　) 68*. 用凯氏定氮法测蛋白质含量时，蒸馏装置的冷凝管应插入吸收液液面以下。

(　　) 69*. 测定菌落总数时，若菌落数小于100cfu，则按“四舍五入”原则修约，以整数报告。

(　　) 70. 食品生产许可证编号产品所执行的标准代号不需要在食品标签中标示。

(　　) 71. 糕点产品的含水量要求是一致的。

(　　) 72. 一般情况下，间接法测定水分含量的准确度低于直接法。

(　　) 73. 1% 酚酞指示剂是将 1g 酚酞溶于 100g 水中。

(　　) 74. 碳水化合物、脂肪和蛋白质是食品中的营养物质，其含量越高，食品的营养价值就越高，不需要测定其含量。

(　　) 75. 配料表中加入量不超过 2%(质量分数) 的配料可以不按递减顺序排列。

(　　) 76. 风味剖面检验法是产品描述性检验中定性描述法之一。

(　　) 77. 所有的移液管都要将最后一滴液体留在管中。

(　　) 78. 干燥器和干燥箱是同一设备。

(　　) 79. 所有的滴定过程都可以使用同样规格的锥形瓶。

(　　) 80*. 测定脂肪的含量时，滤纸筒比虹吸管高不会影响试验的进行。

(　　) 81. 所有的细菌对人类的生产生活均表现为破坏和污染。

(　　) 82*. 用索氏提取法测脂肪的含量时，先开始加热，然后通冷凝水。

(　　) 83*. 测定蛋白质含量时，蒸馏过程中加入氢氧化钠的量为过量。

(　　) 84*. 测定总糖含量时，在滴定过程中，必须保持沸腾状态是为了防止指示剂被空气氧化。

(　　) 85*. 酸价的测定利用了酸碱中和反应。

(　　) 86. 国家标准是最高级别标准，因此企业标准技术指标应低于国家标准。

(　　) 87. 混合指示剂通常比单一指示剂的变色范围窄一些，变色更敏锐。

(　　) 88. 有腐蚀性或潮湿的物体也能直接放在天平盘上称量。

(　　) 89. 样品采集时的最基本原则是具有真实性和完整性。

(　　) 90. 净含量是指除去包装容器后内装商品的量。

(　　) 91. 感官检验是产品检验中的一个环节，因此可以和理化检验在同一个检验室中完成。

(　　) 92*. 总糖是糕点产品中全部糖类的总称，包括单糖、双糖和多糖。

(　　) 93. 油脂一般难溶于乙醚和水。

(　　) 94*. 索氏提取法所得的脂肪含量是糕点产品总的脂肪含量，有游离态的脂肪也有结合态的脂肪。

(　　) 95**. 沙门氏菌、大肠杆菌、金黄色葡萄球菌都是致病菌。

(　　) 96*. 用直接滴定法测定糕点中总糖的含量时，酒石酸铜甲、乙两液的用量各为 10mL。

(　　) 97. 所谓恒重是指前后两次称量之差小于 0.4mg。

(　　) 98. 致病菌如果在食品中的含量很小，则不会对人体造成伤害。

(　　) 99. GB 2760—2011 中允许使用的 27 种防腐剂均可在糕点产品中添加。

(　　) 100. 营养强化剂不属于食品添加剂。

(　　) 101. 测定乳制品水分含量时，干燥至恒重是指前后两次质量差不超过 2mg。

(　　) 102. 乳粉极易吸水，称量时必须加盖并要迅速称量，烘干后，在冷却器内的冷却时间应前后一致。

(　　) 103. 测定干酪中水分的含量时需

加入经酸处理的海砂，这样可增大受热与蒸发面积，防止乳品结块，加速水分蒸发，缩短分析时间。

(　　) 104. GB/T 5410—2008 中规定乳粉的不溶度指数是小于或等于 2.0/mL。

(　　) 105. 婴幼儿食品和乳品中溶解性的测定方法有两种，其中不溶度指数法适用于不含大豆成分的乳粉的不溶度指数的测定，溶解度法适用于婴幼儿食品和乳粉的溶解度的测定。

(　　) 106. 测定乳粉不溶度指数时喷雾干燥的乳粉复原时使用温度为 24℃的水，部分滚筒干燥的乳粉复原时使用温度为 50℃的水。

(　　) 107. 测定乳粉不溶度指数时以灯光或暗背景为对照观察离心管，沉淀物的顶部会更醒目、易读。

(　　) 108. 在测定乳粉不溶度指数时，在混合过程中不大可能起泡的产品不必加入 3 滴消泡剂。

(　　) 109. 乳粉的溶解度是指每百克样品经规定的溶解过程后，全部溶解的质量。

(　　) 110. 测定加糖乳粉的溶解度时，在计算过程中要扣除加糖量。

(　　) 111. 食品经灼烧后所残留的有机物质称为灰分。

(　　) 112. 测定乳品中灰分的含量时，液体和半固体试样应先在沸水浴上蒸干后再灰化。

(　　) 113. 测定乳品中灰分的含量时，固体或蒸干后的试样先在电热板上以小火加热，使试样充分炭化至无烟，然后置于马弗炉中，在 550℃ ±50℃灼烧 4h。

(　　) 114. 测定乳品中灰分的含量时，在灰化、灼烧、冷却后，称量前，若发现灼烧残渣中有炭粒，则可进行称量。

(　　) 115. 测定乳品中灰分的含量时，样品炭化时若发生膨胀，则可滴橄榄油数滴。

(　　) 116. 测定乳品中灰分的含量时，应先用大火炭化后用小火炭化，以免样品溅出。

(　　) 117. 测定乳品中灰分的含量时，燃烧温度不能超过 575℃，否则钾、钠、氯等易挥发而造成误差。

(　　) 118. 测定乳品中灰分的含量时，对较难灰化的样品，可添加硝酸、过氧化氢、碳酸铵等助灰剂，以加速灰化。

(　　) 119. 牛乳的总酸度包括固有酸度和发酵酸度。

(　　) 120. 国家标准 GB 19301—2010 规定新鲜牛乳酸度为 16～18°T。

(　　) 121. 牛乳的酸度越高，新鲜度越低，对热的稳定性就越差。

(　　) 122. 乳粉酸度测定方法中的常规法是以酚酞作指示剂，硫酸钴作参比颜色，用酸碱滴定来进行测定的。

(　　) 123. 乳及其他乳制品中酸度测定时的精密度要求在重复性条件下获得的两次独立测定结果的绝对差值不得超过 2.0°T。

(　　) 124. 测定乳及其他乳制品中的酸度时，用于配制氢氧化钠标准溶液和样品稀释的水，必须是新煮沸并冷却至室温的水。

(　　) 125. 国家标准 GB 19301—2010 规定生乳的杂质度标准为小于或等于 4.0mg/kg。

(　　) 126. 测定乳和乳制品杂质度时，当过滤板上杂质的含量介于两个级别之间时，判定为杂质含量较少的级别。

(　　) 127. 净含量与其标注的质量应符合国家颁布的《定量包装商品计量监督管理办法》的要求。

(　　) 128. 正常乳的色泽是白色或稍带黄色。

(　　) 129*. 我国的大肠菌群检验统一采用样品两个稀释度各三管的乳糖发酵三步法。

(　　) 130. 乳清蛋白是一种含磷的蛋白质。

(　　) 131. 乳脂肪不易受光线、热、氧、金属等作用而产生脂肪分解。

(　　) 132. 乳中加水后乳的密度增加。

( ) 133. 正常牛乳是呈中性的。

( ) 134. 乳酸菌是牛乳中最常见而且数量最多的一类微生物。

( ) 135. 加糖炼乳的感官检查结果是具有乳的香味，甜味纯正。

( ) 136. 挤出后的乳，在微生物作用下，乳酸度逐渐升高。

( ) 137. 乳的酸度升高，对乳的热稳定性没有影响。

( ) 138. 常见的微生物污染乳是酸败乳和乳房炎乳及其他病牛乳。

( ) 139. 标定氢氧化钠时使用的试剂是邻苯二甲酸氢钾。

( ) 140. 乳中绝大部分的水是结合水。

( ) 141. 乳中的脂肪主要以脂肪球的形式存在。

( ) 142. 在机械搅拌和化学物质的作用下，脂肪球膜不会破坏。

( ) 143. 国家标准规定，牛乳中有凝块或絮状沉淀者，不得收购。

( ) 144. 国家标准规定，原料乳的脂肪含量要大于或等于3.10%（质量分数)。

( ) 145. 国家标准规定，风味发酵乳的蛋白质含量应大于或等于2.9%（质量分数)。

( ) 146. 牛乳中乳脂肪的含量为3.0%~5.0%（质量分数)。

( ) 147. 膳食纤维分为水溶性纤维与非水溶性纤维，是婴幼儿配方乳品的重要营养指标之一。

( ) 148. 牛乳中数量最大的一类微生物是乳酸菌。

( ) 149. 牛乳中乳糖和盐的含量相对稳定，所以乳的冰点相对稳定。

( ) 150. 美蓝溶液可用来检查乳的新鲜度。

( ) 151. 乳品中的脂肪主要包括乳脂肪、磷脂、少量脂肪酸和固醇。

( ) 152*. 盖勃氏乳脂计法适用于巴氏杀菌乳、灭菌乳、生乳中脂肪的测定。

( ) 153*. 非脂乳固体是指牛奶中除了脂肪、蛋白质和水分之外的物质的总称。

( ) 154*. 依据国家标准规定，乳及乳制品中脂肪的测定方法主要有溶剂提取法和盖勃氏乳脂计法。

( ) 155*. 莱因-埃农氏法根据乳糖具有还原性，占乳品糖类物质的绝大部分，采用氧化还原滴定法对其进行测定。

( ) 156. 依据国家标准GB 5413.39—2010，乳制品中非脂乳固体含量测定方法为重量分析法。

( ) 157. 国家标准规定酸牛乳的酸度应为70~110°T。

( ) 158. 不溶性膳食纤维主要包括半纤维素、木质素、角质和二氧化硅，并包括不溶性灰分。

( ) 159*. 乳和乳制品中残留的硝酸盐和亚硝酸盐主要来源于饲料、生产用水或人为掺假，是乳及乳制品质量安全的重要指标。

( ) 160*. 乳酸菌是一群能分解葡萄糖或乳糖而产生乳酸，需氧和兼性厌氧，多数无动力，过氧化氢酶阴性，革兰阳性的无芽孢杆菌和球菌。

( ) 161. 酸牛乳所使用的发酵菌种规定为保加利亚乳杆菌和嗜热链球菌。

( ) 162. 在分析检验操作过程中加入的水可以用去离子水。

( ) 163*. 测定甜乳粉中乳糖的含量时，加入的草酸钾-磷酸氢二钠的作用是沉淀蛋白质。

( ) 164*. 用巴布科克法测定牛乳中脂肪的含量时，加热、离心的作用是形成重硫酸酪蛋白钙盐和硫酸钙沉淀。

( ) 165. 使用分析天平时，不可将热物体放在托盘上直接称量。

( ) 166.《中华人民共和国食品安全法》第二十七条规定：直接入口的食品应当有小包装或者使用无毒、清洁的包装材料、餐具。

(　　) 167*. 灭菌是指杀死乳中的一切微生物，包括繁殖体、病原体、非病原体和芽孢等的操作过程。

(　　) 168. 刚挤出的鲜乳一般是无菌的，乳房炎乳除外。

(　　) 169. 酒精阳性乳的热稳定性很差。

(　　) 170. 乳中掺水后密度降低，冰点上升。

(　　) 171. 正常乳的 pH 值为 7.0，呈中性。

(　　) 172. 酒的相对密度随着酒精度的提高而增加。

(　　) 173. 酒精计法测定白酒酒精度比密度瓶法的准确度高。

(　　) 174. 有效酸度是指黄酒中所有酸性成分的总量。

(　　) 175. 用酸度计测得果汁样品的 pH 值为 3.4，说明该样品的总酸度为 3.4。

(　　) 176. 滴定管、移液管在使用之前都需要用试剂溶液进行润洗。

(　　) 177. 在将标准溶液装入滴定管之前，要用该溶液润洗滴定管两三次，而锥形瓶也需用该溶液润洗或烘干。

(　　) 178. 白酒、果酒、黄酒的感官评定可以用仪器方法取代。

(　　) 179*. 用蒸馏法测食品中二氧化硫的含量时，蒸馏装置冷凝管应插入吸收液液面以下。

(　　) 180. 配制好的碘溶液要盛放在棕色瓶中保护，如果没有棕色瓶，则应放在避光处保存。

(　　) 181*. 还原糖的测定试验，滴定时应保持微沸状态。

(　　) 182*. 用直接滴定法测定果酒、黄酒中总糖的含量，配制试剂时，碱性酒石酸铜甲、乙液应分别配制，分别储存，不能事先混合。

(　　) 183*. 测定果酒、黄酒中总糖的含量时，应将样品中的蔗糖都转化成还原糖后测定。

(　　) 184*. 测定果酒、黄酒中总糖的含量时，要严格控制酸水解条件，并在 68 ~ 70℃水浴加热 15min。

(　　) 185. 食品分析中的总糖含量与营养学上的概念是一样的。

(　　) 186**. 果酒中铁含量的测定可以用原子吸收光谱法。

(　　) 187. EBC 比色计的校正是将哈同溶液注入 40mm 比色皿中，用比色计测定。

(　　) 188. 啤酒泡持性的测定方法有两种：仪器法和秒表法。

(　　) 189. 测定啤酒的泡持性时可以有空气流通，测定前样品瓶应避免振摇。

(　　) 190. 啤酒中的二氧化碳是啤酒酵母发酵的主要产物之一。

(　　) 191. GB 4927—2008 中规定，啤酒中二氧化碳的质量分数为 0.35% ~0.65%。

(　　) 192. 测定啤酒中二氧化碳的含量时，用二氧化碳压力测定仪测出试样的总压、瓶颈空气体积和瓶颈空容体积，再进行计算。

(　　) 193. 酒精是啤酒酵母在发酵中的唯一代谢产物。

(　　) 194. 相对密度是指在 20℃时酒精水溶液与同体积纯水质量之比。

(　　) 195. 在保证样品有代表性，不损失或少损失酒精的前提下，用振摇、超声波或搅拌等方式除去酒样中的二氧化碳气体。

(　　) 196. 原麦汁浓度是指麦汁中麦芽浸出物的浓度。

(　　) 197*. 可以用密度瓶法测定啤酒的真正浓度和酒精度。

(　　) 198*. 双乙酰不易挥发，气味较强烈，含量过高就会出现馊饭味。

(　　) 199*. 测定双乙酰的含量时，先用蒸汽将双乙酰蒸馏出来，在波长 535nm 下测其吸光度。

(　　) 200*. 啤酒中的二氧化硫不会对人的健康产生影响。

(　　) 201*. 二氧化硫的使用量过大即

产生毒性，有腐蚀作用，可破坏血液凝结作用并生成血红素，最后使神经系统产生麻痹现象。

（　　）202*. 我国对啤酒中二氧化硫的含量没有明确的规定。

（　　）203*. 啤酒中的二氧化硫在450nm处有最大吸收，可通过测定其吸光度来确定二氧化硫的含量。

（　　）204**.《食品安全国家标准　发酵酒及其配制酒》（GB 2758—2012）规定啤酒中甲醛的含量应小于或等于2mg/L。

（　　）205. 啤酒的感官指标包括外观、泡沫、香气和口味。

（　　）206. 检验啤酒净含量的方法有重量法和容量法。

（　　）207. 测定啤酒净含量时，将啤酒置于20℃±0.5℃水浴中恒温3min。

（　　）208. 啤酒生产的原料、糖化方法、发酵条件、酵母菌种均不会影响啤酒中的酸含量。

（　　）209. 适宜的pH值和总酸，能赋予啤酒柔和、清爽的口感。

（　　）210. GB 4927—2008中规定啤酒总酸含量应小于或等于4.0mL/100mL。

（　　）211. 啤酒总酸的测定中电位滴定终点为pH=7.2。

（　　）212. 测定啤酒中总酸的含量时用淀粉作指示剂进行酸碱中和滴定。

（　　）213. 啤酒浊度是以EBC为单位表示啤酒透明度的外观指标。

（　　）214. 啤酒浊度直接影响啤酒的外观质量和非生物的稳定性，不影响啤酒保质期。

（　　）215. 酒色度的测定方法有目视碘比色法、EBC比色法、分光光度计法。

（　　）216. 啤酒酒精度的测定可采用密度瓶法。

（　　）217. 软饮料生产用水符合《生活饮用水卫生标准》（GB 5749—2006）就行了。

（　　）218. 水分析测定的色度应该是用澄清或离心等方法去除悬浮物后的"真色"。

（　　）219. 浊度是反映天然水及饮用水物理性状的一项指标。

（　　）220. 水pH值的变化与水受到污染的程度无关。

（　　）221. 测定水的总硬度时，为消除其他金属离子的干扰，需加入硫化钠、氰化钾和盐酸羟胺作掩蔽剂。

（　　）222. 甲基橙作为指示剂到达滴定突跃时，溶液颜色由黄色变为红色。

（　　）223. 电导率的强弱与溶液的温度无关。

（　　）224. 饮料标签上标示的内容应符合GB 7718—2011、GB 13432—2004的规定。

（　　）225. 饮料中可溶性固形物含量的测定可用折光计法。

（　　）226. 碳酸饮料中二氧化碳的测定不能用蒸馏滴定法。

（　　）227. 饮料中乙醇含量的测定是在碱性条件下用重铬酸钾氧化试样中的乙醇，再用硫酸亚铁铵滴定过量的重铬酸钾。

（　　）228*. 凯氏定氮法中硫酸铜即是催化剂又是指示剂。

（　　）229*. 索氏抽提法所测得的脂肪为游离脂肪。

（　　）230*. 用直接滴定法测定还原糖的含量时不需要刻意控制滴定速度。

（　　）231**. 荧光法可测定脱氢抗坏血酸的含量。

（　　）232**. 用银盐法测砷的含量时会形成黄色胶态物。

（　　）233**. 通过果汁中6种组分的实测值计算（推导）果汁含量的方法适用于果汁含量不低于2.5%（质量分数）的饮料。

（　　）234**. 茶叶中多酚类物质可用分光光度计法测定。

（　　）235**. 饮料中的人工合成色素最好用高效液相色谱仪测定，既可定性又可定量。

（　　）236. 罐头内因微生物活动而使罐

头一端或两端外凸的现象称为气罐。

(　　) 237. 罐头食品经过适度的热杀菌以后，不含有微生物的状态称为商业无菌。

(　　) 238*. 在弱酸条件下亚硝酸盐与对氨基苯磺酸重氮化，形成稳定的紫红色染料。

(　　) 239*. 食品中组胺用正戊醇提取，遇偶氮试剂显橙色。

(　　) 240*. 硫酸铁铵与硫氰酸钾反应呈淡棕红色。

(　　) 241*. 磷钼酸铵与对苯二酚、亚硫酸钠反应生成的化合物是蓝色的。

(　　) 242*. 在55℃培养有菌生长的庖肉培养基管，判定为嗜热性需氧杆菌。

(　　) 243*. 钼蓝溶液在660nm处有最大的吸收峰。

(　　) 244*. 制备乳糖胆盐发酵管时，将蛋白胨、胆盐及乳糖溶于水后即调pH值到7.4。

(　　) 245**. 食品中铜的含量可用离子选择电极法测定。

(　　) 246*. 检验菌落总数时，样品如果有包装，则应用无水乙醇在包装开口处擦拭，然后取样。

(　　) 247*. 为使菌落能在平板上均匀分布，在将检液加入平皿后，应尽快倾注培养基并旋转混匀，可正反两个方向旋转，检样从开始稀释到倾注最后一个平皿所用时间不宜超过20min，以防止细菌死亡或繁殖。

(　　) 248*. 乙醚中含有水，能将试样中的糖及无机物抽出，造成脂肪含量测量结果误差。

(　　) 249*. 消毒和灭菌两个词在实际使用中常被混用，因此它们的含义是基本等同的。

(　　) 250*. 当计数平板内的菌落数过多（即所有稀释度均大于300），但分布很均匀时，可取平板的1/4或1/8计数，再乘以相应稀释倍数作为该平板的菌落数。

(　　) 251. 配制I_2溶液时要滴加KI。

(　　) 252. 配制好的$Na_2S_2O_3$标准溶液应立即用基准物质标定。

(　　) 253. 配好$Na_2S_2O_3$标准滴定溶液后煮沸约10min，其作用主要是除去CO_2和杀死微生物，促进$Na_2S_2O_3$标准滴定溶液趋于稳定。

(　　) 254. 采用间接碘量法时，加入的KI一定要过量，淀粉指示剂要在接近终点时加入。

(　　) 255. 使用直接碘量法滴定时，淀粉指示剂应在近终点时加入；使用间接碘量法滴定时，淀粉指示剂应在滴定开始时加入。

(　　) 256. 以淀粉为指示剂滴定时，直接碘量法的终点是溶液从蓝色变为无色，间接碘量法的终点是溶液由无色变为蓝色。

(　　) 257*. 检验啤酒中大肠菌群，当乳糖胆盐发酵管产酸产气时，即可报告检出大肠菌群。

(　　) 258*. 检测菌落总数时，样品稀释液主要是灭菌生理盐水，有的采用磷酸盐缓冲液（或0.1%的蛋白胨水）。

(　　) 259. 感官检验肉制品时，对样品可先进行品尝。

(　　) 260*. 固体检样在加入稀释液后，最好置灭菌均质器中以8000～10000r/min的转速处理1min，制成1:10的均匀稀释液。

(　　) 261*. 食品中大肠菌群数按每100mL(g)检样内大肠菌群最可能数以MPN表示。

(　　) 262*. 培养基的营养物质包括氮源、碳源、无机盐和生长因子。

(　　) 263*. 用化学药品来防止或抑制细菌生长繁殖的方法叫消毒。

(　　) 264*. 微生物检验器皿包扎灭菌时，试管可以每10支一扎，管口用牛皮纸包好。

(　　) 265*. 一般培养基的灭菌通常采用的高压蒸汽灭菌条件是121℃，20min。

(　　) 266*. 微生物检验采样后，非冷冻食品需在0～5℃温下保存。

（　　）267. 使用灰化炉时，在灼烧完毕后，切断电源，可立即开炉门，用长钳将被烧物钳出。

（　　）268*. 在蛋白质测定过程中，样品消化时加入的硫酸钾的作用是提高消化温度。

（　　）269*. 实验室测定蛋白质时，应选用凯氏烧瓶、蒸馏瓶、定氮球、冷凝管等。

（　　）270*. 苯甲酸和山梨酸均溶于水，而它们的盐则不易溶于水。

（　　）271. 食品中的蛋白质是低分子有机化合物，对调节物质代谢过程起重要作用。

（　　）272. 用 pH 计测定 pH 值时，用标准 pH 溶液校正仪器，是为了消除温度对测量结果的影响。

（　　）273*. 吸光溶液的最大吸收波长与溶液浓度无关。

（　　）274. 影响评茶的客观因素有：评茶环境、评茶设备、评茶用具、评茶方法。

（　　）275. 评茶用具要求为一套专用的、配套的、数量充足的和规格一致的审评杯碗。

（　　）276. 在茶叶感官审评中，多数茶的茶水比例为1:100。

（　　）277. 在茶叶感官审评中，看汤色时应注意的方面有光泽度、亮暗和色泽。

（　　）278. 嗅香气时应以温嗅、热嗅和冷嗅相结合进行评定。

（　　）279. 茶叶色泽通常是指汤色。

（　　）280. 茶叶审评项目有外形、香气、滋味、叶底和汤色。

（　　）281. 颗粒红毛茶品质评定的重点是比例，轻紧度、嫩度和色泽。

（　　）282. 茶叶水浸出物的测定方法有差数法和权数法，权数法的测定结果较准确。

（　　）283**. 在茶叶卫生质量要求中，铅限量标准为5mg/kg。

（　　）284**. 在茶叶卫生质量要求中，铜的含量应小于或等于6mg/kg。

（　　）285**. 在茶叶卫生质量要求中，滴滴涕的含量应小于或等于0.2mg/kg。

（　　）286. 在茶叶感官审评时，评茶操作程序为：把盘→开汤→嗅香气→看汤色→尝滋味→看叶底。

（　　）287. 我国茶叶卫生质量主要是指重金属、农药残留、有害有毒的微生物三个方面。

（　　）288. 茶叶的法定物理检验项目有粉末碎茶含量的检验、茶叶夹杂物含量的检验、茶叶包装的检验、茶叶衡量的检验四项。

（　　）289. 茶叶的品质一般用茶和浸泡茶的颜色、滋味和香气来判断。

（　　）290. 茶叶审评的五因子法的操作流程为：取样→审评外形→称样→冲泡→沥茶汤→评汤色→闻香气→尝滋味。

（　　）291. 茶叶中铝、铁、钙、硅等离子含量较高，不会对氟电极产生干扰，结果稳定。

（　　）292**. 在茶叶中铅、铜含量的测定中使用的试剂 MIBK 是二乙基二硫代氨基甲酸钠。

（　　）293**. 在茶叶中铅、铜含量的测定中使用的试剂 DDTC 是4-甲基-2-戊酮。

（　　）294**. 在茶叶中铅、铜含量的测定中，有氯化钠或其他物质干扰时，可在进样前用硝酸铵或磷酸二氢铵稀释。

（　　）295**. 在茶叶中铅、铜含量的测定中，样品消解时应加热至溶液透明，以达到测定要求。

（　　）296**. 茶叶中铅、铜含量的测定需要用原子吸收光谱仪火焰原子化器。

（　　）297**. 测定茶叶中游离氨基酸的含量时，同一样品两次测定值之差，每100g试样不得超过0.2g。

（　　）298**. 茶叶中游离氨基酸的含量按照茶氨酸计算。

（　　）299**. 茶叶中游离氨基酸的含量按照谷氨酸计算。

（　　）300**. 测定茶叶中咖啡碱的含量时，样品预处理采用乙酸铅作澄清剂。

(　　) 301**. 测定茶叶中咖啡碱的含量时，高效液相是用乙醚-水做的流动相。

(　　) 302**. 茶叶中的茶多酚用70%的乙醚在70℃水浴上提取，福林酚试剂氧化茶多酚—OH 基团并显蓝色，最大吸收波长为765nm。

(　　) 303**. 测定茶叶中茶多酚的含量时用没食子酸作校正标准来定量茶多酚。

(　　) 304*. 茶叶中的霉菌和/或酵母数以 cfu/mL 为单位进行报告。

(　　) 305*. 测定茶叶中的霉菌和/或酵母数时，若所有平板上的菌落数均大于150cfu，则对稀释度最低的平板进行计数。

(　　) 306*. 若所有平板上的菌落数均小于10cfu，则应按稀释度最高的平均菌落数乘以稀释倍数进行计算。

(　　) 307*. 测定茶叶中的霉菌和/或酵母数时使用的马铃薯-葡萄糖-琼脂或孟加拉红培养基都含有氯霉素成分。

(　　) 308*. 茶叶中粗纤维的含量用一定浓度的酸、碱消化处理试样，留下的残留物经灰化，称量，由灰化时的质量损失计算。

(　　) 309*. 水溶性灰分碱度即中和100g 干态磨碎样品所需的一定浓度盐酸的物质的量，或换算为相当于干态磨碎样品中所含氢氧化钾的质量分数。

(　　) 310. 名优茶和初制茶的审评按照茶叶的外形（包括形状、嫩度、色泽、匀整度和净度）、汤色、香气、滋味和叶底“五项因子”进行。

(　　) 311. 精制茶的审评按照茶叶外形的形态、色泽、匀整度和净度，以及内质的汤色、香气、滋味和叶底“八项因子”进行。

(　　) 312*. 茶叶中氟含量的测定方法是氟离子选择电极法。

食品检验工基础知识试题参考答案

一、选择题

1. A　2. C　3. B　4. A　5. A　6. B　7. C　8. B　9. D　10. D　11. A
12. C　13. D　14. D　15. A　16. A　17. A　18. C　19. C　20. B　21. A　22. C
23. D　24. B　25. C　26. C　27. C　28. C　29. C　30. B　31. C　32. A　33. B
34. D　35. C　36. D　37. A　38. B　39. B　40. B　41. A　42. B　43. B　44. C
45. B　46. B　47. C　48. C　49. D　50. D　51. C　52. B　53. A　54. A　55. C
56. C　57. B　58. B　59. D　60. A　61. A　62. C　63. A　64. B　65. B　66. D
67. D　68. A　69. B　70. B　71. B　72. C　73. D　74. B　75. D　76. A　77. D
78. B　79. B　80. B　81. A　82. D　83. A　84. C　85. C　86. D　87. B　88. C
89. B　90. A　91. B　92. B　93. A　94. C　95. C　96. D　97. D　98. C　99. D
100. A　101. D　102. C　103. D　104. A　105. B　106. D　107. A　108. B　109. C　110. A
111. D　112. B　113. A　114. C　115. D　116. A　117. B　118. A　119. D　120. A　121. A
122. C　123. A　124. A　125. C　126. B　127. C　128. B　129. A　130. A　131. C　132. B
133. A　134. B　135. A　136. D　137. B　138. B　139. A　140. D　141. C　142. D　143. C
144. B　145. B　146. A　147. A　148. B　149. C　150. C　151. B　152. A　153. C　154. B
155. C　156. A　157. A　158. B　159. A　160. C　161. C　162. B　163. C　164. D　165. C
166. B　167. D　168. D　169. B　170. A　171. B　172. A　173. D　174. A　175. C　176. B
177. A　178. C　179. B　180. A　181. A　182. C　183. B　184. A　185. D　186. A　187. B
188. C　189. D　190. C　191. A　192. B　193. C　194. B　195. D　196. A　197. D　198. C
199. C　200. C　201. A　202. D　203. A　204. A　205. C　206. A　207. A　208. B　209. A
210. B　211. B　212. C　213. D　214. B　215. D　216. A　217. C　218. A　219. C　220. B
221. C　222. A　223. C　224. D　225. A　226. C　227. A　228. A　229. D　230. B　231. A
232. C　233. A　234. A　235. A　236. C　237. C　238. C　239. C　240. C　241. A　242. B
243. B　244. B　245. A　246. B　247. A　248. B　249. D　250. A　251. D　252. B　253. D
254. A　255. A　256. D　257. D　258. B　259. C　260. D　261. D　262. B　263. C　264. B
265. D　266. A　267. B　268. A　269. D　270. B　271. B　272. D　273. C　274. C　275. A
276. B　277. A　278. D　279. C　280. C　281. B　282. B　283. C　284. B　285. A　286. B
287. A　288. A　289. B　290. A　291. D　292. D　293. A　294. D　295. C　296. D　297. D
298. B　299. A　300. B　301. A　302. C　303. A　304. A　305. B　306. D　307. A　308. C
309. C　310. C　311. C　312. A　313. D　314. C　315. B　316. A　317. C　318. A　319. A
320. C　321. B　322. A　323. B　324. D　325. C　326. B　327. C　328. A　329. D　330. C
331. A　332. B　333. A　334. B　335. C　336. B　337. C　338. B　339. A　340. A　341. C
342. A　343. D　344. A　345. C　346. C　347. D　348. C　349. A　350. B　351. B　352. D
353. C　354. B　355. D　356. C　357. B　358. A　359. A　360. B　361. D　362. A　363. B
364. C　365. B　366. A

二、判断题

1. ×　2. √　3. ×　4. ×　5. ×　6. √　7. √　8. √　9. ×　10. √　11. √

12. ×　13. ×　14. √　15. √　16. √　17. ×　18. √　19. √　20. ×　21. ×　22. ×

23. √　24. ×　25. ×　26. √　27. ×　28. √　29. ×　30. ×　31. ×　32. ×　33. ×

34. ×　35. ×　36. √　37. ×　38. ×　39. √　40. ×　41. ×　42. √　43. √　44. √

45. √　46. √　47. ×　48. √　49. ×　50. √　51. ×　52. ×　53. ×　54. ×　55. √

56. ×　57. ×　58. ×　59. √　60. ×　61. √　62. ×　63. √　64. √　65. ×　66. √

67. √　68. √　69. √　70. ×　71. ×　72. √　73. ×　74. ×　75. √　76. ×　77. ×

78. ×　79. ×　80. ×　81. ×　82. ×　83. √　84. √　85. √　86. ×　87. √　88. ×

89. ×　90. ×　91. ×　92. ×　93. ×　94. ×　95. ×　96. ×　97. ×　98. ×　99. ×

100. ×　101. √　102. √　103. √　104. ×　105. √　106. √　107. √　108. ×

109. √　110. √　111. ×　112. √　113. ×　114. ×　115. √　116. ×　117. √

118. √　119. √　120. ×　121. √　122. √　123. ×　124. √　125. √　126. ×

127. √　128. √　129. ×　130. ×　131. ×　132. ×　133. ×　134. √　135. √

136. √　137. ×　138. √　139. √　140. ×　141. √　142. ×　143. √　144. √

145. ×　146. √　147. √　148. √　149. √　150. √　151. √　152. √　153. ×

154. √　155. √　156. √　157. ×　158. ×　159. √　160. √　161. √　162. √

163. ×　164. ×　165. √　166. √　167. √　168. ×　169. √　170. √　171. ×

172. ×　173. ×　174. ×　175. ×　176. √　177. ×　178. ×　179. √　180. √

181. √　182. √　183. √　184. √　185. ×　186. √　187. √　188. √　189. ×

190. √　191. √　192. √　193. ×　194. √　195. ×　196. √　197. √　198. ×

199. ×　200. ×　201. √　202. ×　203. ×　204. √　205. √　206. √　207. ×

208. ×　209. √　210. √　211. ×　212. ×　213. √　214. ×　215. √　216. √

217. ×　218. √　219. ×　220. ×　221. √　222. ×　223. ×　224. √　225. √

226. ×　227. ×　228. √　229. √　230. ×　231. √　232. ×　233. √　234. √

235. √　236. ×　237. ×　238. ×　239. √　240. √　241. √　242. ×　243. √

244. √　245. ×　246. √　247. ×　248. √　249. ×　250. √　251. √　252. ×

253. √　254. √　255. ×　256. ×　257. ×　258. ×　259. ×　260. √　261. ×

262. √　263. √　264. ×　265. √　266. √　267. ×　268. √　269. √　270. ×

271. ×　272. ×　273. ×　274. √　275. √　276. ×　277. √　278. ×　279. ×

280. √　281. √　282. ×　283. √　284. ×　285. √　286. √　287. √　288. √

289. √　290. √　291. ×　292. ×　293. √　294. ×　295. √　296. ×　297. ×

298. √　299. √　300. √　301. ×　302. ×　303. √　304. √　305. ×　306. ×

307. √　308. √　309. √　310. √　311. √　312. √

附　录

附录A　国家职业标准针对食品检验工的知识和技能要求

职业功能	工作内容	初级工要求		中级工要求		高级工要求	
		技能要求	相关知识	技能要求	相关知识	技能要求	相关知识
一、检验的前期准备及仪器维护	样品制备	能按照本工种要求进行抽样、称（取）样，制备样品	产品标准中抽样的有关知识				
	常用玻璃器皿及仪器的使用	能使用烧杯、天平等，并能够排除一般故障	食品检验常用工具、玻璃器皿和常用辅助设备的种类、名称、规格、用途及维护保养知识	能正确使用容量瓶、滴定管，能安装调试一般的常用仪器设备，并能排除一般故障	食品检验一般常用仪器设备的性能、工作原理、结构及使用知识	能使用各种食品检验用的玻璃器皿	玻璃器皿的使用常识
	溶液的配制	能配制百分浓度的溶液	常用药品、试剂的初步知识，分析天平的使用知识	能配制物质量的浓度的溶液	滴定管的使用知识，溶液中物质的量浓度的概念	能进行标准溶液的配制	标准溶液的配制方法
	培养液的配制			能正确使用天平、高压灭菌装置	培养基的基础知识		
	无菌操作			能正确配制各种消毒剂，掌握杀菌的方法	消毒、杀菌的基础知识		

（续）

职业功能	工作内容	初级工要求		中级工要求		高级工要求	
		技能要求	相关知识	技能要求	相关知识	技能要求	相关知识
二、检验（按所承担的食品检验类别，选择表中所列十项中的一项）	粮油及制品检验	能对油脂密度、油脂折射率、水分、灰分、白度、黏度、杂质、含砂量、磁性金属物、面筋、矿物油、感官、净含量、标签等进行测（判）定	密度瓶、折射仪的使用及注意事项，重量法的知识	能对酸度、过氧化值、粗纤维、粗蛋白、细度、斑点、色泽、羰基价、淀粉、碘价、皂化价、不皂化物、熔点进行测定	容量法的知识，微生物的基本知识，可见分光光度仪的使用知识	能对磷化物、氰化物、汞、铅、砷、镍、磷、过氧化苯甲酰进行测定	原子吸收分光光度计的使用常识
	糕点、糖果检验	能对水分、比容、酸度、碱度、细度、感官、净含量、标签进行测（判）定	真空干燥箱的使用常识及注意事项，重量法的知识及注意事项	能对脂肪、蛋白质、总糖、酸价、过氧化值、细菌总数、大肠菌群、霉菌、蔗糖、食用合成色素进行测定	容量法的知识，微生物的基本知识，可见分光光度仪的使用知识	能对铅、砷、铜、锌、致病菌、丙酸钙进行测定	细菌鉴定的原理，原子吸收分光光度计的使用常识
	乳及乳制品检验	能对水分、溶解度、灰分、酸度、杂质、感官、净含量、标签进行测（判）定	真空干燥箱、离心机的使用及注意事项，重量法的知识	能对脂肪、蛋白质、乳糖及蔗糖、细菌总数和大肠菌群、脲酶、亚硝酸盐、硝酸盐、膳食纤维、非脂乳固体、霉菌、酵母菌、乳酸菌进行测定	容量法的知识，微生物的基本知识，可见分光光度仪的使用知识	能对铅、铁、锰、铜、锌、锡、汞、钾、钙、镁、磷、致病菌、商业无菌进行测定	细菌鉴定的原理，原子吸收分光光度计的使用常识

（续）

职业功能	工作内容	初级工要求		中级工要求		高级工要求	
		技能要求	相关知识	技能要求	相关知识	技能要求	相关知识
二、检验（按所承担的食品检验类别，选择表中所列十项中的一项）	白酒、果酒、黄酒检验	能对酒精度、pH值、固形物、感官、净含量、标签进行测（判）定	酒精计、pH计、浊度计的使用常识及注意事项，重量法的知识	能对总酸、还原糖、细菌总数、大肠菌群、氨基酸态氮、滴定酸、挥发酸、二氧化硫、干浸出物、总脂进行测定	容量法的知识，微生物的基本知识，可见分光光度仪的使用知识	能对氰化物、铅、铁、锰、氧化钙进行测定	原子吸收分光光度计的使用常识
	啤酒检验	能对总酸度、浊度、色度、泡沫、二氧化碳、感官、净含量、标签进行测（判）定	pH计、浊度计、色度仪的使用常识及注意事项	能对酒精度、细菌总数、大肠菌群、原麦芽汁浓度、双乙酰、总酸、二氧化硫进行测定	密度瓶的使用知识，容量法的知识，微生物的基本知识，可见分光光度仪的使用知识	能对重金属、苦味质、铅进行测定	原子吸收分光光度计的使用常识
	饮料检验	能对pH值、水分及总固形物、灰分、可溶性固形物、二氧化碳、感官、净含量、标签进行测（判）定	pH计的使用常识及注意事项，重量法的知识	能对总酸、蛋白质、脂肪、细菌总数、大肠菌群、霉菌、酵母菌、乳酸菌、总糖、人工合成色素进行测定	密度瓶的使用知识，容量法的知识，微生物的基本知识，可见分光光度仪的使用知识	铅、铜、锡、钾、钠、钙、镁、锌、维生素C、果汁、茶多酚、咖啡因、致病菌、商业无菌进行测定	细菌鉴定的原理，原子吸收分光光度计的使用常识
	罐头食品检验	能对总干物质、pH值、果胶质、可溶性固形物、固形物、感官、净含量、标签进行测（判）定	pH计的使用常识及注意事项，重量法的知识	能对脂肪、蛋白质、总糖、亚硝酸盐、复合磷酸盐、组胺、氯化钠进行测定	容量法的知识，微生物的基本知识，可见分光光度仪的使用知识	能对铅、砷、锡、铜、汞、致病菌、商业无菌进行测定	细菌鉴定的原理，原子吸收分光光度计的使用常识

（续）

职业功能	工作内容	初级工要求		中级工要求		高级工要求	
		技能要求	相关知识	技能要求	相关知识	技能要求	相关知识
二、检验（按所承担的食品检验类别，选择表中所列十项中的一项）	肉、蛋及其制品检验	能对pH值、水分、灰分、感官、净含量、标签进行测（判）定	pH计的使用常识及注意事项，重量法的知识	能对挥发性盐基氮、脂肪、酸价、过氧化值、细菌总数、大肠菌群、亚硝酸盐、人工合成色素、蛋白质、胆固醇、淀粉、三甲胺氮、组胺、复合磷酸盐、氯化钠进行测定	容量法的知识，微生物的基本知识，可见分光光度仪的使用知识	能对铅、砷、锡、铜、汞、钙、致病菌进行测定	细菌鉴定的原理，原子吸收分光光度计的使用常识
	调味品、酱腌制品检验	能对pH值、水分、灰分、无盐固形物、白度、粒度、水不溶物、水溶性杂质、感官、净含量、标签进行测（判）定	pH计、白度仪的使用常识及注意事项，重量法的知识	能对氨基氮、食盐、细菌总数、大肠菌群、霉菌、亚硝酸盐、总酸、铵盐、亚铁氰化钾、乙酸、不挥发酸、谷氨酸钠、硫酸盐、透光率进行测定	容量法的知识，微生物的基本知识，可见分光光度仪的使用知识	能对铅、砷、锌、致病菌进行测定	细菌鉴定的原理，原子吸收分光光度计的使用常识
	茶叶检验	能对茶叶粉末和碎茶含量、水分、水浸出物、水溶性灰分、水不溶性灰分、感官、净含量、标签进行测（判）定	重量法的知识	能对水溶性灰分、碱度、粗纤维、氟、霉菌、酵母菌进行测定	容量法的知识，微生物的基本知识	能对茶多酚、咖啡碱、游离氨基酸总量、铅、铜进行测定	原子吸收分光光度计的使用常识

（续）

职业功能	工作内容	初级工要求		中级工要求		高级工要求	
		技能要求	相关知识	技能要求	相关知识	技能要求	相关知识
三、检验结果分析	检验报告的编制	能正确记录原始数据，能正确使用计算工具报出检验结果	数据处理的一般知识	能正确计算和处理试验数据	误差一般知识和数据处理常用方法	编制检验报告	误差和数据处理的基本知识

附录B 食品检验依据

表B-1 粮油及其制品检验依据

序号	标准号	标准名称
1	GB/T 5508—2011	粮油检验　粉类粮食含砂量测定
2	GB/T 5510—2011	粮油检验　粮食、油料脂肪酸值测定
3	GB/T 5517—2010	粮油检验　粮食及制品酸度测定
4	GB/T 26626—2011	动植物油脂　水分含量测定　卡尔费休法（无吡啶）
5	GB/T 5494—2008	粮油检验　粮食、油料的杂质、不完善粒检验
6	GB/T 5512—2008	粮油检验　粮食中粗脂肪含量测定
7	GB/T14489. 2—2008	粮油检验　植物油料粗蛋白质的测定
8	GB/T 5513—2008	粮油检验　粮食中还原糖和非还原糖测定
9	GB/T 5515—2008	粮油检验　粮食中粗纤维素含量测定　介质过滤法
10	GB/T 5518—2008	粮油检验　粮食、油料相对密度的测定
11	GB 2716—2005	食用植物油卫生标准
12	GB/T 5009. 37—2003	食用植物油卫生标准的分析方法
13	GB/T 5525—2008	植物油脂　透明度、气味、滋味鉴定法
14	GB/T 5528—2008	动植物油脂　水分及挥发物含量测定
15	GB/T 5530—2005	动植物油脂　酸值和酸度测定
16	GB/T 5532—2005	动植物油脂　碘值的测定
17	GB/T 5533—2008	粮油检验　植物油脂含皂量的测定
18	GB/T 5534—2005	动植物油脂　皂化值的测定
19	GB/T 20795—2006	植物油脂烟点的测定
20	GB/T 22460—2008	动植物油脂　罗维朋色泽的测定
21	GB/T 5535. 1—2008	动植物油脂　不皂化物测定　第1部分：乙醚提取法
22	GB/T 5538—2005	动植物油脂　过氧化值测定

表 B-2　糕点检验依据

序号	标准号	标准名称
1	GB/T 20977—2007	糕点通则
2	GB/T 23780—2009	糕点质量检验方法
3	GB 7099—2003	糕点、面包卫生标准
4	GB 5009.3—2010	食品安全国家标准　食品中水分的测定
5	GB 5009.5—2010	食品安全国家标准　食品中蛋白质的测定
6	GB/T 5009.6—2003	食品中脂肪的测定
7	GB/T 5009.35—2003	食品中合成着色剂的测定
8	GB/T 5009.37—2003	食用植物油卫生标准分析方法
9	GB 2760—2011	食品安全国家标准　食品添加剂使用标准
10	GB/T 5009.29—2003	食品中山梨酸、苯甲酸的测定
11	GB/T 5009.120—2003	食品中丙酸钠、丙酸钙的测定
12	GB/T 5009.11—2003	食品中总砷及无机砷的测定
13	GB 5009.12—2010	食品安全国家标准　食品中铅的测定
14	GB/T 5009.182—2003	面制食品中铝的测定
15	GB/T 4789.24—2003	食品卫生微生物学检验　糖果、糕点、蜜饯检验
16	GB 4789.2—2010	食品安全国家标准　食品微生物学检验　菌落总数测定
17	GB 4789.3—2010	食品安全国家标准　食品微生物学检验　大肠菌群计数
18	GB 4789.4—2010	食品安全国家标准　食品微生物学检验　沙门氏菌检验
19	GB 4789.5—2012	食品安全国家标准　食品微生物学检验　志贺氏菌检验
20	GB 4789.10—2010	食品安全国家标准　食品微生物学检验　金黄色葡萄球菌检验
21	GB 4789.15—2010	食品安全国家标准　食品微生物学检验　霉菌和酵母菌计数

表 B-3　乳及乳制品检验依据

序号	标准号	标准名称
1	GB 19301—2010	生乳
2	GB 19645—2010	巴氏杀菌乳
3	GB 25190—2010	灭菌乳
4	GB 25191—2010	调制乳
5	GB 19302—2010	发酵乳
6	GB 19644—2010	乳粉
7	GB 5413.33—2010	食品安全国家标准　生乳相对密度的测定
8	GB 5413.30—2010	食品安全国家标准　乳和乳制品杂质度的测定

（续）

序号	标准号	标准名称
9	GB 5413. 34—2010	食品安全国家标准　乳和乳制品酸度的测定
10	GB 5413. 39—2010	食品安全国家标准　乳和乳制品中非脂乳固体的测定
11	GB 5413. 3—2010	食品安全国家标准　婴幼儿食品和乳品中脂肪的测定
12	GB5413. 29—2010	食品安全国家标准　婴幼儿食品和乳品溶解性的测定
13	GB 5413. 27—2008	食品安全国家标准　婴幼儿食品和乳品中脂肪酸的测定
14	GB 5413. 5—2010	食品安全国家标准　婴幼儿食品和乳品中乳糖、蔗糖的测定
15	GB 5413. 6—2010	食品安全国家标准　婴幼儿食品和乳品中不溶性膳食纤维的测定
16	GB 5413. 21—2010	食品安全国家标准　婴幼儿食品和乳品中钙、铁、锌、钠、钾、镁、铜和锰的测定
17	GB 5009. 5—2010	食品安全国家标准　食品中蛋白质的测定
18	GB 5009. 4—2010	食品安全国家标准　食品中灰分的测定
19	GB 5009. 33—2010	食品安全国家标准　食品中亚硝酸盐与硝酸盐的测定
20	GB/T 22388—2008	原料乳及乳制品中三聚氰胺检测方法
21	GB 4789. 18—2010	食品安全国家标准　食品微生物学检验　乳与乳制品检验
22	GB 4789. 2—2010	食品安全国家标准　食品微生物学检验　菌落总数测定
23	GB 4789. 3—2010	食品安全国家标准　食品微生物学检验　大肠菌群计数
24	GB 4789. 4—2010	食品安全国家标准　食品微生物学检验　沙门氏菌检验
25	GB 4789. 10—2010	食品安全国家标准　食品微生物学检验　金黄色葡萄球菌检验
26	GB 4789. 15—2010	食品安全国家标准　食品微生物学检验　霉菌和酵母计数
27	GB4789. 35—2010	食品安全国家标准　食品微生物学检验　乳酸菌检验

表 B-4　白酒、葡萄酒、果酒、黄酒检验依据

序号	标准号	标准名称
1	GB/T 10345—2007	白酒分析方法
2	GB/T 15038—2006	葡萄酒、果酒通用分析方法
3	GB/T 5009. 48—2003	蒸馏酒与配制酒卫生标准的分析方法
4	GB 2757—2012	食品安全国家标准　蒸馏酒及其配制酒
5	GB 15037—2006	葡萄酒
6	GB 13662—2008	黄酒
7	GB/T 5009. 34—2003	食品中亚硫酸盐的测定
8	GB 5009. 12—2010	食品安全国家标准　食品中铅的测定

表 B-5 啤酒检验依据

序号	标准号	标准名称
1	GB 4927—2008	啤酒
2	GB/T 4928—2008	啤酒分析方法
3	GB 2758—2012	食品安全国家标准 发酵酒及其配制酒
4	GB/T 5009. 49—2008	发酵酒及其配制酒卫生标准的分析方法
5	GB 2760—2011	食品安全国家标准 食品添加剂使用标准

表 B-6 饮料检验依据

序号	标准号	标准名称
1	GB 10789—2007	饮料通则
2	GB/T 12143—2008	饮料通用分析方法
3	GB 5749—2006	生活饮用水卫生标准
4	GB/T 5750. 1—2006	生活饮用水检验方法 总则
5	GB/T 5009. 91—2003	食品中钾、钠的测定
6	GB/T 5009. 92—2003	食品中钙的测定
7	GB/T 5009. 90—2003	食品中铁、镁、锰的测定
8	GB/T 5009. 13—2003	食品中铜的测定
9	GB/T 5009. 14—2003	食品中锌的测定
10	GB/T 5009. 16—2003	食品中锡的测定
11	GB/T 5009. 139—2003	饮料中咖啡因的测定
12	GB/T 5009. 35—2003	食品中合成着色剂的测定
13	GB/T 21733—2008	茶饮料
14	GB 19296—2003	茶饮料卫生标准
15	GB 17323—1998	瓶装饮用纯净水
16	GB 2759. 2—2003	碳酸饮料卫生标准
17	GB 7101—2003	固体饮料卫生标准

表 B-7 罐头食品检验依据

序号	标准号	标准名称
1	GB/T 10786—2006	罐头食品的检验方法
2	GB 14939—2005	鱼类罐头卫生标准
3	GB/T 5009. 45—2003	水产品卫生标准的分析方法
4	GB/T 12457—2008	食品中氯化钠的测定
5	GB 5009. 33—2010	食品安全国家标准 食品中亚硝酸盐与硝酸盐的测定

（续）

序号	标准号	标准名称
6	GB/T 5009. 16—2003	食品中锡的测定
7	GB/T 5009. 15—2003	食品中镉的测定
8	GB 5009. 12—2010	食品安全国家标准　食品中铅的测定
9	GB/T 5009. 11—2010	食品中总砷及无机砷的测定
10	GB/T 4789. 26—2003	食品卫生微生物学检验　罐头食品商业无菌的检验
11	GB 14939—2005	鱼类罐头卫生标准
12	GB 11671—2003	果、蔬罐头卫生标准
13	GB 13100—2005	肉类罐头卫生标准

表 B-8　肉、蛋制品检验依据

序号	标准号	标准名称
1	GB/T 5009. 44—2003	肉与肉制品卫生标准的分析方法
2	GB 2726—2005	熟肉制品卫生标准
3	GB/T 9695. 15—2008	肉与肉制品　水分含量测定
4	GB/T 9695. 19—2008	肉与肉制品　取样方法
5	GB/T 9695. 2—2008	肉与肉制品　脂肪酸测定
6	GB/T 9695. 5—2008	肉与肉制品　pH 测定
7	GB/T 9695. 7—2008	肉与肉制品　总脂肪含量测定
8	GB/T 9695. 13—2008	肉与肉制品　钙含量测定
9	GB/T 9695. 4—2009	肉与肉制品　总磷含量测定
10	GB/T 9695. 6—2008	肉制品　胭脂红着色剂测定
11	GB/T 9695. 9—2009	肉与肉制品　聚磷酸盐测定
12	GB/T 9695. 14—2008	肉制品　淀粉含量测定
13	GB/T 9695. 24—2008	肉与肉制品　胆固醇含量测定
14	GB/T 9695. 1—2008	肉与肉制品　游离脂肪含量测定
15	GB/T 5009. 47—2003	蛋与蛋制品卫生标准的分析方法
16	GB 2749—2003	蛋制品卫生标准
17	GB/T 4789. 17—2003	食品卫生微生物学检验　肉与肉制品检验
18	GB/T 4789. 19—2003	食品卫生微生物学检验　蛋与蛋制品检验

表 B-9　调味品及酱腌制品检验依据

序号	标准号	标准名称
1	GB 2721—2003	食用盐卫生标准
2	GB/T 5009. 42—2003	食盐卫生标准的分析方法
3	GB 2717—2003	酱油卫生标准
4	GB/T 5009. 39—2003	酱油卫生标准的分析方法
5	GB 2720—2003	味精卫生标准
6	GB/T 5009. 43—2003	味精卫生标准的分析方法
7	GB/T 8967—2007	谷氨酸钠（味精）
8	GB 2714—2003	酱腌菜卫生标准
9	GB 2719—2003	食醋卫生标准
10	GB/T 5009. 29—2003	食品中山梨酸、苯甲酸的测定
11	GB/T 5009. 22—2003	食品中黄曲霉毒素 B_1 的测定
12	GB 4789. 22—2003	食品卫生微生物学检验　调味品检验

表 B-10　茶叶检验依据

序号	标准号	标准名称
1	GB/T 5009. 57—2003	茶叶卫生标准的分析方法
2	GB/T 8302—2002	茶　取样
3	GB/T 8303—2002	茶　磨碎试样的制备及其干物质含量测定
4	GB/T 8304—2002	茶　水分测定
5	GB/T 8305—2002	茶　水浸出物测定
6	GB/T 8306—2002	茶　总灰分测定
7	GB/T 8307—2002	茶　水溶性灰分和水不溶性灰分测定
8	GB/T 8308—2002	茶　酸不溶性灰分测定
9	GB/T 8309—2002	茶　水溶性灰分碱度测定
10	GB/T 8310—2002	茶　粗纤维测定
11	GB/T 8311—2002	茶　粉末和碎茶含量测定
12	GB/T 8312—2002	茶　咖啡碱测定
13	GB/T 8313—2008	茶叶中茶多酚和儿茶素类含量的检测方法
14	GB/T 8314—2002	茶　游离氨基酸总量测定
15	GB/T 18625—2002	茶中有机磷及氨基甲酸酯农药残留量的简易检验方法　酶抑制法
16	GB/T 23776—2009	茶叶感官审评方法

参 考 文 献

[1] 徐春. 食品检验工（初级）[M]. 北京：机械工业出版社，2005.
[2] 朱伟军. 化学检验工（初级）[M]. 北京：机械工业出版社，2005.
[3] 李京东，余奇飞，刘丽红. 食品分析与检验技术 [M]. 北京：化学工业出版社，2011.
[4] 程云燕，李双石. 食品分析与检验 [M]. 北京：化学工业出版社，2007.
[5] 于韶梅. 无机与分析化学 [M]. 天津：天津大学出版社，2007.
[6] 黄一石. 仪器分析技术 [M]. 2版. 北京：化学工业出版社，2000.
[7] 北京大学化学系仪器分析教研组. 仪器分析教程 [M]. 北京：北京大学出版社，1997.
[8] 郭英凯. 仪器分析 [M]. 北京：化学工业出版社，2006.
[9] 浙江大学分析化学教研组. 分析化学习题集 [M]. 2版. 北京：高等教育出版社，1990.
[10] 张丰德，王秀玲. 现代生物学技术 [M]. 2版. 天津：南开大学出版社，2001.
[11] 施荫玉，冯亚非. 仪器分析解题指南与习题 [M]. 北京：高等教育出版社，1998.
[12] 王秀萍. 仪器分析技术 [M]. 北京：化学工业出版社，2003.
[13] 杨根元，金瑞祥，应武林. 实用仪器分析 [M]. 北京：北京大学出版社，1996.
[14] 卢佩章，戴朝政，张祥民. 色谱理论基础 [M]. 2版. 北京：科学出版社，1997.
[15] 王世平. 食品标准与法规 [M]. 北京：科学出版社，2010.
[16] 程云燕，李双石. 食品分析与检验（模块教学法教改教材） [M]. 北京：化学工业出版社，2007.
[17] 国家质量监督检验检疫总局食品生产监管司. 食品质量安全市场准入审查指南（糕点、豆制品、蜂产品、果冻、挂面、鸡精调味料、酱类分册） [M]. 北京：中国标准出版社，2006.
[18] 国家质量监督检验检疫总局职业技能鉴定指导中心组. 质量技术监督基础 [M]. 北京：中国计量出版社，2004.
[19] 云振宇，刘文. 我国食品检测方法体系研究 [M]. 北京：化学工业出版社，2012.
[20] 张水华，余以刚. 食品标准与法规 [M]. 北京：中国轻工业出版社，2010.
[21] H 斯通，J L 西特. 感官评定实践 [M]. 3版. 陈中，陈志敏，等译. 北京：化学工业出版社，2008.
[22] 王竹天. 食品卫生检验方法（理化部分）注解 [M]. 北京：中国标准出版社，2008.
[23] 彭亚锋，钱玉根，黄文. 焙烤食品检验技术 [M]. 北京：中国计量出版社，2010.
[24] 阚建全. 食品化学 [M]. 北京：中国农业大学出版社，2002.
[25] 郝利平，夏延斌，陈永泉，等. 食品添加剂 [M]. 北京：中国农业大学出版社，2002.
[26] 黄高明. 食品检验工（中级）[M]. 北京：机械工业出版社，2006.
[27] 陈玮，董秀芹. 微生物学及实验实训技术 [M]. 北京：化学工业出版社，2008.
[28] 叶磊，杨学敏. 微生物检测技术 [M]. 北京：化学工业出版社，2009.
[29] 陈江萍. 食品微生物检测实训教程 [M]. 杭州：浙江大学出版社，2011.
[30] 姚勇芳. 食品微生物检验技术 [M]. 北京：科学出版社，2011.
[31] 魏明奎，段鸿斌. 食品微生物检验技术 [M]. 北京：化学工业出版社，2008.
[32] 李卫华. 安全食品微生物学 [M]. 北京：中国轻工业出版社，2007.

[33] 中国标准出版社第一编辑室. 中国食品工业标准汇编（饮料和冷冻饮品卷）[M]. 北京：中国标准出版社，2008.
[34] 刘长春. 食品检验工（高级）[M]. 北京：机械工业出版社，2006.
[35] 王晓英，顾宗珠，史先振. 食品分析技术 [M]. 武汉：华中科技大学出版社，2010.
[36] 中国饮料工业协会. 饮料制作工 [M]. 北京：中国轻工业出版社，2010.

读者信息反馈表

感谢您购买《食品检验工基础知识》一书。为了更好地为您服务，有针对性地为您提供图书信息，方便您选购合适图书，我们希望了解您的需求和对我们图书的意见和建议，愿这小小的表格为我们架起一座沟通的桥梁。

姓　名		所在单位名称	
性　别		所从事工作（或专业）	
通信地址		邮　编	
办公电话		移动电话	
E-mail			

1. 您选择图书时主要考虑的因素（在相应项前画√）：

（　）出版社　（　）内容　（　）价格　（　）封面设计　（　）其他

2. 您选择我们图书的途径（在相应项前画√）：

（　）书目　（　）书店　（　）网站　（　）朋友推介　（　）其他

希望我们与您经常保持联系的方式：

□ 电子邮件信息　□ 定期邮寄书目

□ 通过编辑联络　□ 定期电话咨询

您关注（或需要）哪些类图书和教材：

您对我社图书出版有哪些意见和建议（可从内容、质量、设计、需求等方面谈）：

您今后是否准备出版相应的教材、图书或专著（请写出出版的专业方向、准备出版的时间、出版社的选择等）：

非常感谢您能抽出宝贵的时间完成这张调查表的填写并回寄给我们，我们愿以真诚的服务回报您对机械工业出版社的关心和支持。

请联系我们——

地　址：北京市西城区百万庄大街 22 号　机械工业出版社技能教育分社

邮　编：100037

社长电话：（010）88379083　88379080　68329397（带传真）

E-mail：jnfs@ cmpbook. com